AF829940

Fit fürs Studium

Mathematik

Uwe Post

Rheinwerk
Computing

Liebe Leserin, lieber Leser,

Sie haben sich für ein MINT-Studium entschieden. Herzlichen Glückwunsch! Sie haben sich etwas Großes vorgenommen.

Als die erste Auflage dieses Buches im Frühjahr 2020 in den Druck ging, hatte der Beginn der Covid-19-Pandemie gerade die Welt in Aufregung versetzt. Ein Nebeneffekt der Krise war ein gestiegenes Interesse an mathematischen und naturwissenschaftlichen Themen – exponentielles Wachstum erschien plötzlich gar nicht mehr abstrakt.

Aber auch in besseren Zeiten gilt: Es wird nicht ohne Sie gehen, wenn es um unser Ökosystem geht, um IT, die Versorgung mit Energie und Nahrung, unsere Mobilität und vieles mehr.

Mathematik ist für all das eine unverzichtbare Grundlage – und sie ist anspruchsvoll. Jeder Studiengang setzt Inhalte aus dem »Schulstoff« voraus. Wir möchten, dass Sie mit einem guten Fundament starten können. Damit das gelingt, machen Sie sich mit Algebra, Analysis und Stochastik noch einmal in Ruhe möglichst lückenlos vertraut.

Arbeiten Sie das Buch nicht unbedingt von vorn bis hinten durch. Wenn Sie Ihre Kenntnisse gut einschätzen können und an einem bestimmten Thema Interesse haben, steigen Sie dort ein.

Oder nutzen Sie die Selbsttest-Aufgaben in den ersten 10 Kapiteln. Die Lösungen finden Sie im darauffolgenden Text. Zum Festigen und Wiederholen gibt es Aufgaben mit Lösungen am Ende der Kapitel.

Eine Anmerkung noch in eigener Sache: Wir möchten unsere Arbeit und unsere Bücher immer besser machen. Feedback und konstruktive Kritik sind uns deshalb sehr willkommen!

Ihre Almut Poll
Lektorat Rheinwerk Computing

almut.poll@rheinwerk-verlag.de
www.rheinwerk-verlag.de
Rheinwerk Verlag · Rheinwerkallee 4 · 53227 Bonn

Auf einen Blick

TEIL I Grundlagen

1 Mengenweise Mengen ... 24
2 Gesetze der Algebra ... 32
3 (Un-)gleichungen ... 56
4 Funktionen im kartesischen Koordinatensystem ... 86
5 e und log ... 110
6 Sinus und Cosinus ... 128
7 Wo ist meine Einheit? ... 148
8 Flächen und Räume ... 164
9 Vielleicht sechs Richtige ... 178
10 Herrn Booles Algebra ... 198
11 Was zu beweisen ist ... 208

TEIL II Analysis

12 Folgen und Grenzwerte ... 220
13 Reihen ... 230
14 Stetigkeit und Monotonie ... 238
15 Funktionen ableiten ... 254
16 Noch mehr Funktionen ableiten ... 274
17 Eigenschaften von Funktionen ... 286
18 Integralrechnung ... 316
19 Die Bewegungsgleichung ... 344
20 Die Differentialgleichung erster Ordnung ... 358
21 Das Pünktchen auf dem i ... 372
22 Hin und wieder zurück ... 388
23 Mantelflächen und Kurvenlängen integrieren ... 404
24 Nicht-kartesische Koordinatensysteme ... 414

TEIL III Lineare Algebra

25 Vektorrechnung ... 428
26 Lineare Gleichungssysteme ... 444
27 Willkommen in der Matrix ... 458
28 Eigenwerte, Determinanten und Co. ... 472
29 Besondere Matrizen anwenden ... 492
30 Mehrdimensionale Analysis ... 504
31 Numerische Verfahren ... 518
32 Analytische Geometrie ... 536

Wir hoffen, dass Sie Freude an diesem Buch haben und sich Ihre Erwartungen erfüllen. Falls Sie Anregungen, Wünsche und Kommentare haben, lassen Sie es uns wissen: **service@rheinwerk-verlag.de**.

Informationen zu unserem Verlag und Kontaktmöglichkeiten finden Sie auf unserer Verlagswebsite **www.rheinwerk-verlag.de**. Dort können Sie sich auch umfassend über unser aktuelles Programm informieren und unsere Bücher und E-Books bestellen.

Autor Uwe Post
Lektorat Almut Poll
Copy-Editing Isolde Kommer, Anne Scheibe
Typografie und Layout Christine Netzker
Satz SatzPro, Krefeld
Herstellung Norbert Englert
Einbandgestaltung Bastian Illerhaus
Titelbilder iStock: 626057472 © Jacob Ammentorp Lund, 922769000 © jotily
Druck und Bindung mediaprint solutions, Paderborn

Dieses Buch wurde mit mineralölfreien Farben auf PEFC-zertifiziertem Papier aus nachhaltiger Waldwirtschaft gedruckt.

Hergestellt in Deutschland.

Bibliografische Information der Deutschen Nationalbibliothek:
Die Deutsche Nationalbibliothek verzeichnet diese Publikation in der Deutschen Nationalbibliografie; detaillierte bibliografische Daten sind im Internet über *http://dnb.dnb.de* abrufbar.

ISBN 978-3-367-10801-5

2., durchgesehene Auflage 2025

Rheinwerk Verlag GmbH • Rheinwerkallee 4 • 53227 Bonn
service@rheinwerk-verlag.de

Inhalt

Einleitung 21

TEIL I Grundlagen

1 Mengenweise Mengen 24

1.1 Testen Sie sich selbst 25

1.2 Mengen und Elemente 25

Vereinigungs- und Schnittmengen 27

Unter- und Obermengen 27

Vordefinierte Mengen 28

1.3 Entspannungsübungen 30

1.4 Lösungen 30

2 Gesetze der Algebra 32

2.1 Testen Sie sich selbst 33

2.2 Gesetze, die jeder kennt 34

Vertauschen (fast) nach Belieben 34

Das Verteilungsgesetz 35

Zig Prozent auf alles! 37

Zinsen, bitte 37

Die Minusklammer 38

Binomische Formeln 39

2.3 Brüche, gemischt und dezimal 40

Gemeine Brüche 40

Kürzen und erweitern 40

Rechnen mit Brüchen 42

Gemischte Brüche 44

Dezimalkommazahlen 44

2.4 Potenzen und Wurzeln 47

Die Potenzgesetze 47

Umkehren von Potenzen ... 49
Wurzeln und gebrochene Exponenten ... 49

2.5 Entspannungsübungen ... 51

2.6 Lösungen ... 52

3 (Un-)gleichungen ... 56

3.1 Testen Sie sich selbst ... 57

3.2 Einfache Gleichungen und Ungleichungen ... 58
Gleichungen umformen ... 58
Ungleichungen lösen ... 60

3.3 Quadratische Gleichungen und Bruchgleichungen ... 61
Die Wurzel ziehen ... 62
Quadratische Ergänzung ... 62
Bruchgleichungen ... 64

3.4 Gleichungssysteme ... 65
Lineare Gleichungssysteme ... 65
Das Gleichsetzungsverfahren ... 65
Das Additions- bzw. Subtraktionsverfahren ... 67
Das Einsetzungsverfahren ... 67

3.5 Sachaufgaben ... 68
Lösung mit System ... 69

3.6 Gleichungen lösen mit dem PC ... 71
Bühne frei für Sage ... 71
Gleichungen lösen mit Sage ... 72
Gleichungen und mehr mit GeoGebra ... 74

3.7 Entspannungsübungen ... 76

3.8 Lösungen ... 77

4 Funktionen im kartesischen Koordinatensystem 86

4.1 Testen Sie sich selbst ... 87

4.2 Das Achsenkreuz ... 87

4.3 **Lineare Funktionen** 89
Graphen zeichnen 89
Plotten mit Sage 90
Funktionen plotten mit GeoGebra 91

4.4 **Parabeln** 92
Die Normalparabel 92
Noch mehr Parabeln 94
Rechenspiele mit Parabeln 95

4.5 **Wurzel- und andere Funktionen** 98
Halbe Exponenten 98
Die (Halb-)Kreisfunktion 99

4.6 **Entspannungsübungen** 101

4.7 **Lösungen** 102

5 *e* und log 110

5.1 **Testen Sie sich selbst!** 111

5.2 **Mehr, mehr, mehr!** 111
Eulers Zahl 112
Weniger, aber niemals nichts 116

5.3 **Logarithmen und ihre Regeln** 117
Logarithmen zu verschiedenen Basen 117

5.4 **Entspannungsübungen** 121

5.5 **Lösungen** 122

6 Sinus und Cosinus 128

6.1 **Testen Sie sich selbst** 129

6.2 **Rechtwinklige Dreiecke** 130
Die drei Seiten 130
Pythagoreische Tripel 132
Dreiecke in GeoGebra 132

6.3 **Der Einheitskreis** 134
Das Eckige muss in das Runde 134
Unterwegs im Einheitskreis 135

Periodizität ... 139
Der Tangens ... 140
Formeln mit Sinus und Cosinus ... 141
6.4 Entspannungsübungen ... 143
6.5 Lösungen ... 144

7 Wo ist meine Einheit? ... 148

7.1 Testen Sie sich selbst ... 149
7.2 Hoch, weit, schwer ... 149
Ur-Maße ... 149
Maße und ihre Einheiten ... 151
7.3 Von piko bis Tera ... 153
Das geht doch genauer 153
Das geht doch genauer ... (Version für Computer, Roboter & Co.) ... 155
7.4 Wahnsinnig große (und kleine) Zahlen ... 155
Exponentialdarstellung mit Zehnerpotenzen ... 155
7.5 Runden, aber sinnvoll ... 156
Runden oder nicht runden, das ist hier die Frage ... 157
Symmetrisch runden ... 157
7.6 Entspannungsübungen ... 159
7.7 Lösungen ... 160

8 Flächen und Räume ... 164

8.1 Testen Sie sich selbst ... 165
8.2 Flächeninhalt und Umfang ... 165
Flächeninhalte berechnen ... 165
Flächenformeln zusammengefasst ... 166
Umfang berechnen ... 168
8.3 Volumen und Oberfläche ... 169
Volumeneinheiten ... 169
Volumina von Körpern ... 170
Oberflächen von Körpern ... 171

8.4 **Entspannungsübungen** 173

8.5 **Lösungen** 174

9 Vielleicht sechs Richtige 178

9.1 **Testen Sie sich selbst** 179

9.2 **Statistik** 179

Arithmetisches Mittel 180

Geometrisches Mittel 182

Median 182

Standardabweichung und Varianz 183

Normalverteilung 186

9.3 **Wahrscheinlichkeit** 188

Addition und Produkt 188

Laplace-Experimente 189

Würfel haben keine Erinnerung: Poisson-Verteilungen 190

Permutationen 192

9.4 **Entspannungsübungen** 195

9.5 **Lösungen** 195

10 Herrn Booles Algebra 198

10.1 **Testen Sie sich selbst** 199

10.2 **Aussagenlogik** 199

Und und oder nicht 199

Exklusives Oder 200

Rechengesetze der booleschen Algebra 201

10.3 **Wie Computer rechnen** 202

Digitale Zahlensysteme 203

10.4 **Entspannungsübungen** 206

10.5 **Lösungen** 206

11 Was zu beweisen ist ... 208

11.1 Mathematische Beweise ... 209

11.2 Vollständige Induktion ... 209

Das Induktionsprinzip ... 209

11.3 Indirekter Beweis ... 211

Beweis durch Widerspruch ... 212

11.4 Entspannungsübung ... 215

11.5 Lösungen ... 215

TEIL II Analysis

12 Folgen und Grenzwerte ... 220

12.1 Zahlenfolgen ... 221

Zahlen, Zahlen und kein Ende ... 221

Rekursive Folgendefinitionen ... 222

Geometrische Folgen ... 223

12.2 Grenzwerte und Konvergenz ... 224

Wohin laufen sie denn? ... 224

Das Verhalten von Nullfolgen ... 225

Konvergenz ... 226

12.3 Entspannungsübungen ... 227

12.4 Lösungen ... 227

13 Reihen ... 230

13.1 Unendliche Summen ... 231

Partialsummen und Summenfolgen ... 231

Konvergente Reihen ... 232

13.2 Besondere Reihen ... 233

Die geometrische Reihe ... 233

Die harmonische Reihe ... 235

Noch mehr konvergente Reihen ... 236

13.3 **Entspannungsübungen** 237

13.4 **Lösungen** 237

14 Stetigkeit und Monotonie 238

14.1 **Grenzwerte von Funktionen** 239
Lückenfüller 240
Dreifolgensatz 242
Von Epsilon und Delta 243
Grenzwerte im Unendlichen 243
Rechenregeln für Grenzwerte von Funktionen 245

14.2 **Stetige Funktionen** 246
Definition der Stetigkeit 246
Sätze über stetige Funktionen 247
Monotonie 248

14.3 **Entspannungsübungen** 250

14.4 **Lösungen** 250

15 Funktionen ableiten 254

15.1 **Umschalten auf wahnsinnige Geschwindigkeit!** 255
Ort, Zeit, Tempo 255
Momentane Geschwindigkeit 257

15.2 **Die Steigung der Tangenten** 258
Klitzekleine Steigungsdreiecke 258
Differenzierbarkeit und Stetigkeit 260
Die erste Ableitung 260

15.3 **Ableitungsregeln** 262
Summenregel 263
Produktregel 263
Ableitung der Hyperbelfunktion 264
Kettenregel 265
Quotientenregel 266
Potenzregel und Polynome ableiten 267

15.4 **Entspannungsübungen** 269

15.5 **Lösungen** 270

16 Noch mehr Funktionen ableiten ... 274

16.1 Exponentialfunktion ableiten ... 275
Erste Ableitung von e^x ... 275
Ableitung der Umkehrfunktion ... 276
Ableiten des Logarithmus ... 277
Ableiten von Potenzen mit reellem Exponenten ... 278

16.2 Trigonometrische Funktionen ... 279
Sinus und Cosinus ... 279
Ableitung des Tangens ... 280

16.3 Entspannungsübungen ... 283

16.4 Lösungen ... 283

17 Eigenschaften von Funktionen ... 286

17.1 Funktionengeometrie ... 287
Spiegelsymmetrie ... 287
Punktsymmetrie ... 288
Asymptotisches Verhalten ... 289
Faustregeln für gebrochen rationale Funktionen ... 292
Extremstellen ... 293
Extremwertaufgaben ... 294
Sattel- und Wendepunkte ... 296

17.2 Königsdisziplin Kurvendiskussion ... 298

17.3 Funktionen à la carte ... 302
Selbstgestrickt ... 302
Zufall, selfmade ... 306

17.4 Entspannungsübungen ... 309

17.5 Lösungen ... 309

18 Integralrechnung ... 316

18.1 Das riemannsche Integral ... 317
Eine Frage der Fläche ... 317
Ober- und Untersummen ... 319

18.2 Der Hauptsatz der Differential- und Integralrechnung ... 320
Das unbestimmte Integral ... 320
Stammfunktionen ... 321
Der Fundamentalsatz der Analysis ... 322
Potenzen und Polynome integrieren ... 324
Beispiel: Integration einer Fläche mit GeoGebra ... 325
Partielle Integration ... 326
Substitutionsregel ... 327
Uneigentliche Integrale ... 331
Integralkriterium ... 333

18.3 Anwendungen der Integration ... 334
Integrale in der Physik ... 334
Extremwertaufgaben mit Flächen ... 335
Integrieren mit Sage ... 337

18.4 Entspannungsübungen ... 339

18.5 Lösungen ... 340

19 Die Bewegungsgleichung ... 344

19.1 Kraft und Beschleunigung ... 345
Kraftlos ... 345
Konstante Kraft ... 346
Der Fall des Apfels ... 347

19.2 Die zweite Dimension ... 349
Nur einen Steinwurf entfernt ... 349
Die Wurfparabel ... 350
Der optimale Wurfwinkel ... 351

19.3 Entspannungsübungen ... 355

19.4 Lösungen ... 355

20 Die Differentialgleichung erster Ordnung ... 358

20.1 Wo Differentialgleichungen vorkommen ... 359
Strom, Spannung und Co. ... 359
Auf die Bremse treten ... 361
Tierpopulationen ... 361

20.2 **Die Differentialgleichung erster Ordnung lösen** 362
Allgemeine Lösung 362
Anfangsbedingungen und Randwerte 363
Inhomogene Differentialgleichung lösen 365
20.3 **Entspannungsübungen** 370
20.4 **Lösungen** 370

21 Das Pünktchen auf dem i 372

21.1 **Die komplexen Zahlen** 373
Schreibweisen 373
Rechenregeln 374
Der Fundamentalsatz der Algebra 375
Multiplikation komplexer Zahlen 375
Division komplexer Zahlen 376
21.2 **Die komplexe Zahlenebene** 377
Komplexe Zahlen in der gaußschen Ebene 377
Polarform 378
Multiplikation in Polarform 380
21.3 **Die eulersche Formel** 382
Immer im Kreis herum 382
Die eulersche Identität 383
21.4 **Funktionen und Folgen mit komplexen Zahlen** 384
Komplexe Funktionen ableiten 384
Die Mandelbrotmenge 384
21.5 **Entspannungsübungen** 386
21.6 **Lösungen** 387

22 Hin und wieder zurück 388

22.1 **Der harmonische Oszillator** 389
Nicht nur für Pendler 389
Der Schwingkreis 391
22.2 **Differentialgleichung zweiter Ordnung** 392
Lösung mit Eulers Formel 393

Lösung mit Sinus-Cosinus-Ansatz ... 395
Anfangs- und Randbedingungen ... 395
Differentialgleichung mit Dämpfung ... 396

22.3 Entspannungsübungen ... 400

22.4 Lösungen ... 400

23 Mantelflächen und Kurvenlängen integrieren ... 404

23.1 Kurvenlängen integrieren ... 405
Sehr kleine Hypotenusen ... 405

23.2 Mantelflächenintegrale ... 408
Rotationskörper ... 408

23.3 Entspannungsübungen ... 411

23.4 Lösungen ... 411

24 Nicht-kartesische Koordinatensysteme ... 414

24.1 Polarkoordinaten ... 415
Zweidimensionale Kreiskoordinaten ... 415
Umrechnung zwischen kartesischen und Polarkoordinaten ... 416
Polarkoordinaten mit GeoGebra ... 417
Infinitesimalrechnung in Polarkoordinaten ... 418

24.2 Dreidimensionale Koordinatensysteme ... 420
Zylinderkoordinaten ... 420
Kugelkoordinaten ... 421

24.3 Entspannungsübungen ... 424

24.4 Lösungen ... 424

TEIL III Lineare Algebra

25 Vektorrechnung ... 428

25.1 Vektoren in der euklidischen Ebene ... 429
Schreibweisen ... 429
Eigenschaften von Vektoren ... 430

Vektoren addieren ... 431
Skalarmultiplikation ... 432
Vektorrechnung mit GeoGebra ... 433

25.2 Die Basis ... 434
Lineare Unabhängigkeit ... 434
Einheitsvektoren und Basis ... 436
Vektorrechnung mit Sage ... 437

25.3 Entspannungsübungen ... 439

25.4 Lösungen ... 440

26 Lineare Gleichungssysteme ... 444

26.1 Das Gauß-Verfahren ... 445
Umformen gen Dreiecksform ... 445
Matrix-Schreibweise ... 447
Gleichungssysteme lösen mit Sage ... 447

26.2 Lösbarkeit linearer Gleichungssysteme ... 448
Bedingungen für Lösbarkeit ... 448
Lösbarkeit homogener Gleichungssysteme ... 449
Die Determinante ... 449
Gleichungssysteme lösen mit GeoGebra ... 451
Die Regel von Sarrus ... 452
Cramersche Regel ... 453

26.3 Entspannungsübungen ... 455

26.4 Lösungen ... 455

27 Willkommen in der Matrix ... 458

27.1 Lineare Abbildungen ... 459
Definition linearer Abbildungen ... 459
Eigenschaften linearer Abbildungen ... 460
Kern, Bild und Dimensionsformel ... 461
Praktische Anwendungen ... 462

27.2 Verknüpfung linearer Abbildungen ... 462
Summen von Matrizen ... 463
Vielfache von Matrizen ... 463

Matrizenmultiplikation ... 463
Die inverse Abbildung ... 465
Matrizenrechnung mit Sage ... 467
Matrixoperationen mit GeoGebra ... 468

27.3 Entspannungsübungen ... 470

27.4 Lösungen ... 470

28 Eigenwerte, Determinanten und Co. ... 472

28.1 Matrizen unter der Lupe ... 473
Determinante und Invertierbarkeit ... 473
Basiswechselmatrix ... 474
Basiswechsel mit GeoGebra ... 475

28.2 Eigenwerte ... 476
Das Eigenwertproblem ... 476
Berechnung von Eigenwerten ... 477
Eigenräume ... 479
Diagonalisieren ... 480

28.3 Produkte ... 482
Skalarprodukt ... 483
Kreuzprodukt ... 485

28.4 Entspannungsübungen ... 487

28.5 Lösungen ... 488

29 Besondere Matrizen anwenden ... 492

29.1 Geometrische Transformationen ... 493
Orthonormalsysteme ... 493
Isometrien ... 493
Spiegelmatrizen ... 494
Drehmatrizen ... 495
Drehmatrix mit GeoGebra ... 496
Koordinatentransformation ... 497

29.2 Bildbearbeitung ... 498
Faltungsmatrizen ... 499

29.3 Entspannungsübungen ... 501

29.4 Lösungen ... 501

30 Mehrdimensionale Analysis ... 504

30.1 Abbildungen in mehr als einer Dimension ... 505

Vektoren und ihre Schreibweisen ... 505

Mehrdimensionale Funktionen ... 506

Mehrdimensionale Funktionen mit GeoGebra ... 507

30.2 Differentialrechnung in $\mathbb{R}^n$ ... 508

Partielle Ableitungen ... 509

Der Gradient ... 510

Die Jacobimatrix ... 511

Jacobimatrix und Koordinatentransformation ... 513

30.3 Entspannungsübungen ... 515

30.4 Lösungen ... 515

31 Numerische Verfahren ... 518

31.1 Intervallschachtelung ... 519

Fortgesetzte Bisektion ... 519

Kontinuierlicher Fall ... 520

31.2 Interpolation ... 522

Polynominterpolation ... 522

Lagrangesche Interpolationsformel ... 524

31.3 Ausgleichsrechnung ... 526

Methode der kleinsten Quadrate ... 526

Beispiel: Erdbeschleunigung mit dem Handy messen ... 526

31.4 Numerische Integration ... 528

Trapezregel ... 529

Adaptive Integration mit Sage ... 530

31.5 Entspannungsübungen ... 532

31.6 Lösungen ... 533

32 Analytische Geometrie 536

32.1 Ein Universum voller Vektoren 537
Eine Gerade 537
Zwei Geraden 539
Geraden analysieren mit GeoGebra 540
Ebenen 543
Normale 544
Hessesche Normalenform 546
Kugeln 548

32.2 Begegnungen im Nichts 550
Gerade trifft Ebene 550
Ebene trifft Ebene 553
Projektion und Spiegel 554
Der Kreis schließt sich 555

32.3 Entspannungsübungen 560

32.4 Lösungen 561

Anhang 566
Index 571

Einleitung

Sie haben sich für ein Studium in Mathematik, Ingenieurs- oder Naturwissenschaften, Elektro- oder Informationstechnik entschieden?

Sehr gut! Das garantiert Ihnen höchstwahrscheinlich einen sehr ordentlich bezahlten, abwechslungsreichen Job. Aber zunächst einmal ein paar Jahre voller interessanter, bisweilen herausfordernder Lernaufgaben.

Grundlage aller MINT-Studiengänge ist die Schulmathematik. Haben Sie auch schon einmal gerüchteweise von unglücklichen Professorinnen oder Professoren gehört, die ihren Studenten gewissermaßen das Einmaleins nochmal beibringen müssen? Dagegen helfen Brückenkurse. Frischen Sie Ihre Kenntnisse auf! Ergänzen Sie sie um einige Aha-Momente, die Ihnen Ihre Schule möglicherweise aus Zeitmangel nicht nahebringen konnte. Starten Sie in Ihr Studium auf einem stabilen Fundament aus soliden Mathe-Kenntnissen!

Dabei hilft Ihnen dieses Buch. Und zwar auf möglichst unterhaltsame Weise, denn wer will sich schon zu Tode langweilen?

Das Buch legt im ersten Teil mit den Grundlagen der Mathematik los. Jedes der ersten elf Kapitel beginnt mit einem Selbsttest: Wenn Sie dabei feststellen, dass Sie alle Aufgaben auf Anhieb lösen können, blättern Sie zum nächsten Kapitel. Ansonsten arbeiten sie das Thema in Ruhe durch und festigen Sie das Gelernte bei einigen Entspannungsübungen. Natürlich finden Sie auch die passenden Lösungen inklusive Erläuterungen direkt im Anschluss!

Teil II (ab Kapitel 12) enthält den gesamten Oberstufenstoff der Analysis und ein bisschen mehr. Dort gibt es keine Einstiegs-Selbsttests mehr, weil es wichtig ist, dass Sie alle Themen wiederholen und auch ein paar zusätzliche Details lernen, die in der Schule womöglich zu kurz gekommen sind. Jedes der Kapitel schließt mit passenden Aufgaben unterschiedlicher Schwierigkeitsgrade inklusive ausführlicher Lösungen.

Anschließend folgt in Teil III (ab Kapitel 25) die Lineare Algebra. Auch hier werden Sie keine Selbsttests finden, sondern eine ausführliche, anschauliche Einführung in Vektoren, Matrizen, und was Sie alles mit ihnen anstellen können. Natürlich dürfen auch dort passende Aufgaben und Lösungen nicht fehlen.

An vielen Stellen zeige ich Ihnen zusätzlich, wie man bestimmte Aufgaben mit dem Computer löst. Dabei kommen die umfangreichen, kostenlosen Mathe-Pakete *Sage* und *GeoGebra* zum Einsatz, das Sie auf jedem PC oder Mac installieren können – aber es funktioniert auch im Browser, sogar auf Tablets und Smartphones.

Die letzten drei Kapitel (30–32) gehen teils deutlich über die Lehrpläne unserer Schulen hinaus. Sie sind auch nicht für alle Fächer gleich wichtig, Hinweise dazu finden Sie jeweils zu

Anfang. Diese Kapitel führen Sie in Themen ein, die in bestimmten Fächern sehr wichtig sind und das auch oft frühzeitig. Wenn der Rest Steigbügel und Sattel waren, so sind die letzten drei Kapitel die Kriegsbemalung für Ihr Ross.

So sind Sie am Ende auf Ihr Studium bestens vorbereitet. Aber nicht nur das: Dieses Buch wird Sie während der ersten Semester zusätzlich zur Uni-Literatur gerne ein Stück als Nachschlagewerk oder Referenz begleiten.

Aus gegebenem Anlass möchte ich Ihnen noch ein paar Anmerkungen zum Thema KI-Einsatz mit auf den Weg geben. Ja, *ChatGPT* kann vermutlich alle Aufgaben in diesem Buch lösen. Aber erstens machen große Sprachmodelle gelegentlich Fehler, unter anderem weil die Trainingsdaten Fehler enthalten. Irgendjemand (optimalerweise Sie selbst) sollte dazu in der Lage sein, solche Fehler zu erkennen. Und zweitens: Stellen Sie sich bitte einmal kurz eine Welt vor, in der kein Mensch noch irgendeine Fertigkeit beherrscht, die komplizierter ist, als einer KI eine Frage zu diktieren und die Antwort abzulesen. Eine Welt, in der Lehrkräfte Arbeitsblätter von einer KI erzeugen lassen und Schüler sie mit ChatGPT lösen. Ich bin sicher, Sie möchten in einer solchen Welt nicht leben. Sie möchten sich nicht hilflos einem technischen System ausliefern. Überlegen Sie also besser sorgfältig, wann Sie eine Aufgabe einer KI anvertrauen und wann besser nicht. Wenn Sie ein Konzept wirklich verstanden haben, können Sie sich gerne die Fleißarbeit abnehmen lassen und Zeit sparen. Ansonsten aber gilt: Sie haben ein Gehirn. Benutzen Sie es, dafür ist es da.

Ich hoffe, die Mathematik bereitet Ihnen Freude, statt wie eine Last zu wirken. Denn sie kann durchaus eine Menge Spaß machen, und genau in diesem Sinne habe ich dieses Buch für Sie geschrieben.

Viel Erfolg in Ihrem Studium!

Uwe Post

PS: Im Netz finden Sie mein Blog unter *besser-coden.de.*

Danksagung:

Ich danke meiner Familie für ihre Geduld während der Entstehungszeit dieses Buchs. Außerdem danke ich meinen Testrechnern und -lesern für ihren Einsatz und für Ihre wertvollen Ratschläge:

Dr. David Fritz

Paul Banach

Jochem Koch

TEIL I

Grundlagen

Kapitel 1

Mengenweise Mengen

Beginnen wir mit einer Reise in die tiefste Vergangenheit, in ein unvorstellbar weit entferntes Zeitalter … meine Kindheit. Damals durfte ich in der Grundschule mit kleinen, bunten Legeplättchen spielen – man nannte das »Mengenlehre«. Und ob sie nun Romanhelden, Lottozahlen oder Brüche enthalten: Mit Mengen beginnt unser Streifzug durch die Schulmathematik.

Wo stehe ich?

1.1 Testen Sie sich selbst

In den letzten Jahrzehnten sind die bunten Legeplättchen, mit denen früher Mengenlehre gelernt wurde, zwar etwas aus der Mode gekommen. Das Verständnis von Mengen und ihren Inhalten ist aber tatsächlich elementar für das Verständnis fast aller mathematischer Begriffe. Ganz gleich, ob Sie jemals solche Plättchen zwischen ovalen Blasen hin und her geschoben und dabei z. B. gesagt haben »Dieses blaue Quadrat ist jetzt Element der Menge M« – mit den folgenden Aufgaben können Sie sehen, ob Sie alle Details kennen, die damit zusammenhängen und die für den exakten Umgang mit den Begriffen wichtig sind. Wenn nicht, keine Sorge: Dieses Kapitel erklärt Ihnen alle nötigen Grundlagen.

Also, los geht's:

1. Frodo ist ein Element der Menge der Fantasy-Figuren F_F, aber nicht der Schnittmenge aus »weiblichen Figuren« F_W und »Ringträgern« F_O. Skizzieren Sie ein Diagramm, das die drei genannten Mengen sowie die Elemente Frodo, Galadriel und Legolas korrekt zeigt.
2. Übersetzen Sie: $x \in M \wedge M \subset P \Rightarrow x \in P$
3. Richtig oder falsch?

   a) $\{0; 3{,}141\} \subset \mathbb{N}$

   b) $\sqrt[3]{-1} \in \mathbb{Z}$

   c) $\mathbb{R} \subset \mathbb{Q}$

   d) $-\frac{2}{7} \notin \mathbb{Q} \setminus \mathbb{N}$

1.2 Mengen und Elemente

Sie hatten Probleme mit den Aufgaben? Das macht nichts, Sie sind in bester Gesellschaft. Selbst wenn Ihnen klar ist, dass $\mathbb{N}$ die Menge der natürlichen Zahlen ist: Wie war das doch gleich mit der 0?

Zunächst einmal: *Mengen* können *Elemente* enthalten. Beliebig viele, um genau zu sein. Wir hantieren aber nie mit willkürlichen Mengen, sondern jede Menge, von der wir sprechen, hat eine mathematische Bedeutung. Oft ist die ablesbar am verwendeten Buchstaben oder einem tiefgestellten Zeichen oder Begriff. So sei F, eine Menge von *fiktiven Figuren*, daher der gewählte (Groß-)Buchstabe. F enthält beispielsweise Spiderman s und Doctor Who $w_?$, aber weder Angelina Jolie j noch Neil Armstrong a, da dies real existierende Personen sind.

Um diese simplen Zusammenhänge kürzer und übersichtlicher zu schreiben, kennt die Mathematik Symbole für »ist Element von« und »ist nicht Element von«:

$s \in F, \qquad w_? \in F, \qquad j \notin F, \qquad a \notin F$

Da der Vorrat an Buchstaben begrenzt ist, sorgen oft tiefgestellte Zeichen für genauere Spezifikationen. Im Fall der ersten Aufgabe gilt also, dass Frodo $\in F_F$ und $\in F_o$ ist, aber nur Galadriel ist weiblich und folglich $\in F_w$.

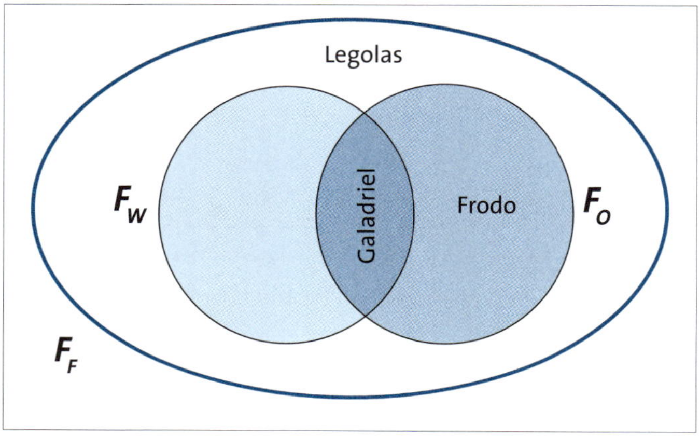

Abbildung 1.1 Die Lösung der ersten Selbsttest-Aufgabe. Nein, Legolas ist kein Ringträger, und nur Galadriel ist weiblich, Ringträgerin und eine Fantasy-Figur. Wenn Sie möchten, können Sie sich noch selbst einzeichnen.

Der Inhalt von Mengen lässt sich durch seine Elemente darstellen. Um *alle* Elemente einer Menge aufzulisten, verwenden Sie die Mengenklammern {}. Zum Beispiel können Sie die Menge der ankreuzbaren Lottozahlen wie folgt schreiben:

$M_{\text{Lottozahlen}} = \{1, \ldots, 49\}$

Beachten Sie, dass ich ein Komma als Trennzeichen verwende, es sei denn, die Elemente selbst enthalten Kommas: Dann muss ein Semikolon her.

Die Auslassungspünktchen stehen für die Zahlen zwischen den angegebenen Grenzen. Alle 49 Zahlen aufzuschreiben, wäre etwas viel Schreibarbeit.

Die Menge der heute von mir richtig getippten Lottozahlen ist übrigens:

$M_{\text{richtig}} = \{\,\}$

Steht nichts zwischen den Mengenklammern, ist die betreffende Menge leer, sie enthält keine Elemente. Ja, auch die leere Menge ist oft von besonderer Bedeutung, auch wenn sie in diesem Fall keinen Gewinn einbringt. Die Anzahl der Elemente in einer Menge nennt man auch *Mächtigkeit* oder *Kardinalität*. Die leere Menge hat also die Mächtigkeit 0.

Vereinigungs- und Schnittmengen

Weitere wichtige Symbole für Mengen sind die Vereinigung $\cup$ und die Schnittmenge $\cap$. Merkhilfe: Das Vereinigungssymbol erinnert an ein u (wie und), das Schnittmengen-Symbol an eine Messerspitze.

Die *Vereinigungsmenge* von zwei Mengen ergibt eine neue Menge, die alle Elemente enthält, die in einer der beiden Ausgangsmengen vorhanden waren. Ist also ein Element in einer *oder* der anderen Menge, so folgt daraus, dass es auch in der Vereinigungsmenge ist:

$$a \in M_1 \vee a \in M_2 \Rightarrow a \in M_1 \cup M_2$$

Das Zeichen $\vee$ steht dabei für die logische Verknüpfung »oder«. Es gibt auch die umgedrehte Version $\wedge$ – sie bedeutet »und«.

Spätestens jetzt können Sie die zweite Selbsttest-Frage beantworten:

$x \in M \wedge M \subset P \Rightarrow x \in P$ bedeutet: »Falls *x* ein Element von *M* ist und *M* eine Untermenge von *P*, ist *x* auch ein Element von *P*.«

Eine *Schnittmenge* hingegen enthält ausschließlich jene Elemente, die in beiden Ausgangsmengen vorkommen. Ein Element muss sich also in der einen *und* der anderen Menge befinden, um auch der Schnittmenge anzugehören:

$$a \in M_1 \wedge a \in M_2 \Rightarrow a \in M_1 \cap M_2$$

Die Schnittmenge der Ringträger mit jener der Lottozahlen ist beispielsweise:

$$F_\circ \cap F_{\text{Lottozahlen}} = \{\,\}$$

Schließlich sollten Sie das Ohne-Zeichen \ kennen: Damit können Sie Mengen bilden, denen im Vergleich zur Ausgangsmenge bestimmte Elemente fehlen. So bezeichnet beispielsweise $\{1, .., 49\}\setminus\{7\}$ die Menge der Lottozahlen, die noch auftreten können, nachdem als erste Kugel bereits die 7 gefallen ist.

Unter- und Obermengen

Sind alle Elemente einer Menge auch Elemente einer anderen Menge, spricht die Mathematik von *Unter- bzw. Obermengen*. Spezialfall: Eine Untermenge kann mit der Obermenge identisch sein. Ist sie es nicht, handelt es sich um eine *echte* Untermenge. Statt Untermenge ist auch der Begriff *Teilmenge* geläufig.

Demzufolge ist beispielsweise die Menge der heute gezogenen Lottozahlen auf jeden Fall eine Untermenge der Menge aller möglichen Lottozahlen. Als Symbol dient ein umgekipptes U mit Strich:

$$\{44, 8, 7, 29, 14, 22\} \subseteq M_{\text{Lottozahlen}}$$

Bei *echten* Teilmengen lassen Sie den horizontalen Strich weg.

Übrigens habe ich die heutigen Lottozahlen in der Reihenfolge aufgeschrieben, in der sie gezogen wurden. Die Reihenfolge von Elementen ist in Mengen aber unerheblich. Meistens ist eine aufsteigende Reihenfolge übersichtlicher.

Eine häufig vorkommende Art von Mengen sind *Lösungsmengen*. Das ist die Menge jener Zahlen, die einer gegebenen Gleichung genügen, und die gleichzeitig eine Untermenge der Grundmenge sind, für die die Aufgabe gestellt wurde. Beispielsweise hat die folgende Gleichung keine Lösung in $\mathbb{N}$, der Menge der natürlichen Zahlen:

$$1 + n = 0$$

Folglich ist die Lösungsmenge leer:

$$L = \{\,\}$$

Eine andere geläufige Schreibweise ist:

$$L = \emptyset$$

Die leere Menge hat einige recht naheliegende Eigenschaften, die Sie sicher jetzt genauso leicht lesen wie verstehen werden:

$\emptyset \subseteq M$ (gilt für jede Menge M)

$$M \cup \emptyset = M$$

$$M \cap \emptyset = \emptyset$$

Außerdem ist die leere Menge die Lösungsmenge jeder Gleichung, die keine Lösung besitzt.

Vordefinierte Mengen

Die Mathematik verwendet bestimmte Mengen sehr häufig, und es ist wichtig, ihre Bezeichnungen und deren Unterschiede zu kennen. Da wären:

Die bereits erwähnte Menge der natürlichen Zahlen: $\mathbb{N} = \{1, 2, 3, \dots\}$

Wohlgemerkt enthält diese Menge nicht die 0. Gelegentlich kommt aber eine Spezialversion mit 0 zum Einsatz:

$$\mathbb{N}_0 = \mathbb{N} \cup \{0\}$$

Mit $\mathbb{N}$ kann man schon eine Menge anstellen, aber wehe, man möchte sich über Temperaturen in Sibirien unterhalten. Dafür brauchen Sie die Menge der ganzen Zahlen:

$$\mathbb{Z} = \{0, 1, -1, 2, -2, 3, -3, \dots\}$$

Sobald Sie anfangen, ganze Zahlen durcheinander zu teilen, ist es nur eine Frage der Zeit, bis auch diese Menge nicht mehr reicht – willkommen in der Menge der rationalen Zahlen, genannt $\mathbb{Q}$.

Die genaue Definition von $\mathbb{Q}$ ist relativ kompliziert und muss Sie an dieser Stelle nicht interessieren. Wichtig zu wissen ist, dass alle Brüche rationale Zahlen sind:

$\frac{z}{n} \in \mathbb{Q}$, wobei der Zähler eine ganze Zahl ist und der Nenner nicht 0 sein darf, also $n \in \mathbb{Z} \setminus \{0\}$.

Mehr zu Bruchrechnung finden Sie in Abschnitt 2.3. Mit rationalen Zahlen kommen Sie ziemlich weit. Aber es gibt noch mehr wichtige Grundmengen: die reellen Zahlen $\mathbb{R}$. Beispielsweise gibt es keine rationale Zahl x, die die Gleichung $x^2 = 2$ erfüllt. Die Lösungsmenge ist also leer, wenn die Grundmenge $\mathbb{Q}$ ist. Das kann man auch beweisen, aber diesen Spaß gönne ich Ihnen erst in Kapitel 11. Vorläufig sollte genügen: *Physikalische Messwerte sind grundsätzlich reelle Zahlen* (plus Maßeinheit). Allerdings lassen sich selbstverständlich niemals alle Nachkommastellen bestimmen, schließlich sind es unendlich viele, und niemand misst unendlich genau.

Sicher können Sie jetzt die letzten Aufgaben aus dem Selbsttest beantworten:

$\{0; 3{,}141\} \subset \mathbb{N}$ stimmt nicht, da beide Elemente keine natürlichen Zahlen sind.

$\sqrt[3]{-1} \in \mathbb{Z}$ stimmt! Die dritte Wurzel aus –1 ist –1, und das ist eine ganze Zahl.

$\mathbb{R} \subset \mathbb{Q}$: Das ist falsch: Die reellen Zahlen sind keine Untermenge der rationalen, umgekehrt ist es richtig.

$-\frac{2}{7} \notin \mathbb{Q} \setminus \mathbb{N}$: Auch das ist unrichtig. Der Bruch ist durchaus in der Menge der rationalen Zahlen ohne die natürlichen. Korrekt wäre die Aussage für andere Brüche, zum Beispiel $\frac{8}{4}$. Das ist nämlich nur eine andere Schreibweise für eine natürliche Zahl (2), und die ist in der Tat kein Element der angegeben Menge, weil die natürlichen Zahlen ja explizit ausgenommen sind.

Aufgaben

1.3 Entspannungsübungen

Aufgaben mit und ohne Taschenrechner, in drei Schwierigkeitsgraden

Benutzen Sie nur dann einen Taschenrechner, wenn Sie das Symbol 🖩 sehen. Alle anderen Aufgaben sind so gestellt, dass sie mit zumutbarem Aufwand im Kopf oder auf einem Schmierzettel gelöst werden können.

Die Anzahl der Doktorhut-Symbole geben den Schwierigkeitsgrad der Aufgaben an, von eins bis drei.

Aufgabe 1: Schnittmengen

Bestimmen Sie die Schnittmengen:

$A = \{1, 2, 3, 5, 8, 13, 21\}$, $B = \{3, 5, 7, 15, 133\}$, $M_{\text{Primzahlen}}$

Aufgabe 2: Wahr oder falsch?

a) $92\,643 \in M_{\text{gerade Zahlen}}$

b) $-\sqrt{361} \in \mathbb{Q}$

c) $\dfrac{\sqrt[3]{-27}}{3} \in \mathbb{Z}$

1.4 Lösungen

Aufgabe 1: Schnittmengen

Hier sind die gesuchten Schnittmengen:

$A \cap B = \{3, 5\}$

$A \cap M_{\text{Primzahlen}} = \{2,3,5,13\}$

$B \cap M_{\text{Primzahlen}} = \{3,5,7\}$

(133 ist keine Primzahl, sondern das Produkt aus 19 und 7.)

Sie können natürlich auch aus drei Mengen eine Schnittmenge bilden:

$A \cap B \cap M_{\text{Primzahlen}} = \{3{,}5\}$

Aufgabe 2: Wahr oder falsch?

a) $92643 \in M_{\text{gerade Zahlen}}$

ist falsch. 92643 ist keine gerade Zahl und demzufolge nicht Element der so benannten Menge.

b) $-\sqrt{361} \in \mathbb{Q}$

ist richtig, denn 361 ist 19^2, folglich ist die gesuchte Wurzel 19, und –19 ist eine rationale Zahl.

c) $\frac{\sqrt[3]{-27}}{3} \in \mathbb{Z}$

ist richtig, denn die dritte Wurzel aus –27 ist –3. Die fragliche Zahl ist also –1 und damit eine ganze Zahl.

Kapitel 2

Gesetze der Algebra

Zahlen sind zum Rechnen da, bis auf jene, die auf Nummernschilder gedruckt werden. Wobei das auch nur für Autos gilt – mit Nummern von Lokomotiven kann man tatsächlich Berechnungen anstellen. Zunächst aber zu wichtigeren Themen …

2.1 Testen Sie sich selbst

Wo stehe ich?

Viele Rechengesetze wenden Sie alltäglich intuitiv an. Wenn Sie lieber 4 + 1 statt 1 + 4 rechnen, dann wenden Sie das *Kommutativgesetz* an. Es erlaubt Ihnen, beim Addieren oder Multiplizieren die Summanden bzw. Faktoren zu vertauschen. Das spart eine Menge Zeit beim Kopfrechnen, wenn man es geschickt anstellt. Aber sind Sie sicher, dass Sie alle Rechenregeln parat haben? Die folgenden Testaufgaben werden Ihnen helfen, das herauszufinden.

1. Berechnen Sie die folgenden Summen jeweils innerhalb von höchstens fünf Sekunden im Kopf.

   a) $2 + 4 + 7 + 6 + 8 + 3 =$

   b) $11 + 3 + 9 + 17 =$

   c) $2 + 19 + (-2) + 31 =$

   d) $13 \cdot 0{,}2 \cdot 1{,}3 \cdot 5 =$

2. Berechnen Sie die folgenden Terme jeweils innerhalb von höchstens zehn Sekunden im Kopf.

   a) $17 \cdot 3 + 7 \cdot (9 + 8) =$

   b) $(Ct + l) \cdot hu =$

   c) $1{,}5a + 0{,}5a - 2a =$

3. Vereinfachen bzw. berechnen Sie.

   a) $a^2 \cdot a^4 \cdot a^{-6} =$

   b) $(-1)^3 + t^4 \cdot t^{-2} \cdot t^3 : t^5 =$

   c) $\sqrt[3]{x} \cdot \frac{x^5}{x^2} \cdot \sqrt{x} =$

4. Berechnen Sie.

   a) Sie sind stolzer Besitzer von 360 Lichtschwertern. 20 % davon haben rote Klingen.

   b) Zwecks Erweiterung Ihrer Lichtschwertersammlung haben Sie einen Kredit aufgenommen: 800 Credits zu 1,25 % Zinsen pro Jahr. Wie viel müssen Sie nach drei Monaten zurückzahlen, um sich den Kredit komplett vom Hals zu schaffen?

5. Berechnen Sie.

   a) $\frac{23}{4} + \frac{34}{8} =$

   b) $\frac{x \cdot \left(0{,}25 + 1\frac{3}{4}\right)}{2} =$

c) $0{,}1 \cdot \left(2\frac{1}{3} + 7{,}\overline{6}\right) =$

d) $\frac{\frac{2}{3}}{\frac{7}{5}} =$

e) $2^{-4{,}5-\frac{3}{2}} =$

f) $\sqrt[5]{9} \cdot \left(\sqrt[5]{\frac{1}{27}}\right)^{-1} =$

2.2 Gesetze, die jeder kennt

Drei Gesetze der Algebra verwenden Sie intuitiv, sei es beim »vorteilhaften Rechnen« oder beim schriftlichen Dividieren. Nichtsdestotrotz hilft es, sich diese Regeln noch mal in Erinnerung zu rufen.

Damit setzen wir den Rundgang durch die Schulmathematik auf entspannte Weise fort ...

Vertauschen (fast) nach Belieben

Viele mathematische Operationen erlauben es, ihre Argumente zu vertauschen. Dazu gehören die Addition und die Multiplikation, nicht aber Subtraktion, Division und Potenzierung. Die beiden ersteren heißen demnach kommutative binäre Verknüpfungen, denn es gilt:

$$a + b = b + a$$

$$a \cdot b = b \cdot a$$

(*Kommutativgesetz*)

Es gibt noch andere kommutative Operationen, aber die sollen uns im Moment nicht interessieren. Entscheidend ist, dass dieses einfache Gesetz der Algebra es zusammen mit seinen Kollegen (Assoziativgesetz und Distributivgesetz) häufig erlaubt, Rechenaufgaben zu vereinfachen. Auch wenn Sie diese Gesetze sicher längst kennen und richtig anwenden können, werfe ich sie einmal in den Raum:

$$a + (b + c) = (a + b) + c$$

$$a \cdot (b \cdot c) = (a \cdot b) \cdot c$$

(*Assoziativgesetz*)

Beispiel: Vorteilhaft vertauschen

Um mehrere Summanden möglichst schnell addieren zu können, halten Sie Ausschau nach solchen, die zusammen einen glatten Zehner ergeben. Vertauschen Sie im Kopf die Summanden, und verwenden Sie das Assoziativgesetz, um sie zuerst aufzuaddieren. Das funktioniert prima bei den Aufgaben aus dem Selbsttest:

$$2 + 4 + 7 + 6 + 8 + 3 = 2 + 8 + 4 + 6 + 7 + 3 = 10 + 10 + 10 = 30$$

Derselbe Trick funktioniert bei der nächsten Aufgabe:

$$11 + 3 + 9 + 17 = 11 + 9 + 3 + 17 = 20 + 20 = 40$$

Auch wenn eine negative Zahl beteiligt ist, dürfen Sie Summanden vertauschen. Da das Addieren einer negativen Zahl dasselbe ist wie deren Subtraktion, vereinfacht sich die dritte Aufgabe enorm:

$$2 + 19 + (-2) + 31 = 2 - 2 + 19 + 31 = 50$$

Dem Gehirn fällt es viel leichter, sich »glatte« Zahlen zu merken und damit zu rechnen, in diesem Fall die 10. Sie addieren also zunächst solche Zahlen, deren Einer-Stellen sich auf 10 addieren (oder zu null subtrahieren). Dann wird der Rest leichter.

Die beiden Gesetze gelten auch für die Multiplikation. Das sehen Sie an der letzten Teilaufgabe aus dem Selbsttest:

$$13 \cdot 0{,}2 \cdot 1{,}3 \cdot 5 = 13 \cdot 1{,}3 \cdot 0{,}2 \cdot 5 = 16{,}9$$

Bei den Dezimalkommazahlen müssen Sie nur darauf achten, wo das Komma hingehört. $2 \cdot 5$ ist 10, folglich ist $0{,}2 \cdot 5$ gleich 1. Dass $13 \cdot 13 = 169$ ist, wissen Sie optimalerweise auswendig. Das Komma richtig setzen, und schon haben Sie die Lösung.

Das Verteilungsgesetz

Sobald beide Grundrechenarten beteiligt sind, gilt die alte Regel »Punktrechnung vor Strichrechnung«. Um diese außer Kraft zu setzen, gibt es Klammern. Die wollen Sie oft loswerden, und dafür benutzen Sie das folgende Gesetz:

$$a \cdot (b + c) = a \cdot b + a \cdot c$$

(*Distributivgesetz*)

Das Distributivgesetz kennen Sie vielleicht unter den Begriffen *Ausklammern* bzw. *Ausmultiplizieren* – damit ist genau dasselbe gemeint. Es funktioniert (dank Assoziativgesetz) übrigens auch mit mehr als zwei Summanden. Deshalb lassen sich unhandliche Summen mit Unbekannten intuitiv *zusammenfassen*:

Beispiel: Zusammenfassen

$3a + 6x + 7z - 4x + 7a + 5x + 3z$

$= (3 + 7)a + (6 - 4 + 5)x + (7 + 3)z$

$= 10a + 7x + 10z$

Zwischen Zahlen und Unbekannten sparen Mathematiker den Multiplizieren-Punkt normalerweise ein.

Sicher verwenden Sie das Distributivgesetz automatisch, beispielsweise wenn Sie eine zweistellige Zahl mit einer einstelligen multiplizieren:

$47 \cdot 7 = (40 + 7) \cdot 7 = 40 \cdot 7 + 7 \cdot 7 = 280 + 49 = 329$

Beim schriftlichen Multiplizieren oder Dividieren verwenden Sie ebenfalls automatisch (und mehrmals) dieses Gesetz.

Beispiel: Vereinfachen

Oft ergeben sich dadurch drastische Vereinfachungen. Wie in den Selbsttest-Aufgaben:

$17 \cdot 3 + 7 \cdot (9 + 8) =$

$17 \cdot 3 + 7 \cdot 17 =$

$17 \cdot (3 + 7) =$

$17 \cdot 10 = 170$

Auch wenn Sie mit Unbekannten rechnen – und das werden Sie in diesem Buch noch ziemlich oft tun –, ist das Distributivgesetz oft sehr hilfreich:

$(Ct + l) \cdot hu =$

$Cthu + lhu$

Mit dieser Lösung können Sie das gleichnamige Ungeheuer aus den Werken von H. P. Lovecraft zum Glück nicht zum Leben erwecken.

$1{,}5a + 0{,}5a - 2a =$

$(1{,}5 + 0{,}5 - 2) \cdot a =$

$0 \cdot a = 0$

Ein weiteres Thema, hinter dem letztlich das Distributivgesetz steckt, zeige ich Ihnen im nächsten Abschnitt.

Zig Prozent auf alles!

Auch bei der *Prozentrechnung* verwenden Sie meist das Distributivgesetz. Angenommen, Ihr Nachwuchs verlangt 10 % mehr Taschengeld. 10 % bedeutet wörtlich »10 von 100«, mathematisch ausgedrückt $\frac{10}{100}$, also $\frac{1}{10}$ oder 0,1. Bezogen aufs aktuelle Taschengeld t_{jetzt} also $t_{\text{Erhöhung}} = 0{,}1 \cdot t_{\text{jetzt}}$

Um das neue Taschengeld zu ermitteln, rechnen Sie $t_{\text{neu}} = t_{\text{jetzt}} + 0{,}1 \cdot t_{\text{jetzt}}$. In dieser einfachen Gleichung können Sie das jetzige Taschengeld ausklammern und kommen auf:

$$t_{\text{neu}} = (1 + 0{,}1) \cdot t_{\text{jetzt}} = 1{,}1 \cdot t_{\text{jetzt}}$$

Eine Erhöhung eines Wertes um einen gewissen Prozentsatz p % bedeutet also allgemein eine Multiplikation mit $1 + \frac{p}{100}$.

Beispiel: Prozentrechnung

In den Selbsttest-Übungen gab es auch zwei Aufgaben zur Prozentrechnung. Bei der ersten fehlte die Frage – nicht aus Versehen, denn es ist nicht ungewöhnlich, dass Sie bei einem Problem zunächst einmal die sich stellende Frage korrekt formulieren müssen. Im Fall Ihrer 360 Lichtschwerter umfassenden Sammlung lautet sie natürlich: Wie viele davon haben rot leuchtende Klingen?

Achten Sie darauf, sich bei Sachaufgaben immer die gegebenen und die gesuchten Größen bewusst zu machen (und am besten hinzuschreiben):

Gegeben sind die Gesamtanzahl der Lichtschwerter $l = 360$ sowie der Prozentsatz $p\,\% = 20\,\%$.

Gesucht ist die Anzahl der roten Lichtschwerter l_{rot}.

Sie rechnen also:

$$l_{\text{rot}} = l \cdot p\,\% = 360 \cdot 20\,\% = 360 \cdot 0{,}2 = \ldots$$

Oh Mist, kein Taschenrechnersymbol? Ja, genau, Kopfrechnen ist gesund! Das Doppelte von 360 ist 720, und 0,2 ist ein Zehntel des Doppelten, also ist das Ergebnis 72, und das ist die Anzahl Ihrer roten Lichtschwerter.

Zinsen, bitte

Ein Spezialfall der Prozentrechnung ist die *Zinsrechnung*. Zinsen – also was Sie der Bank zahlen, damit sie Ihnen was leiht, oder umgekehrt – hängen immer vom Gesamtbetrag ab. Der Zinssatz ist ein Prozentsatz, wird aber üblicherweise pro Jahr (p. a., per annum) angegeben. In der zugehörigen Selbsttest-Aufgabe gab es einen kleinen Trick. Ist er Ihnen aufgefallen?

Beispiel: Zinsrechnung

Die angegebenen Zinsen von 1,25 % auf die Kreditsumme von 800 € gelten für ein Jahr, Sie zahlen den Kredit aber schon nach drei Monaten zurück! Folglich müssen Sie nur für ein Vierteljahr Zinsen zahlen, also den vierten Teil:

$z = 800 \cdot 1{,}25\,\% : 4$

Um die Rechnerei zu vereinfachen, können Sie für das Prozentzeichen ein Hundertstel einsetzen – oder durch 100 teilen – und alles ein bisschen vertauschen.

$= 800 : 100 \cdot 1{,}25 : 4$

$= 8 : 4 \cdot 1{,}25$

$= 2 \cdot 1{,}25$

$= 2{,}5$

Zweieinhalb Credits Zinsen – na, das war ja gar nicht so teuer!

Falls Sie ein Fach studieren, in dem Geld ein großes Thema ist, werden Sie noch deutlich kompliziertere Begriffe aus der Zinsrechnung aufgetischt bekommen. Für die Zwecke dieses Buches lassen wir es mit der sehr einfachen Betrachtung bewenden.

Die Minusklammer

Das Distributivgesetz steckt außerdem hinter der gefürchteten *Minusklammer* . Schauen Sie sich den folgenden Term an:

$a - (b + c - d)$

Wie werden Sie diese Klammer los?

Sicher erinnern Sie sich noch an die Minusklammer-Regel: *Entfernt man die Klammern, drehen sich die Vorzeichen um*. Aber warum eigentlich?

Der obige Beispiel-Term lässt sich auch wie folgt als Summe schreiben:

$a + (-1) \cdot (b + c - d)$

Hinter der Minusklammer versteckt sich also eine Punktrechnung! Um das Produkt auszurechnen, verwenden Sie das Distributivgesetz und multiplizieren jeden Summanden in der Klammer mit der –1. Sie erhalten:

$a - b - c + d$

Sie sehen, dass sich im Vergleich zum Ausgangsterm die Vorzeichen innerhalb der Klammer umgedreht haben.

Binomische Formeln

In manchen Fällen müssen Sie das Distributivgesetz zweimal anwenden, nämlich wenn Sie *zwei* Summenklammern *ausmultiplizieren* müssen.

Beispiel: Ausmultiplizieren

$(14 + x) \cdot (y + 1)$

Hier ist die vordere Klammer der Faktor, mit dem nach dem Distributivgesetz die beiden Summanden der zweiten Klammer einzeln zu multiplizieren sind. Schauen Sie sich den ersten Schritt an:

$(14 + x) \cdot (y + 1) = (14 + x) \cdot y + (14 + x) \cdot 1$

Im zweiten Schritt multiplizieren Sie das vordere Produkt aus, der Faktor 1 im hinteren fällt weg, und Sie erhalten:

$14 \cdot y \; + \; x \cdot y \; + \; 14 \; + \; x$

Ein häufiger Spezialfall ist jener mit identischen Klammerinhalten:

$(a + b) \cdot (a + b)$

Multiplizieren Sie das mal im Kopf aus! Sie erhalten:

$a \cdot a \; + \; a \cdot b \; + \; b \; \cdot a \; \; + \; b \cdot b$

Das lässt sich natürlich viel einfacher ausdrücken:

$a^2 + 2 \cdot a \cdot b + b^2$

Das kommt Ihnen bekannt vor? Genau, Sie haben soeben die *erste binomische Formel* hergeleitet. Sie ist nichts anderes als ein Spezialfall des zweimal angewendeten Distributivgesetzes.

Es gibt noch zwei weitere binomische Formeln, deren Herleitung ich Ihnen in Form einer Entspannungsübung überlasse (am Ende des Abschnitts).

Es lohnt sich, die binomischen Formeln auswendig zu kennen, weil ihre Anwendung Zeit spart. Nur ein paar Sekunden vielleicht – aber das ziemlich oft.

Allerdings ist es keineswegs erforderlich oder gar sinnvoll, sich bei jeder Kleinigkeit zu vergegenwärtigen, wie das Gesetz heißt, das man gerade anwendet, wenn man es einmal begriffen hat. Hauptsache ist: Sie können die Grundgesetze der Algebra auf jede beliebige Situation anwenden.

Und davon kommen noch so einige auf uns zu ...

2.3 Brüche, gemischt und dezimal

Hand aufs Herz: Die Brüche in den Testaufgaben zu Beginn des Abschnitts haben Sie ein klein wenig aus dem Tritt gebracht. Es kann sein, dass Sie ohne Probleme eine ganzrationale Funktion ableiten können (auch wenn das erst in Kapitel 15 wichtig wird), solange kein Bruch als Zahlenfaktor darin auftaucht. Keine Sorge: Bruchrechnung kann man verstehen, üben und beherrschen.

Gemeine Brüche

Ein *gemeiner Bruch* (ja, die heißen wirklich so) ist nichts anderes als eine Divisionsaufgabe, also *ein Quotient, dessen Ergebnis man gerade nicht ausrechnen möchte.*

Geschrieben wird der Bruch mit einem meist waagerechten Strich, über dem der Zähler (*Dividend*) steht. Der Nenner (*Divisor*) steht darunter. Gelegentlich verwendet man einen Schrägstrich, so zum Beispiel beim Prozentzeichen %, das für den Faktor $1/100$ alias $\frac{1}{100}$ steht.

Da Divisionen durch 0 nicht möglich sind, gibt es eine kleine Einschränkung: Der Nenner darf nicht 0 sein.

Allgemein ist ein Bruch also nichts anderes als:

$$\frac{z}{n} = z/n = z : n$$

Üblicherweise schreibt man einen Bruch so, dass Zähler und Nenner natürliche Zahlen sind. Sollte Zähler oder Nenner negativ sein, setzt man das Minuszeichen normalerweise vor den Bruchstrich. Sind Zähler und Nenner negativ, lässt sich der Bruch durch −1 kürzen und ist letztlich positiv.

Kürzen und erweitern

Einen Bruch zu *kürzen*, bedeutet hierbei, Zähler und Nenner durch einen gemeinsamen Teiler zu teilen, solange dabei erneut natürliche Zahlen herauskommen.

Beispiel: Einen Bruch kürzen

Als Beispiel dient der folgende Bruch:

$$\frac{36}{8}$$

Überlegen Sie zunächst, welche gemeinsamen Teiler Zähler und Nenner haben, durch welche natürlichen Zahlen sie also ohne Rest teilbar sind:

$T(36) = \{1, 2, 4, 9, 18, 36\}$

Diese Schreibweise meint die Menge der Teiler der in Klammern stehenden Zahl.

$T(8) = \{1, 2, 4, 8\}$

Das sind die beiden *Teilermengen* , also die Mengen der möglichen Teiler. Bilden Sie die Schnittmenge der beiden Mengen (welche Zahlen kommen in beiden Mengen vor?):

$T(36) \cap T(8) = \{1 ,2, 4\}$

Die größte Zahl in dieser Menge ist der *größte gemeinsame Teiler* (*ggT*) von 8 und 36, nämlich 4.

Teilen Sie Zähler und Nenner des Bruchs durch 4, erhalten Sie:

$$\frac{36}{8} = \frac{9}{2}$$

Sie können den ursprünglichen Zähler und den Nenner jeweils als Produkt von 4 und der resultierenden Zahl schreiben. Auch wenn Sie diesen Schritt meist im Kopf ausführen, erleichtert er das »Wegkürzen«: Dabei verschwinden solche Faktoren, die sowohl im Zähler als auch im Nenner auftreten.

$$\frac{36}{8} = \frac{9 \cdot 4}{2 \cdot 4} = \frac{9}{2}$$

Warum eigentlich?

Schreiben Sie die Aufgabe mal als Division:

$36 : 8 = (9 \cdot 4) : (2 \cdot 4)$

Die vordere Klammer dürfen Sie weglassen, die hintere nur dann, wenn Sie statt mit 4 multiplizieren durch 4 teilen. Das ist dasselbe Prinzip wie bei der Minusklammer, nur angewendet auf die Punktrechnung.

$= 9 \cdot 4 : 2 : 4$

Jetzt dürfen Sie umsortieren:

$= 9 : 2 \cdot 4 : 4$

Wenn Sie nach dem Assoziativgesetz die beiden Vieren zuerst durcheinander teilen, bleibt 9:2 stehen.

In Buchstaben ausgedrückt:

$$\frac{z}{n} = z : n = (y \cdot f) : (m \cdot f) = (y : m) \cdot (f : f) = y : m = \frac{y}{m}$$

Ist der Nenner eines Bruchs nach dem Kürzen 1, kann er weggelassen werden, da die 1 das *neutrale Element der Division* ist: Teilen durch 1 macht rein gar nichts mit dem Ausgangswert.

Da Brüche nichts anderes sind als spezielle Darstellungen von bestimmten rationalen Zahlen, benötigen Sie keine anderen Rechenregeln als jene, die Sie ohnehin aus der Arithmetik kennen. Allerdings ersparen Ihnen Brüche oft das Hantieren mit wenig übersichtlichen Kommazahlen. Es ist einfach praktischer, $\frac{1}{7}$ zu schreiben statt $0,\overline{142857}$, insbesondere in Zwischenschritten von längeren Berechnungen. Die Dezimalkommazahl beherrschen die meisten Taschenrechner dafür besser. Falls Sie keinen haben oder zum Benutzen allein Ihres Gehirns gezwungen werden, verwenden Sie einfache *Bruchregeln*.

Rechnen mit Brüchen

Addieren von Brüchen geschieht sozusagen mittels Distributivgesetz unter der Motorhaube. Dazu zwei Aufgaben aus den Selbsttests.

Beispiel: Brüche addieren

$$\frac{23}{4} + \frac{34}{8}$$

Zunächst *erweitern* Sie die Brüche so, dass sie den gleichen Nenner haben, und zwar das *kleinste gemeinsame Vielfache (kgV)*. (Ja, den rechten Bruch könnte man kürzen, aber lassen Sie uns das in diesem Beispiel einmal »übersehen«.)

Das kleinste gemeinsame Vielfache von 4 und 8 ist 8. Falls Sie das bei komplizierteren Aufgaben nicht auf Anhieb sehen, stellen Sie sich die Vielfachen-Mengen vor, bilden Sie die Schnittmenge, und greifen Sie zur kleinsten Zahl:

$V(4) = \{4, 8, 12, 16, \dots\}$

$V(8) = \{8, 16, 24, \dots\}$

$V(4) \cap V(8) = \{8, 16, 24, \dots\}$

Die Schreibweise der Vielfachen-Mengen *V*() ähnelt jener der Teilermengen *T*(), sie enthält aber immer unendlich viele Elemente.

Erweitern ist das Gegenteil von kürzen, Sie multiplizieren also Zähler und Nenner mit dem gleichen Faktor.

$$\frac{46}{8} + \frac{34}{8}$$

Jetzt klammern Sie den Nenner aus:

$$\frac{1}{8} \cdot (46 + 34) = \frac{1}{8} \cdot 80$$

Denn als Teilaufgabe sähe das so aus:

$$46 : 8 + 34 : 8 = (46 + 34) : 8 = 80 : 8$$

Sie sehen sofort, was herauskommt. Ich möchte aber noch mal kurz die Bruchschreibweise wiederholen und Ihnen zeigen, wie man zwei Brüche multipliziert: *Zähler mal Zähler, Nenner mal Nenner.* Eine Zahl hat dabei immer den Nenner 1. Also:

$$\frac{1}{8} \cdot 80 = \frac{1}{8} \cdot \frac{80}{1} = \frac{1 \cdot 80}{8 \cdot 1} = \frac{80}{8} = (\text{kürzen}) \frac{10}{1} = 10$$

Ich breite das nicht ohne Grund so ausführlich aus. Bei der Bruchrechnung passieren erfahrungsgemäß viele Fehler. Das muss nicht sein, wenn man genug Routine im Umgang damit hat.

Subtraktion von Brüchen funktioniert genau wie die Addition, also mit einem gemeinsamen Nenner.

Es bleibt die Division übrig: *Man teilt durch einen Bruch, indem man mit dem Kehrwert multipliziert.* Den *Kehrwert* eines Bruchs bilden Sie, indem Sie Zähler und Nenner vertauschen. Es gilt also:

$$\frac{a}{b} : \frac{s}{t} = \frac{a}{b} \cdot \frac{t}{s} = \frac{a \cdot t}{b \cdot s}$$

Natürlich kann das Geteilt-Zeichen der Division zweier Brüche wiederum als Bruchstrich geschrieben werden:

$$\frac{a}{b} : \frac{s}{t} = \frac{\frac{a}{b}}{\frac{s}{t}}$$

Dieses unhandliche Gebilde schimpft sich *Doppelbruch*, und falls Ihnen einer in die Finger kommt, formen Sie ihn am besten sofort in einen normalen Bruch um!

Beispiel: Doppelbruch

In den Selbsttest-Aufgaben gab es dieses Ungetüm:

$$\frac{\frac{2}{3}}{\frac{7}{5}}$$

Statt den oberen durch den unteren Bruch zu teilen, können Sie mit dem Kehrwert multiplizieren:

$$\frac{2}{3} \cdot \frac{5}{7} = \frac{10}{21}$$

Gemischte Brüche

Für Irritation sorgen oft *gemischte Brüche*. Das liegt daran, dass dort ein Rechenzeichen aus reiner Faulheit unterschlagen wird.

$$2\frac{1}{2} = 2 + \frac{1}{2}$$

Dabei genießt eigentlich der Mal-Punkt das Privileg, als einziges Rechenzeichen verschlampt werden zu dürfen. Denn der folgende Term ist *kein* gemischter Bruch, sondern ein Produkt:

$$a\frac{b}{c}$$

Trotzdem tauchen gemischte Brüche in der freien Wildbahn auf, und Sie müssen sie richtig erkennen. Folgender Dialog passiert Ihnen auf dem Wochenmarkt vermutlich nie im Leben: »Anderthalb Pfund Äpfel bitte!« – »Das heißt 0,75 Kilogramm, Sie Mathemuffel!«

Sie rechnen gemischte und allgemeine Brüche ineinander um, indem Sie sie als Summe schreiben und auf einen Bruchstrich bringen.

Gemischte Brüche werden gerne als einfachstmögliche Darstellung eines Bruchs betrachtet, der größer ist als 1, d. h. der Zähler ist größer als der Nenner. Wenn die Aufgabenstellung nicht explizit einen gemischten Bruch als Lösung verlangt, genügt in meinen Augen völlig der allgemeine Bruch, denn letztlich meint er exakt dieselbe rationale Zahl.

Dezimalkommazahlen

Nicht kürzbare Brüche stellen keine ganzen Zahlen dar, sind also $\notin \mathbb{Z}$.

Das bedeutet, dass die dahintersteckende Zahl eine *Dezimalkommazahl* ist. Sie wissen: In unserem üblichen, auf der Zahl 10 basierenden *Dezimalsystem* meint die erste Stelle vor dem Komma die Einer, die zweite die Zehner und so weiter. Zahlensysteme, die nicht auf 10 basieren, betrachten wir später.

Hinter dem Komma folgen Zehntel, Hundertstel und so weiter, also Vielfache von $\frac{1}{10}, \frac{1}{100}, \frac{1}{1000}$ usw. Mit diesem Hintergrundwissen können Sie jeden Bruch leicht in eine Dezimalkommazahl umrechnen, ohne den Taschenrechner zu bemühen.

Beispiel: Rechnen mit Dezimalkommazahlen

Jetzt können Sie sich noch mal zwei Teilaufgaben aus dem Selbsttest anschauen:

$$\frac{x \cdot \left(0{,}25 + 1\frac{3}{4}\right)}{2} =$$

Wandeln Sie die Dezimalkommazahl 0,25 in einen Bruch um: $0{,}25 = \frac{25}{100}$

Gekürzt ist das $\frac{1}{4}$.

Den gemischten Bruch wandeln Sie in einen gemeinen um: $1\frac{3}{4} = \frac{7}{4}$

Zufälligerweise haben beide Brüche den gleichen Nenner. Addiert ergeben sie $\frac{8}{4} = 2$. Diese 2 kürzt sich praktischerweise gegen jene im Nenner des Doppelbruchs weg, und es bleibt ein einsames x übrig:

$$\frac{x \cdot \left(0{,}25 + 1\frac{3}{4}\right)}{2} = \frac{x \cdot \left(\frac{1}{4} + 1\frac{3}{4}\right)}{2} = \frac{x \cdot 2}{2} = x$$

Die nächste Aufgabe rechnen Sie fast genauso:

$$0{,}1 \cdot \left(2\frac{1}{3} + 7{,}\overline{6}\right) =$$

Allerdings ergibt es hier wenig Sinn, die Dezimalkommazahl mit 100 zu multiplizieren. Vielmehr sollten Sie wissen, dass eine *Periode* – also eine sich unendlich wiederholende Folge von Nachkommastellen – beim Teilen durch natürliche Zahlen auftritt, die sich nicht durch die Primfaktoren 2 und 5 darstellen lässt. Sprich: Dividieren durch Zahlen wie 3, 7, 11 (oder Vielfache davon) erzeugen Perioden. So ist $1 : 3 = 0{,}\overline{3}$ und demzufolge $2 : 3 = 0{,}\overline{6}$ das Doppelte davon. Mit etwas Übung können Sie die meisten Dezimalkommazahlen mit Perioden recht leicht als gemischte Brüche erkennen. Unsere $7{,}\overline{6}$ ist nichts anderes als $7\frac{2}{3}$.

Damit ist die Aufgabe nicht mehr schwer:

$$0{,}1 \cdot \left(2\frac{1}{3} + 7{,}\overline{6}\right) = 0{,}1 \cdot \left(2\frac{1}{3} + 7\frac{2}{3}\right) = 0{,}1 \cdot 10 = 1$$

Um Dezimalkommazahlen zu »erkennen« oder um Brüche in solche umzurechnen, dividieren Sie schriftlich, fragen Sie Taschenrechner (oder App), oder lernen Sie die wichtigsten auswendig. Dafür gibt es einen verdammt guten Grund: In zahlreichen Presseartikeln werden Statistiken zitiert, und Journalisten neigen dazu, etwas »Abwechslung« in ihre verbale Wiedergabe von rein numerischen Aussagen zu bringen. Etwa so:

Ungefähr jeder zweite Mensch ist ein Mann, aber nur 8 % der Weltbevölkerung spricht Mandarin, wobei ein Viertel aller Japaner über 64 Jahre alt sind.

Selbst wenn die Zahlen auch nur annähernd miteinander vergleichbar wären: Wir finden in diesem (erfundenen, aber durchaus repräsentativen) Zitat drei verschiedene Darstellungsformeln für Zahlen zwischen 0 und 1.

»Jeder zweite« ist eine Umschreibung, die 0,5 bedeutet, 8 % meint 0,08, und »ein Viertel« – also $\frac{1}{4}$ – ist 0,25. Solche Umschreibungen erschweren es, Zahlen zu vergleichen, und oft sind sie sogar suggestiv. Denn was klingt nach mehr: »Jeder achte« oder »12,5 %«?

Merken Sie sich doch am besten ein paar wichtige Bruchdarstellungen von Dezimalkommazahlen, um im Zweifelsfall sofort die richtige Vorstellung von einem angegebenen Wert zu haben:

$$\frac{1}{2} = 0{,}5$$

$$\frac{1}{3} = 0{,}\overline{3}$$

$$\frac{2}{3} = 0{,}\overline{6}$$

$$\frac{1}{4} = 0{,}25$$

$$\frac{3}{4} = 0{,}75$$

$$\frac{1}{5} = 0{,}2$$

$$\frac{1}{8} = 0{,}125$$

$$\frac{1}{10} = 0{,}1$$

In der Praxis (also bei Sachaufgaben) dürfen Sie meist auf zwei Nachkommastellen runden, auch und gerade Perioden, mathematisch exakt richtig ist aber nur die Lösung mit Periodenstrich.

2.4 Potenzen und Wurzeln

Lassen Sie uns über *Potenzen* sprechen! Zunächst einmal bedeutet eine Potenz nur wiederholtes Multiplizieren der gleichen Zahl mit sich selbst. Diese Zahl heißt bei einer Potenz *Basis*, die Anzahl der Wiederholungen *Exponent*. Für eine Basis x schreibt man:

$$\underbrace{x \cdot x \cdots x \cdot x}_{n} = x^n$$

Das gilt zunächst einmal für natürliche Exponenten n.

Die Potenzgesetze

Wenn Sie sich die obige Definition vor Augen halten, ergeben sich sofort einfache Rechenregeln, die *Potenzgesetze*. Für das Produkt zweier Potenzen gleicher Basis gilt beispielsweise:

$$x^a \cdot x^b = \underbrace{x \cdots x}_{a} \cdot \underbrace{x \cdots x}_{b} = \underbrace{x \cdots x}_{a+b} = x^{a+b}$$

Bei einer Division subtrahieren Sie die Exponenten:

$$x^a : x^b = x^{a-b}$$

Mathematiker kamen auf die großartige Idee, auch negative ganze Zahlen als Exponenten zuzulassen und dies als Division zu betrachten, also der zur Multiplikation inversen Operation. Das heißt:

$$x^{-a} = \frac{1}{x^a}$$

Das spielt wunderbar mit den Potenzgesetzen zusammen, schauen Sie:

$$a^{-3} = a^{(-1 \cdot 3)} = (a^3)^{(-1)} = \frac{1}{a^3}$$

Und weiter:

$$a^5 \cdot a^{-2} = \frac{a^5}{a^2} = a^3 = a^{(5-2)}$$

Sie müssen sich also keine zusätzlichen Regeln merken, denn negative Exponenten funktionieren genauso wie positive. Bloß darf die Basis natürlich nicht 0 sein, da Teilen durch 0 unmöglich ist.

Für die Potenz eines Produktes gilt:

$$(x \cdot y)^a = \underbrace{x \cdot y \cdots x \cdot y}_{a} = \underbrace{x \cdots x}_{a} \cdot \underbrace{y \cdots y}_{a} = x^a \cdot y^a$$

So ist jede Potenz der Basis 0 ebenfalls 0, denn es ist egal, wie oft man 0 mit sich selbst multipliziert – es wird nichts anderes als 0 dabei herauskommen. Eine Ausnahme bildet der Spezialfall 0^0, dessen Wert nicht definiert ist. Hingegen ist für jede andere Basis die nullte Potenz als 1 definiert:

$$x^0 = 1 (\text{für } x \neq 0)$$

Jede Potenz mit geradem Exponenten ist positiv, auch wenn die Basis negativ ist. Minus mal minus ergibt plus, also:

$$a \text{ gerade} \Rightarrow x^a \geq 0$$

Wegen der Basis 0, deren Quadrat wiederum 0 ist, muss hier ein »größer oder gleich« stehen.

Einen Bruch potenzieren Sie, indem Sie Zähler und Nenner einzeln potenzieren:

$$\left(\frac{z}{n}\right)^a = \frac{z^a}{n^a}$$

Beim Potenzieren von Potenzen können Sie die Reihenfolge vertauschen:

$$(x^a)^b = x^{(a \cdot b)} = \left(x^b\right)^a$$

Beispiele: Rechnen mit Potenzen

In den Selbsttests gab es ein paar Aufgaben, die Sie mit diesem Wissen lösen können:

$$a^2 \cdot a^4 \cdot a^{-6}$$

$$= a^{2+4-6} = a^0 = 1$$

Vorsicht, die nächste Aufgabe enthält nicht nur ein Produkt, sondern auch eine Summe:

$$(-1)^3 + t^4 \cdot t^{-2} \cdot t^3 : t^5$$

Die dritte Potenz von –1 ist $(-1) \cdot (-1) \cdot (-1) = -1$. Also ergibt sich:

$$(-1) + t^{4-2+3-5} = -1 + t^0 = -1 + 1 = 0$$

Umkehren von Potenzen

Weiter oben hatte ich ja schon darauf hingewiesen, dass Potenzen mit geraden Exponenten immer größer oder gleich null sind.

Umgekehrt folgt, dass kein Quadrat kleiner als null ist, weswegen eine Gleichung der Form $x^2 = -1$ in der Grundmenge der reellen Zahlen keine Lösung besitzt.

Aber: Eine Gleichung der Form $x^2 = a$ besitzt *zwei* Lösungen, nämlich x und $-x$ (falls $a = 0$ ist, natürlich nur eine). Wenn Sie eine Potenz mit geradem Exponenten bilden, geht sozusagen eine Information verloren: Anhand des Ergebnisses ist es unmöglich zu ermitteln, ob der Ausgangswert positiv oder negativ war.

Bei ungeraden Exponenten sieht die Sache anders aus. Während es für eine positive Basis keinen Grund gibt, derart potenziert negativ zu werden, sind ungerade Potenzen negativer Zahlen selbst negativ. Das ergibt sich nicht nur durch die Anschauung, sondern auch, wenn Sie einen ungeraden Exponenten um 1 erhöhen und damit »begradigen«:

$$a \text{ ungerade und } x < 0 \Rightarrow x^a = x^{(a-1+1)} = \underbrace{x^{(a-1)}}_{>0,\text{ da } a-1 \text{ gerade}} \cdot \underbrace{x}_{<0} < 0$$

Wurzeln und gebrochene Exponenten

Auch rationale Zahlen dürfen Exponenten sein. Wenn Sie den Exponenten als Bruch schreiben, meint der Nenner eine Wurzel:

$$a^{\frac{z}{n}} = \sqrt[n]{a^z}$$

Der *Radikant* – die Zahl unter dem Wurzelzeichen – ist dann eine Potenz mit Basis a.

Ist der Zähler eine 1 und der Nenner eine 2, handelt es sich um die Quadratwurzel:

$$a^{\frac{1}{2}} = \sqrt{a}$$

Sie dürfen Wurzel und Potenz vertauschen. Auch in solchen Fällen funktionieren die Potenzgesetze. Bei einem Produkt von Potenzen mit gebrochenen Exponenten addieren Sie die einfach.

Etwa so:

$$\sqrt{a} \cdot \sqrt{a} = a^{\frac{1}{2}} \cdot a^{\frac{1}{2}} = a^{\left(\frac{1}{2}+\frac{1}{2}\right)} = a^1 = a$$

Das Wurzelzeichen meint immer die *nicht negative reelle* Lösung der umgekehrten Gleichung. Deshalb gilt:

$$\sqrt{a^2} = |a|$$

Die Wurzel aus einem Quadrat ist der *Betrag*! Probieren Sie es mit einer negativen Zahl aus:

$$\sqrt{(-3)^2} = \sqrt{9} = 3$$

Das Ergebnis ist also nicht die anfangs quadrierte Zahl, sondern deren Betrag. Potenzen mit geraden Exponenten »verbergen« das negative Vorzeichen, und der Wurzel bleibt nichts anderes übrig, als ein eindeutiges und positives Ergebnis zu liefern – also den Absolutwert der ursprünglichen Zahl.

Beispiele: Wurzeln und Potenzen mit rationalen Exponenten

Jetzt können Sie auch die letzten Aufgaben aus den Selbsttests bewältigen:

$$\sqrt[3]{x} \cdot \frac{x^5}{x^2} \cdot \sqrt{x} = x^{\frac{1}{3}+5-2+\frac{1}{2}} = x^{3+\frac{1}{3}+\frac{1}{2}} = x^{\frac{23}{6}} = \sqrt[6]{x^{23}}$$

Auch Dezimalkommazahlen im Exponenten dürften Sie jetzt nicht mehr erschrecken:

$$2^{-4{,}5-\frac{3}{2}} = 2^{-\frac{9}{2}-\frac{3}{2}} = 2^{-\frac{12}{2}} = 2^{-6} = \frac{1}{64}$$

Selbst kompliziert aussehende Wurzeln verlieren jetzt ihren Nimbus der Unbesiegbaren:

$$\sqrt[5]{9} \cdot \left(\sqrt[5]{\frac{1}{27}}\right)^{-1} = 9^{\frac{1}{5}} \cdot \left(\frac{1}{27}\right)^{-\frac{1}{5}}$$

Da $9 = 3^2$ ist und $27 = 3^3$, also $\frac{1}{27} = 3^{-3}$, können Sie dies weiter vereinfachen:

$$= 3^{\frac{2}{5}} \cdot 3^{\frac{3}{5}} = 3^{\frac{2}{5}+\frac{3}{5}} = 3^1 = 3$$

2.5 Entspannungsübungen

Aufgabe 1: Berechnen Sie im Kopf

a) $(16:2+4:2)=$

b) $33+59-22+7+1+136+12+(-26)=$

c) $6\cdot 23-(8-2)\cdot 10+27\cdot 6\ =$

Aufgabe 2: Dringende Reparatur

Das war knapp! Um ein Haar wurde Ihr Raumschiff von kosmischen Piraten geplündert. Klarer Fall: Der Antrieb braucht mehr Leistung, und zwar mindestens 5,35 %. Um die Rechnung der Werkstatt für den fälligen Umbau zu bezahlen, nehmen Sie einen Wucherkredit in Höhe von 2 000 imperialen Credits zu 12 % Zinsen pro Jahr auf. Statt ihn wie geplant schon nach einem Monat zurückzuzahlen, werden Sie von Piraten erwischt und kommen erst nach vier Monaten und einer Lösegeldzahlung in Höhe von 500 Credits frei. Wie viel hat Sie der »Spaß« gekostet?

Aufgabe 3: Leiten Sie die 2. und 3. binomische Formel her

a) 2. binomische Formel: $(a-b)^2=?$

b) 3. binomische Formel: $(a+b)\cdot(a-b)=?$

Aufgabe 4: Berechnen Sie

a) $\frac{2}{3}+\frac{1}{2}+1\frac{2}{5}=$

b) $\left(0{,}375-2\frac{1}{8}\right)\cdot\frac{1}{3}=$

c) $\left(2{,}1-16+\frac{39}{10}\right)\cdot\left(-\frac{1}{5}\right)=$

d) $\left(12{,}6\cdot\frac{10}{3}-14\right):0{,}\overline{6}=$

Aufgabe 5: Berechnen oder vereinfachen Sie

a) $(-3)^4 =?$

b) $(((a^2)^2)^2)^2 =?$

c) $\sqrt{\frac{g^7 \cdot g^{-2}}{g^3}} =?$

d) $\sqrt[3]{2^3 + 20 + (-1)^3} =?$

e) $\sqrt[5]{8} \cdot 2^{\frac{2}{5}} =?$

f) $16^5 - 16^4 =?$

Aufgabe 6: Lösen Sie

a) $m + m + m = m \cdot m \cdot m$

b) $x^2 - 1 = \sqrt{x + 1}$

2.6 Lösungen

Aufgabe 1

a) $(16{:}\,2 + 4{:}\,2) = (16 + 4){:}\,2 = 20{:}\,2 = 10$

b) $33 + 59 - 22 + 7 + 1 + 136 + 12 + (-26)$

$= (33 + 7) + (59 + 1) + (136 - 26) + (12 - 22)$

$= 40 + 60 + 110 - 10 = 200$

c) $6 \cdot 23 - (8 - 2) \cdot 10 + 27 \cdot 6$

$= 6 \cdot 23 - 6 \cdot 10 + 27 \cdot 6$

$= 6 \cdot (23 + 27 - 10) = 6 \cdot 40 = 240$

Aufgabe 2

Gegeben: Zinssatz $z = 12\ \%$, Kreditsumme $K = 2\,000$, Lösegeld $L = 500$. Der ebenfalls gegebene Faktor der Leistungserhöhung ist ein Ablenkungsmanöver und für die Aufgabe irrelevant.

Gesucht: Gesamtkosten G

Ansatz: Die Zinsen nach vier Monaten sind $\frac{4}{12}\ \left(= \frac{1}{3}\right)$ der jährlichen Zinsen. Die Lösegeldzahlung ist zu addieren. Also:

$$G = L + K \cdot z \cdot \frac{1}{3} = 500 + 2\,000 \cdot 12\,\% \cdot \frac{1}{3}$$

$$= 500 + 2\,000 \cdot \frac{4}{100}$$

$$= 500 + 80 = 580$$

Die Gesamtkosten sind also 580 imperiale Credits. Die Kreditsumme ist natürlich auch zurückzuzahlen, zählt aber nicht zu den »Kosten«.

Aufgabe 3

a) 2. binomische Formel:

$$(a-b)^2 = a^2 - ab - ba + b^2 = a^2 - 2ab + b^2$$

b) 3. binomische Formel:

$$(a+b)\cdot(a-b) = a^2 + ba - ab - b^2 = a^2 - b^2$$

Aufgabe 4

a) $\frac{2}{3}+\frac{1}{2}+1\frac{2}{5}=\frac{2}{3}+\frac{1}{2}+\frac{7}{5}=\frac{2\cdot 10+1\cdot 15+7\cdot 6}{30}=\frac{77}{30}=2\frac{17}{30}$

b) $\left(0{,}375-2\frac{1}{8}\right)\cdot\frac{1}{3}=\left(\frac{3}{8}-\frac{17}{8}\right)\cdot\frac{1}{3}=-\frac{14}{8}\cdot\frac{1}{3}=-\frac{7}{4}\cdot\frac{1}{3}=-\frac{7}{12}$

c) $\left(2{,}1-16+\frac{39}{10}\right)\cdot\left(-\frac{1}{5}\right)=\left(\frac{21}{10}-\frac{160}{10}+\frac{39}{10}\right)\cdot\left(-\frac{1}{5}\right)$

$$=\frac{-100}{10}\cdot\left(-\frac{1}{5}\right)=10\cdot\frac{1}{5}=2$$

d) $\left(12{,}6\cdot\frac{10}{3}-14\right):0,\bar{6}=\left(\frac{126}{10}\cdot\frac{10}{3}-14\right):\frac{2}{3}=(42-14)\cdot\frac{3}{2}$

$$=28\cdot\frac{3}{2}=14\cdot 3=42$$

Aufgabe 5

a) $(-3)^4 = 9^2 = 81$

b) $(((a^2)^2)^2)^2 = a^{(2\cdot 2\cdot 2\cdot 2)} = a^{2^4} = a^{16}$

c) $\sqrt{\frac{g^7\cdot g^{-2}}{g^3}} = \sqrt{g^{7-2-3}} = \sqrt{g^2} = |g|$

d) $\sqrt[3]{2^3+20+(-1)^3} = \sqrt[3]{8+20-1} = \sqrt[3]{27} = 3$

e) $\sqrt[5]{8} \cdot 2^{\frac{2}{5}} = \sqrt[5]{2^3} \cdot 2^{\frac{2}{5}} = 2^{\left(\frac{3}{5}+\frac{2}{5}\right)} = 2^{\frac{5}{5}} = 2$

f) $16^5 - 16^4 = 16^4 \cdot 16 - 16^4 = 16^4 \cdot (16-1)$

$(2^4)^4 \cdot 15 = 2^{(4 \cdot 4)} \cdot 15 = 2^{16} \cdot 15 = 983.040$

Aufgabe 6

a) Die auf den ersten Blick seltsam anmutende Gleichung lässt sich tatsächlich viel knapper ausdrücken:

$3m = m^3$

Sicher sehen Sie sofort, dass die 0 eine Lösung ist. Aber es kann noch mehr geben, da die Gleichung eine hohe Potenz enthält! Sie dürfen für die Suche nach den restlichen Lösungen durch m dividieren und erhalten:

$3 = m^2$

Ziehen Sie die Wurzel und Sie erhalten zwei weitere Lösungen:

$m = \pm\sqrt{3}$

b) Sicher haben Sie bemerkt, dass links die dritte binomische Formel steht. Lösen Sie sie auf:

$(x+1)(x-1) = \sqrt{x+1}$

Die erste Klammer links ist das Quadrat der rechten Seite. Bevor Sie durch die Klammer dividieren, müssen Sie jedoch ausschließen, dass sie 0 ist, also $x = -1$.

Tatsächlich können Sie durch Einsetzen von –1 sofort sehen, dass das eine Lösung der Gleichung ist. Vielleicht nicht die einzige, deshalb müssen Sie noch ein bisschen weiter rechnen. Teilen Sie beide Seiten durch $(x + 1)$:

$$x - 1 = \frac{1}{\sqrt{x+1}}$$

Quadrieren Sie jetzt beide Seiten:

$$(x-1)^2 = \frac{1}{x+1}$$

Multiplizieren Sie mit dem rechten Nenner, um ihn loszuwerden:

$(x+1)(x-1)^2 = 1$

Benutzen Sie die zweite binomische Formel, um das Quadrat loszuwerden und multiplizieren Sie die Klammer aus:

$(x+1)(x^2-2x+1)=1$

$x^3-2x^2+x+x^2-2x+1=1$

Sie sehen, dass einiges wegfällt:

$x^3-x^2-x=0$

Hier lässt sich x ausklammern:

$x(x^2-x-1)=0$

Diese Gleichung hat offensichtlich eine Lösung $x = 0$. Wenn Sie 0 in die ursprüngliche Gleichung einsetzen, erhalten Sie:

$-1=\sqrt{1}$

Das ist natürlich falsch. Also ist 0 doch keine Lösung. »Hineingerutscht« ist diese »Fake-Lösung« beim Quadrieren, das keine Äquivalenzumformung ist, also die Lösungsmenge erweitern kann. Da 0 nun doch keine Lösung ist, dürfen wir durch x dividieren und erhalten:

$x^2-x-1=0$

Der nächste Schritt ist wieder eine binomische Formel, und zwar rückwärts. Dabei gilt es, die zweite Zahl in der Klammer zu erraten. Das ist hier 0,5, denn nur dann ergibt sich als mittlerer Summand $-2ab = -2x \cdot 0{,}5 = -x$. Damit alles wieder stimmt, fügen Sie b^2, also das $0{,}5^2 = 0{,}25$ sozusagen als Fake hinzu und ziehen es hinter der binomischen Formel wieder ab:

$(x-0{,}5)^2-0{,}25-1=0$

Jetzt können Sie die Summanden ohne x auf die rechte Seite bringen und die Wurzel ziehen:

$$x-0{,}5=\pm\sqrt{1{,}25}=\pm\sqrt{\frac{5}{4}}=\frac{\pm\sqrt{5}}{2}$$

Addieren Sie schließlich 0,5 auf beiden Seiten, um die beiden möglichen Lösungen zu erhalten:

$$x=\frac{1}{2}\pm\frac{\sqrt{5}}{2}\approx 1{,}618\ oder\ -0{,}618$$

Diese Zahlen sind *mögliche* Lösungen. Sie müssen Sie noch in die ursprüngliche Gleichung einsetzen und testen. Dabei stellt sich heraus, dass nur die positive Lösung funktioniert. Somit hat die Gleichung die beiden Lösungen –1 und 1,618.

Kapitel 3

(Un-)gleichungen

Die ganze Welt ist voller mathematischer Gleichungen! Die verbleibende Akkulaufzeit Ihres Handys ist gleich der jetzigen Ladung geteilt durch den Verbrauch pro Zeit. Der Bestand einer Bibliothek ist gleich der Summe der ausgestellten Medien plus der entliehenen Medien. Die Wahrscheinlichkeit, mit zwei Würfeln zwei Augen zu würfeln, ist gleich dem Quadrat der Wahrscheinlichkeit, mit einem Würfel ein Auge zu würfeln. Fehlen nur noch die Lösungen … und der Weg dorthin.

3.1 Testen Sie sich selbst

Wo stehe ich?

Ihre Aufgabe ist es stets, die Lösungsmenge einer Gleichung zu finden. Das ist die Menge all jener Elemente, die erstens zur Grundmenge gehören und zweitens, eingesetzt in die Gleichung, diese zu einer wahren Aussage machen. Dazu müssen Sie meistens die Gleichung durch *Äquivalenzumformungen* verändern, um die Lösung(en) ablesen zu können. Äquivalenzumformungen sind identische Operationen auf beiden Seiten des Gleich-Zeichens, die die Lösungsmenge nicht verändern. Sonst wären sie nicht erlaubt.

Es gibt aber nicht nur einfache Gleichungen, sondern auch *Un*gleichungen und Gleichungs*systeme* und nicht zuletzt Sachaufgaben, zu denen Sie die passende(n) Gleichung(en) zunächst einmal aufstellen müssen. Dieser Abschnitt ist für all diese Fälle zuständig.

1. Bestimmen Sie die Lösung(en). Die Grundmenge ist jeweils die Menge der reellen Zahlen.
   a) $19 - 4x = -9$
   b) $0{,}9x = 8{,}1$
   c) $4(y - 3) - 2y \neq 5(3y + 1)$
   d) $7\frac{3}{4} - u > 1\frac{1}{2}$
   e) $(x + 2)(x + 5) - (x + 1)(x + 6) - 8 = 0$
   f) $(x + 5)(x - 5) + (x - 2)^2 = (x + 5)^2 + 5$
   g) $\frac{2}{x + 1} = \frac{x + 7}{3}$
2. Geben Sie die Lösungsmenge für das folgende Gleichungssystem an.
   $2x + 4 = 2y + 1 \; y - 2 = 2x + 6$
3. Eines der beliebten Zahlenrätsel lautet: Die gesuchte Zahl ist zweistellig und hat die Quersumme 15. Wenn man die beiden Ziffern der Zahl umdreht, ist das Ergebnis um 9 größer.
4. Ein PKW verbraucht auf der 40 km langen Strecke von Dortmund nach Gelsenkirchen-Schalke 1,5 l Diesel. Wie hoch ist der Verbrauch pro 100 km?

3.2 Einfache Gleichungen und Ungleichungen

Jede Gleichung ist eine *Aussageform*, die durch Einsetzen von Werten aus der Lösungsmenge zu einer wahren Aussage wird (und für alle anderen Werte zu einer falschen).

Halten Sie sich vor Augen: Den Wahrheitsgehalt einer mathematischen *Aussage* können Sie immer sofort angeben. Zum Beispiel:

$734 > -6$

Hingegen enthält eine *Aussageform* Unbekannte. Erst durch Einsetzen von Werten wird aus einer Aussageform eine Aussage, und erst dann können Sie den Wahrheitsgehalt bestimmen.

$42x > 0$

Diese Aussageform wird wahr, wenn Sie für x passende (also positive) Zahlen einsetzen, sonst falsch.

Ich gebe Ihnen ein weiteres Beispiel, weil ich darüber mal eine Diskussion mit meinem Mathematik-Professor hatte:

»Es regnet.«

Können Sie wirklich eindeutig entscheiden, ob diese Aussage wahr oder falsch ist?

Dies ist tatsächlich eine Aussage*form*. Denn ihr Wahrheitsgehalt hängt davon ab, an welchem Ort und zu welcher Zeit sie betrachtet wird. Letztlich handelt es sich um eine Gleichung mit mehreren Unbekannten. Falls Sie in einer stecken gebliebenen U-Bahn weilen, können Sie selbst bei genauer Kenntnis von Ort und Zeit nicht mit Sicherheit sagen, ob es an der Oberfläche regnet.

Eine Besonderheit sind *allgemeingültige Aussageformen*. Das sind Aussageformen, die zu wahren Aussagen werden, egal welche konkreten Werte Sie einsetzen. Aber das macht sie nicht zu *Aussagen*. Ein Beispiel:

$x^2 + 1 > 0$

Jedes reelle x hat ein Quadrat, das größer oder gleich 0 ist, folglich ist das Ergebnis immer echt größer 0, wenn Sie auch noch eins addieren.

Gleichungen umformen

Nun ist nicht jeder Aussageform auf Anhieb anzusehen, welche Werte zu einer richtigen Aussage führen. Werfen Sie einen Blick auf das folgende Beispiel:

$8x + 3 = 5x + 24$

Um jene Werte direkt ablesen zu können, die dieser Gleichung genügen, formen Sie sie schrittweise um, bis die Unbekannte allein auf einer Seite steht und auf der anderen ein konkreter Wert. Das ist erlaubt, solange die Umformungen den Wahrheitsgehalt der Aussageform nicht ändern. Solche Umformungen nennt man äquivalent und kennzeichnet sie mit dem Zeichen ⇔. Es gibt auch Umformungen, die nur in eine Richtung den Wahrheitsgehalt nicht ändern, dann verwenden Sie einen einfachen Pfeil statt des doppelten.

Verboten ist es übrigens, auf beiden Seiten mit 0 zu multiplizieren. Dies würde die Lösungsmenge verändern (sie wird identisch mit der Grundmenge), das bringt also gar nichts.

Äquivalente Umformungen sind solche, die auf beiden Seiten des Gleich-Zeichens dieselbe Operation ausführen. Mit geschickt gewählten Umformungen gelingt es dann, die Unbekannte zu isolieren. Die einzelnen Schritte sind für lineare Gleichungen:

1. Klammern ausmultiplizieren, sodass links und rechts Summen stehen
2. Terme mit der Unbekannten zusammenfassen
3. Summanden mit der Unbekannten auf die linke Seite bringen
4. restliche Summanden auf die rechte Seite bringen
5. durch den Vorfaktor der Unbekannten dividieren

Beispiel

Lassen Sie uns die erste Aufgabe aus dem Selbsttest lösen. Schreiben Sie sich jede Äquivalenzumformung hinter einen vertikalen Strich ans Ende der Zeile:

$19 - 4x = -9 \quad | - 19$

$-4x = -28 \quad | : (-4)$

$x = 7$

Falls eine Aufgabe nicht explizit nach der Lösungsmenge fragt, sind Sie an dieser Stelle fertig, ansonsten prüfen Sie, ob das ermittelte Ergebnis in der Grundmenge ist, und falls ja, geben Sie an:

$L = \{7\}$

Die zweite Teilaufgabe habe ich Ihnen gestellt, um sicherzugehen, dass Sie mit Dezimalkommazahlen umgehen können. Wenn ja, ist Ihnen die Lösung leichtgefallen:

$0{,}9x = 8{,}1 \quad | : 0{,}9$

$x = 9$

Wenn Sie noch nicht richtig in Übung sind, sollten Sie nach jeder Umformung einmal nachrechnen, denn jeder noch so kleine Fehler wie ein vergessenes Minuszeichen verändert die

Lösung. Sie können Ihr ermitteltes Ergebnis am Schluss in die Ursprungsgleichung einsetzen und so die Probe machen.

Ungleichungen lösen

Ungleichungen formen Sie auf die gleiche Weise um wie Gleichungen, bloß ist die Lösungsmenge stets die Grundmenge ohne die für die Unbekannte gefundenen Werte. Die Ungleichheit ist die Negation der Gleichheit.

Beispiel

Hier die Lösung der Ungleichung aus Aufgabe 1c). Im ersten Schritt lösen Sie alle Klammern auf, indem Sie das Distributivgesetz anwenden:

$$4(y-3)-2y \neq 5(3y+1)$$

$$4y-12-2y \neq 15y+5$$

Das muss natürlich unabhängig davon geschehen, ob eine Ungleichung oder eine Gleichung vorliegt. Um am Ende die Unbekannte – hier y – allein auf einer Seite stehen zu haben, müssen Sie sich durch alle beteiligten Rechenoperationen arbeiten, wie durch die Schalen einer Zwiebel. Die äußerste, ziemlich trockene Schicht ist dabei das Beseitigen der Klammern.

Als Nächstes (immer noch recht trocken) fassen Sie die Terme zusammen, die aus Vielfachen mit y bestehen. Damit wenden Sie erneut das Distributivgesetz an, weil Sie y ausklammern. Danach folgt die erste Umformung, die dazu dient, Terme mit und ohne y auf unterschiedlichen Seiten des Ungleichzeichens zu gruppieren.

$$2y-12 \neq 15y+5 \quad |-2y-5$$

$$-17 \neq 13y$$

In diesem Fall habe ich zwei Minus-Umformungen in einem Schritt durchgeführt. Sie können natürlich stattdessen zwei Schritte machen.

Zuletzt teilen Sie durch den Vorfaktor der Unbekannten:

$$-17 \neq 13y \quad |:13$$

$$-\frac{17}{13} \neq y$$

Da in Zähler und Nenner Primzahlen stehen, kann man diesen Bruch nicht kürzen.

Damit ist die Lösungsmenge:

$$L = \mathbb{R} \setminus \left\{-\frac{17}{13}\right\}$$

Bei Ungleichungen müssen Sie auf das Zeichen < oder > aufpassen. Bei beidseitiger Multiplikation oder Division mit einer negativen Zahl dreht sich das Zeichen um, genau wie beim Potenzieren mit –1 (»eins durch … nehmen«, Kehrwert bilden)!

Beispiel

Lösung Aufgabe 1d):

$$7\frac{3}{4} - u > 1\frac{1}{2} \quad | - 7\frac{3}{4}$$

$$-u > 1\frac{1}{2} - 7\frac{3}{4}$$

Um die beiden gemischten Brüche voneinander zu subtrahieren, müssen Sie sie auf den gemeinsamen Nenner bringen, in diesem Fall 4, und aus den gemischten Brüchen gemeine machen. Notieren Sie das ruhig als Nebenrechnung:

$$1\frac{1}{2} - 7\frac{3}{4} = 1\frac{2}{4} - 7\frac{3}{4} = \frac{6}{4} - \frac{31}{4} = -\frac{25}{4}$$

Zum Schluss multiplizieren Sie mit –1 und drehen dabei das Größer-Zeichen um:

$$-u > -\frac{25}{4} \quad | \cdot (-1)$$

$$u < \frac{25}{4}$$

Die Lösungsmenge geben Sie an, indem Sie die gefundene Bedingung für die Unbekannte als Einschlusskriterium schreiben:

$$L = \left\{u \in \mathbb{R}, u < \frac{25}{4}\right\}$$

3.3 Quadratische Gleichungen und Bruchgleichungen

Die bisher gezeigten linearen Gleichungen zeichnen sich dadurch aus, dass keine Potenzen der Unbekannten vorkommen. Das ändert sich jetzt.

Die Wurzel ziehen

Schauen Sie sich das folgende Beispiel einer *quadratischen Gleichung* an:

$$x^2 + 1 = 50$$

Zwar können Sie sofort auf beiden Seiten 1 subtrahieren, aber im nächsten Schritt ist Vorsicht geboten. Sie dürfen nicht einfach auf beiden Seiten die Wurzel ziehen! Denn die Gleichung

$$x^2 = 49$$

hat *zwei* Lösungen! Nämlich die $\sqrt{49}$ und ihre Gegenzahl $-\sqrt{49}$, deren Quadrat ebenfalls 49 ist, also:

$$x = 7 \lor x = -7$$

In der optionalen Lösungsmengen-Schreibweise:

$$L = \{7, -7\}$$

Quadratische Ergänzung

Sobald das Quadrat der Unbekannten in einer Summe mit der Unbekannten selbst auftritt, kann die Sache knifflig werden. Nehmen wir uns die folgende Gleichung vor:

$$x^2 + 4x = -4$$

Leider lassen sich die beiden Terme mit x^2 bzw. x nicht zusammenfassen. Sie können auch nicht einfach beidseitig die Wurzel ziehen (schon gar nicht aus der negativen Zahl -4). Allerdings lässt sich jede quadratische Gleichung dieser Art mit einer binomischen Formel lösen. Zwar steht auf der linken Seite keine solche, aber das lässt sich ändern! Dazu nehmen Sie die *quadratische Ergänzung* vor. Das ist genau jener Summand, der aus dem Term links eine binomische Formel macht. Halten Sie sich dazu die erste binomische Formel mit den Variablen x und a vor Augen:

$$x^2 + 2xa + a^2 = (x + a)^2$$

In unserem Beispiel muss a offensichtlich 2 sein, da in der Gleichung vor dem x eine 4 steht. Damit ist $a^2 = 2^2$, also auch 4. Addieren Sie diese 4 auf beiden Seiten, steht links eine aufgelöste binomische Formel:

$$x^2 + 2 \cdot 2x + 4 = -4 + 4$$

Zufälligerweise steht rechts eine 0, aber entscheidend ist zunächst, dass Sie links die binomische Formel anwenden und somit schreiben können:

$$(x + 2)^2 = 0$$

Jetzt können Sie die Wurzel ziehen und finden:

$x = -2$

Nicht vergessen: Stünde rechts keine 0, gäbe es zwei Lösungen!

Auf diese Weise lässt sich jede quadratische Gleichung lösen (wenn Sie denn eine Lösung hat).

Alle quadratischen Gleichungen lassen sich übrigens in die gleiche Form bringen:

$x^2 + px + q = 0$

Diese Gleichung lässt sich allgemein lösen. Man erhält:

$$x = -\frac{p}{2} \pm \sqrt{\left(\frac{p}{2}\right)^2 - q}$$

Das ist die berühmte *pq-Formel*. Wenn Sie möchten, können Sie sie sich merken. Ich persönlich finde es einfacher, sich die zuvor gezeigte Methode mit der quadratischen Ergänzung zu merken, aber das dürfte Geschmacksache sein.

Beispiel: Quadratische Gleichung lösen

Manchmal sind quadratische Gleichungen nicht auf den ersten Blick als solche erkennbar. Nehmen Sie sich Aufgabe 1e) aus den Selbsttests vor:

$(x + 2)(x + 5) - (x + 1)(x + 6) - 8 = 0$

Multiplizieren Sie die Klammern aus:

$x^2 + 7x + 10 - (x^2 + 7x + 6) - 8 = 0$

Wenn Sie die Minusklammer auflösen und die Terme zusammenfassen, stellen Sie fest, dass das x^2 wegfällt. Puh! Doch keine quadratische Gleichung. Dummerweise heben sich auch die beiden Terme mit x gegenseitig auf. Es bleibt stehen:

$-4 = 0$

Das ist eine falsche Aussage, folglich gibt es kein x, das die Gleichung erfüllt, und die Lösungsmenge ist leer.

Beispiel: Quadratische Gleichung lösen (jetzt aber wirklich)

Aufgabe 1f) sieht wie folgt aus:

$(x + 5)(x - 5) + (x - 2)^2 = (x + 5)^2 + 5$

Rechnen Sie zunächst die Klammern aus:

$x^2 - 25 + x^2 - 4x + 4 = x^2 + 10x + 25 + 5$

Gemerkt? Das waren alle drei binomischen Formeln in einer einzigen Gleichung. Okay, fassen Sie auf beiden Seiten die Terme zusammen nach solchen mit x^2, mit x und ohne x. Dann bringen Sie alle Terme mit x oder x^2, auf eine Seite und den Rest auf die andere.

$2x^2 - 4x - 21 = x^2 + 10x + 30 \quad | - x^2 - 10x + 21$

$x^2 - 14x = 51$

Jetzt müssen Sie die linke Seite als unvollständige binomische Formel betrachten. Wegen des negativen Vorzeichens vor dem x-Faktor ist es die zweite.

Die quadratische Ergänzung ist das Quadrat der Hälfte des Faktors vor dem x, also 49. Diese Zahl addieren Sie auf beiden Seiten und erhalten:

$x^2 - 14x + 49 = 51 + 49$

$(x - 7)^2 = 100$

Das sieht doch schon recht übersichtlich aus. Ziehen Sie auf beiden Seiten die Wurzel!

$x - 7 = 10 \lor x - 7 = -10$

Addieren Sie 7, und Sie erhalten die beiden Lösungen.

$x = 17 \lor x = -3$

Bruchgleichungen

Eine Sonderform von quadratischen Gleichungen sind *Bruchgleichungen*, in denen die Unbekannte sowohl im Zähler als auch im Nenner auf gegenüberliegenden Seiten vorkommt.

Ermitteln Sie zunächst eventuelle Definitionslücken. Denn die beidseitige Multiplikation mit den Nennern ist nur eine Äquivalenzumformung, wenn sie nicht 0 sind. Dementsprechend müssen Sie gewisse Lösungen von vornherein ausschließen.

Beispiel: Bruchgleichung

Passend dazu lösen wir die Selbsttest-Aufgabe 1g):

$$\frac{2}{x+1} = \frac{x+7}{3}$$

Sobald x irgendwo im Nenner steht, verkleinert sich die Menge der erlaubten Werte. Denn für $x = -1$ ist die Gleichung nicht definiert, weil keine 0 im Nenner stehen darf. Die Definitionsmenge in diesem Beispiel ist also nicht $\mathbb{R}$, sondern $\mathbb{R} \setminus \{-1\}$, –1 nennt man auch eine *Definitionslücke*.

Um die Gleichung zu lösen, müssen Sie auf beiden Seiten mit $(x + 1)$ multiplizieren. Das dürfen Sie nur, weil Sie wissen, dass x nicht –1 sein kann, denn die Multiplikation mit 0 wäre keine erlaubte Äquivalenzumformung. Es steht also da:

$$2 = \frac{(x + 7)(x + 1)}{3}$$

Multiplizieren Sie auf beiden Seiten mit 3, dann rechnen Sie die Klammer aus:

$$6 = x^2 + 8x + 7$$

Ab hier können Sie mit der quadratischen Ergänzung vorgehen wie bekannt. Eine wunderbare Entspannungsübung!

3.4 Gleichungssysteme

Viele Aufgaben in der Mathematik kommen nicht mit einer, sondern mit zwei Unbekannten daher. Eine einzige Gleichung mit zwei Unbekannten hat keine eindeutige Lösung, aber wenn eine zweite Gleichung hinzukommt, sieht die Sache im Allgemeinen anders aus. Dasselbe gilt analog für eine dritte Unbekannte. Bleiben wir aber im Moment bei zwei Dimensionen.

Lineare Gleichungssysteme

Entscheidend ist: Jede Gleichung mit zwei Unbekannten kann *einzeln* nicht eindeutig gelöst werden. Sie müssen beide Gleichungen geschickt *verknüpfen*, um eine Unbekannte zu *eliminieren*, sodass Sie deren Zahlenwert eindeutig bestimmen können. Ersetzen Sie jedes Auftreten der nun bekannten Unbekannten durch ihren genauen Wert, wird das Gleichungssystem zu zwei äquivalenten Gleichungen mit nur einer Unbekannten (der zweiten), dessen Lösung wie gehabt geschieht.

Da aller guten Dinge drei sind, gibt es zur Lösung solcher Gleichungssysteme drei verschiedene Verfahren, die ich Ihnen jeweils anhand eines Beispiels zeige.

Das Gleichsetzungsverfahren

Ich demonstriere Ihnen zunächst das *Gleichsetzungsverfahren*, weil es besonders intuitiv funktioniert.

Beispiel: Lineares Gleichungssystem lösen

Dazu nehmen wir uns die zweite Aufgabe aus dem Selbsttest vor:

$$\left| \begin{matrix} 2x + 4 = 2y + 1 \\ y - 2 = 2x + 6 \end{matrix} \right|$$

Wie Sie sehen, setzt man zwei zusammengehörende Gleichungen zwischen vertikale Balken, um sie als System aufzufassen.

Jetzt stellen Sie beide Gleichungen so um, dass eine Seite jeder Gleichung exakt gleich aussieht und jedes Auftreten einer der beiden Unbekannten enthält. Addieren Sie zur ersten Gleichung einfach +2. Dann erhalten Sie:

$$\left| \begin{matrix} 2x + 6 = 2y + 3 \\ y - 2 = 2x + 6 \end{matrix} \right|$$

Sie sehen: Oben links steht das Gleiche wie unten rechts.

Folglich können Sie den Term oben rechts mit jenem unten links *gleichsetzen*:

$$2y + 3 = y - 2$$

Diese einzelne Gleichung mit einer Unbekannten lässt sich mit den bekannten Mitteln fix lösen:

$$y + 3 = -2$$

$$y = -5$$

Setzen Sie nun den bekannten Wert von y in eine der beiden ursprünglichen Gleichungen ein (in welche, ist egal):

$$2x + 6 = 2 \cdot (-5) + 3$$

$$2x + 6 = -7$$

$$2x = -13$$

$$x = -6{,}5$$

Damit sind Sie fertig und können die Lösungsmenge angeben:

$$L = \{(-6{,}5; -5)\}$$

Das einzige Element der Lösungsmenge ist ein *Zahlentupel*, geschrieben mit Klammern, also (–6,5; –5) oder übereinander $\binom{-6{,}5}{-5}$, bestehend aus den Werten für x und y. Alternativ geben Sie die Lösung ohne Mengenschreibweise an:

$$x = -6{,}5 \ \land \ y = -5$$

Das Additions- bzw. Subtraktionsverfahren

Als zweites Lösungsverfahren zeige ich Ihnen das *Subtraktionsverfahren* (das mit dem *Additionsverfahren* nahezu identisch ist). Wenn Sie zuvor eine der zwei Gleichungen auf beiden Seiten mit –1 multiplizieren, wird aus dem Subtraktions- das Additionsverfahren – bei genau gleichem Lösungsverlauf.

Beispiel: Das Subtraktionsverfahren

Nehmen wir uns das folgende Gleichungssystem vor:

$$\begin{vmatrix} 2x + 4 = 2y + 1 \\ y - 2 = 2x + 6 \end{vmatrix}$$

Zufälligerweise kommt in beiden Gleichungen das x mit dem gleichen Faktor vor. Das ist immer ein guter Grund, zum Subtraktionsverfahren zu greifen.

Drehen Sie die zweite unserer beiden Gleichungen um, dann subtrahieren Sie sie von der ersten, Seite für Seite:

$$\begin{vmatrix} 2x + 4 = 2y + 1 \\ 2x + 6 = y - 2 \end{vmatrix}$$

$$-2 = y + 3$$

$$y = -5$$

Setzen Sie wie gehabt den gefundenen Wert in eine der beiden Gleichungen ein. Zum Beispiel in die untere, weil y dort ohne Faktor vorkommt:

$$-5 - 2 = 2x + 6$$

$$2x = -13$$

$$x = -6{,}5$$

Die Lösungsmenge ist also $L = \{(-6{,}5; -5)\}$

Das Einsetzungsverfahren

Es folgt als Letztes ein Verfahren, das sich oft als besonders praktisch erweist.

Beispiel: Das Einsetzungsverfahren

Dazu nehmen wir uns das Zahlenrätsel aus Selbsttest-Aufgabe 3 vor.

Es lautet: »Die gesuchte Zahl ist zweistellig und hat die Quersumme 15. Wenn man die beiden Ziffern der Zahl umdreht, ist das Ergebnis um 9 größer als die gesuchte Zahl.«

Da das Rätsel etwas über die Quersumme verrät, liegt es nahe, die beiden Ziffern der gesuchten Zahl als Unbekannte namens z und e (Zehner und Einer) zu betrachten. Dann führt der erste Satz des Rätsels zu folgender Aussage über die Quersumme:

$$z + e = 15$$

Etwas komplizierter ist der zweite Satz. Die »gesuchte Zahl« ist ja $10z + e$. Dann ist die Zahl mit vertauschten Ziffern $10e + z$. Und die ist um 9 größer als die erste, also:

$$10z + e + 9 = 10e + z$$

Das lässt sich zusammenfassen:

$$9z + 9 = 9e \quad |:9$$

$$z + 1 = e$$

Damit haben Sie eine alternative Darstellung von e, die Sie in die erste Gleichung einsetzen können (hervorgehoben):

$$z + (z + 1) = 15$$

Das lösen Sie im Handumdrehen und finden heraus:

$$2z + 1 = 15$$

$$z = 7$$

An dieser Stelle erweist sich das Einsetzungsverfahren als besonders praktisch, weil es naturgemäß jetzt eine Gleichung gibt, in der die gesuchte andere Unbekannte bereits isoliert auf einer Seite steht. Da entfällt jegliches Umstellen, und schon haben Sie die Lösung:

$$7 + 1 = e$$

Damit ist $e = 8$, und die gesuchte Zahl lautet 78 – sieben Zehner und acht Einer.

Grundsätzlich funktionieren alle Verfahren natürlich auch mit nicht linearen Gleichungen. Aber das ist ein gutes Thema für die Entspannungsübungen, nicht wahr?

3.5 Sachaufgaben

Aufgaben wie solche, die ich Ihnen bisher angeboten habe, gibt es im wirklichen Leben nicht, außer in Mathebüchern. In der Realität gibt es ausschließlich *Sachaufgaben*. Das sind Aufgaben, die die zu lösende Gleichung in einem Text verstecken, aber nützlicher sind als das Zahlenrätsel aus dem letzten Abschnitt. So wie diese (Selbsttestaufgabe 4):

»Ein PKW verbraucht auf der 40 km langen Strecke von Dortmund nach Gelsenkirchen-Schalke 1,5 l Diesel. Wie hoch ist der Verbrauch pro 100 km?«

Gut, ganz praxisbezogen ist auch diese Aufgabe nicht, weil man auf der fraglichen Strecke öfter mal im Stau steht und deutlich mehr verbraucht. Ändert aber nichts daran, dass Sie aus der verbalen Formulierung zunächst eine mathematische machen müssen – und das ist oft ganz schön knifflig. So knifflig, dass Sie diese Herausforderung unbedingt systematisch in Angriff nehmen müssen.

Lösung mit System

Besonders gemein gestellte Sachaufgaben enthalten überflüssige Informationen. Das gilt auch für das Beispiel oben. Umso wichtiger ist, dass Sie die wirklich relevanten Informationen extrahieren.

1. Schreiben Sie auf, welche Werte gegeben sind. Meistens stehen irgendwo konkrete Zahlen, manchmal aber auch Umschreibungen, die Sie in Zahlen übersetzen müssen (z. B. »Hälfte«, »rechter Winkel«). Vergessen Sie nicht die physikalischen Einheiten, wenn es welche gibt.
2. Notieren Sie auf, welcher Wert oder welche Werte gesucht sind.
3. Stellen Sie eine Gleichung (oder ein Gleichungssystem) auf, das die gegebenen und gesuchten Werte zueinander entsprechend der Sachlogik der Aufgabe in Beziehung setzt, analysieren Sie dabei Satz für Satz. Das ist der schwierigste Teil.

Wenn Sie diese Schritte bewältigt haben, müssen Sie nur noch die gefundene Gleichung lösen.

Beim ersten Schritt müssen Sie für die verbal angegebenen Ausgangswerte geeignete Buchstaben einführen.

Beispiel: Sachaufgabe mit einer Unbekannten

Entnehmen Sie dem Aufgabentext die Zahlen, vergessen Sie den restlichen Text.

Gegeben:

Strecke $s = 40$ km

Verbrauch $v(s) = 1{,}5$ l

Meistens bieten sich Buchstaben an: s für »Strecke«, v für »Verbrauch«. Achten Sie darauf, eindeutige Buchstaben zu verwenden. Kommt in einer Aufgabe eine Geschwindigkeit vor (üblicher Buchstabe: ebenfalls v), wählen Sie für den Verbrauch einen anderen. Ist eine Größe offensichtlich von einer anderen abhängig, d. h. sie kann verschiedene Werte annehmen, können Sie letztere in Klammern dahinterschreiben oder unten rechts tiefstellen.

Der Benzinverbrauch hängt logischerweise von der zurückgelegten Distanz ab. Diese Abhängigkeit ist oben mit dem eingeklammerten (s) festgehalten.

Physikalische Größen ergeben ohne *Einheiten* keinen Sinn, lassen Sie diese also auf keinen Fall unter den Tisch fallen!

Verwenden Sie außerdem nicht dieselben Buchstaben für physikalische Werte, die auch bei den Einheiten vorkommen. Im Druckbild schreibt man physikalische Größen stets kursiv, die Einheiten normal.

Gesucht ist in der Beispielaufgabe der Verbrauch für eine andere Strecke:

Gesucht: v (s = 100 km)

Jetzt müssen Sie eine Gleichung aufstellen, in der die genannten Größen vorkommen.

Da die Aufgabe nichts Gegenteiliges zu Protokoll gibt, können Sie guten Gewissens davon ausgehen, dass der Kraftstoffverbrauch proportional zur zurückgelegten Strecke ansteigt. Das heißt: Je weiter Sie fahren, umso mehr Kraftstoff verbraucht das Fahrzeug. Es handelt sich offenbar um einen *linearen Zusammenhang* zwischen Entfernung und Verbrauch, der sich zunächst als verbale Gleichung schreiben lässt:

Verbrauch für Strecke s = Verbrauch für 1 km zurückgelegte Strecke s in km

In Buchstaben und Zeichen:

$$v(s) = v(1\ \text{km}) \cdot s$$

Vergleichen Sie dies mit den angegeben Werten, müssen Sie feststellen, dass der Wert für den Verbrauch für 1 km nicht bekannt ist, nur der für 40 km. Und zwar:

$$1{,}5\ \text{l} = v(40\ \text{km}) = v(1\ \text{km}) \cdot 40\ \text{km}$$

Das ist eine einfache Gleichung mit einer Unbekannten, $v(1\ \text{km})$. Isolieren Sie die Unbekannte, indem Sie durch 40 km teilen. Das Ergebnis können Sie schnell ausrechnen:

$$v(1\ \text{km}) = 1{,}5\ \text{l} : 40\ \text{km} = 0{,}0375\ \frac{\text{l}}{\text{km}}$$

Vergessen Sie nicht die Einheit des Verbrauchs, Liter pro Kilometer!

Den berechneten Zwischenwert setzen Sie in die Gleichung mit dem gesuchten Wert ein:

$$v(100\ \text{km}) = 0{,}0375 \frac{\text{l}}{\text{km}} \cdot 100\ \text{km}$$

Physikalische Einheiten können Sie kürzen, als wären sie Faktoren! Hier verschwinden also die Kilometer, es bleiben 3,75 Liter übrig.

Schließen Sie die Bearbeitung einer Sachaufgabe immer mit einem klaren Antwortsatz ab:

»Der Verbrauch für 100 km beträgt 3,75 Liter.«

Hm, das scheint ein sparsames Fahrzeug zu sein. Wie auch immer: Damit ist die Aufgabe vollständig gelöst. Natürlich ist nicht bei jeder Sachaufgabe die richtige Gleichung so schnell zu finden. Es gehört manchmal eine gewisse Vorstellungskraft dazu, bisweilen auch eine Skizze, um die Aufgabenstellung zu begreifen und die Gleichung aufstellen zu können.

3.6 Gleichungen lösen mit dem PC

Im Jahr 1972 brachte die Firma Hewlett-Packard mit dem HP-35 den ersten potenten Taschenrechner auf den Markt. Frühere Geräte beherrschten bereits die Grundrechenarten, der HP-35 beherrschte außerdem Sinus & Cosinus, Logarithmen und Exponentialfunktionen. Knapp 400 US-Dollar musste man für so ein Gerät hinblättern.

Heute beherrscht jedes Smartphone dieselben Funktionen und mehr. Wenn Sie sich nicht vertippen, können Sie jedwede Rechenaufgabe schnell und korrekt von der Elektronik lösen lassen.

Aber wie ist das mit Gleichungen? Die lösen die wenigsten Taschenrechner. Auch viele Matheprogramme für PCs setzen andere Schwerpunkte und berechnen zwar komplexe numerische Aufgaben, aber eben keine Gleichungen. Zum Glück gibt es eine tolle und noch dazu frei verfügbare Lösung, die in diesem Buch noch an vielen Stellen in Aktion tritt.

Bühne frei für Sage

Sage (*http://www.sagemath.org/de/*) ist eine frei verfügbare Mathesoftware (unter Open-Source-Lizenz), die es für verschiedene Betriebssysteme gibt und die auf mehrere mächtige Mathepakete zugreift. Daher bietet Sage alles aus einer Hand von Arithmetik bis Vektorrechnung. Wenn man weiß, wie man damit umgeht, löst Sage so ziemlich jedes Problem der Mathematik – auch Gleichungen. Versuchen Sie es!

Es gibt auch eine Online-Version im Netz, Sie müssen Sage daher nicht einmal installieren (können Sie aber; wie das geht, steht auf der vorgenannten Webseite). Ein Browser auf einem PC, Tablet oder Smartphone genügt.

https://sagecell.sagemath.org/

Die Webseite begrüßt Sie mit einem leeren Eingabefenster und einigen informativen Links. Sie müssen die korrekte Syntax von Sage beherrschen, eine komfortable Oberfläche gibt es nicht.

Tippen Sie eine einfache Rechenaufgabe ein:

```
7*6
```

Klicken Sie dann auf die Schaltfläche Evaluate.

Erwartungsgemäß erscheint die richtige Antwort: 42.

Gleichungen lösen mit Sage

Jetzt lassen Sie Sage die Gleichung aus Abschnitt 3.2, Unterabschnitt »Gleichungen umformen«, bzw. der ersten Selbsttest-Aufgabe lösen:

$19 - 4x = -9$

Dazu verwenden Sie die Funktion `solve()`. Definieren Sie vorher *x* als Variable:

```
x=var('x')
solve(19-4*x==-9,x)
```

Nach wenigen Sekunden erscheint die Lösung (Abbildung 3.1). In Wirklichkeit benötigt Sage nur wenige Sekundenbruchteile für die Bearbeitung der Aufgabe, die Web-Schnittstelle bremst den Vorgang merklich aus.

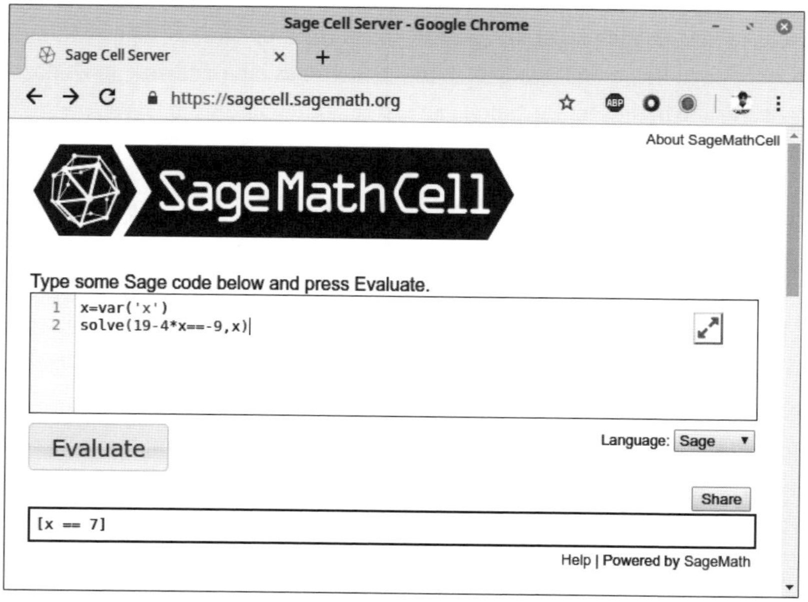

Abbildung 3.1 Sage löst Gleichungen im Browserfenster.

Achten Sie darauf, dass Sie ein doppeltes Gleich-Zeichen eingeben. Die Funktion `solve()` erwartet außerdem die Variable, nach der die Gleichung umzustellen ist, als Parameter hinter dem Komma. Versuchen Sie eine quadratische Gleichung (z. B. die aus Abschnitt »Gleichungen umformen« auf Seite 58):

$$(x+5)(x-5)+(x-2)^2=(x+5)^2+5$$

```
x=var('x')
solve((x+5)*(x-5)+(x-2)^2==(x+5)^2+5,x)
```

Dabei meint das Dach-Zeichen ^ die Potenzierung.

Das Ergebnis lautet erwartungsgemäß:

```
[x == -3, x == 17]
```

Sage findet also selbstverständlich beide Lösungen der quadratischen Gleichung.

Versuchen Sie es mal mit dem Zahlenrätsel mit zwei Unbekannten aus Unterabschnitt »das Einsetzungsverfahren«:

$$z+e=15$$

$$10z+e+9=10e+z$$

```
z,e=var('z,e')
solve([z+e==15, 10*z+e+9==10*e+z],z,e)
```

Die Lösung:

```
[[z == 7, e == 8]]
```

Zahlentupel bzw. zwei Gleichungen werden durch Komma getrennt in eckige Klammern geschrieben.

Sage kann Gleichungen auch teilweise lösen, also nach einer Unbekannten umstellen, andere aber stehenlassen. Auf diese Weise kommen Sie beispielsweise zur *pq-Formel* für die Lösung von quadratischen Gleichungen in Normalform:

```
x,p,q=var('x p q')
solve(x^2+p*x +q==0,x)
```

Das Resultat:

```
[x == -1/2*p - 1/2*sqrt(p^2 - 4*q), x == -1/2*p + 1/2*sqrt(p^2 -
4*q)]
```

Dabei meint die Funktion `sqrt()` nichts anderes als die Quadratwurzel (englisch *square root*).

In den späteren Kapiteln dieses Buchs werde ich Ihnen jeweils zeigen, wie Sie typische Aufgaben mit Sage lösen können.

Gleichungen und mehr mit GeoGebra

Eine andere Software, die Sie sehr leicht benutzen können, heißt *GeoGebra*. GeoGebra ist eine im Browser, auf PCs, Smartphones und Tablets laufende Software, die nicht nur Geometrie, sondern auch Algebra-Aufgaben lösen kann.

Ursprünglich wurde GeoGebra an der Universität Salzburg entwickelt, vor einigen Jahren jedoch von einem englischen Unternehmen gekauft. Trotzdem ist die Anwendung für nicht-kommerzielle Anwendungen (also für Ihr Studium zum Beispiel) kostenlos nutzbar. Dementsprechend finden Sie die App für Android und iOS kostenlos im jeweiligen Store. In bestimmten Regionen wird das Produkt (teils probeweise) auch schon an Schulen eingesetzt.

Lassen Sie uns eine knifflige Entspannungsübung aus dem letzten Kapitel an GeoGebra verfüttern:

$$x^2 - 1 = \sqrt{x + 1}$$

Zunächst rufen Sie GeoGebra-System im Browser auf: *https://www.geogebra.org/cas*

Sie sehen im Wesentlichen drei Bereiche: links einen Eingabebereich, rechts ein leeres Koordinatensystem und unten eine Art Taschenrechner-Tastatur. Geben Sie einfach mal die obige Gleichung ein. Klicken Sie dann auf die drei Punkte und wählen Sie den Menüpunkt Lösen. Das Resultat zeigt Abbildung 3.2.

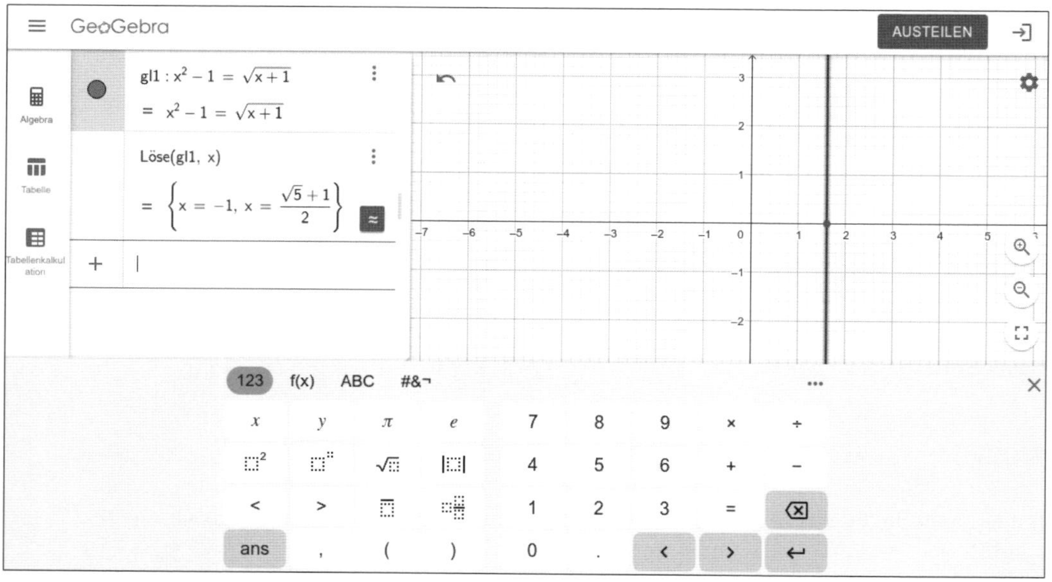

Abbildung 3.2 GeoGebra löst die knifflige Gleichung im Handumdrehen.

Neben der Lösungsmenge mit den beiden richtigen Lösungen für x ist eine Schaltfläche mit einem Ungefähr-gleich-Zeichen erschienen, die durch einen Klick das numerische Ergebnis anzeigt. Auch der vertikale Strich im Koordinatensystem zeigt den numerischen Wert der einen Lösung an.

Auch Terme vereinfachen kann GeoGebra. Geben Sie doch einfach mal ein:

$x^2 + 2x - 4x^2 + 13 - 4x + 13x - 12$

Tippen Sie die [↵]-Taste an, und GeoGebra fasst die Summanden nach Potenzen von x zusammen. Außerdem erscheint im Koordinatensystem ein Funktionsgraph, aber dazu später mehr.

Entscheiden Sie selbst, ob Sie GeoGebra oder Sage vorziehen. Ich werde im Laufe des Buches mal das eine, mal das andere Programm verwenden, um Sie damit vertraut zu machen.

Aufgaben

3.7 Entspannungsübungen

Aufgabe 1: Bestimmen Sie jeweils die Lösung.

a) $\frac{x}{3} - 3 = 0$

b) $18 - (16 - x) = 1$

c) $11x < 14x + 33$

Aufgabe 2: Bestimmen Sie jeweils die Lösung(en).

a) $-8 = x^2 + 8x + 7$

b) $\frac{3x + 36}{x - 3} = 3x$

c) $-8x - 4x^2 = -192$

Aufgabe 3: Lösen Sie die folgenden Gleichungssysteme.

a) $a + 4b = 16; 2b + 2a = 8$

b) $m + 2n = 2 - 4m; 0{,}5n = 3m$

c) $2x - 4 = 3y; -6y - 8 = -4x$

d) $\frac{1}{3}k + \frac{4}{5}u = 1 - 2u; k + u = 0$

Aufgabe 4: Lösen Sie die folgenden, besonders (ent)spannenden Gleichungssysteme.

a) $a + 2b + c = 0; 2a - b = 2; 4b = 2c - 1$

b) $a^2 + 2ab = 0; b + 2a = -3$

Aufgabe 5: Lösen Sie die folgenden Sachaufgaben.

a) Der Schlitten des Weihnachtsmanns legt in 10 km Flughöhe in 3 Stunden 732 km zurück. Wie lange braucht er bei gleicher Geschwindigkeit für eine Flugstrecke von 81 496 km?

b) Auf dem exotischen Planeten Volski III leben zweibeinige Alfoks und dreibeinige Zweikopfzwerge. Die Sensoren des ersten eintreffenden irdischen Forschungsraumschiffs zählen exakt 29,5 Millionen Beine und 18,5 Millionen Köpfe. Sie sind der Wissenschaftsoffizier und müssen Bericht erstatten: Wie viele Alfoks und wie viele Zweikopfzwerge leben auf dieser Welt?

c) Das Kreuzfahrt-Raumschiff VOLTZ II verbraucht für den 4,2 Lichtjahre weiten Flug vom Planeten Proxima Centauri b zur Erde 210 kg aetherische Hyperenergie. Wie viel verbraucht das Raumschiff, um das Planetensystem Trappist-1 zu erreichen, das 40 Lichtjahre von der Erde entfernt ist?

Aufgabe 6: Lösen Sie mit Sage.

Noch ein Zahlenrätsel! Eine geheimnisvolle dreistellige Zahl hat die Quersumme 7. Die Einerstelle ist doppelt so groß wie die Hunderterstelle, und die Hunderterstelle ist doppelt so groß wie die Zehnerstelle. Wie lautet die Zahl?

Aufgabe 7: Lösen Sie mit GeoGebra.

Beim beliebten planetaren Teigausrollen-Turnier auf dem ebenso beliebten Pizzaplaneten *Vesuvio* misst die Fläche des Spielfeldes 496 Quadratpizzen. Die kurze Seite des rechteckigen Spielfelds misst 32 Pizzen weniger als die lange Seite, deren Länge Sie berechnen sollen.

3.8 Lösungen

Aufgabe 1

a) $\frac{x}{3} - 3 = 0 \mid \cdot 3$

$x - 9 = 0 \mid + 9$

$x = 9$

b) $18 - (16 - x) = 1$

$18 - 16 + x = 1$

$2 + x = 1 \quad | - 2$

$x = -1$

c) $11x < 14x + 33 \quad | - 14x$

$-3x < 33$ |: (−3) (Zeichen dreht sich um!)

$x > -11$

Aufgabe 2

a) $-8 = x^2 + 8x + 7 \ | + 8$

$x^2 + 8x + 15 = 0$

$x^2 + 2 \cdot 4x + 16 - 16 + 15 = 0$ (quadratische Ergänzung)

$(x + 4)^2 - 1 = 0 \ | + 1$

$(x + 4)^2 = 1$

$\Rightarrow x + 4 = 1 \lor x + 4 = -1$ (zwei Lösungen)

$x = -3 \lor x = -5$

b) Die Grundmenge ist $\mathbb{R} \setminus \{3\}$.

$\frac{3x + 36}{x - 3} = 3x \ | \cdot (x - 3)$

$3x + 36 = 3x\,(x - 3)$

$3x + 36 = 3x^2 - 9x \ | - 3x^2 + 9x$

$-3x^2 + 12x + 36 = 0 \quad |: (-3)$

$x^2 - 4x - 12 = 0$

$x^2 - 4x + 4 - 4 - 12 = 0$ (quadratische Ergänzung)

$(x - 2)^2 - 16 = 0 \quad | + 16$

$(x - 2)^2 = 16$

$\Rightarrow x - 2 = 4 \ \lor x - 2 = -4$ (zwei Lösungen)

$x = 6 \lor x = -2$

c) $-8x - 4x^2 = -192 \;|:(-4)$

$x^2 + 2x = 48$

$x^2 + 2x - 48 = 0$

$x^2 + 2x + 1 - 1 - 48 = 0$ (quadratische Ergänzung)

$(x+1)^2 - 49 = 0 \;\;| + 49$

$(x+1)^2 = 49$

$\Rightarrow x + 1 = \sqrt{49} = 7 \vee x = -\sqrt{49} = -7$ (zwei Lösungen)

$x = 6 \vee x = -8$

Aufgabe 3

a) $a + 4b = 16; 2b + 2a = 8$

Gleichung I nach a umstellen:

$a = 16 - 4b$

In Gleichung II einsetzen, um a zu eliminieren:

$2b + 2(16 - 4b) = 8$

$2b + 32 - 8b = 8 \;| - 8b - 32$

$-6b = -24 \;\;|:(-6)$

$b = 4$

In nach a umgestellte Gleichung einsetzen, um a zu berechnen:

$a = 16 - 4 \cdot 4 = 0$

$L = \{(0{,}4)\}$

b) $m + 2n = 2 - 4m; 0{,}5n = 3m$

In Gleichung I m subtrahieren, um nur noch einen Term mit m zu haben:

$2n = 2 - 5m$

Gleichung II durch 3 teilen, um nach m umzustellen:

$m = \frac{1}{6}n$

Einsetzen in Gleichung I:

$$2n = 2 - \frac{5}{6}n \mid + \frac{5}{6}n$$

$$\frac{17}{6}n = 2 \mid \cdot \frac{6}{17}$$

$$n = \frac{12}{17}$$

Einsetzen in Gleichung II:

$$m = \frac{1}{6} \cdot \frac{12}{17} = \frac{2}{17}$$

$$L = \left\{\left(\frac{2}{17}, \frac{12}{17}\right)\right\}$$

c) $2x - 4 = 3y; -6y - 8 = -4x$

Gleichung II durch –2 teilen, um einen Ausdruck für $2x$ zu erhalten:

$$3y + 4 = 2x$$

In Gleichung I können wir nun $2x$ ersetzen:

$$3y + 4 - 4 = 3y$$

$$0 = 0$$

Dies ist allgemeingültig. Die beiden Gleichungen sind voneinander abhängig. Die Lösungsmenge besteht aus allen Tupeln, die die eine Gleichung $3y + 4 = 2x$ erfüllen, also:

$$L = \{(x, y) | \ 3y + 4 = 2x\}$$

d) $\frac{1}{3}k + \frac{4}{5}u = 1 - 2u; k + u = 0$

Gleichung II sagt aus, dass k die Gegenzahl von u ist (und umgekehrt):

$$k = -u$$

Gleichung I sollten wir am besten mit dem gemeinsamen Nenner 15 multiplizieren, um die Brüche loszuwerden:

$$5k + 12u = 15 - 30u$$

$$42u + 5k = 15$$

Gleichung II für k einsetzen:

$$42u - 5u = 15$$

$37u = 15$

$z = \frac{15}{37}$

Aufgabe 4

a) Gleichungssysteme mit drei Unbekannten löst man mit zweifacher Anwendung eines der bekannten Lösungsverfahren.

$a + 2b + c = 0; 2a - b = 2; 4b = 2c - 1$

Gleichung II umstellen nach b:

$b = 2a - 2$

Gleichung III umstellen nach c:

$c = 2b + \frac{1}{2}$

Diese einsetzen in Gleichung I, um c zu eliminieren:

$a + 2b + 2b + \frac{1}{2} = 0$

$a + 4b + \frac{1}{2} = 0$

Nun setzen wir Gleichung II ein, um b zu eliminieren:

$a + 4(2a - 2) + \frac{1}{2} = 0$

$a + 8a - 8 + \frac{1}{2} = 0$

$9a - \frac{15}{2} = 0 \quad | + \frac{15}{2}$

$9a = \frac{15}{2} \quad | \cdot \frac{1}{9}$

$a = \frac{15}{2} \cdot \frac{1}{9} = \frac{5}{6}$

Mit Gleichung II können wir b ausrechnen:

$b = 2 \cdot \frac{5}{6} - 2 = \frac{5}{3} - 2 = \frac{5 - 6}{3} = -\frac{1}{3}$

Schließlich rechnen wir c aus:

$$c = 2 \cdot \left(-\frac{1}{3}\right) + \frac{1}{2} = -\frac{2}{3} + \frac{1}{2} = \frac{-4+3}{6} = -\frac{1}{6}$$

Zusammengefasst:

$$a = \frac{5}{6} \wedge b = -\frac{1}{3} \wedge c = -\frac{1}{6}$$

b) Dieses Gleichungssystem überrascht mit einer quadratischen Gleichung.

$$a^2 + 2ab = 0; b + 2a = -3$$

In Gleichung I können Sie a ausklammern und stellen fest:

$$a \cdot (a + 2b) = 0$$

Ein Produkt ist genau dann null, wenn mindestens einer der Faktoren null ist, also ist $a = 0$ oder $a + 2b = 0$.

Letzteres stellen Sie um nach a:

$$a = -2b$$

Einsetzen in Gleichung II:

$$b + 2 \cdot (-2b) = -3$$

$$b - 4b = -3$$

$$-3b = -3$$

$$b = 1$$

Daraus berechnet sich a nach der Formel oben:

$$a = -2$$

Setzen Sie noch das andere a (0) in Gleichung II ein.

$$b = -3$$

Damit gibt es zwei Lösungstupel:

$$L = \{(0,-3),(-2,1)\}$$

Aufgabe 5

a) Der Schlitten des Weihnachtsmanns:

Gegeben: Flugdauer für die kurze Strecke $t_1 = 3$ h, Streckenlänge $s_1 = 732$ km. Lange Strecke: $s_2 = 81\,496$ km (etwa zwei Erdumrundungen)

Gesucht: Flugdauer t_2 für die Strecke s_2.

Die angegebene Flughöhe ist für die Lösung irrelevant.

Ansatz: Wir berechnen zuerst die Geschwindigkeit des Weihnachtsmanns und berechnen daraus die Flugdauer.

$$v = \frac{s_1}{t_1} = \frac{732}{3} \text{ km/h } = 244 \text{ km/h}$$

$$t_2 = \frac{s_2}{v} = \frac{81\,496}{244} \frac{\text{km}}{\text{km/h}} = 334 \text{ h}$$

Achten Sie darauf, dass sich die Einheiten genau so wegkürzen, dass noch Stunden übrig bleiben. Übrigens entsprechen 334 Stunden knapp 14 Tagen.

b) Auf dem exotischen Planeten Volski III leben zweibeinige Alfoks und dreibeinige Zweikopfzwerge.

Gegeben: Anzahl Beine $b = 29{,}5 \cdot 10^6$, Anzahl Köpfe $k = 18{,}5 \cdot 10^6$

Gesucht: die Anzahl der Alfoks a und jene der Zweikopfzwerge z.

Ansatz: Alfoks haben zwei Beine, daher insgesamt also $2a$ Stück. Da die Sensoren nichts Gegenteiliges angezeigt haben, gehen wir davon aus, dass Alfoks über je einen Kopf verfügen, insgesamt also a Stück.

Hingegen besitzen Zweikopfzwerge offenbar zwei Schädel, also insgesamt $2z$ Stück. Und drei Beine, also insgesamt $3z$.

Stellen Sie einmal die Summe aller Beine auf:

$$2a + 3z = 29{,}5 \cdot 10^6$$

Und die der Köpfe:

$$a + 2z = 18{,}5 \cdot 10^6$$

Klarer Fall: Das ist ein lineares Gleichungssystem mit zwei Unbekannten und zwei Gleichungen.

Multiplizieren Sie die zweite Gleichung mit 2 und isolieren Sie a:

$$2a + 4z = 37 \cdot 10^6 \quad | - 4z$$

$$2a = 37 \cdot 10^6 - 4z$$

Setzen Sie diese Gleichung in die andere ein:

$$37 \cdot 10^6 - 4z + 3z = 29{,}5 \cdot 10^6 \quad | - 29{,}5 \cdot 10^6 + z$$

$$7{,}5 \cdot 10^6 = z$$

Berechnen Sie a mit Gleichung II:

$a + 2z = 18{,}5 \cdot 10^6 \ | - 2z$

$a = 18{,}5 \cdot 10^6 \ - 2z$

$a = 18{,}5 \cdot 10^6 - 15 \cdot 10^6 = 3{,}5 \cdot 10^6$

Lösung: Captain, auf diesem sonderbaren Planeten leben 3,5 Millionen Alfoks und 7,5 Millionen Zweikopfzwerge.

c) Das fiktive Kreuzfahrt-Raumschiff VOLTZ II ist unterwegs zu den (realen) Planetensystemen Proxima Centauri und Trappist-1. Gute Reise!

Gegeben ist die Streckenlänge s_1 = 4,2 Lj mit dem Verbrauch von a_1 = 210 kg Treibstoff sowie die Streckenlänge s_2 = 40 Lj.

Gesucht ist der Treibstoffverbrauch a_2 für die zweite Strecke.

Ansatz: Wir dürfen davon ausgehen, dass der Treibstoffverbrauch proportional zur zurückgelegten Streckenlänge ist. Also gilt diese Verhältnisgleichung:

$$\frac{a_2}{a_1} = \frac{s_2}{s_1}$$

Stellen Sie nach der gesuchten Variablen um, und setzen Sie die Werte ein:

$$a_2 = 210 \cdot \frac{40}{4{,}2} \text{ kg}$$

Die 210 kann man gegen den Nenner prima kürzen, es bleibt eine 50 stehen. Das Ergebnis ist also: Das Raumschiff verbraucht auf seiner Reise 2000 kg (also 2 Tonnen) aetherische Hyperenergie.

Aufgabe 6

Gesucht ist eine dreistellige Zahl, darstellbar wie folgt:

$Z = 100 \cdot h + 10 \cdot z + 1 \cdot e$

Dabei stehen die Kleinbuchstaben für Hunderter, Zehner und Einer.

Gegeben sind:

Die Quersumme 7, also: $h + z + e = 7$

Die Einerstelle ist doppelt so groß wie die Hunderterstelle: $2h$

Die Hunderterstelle ist doppelt so groß wie die Zehnerstelle: $2z$

Geben Sie die drei Gleichungen dieses Systems bei Sage ein. Dazu müssen Sie zunächst die Variablen als solche deklarieren.

```
h,z,e=var('h,z,e')
solve([h+z+e==7, h*2==e, z*2==h],h,z,e)
```

Das Ergebnis ist:

```
[[h == 2, z == 1, e == 4]]
```

Also ist die geheimnisvolle gesuchte Zahl die 214.

Aufgabe 7

Nennen Sie die gesuchte Seitenlänge *x*. Dann ist die andere Seitenlänge um 32 kürzer, also $x - 32$. Das Produkt der beiden Seiten des Rechtecks ergibt die Gesamtfläche von 496, also lautet die zu lösende Gleichung:

$$x \cdot (x - 32) = 496$$

Geben Sie dies in GeoGebra ein, so erhalten Sie zwei numerische Lösungen (Abbildung 3.3). Egal wie lecker die Riesenpizza schlussendlich ist – eine negative Länge hat sie sicher nicht, folglich bleibt nur eine Lösung übrig, und das ist die 43,42.

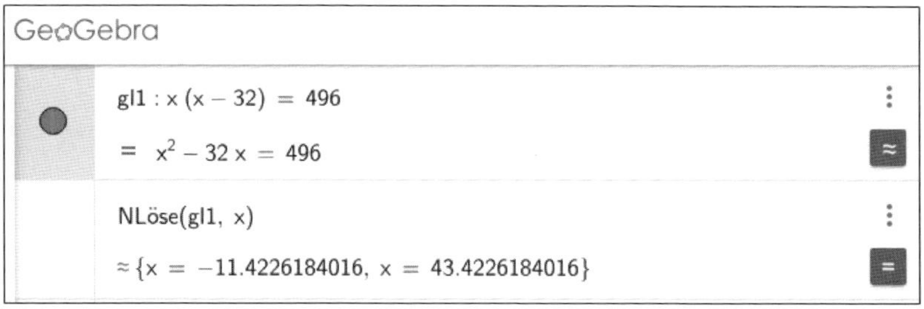

Abbildung 3.3 GeoGebra formt die Gleichung zunächst in eine quadratische um, bevor die eigentlichen Lösungen erscheinen.

Kapitel 4

Funktionen im kartesischen Koordinatensystem

Nach x ist in der Mathematik das y der am zweithäufigsten verwendete Buchstabe. Dass es speziell für Mathematiker Computertastaturen mit besonders abnutzungsresistenten Tasten X und Y gibt, ist allerdings ein Gerücht. Warum x und y so oft gemeinsam zur Sprache kommen, erklärt dieses Kapitel.

4.1 Testen Sie sich selbst

Wo stehe ich?

Wenn Sie nur eine Gleichung mit zwei Unbekannten betrachten, können Sie keine eindeutige Lösung nennen. Es gibt unendlich viele Zahlen*paare*, die eine Gleichung wie die folgende lösen:

$$y = \frac{1}{2}x + 1$$

Die Lösungen dieser Gleichung können Sie als Punkte in einer zweidimensionalen Ebene auffassen. Die Menge der Koordinatenpaare aller Punkte auf der Geraden, die sich so ergibt, erfüllen die Gleichung. Sie können also diese Gerade als grafische Darstellung der Lösungsmenge auffassen.

Gleichzeitig beschreibt die Gleichung eine *Funktion*: Einer reellen Zahl x wird genau eine reelle Zahl y zugeordnet, und die Gleichung wird dabei zur Rechenvorschrift, um bei gegebenem x das davon abhängige y auszurechnen. Um einfache Funktionen und deren Darstellung als *Graphen* geht es in diesem Abschnitt.

1. Zeichnen Sie ein Koordinatensystem und den Graphen der Funktion

   $$f(x) = \frac{1}{2}x + 1$$

2. Zeichnen Sie die Graphen der folgenden Funktionen im Bereich –3 bis +3 für x und y:

   $$f(x) = \left(x - \frac{1}{2}\right)^2 - 1$$

   $$g(x) = -\frac{1}{2}x^2 + x + 1$$

   Lesen Sie die Schnittpunkte ab, falls es welche gibt.

3. Bestimmen Sie die Nullstellen der Funktion $f(x) = x^2 - 2x + 1$.

4.2 Das Achsenkreuz

Ein zweidimensionales *kartesisches Koordinatensystem* besteht aus zwei sich im rechten Winkel kreuzenden Achsen für x und y. Üblicherweise haben beide Achsen den gleichen Maßstab, also die gleiche Länge pro Einheit, und nach rechts bzw. oben wachsen die Zahlenwerte. Je nach konkreter Funktion können sich aber auch unterschiedliche Maßstäbe anbieten. Zu jedem Zahlenpaar (x, y) gehört ein Punkt in der Ebene des Achsenkreuzes, die Achsen kreuzen sich bei $(0, 0)$. Um einen beliebigen Punkt zu finden, suchen Sie den Wert von x auf der x-Achse und gehen von dort um den Wert y nach oben (oder nach unten, falls y negativ ist).

Damit ein Koordinatensystem eindeutig verständlich ist, denken Sie an die Beschriftung. Zumindest die 1 sollten Sie bei x und y einzeichnen, außerdem diese beiden Buchstaben an die Achsen schreiben. Optional sind Pfeilspitzen, die jeweils in die positive Richtung zeigen.

Übrigens ist das kartesische Koordinatensystem nach dem Mathematiker René Descartes benannt. Und noch mehr Namen: Die horizontale Achse heißt auch *Abszissenachse*, die vertikale *Ordinatenachse*.

René Descartes

Der französische Naturwissenschaftler René Descartes lebte von 1596 bis 1650. Wussten Sie, dass das Zitat »Ich denke, also bin ich« von diesem Herrn stammt?

Abbildung 4.1 René Descartes, porträtiert von Frans Hals (Ausschnitt, Quelle: Wikimedia, gemeinfreies Bild)

Er beschäftigte sich aber nicht nur mit philosophischen Themen, sondern erfand auch die analytische Geometrie, die es ermöglicht, geometrische Aufgaben mithilfe der Algebra zu lösen. Die katholische Kirche verbot seine Werke. Allerdings sicher nicht, weil er darin der Gravitationstheorie widersprach ...

Ein nacktes Koordinatensystem ist aber so langweilig wie ein ausgeschalteter Fernseher. Lassen Sie uns also spannenden Inhalt hinzufügen!

4.3 Lineare Funktionen

Um einen *Funktionsgraphen* in ein Koordinatensystem einzuzeichnen, eignet sich eine *Wertetabelle.*

Beispiel: Lineare Funktionen zeichnen

Nehmen Sie die erste Selbsttest-Aufgabe.

$$y = f(x) = \frac{1}{2}x + 1$$

Ein buntes Bild sagt mehr als eine monochrome Formel, also zeichnen wir!

Graphen zeichnen

Es handelt sich um eine lineare Funktion, über die Sie wissen: Ihr Graph ist eine Gerade. *Jede Gerade ist durch zwei verschiedene Punkte, durch die sie verläuft, eindeutig definiert.* Also berechnen Sie die Funktionswerte für zwei verschiedene Werte von *x*, zum Beispiel:

x	$f(x)$
0	1
2	2

Zeichnen Sie eine Gerade durch die beiden Punkte (0, 1) und (2, 2) (Abbildung 4.2).

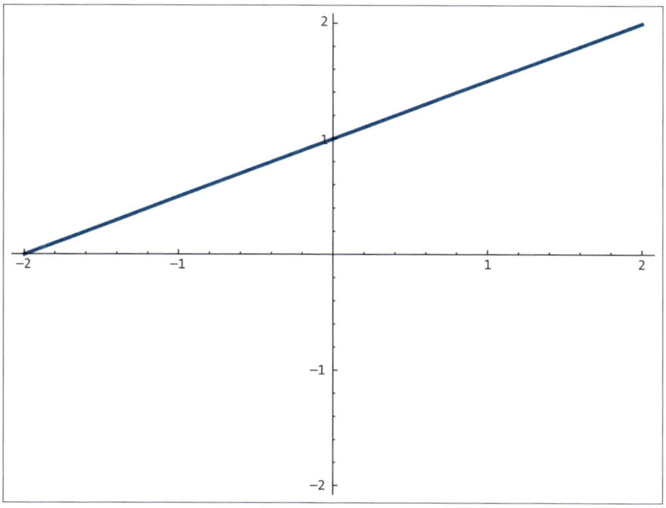

Abbildung 4.2 Die Funktion $y = \frac{1}{2}x + 1$, geplottet mit Sage

Plotten mit Sage

Wenn Sie nicht zu Papier und Bleistift greifen möchten, beauftragen Sie einfach Sage (z. B. online unter *https://sagecell.sagemath.org/*), um eine Funktion zu plotten.

Deklarieren Sie die Variable x, dann tippen Sie ein:

```
plot(x/2+1,xmin=-2,xmax=2,ymin=-2,ymax=2)
```

Hinter dem Komma steht in Klammern der anzuzeigende Bereich für x und y, in diesem Fall also jeweils von –2 bis +2.

Sie können auch zwei Funktionen gleichzeitig plotten. Fügen Sie beispielsweise eckige Klammern und darin $y = 1 - x$ hinzu, und der zweite Graph wird in einer anderen Farbe zusätzlich gezeichnet.

```
plot([x/2+1,1-x],xmin=-2,xmax=2,ymin=-2,ymax=2)
```

Übrigens: Die beiden Funktionen schneiden sich im Punkt (0, 1), und das ist nicht rein zufällig die Lösung des linearen Gleichungssystems, das aus den beiden Funktionsvorschriften besteht:

$$\begin{vmatrix} y = \frac{1}{2}x + 1 \\ y = 1 - x \end{vmatrix}$$

Die Lösungsmenge des Gleichungssystems ist die Schnittmenge der Punktmengen, die die beiden einzelnen Gleichungen jeweils beschreiben. Der Schnittpunkt der Graphen ist genau jener Punkt, dessen Koordinaten x und y beide Gleichungen erfüllen.

Jede lineare Gleichung lässt sich in die Form $y = m \cdot x + b$ bringen. Dabei ist b der *Achsenabschnitt*, also jener y-Wert, bei dem die Gerade die vertikale Achse schneidet. Sie sehen das sofort, wenn Sie $x = 0$ setzen.

Die Größe m heißt *Steigung*. Für jeden Schritt um 1 nach rechts wächst x um 1 und y um m. Eine positive Steigung m bedeutet, dass ein Fahrzeug von links nach rechts Gas geben muss, um nach oben zu kommen. Eine negative Steigung bedeutet ein Gefälle.

Daraus ergeben sich ein paar Erkenntnisse für Gleichungssysteme:

- Sind die Steigungen von zwei Funktionen unterschiedlich, schneiden sie sich in genau einem Punkt. Die Koordinaten dieses Punktes sind die Lösung des zugehörigen Gleichungssystems.
- Sind die Steigungen von zwei Funktionen gleich, ist aber der Achsenabschnitt verschieden, verlaufen die Geraden parallel. Die Lösungsmenge des Gleichungssystems ist leer (Abbildung 4.3).

- Sind die Steigungen und Achsenabschnitte von zwei Funktionen gleich, verlaufen die Geraden genau aufeinander, und die Lösungsmenge des Gleichungssystems ist unendlich groß: Sie umfasst alle Punkte auf den Geraden.

Bei linearen Funktionen ist die Steigung überall gleich, bei anderen Funktionen kann das völlig anders aussehen. Mit den zugehörigen Fragestellungen beschäftigt sich ein großer Teil von Teil II, »Analysis«.

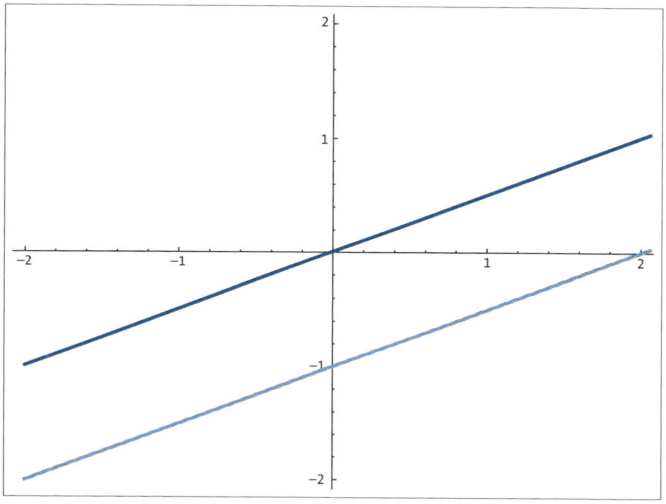

Abbildung 4.3 Diese Funktionen verlaufen parallel. Ihre Steigungen sind gleich. Können Sie das zugehörige Gleichungssystem ablesen?

Funktionen plotten mit GeoGebra

Sie können mit GeoGebra sehr leicht und schnell Funktionsgraphen darstellen. Schreiben Sie einfach eine Funktion ins Eingabefeld, indem Sie mit $f(x)$ beginnen. Sobald der Graph im Koordinatensystem erscheint, können Sie den sichtbaren Ausschnitt mit der Maus verschieben oder mit dem Mausrad hinein- oder herauszoomen.

Wenn Sie möchten, können Sie den Graphen anklicken und dann die Farbe oder das Linienmuster ändern. Wenn Sie einen Achsenschnittpunkt erwischen, erscheint eine aussagekräftige Markierung mit den genauen Koordinatenwerten. Es spricht auch nichts dagegen, zwei Graphen in ein Achsenkreuz zu malen: Fügen Sie einfach eine weitere Funktion hinzu, die $g(x)$ heißt. GeoGebra erkennt den Schnittpunkt, wenn Sie ihn anklicken, und gibt Ihnen auch hier die genauen Koordinaten an (Abbildung 4.4).

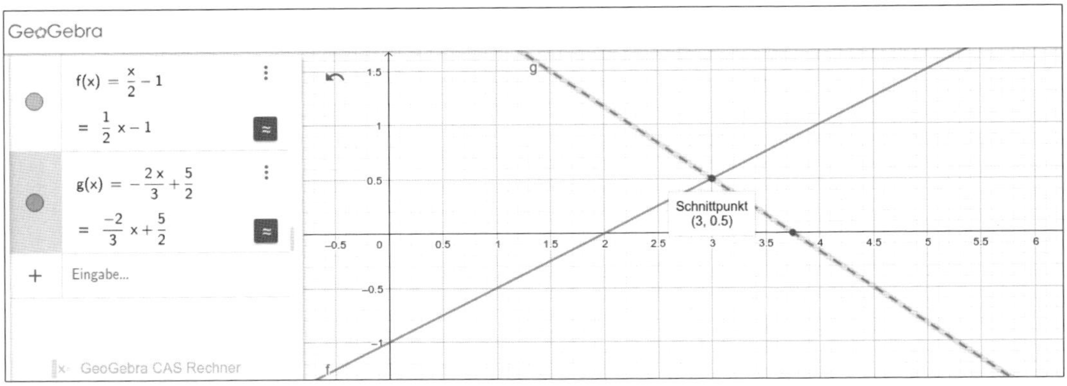

Abbildung 4.4 GeoGebra stellt zwei Funktionen automatisch in unterschiedlichen Farben dar. Um einen Graphen gestrichelt zu zeichnen, müssen Sie ihn anklicken und den gewünschten Linienstil wählen.

4.4 Parabeln

Haben Sie schon einmal einen unkooperativen Computer in hohem Bogen aus dem Fenster geworfen?

Nein? Komisch.

Nun, sicher ist Ihnen trotzdem klar, dass die Bewegung eines geworfenen Objekts wegen der Erdanziehungskraft eine charakteristische Kurve beschreibt. Die ist keineswegs linear, also gerade, sondern gekrümmt. Lässt man Effekte wie Reibung oder Rotation außen vor, ergibt sich für geworfene Objekte eine umgedrehte *Parabel*. Warum das so ist, ist Thema eines späteren Abschnitts. Hier dient das Beispiel dazu, um zu belegen, dass Parabeln ziemlich wichtige Funktionen sind.

Die Normalparabel

Parabeln sind Graphen von *quadratischen Funktionen*. Das sind Funktionen, in denen die höchste vorkommende Potenz der unabhängigen Größe x gleich 2 ist.

Das einfachste Beispiel ist:

$$f(x) = x^2$$

Natürlich können Sie hierzu eine kleine Wertetabelle anlegen. Aber Sie benötigen mehr als zwei Punkte, um erkennen zu können, wie der Graph genau aussieht.

x	$f(x)$
−2	4
−1	1
0	0
1	1
2	4

Sie können den Graphen von Sage plotten lassen. Geben Sie folgenden Befehl ein:

```
plot(x^2,x,xmin=-2,xmax=2,ymin=0,ymax=4)
```

Das Ergebnis ist die *Normalparabel* (Abbildung 4.5).

Wenn Sie sich vorstellen, die Normalparabel sei eine Straße und Sie seien ein Radfahrer, der beim Achsenschnittpunkt (0;0) zu einem Ausflug startet, dann beginnt der Weg flach, erreicht bei $x = 1$ eine Steigung von genau 1 und wird zunehmend anstrengender, ohne je wieder abzuflachen.

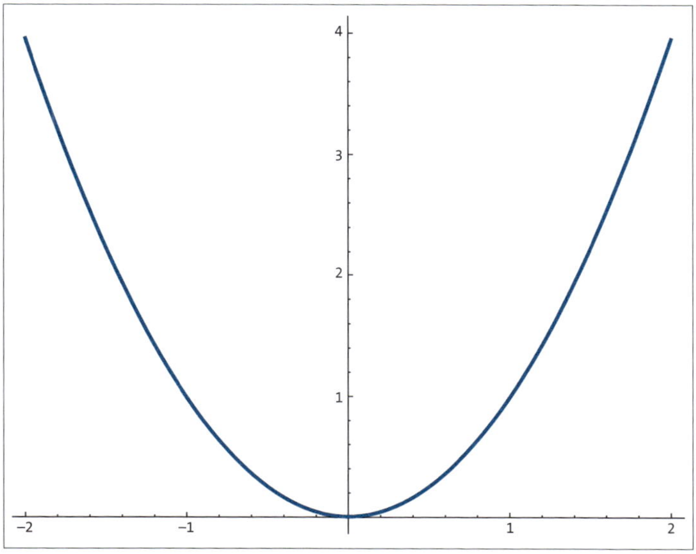

Abbildung 4.5 Die Normalparabel verläuft symmetrisch zur y-Achse und nirgendwo unterhalb der x-Achse.

Dass die Normalparabel symmetrisch zur y-Achse ist, liegt daran, dass der Funktion das Vorzeichen von x egal ist. Denn es ist:

$$x^2 = (-x)^2$$

Der Funktionswert zu x ist derselbe wie zu $-x$:

$$f(x) = f(-x)$$

Dies ist die *Symmetriebedingung* für Symmetrie an der y-Achse. Anschaulich bedeutet das, dass die Funktion beidseitig der Achse spiegelbildlich verläuft: Die negative Seite ist das Spiegelbild der positiven.

Auch dass die Normalparabel nie unterhalb der x-Achse liegt, lässt sich als Gleichung ausdrücken:

$f(x) \geq 0$, da: $x^2 \geq 0$ für alle x.

Noch mehr Parabeln

Sobald zusätzliche Faktoren oder Summanden auftauchen, bleibt das Aussehen des Graphen ähnlich, aber nicht unbedingt gleich: Summanden verschieben die Parabel, Faktoren strecken, stauchen oder spiegeln ihn an der x-Achse. Am besten erkennen Sie das, wenn Sie die folgende *Scheitelpunktform* der quadratischen Funktion betrachten:

$$y = (x + a)^2 + b$$

Wenn a und b beide 0 sind, ist das einfach die Normalparabel.

Bleibt $a = 0$, aber b nicht, dann verschiebt sich die Parabel entsprechend nach oben (für $b > 0$) oder unten (für $b < 0$). Das können Sie leicht erkennen, wenn Sie x-Werte für 0, 1 oder –1 einsetzen.

Das a hingegen verschiebt die Parabel nach links (für $a > 0$) bzw. rechts (für $a < 0$). Setzen Sie beispielsweise für x einmal $-a$ ein, so erhalten Sie $y = 0$ (wenn $b = 0$ ist), also den Scheitelpunkt der Parabel.

Sind a und b beide nicht 0, ist die Parabel vertikal *und* horizontal verschoben. Der Scheitelpunkt ist bei $(-a, b)$.

Beispiel: Scheitelpunktform

Nehmen wir uns einmal eine der Funktionen aus dem Selbsttest vom Abschnittsanfang zur Brust:

$$f(x) = \left(x - \frac{1}{2}\right)^2 - 1$$

Praktischerweise steht diese Funktion bereits in Scheitelpunktform da. Den Scheitelpunkt können Sie leicht ablesen: die Parabel ist um $\frac{1}{2}$ nach rechts verschoben und um 1 nach unten (Abbildung 4.6).

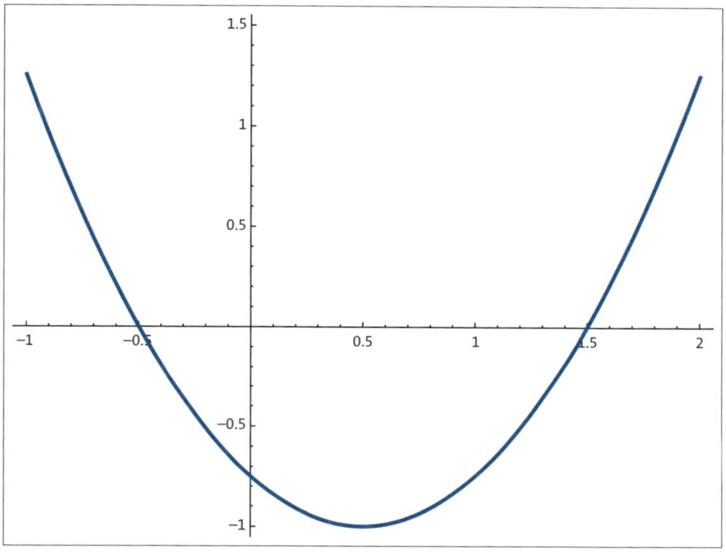

Abbildung 4.6 Diese Normalparabel ist nach rechts und unten verschoben, der Scheitelpunkt liegt bei (0,5; −1).

Sie können jede quadratische Funktion in die Scheitelpunktform überführen, falls kein Faktor vor dem x steht.

Rechenspiele mit Parabeln

Eine häufige Aufgabe ist, die Nullstellen einer Funktion zu bestimmen, also die Schnittpunkte des Graphen mit der x-Achse. Schauen wir uns dazu die Selbsttest-Aufgabe 3 an, die forderte, die Nullstellen der folgenden Funktion zu bestimmen:

$$f(x) = x^2 - 2x + 1$$

Beispiel: Nullstellen einer Parabel

Für *Schnittpunkte* zwischen Funktionsgraph und horizontaler Achse gilt natürlich:

$$f(x) = 0$$

Sie müssen also nur die gegebene Funktion gleich 0 setzen und die Lösungsmenge bestimmen.

$x^2 - 2x + 1 = 0$

Letztlich steht da jetzt eine uralte Aufgabe, die Sie im Schlaf beherrschen: eine *quadratische Gleichung*. Auf den zweiten Blick stellt sich sogar heraus, dass es eine besonders einfache ist, weil Sie auf der linken Seite einfach die zweite binomische Formel anwenden können und erhalten:

$(x - 1)^2 = 0$

An dieser Stelle ziehen Sie die Wurzel und erhalten:

$x = 1$

Da $\sqrt{0}$ nur eine Lösung hat und keine zwei, gibt es auch nur eine Nullstelle, die in diesem Fall außerdem der Scheitelpunkt ist. Denn nach Anwenden der binomischen Formel stand ja die Scheitelpunktform mit $b = 0$ da.

Es ist also $f(1) = 0$.

Natürlich kann es passieren, dass eine quadratische Gleichung überhaupt keine Lösung hat und die zugehörige Funktion keine Nullstelle. Eine nach oben geöffnete Parabel kann ohne Weiteres einen Scheitelpunkt mit $y > 0$ aufweisen und hat dann keine Nullstelle. Ein einfaches Beispiel ist $f(x) = x^2 + 1$.

Lassen Sie uns lineare Funktionen und Parabeln in einen Topf werfen und kräftig rühren.

Beispiel: Schnittpunkte von Parabel und Gerade

Die Suche nach Schnittpunkten zwischen einer Parabel und einer linearen Funktion (also einer Geraden) ist eine Verallgemeinerung des soeben untersuchten Falles: Denn die horizontale Achse ist ja eine lineare Funktion mit $y = 0$. Wählen wir doch mal eine andere:

$g(x) = 1 - x$

Gesucht sind die Schnittpunkte der zuletzt betrachteten Parabel $f(x) = x^2 - 2x + 1$ und dieser Funktion, also die Lösungen der Gleichung $f(x) = g(x)$. Genauer gesagt: Diese Lösungen sind nur die x-Koordinaten der Schnitt*punkte*. Punkte bestehen immer aus einem Koordinaten*paar* (x, y).

Stellen Sie zunächst die Gleichung auf:

$x^2 - 2x + 1 = 1 - x$

Jetzt sind Äquivalenzumformungen angesagt. Sie erhalten folgende quadratische Gleichung:

$$x^2 - x = 0$$

Nebenbei bemerkt steht links jetzt erneut die Funktionsvorschrift einer Parabel. Denn die Differenz aus einer Parabel und einer linearen Funktion ist wiederum eine Parabel! Deren Nullstellen sind die Schnittpunkte der beiden Ursprungsfunktionen.

Die Lösungen der obigen Gleichung lassen sich nach Ausklammern von x ohne umständliche quadratische Ergänzung ablesen:

$$x(x - 1) = 0$$

$$x = 0 \vee x = 1$$

Um die Schnitt*punkte* zu ermitteln, setzen Sie die gefundenen Werte für x noch schnell in eine der beiden gegebenen Funktionen ein. In welche ist wurscht, denn sie nehmen ja ohnehin beide den gleichen y-Wert an. Das Resultat sind die Schnittpunkte $S_1(0{,}1)$ und $S_2(1{,}0)$ (Abbildung 4.7).

Sie sehen, dass sich auf diese Weise rechnerisch gewisse geometrische Eigenschaften ermitteln lassen. Mit deutlich erweiterten Hilfsmitteln kommen wir auf dieses Thema ganz am Schluss unserer mathematischen Reise noch einmal zurück (Kapitel 32, »Analytische Geometrie«).

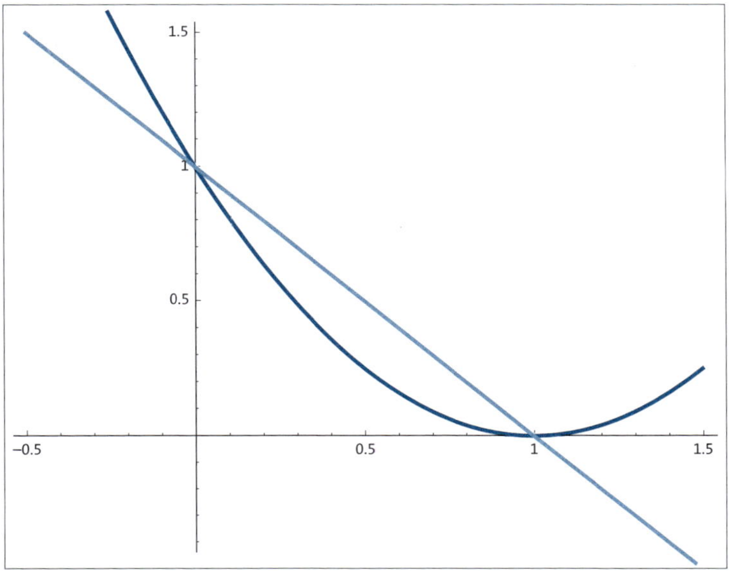

Abbildung 4.7 Mit Sage geplottet, bestätigen sich die errechneten Schnittpunkte der Parabel mit der Geraden.

4.5 Wurzel- und andere Funktionen

Halbe Exponenten

Nachdem wir uns jetzt genug mit Parabeln gequält haben, kippen wir sie einfach mal um. Nicht *Sie*, sondern *sie*, die Parabeln.

Vorab aber möchte ich Ihnen noch einmal eine lineare Funktion auftischen. Besser gesagt zwei, nämlich:

$$f(x) = y = 2x - 2$$

Stellen Sie diese Funktion mal nach x um. Sie erhalten:

$$x = \frac{1}{2}y + 1$$

Wenn Sie jetzt in der zweiten Funktion x und y vertauschen und beide Funktionen ins gleiche Koordinatensystem plotten, fällt Ihnen sofort eine geometrische Tatsache ins Auge (Abbildung 4.8).

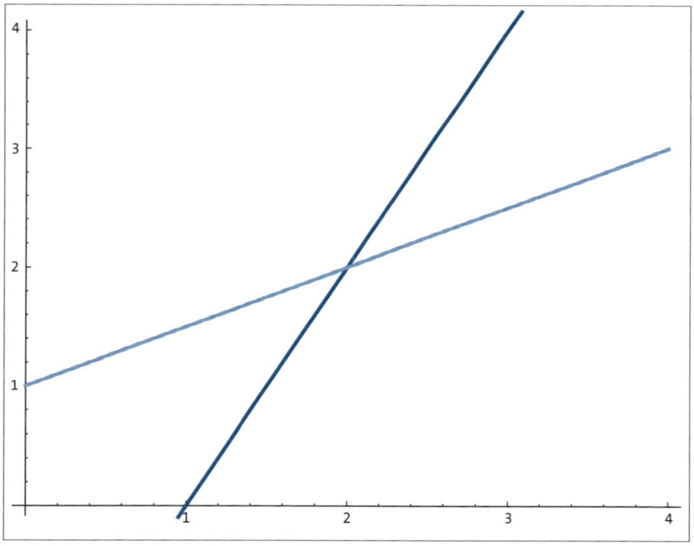

Abbildung 4.8 Diese beiden Funktionen sind spiegelsymmetrisch zur Diagonalen.

Genau: Es handelt sich um eine Spiegelung an der Winkelhalbierenden. Das liegt daran, dass Sie gerade die *Umkehrfunktion* zur Ursprungsfunktion gebildet haben.

Das Bilden der Umkehrfunktion bedeutet geometrisch ein Vertauschen der Achsen. Genau das können Sie auch mit einer Parabel machen. Die Umkehrfunktion des Quadrats ist die Wurzel. Die ist für Zahlen unter null nicht definiert, also können Sie nur eine Hälfte der

Parabel an der Winkelhalbierenden spiegeln. Logisch, denn sonst gäbe es zu allen $x > 0$ zwei y-Werte. Schauen Sie sich den Graphen der Wurzelfunktion an (Abbildung 4.9):

$$f(x) = \sqrt{x}$$

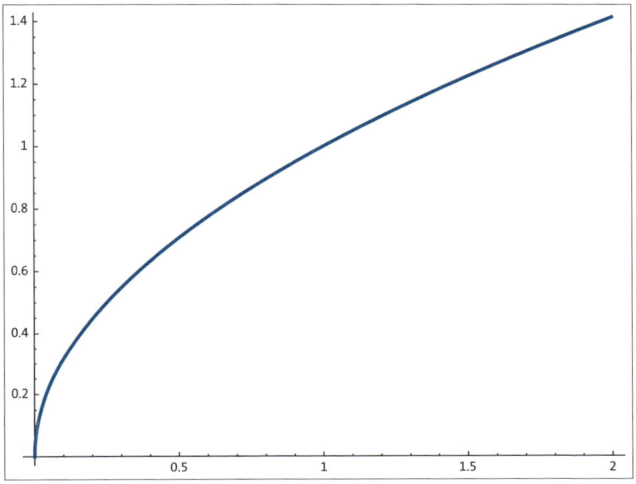

Abbildung 4.9 Die Wurzelfunktion ist nur für positive x definiert und begnügt sich mit dem oberen rechten Quadranten des Koordinatensystems.

Wie der rechte Zweig der Normalparabel steigt auch die Wurzelfunktion mit wachsenden x-Werten *streng monoton* an: Ist $a > b$, so ist auch $f(a) > f(b)$.

Lassen Sie uns zum Abschluss schauen, was passiert, wenn man Wurzel und Quadrat auf besonders geschickte Weise ineinander verschachtelt.

Die (Halb-)Kreisfunktion

Die sachdienliche Untersuchung von Funktionen und ihren Graphen möchte ich mit einem Beispiel abschließen, das einige witzige Besonderheiten aufweist.

Wir betrachten die Funktion:

$$f(x) = \sqrt{1 - x^2}$$

Ahnen Sie, wie der zugehörige Funktionsgraph aussieht?

Ich gebe Ihnen einen Tipp: Rechnen Sie mal den Abstand zwischen dem Koordinatenursprung (0,0) und einem beliebigen Punkt auf dem Graphen aus.

Das ist nämlich die Länge der langen Seite eines gedachten rechtwinkligen Dreiecks, dessen Schenkel auf den beiden Achsen liegen und jeweils die Längen x bzw. $f(x)$haben, wenn die obere rechte Ecke des Dreiecks auf dem Graphen liegt.

Das Quadrat dieser Länge ist laut *Satz des Pythagoras* die Summe der Quadrate der beiden kurzen Seiten:

$$l^2 = x^2 + f(x)^2 = x^2 + \left(\sqrt{1-x^2}\right)^2 = x^2 + 1 - x^2 = 1$$

Auf das rechtwinklige Dreieck und den Satz des Pythagoras kommen wir in Kapitel 6 ausführlich zu sprechen.

Da von einer geometrischen Länge die Rede ist, die nicht negativ sein kann, ist $l = 1$. Der Abstand ist also gleich eins. Und zwar für jeden Punkt auf dem Graphen. Wie das aussieht, können Sie sich jetzt sicher vorstellen (Abbildung 4.10).

Unsere Funktion beschreibt einen Halbkreis mit Radius 1!

Tatsächlich ist die Funktion genau jene, die herauskommt, wenn man den konstanten Abstand zwischen Nullpunkt und Graph *fordert*. Denn diese Forderung lautet:

$$x^2 + y^2 = 1^2$$

Diese Gleichung beschreibt den *Einheitskreis*. Stellt man sie nach y um und beschränkt sich auf positive Lösungen der Wurzel, kommt genau die ursprüngliche Funktionsvorschrift heraus.

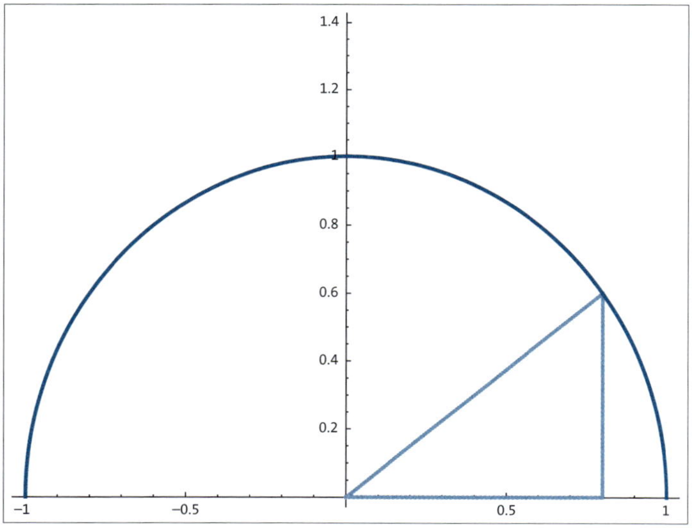

Abbildung 4.10 Die Halbkreisfunktion erfüllt den Pythagoras für jedes rechtwinklige Dreieck, das so eingezeichnet wird wie hier.

Bevor Sie jetzt weiter nach hinten blättern: Ja, richtig geraten, dieser Zusammenhang wird später noch mal wichtig.

Allerdings ist jetzt Zeit zum Durchschnaufen, denn das Kapitel endet, aber nicht ohne …

4.6 Entspannungsübungen

Aufgabe 1: Zeichnen Sie die Funktionsgraphen.

a) $y = -1{,}5x + 1$

b) $y = 2 - 0{,}25x$

Aufgabe 2: Ermitteln Sie den Schnittpunkt.

$x + 1 = 2y;\ \ y + 1 = x : 2$

Aufgabe 3: Finden Sie Nullstellen.

Zeichnen Sie die folgenden Funktionen, und bestimmen Sie, soweit möglich, die Nullstellen:

a) $f(x) = x^3 - 1$

b) $g(x) = x^4 - 16$

c) $h(x) = \sqrt[3]{1 - x^3}$

Aufgabe 4: Parabel zeichnen

Zeichnen Sie den Graphen für die folgende quadratische Funktion, ohne eine Wertetabelle anzulegen:

$f(x) = (x - 1)^2 - 1$

Aufgabe 5: Scheitelpunktform

Bringen Sie die folgende quadratische Funktion in Scheitelpunktform, und zeichnen Sie sie, ohne eine Wertetabelle anzulegen:

$f(x) = x^2 + 19 - 8x$

Aufgabe 6: Nullstellen von Parabeln

Berechnen Sie, wo die folgenden Funktionen die x-Achse schneiden (wenn sie das überhaupt tun):

a) $f(x) = x^2 + 11x - 336$

b) $f(x) = 2x^2 - \frac{4}{3}x$

Aufgabe 7: Bestimmen Sie die Schnittpunkte.

$f(x) = 2x^2 - \frac{3}{4}, \qquad g(x) = x^2 + x$

Aufgabe 8: Bestimmen Sie die Schnittpunkte.

Tipp: Achten Sie auf den Definitionsbereich!

$f(x) = \sqrt{x^2 - 5}$

$g(x) = \frac{1}{2}(x + 1)$

Aufgabe 9: Funktionen-Sport

Sie möchten Basketball-Superstar werden, und eines ist Ihnen klar: Um den Ball in den Korb zu werfen, benötigen Sie in erster Linie die richtige mathematische Funktion. Jemand, der bereits Abschnitt 19.2 in diesem Buch gelesen hat, behauptet, dass ein geworfener Ball ziemlich genau eine nach unten offene Parabelkurve beschreibt. Stellen Sie sich vor, dass Sie an der Dreipunkte-Linie stehen (der Wurf soll sich ja lohnen), also 6,75 m vom Korb entfernt. Nehmen Sie an, dass der Wurf auf einer Höhe von 3 m beginnt (Sie sind natürlich groß und tragen exklusive Funktionsturnschuhe). Der Korb befindet sich ebenfalls in 3 m Höhe. Basteln Sie mit GeoGebra eine Funktion $f(x)$, die Ihren Wurf beschreibt.

(Hinweis: Es gibt mehrere Lösungen.)

4.7 Lösungen

Aufgabe 1

Beim Zeichnen von linearen Funktionen genügen jeweils zwei Punkte. Der Achsenabschnitt ist immer sehr leicht ablesbar. Als zweiten x-Wert können Sie willkürlich eine Zahl ungleich null wählen.

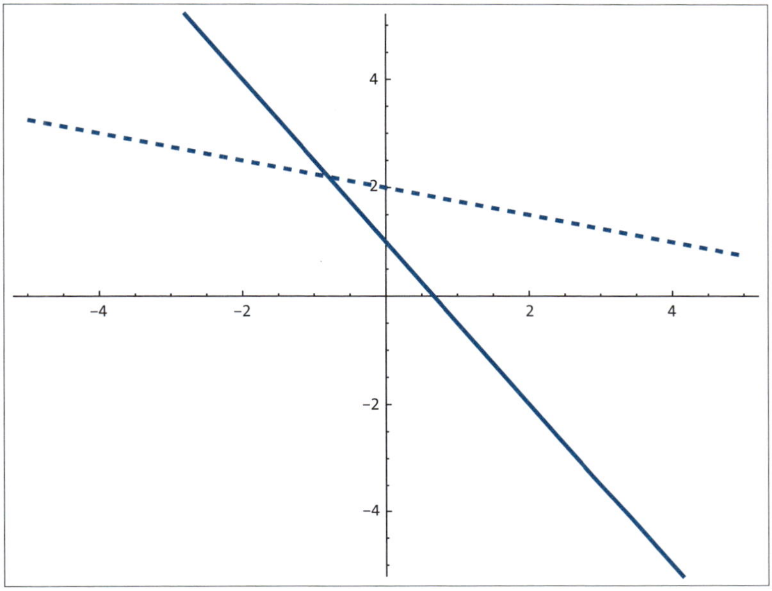

Abbildung 4.11 Die beiden zu zeichnenden Funktionen in einem Diagramm: Funktion a) ist durchgezogen, Funktion b) gestrichelt.

Aufgabe 2

Um den Schnittpunkt zweier Funktionen zu ermitteln, stellen Sie ein lineares Gleichungssystem auf:

$$x + 1 = 2y$$

$$y + 1 = x: 2$$

Stellen Sie die zweite Gleichung nach y um:

$$y = \frac{1}{2}x - 1$$

Setzen Sie dies in Gleichung I ein:

$$x + 1 = x - 2 \qquad | - x$$

$$1 = -2$$

Ups! Diese Gleichung hat keine Lösung. Den Grund erkennen Sie, wenn Sie die erste Gleichung in eine Funktionsvorschrift in Normalform überführen:

$$x + 1 = 2y$$

$$y = \frac{1}{2}x + \frac{1}{2}$$

Beide Funktionen haben die gleiche Steigung $\frac{1}{2}$ und unterschiedliche Achsenabschnitte. Sie verlaufen also parallel und haben keinen Schnittpunkt.

Aufgabe 3

Nullstellen bestimmen Sie, indem Sie die Funktionsvorschrift gleich null setzen.

a) $x^3 - 1 = 0 \quad | +1$

$x^3 = 1 \quad | \sqrt[3]{}$

$x = 1$

b) $x^4 - 16 = 0 \quad | +16$

$x^4 = 16 \quad | \sqrt[4]{}$

$x = 2 \vee x = -2$

c) $\sqrt[3]{1 - x^3} = 0 \quad | \uparrow^3$

$1 - x^3 = 0 \quad | +x^3$

$1 = x^3 \quad | \sqrt[3]{}$

$1 = x$

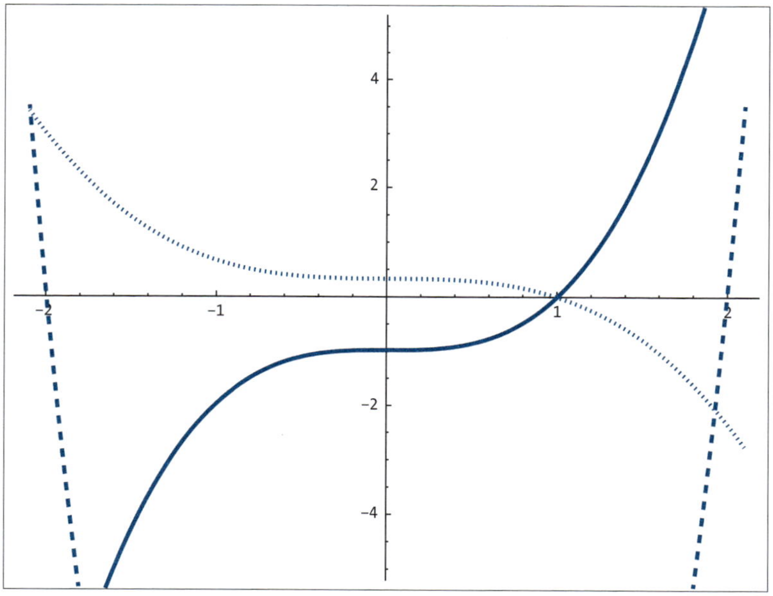

Abbildung 4.12 Die zu zeichnenden Funktionen: f ist durchgezogen, g gestrichelt und h gepunktet.

Aufgabe 4

Sie können eine Parabel leicht zeichnen, wenn sie nicht gestreckt, sondern nur verschoben ist. Gestreckte Parabeln haben einen Faktor vor dem x^2. Das ist hier nicht der Fall.

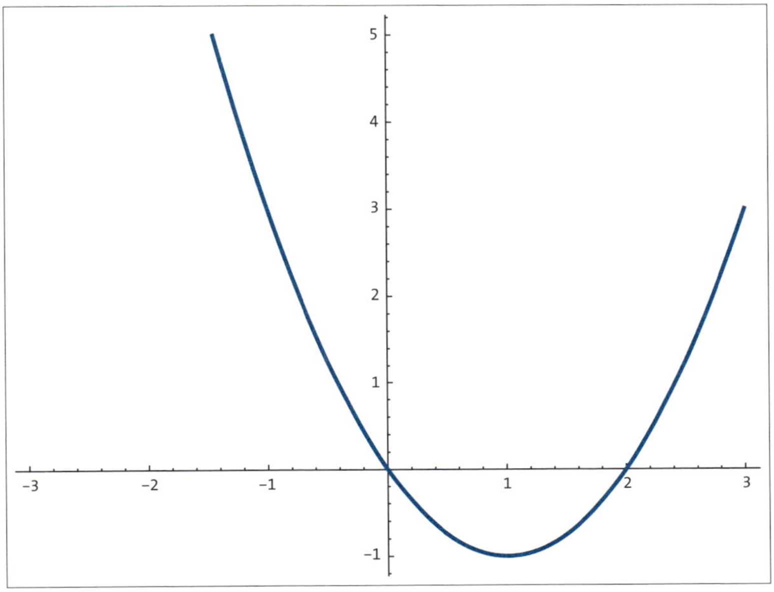

Abbildung 4.13 Die fragliche Parabel ist eine um 1 nach rechts und um 1 nach unten verschobene Normalparabel mit dem Scheitelpunkt (1,−1).

Aufgabe 5

Sie bringen eine quadratische Funktion in Scheitelpunktform, indem Sie eine binomische Formel einbauen, also eine quadratische Ergänzung durchführen.

$$
\begin{aligned}
f(x) &= x^2 + 19 - 8x \\
&= x^2 - 8x + 19 \\
&= x^2 - 2 \cdot x \cdot 4 + 19 \\
&= x^2 - 2 \cdot x \cdot 4 + 16 - 16 + 19 \\
&= (x-4)^2 - 16 + 19 \\
&= (x-4)^2 + 3
\end{aligned}
$$

Der Scheitelpunkt liegt also bei (4, 3), die Parabel ist um 4 nach rechts und um 3 nach oben verschoben.

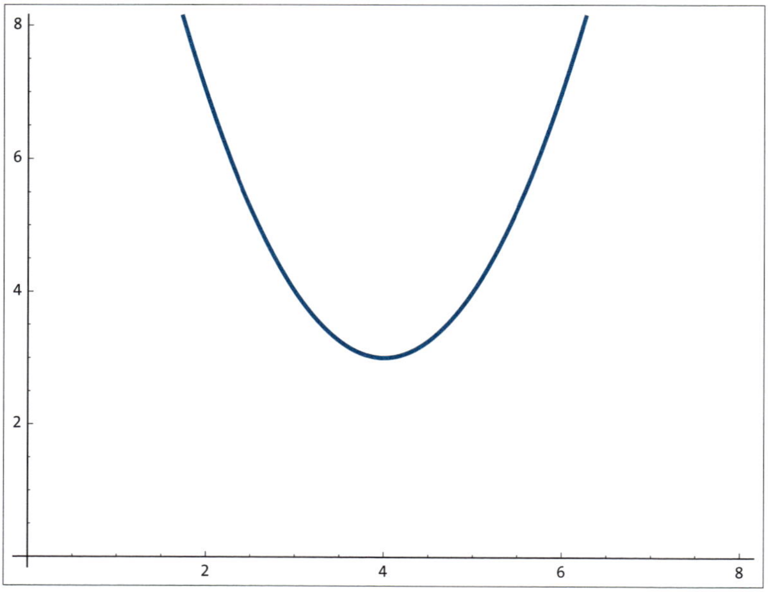

Abbildung 4.14 Normalparabel um 4 nach rechts und 3 nach oben verschoben

Aufgabe 6

Um Nullstellen von Parabeln zu finden, setzen Sie die Funktionsvorschrift gleich null:

a) $x^2 + 11x - 336 = 0$

$$(x + 5{,}5)^2 - 5{,}5^2 = 336$$

$$x = -5{,}5 \pm \sqrt{366{,}25}$$

$$x \approx 13{,}6 \;\lor\; x \approx -24{,}6$$

b) $2x^2 - \frac{4}{3}x = 0$

$$x\left(2x - \frac{4}{3}\right) = 0$$

$$x = 0 \lor 2x - \frac{4}{3} = 0$$

$$x = 0 \lor x = \frac{2}{3}$$

Aufgabe 7

Um Schnittpunkte von Funktionen zu finden, setzen Sie sie gleich.

$$2x^2 - \frac{3}{4} = x^2 + x \qquad | - x^2 - x$$

$$x^2 - x - \frac{3}{4} = 0$$

Den links stehenden Term können Sie auch als Differenzfunktion auffassen, deren Nullstellen jetzt gesucht sind. Nehmen sie die quadratische Ergänzung vor. Das ist wie immer das Quadrat der Hälfte des Vorfaktors von x, denn nur so wird eine binomische Formel draus:

$$\left(x - \frac{1}{2}\right)^2 - \frac{1}{4} - \frac{3}{4} = 0$$

$$\left(x - \frac{1}{2}\right)^2 - \frac{4}{4} = 0$$

$$\left(x - \frac{1}{2}\right)^2 = 1$$

$$x - \frac{1}{2} = 1 \ \vee \ x - \frac{1}{2} = -1$$

$$x = \frac{3}{2} \ \vee \ x = -\frac{1}{2}$$

Aufgabe 8

Gesucht sind die Schnittpunkte von $f(x) = \sqrt{x^2 - 5}$ und $g(x) = \frac{1}{2}(x + 1)$.

Der Definitionsbereich der ersten Funktion ist eingeschränkt, da unter der Wurzel keine negative Zahl stehen darf:

$$x^2 - 5 \geq 0 \qquad | + 5$$

$$x^2 \geq 5 \qquad |\sqrt{}$$

$$x \geq \sqrt{5} \vee x \leq -\sqrt{5}$$

Der Definitionsbereich ist also $\mathbb{R} \setminus \{x | -\sqrt{5} < x < \sqrt{5}\}$.

Jetzt setzen Sie die Funktionsvorschriften gleich:

$$\sqrt{x^2 - 5} = \frac{1}{2}(x + 1) \qquad | \uparrow^2$$

$$x^2 - 5 = \frac{1}{4}(x^2 + 2x + 1) \qquad | \cdot 4$$

$$4x^2 - 20 = x^2 + 2x + 1 \qquad | - x^2 - 2x - 1$$

$$3x^2 - 2x - 21 = 0 \qquad | : 3$$

$$x^2 - \frac{2}{3}x - 7 = 0$$

Quadratische Ergänzung:

$$\left(x - \frac{1}{3}\right)^2 - 7\frac{1}{9} = 0 \qquad | + 7\frac{1}{9}$$

$$\left(x - \frac{1}{3}\right)^2 = \frac{64}{9} \qquad | \sqrt{}$$

$$x - \frac{1}{3} = \frac{8}{3} \vee x - \frac{1}{3} = -\frac{8}{3}$$

$$x = 3 \vee x = -\frac{7}{3}$$

Diese Stellen liegen im Definitionsbereich von $f(x)$.

Aufgabe 9

Am einfachsten kommen Sie auf eine Lösung, wenn Sie von der Scheitelpunktform ausgehen. Denn der Ball befindet sich in der Mitte zwischen Ihnen ($x = 0$) und dem Korb ($x = 6{,}75$) an der höchsten Stelle, also liegt der Scheitelpunkt bei (3,375; b). Außerdem soll die Parabel nach unten offen sein, Sie benötigen also ein Minuszeichen vor der Klammer:

$$f(x) = -(x - 3{,}375)^2 + b$$

Um b auszurechnen, verwenden Sie die Abwurfhöhe vom 3 m. Denn sowohl bei $x = 0$ als auch beim Treffen des Korbes muss $f(x) = 3$ sein. Das heißt:

$$-(0 - 3{,}375)^2 + b = 3$$

Wenn Sie diese Gleichung nach b umstellen, erhalten Sie:

$$b = 3 + 3{,}375^2$$

Geben Sie die fertige Funktion in GeoGebra ein. Werfen Sie einen Blick auf den Scheitelpunkt. Natürlich kommt es auf die Höhe der Sporthalle an (hier mindestens 14,49 m), ob der Wurf so überhaupt gelingt. Weniger dachnahe, aber ebenfalls funktionierende Lösungen erhalten Sie, wenn Sie bei der Scheitelpunktform einen beliebigen Faktor $h < 1$ vor die Klammer setzen, wodurch sich natürlich ein anderer Wert für b ergibt, nämlich $3 + h \cdot 3{,}375^2$. Geben Sie die neue Funktion in GeoGebra ein, zum Beispiel mit $h=0{,}1$:

$$f(x) = -0{,}1(x - 3{,}375)^2 + 3 + 0{,}1 \cdot 3{,}375^2$$

GeoGebra vereinfacht Ihnen den Funktionsterm und zeichnet den Graphen (Abbildung 4.15). Puh, das funktioniert auch in einer ziemlich niedrigen Halle!

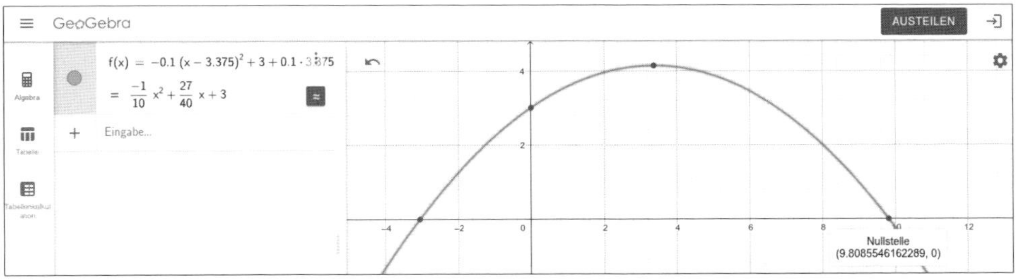

Abbildung 4.15 Sie können in GeoGebra durch einen einfachen Klick auf die rechte Nullstelle sogar feststellen, wo Ihr Ball landet, falls Sie doch mal den Korb verfehlen ...

Kapitel 5

e und log

Manches wächst exponentiell: Bakterien, Bevölkerung, Onkel Dagoberts Geld. Was bedeutet das eigentlich mathematisch? Eine gute Gelegenheit, neben unermesslichen Reichtum durch echt coole Schneeballsystem-Geschäftsmodelle auch über Logarithmen und deren Gesetze zu reden.

5.1 Testen Sie sich selbst!

Wo stehe ich?

Schauen Sie sich den Selbsttest an: Wissen Sie über Exponentialfunktionen und Logarithmen bereits Bescheid, können Sie das Kapitel überblättern.

1. Der gefürchtete Spinatbazillus vom Planeten Tau Ceti III vermehrt sich pro Stunde um den Faktor 1,6. Auf welche Größe wächst eine Population von anfangs 100 Exemplaren innerhalb von 5 Stunden?
2. Die Bank Schenk & Sohn verzinst mein Tagesgeldkonto mit einer Einlage in Höhe von 1 220 Euro jährlich mit 1,2 %. Auf welchen Betrag wächst mein Kontostand in 4 Jahren (inklusive Zinseszins)?
3. Beherrschen Sie die folgenden Rechenregeln?
   a) $\ln(a^b) = ?$
   b) $\lg(100) - \lg(10) = ?$
   c) $\ln(x) / \ln(10) = ?$

5.2 Mehr, mehr, mehr!

In der Biologie gibt es Vermehrungsvorgänge, die mit Potenzfunktionen wie x^n nicht beschrieben werden können, sondern »schneller über alle Maßen« wachsen. Denken Sie an Einzeller, die sich (im Schnitt) nach einer festen Zeitspanne teilen. Zuerst ist es einer, dann sind es zwei, vier, acht ... und nach kurzer Zeit dermaßen krass viele, dass sich die Viecher hoffentlich nicht irgendwo in Ihrem Körper befinden und schlimme Dinge mit lebenswichtigen Organen anstellen.

Stets gilt, dass sich ein Funktionswert proportional vervielfacht, wenn Sie x um einen Wert a erhöhen. Mathematisch ausgedrückt:

$$f(x + a) = c \cdot f(x)$$

Es gibt eine Klasse von Funktionen, für die dieses Verhalten gilt, nämlich *Exponentialfunktionen*. Das sind Funktionen, in denen x als Exponent einer Potenz vorkommt. Zum Beispiel:

$$f(x) = b^x$$

Wenn Sie für x einmal $x+a$ einsetzen, erhalten Sie:

$$f(x + a) = b^{x+a} = b^x \cdot b^a$$

Da b^a ein konstanter Faktor ist, erfüllt diese *Exponentialfunktion* die obige Proportionalitätsbedingung und tritt an die Stelle des c. Man spricht von *exponentiellem Wachstum*.

Aber was nehmen Sie für diese ominöse Basis b? Im Grunde hängt das von den Randbedingungen ab. Eine ganz bestimmte Basis jedoch spielt eine Sonderrolle. Nämlich:

Eulers Zahl

Wenn Sie als Basis b die *eulersche Zahl* $e = 2{,}71828...$

verwenden, erhalten Sie die *natürliche Exponentialfunktion*, die dermaßen viele besondere Eigenschaften hat, dass sie in diesem Buch noch an vielen prominenten Stellen vorkommen wird.

Damit Sie sich diese spezielle Exponentialfunktion besser vor Augen halten können, zeichnen Sie einen Graphen. Setzen Sie dafür Sage ein:

```
plot(exp(x),x,xmin=-2,xmax=2)
```

Das Ergebnis zeigt Abbildung 5.1. Sie sehen, dass die Kurve die y-Achse bei 1 schneidet. Da $b^0 = 1$ natürlich für jede Basis gilt, auch für e, wird Sie das nicht verwundern. Hinzu kommt, dass der Graph nie die x-Achse berührt, streng monoton steigt und bei $x = 1$ den Wert e annimmt.

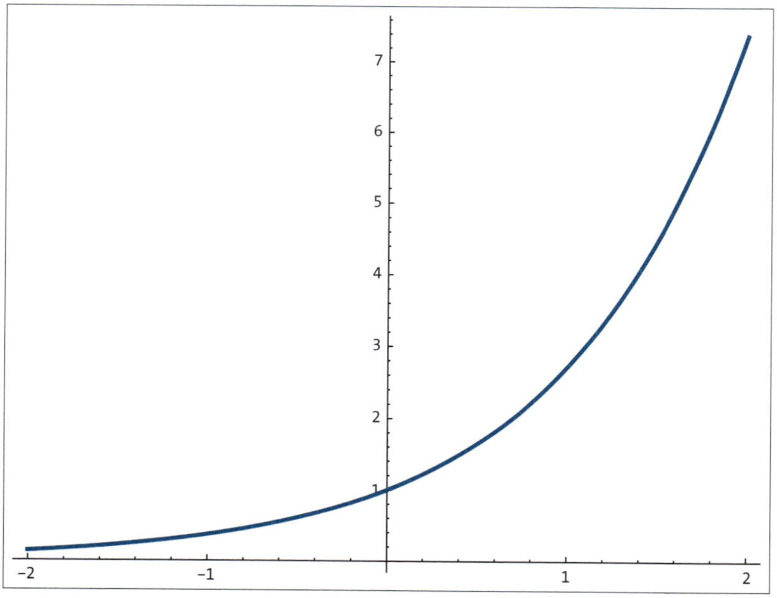

Abbildung 5.1 Die natürliche Exponentialfunktion, geplottet mit Sage im Bereich von [−2 .. 2]

Die Zahl e ist irrational, lässt sich also nicht als Bruch darstellen, genauso wenig wie $\sqrt{2}$ oder π, ist also $\in \mathbb{R} \setminus \mathbb{Q}$. Warum e so eine besondere Bedeutung für die Mathematik hat, verrate ich Ihnen in den Kapiteln über Analysis, damit es spannend bleibt.

Leonhard Euler

Der Schweizer Mathematiker und Physiker Leonhard Euler lebte von 1707 bis 1783. Er arbeitete die meiste Zeit in St. Petersburg, aber auch 25 Jahre lang in Berlin unter dem »Alten Fritz« (Kaiser Friedrich II), bis die beiden sich zerstritten.

Abbildung 5.2 Leonhard Euler bei der Arbeit (Porträt von Jakob Emanuel Handmann, Quelle: Wikimedia, gemeinfreies Bild)

Weniger bekannt ist, dass Euler im Alter von 64 Jahren erblindete und trotzdem weiterarbeitete. Tatsächlich führte Euler viele der noch heute üblichen Schreibweisen der Analysis ein und gilt als einer der bedeutendsten Mathematiker überhaupt. In der Physik begründete er die Kreiseltheorie und wandte seine Erkenntnisse über Funktionen und Differentialrechnung auf mechanische Probleme an.

Auch ein Krater im lunaren Mare Imbrium wurde nach ihm benannt, obwohl die beiden einander wirklich nicht sehr ähnlich sehen.

Bisher haben Sie als Exponenten in Potenzen nur rationale Zahlen verwendet, die Exponentialfunktion erweitert den Definitionsbereich auf $\mathbb{R}$. Glücklicherweise funktionieren alle Potenzgesetze (Abschnitt 2.4) trotzdem. Das bedeutet nicht zuletzt, dass Sie Exponentialfunktionen beliebiger Basis b auf solche mit Basis e zurückführen können:

$b^x = (e^c)^x = e^{cx}$, wobei $e^c = b$ ist.

Eine andere häufige Schreibweise ist die mit dem abgekürzten Namen »(Exp)onentialfunktion«:

$$\exp(c)^x = \exp(cx)$$

Ein konkretes, in der Natur beobachtetes Wachstum unterscheidet sich in seinen Parametern: Anfangswert und Wachstumsrate.

Da $e^0 = 1$ ist, entspricht der Anfangswert genau dem Funktionswert für $x = 0$. Man kann ihn als Anfangswert f_0 eines Wachstumsvorgangs auffassen, wenn x sich zeitlich ändert:

$$f(x) = f_0 \exp(kx)$$

Die Geschwindigkeit des Wachstums stellt ein Faktor k vor dem x dar. Je größer, umso schneller das Wachstum.

Um klarzustellen, dass es sich um einen zeitlichen Vorgang handelt, verwenden wir t statt x als Bezeichnung für die Variable und stellen folgende allgemeine Wachstumsgleichung auf:

$$f(t) = f_0 \exp(kt)$$

Diese Funktion lässt sich zum Beispiel auf den berüchtigten Bazillus aus dem Selbsttest anwenden.

Beispiel: Der Spinatbazillus

Um eine exponentielle Wachstumsfunktion eindeutig zu bestimmen, benötigen Sie zwei Werte: den Anfangswert f_0 (identisch mit $f(0)$, also dem Wert zum Anfangszeitpunkt $t = 0$) und die Wachstumskonstante k.

Bei der Beispielaufgabe steht glücklicherweise beides schon da:

$$f(0) = 100$$

Verwenden Sie die Umkehrfunktion zur Exponentialfunktion, den natürlichen Logarithmus, um aus der angegebenen Wachstumsrate die Wachstumskonstante zu erhalten:

$$k = \ln 1{,}6\ \mathrm{h}^{-1} \approx 0{,}47\ \mathrm{h}^{-1}$$

Dabei steht h^{-1} für »pro Stunde«. In vielen naturwissenschaftlichen Schriften verkneift man sich die umständliche Schreibweise als Bruch mit dem h für lateinisch »hora« im Nenner und setzt lieber einen Exponenten von –1 oben dran, was natürlich dasselbe bedeutet. Weiteres zum wichtigen Thema »Maßeinheiten« finden Sie in Kapitel 7. In diesem Beispiel lassen wir sie der Übersicht halber weg.

Dass k tatsächlich der angegebene Faktor 1,6 für das stündliche Wachstum ist, erkennen Sie, wenn Sie einmal $t = 1$ einsetzen:

$$f(1) = f_0 \exp(\ln(1{,}6) \cdot 1) = f_0 \cdot 1{,}6$$

Die Exponentialfunktion ist die Umkehrfunktion des natürlichen Logarithmus, daher heben beide einander auf. Falls Ihnen der ln im Moment nicht geläufig ist, ein klein wenig Geduld – ausführliche Erläuterungen folgen im nächsten Abschnitt 5.3. Für den Augenblick genügt es, wenn Sie mit einem Taschenrechner den ln von 1,6 berechnen können und wie bei mir ziemlich genau 0,47 herauskommt.

Da die Wachstumsfunktion jetzt vollständig bekannt ist, können Sie einfach die gefragten 5 Stunden aus der Aufgabe einsetzen:

$$f(5h) = 100 \cdot e^{0{,}47 \cdot 5} \approx 1048{,}557$$

Da von Bazillen die Rede ist, ergeben halbe Exemplare keinen Sinn, also runden Sie bitte auf die nächste ganze Zahl: 1049.

Beispiel: Zinseszins

Das nächste Beispiel ist zugegebenermaßen nicht besonders realistisch, aber auch bei Zinseszinsrechnung ist die Exponentialfunktion gefragt. Denn pro Jahr wächst Ihr Guthaben um einen bestimmten Faktor (1 plus Zinssatz) – und im nächsten Jahr wird dann dieses neue Guthaben verzinst, wächst also erneut um den gleichen Faktor. Es liegt also ein exponentieller Wachstumsvorgang vor, obwohl sich Ihr Geld natürlich bei Weitem nicht so schnell vermehrt wie der Spinatbazillus. Das liegt am deutlich niedrigeren Faktor k, wie Sie sofort sehen werden.

Die gegebenen Werte aus der Aufgabe sind:

$$f(0) = 1220$$

$$k = \ln(1 + p\%)\,\mathrm{a}^{-1} = \ln 1{,}012\,\mathrm{a}^{-1} \approx 0{,}0119\mathrm{a}^{-1}$$

Das a steht für die Zeiteinheit Jahre (lateinisch »annus«).

Gesucht ist der Kontostand nach 4 Jahren, also:

$$f(4) = 1220 \cdot e^{0{,}0119 \cdot 4} \approx 1279{,}62$$

Im Gegensatz zu Bazillen gibt es hier sinnvolle Nachkommastellen – runden Sie bei Geldbeträgen kaufmännisch auf volle Cent.

Weniger, aber niemals nichts

Wenn Sie den Graphen der Exponentialfunktion an der y-Achse spiegeln, wird aus Wachstum Verfall.

Beispiele dafür sind *Zerfallsvorgänge* wie etwa *Radioaktivität*, wo nach einer gewissen *Halbwertszeit* nur noch die Hälfte des Ausgangsmaterials verbleibt. Darauf basiert auch die wichtige *C14-Methode* der Altersbestimmung.

Beispiel: Die Radiokarbondatierung

Wenn Sie mal zufällig irgendwo in Sibirien ein Mammut ausbuddeln, liegt die Frage nach dessen Alter auf der Hand, bloß steht leider kein Herstellungsdatum drauf, ganz im Gegensatz zu einem Plastikbehälter, der in einigen Hunderttausend Jahren von unseren Nachfahren gefunden wird, aber das ist eine andere Geschichte. Zum Glück gibt es die C14-Methode.

Die Radiokarbondatierung funktioniert wie folgt: Wenn ein Organismus stirbt, hört er auf, Kohlenstoff aus der Umgebung in sein Gewebe einzubauen. Kohlenstoff enthält aber zu einem gewissen, sehr geringen Prozentsatz das radioaktive Isotop C14 (andere Schreibweise: ^{14}C). Da das Verhältnis zwischen C14 und »normalem« Kohlenstoff C12, dem (nicht radioaktiven) Isotop C13 und ebenjenem C14 konstant ist, kann man aus dem »Fehlen« von C14 in Überresten von Organismen schlussfolgern, wie lange sie schon tot sind. Denn C14 zerfällt mit einer *Halbwertszeit* von etwa 5730 Jahren zu Stickstoff (plus ein Elektron und ein Antineutrino, aber das muss uns hier nicht interessieren).

Die Halbwertszeit ist jene Zeit, nach der die Hälfte eines radioaktiven Materials zerfallen ist – und dieser Wert ist für jedes Isotop konstant.

Für den radioaktiven Zerfall gilt der exponentielle Zusammenhang mit negativem Exponenten:

$$N(t) = N_0 \cdot e^{-kt}$$

Dabei ist N_0 die Teilchenanzahl zum Zeitpunkt $t = 0$ und k die Zerfallskonstante. Natürlich ist die genaue Teilchenanzahl nicht bekannt, aber eben die Halbwertszeit, also jene Zeit, für die gilt:

$$\frac{1}{2} = \frac{N(t)}{N(0)} = e^{-kt}$$

Wenden Sie auf beiden Seiten dieser Gleichung den natürlichen Logarithmus an, um die e-Funktion loszuwerden:

$$\ln\frac{1}{2} = -kt$$

$$k \approx 0{,}693/t$$

Bei einer Halbwertszeit von 5730 Jahren ergibt sich:

$$k = 1{,}21 \cdot 10^{-4}$$

Übrigens entspricht diese Halbwertszeit nur wenigen Zerfällen pro Sekunde. Deshalb ist die C14-Methode umso ungenauer, je älter das zu untersuchende Material ist. Ist es älter als ungefähr 10 Halbwertszeiten, also 57 300 Jahre, ist der Anteil C14 zu klein, um noch gemessen werden zu können.

Dann doch lieber Aufdrucke auf Plastikverpackungen, finden Sie nicht?

5.3 Logarithmen und ihre Regeln

Gegensätze ziehen sich an, daher gibt es in der Mathematik für (so gut wie) jede Funktion eine andere, die das Gegenteil tut. Im Fall der Exponentialfunktion ist das der *Logarithmus*. Sie mussten ihn ja schon im letzten Abschnitt anwenden, jetzt reiche ich Ihnen ausführliche Erklärungen nach.

Der Logarithmus fragt: »Mit welcher Zahl muss ich meine Basis potenzieren, um den gewünschten Wert zu erhalten?«

Logarithmen zu verschiedenen Basen

Genau wie Exponentialfunktionen gibt es Logarithmen für jede Basis, die größer als 0 ist. Daher müssen Sie die verwendete Basis b unten rechts an das Kürzel $\log_b x$ setzen, um Missverständnisse zu vermeiden. Um sich bei den wichtigsten Basen Schreibarbeit zu sparen, gibt es Abkürzungen:

- **Natürlicher Logarithmus**

  $$\ln(x) \coloneqq \log_e x$$

- **Zehnerlogarithmus**

  $$\lg(x) \coloneqq \log_{10} x$$

- **Zweierlogarithmus**

  $\mathrm{ld}(x) := \log_2 x$

Schauen Sie sich die folgenden einfachen Beispiele an:

$10^3 = 1000 \Rightarrow \log_{10}(1000) = 3$

$256 = 2^8 \Rightarrow \mathrm{ld}(256) = 8$

Der natürliche Logarithmus ist die Gegenfunktion zur Exponentialfunktion, also:

$\ln(e^x) = x$

$e^{\ln(x)} = x$

Dasselbe gilt für jede andere Basis, allgemein also:

$\log_b(b^x) = x$

$b^{\log_b(x)} = x$

Aus den Potenzgesetzen ergeben sich ein paar Regeln für Logarithmen:

1. Eine wichtige Eigenschaft ist, dass Logarithmen aus einem Produkt eine Summe machen können:

   $\log(x \cdot y) = \log(x) + \log(y)$

2. Der Logarithmus von 1 ist immer 0, da $b^0 = 1$ und der Logarithmus $\log_b(b) = 1$, da $b^1 = b$ ist.

   $\log_b(a^x) = x \cdot \log_b(a)$

   Speziell gilt für $x = -1$:

   $\log_b\left(\frac{1}{a}\right) = -\log_b(a)$

3. Wichtig ist, dass Sie (ähnlich wie bei Exponentialfunktionen) Logarithmen unterschiedlicher Basen ineinander umrechnen können. Das geht so:

   $\log_b(x) = \frac{\log_a(x)}{\log_a(b)}$

Logarithmen zu verschiedenen Basen unterscheiden sich also nur durch einen konstanten Faktor voneinander. Das können Sie besonders leicht sehen, wenn Sie mehrere Logarithmen in ein und dasselbe Koordinatensystem zeichnen (Abbildung 5.3).

Um zu erkennen, zu welcher Basis eine Logarithmuskurve gehört, müssen Sie übrigens nur schauen, bei welchem x die Kurve die Gerade mit $y = 1$ schneidet, da $1 = \log_b(b)$ ist.

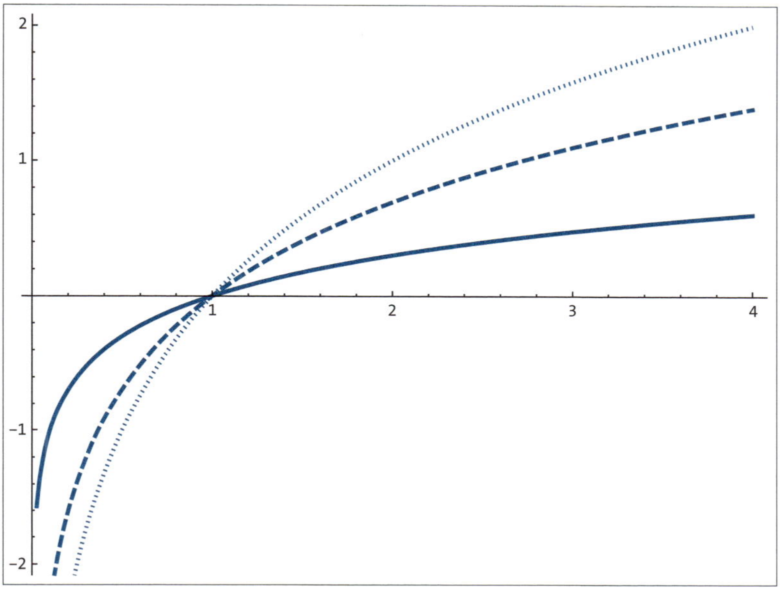

Abbildung 5.3 Logarithmenkurven unterscheiden sich nur durch einen Faktor. Sie sehen hier die Logarithmen zur Basis 2 (gepunktet), e (gestrichelt) und 10 (durchgezogen).

Logarithmen werden gerne zur Visualisierung von Zusammenhängen verwendet, deren Werte über mehrere Größenordnungen hinweg betrachtet werden sollen – aus Exponentialfunktionen werden dann Geraden (Abbildung 5.4). In der Natur kommen logarithmische Zusammenhänge beispielsweise bei der Empfindung von Schall und Helligkeit vor, außerdem sind Skalen wie der pH-Wert in der Chemie, die Richterskala in der Geologie und Sternhelligkeiten in der Astronomie logarithmisch.

Vor der Erfindung von Taschenrechnern dienten Rechenschieber oder Logarithmentafeln dazu, Multiplikationsaufgaben zu vereinfachen. Auch das Wurzelziehen wurde einfach, wenn man die Logarithmen betrachtete. Denn eine Quadratwurzel wird zu einem Faktor $\frac{1}{2}$, weil die Wurzel einer Potenz mit ebendiesem Exponenten entspricht. Das können Sie mit der 3. Regel von eben nachvollziehen:

$$\log_b(\sqrt{x}) = log_b\left(x^{\frac{1}{2}}\right) = \frac{1}{2}\log_b(x)$$

In den angewandten Naturwissenschaften werden Ihnen Logarithmen noch oft begegnen.

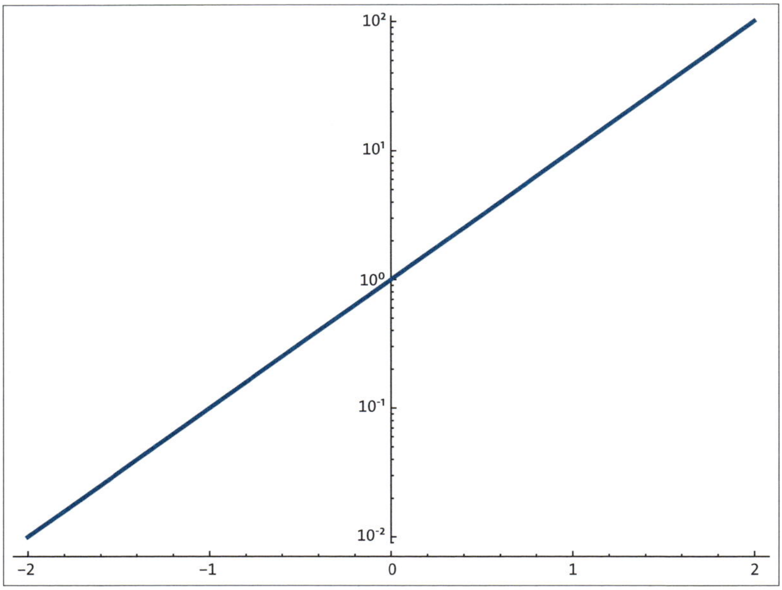

Abbildung 5.4 Die Exponentialfunktion $y = 10^x$ wird mit logarithmischer y-Achse zu einer Geraden. Das zugehörige Kommando für Sage lautet: plot(10^x,xmin=-2,xmax=2,ymax=100, scale='semilogy')

5.4 Entspannungsübungen

Aufgabe 1: Wenden Sie die Potenzgesetze an.

a) $e^a \cdot e^b =?$

b) $e^{a-b} =?$

Aufgabe 2: Wenden Sie die C14-Methode an.

Der Kohlenstoff in der Atmosphäre enthält einen Anteil von 10^{-12} C14. In Überresten eines Wollhaarmammuts fand man einen Anteil von $6{,}02 \cdot 10^{-13}$. Wann verstarb das 6 Tonnen schwere Vieh? Verwenden Sie die Werte aus dem Beispiel in diesem Kapitel.

Aufgabe 3: Das Geheimnis unermesslichen Reichtums

Herr Oberschlau schickt an 5 Bekannte eine E-Mail mit folgendem Inhalt: »Überweise mir 1 Euro, dann sende identische Briefe an 5 Bekannte von dir.«

Angenommen, die Sache funktioniert: Nach ungefähr wie vielen Runden dieses Spiels knackt Herrn Oberschlaus Kontostand die Marke von einer Million Euro?

Aufgabe 4: Berechnen Sie.

a) $\log_5(625) =?$

b) $\ln\left(\frac{1}{e}\right) =?$

c) $\text{ld}(16) =?$

d) $\lg(2) + \lg(50) =?$

Aufgabe 5: Noch mehr außerirdische Bazillen!

Der fürchterliche Kohlbazillus vom Planeten Tau Ceti III verzweifacht seine Population alle sieben Minuten. Nach welcher Zeit werden aus einer Population von 13 Exemplaren 832?

Hinweis: Nein, an dieser Aufgabe fehlt nicht versehentlich das Taschenrechner-Symbol, Sie können sie auch ohne ausrechnen!

Abbildung 5.5 Wie lang mag diese Szene her sein? (Quelle: Wikipedia, gemeinfrei)

Aufgabe 6: Eine Knobelaufgabe

Lösen Sie die folgende, nur auf den ersten Blick einfache Gleichung:

$2^a + 2^{-a} = 4$

5.5 Lösungen

Aufgabe 1

a) $e^a \cdot e^b = e^{(a+b)}$

b) $e^{a-b} = \frac{e^a}{e^b}$

Aufgabe 2

Gegeben ist der normale Anteil C14 in der Atmosphäre:

$N_0 = 10^{-12}$

Außerdem der in einem Wollhaarmammut gefundene Anteil:

$N = 6{,}02 \cdot 10^{-13}$

Gesucht ist t, das Alter der Überreste.

Die C14-Methode funktioniert – für unsere Zwecke stark vereinfacht – so, dass wir die C14-Konzentrationen in der Atmosphäre und in biologischen Überresten ins Verhältnis setzen:

$$\frac{N}{N_0} = e^{-kt}$$

Stellen Sie die Formel um nach dem gesuchten t:

$$\ln\frac{N}{N_0} = -kt$$

$$t = -\frac{1}{k}\cdot\ln\frac{N}{N_0} = -\frac{1}{k}\cdot\ln\left(6{,}02\ \cdot\frac{10^{-13}}{10^{-12}}\right)$$

$$= -\frac{1}{k}\cdot\ln\left(6{,}02\cdot 10^{(-13+12)}\ \right)$$

$$= -\frac{1}{k}\cdot\ln 0{,}602$$

Dabei ist laut Unterabschnitt »Weniger, aber niemals nichts« am Ende von Abschnitt »Eulers Zahl« auf Seite 112:

$$k = 1{,}21\cdot 10^{-4}\cdot \mathrm{a}^{-1}$$

Der Taschenrechner liefert als Ergebnis:

$$t \approx 4190\ \mathrm{a}$$

Achten Sie darauf, dass Sie nicht mehr signifikante Stellen angeben als die Messwerte haben, in diesem Fall 3. Runden Sie also auf Jahrzehnte – genauer ist das Alter des Mammuts nicht zu ermitteln.

Aufgabe 3

Schneeballsysteme funktionieren nicht, weil nicht genug Leute blöd genug sind mitzumachen. Die Beispielaufgabe zeigt ein ziemlich vereinfachtes System, auf das nun wirklich niemand hereinfällt. Wir rechnen trotzdem mal nach:

Herr Oberschlau erhält in der ersten Runde 5 Euro, dann 25 Euro (5^2), dann 125 Euro (5^3) und so weiter.

Gegeben: Die Basis des exponentiellen Wachstums ist $b = 5$. Der gewünschte Kontostand ist $K = 10^6 = 1000000$, also eine Million.

Gesucht ist jener Exponent r (Rundenanzahl), für den der Rundenbetrag (genauer: die Summe der Rundenbeträge) K überschreitet.

Ansatz ist die exponentielle Wachstumsgleichung:

$$K(r) = 5^r$$

Diese Potenz soll größer als K sein. Nehmen Sie den Logarithmus zur Basis 5:

$$r > \log_5 K$$

Rechnen Sie das um in den natürlichen Logarithmus:

$$r > \frac{\ln K}{\ln 5}$$

Setzen Sie die Million für K ein, erhalten Sie:

$$r > 8{,}6$$

Nach 9 Runden ist also die Million garantiert geknackt. Falls Sie sich jetzt hinsetzen und ein solches Projekt starten, schulden Sie mir einen angemessenen Anteil am Gewinn! Sagen wir fifty-fifty?

Aufgabe 4

a) $\log_5(625) = \log_5(25 \cdot 25) = \log_5 25 + \log_5 25 = 2 + 2 = 4$

b) $\ln\left(\frac{1}{e}\right) = \ln e^{-1} = -\ln e = -1$

c) $\mathrm{ld}(16) = \mathrm{ld}(2^4) = 4$

d) $\lg(2) + \lg(50) = \lg(2 \cdot 50) = \lg 100 = 2$

Aufgabe 5

Gegeben ist die Zeitspanne min $T_2 = 7$, die die Kohlbazillen benötigen, um ihre Anzahl zu verdoppeln. Ferner ist die Anfangspopulation gegeben als $N_0 = 13$ sowie die Zielpopulation $N_1 = 832$.

Gesucht ist die Zeitspanne T, nach der die Zielpopulation erreicht ist.

Der Ansatz ist einmal mehr ein Exponentialansatz, dessen Wachstumsfaktor k unbekannt ist. Zunächst schreiben wir hin, was wir wissen, nämlich die Verdoppelung der Population im Zeitraum T_2:

$$\frac{2N}{N} = e^{kT_2}$$

$$2 = e^{kT_2} \quad | \ln$$

$$\ln 2 = k\,T_2 \quad |: T_2$$

$$k = \frac{\ln 2}{T_2}$$

Sie müssen den Wert jetzt nicht sofort numerisch ausrechnen, damit handeln Sie sich bloß Ungenauigkeiten durch Rundung ein.

Schreiben Sie den Exponentialansatz noch einmal für die Zielpopulation hin:

$$\frac{832}{13} = e^{\ln 2 \cdot \frac{T}{T_2}}$$

Gemerkt? Den Bruch links kann man ausrechnen, er hat den Wert 64.

Wenden Sie den Logarithmus beidseitig an, um T isolieren zu können. Dann dividieren Sie durch alles, was nicht T ist:

$$\ln 64 = \ln 2 \cdot \frac{T}{T_2} \quad |: \frac{\ln 2}{T_2}$$

$$T = T_2 \frac{\ln 64}{\ln 2}$$

Tatsächlich ist das eine Art Verhältnisgleichung: Die gesuchte Zeit T verhält sich zur Verdoppelungsdauer T_2 wie die natürlichen Logarithmen der Wachstumsfaktoren, also:

$$\frac{T}{T_2} = \frac{\ln 64}{\ln 2}$$

Tatsächlich entspricht ja jenes Logarithmenverhältnis durch Basisumrechnung dem Logarithmus von 64 zur Basis 2, also ld(64) oder $\log_2(64)$:

$$T = T_2 \cdot \log_2(64)$$

Der Zweierlogarithmus von 64 ist 6, da $2^6 = 64$ ist. Also müssen Sie nur rechnen:

$$T = 7 \text{ min} \cdot 6 = 42 \text{ min}$$

Der Kohlbazillus von Tau Ceti III hat also nach 42 Minuten eine Population von 832 Individuen erreicht. Guten Appetit!

Aufgabe 6

Die Gleichung lässt sich am einfachsten lösen, wenn Ihnen auffällt, dass der zweite Summand das Reziproke des ersten ist, also:

$$2^a + \frac{1}{2^a} = 4$$

Mit einem kleinen Stellvertreter-Trick wird die weitere Lösung handlicher. Begrüßen Sie x als Stellvertreter für die a-te Potenz von 2! Dann sieht die Gleichung so aus:

$$x + \frac{1}{x} = 4$$

Da x sicher nicht 0 ist, dürfen Sie beide Seiten mit x multiplizieren und erhalten eine quadratische Gleichung:

$$x^2 + 1 = 4x$$

Der Lösungsansatz hierfür ist eine quadratische Ergänzung zur zweiten binomischen Formel mit $(x - 2)^2$:

$$x^2 - 4x + 4 - 4 + 1 = (x - 2)^2 - 3 = 0$$

Es gibt zwei Lösungen, und zwar:

$$x = 2 \pm \sqrt{3}$$

Jetzt hat der Stellvertreter x ausgedient, und Sie schreiben wieder die Potenz hin:

$$2^a = 2 \pm \sqrt{3}$$

Nehmen Sie auf beiden Seiten den Logarithmus zur Basis 2:

$$a = log_2\left(2 \pm \sqrt{3}\right)$$

Wenn Sie möchten, können Sie den dualen Logarithmus noch in den natürlichen umrechnen:

$$a = \frac{ln\left(2 \pm \sqrt{3}\right)}{ln2}$$

Das ist aber ein unnötiger Rechenschritt aus einer Zeit, in der urtümliche Taschenrechner (wenn überhaupt) nur natürliche Logarithmen berechnen konnten. Letztlich kommt es hier auch nicht auf die Zahlenwerte an, sondern auf den richtigen Riecher für die Umformungen und die Kenntnis der Potenz- und Logarithmenregeln – und die kennen Sie jetzt ja in- und auswendig!

Kapitel 6

Sinus und Cosinus

Dampfloks müssen eine geradlinige Hin- und Her-Bewegung in eine Rotation umwandeln und benutzen dafür ein kompliziertes Gestänge. Für dieses Kapitel, in dem es um ganz ähnliche Probleme geht, brauchen Sie allerdings weder Kohle noch Dampf …

6.1 Testen Sie sich selbst

Wo stehe ich?

Sprechen wir über *Trigonometrie*! Der Weg dorthin beginnt mit einem wichtigen geometrischen Objekt.

Das rechtwinklige Dreieck (Abbildung 6.1) hat ein paar besondere Eigenschaften. Erinnern Sie sich an alles?

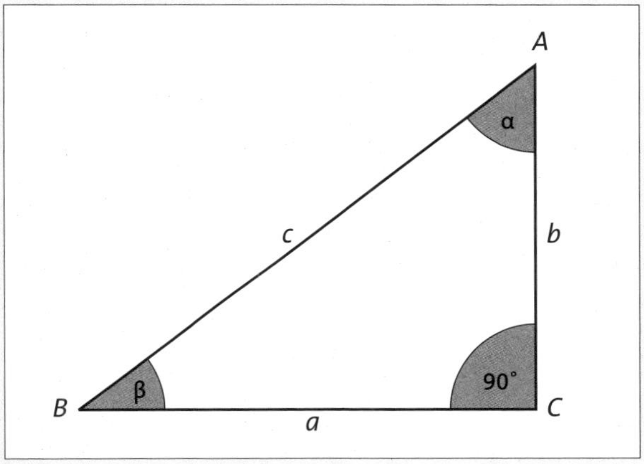

Abbildung 6.1 Beschriftung eines rechtwinkligen Dreiecks

Rechtwinklige Dreiecke kennen ein festes Schema zur Benennung ihrer Seiten, Winkel und Punkte. Die Punkte A, B und C verlaufen entgegen dem Uhrzeigersinn, wobei C der Punkt am rechten Winkel ist. Die Seiten kennzeichnet man mit Kleinbuchstaben entsprechend dem gegenüberliegenden Punkt. Die Summe aller Winkel beträgt immer 180°.

1. Berechnen Sie jeweils die fehlende Seitenlänge. 🖩

   a) $a = 10\text{ cm}, b = 5\text{ cm}$

   b) $c = 0{,}8\text{ cm}, a = 0{,}4\text{ cm}$

2. Berechnen Sie jeweils. 🖩

   a) $c = 4\text{ cm}, \alpha = \frac{\pi}{4}, a = ?, b = ?$

   b) $a = 12\text{ mm}, \beta = 25°, b = ?, c = ?$

   c) $a = 8{,}1\text{ m}, b = 7{,}5\text{ m}, \alpha = ?, \beta = ?, \text{c} = ?$

6.2 Rechtwinklige Dreiecke

Zu rechtwinkligen Dreiecken gibt es eine ganze Reihe von Standardaufgaben. Wichtig für die Mathematik sind sie noch aus anderen Gründen: Die Steigungsdreiecke, mit denen wir in der Analysis hantieren, sind rechtwinklige Dreiecke, und in der Vektorrechnung brauchen wir sie, um die Längen von Vektoren zu berechnen.

Die drei Seiten

Besonders wichtig ist, dass Sie immer die Länge der dritten Seite eines rechtwinkligen Dreiecks berechnen können, wenn Sie die der zwei anderen kennen. Letztlich liegt das daran, dass jedes Dreieck durch drei voneinander unabhängige Angaben von Seitenlängen und/oder Winkeln vollständig definiert ist, außer es sind nur Winkel bekannt. Da im rechtwinkligen Dreieck der Winkel γ immer 90° ist, genügen zwei weitere Seitenlängen, um auf drei bekannte Größen zu kommen.

Die Gleichung, die die drei Seitenlängen zueinander in Beziehung setzt, heißt *Satz von Pythagoras* und lautet:

$$a^2 + b^2 = c^2$$

Pythagoras von Samos

Die Erkenntnis, dass die Quadrate der beiden kurzen Seitenlängen zusammen das der längsten Seite ergeben, schreibt so ziemlich jedes Mathebuch dem griechischen Philosophen *Pythagoras von Samos* (ca. –570 v. Chr. bis –510 v. Chr.) zu.

Abbildung 6.2 Heutzutage gibt es Selfies, früher verewigte man wichtige Leute auf Münzen, hier: Pythagoras (Quelle: Wikimedia, gemeinfrei).

Das beweist aber hauptsächlich, dass sich Gerüchte manchmal ziemlich lange halten, wenn sie bloß oft genug wiederholt werden – wahr werden sie dadurch aber nicht. Es gibt keine besonders verlässlichen Quellen über das Leben und Wirken des Pythagoras, geschweige denn schriftliche Aufzeichnungen, verfasst von ihm selbst.

Tatsächlich kannten Inder und Babylonier den Dreieckszusammenhang schon Jahrhunderte vorher. Es ist sogar umstritten, ob Pythagoras sich besonders für Mathematik interessiert hat. Einigen wir uns also darauf, dass diese wichtige Formel nach Pythagoras *benannt* ist, obwohl er sie nicht entdeckt hat.

Mit dem Satz des Pythagoras können Sie stets aus zwei bekannten Seitenlängen im rechtwinkligen Dreieck die dritte ausrechnen. Schauen Sie sich das anhand der ersten Selbsttest-Aufgabe an:

Beispiel: Den Satz des Pythagoras anwenden

In der ersten Aufgabe waren zwei kurze Seiten gegeben:

$a = 10\text{ cm}, b = 5\text{ cm}$

Der Satz des Pythagoras lässt sich einfach nach der gesuchten Seite umstellen:

$c = \sqrt{a^2 + b^2}$

Setzen Sie die Zahlen ein, und verwenden Sie den Taschenrechner, um die Wurzel zu ziehen:

$c = \sqrt{10\text{ cm}^2 + 5\text{ cm}^2} = \sqrt{125}\text{ cm} \approx 11{,}2\text{ cm}$

Beachten Sie, dass die Einheit des Ergebnisses ebenfalls cm ist, auch wenn Sie zwischendurch cm^2 addiert haben. Runden auf eine Nachkommastelle genügt, da Sie nur höchst selten ein Dreieck in der angegebenen Größenordnung besser als auf einen Millimeter genau zeichnen müssen.

Manchmal müssen Sie eine kurze Seite ausrechnen, wenn die Länge der längsten, also der Hypotenuse, gegeben ist, wie in der zweiten Testaufgabe:

$c = 0{,}8\text{ cm}, a = 0{,}4\text{ cm}$

$b = \sqrt{c^2 - a^2} = \sqrt{0{,}64\text{ cm}^2 - 0{,}16\text{ cm}^2} \approx 0{,}69\text{ cm}$

Bei einem so kleinen Dreieck können Sie ruhig sicherheitshalber auch die Zehntelmillimeter angeben.

Pythagoreische Tripel

Umgekehrt können Sie bei drei angegebenen Seitenlängen prüfen, ob das zugehörige Dreieck rechtwinklig ist: Sind die Seitenlängen beispielsweise 4 cm, 5 cm und 6 cm, dann gilt:

$$4^2 + 5^2 = 16 + 25 = 41 \neq 6^2$$

Also ist dieses Dreieck kein rechtwinkliges.

Natürliche Zahlen, die die Gleichung erfüllen, heißen *pythagoreische Tripel*. Es gibt unendlich viele davon, zum Beispiel das kleinste (3, 4, 5) und das nächstgrößte (6, 8, 10). Übrigens kann man beliebig viele solcher Tripel berechnen, wenn man sich zwei verschiedene natürliche Zahlen x und y ausdenkt, wobei x die größere der beiden sei. Dann ist:

$$a = x^2 - y^2$$

$$b = 2 \cdot x \cdot y$$

$$c = x^2 + y^2$$

Das können Sie nachprüfen, indem Sie die Terme in die Pythagoras-Formel einsetzen und binomische Formeln anwenden:

$$(x^2 - y^2)^2 + (2xy)^2 = (x^2 + y^2)^2$$

$$x^4 - 2x^2y^2 + y^4 + 4x^2y^2 = x^4 + 2x^2y^2 + y^4$$

$$2x^2y^2 = 2x^2y^2$$

Dreiecke in GeoGebra

Lassen Sie uns den Satz des Pythagoras mit *GeoGebra* darstellen. Denn bisher habe ich Ihnen nur das Algebra-Modul der umfangreichen Suite gezeigt – höchste Zeit für bunte Bildchen!

Schalten Sie zunächst am oberen Rand des Fensters auf Geometrie um. Links erscheint dann ein Bereich mit Werkzeugen. Verwenden Sie zunächst das Werkzeug Punkt, um drei Punkte A, B und C im leeren Arbeitsbereich zu positionieren. Dies werden die Ecken des Dreiecks.

Mit dem Werkzeug Vieleck verbinden Sie nun die drei Punkte, beginnend bei A. Dann müssen Sie auf Mehr klicken, denn als Nächstes benötigen Sie das Werkzeug Regelmäßiges Vieleck. Damit klicken Sie zunächst Punkt B, dann Punkt A an. GeoGebra fragt daraufhin nach der Anzahl der gewünschten Ecken, und natürlich geben Sie die Zahl 4 ein. Daraufhin malt GeoGebra ein Quadrat an die gewählte Seite des Dreiecks. (Falls das Quadrat das Dreieck übermalt, drücken Sie `Strg` + `Z` oder den Rückgängig-Pfeil und wählen Sie die Punkte in der anderen Reihenfolge.) Wiederholen Sie das mit den beiden anderen Seiten (Abbildung 6.3).

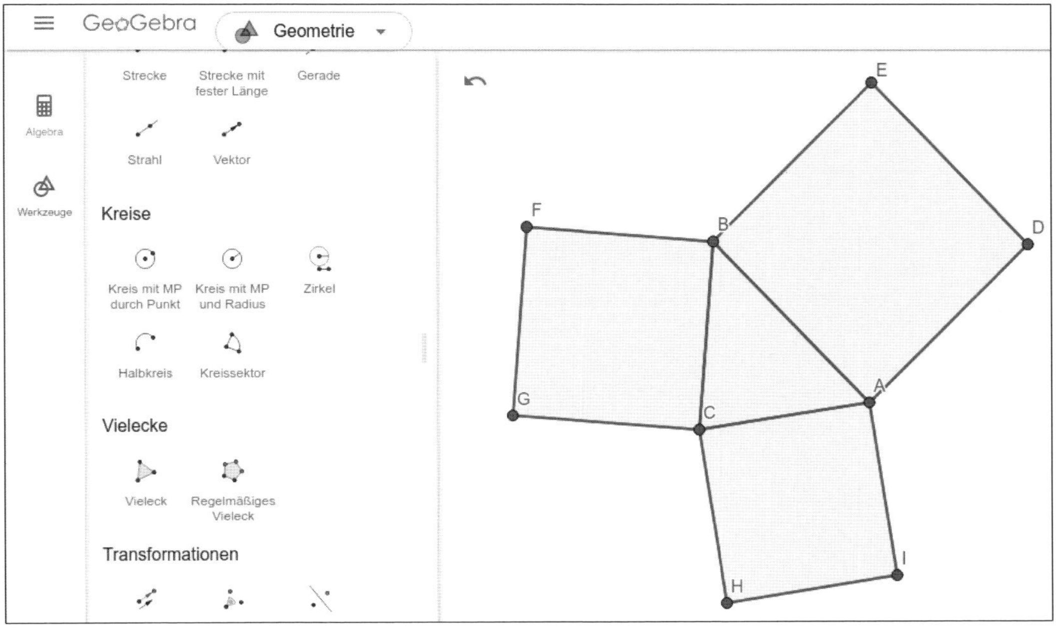

Abbildung 6.3 Ob für dieses Gebilde wohl der Satz des Pythagoras gilt?

Übrigens können Sie jederzeit auf das Werkzeug Bewege umschalten, ein Objekt (zum Beispiel ein Quadrat) mit der rechten Maustaste anklicken und die Eigenschaften ändern, zum Beispiel Farbe oder Beschriftung.

Als Nächstes wählen Sie unter Messen das Winkel-Werkzeug. Klicken Sie einfach mitten ins Dreieck, und es erscheinen Größenangaben für die drei Winkel. Wenn Sie wieder auf Bewege umschalten, verschieben Sie einfach mal einen der Punkte A, B oder C – und die ganze Figur bewegt sich entsprechend mit, auch die Winkelwerte aktualisieren sich von alleine!

Auf die gleiche Weise messen Sie jetzt die Flächen: Klicken Sie unter Messen das Werkzeug Fläche an, danach jedes der Quadrate. Jetzt können Sie versuchen, die Punkte so zu verschieben, dass ein rechtwinkliges Dreieck entsteht – und Sie sehen, dass nur dann die beiden kleinen Flächen sich zur großen addieren (Abbildung 6.4)!

Genug von Ecken? Kommen wir zu einem garantiert eckenfreien Gebilde, nämlich dem Kreis.

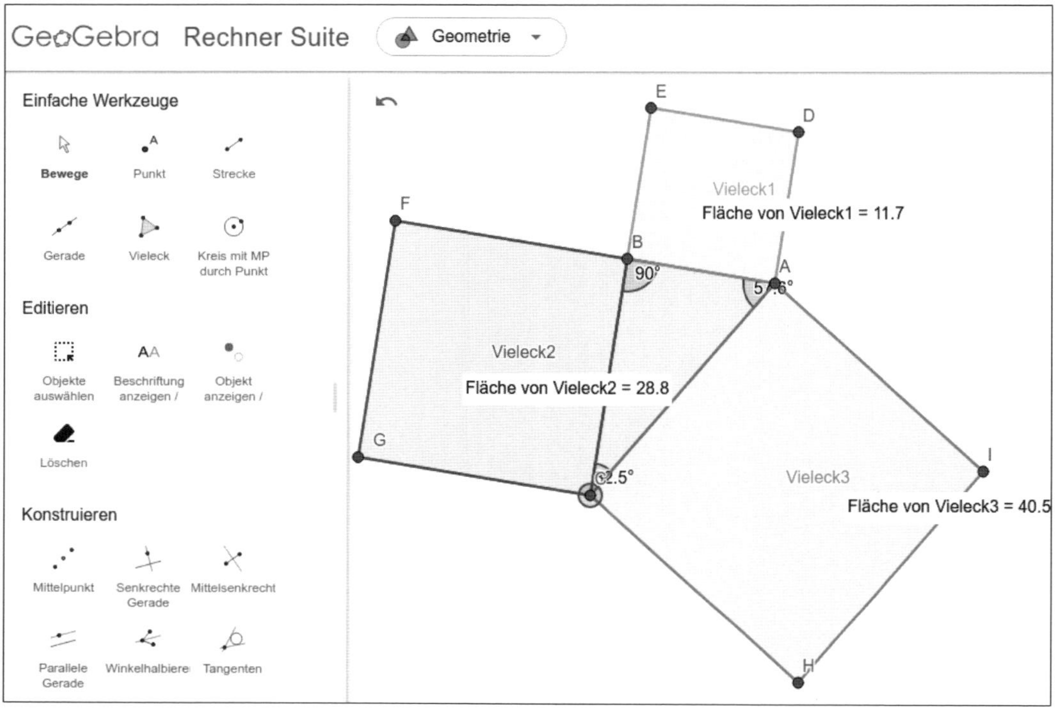

Abbildung 6.4 Der Satz des Pythagoras gilt offensichtlich auch für GeoGebra-Dreiecke: 11,7+28,8=40,5

6.3 Der Einheitskreis

Wenn Sie die *Hypotenuse* eines rechtwinkligen Dreiecks als Radius eines Kreises betrachten, ergibt sich eine ganze Reihe wichtiger Erkenntnisse, die in vielen Bereichen der Naturwissenschaften von Bedeutung sind (also auch später in diesem Buch).

Für den Anfang soll der Radius des Kreises (und damit die längste Seite des Dreiecks) $r = 1$ betragen.

Das Eckige muss in das Runde

Schauen Sie sich das Dreieck an (Abbildung 6.5), und stellen Sie sich vor, dass Sie den Winkel α von 0 bis 360° variieren.

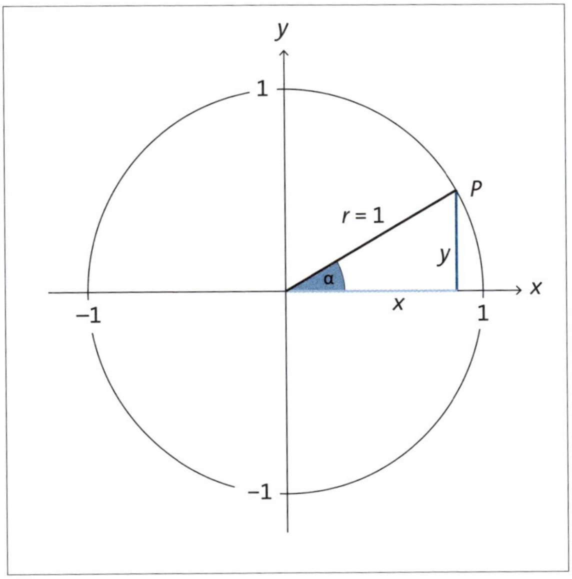

Abbildung 6.5 Ein Kreis mit Radius 1 heißt auch Einheitskreis. Die Seiten x, y und der Radius bilden ein rechtwinkliges Dreieck.

Betrachten Sie die Länge des Kreisbogens, also die gekrümmte Streckenlänge zwischen dem Punkt (1, 0) und dem Schnittpunkt *P* von Kreis und Radius *r*. Sie wissen sicher, dass der Umfang eines Kreises $U = 2\pi \cdot r$ beträgt, beim Einheitskreis mit $r = 1$ also genau 2π. Die genannte Bogenlänge wächst also von 0 bis 2π, während der Winkel von 0 bis 360° wächst.

Diese Bogenlänge nennt man auch *Bogenmaß*, und sie dient neben dem *Grad* in der Mathematik häufig dazu, Winkel zu definieren. Sie können leicht im Kopf Grad in Bogenmaß umrechnen, wenn Sie sich merken, dass 360° genau 2π entspricht (oder dass 180°, der Halbkreis, genau dem Bogenmaß π entspricht).

Übrigens: Wussten Sie, dass wir die »krummen« 360° den Babyloniern zu verdanken haben, die ein Zahlensystem auf Basis 60 verwendeten? In Abschnitt 10.3, »Wie Computer rechnen«, kommen wir auf das Thema »Zahlensysteme« noch mal kurz zurück.

Unterwegs im Einheitskreis

Sie können die Verbindungslinie zwischen Ursprung und einem Punkt auf dem Keis auch als lineare Funktion mit Achsenabschnitt 0 auffassen:

$$y = m \cdot x$$

Nur bei Winkeln von 90° oder 270° geht das nicht, weil lineare Funktionen nicht senkrecht verlaufen können.

Ansonsten aber gilt, dass die Steigung das Verhältnis der *Gegenkathete* (dem betrachteten Winkel *gegen*über, also *y*) zur *Ankathete* (also *x*) ist:

$$m = \frac{y}{x}$$

Wenn Sie sich vorstellen, wie sich *x* und *y* ändern, wenn Sie die Verbindungslinie um den Ursprung rotieren, also der Winkel von 0° bis 360° wächst, dann sehen Sie ein charakteristisches Verhalten. Dafür haben Mathematiker griffige Bezeichnungen eingeführt, nämlich *Sinus* und *Cosinus* (oder auch *Kosinus*) und den Oberbegriff *Trigonometrie*:

$$y = \sin \alpha$$

$$x = \cos \alpha$$

Bei einem Winkel von 0° ist der Sinus ebenfalls 0. Bis 90° vergrößert er sich bis zum Wert 1, dann sinkt er wieder auf 0 bei 180°, fällt auf -1 bei 270° und kommt bei 360° wieder bei 0 an. Danach geht es von vorne los, der Sinus ist periodisch. Wenn Sie beide Funktionen zeichnen, stellen Sie fest, dass der Cosinus genauso aussieht wie der Sinus, nur um 90° verschoben (Abbildung 6.6).

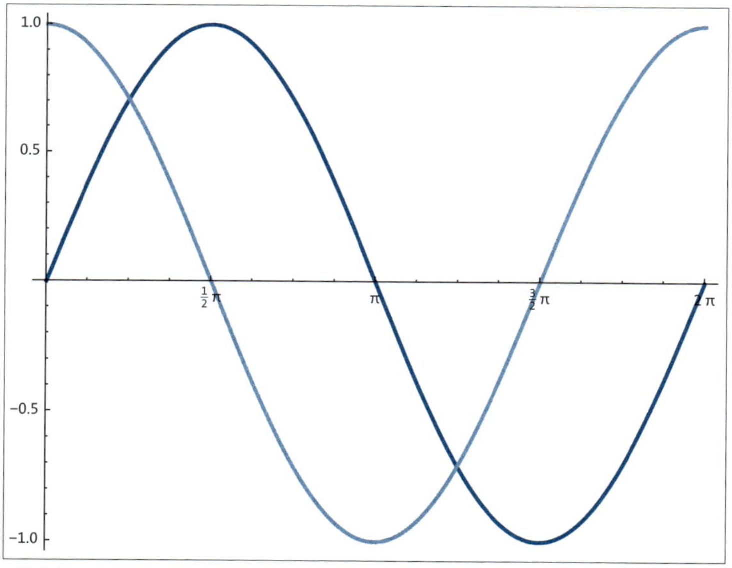

Abbildung 6.6 Sinus (erkennbar an seiner Kreuzung mit dem Ursprung) und Cosinus, geplottet mit Sage mit x im Bogenmaß.

Das heißt, dass in Abbildung 6.5 der Sinus des Winkels α der Dreiecksseite y entspricht und der Cosinus des gleichen Winkels x. Schreiben Sie jetzt den Satz des Pythagoras mit Sinus und Cosinus, erhalten Sie folgende hochinteressante Gleichung:

$$(\sin\alpha)^2 + (\cos\alpha)^2 = 1$$

Auf eine ganz ähnliche, besonders wichtige Formel kommen wir in Kapitel 22 zurück.

Wenn ein Dreieck eine Hypotenuse mit einer anderen Länge als 1 hat, verlängern sich die Katheten proportional. Die lineare Funktion, die die Hypotenuse beschreibt, ist ja dieselbe, da ihre Steigung dieselbe ist.

Deshalb können Sie, wenn ein Winkel und eine Seite gegeben sind, die anderen Größen im Dreieck berechnen. Das zeige ich Ihnen jetzt anhand der nächsten Selbsttest-Aufgaben.

Beispiel: Dreiecksberechnung mit Sinus und Cosinus

In der ersten Aufgabe sind die Hypotenuse und der Winkel α gegeben:

$$c = 4\text{ cm}, \alpha = \frac{\pi}{4}$$

Die dem Winkel gegenüberliegende Seite a, also die Gegenkathete, berechnen Sie mit dem Sinus (siehe erneut Abbildung 6.3). Der Radius des gedachten Kreises ist jetzt c, daher ist das Resultat mit dieser Länge zu multiplizieren:

$$a = c \cdot \sin\alpha$$

Der Taschenrechner verrät Ihnen das Resultat. Achten Sie darauf, dass Sie das Gerät auf Bogenmaß einstellen, da der Winkel nicht in Grad angegeben ist.

$$a = 4\text{ cm} \cdot \sin\frac{\pi}{4} \approx 2{,}8\text{ cm}$$

Die Ankathete berechnen Sie mit dem Cosinus:

$$b = 4\text{ cm } \cdot \cos\frac{\pi}{4} \approx 2{,}8\text{ cm}$$

Es ist kein Zufall, dass die beiden Längen gleich groß sind. Denn ein Bogenmaß von $\frac{\pi}{4}$ entspricht einem Winkel von 45°. Da alle Winkel im Dreieck aufsummiert immer 180° ergeben und der rechte Winkel 90° groß ist, bleibt dem letzten Winkel nichts anderes übrig, als auch 45° groß zu sein – unser Dreieck ist symmetrisch und gleichschenklig. Sinus und Cosinus haben bei $\frac{\pi}{4}$ denselben Wert, und zwar $\frac{1}{\sqrt{2}}$.

Sind wie in Aufgabenteil 1b) eine kurze Seite und ein Winkel gegeben, drehen Sie das Dreieck im Kopf um. Dann ist a die Ankathete zu β, und Sie können die Hypotenuse mit dem Cosinus ausrechnen:

$$c = \frac{a}{\cos\beta}$$

Dabei hilft einmal mehr der Taschenrechner:

$$c = \frac{12\text{ mm}}{\cos 25°} \approx 13{,}2\text{ mm}$$

Jetzt können Sie die verbleibende Kathete b mit Herrn Pythagoras' Hilfe ausrechnen:

$$b^2 = c^2 - a^2 \approx 5{,}5\text{ mm}$$

Ist wie in Teilaufgabe 1c) kein Winkel gegeben, berechnen Sie zunächst die fehlende Hypotenuse:

$$c^2 = a^2 + b^2 = (8{,}1\text{ m})^2 + (7{,}5\text{ m})^2$$

$$c \approx 11{,}0\text{ m}$$

Um einen Winkel zu berechnen, benötigen Sie die Umkehrfunktion von Sinus oder Cosinus, den *Arcussinus* bzw. *Arcuscosinus*, geschrieben arcsin bzw. arccos oder asin bzw. acos (seltener, da mit einer Potenzierung zu verwechseln: $\sin^{-1}$ bzw. $\cos^{-1}$). Schreiben Sie sich zunächst eine der trigonometrischen Dreiecksbeziehungen hin, dann formen Sie sie um:

$$a = c \cdot \sin\alpha$$

$$\sin\alpha = \frac{a}{c}$$

$$\alpha = \arcsin\frac{a}{c}$$

$$\alpha = \arcsin\frac{8{,}1}{11}$$

Hier heben sich die Längeneinheiten auf. Sie können einen Arcussinus nur von einer einheitenlosen Zahl nehmen, genau wie ein Sinus immer eine einheitenlose Zahl ausspuckt.

$$\alpha \approx 47°$$

Den noch gesuchten Winkel berechnen Sie am schnellsten aus der Dreieckswinkelsumme:

$$\beta \approx 180° - 90° - 47° \approx 43°$$

Achten Sie darauf, dass Sie auch hier das Ungefähr-gleich-Zeichen verwenden müssen, da Sie mit einem gerundeten Wert für α in die Rechnung gehen.

Periodizität

Die bereits erwähnte periodische Eigenschaft der trigonometrischen Funktionen können Sie auch in Buchstaben aufschreiben:

$$\sin(\alpha + 360° \cdot n) = \sin(\alpha)\,; n \in Z$$

$$\cos(\alpha + 360° \cdot n) = \cos(\alpha)\,; n \in Z$$

Analog lässt sich die Periodizität im Bogenmaß aufschreiben:

$$\sin(x + 2\pi \cdot n) = \sin(x)\,; n \in Z$$

$$\cos(x + 2\pi \cdot n) = \cos(x)\,; n \in Z$$

Alle Funktionen, an denen Sinus oder Cosinus irgendwie beteiligt sind, haben periodische Eigenschaften. Dazu gehören auch die Nullstellen. Sie können an den Graphen ablesen, dass der Sinus den Wert null annimmt für Vielfache von π, der Cosinus für Parameter $\frac{\pi}{2} + n\pi$.

Das lässt sich auch auf kompliziertere Funktionen anwenden.

Beispiel: Periodische Nullstellen

Werfen wir einen Blick auf die folgende Funktion:

$$f(x) = x \cdot \cos x^2$$

Diese Funktion ist ein Produkt und wird deshalb genau dann 0, wenn einer der beiden Faktoren 0 ist. Im Fall von x ist das trivial, nämlich $x=0$, im Fall des Cosinus müssen Sie noch etwas rechnen. Der Cosinus ist 0 für Parameter $\frac{\pi}{2} + n\pi$, aber der Parameter wird quadriert. Also sind dies alle Nullstellen:

$$x = 0 \lor x = \pm\sqrt{\frac{\pi}{2} + n\pi}$$

Plotten Sie den Graphen dieser Funktion mit Sage, um sich die Nullstellen anzusehen (Abbildung 6.7):

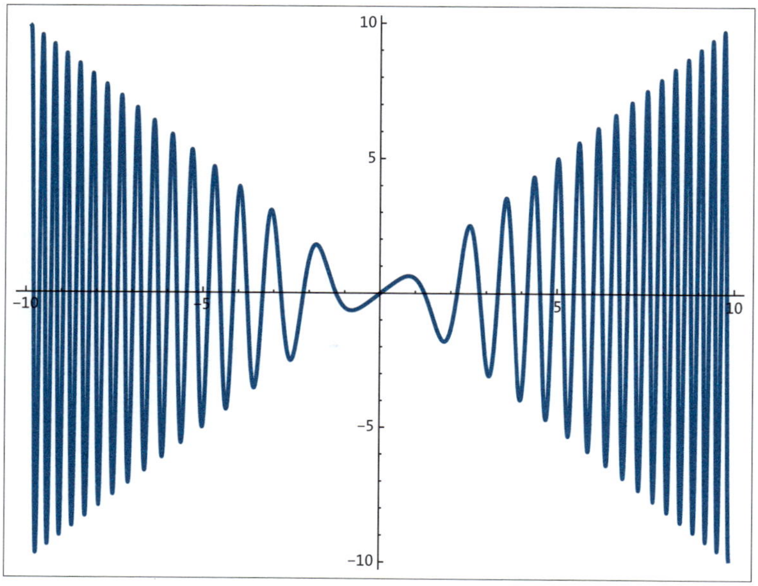

Abbildung 6.7 Eine besonders nullstellenreiche Funktion, geplottet mit Sage (plot(x*cos(x^2),xmin=-pi^2,xmax=pi^2))

Der Tangens

Wenn Sie erneut die Steigung der linearen Funktion betrachten, kürzt sich der Radius allerdings weg. Das Verhältnis von Sinus und Cosinus nennt man der Einfachheit halber *Tangens*.

$$m = \frac{x}{y} = \frac{r\sin(\alpha)}{r\cos(\alpha)} = \frac{\sin(\alpha)}{\cos(\alpha)} = \tan(\alpha)$$

Der Tangens ist für die Winkel 90°, 270° und Vielfache davon nicht definiert, weil an diesen Stellen der Cosinus und damit der Nenner 0 werden.

In der Nähe der Nullstellen des Cosinus wird der Tangens sehr groß bzw. sehr klein. Stellen sie sich extrem schlanke Dreiecke vor, deren Hypotenuse immer steiler wird, um sich diesen Zusammenhang vor Augen zu halten. Dies ergibt das charakteristische Aussehen des Tangens (Abbildung 6.8).

Zum Berechnen des Steigungswinkels bei gegebenen Katheten eines Dreiecks ist der Arcustangens der schnellste Weg:

$$\alpha = \arctan\frac{y}{x}$$

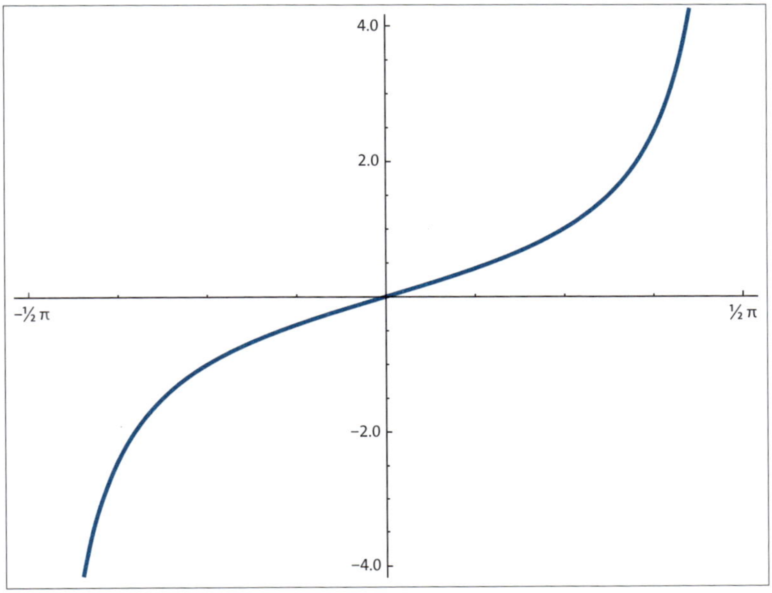

Abbildung 6.8 Die Kurve des Tangens verläuft streng monoton steigend zwischen ihren Definitionslücken $-\frac{\pi}{2}$ und $+\frac{\pi}{2}$.

Formeln mit Sinus und Cosinus

Ohne sie groß zu begründen, präsentiere ich Ihnen jetzt noch ein paar oft nützliche Formeln der Trigonometrie. Die müssen Sie nicht unbedingt auswendig kennen, aber Sie sollten wissen, dass es sie gibt und wo Sie sie finden, wenn Sie sie brauchen.

1. **Potenzen**

$$(\sin x)^2 = \frac{1}{2}\,(1 - \cos 2x)$$

$$(\cos x)^2 = \frac{1}{2}(1 + \cos 2x)$$

2. **Produkte**

$$\sin x\ \sin y = \frac{1}{2}(\cos(x - y) - \cos(x + y))$$

$$\cos x \cos y = \frac{1}{2}(\cos(x - y) + \cos(x + y))$$

$$\sin x\ \cos x\ = \frac{1}{2}\sin 2x$$

3. **Summen**

$$\sin x + \sin y = 2\sin\frac{x+y}{2}\cos\frac{x-y}{2}$$

$$\sin x - \sin y = 2\cos\frac{x+y}{2}\sin\frac{x-y}{2}$$

$$\cos x + \cos y = 2\cos\frac{x+y}{2}\cos\frac{x-y}{2}$$

$$\cos x - \cos y = -2\sin\frac{x+y}{2}\sin\frac{x-y}{2}$$

$$\cos x + \sin x = \sqrt{2}\sin\left(x+\frac{\pi}{4}\right) = \sqrt{2}\cos\left(x-\frac{\pi}{4}\right)$$

$$\cos x - \sin x = \sqrt{2}\cos\left(x+\frac{\pi}{4}\right) = -\sqrt{2}\sin\left(x-\frac{\pi}{4}\right)$$

6.4 Entspannungsübungen

Aufgabe 1: Sind die folgenden Tripel pythagoreisch?

a) (104, 153, 185)

b) (44, 117, 125)

c) (85, 132, 197)

Aufgabe 2: Füllen Sie die folgende Tabelle aus:

Grad	Bogenmaß
0°	0
90°	
270°	
	$\frac{\pi}{4}$
	$\frac{\pi}{3}$
	arctan 1

Aufgabe 3: Lesen Sie am Einheitskreis ab.

a) $\sin 90° = ?$

b) $\cos 240° = ?$

c) $\sin(-3\pi) = ?$

d) $\tan \pi = ?$

Aufgabe 4: Der Funkturm

Hier ganz in der Nähe steht ein Funkmast fürs Mobilfunknetz. Wenn ich mich 10 m entfernt von seinem Fuß aufstelle, muss ich in einem Winkel von 75° nach oben schauen, um die Spitze zu sehen. Wie hoch ist der Turm? (Meine Körpergröße verrate ich Ihnen nicht, nehmen Sie Ihre eigene!)

Aufgabe 5: Geometrie mit GeoGebra

Gestalten Sie mit GeoGebra eine geometrische Zeichnung, welche die Winkelsumme eines beliebigen Dreiecks berechnet. Hinweis: Sie können mit dem Text-Werkzeug auch Formeln eingeben! Es gibt mehrere Lösungsmöglichkeiten. Probieren Sie's aus, GeoGebra funktioniert ganz intuitiv!

6.5 Lösungen

Aufgabe 1

a) Dies ist ein pythagoreisches Tripel:

$$104^2 + 153^2 = 185^2$$

b) Dieses auch:

$$44^2 + 117^2 = 125^2$$

c) Dieses aber nicht:

$$85^2 + 132^2 = 157^2 \neq 197^2$$

Aufgabe 2

Grad	Bogenmaß
0°	0
90°	$\frac{\pi}{2}$
270°	$\frac{3\pi}{2}$
45°	$\frac{\pi}{4}$
60°	$\frac{\pi}{3}$
45°	arctan 1

Zur letzten Zeile sei angemerkt: Der Arcustangens ergibt ja den Öffnungswinkel eines Steigungsdreiecks (Gegenkathete durch Ankathete). Sind die beiden Seiten gleich lang, ist das Verhältnis 1, und die Hypotenuse ist die Winkelhalbierende, also 45°.

Aufgabe 3

a) $\sin 90° = 1$

b) $\cos 240° = -\frac{1}{2}$

c) $\sin(-3\pi) = \sin(-\pi) = 0$

d) $\tan \pi = \frac{\sin \pi}{\cos \pi} = \frac{0}{1} = 0$

Aufgabe 4

Fertigen Sie bei Geometrie-Sachaufgaben immer eine Skizze an, aus der die verwendeten Buchstaben hervorgehen (Abbildung 6.9).

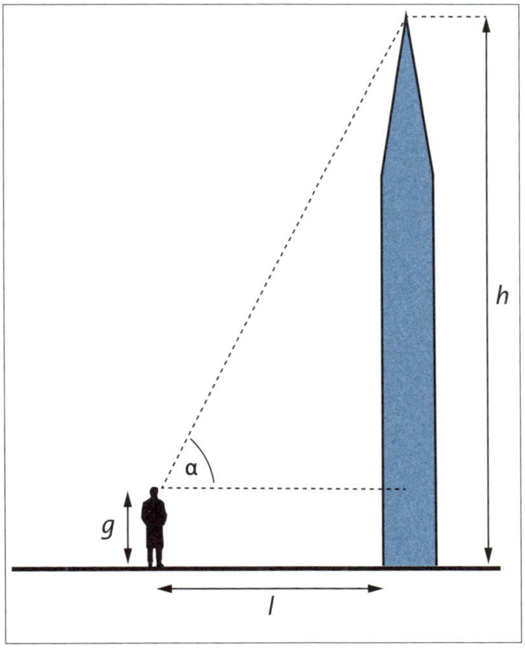

Abbildung 6.9 In dieser Aufgabe vernachlässigen wir die Tatsache, dass der Abstand zwischen Person und zentralem Fußpunkt des Turms etwas größer ist als die Entfernung zur Mauer.

Gegeben ist Ihre Körpergröße g, der Beobachtungswinkel $\alpha = 75°$ und der Abstand zum Turm $l = 10$ m. Wir dürfen annehmen, dass mit dem Abstand die Länge der Ankathete gemeint ist. Falls nur der Abstand von der Außenmauer bis zum Standort des Beobachters gemessen wurde, ist unser Ergebnis etwas verfälscht.

Gesucht ist die Höhe des Turms, und zwar gemessen ab dem Erdboden.

Der Ansatz ist, ein rechtwinkliges Dreieck zu betrachten, dessen Spitzen unsere Augen und die Turmspitze darstellen. Dann ist die Höhe des Turms abzüglich der Körpergröße gleich der Länge der Gegenkathete, und wir können den Tangens des Winkels im Steigungsdreieck hinschreiben:

$$\frac{h-g}{l} = \tan 75°$$

Stellen Sie nach h um:

$$h = l \cdot \tan 75° \; + g$$

Setzen Sie die gegebenen Werte ein, erhalten Sie ungefähr h ≈ 39 m.

Aufgabe 5

Beginnen Sie wie bei dem GeoGebra-Beispiel mit dem Satz des Pythagoras, indem Sie drei Punkte A, B, C zeichnen und mit dem Vieleck-Werkzeug verbinden. Benutzen Sie dann das Winkel-Werkzeug, sodass die drei Zahlenwerte für die Winkel erscheinen.

Schalten Sie nun links auf den Algebra-Bereich um. Sie sehen dort die Punkte, Strecken und Winkel protokolliert. Fügen Sie folgende Eingabe hinzu:

$$S = \alpha + \beta + \gamma$$

GeoGebra zeigt nach [↵] sofort das erwartete Ergebnis von 180° an. Ziehen Sie die Zeile mit dem Ergebnis mit der Maus nach rechts zu Ihrem Dreieck. Sie können außerdem mit dem Text-Werkzeug im erweiterten Modus die drei Winkel anzeigen lassen (Abbildung 6.10). Übrigens: Falls die Winkelwerte sich schwer lesbar hinter ihren Teilkreisen verstecken, können Sie sie einfach mit der Maus an bessere Positionen ziehen.

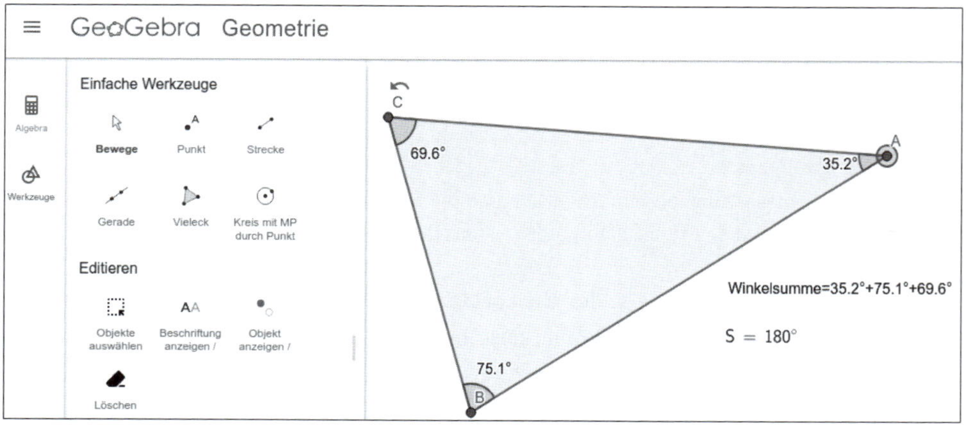

Abbildung 6.10 In wenigen Minuten haben Sie den geometrischen Beweis der Winkelsumme konstruiert.

Kapitel 7

Wo ist meine Einheit?

Wenn Sie ab und zu zehn Kilogramm laufen, vier Meter Bier trinken oder hundert Sekunden Schokolade essen, sollten Sie dringend dieses Kapitel lesen. Falls nicht, lesen Sie es trotzdem, auch wenn es darin überhaupt nicht um Schokolade geht.

7.1 Testen Sie sich selbst

Wo stehe ich?

In den Wissenschaften zählen nur Messwerte (und deren Ungenauigkeit, aber das ist eine andere Geschichte). Messwerte, egal ob in Physik, Geografie, Biologie, Chemie oder auch Ingenieurwissenschaften, ergeben keinen Sinn ohne angegebene *Einheiten*. Die Temperatur liegt bei –230, mein Sohn wiegt 32, und übrigens fahren Sie bitte in geschlossenen Ortschaften nicht schneller als 30!

Unterschlagen Sie nie die Einheit einer Größe. Und sind Sie sicher, dass Sie alle kennen und ineinander umrechnen können, wenn auch noch verschiedene Vorsilben ins Spiel kommen?

Rechnen Sie im Kopf um:

a) 5 Pfund Erdbeeren = ? kg

b) 3 m Stoff = ? dm

c) 2 t Schrott = ? kg

d) 0 °C = ? K

e) 1 d Ferien = ? s

f) $3{,}1 \cdot 10^6$ µm = ? m

7.2 Hoch, weit, schwer

Eine Maßeinheit dient letztlich dazu, nicht über verschiedene Dinge zu sprechen. Die Geschwindigkeit ist zwar immer der Quotient aus Weg und dafür benötigter Zeit, aber es muss Einigkeit darüber herrschen, ob der Weg in Kilometer oder Meilen gemessen wird und wie lang so ein Kilometer denn nun eigentlich genau ist: Sie benötigen *Standards*.

Ur-Maße

Bis in die Gegenwart hinein dienen real existierende, einmalige Objekte dazu, solche Standards zu definieren. So wird beispielsweise in Paris das *Urkilogramm* aufbewahrt. Wenn wir im Laden 1,5 kg Bananen kaufen, dann könnten wir stattdessen sagen: »Bananen mit einer Masse, die genau das 1,5-fache der Masse des Urkilogramms in Paris beträgt«. Klingt kompliziert, verhindert aber Streit: So gab es zum Beispiel im Großherzogtum Baden bis zum Jahr 1872 zig verschiedene Gewichtsmaße wie Vierling, Quint, Skrupel oder Gran (64 Gran sind drei Skrupel – hätten Sie's gewusst?).

Seit 2019 ist der genaue Wert von 1 kg übrigens nicht mehr über das Pariser Urkilogramm definiert, sondern über die Planck-Konstante.

Abbildung 7.1 Der deutsche Kilogramm-Prototyp (Nr. 52) ist eine der Kopien des Urkilogramms, das in Sèvres bei Paris aufbewahrt wird. (Quelle: Physikalisch-Technische Bundesanstalt)

In Paris lagert auch das *Urmeter*, das wie das Urkilogramm ab dem Ende des 18. Jahrhunderts sehr langsam gegen teils heftige Widerstände eingeführt wurde, um endlich ein einheitliches Maßsystem zu schaffen. Zum großen Teil hat das geklappt, wenn man mal Großbritanniens Straßenverkehr geflissentlich ignoriert. Ursprünglich sollte die Meile dort bis 2010 abgeschafft werden, aber man hat dort im Moment anscheinend Wichtigeres zu tun. Falls Sie's nicht parat haben: Eine Meile ist 1609,3 Meter lang. Nicht zu verwechseln übrigens mit der Seemeile, das sind 1852 Meter.

Das aktuell meist verwendete Einheitensystem ist das Internationale Einheitensystem (SI-System, französisch: *Système international d'unités*). Es wurde Mitte des 20. Jahrhunderts eingeführt. Allerdings sind die meisten zugehörigen Einheiten längst nicht mehr über in Paris aufbewahrte Museumsstücke definiert, weil das für heutige Bedürfnisse der Forschung viel zu ungenau ist.

So ist zum Beispiel 1 Meter definiert als die Strecke, die Licht im Vakuum in 1/299792458 Sekunde zurücklegt. Eine Sekunde wiederum ist definiert als das 9192631770-fache der Periodendauer der Strahlung, die das Cäsium-Isotop ^{133}Cs beim Übergang zwischen zwei Hyperfeinstrukturniveaus abgibt. Letztlich fußen die Einheiten alle auf gut messbaren physikalischen Vorgängen, sodass sie jederzeit auch außerhalb von Paris eindeutig zu ermitteln sind.

Maße und ihre Einheiten

Natürlich genügen für die meisten Zwecke ein Lineal und eine Quarzuhr (oder die Zeitangabe eines Smartphones, das üblicherweise mit genau gehenden Internet-Uhren synchronisiert ist).

Schauen Sie sich die folgende Tabelle an, die wichtige Maßeinheiten und ihre üblichen Kürzel zusammenfasst.

Physikalische Größe	Maßeinheiten
Weg, Strecke, Länge, Breite, Höhe: *s*, *l*, *b*, *h*	m (Meter), km (Kilometer), cm (Zentimeter), Lj oder ly (Lichtjahre/light years), pc (Parsec)
Zeit, Zeitspanne: *t*	s (Sekunde), m (Minute), h (Stunde), … a (Jahr)
Masse, Gewicht: *m*	kg (Kilogramm), g (Gramm), t (Tonne)
Fläche: *A*	m^2 (Quadratmeter), ha (Hektar)
Volumen: *V*	m^3 (Kubikmeter), l (Liter)
Geschwindigkeit: *v*	m/s (Meter pro Sekunde), km/h (Kilometer pro Stunde), Ma (Mach-Zahl), Knoten (kn)
Kraft: *F*	N (Newton)
Spannung: *U*	V (Volt)
Strom: *I*	A (Ampere)
Temperatur: *T*	°C (Grad Celsius), K (Kelvin)

Tabelle 7.1 Liste einiger physikalischer Größen mit ihren Einheiten

Einige spezielle, weniger geläufige Maßeinheiten bedürfen einer Erklärung.

Ein *Lichtjahr* ist die Entfernung, die das Licht im Vakuum in einem Jahr zurücklegt. Es ist, auch wenn es so klingt, *keine* Zeiteinheit. Die Lichtgeschwindigkeit im Vakuum ist eine Naturkonstante, daher lässt sich über die Zeit eine genau definierte Entfernung daraus ableiten – die wegen der erheblichen Größenordnung nur in der Astronomie Anwendung findet. So umkreist die Erde die Sonne im (variablen) Abstand von rund 7 Lichtminuten, und der nächste möglicherweise bewohnbare Planet, Proxima Centauri b, ist 4,224 Lichtjahre entfernt.

Auch das *Parsec* ist eine astronomische Entfernungseinheit und hauptsächlich bekannt durch einen krassen Filmfehler in *Star Wars IV*, worin *Han Solo* »Parsec« als Zeiteinheit gebraucht (aber vielleicht war es ja auch nur ein ironischer Scherz). Ein Parsec ist die Entfernung, aus der der mittlere Erdbahnradius bzw. dessen lange Halbachse (1 *astronomische Einheit*, AE, noch eine astronomische Längeneinheit!) unter einem Winkel von einer Bogensekunde erscheint. Die Umrechnung ist:

1 pc $\approx$ 3,26 Lj oder 30,9 Billionen Kilometer

Im Gegensatz zu Entfernungen und anderen Größen hat sich die Menschheit bei der Zeit zumindest im Alltag noch nicht auf einfach umzurechnende Einheiten geeinigt. Zwischen Sekunden und Minuten gibt es den Faktor 60, ein Tag hat 24 Stunden, der Stundenzeiger einer analogen Uhr umläuft das Zifferblatt *zweimal* täglich ... stellen Sie sich vor, auch Längen- und Gewichtsmessung wären so kompliziert, dann wissen Sie, wie's vor dem 19. Jahrhundert zuging. Zu allem Überfluss sind nicht alle Monate und Jahre gleich lang, und selbst Schaltjahre fallen ab und zu mal aus. Dementsprechend unpraktisch sind Geschwindigkeitsangaben in km/h, die nur mit einem krummen Faktor (3,6) in m/s umgerechnet werden können. Noch mal komplizierter ist die Mach-Zahl, die Sie vielleicht von Überschall-Flugzeugen kennen: 1 Mach entspricht der Schallgeschwindigkeit (in dem Medium, durch das sich das fragliche Objekt bewegt). In der Luft- und Seefahrt gibt es noch die *Knoten*: Ein Knoten ist eine Seemeile pro Stunde (also 1,852 km/h).

Etwas weniger düster sieht es beim Gewicht aus. Dass man eigentlich von Ruhemasse sprechen müsste, ist für die meisten praktischen Anwendungen unbedeutend. Viele Waagen würden auf dem Mars allerdings falsche Werte anzeigen, bei der Planung einer Mission dorthin muss man also aufpassen. Das gute, alte Pfund (ein halbes Kilogramm) sieht man bestenfalls noch bei altmodischen Waagen. Dass eine Tonne (1 t) genau 1000 kg wiegt, kann man sich leicht merken.

Beispiel: Umrechnen von Einheiten

Zeit, Ihnen einige Lösungen zu den Selbsttest-Aufgaben zu verraten.

Erdbeeren: 5 Pfund = 2,5 kg (da 1 Pfund $\frac{1}{2}$ Kilogramm entspricht).

Schrott: Eine Tonne entspricht 1000 kg, folglich sind 2 t = 2000 kg.

Ferien: Mit 1 d ist ein Tag (day) gemeint, das sind $24 \cdot 60 \cdot 60 = 86400$ s (Sekunden).

Kraft, Spannung und Strom sind vergleichsweise übersichtlich, da dafür keine Nicht-Standard-Einheiten üblich sind – kommen aber in diesem Buch leider weniger oft vor.

Reden wir noch kurz über die Temperatur: Der schwedische Physiker *Anders Celsius* (1701 bis 1744) definierte die heute übliche Temperaturskala, die ihm brauchbarer erschien als die zuvor übliche Fahrenheit-Skala. Allerdings stellte er das Thermometer gewissermaßen zunächst auf den Kopf: Den Siedepunkt von Wasser bei Luft-Normaldruck nannte er 0°,

100° den Gefrierpunkt. Erst Celsius' Kollege, der Biologe *Carl von Linné*, drehte die Skala um.

Damals wusste noch niemand, dass die Temperatur einen absoluten Nullpunkt besitzt. Das fand erst der französische Physiker Joseph Louis Gay-Lussac um das Jahr 1800 herum heraus. Den Nullpunkt (–273,15 °C) als Ausgangspunkt einer neuen Temperaturskala zu verwenden, schlug 1848 ein gewisser William Thomson vor. Dieser Mann ist allerdings besser als Lord Kelvin bekannt, und Kelvin heißt denn auch die zugehörige Maßeinheit.

Beispiel: Temperaturumrechnung

Die Temperatur von 0 °C, nach der ich mich im Selbsttest erkundigt hatte, entspricht somit genau 273,15 K (Kelvin).

7.3 Von piko bis Tera

Auf die Vorsilbe kommt es an! Und das offenbar so sehr, dass wir manchmal die eigentliche Einheit weglassen: »Ein Kilo Bananen bitte!«

Das geht doch genauer ...

Gemeint ist natürlich 1 kg, und dabei meint das kleine »Kilo-k« nichts anderes als einen Faktor 1000. Ja, 1 kg sind 1000 g (Gramm), genau wie 1 km exakt 1000 m entsprechen. Die Oberleitung der Deutschen Bahn steht unter einer Spannung von 15 kV (Kilovolt, also 15 000 Volt), was ca. das 65-fache der Steckdosenspannung von 230 V ist. Eine Information übrigens, die anscheinend bei manchen Leuten noch nicht angekommen ist, sonst wäre es nicht so beliebt, auf Dächern von Güterwagen herumzuklettern.

Präfixe wie »kilo« (von altgriechisch »chilioi«, »tausend«) ersparen es uns, mit großen Zahlen zu hantieren. Erfinderisch, wie die Menschheit nun einmal ist, hat sie eine ganze Menge Vorsilben hervorgebracht, die mehr oder weniger gebräuchlich sind. Die anschließende Tabelle 7.2 zeigt Ihnen die wichtigsten, die Sie auf jeden Fall kennen sollten.

Präfix	Symbol	Faktor
tera	T	1.000.000.000.000
giga	G	1.000.000.000
mega	M	1.000.000

Tabelle 7.2 Von der Billion zum Billionstel reichen die wichtigsten Präfixe.

Präfix	Symbol	Faktor
kilo	k	1.000
hekto	h	100
dezi	d	0,1
zenti	c	0,01
milli	m	0,001
mikro	µ (oder u)	0,000.001
nano	n	0,000.000.001
piko	p	0,000.000.000.001

Tabelle 7.2 Von der Billion zum Billionstel reichen die wichtigsten Präfixe. (Forts.)

Da Präfixe lediglich für Faktoren stehen, können Sie gleiche Präfixe kürzen, und entgegengesetzte heben sich auf. Einige Beispiele:

Beispiele: Präfixe

Der Gewichtsverlust einer vandalusischen Rieseneilschnecke beim Marathonlauf beträgt:

$$\frac{126\text{ kg}}{42\text{ km}} = 3\frac{\text{kg}}{\text{km}} = 3\frac{\text{g}}{\text{m}}$$

1 Meter = 10 Dezimeter, folglich sind 3 m = 30 dm.

Die elektrische Leistung ist das Produkt aus Spannung und Strom, zum Beispiel:

$$2\text{ mV} \cdot 6\text{ kA} = 12\text{ W}$$

Einer ähnlichen Logik folgt das Beispiel aus den Selbsttests:

Die Präfixe »milli« und »kilo« heben sich auf. Das Produkt aus Volt und Ampere ist Watt, die Einheit für elektrische Leistung. Sie kennen Watt-Angaben von Glühbirnen oder anderen elektrischen Geräten, dort nennen sie den Stromverbrauch. Gelegentlich findet man statt W auch die »Einheit« VA.

Bei Sachaufgaben aus der Welt der Naturwissenschaften ist es nicht nur eminent wichtig, die Einheiten »mitzuschleppen«. Mehr noch: Sie ermöglichen beim Endergebnis einen einfachen Plausibilitätstest. Fragt beispielsweise eine Aufgabe nach einer Geschwindigkeit und Ihr Ergebnis hat die Einheit Meter mal Sekunden, dann haben Sie sich garantiert irgendwo vertan (zum Beispiel multipliziert statt dividiert). Richtige Einheiten sind ein gutes Indiz für eine korrekte Berechnung.

Das geht doch genauer … (Version für Computer, Roboter & Co.)

Übrigens: Bei der Angabe von Speichergrößen bei Computern oder Festplatten (oder was auch immer in Ihrem Roboterbutler eingebaut ist) hapert es zuweilen mit der Genauigkeit. So meint ein K (oder *KByte*) üblicherweise 1 024 (2^{10}) und nicht bloß 1 000 Bytes, weil Computer das Zweiersystem dem Zehnersystem nun einmal vorziehen. Die ersten Heimcomputer hatten dementsprechend 16 384 Bytes (16 K, Atari 600XL) oder 65 536 Bytes (64 K, C64).

Bei heute üblichen Speichergrößen kommt es auf den Unterschied nicht allzu sehr an, sollte man meinen. Mein PC ist mit 16 GB RAM ausgestattet, das sind 1 073 741 824 · 16 oder 1,7179869184 Gigabytes. Inzwischen gibt es für Vorsilben in der Informationstechnik eigene Präfixe, nämlich Ki (für 1 024 oder 2^{10}), Mi (für 2^{20}), Gi (für 2^{30}).

7.4 Wahnsinnig große (und kleine) Zahlen

Die meisten Taschenrechner kennen keine Präfixe. Sehr große und sehr kleine Zahlen erscheinen auf deren Display in *Exponentialdarstellung*.

Exponentialdarstellung mit Zehnerpotenzen

Gemeint ist damit ein Produkt aus einer passenden Zehnerpotenz hinter der entsprechenden Dezimalzahl. Üblich ist es, nur eine von Null verschiedene Stelle vor dem Komma aufzuschreiben und die Größenordnung in den Exponenten von 10 zu verschieben. Halten Sie sich vor Augen:

$10^6 = 1\,000\,000$ (Mega)

$10^3 = 1\,000$ (kilo)

$10^0 = 1$

$10^{-3} = 0{,}001$ (milli)

$10^{-6} = 0{,}000\,001$ (mikro)

Sie sehen, dass der Exponent betragsmäßig exakt der Anzahl der vorkommenden Nullen entspricht, das lässt sich leicht merken. Ohne große Rechnerei können Sie also Präfixe und

Zehnerpotenzen ineinander überführen – oder große Zahlen lesbarer darstellen, die über keine Einheiten und damit auch nicht über Präfixe verfügen. Auch Überschlagsrechnung, das Abschätzen von Ergebnissen also, ist dann einfacher.

Zehnerpotenzen lassen sich dank der Potenzgesetze sehr leicht zusammenfassen, indem Sie bei Produkten die Exponenten addieren bzw. bei Quotienten subtrahieren. Zum Beispiel:

$$2{,}1 \cdot 10^{12} \cdot 3{,}0 \cdot 10^{4} = 6{,}2 \cdot 10^{(12+4)} = 6{,}2 \cdot 10^{16}$$

Beispiele für Exponentialdarstellung

Im Selbsttest hatte ich gefragt:

$$3{,}1 \cdot 10^{6}\mu\text{m} = ?\,\text{m}$$

Sie wissen nun, dass ein µm genau 10^{-6} m sind. Wenn Sie diesen Faktor einsetzen, um das µ zu eliminieren, erhalten Sie:

$$3{,}1 \cdot 10^{6} \cdot 10^{-6}\text{m} = 3{,}1 \cdot 10^{(6-6)}\text{m} = 3{,}1 \cdot 10^{0}\text{m} = 3{,}1\ \text{m}$$

Gönnen Sie sich einen kurzen Blick auf ein paar weitere Beispiele:

$$67\,200 = 6{,}72 \cdot 10^{4}$$

$$0{,}008\,7 = 8{,}7 \cdot 10^{-3}$$

$$240\ \text{t} = 240\,000\ \text{kg} = 240\,000\,000\ \text{g} = 2{,}4 \cdot 10^{8}\ \text{g}$$

Taschenrechner, die keine Potenzen anzeigen können, stellen ein großes E dar, direkt gefolgt vom Exponenten, also `2,4E8` für $2{,}4 \cdot 10^{8}$.

Dazu ein weiteres Beispiel aus der Astronomie. Ein Lichtjahr ist in Metern ungefähr:

`9,46E15` $= 9{,}46 \cdot 10^{15}$

7.5 Runden, aber sinnvoll

Gibt es eigentlich halbe Menschen?

Warum ich das frage? Nun, neulich landete eine Aufgabe aus dem Gebiet der Betriebswirtschaft auf meinem Tisch, bei der es um einen Gourmetclub ging, dessen Mitglieder regelmäßig ein Restaurant aufsuchen und über kurz oder lang Vorlieben für verschiedene Gerichte entwickeln. Der genaue Rechenweg tut hier nichts zur Sache, aber ich fand es doch verwunderlich, dass in der Musterlösung ein Mensch verloren ging: Der Gourmetclub hatte, wenn man alles zusammenrechnete, irgendwann ein Mitglied weniger als am Anfang. Tot und begraben – trauriges Opfer einer ungeschickten Rundung!

Runden oder nicht runden, das ist hier die Frage

Nein, es gibt keine halben Menschen, aber es kann passieren, dass ein Rechenergebnis keine natürliche, sondern eine höchst unhandliche Zahl ist, egal, ob sie Menschen meint, von mir verzehrte Schokolade oder Spritverbrauch. Was tun?

Wenn eine Zahl zu viele von null verschiedene Nachkommastellen hat, lässt man einfach einige weg und *rundet* die letzte, die man noch angibt, auf oder ab. Dafür gibt es verschiedene Möglichkeiten.

Am bekanntesten ist das *kaufmännische Runden*. Gemeint ist damit, abzurunden, wenn die erste wegfallende Dezimalstelle unter 5 liegt. Ansonsten rundet man auf.

Beispiele: Kaufmännisches Runden

$1{,}3456 \approx 1{,}3$

Wenn Sie drei statt zwei *signifikante Stellen* behalten möchten, müssen Sie wegen der 5 an dritter Stelle nach dem Komma aufrunden:

$1{,}3456 \approx 1{,}35$

Bei negativen Zahlen wird nur der Betrag betrachtet, man rundet also *weg von der Null*.

$-1{,}3456 \approx -1{,}35$

Das kaufmännische Runden erzeugt systematisch Fehler, weil im Extremfall eine Zahl um 0,5 in der letzten Stelle größer wird, aber keine Zahl um 0,5 kleiner.

Symmetrisch runden

Die Alternative ist das *mathematische* oder *symmetrische Runden*, das in Mathematik Wissenschaft, Technik und nicht zuletzt von Computern verwendet wird: Bei dieser Methode wird bei einer zu rundenden 5 noch in Betracht gezogen, was dahintersteht. Aufgerundet wird nur, wenn andere Ziffern als Nullen folgen. Eine »glatte 5« wird so gerundet, dass die letzte Ziffer gerade wird. Am besten erkennen Sie das an Beispielen:

Beispiel: Symmetrisches Runden

$1{,}3449 \approx 1{,}34$

$1{,}3451 \approx 1{,}35$

$1{,}3450 \approx 1{,}34$

$1{,}3550 \approx 1{,}36$

Wenn Sie Zwischenergebnisse runden, gehen für den Rest der Aufgabe Informationen verloren. Deshalb kam es im eingangs genannten Beispiel zum »Verschwinden« eines Menschen. Wann immer möglich, sollten Sie erst im allerletzten Schritt runden. Deshalb empfehle ich, »krumme« Werte in Variablen zu »verstecken«, um nicht dauernd zig Nachkommastellen aufschreiben zu müssen. Das gilt insbesondere für Naturkonstanten wie zum Beispiel π. Setzen Sie die konkreten Zahlenwerte erst ganz am Schluss ein!

Bedenken Sie, dass Genauigkeit nicht vom Himmel fällt. Wenn alle Werte, die in Ihre Berechnung einfließen, eine Genauigkeit von drei signifikanten Stellen haben, dann dürfen Sie nicht mehr als drei Stellen für das Endergebnis angeben.

Ist die geeignete Genauigkeit nicht offensichtlich, setzen Sie auf den berüchtigten »gesunden Menschenverstand«. Wenn ein zwei Meter langer Stab in sieben gleich lange Stücke zerschnitten werden soll, geben Sie bitte nicht als Länge der resultierenden Stücke 28,5714286 cm an, sondern $l \approx 286$ mm. Niemand wird mit einer Schieblehre auf den Zehntelmillimeter genau nachmessen, glauben Sie mir!

7.6 Entspannungsübungen

Aufgabe 1: Rechnen Sie um!

Sie fahren mit Ihrem (deutschen) PKW nach England. Dort steht ein rundes Schild mit rotem Rand neben der Straße, darin steht eine 30. Welchen Wert sollte Ihre Tachonadel nicht überschreiten?

Aufgabe 2: Rechnen mit verschiedenen Einheiten

Die Sonde Voyager 2 hat Ende 2018 das Sonnensystem verlassen und bewegt sich mit einer Geschwindigkeit von 3,3 AE/a durch den interstellaren Raum. Sonnenlicht benötigt bis zur Erde rund 7 Minuten. Wie lange würde sie bis Proxima Centauri b (Entfernung: 4,224 ly) benötigen, wenn sie nicht in die völlig verkehrte Richtung fliegen würde?

Aufgabe 3: Noch mehr Umrechnungen

Rechnen Sie ohne Taschenrechner um.

a) 1,25 kg = ? g

b) 17 500 kg = ? t

c) 140 cm = ? m

d) 16 mV = ? V

e) 510 kpc = ? Lj

f) 8 Gbytes = ? Bits *(Hinweis: 1 Byte = 8 Bit)*

Aufgabe 4: Ändern Sie in Exponentialschreibweise.

a) 132 465 798 = ?

b) 0,000 000 0212 = ?

c) 76 384 Mt = ? kg

Aufgabe 5: Schätzen Sie!

Schätzen Sie die Ergebnisse durch Überschlagsrechnung, also ohne Taschenrechner und ohne Rücksicht auf die Genauigkeit.

a) `2,5E6·4E-8` ≈?

b) `5,01E-7·3,91E6` ≈?

Aufgabe 6: Runden Sie mathematisch auf insgesamt drei Ziffern.

a) 1,32401

b) 71,450

c) −5,2150

d) 19,991

Aufgabe 7: Berechnen Sie.

Geben Sie das Ergebnis auf drei signifikante Stellen genau an.

a) $12{,}2 \cdot 3{,}7 \cdot 10^2 = ?$

b) $9{,}71 \cdot 10^5 + 33{,}3 \cdot 10^2 = ?$

Aufgabe 8: Berechnen Sie.

Ihr neues Elektroauto besitzt eine Batterie mit einer Kapazität von 40 kWh. Sie stöpseln es in Ihre Außensteckdose (230 V) und lesen während des Ladevorgangs eine Stromstärke von 5 A ab. Wie lange dauert es, bis der zuvor leere Akku auf 80% geladen ist, falls Ihnen die altersschwache Sicherung nicht rausfliegt?

Hinweis: Leistung wird in *Watt* gemessen und ist das Produkt aus Strom und Spannung.

7.7 Lösungen

Aufgabe 1

Eine Meile ist 1609,3 Meter lang. Geschwindigkeit und Wegstrecke sind zueinander proportional, daher entspricht 1 mph (»miles per hour«, also die Einheit, die das Schild meint) 1,6093 km/h. 30 Meilen pro Stunde sind also genau $30 \cdot 1{,}6093 = 48{,}279$ Stundenkilometer. Deshalb entspricht die englische »30-Zone« in etwa der Geschwindigkeitsbegrenzung einer deutschen Innenstadt.

Aufgabe 2

Gesucht ist die Zeit, die Voyager 2 benötigen würde, um 4,224 Lichtjahre zurückzulegen. Fast an der gleichen Stelle steht, dass die Erde 7 Lichtminuten von der Sonne entfernt ist.

Der mittlere Radius der Bahn der Erde um die Sonne ist 1 AE. Also können Sie eine Verhältnisgleichung aufstellen, um die Entfernung in astronomischer Einheit zu erhalten:

$$\frac{x}{1\ \text{AE}} = \frac{4{,}224\ \text{lj}}{7\ \text{lm}}$$

Ein Jahr hat $365 \cdot 24 \cdot 60 = 525600$ Minuten. Mit dieser Zahl müssen Sie den rechten Zähler multiplizieren, um die Lichtjahre in Lichtminuten umzurechnen. Sie erhalten:

$x = 317162$ AE

Bei einer Geschwindigkeit von 3,3 AE im Jahr würde Voyager 2 also etwa 96000 Jahre bis Proxima Centauri benötigen.

Aufgabe 3

a) 1,25 kg = 1250 g

b) 17 500 kg = 17,5 t

c) 140 cm = 1,4 m

d) 16 mV = 0,016 V

e) $510\ \text{kpc} = 510\,000 \cdot 3{,}26\ \text{lj} = 1{,}6626 \cdot 10^6 \text{lj}$

f) $8\ \text{Gbytes} = 8 \cdot 8 \cdot 10^9\ \text{Bits} = 6{,}4 \cdot 10^{10} \text{Bits}$

Aufgabe 4

a) $132\,465\,798 = 1{,}32465798 \cdot 10^8$

b) $0{,}000\,000\,0212 = 2{,}12 \cdot 10^{-8}$

c) $76\,384\ \text{Mt} = 7{,}6384 \cdot 10^{13}$ kg

Aufgabe 5

a) 2,5E6 · 4E-8 = 2,5 · 4 E-2 = 10 E-2 = 1E-1 = 0,1 (Das ist sogar genau umgerechnet, keine Schätzung.)

b) 5,01E-7 · 3,91E6 $\approx$ 5 · 4 E-1 = 20 E-1 = 2

Aufgabe 6

Zur Erinnerung: Beim mathematischen Runden wird bei einer zu rundenden 5 noch in Betracht gezogen, was dahintersteht. Aufgerundet wird nur, wenn andere Ziffern als Nullen folgen. Eine »glatte 5« wird so gerundet, dass die letzte Ziffer gerade wird.

a) $1{,}32401 \approx 1{,}32$

b) $71{,}450 \approx 71{,}4$

c) $-5{,}2150 \approx -5{,}22$

d) $19{,}991 \approx 20{,}0$

Aufgabe 7

a) $12{,}2 \cdot 3{,}7 \cdot 10^2 \approx 4\,510$

b) $9{,}71 \cdot 10^5 + 33{,}3 \cdot 10^2 \approx 974\,000$ (oder $974 \cdot 10^3$)

Aufgabe 8

Die über das Ladekabel ans Auto abgegebene Leistung beträgt 230 Volt mal 5 Ampere, also 1150 Watt. In einer Stunde (1 h) kommt so eine Ladung von 1150 Wh zusammen.

80% von 40 kWh sind:

$0{,}8 \cdot 40.000\text{Wh} = 8 \cdot 4.000\text{Wh} = 32.000\text{Wh}$

Dividieren Sie diesen Wert durch die oben errechnete Ladeleistung in einer Stunde, erhalten Sie eine Dauer von etwa 28 Stunden und wissen, dass Sie das nächste Mal lieber zu einer Schnellladesäule fahren sollten.

Kapitel 8

Flächen und Räume

Geometrie ist gewissermaßen jener Außenposten der Mathematik, der menschlicher Besiedlung am nächsten liegt. Anders ausgedrückt: Wer ein Haus bauen möchte, braucht Geometrie, wer ein Kleidungsstück schneidern will, braucht Geometrie, und wer einen Kuchen backen will, braucht sie auch. Also, ran an die Flächen und Volumina!

8.1 Testen Sie sich selbst

Wo stehe ich?

Geometrie macht mehr Spaß als trockene Rechenaufgaben. Deshalb bin ich mir ziemlich sicher, dass Ihnen der folgende Selbsttest keine Schwierigkeiten bereiten wird. Wenn doch, helfen Ihnen die kommenden Abschnitte!

1. Rechnen Sie um:
   a) 2 ha Kohlfeld = ? m^2
   b) 350 cm^3 Milch = ? l
2. Berechnen Sie jeweils den Flächeninhalt ...
   a) ... eines Quadrats mit Seitenlänge 2,5 cm.
   b) ... eines Rechtecks mit den Seitenlängen 12 mm und 8 mm.
   c) ... eines Kreises mit Radius 49 m.
   d) ... eines Dreiecks mit Grundseitenlänge 8 µm und der Höhe über der Grundseite 4 µm.
3. Berechnen Sie jeweils das Volumen...
   a) ... sowie die Gesamtkantenlänge und die Oberfläche eines Würfels mit Seitenlänge 2 m.
   b) ... sowie die Oberfläche einer Kugel mit Radius 11 km.
   c) ... sowie die Oberfläche eines Zylinders mit Radius 3 cm und Höhe 12 cm.
   d) ... der Cheopspyramide mit quadratischer Grundfläche mit Seitenlänge 230,3 m und Höhe 138,75 m.

8.2 Flächeninhalt und Umfang

Spätestens wenn Sie mal Ihr Wohnzimmer neu tapezieren wollen, kommen Sie um Flächenberechnungen nicht mehr herum. Wie viele Rollen à 10 m^2 müssen Sie kaufen, damit hinter dem Sofa nicht noch die alte Tapete sichtbar ist, Sie aber auch keine Rollen zurückbringen müssen?

Flächeninhalte berechnen

Glücklicherweise lassen sich Flächen recht intuitiv berechnen. Sie haben zwei Dimensionen, Rechtecke beispielsweise Länge und Breite. Flächeninhalte ergeben sich stets aus einer Multiplikation von zwei Längen, folglich ist die Flächen*einheit* immer das Quadrat einer Längeneinheit.

Versuchen wir das mal konkret.

Beispiele: Flächenberechnung

Gefragt war im Selbsttest nach dem Flächeninhalt eines Quadrats mit Seitenlänge 2,5 cm. Ein Quadrat ist letztlich ein Rechteck, dessen zwei Seiten zufälligerweise gleich lang sind. Es ergibt sich also eine Fläche von 2,5 cm mal 2,5 cm = $2{,}5^2$ cm^2 = 6,25 cm^2.

Beim Rechteck mit den Seitenlängen 12 mm und 8 mm ist die Fläche 96 mm^2.

Sie sehen, dass nicht nur die Zahlenbeträge, sondern auch die Einheiten schlicht multipliziert werden. Das hat wichtige Konsequenzen für Präfixe. Zum Beispiel:

$$1 \text{ m} = 100 \text{ cm}$$

Quadrieren Sie diese Gleichung auf beiden Seiten, erhalten Sie:

$$1 \text{ m}^2 = 10\,000 \text{ cm}^2$$

Ein Quadrat mit 1 m Seitenlänge hat also eine Fläche von 10000 cm^2. Der Faktor des Präfixes ist also ebenfalls quadriert. Achten Sie unbedingt darauf, wenn Sie Flächeneinheiten umrechnen!

Bitte unterstützen Sie mich im edlen Kampf gegen unsinnige Präfixe, und vermeiden Sie konsequent die Schreibweise »qm« für »Quadratmeter«. Das wäre allenfalls akzeptabel, wenn eine hochgestellte 2 auf dem verwendeten Schreibgerät nicht zur Verfügung stünde. Vermutlich benutzen aber heutzutage nicht mehr viel Menschen eine antike Schreibmaschine. Tippen Sie an einem PC, drücken Sie `Alt Gr`+`2`, und schreiben Sie die Einheit korrekt als m^2.

Flächenformeln zusammengefasst

Die wichtigsten Flächenformeln sind glücklicherweise leicht zu merken. Hier kommt eine übersichtliche Zusammenfassung:

> **Flächenformeln**
>
> - *Quadrat* mit Seitenlänge a: $F = a^2$
> - *Rechteck* mit Seitenlängen a und b: $F = a \cdot b$
> - *Dreieck* mit Seite a und Höhe über der Seite h_a: $F = \frac{1}{2} \cdot a \cdot h_a$

Dies gilt analog für alle Seiten und die zugehörige Seitenhöhe (Abbildung 8.1). Falls die benötigte Höhe nicht bekannt ist, stehen die Höhenformeln zur Verfügung:

Höhenformeln

- $h_a = c \cdot \sin \beta = b \cdot \sin \gamma$
- $h_b = a \cdot \sin \gamma = c \cdot \sin \alpha$
- $h_c = b \cdot \sin \alpha = a \cdot \sin \beta$

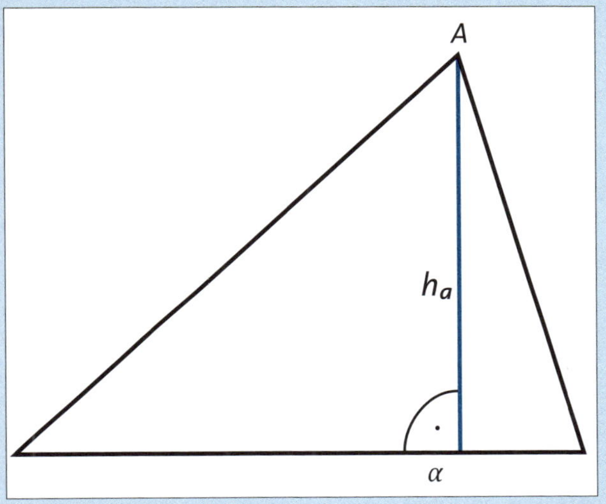

Abbildung 8.1 Die Höhe über der Seite a ist die Länge der Strecke, die rechtwinklig zu a startet und den gegenüberliegenden Punkt A trifft. Dasselbe gilt für die Seiten b und c und die zugehörigen Höhen.

Beispiel: Fläche eines Dreiecks

Im Selbsttest fragte ich nach der Fläche eines verflixt kleinen Dreiecks. Als Längen waren gegeben: $a = 8$ µm und $h_a = 4$ µm. Die gesuchte Fläche berechnen Sie also wie folgt:

$$F = \frac{1}{2} a \cdot h_a = 16 \text{ µm}^2$$

Auch Figuren ohne Ecken haben Flächeninhalte.

Kreis mit Radius r: $F = \pi \cdot r^2$

Beispiel: Fläche des Kreises

Der Kreis mit Radius 49 m aus der Selbsttestaufgabe 2c) kommt auf eine Fläche von $F = \pi \cdot r^2 \approx 7543 \text{ m}^2$.

Es gibt noch weitere, weniger gängige Flächeneinheiten. Beispielsweise beziffert man Landflächen gerne in Hektar (ha). Dahinter verbergen sich das Präfix für 100 (*hekto*) und die Flächeneinheit *Ar* (a). Ein Ar sind 100 m^2, 1 ha sind also 100 a bzw. 10 000 m^2.

Beispiel: Ar und Hektar

In Selbsttest-Aufgabe 1a) ging es um ein Kohlfeld mit der Fläche von 2 ha (Hektar). »Hekto« steht für den Faktor 100, und 1 a (Ar) hat die Größe 10 mal 10 Meter, also 100 m^2. Folglich sind 2 ha = $2 \cdot 100 \cdot 100$ m^2, also 20 000 m^2.

Umfang berechnen

Bei zweidimensionalen geometrischen Figuren ist aber nicht nur deren Fläche von Interesse, sondern auch der *Umfang*. Den berechnen Sie durch Aufaddieren der einzelnen Seitenlängen. Es ergibt sich:

Umfangsformeln

Umfang eines *Quadrats* mit Seitenlänge *a*:

$$U = 4a$$

Umfang eines *Rechtecks* mit Seitenlängen *a* und *b*:

$$U = 2(a + b)$$

Umfang eines *Dreiecks* mit Seitenlängen *a*, *b* und *c*:

$$U = a + b + c$$

Umfang eines *Kreises* mit Radius *r*:

$$U = 2\pi r$$

Beispiel: Umfang eines Smartphones

Damit man sich bei der Nutzung keine Kratzer holt, sind die Ecken der meisten Smartphones abgerundet. Schauen Sie sich die Skizze an (Abbildung 8.2). Wie groß ist der Umfang?

Wenn Sie genau hinschauen, stellen Sie fest, dass die runden Ecken alle zusammen einen Kreis mit dem Radius 0,5 cm ergeben. Die geraden Abschnitte der Seiten sind entsprechend alle um zwei Kreisradien kürzer, also 6 cm bzw. 13 cm lang. So ergibt sich der Gesamtumfang wie folgt:

$$U = 2\pi \cdot 0{,}5\ \text{cm} + 2 \cdot (6\ \text{cm} + 13\ \text{cm}) \approx 41{,}1\ \text{cm}$$

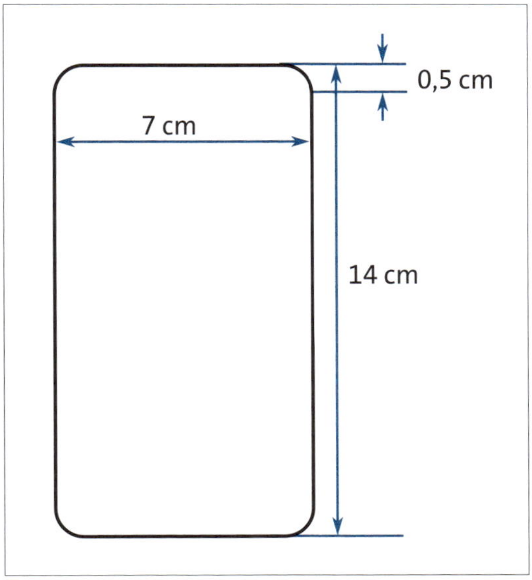

Abbildung 8.2 Können Sie den Umfang meines Smartphones berechnen?

8.3 Volumen und Oberfläche

Der Schritt von Fläche zu Volumen fügt den Überlegungen eine dritte Dimension hinzu. Für die Vorstellungskraft ist das schon manchmal eine Herausforderung. Nähern wir uns dem Thema also auf häusliche Weise: In der Küche!

Volumeneinheiten

Haben Sie auch eine Tüte Milch im Kühlschrank? Meine hat ungefähr die folgenden Maße: 17 cm mal 10 cm mal 6 cm. Multipliziert ergeben diese Längen 1 020 cm^3, also etwas über 1 000 Kubikzentimeter. Denn, Sie wissen es sicher: Das Volumen eines Quaders ist das Produkt seiner drei Längen.

Laut Aufschrift enthält der Karton genau einen Liter Milch. Beachten Sie: *Liter* ist eine Nicht-Standard-Volumeneinheit! Es gilt:

$1\,\mathrm{l} = 1000\,\mathrm{cm}^3$

Wenn das Pfannkuchenrezept 450 Milliliter Milch verlangt, teilen Sie einfach durch 1000, wie das Präfix »milli« es fordert:

$1\,\mathrm{ml} = 1\,\mathrm{cm}^3$

Die meisten Haushaltsmessbecher bieten Skalen sowohl in Millilitern als auch in cm^3, weil vielen Menschen nicht klar ist, dass beides dasselbe ist.

Beispiel: Volumeneinheiten

Die 350 cm^3 Milch aus Selbsttestaufgabe 1b) entsprechen somit genau 0,35 Litern.

Ähnlich wie bei Oberflächen hat sich auch für Volumina ein Pseudo-Präfix eingebürgert, nämlich »ccm« für »Kubikzentimeter«. Bitte meiden Sie das. Die richtige Schreibweise für Kubikzentimeter ist cm^3. Das benötigte Tastaturkürzel ist `Alt Gr`+`3`.

Volumina von Körpern

Entsteht ein dreidimensionaler Körper aus einer parallelen Projektion einer ebenen Figur mit Tiefe *t*, so ist das Volumen gleich der Fläche mal der Tiefe.

Die meisten der folgenden Volumenformeln für wichtige geometrische Körper sind daher intuitiv verständlich:

Volumenformeln

Volumen eines Würfels mit Kantenlänge *a*:

$V = a^3$

Volumen eines Quaders mit Kantenlängen *a*, *b* und *c*:

$V = a \cdot b \cdot c$

Volumen eines Zylinders (Abbildung 8.3) mit Radius *r* und Höhe *h*:

$V = \pi \cdot r^2 \cdot h$

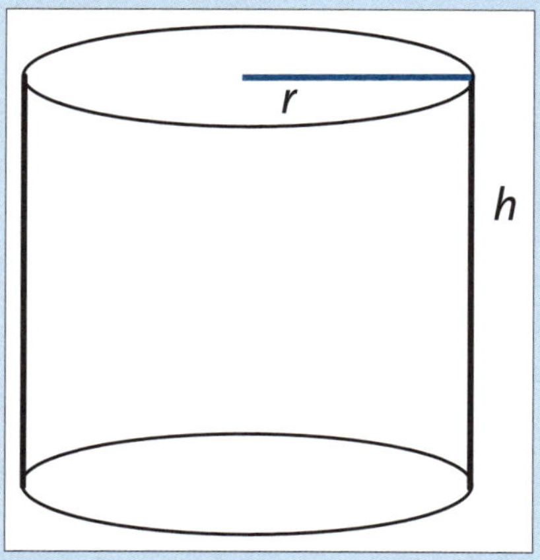

Abbildung 8.3 Das Volumen eines Zylinders ist das Produkt aus der kreisförmigen Grundfläche und seiner Höhe.

Volumen einer Pyramide mit Grundfläche F und Höhe h:

$$V = \frac{1}{3} \cdot F \cdot h$$

Volumen einer Kugel mit Radius r:

$$V = \frac{4}{3}\pi \cdot r^3$$

Beispiel: Volumenberechnung

Die Selbsttest-Aufgabe 3 ergibt damit folgende Resultate:

a) Das Volumen eines Würfels mit Seitenlänge 2 m ist 2^3 m^3 also 8 m^3.

b) Das Volumen einer Kugel mit Radius 11 km ist $\frac{3}{4}\pi \cdot 11^3$ km^3 $\approx$ 5 575 km^3.

c) Das Volumen eines Zylinders mit dem Radius 3 cm und der Höhe 12 cm ist $12 \cdot 3^2\pi$ cm^3 $\approx$ 339,3 cm^3.

d) Das Volumen der Cheopspyramide ist $\frac{1}{3} \cdot 230{,}3^2$ m^2 $\cdot$ 138,75 m^2 $\approx$ 2 453 012 m^3. Bei einer Dichte von ca. 2,6 t/m^3 (Kalkstein) beträgt ihre Masse etwa 6,3 Millionen Tonnen.

Oberflächen von Körpern

Die *Oberfläche* eines Körpers ergibt sich immer aus der Summe aller einzelnen Flächen, die die zweidimensionalen Figuren bilden, die das Volumen des Körpers begrenzen. So hat ein Würfel sechs gleiche Seiten, sodass sich seine gesamte Oberfläche aus den Flächen der Seiten ergibt:

Oberfläche eines Würfels mit Kantenlänge a: $O = 6a^2$

Beispiel: Würfeloberfläche

Der Würfel aus Selbsttestaufgabe 3a) hat die Oberfläche:

$$O = 6 \cdot \left(2^2 \text{ m}^2\right) = 24 \text{ m}^2$$

Achten Sie auch hier auf die Einheit, die das Quadrat einer Längeneinheit sein muss.

Die Oberfläche einer um h in die Höhe projizierten Figur mit Umfang U und Grundfläche F ist insgesamt $2F + Uh$.

Beispiel: Zylinderoberfläche

Für einen Zylinder ergibt die eben genannte Oberflächenformel allgemein:

$$O = 2\pi r^2 + 2\pi rh$$

In Aufgabe 3c) war die Rede von einem Zylinder mit Radius 3 cm und Höhe 12 cm. Setzen Sie die Werte ein, wirft Ihnen der Taschenrechner als Gesamtoberfläche 282,7 cm^2 aus.

Schließlich sollten Sie die Oberflächenformel einer Kugel kennen. Diese beträgt:

$$O = 4\pi r^2$$

Beispiele: Kugeloberfläche

Der ziemlich große 11-km-Golfball aus Selbsttest-Aufgabe 3b) hat nach dieser Formel eine Oberfläche von etwa 1 521 km^2.

Übrigens hat die Kugel für ein bestimmtes Volumen die kleinstmögliche Oberfläche aller möglichen Körper. Unter anderem deshalb ist die Erde eine Kugel und keine Scheibe. Aber erzählen Sie das mal einem hartnäckigen Verschwörungstheoretiker …

Weitere Formeln für Oberflächen oder Volumina anderer Figuren oder Körper finden Sie in der Formelsammlung Ihres Vertrauens, wenn Sie sie brauchen.

8.4 Entspannungsübungen

Aufgabe 1: Verlegen Sie neuen Teppich!

Frau Rechenschiebers Wohnzimmer hat eine rechteckige Grundfläche mit den Seitenlängen 4 und 6 Meter. Wie viel Quadratmeter Teppichboden benötigt sie, und wie tief muss sie in die Tasche greifen, wenn ein Quadratmeter 3,50 Euro kostet?

Aufgabe 2: Teeren Sie einen Kreisverkehr!

Ein Kreisverkehr mit Innenradius 20 m und Außenradius 30 m benötigt einen neuen Straßenbelag. Wie groß ist die zu teerende Fläche?

Aufgabe 3: Backen Sie eine Pizza!

Wie groß ist das Volumen einer kreisrunden Pizza mit Radius z und Dicke a?

Aufgabe 4: Bauen Sie einen Damm!

Um Überflutungen wegen der Erderwärmung zu vermeiden, wird entlang der Nordseeküste ein Damm mit dreieckigem Querschnitt aufgeschüttet. Die Breite am Fuße des Damms beträgt 20 m und die Höhe 10 m. Wie viel Erde muss herangekarrt werden, wenn der Damm insgesamt 1000 km lang werden soll?

Aufgabe 5: Tapezieren Sie!

Frau Rechenschieber möchte ihr 3 m hohes Wohnzimmer neu tapezieren. Eine Rolle ihrer Wunschtapete reicht für 6 m^2 und kostet 7 Euro. Über Details wie Türen und Fenster machen Sie sich keine Gedanken. Falls Ihnen notwendige Angaben fehlen, schauen Sie in Aufgabe 1 nach!

Aufgabe 6: Pumpen Sie!

Wie viel Liter Luft enthält ein aufgepumpter Fußball mit einem Umfang von 70 cm?

Aufgabe 7: Überlassen Sie alles GeoGebra!

Anlässlich der Feierlichkeiten zur Veröffentlichung der zweiten Auflage dieses Buches legen Handwerker in meinem Garten eine neue, zehnseitige, selbstverständlich vergoldete Terrasse an (Abbildung 8.4). Bauen Sie die Zeichnung mit GeoGebra nach und lassen Sie sich die Gesamtfläche berechnen.

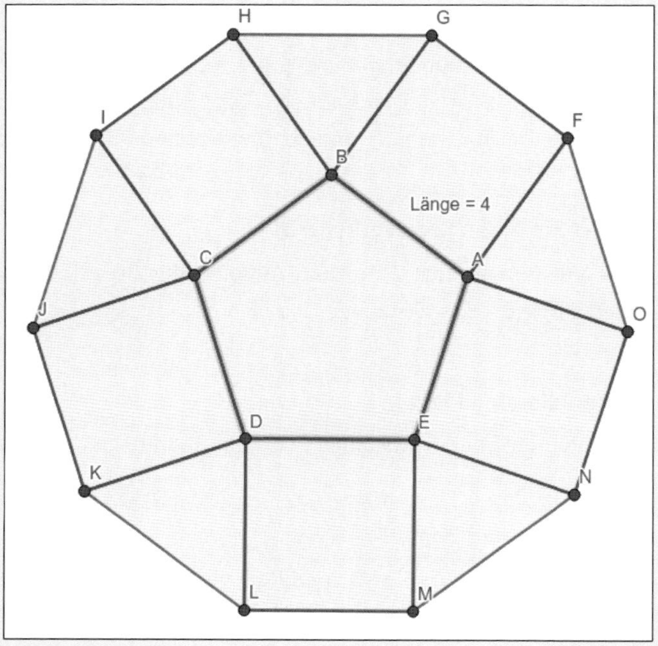

Abbildung 8.4 Die Seitenlänge des inneren Fünfecks der Terrasse beträgt 4 m. Die anderen Maße ergeben sich daraus.

8.5 Lösungen

Aufgabe 1

Gegeben sind die Seitenlängen der rechteckigen Grundfläche: $a = 4$ m, $b = 6$ m. Außerdem gegeben ist der Quadratmeterpreis $p = 3{,}50$ €/m^2.

Gesucht sind der Flächeninhalt A und die Gesamtkosten K.

Der Flächeninhalt eines Rechtecks ist das Produkt der beiden Seitenlängen, also:

$$A = a \cdot b = 4\,\text{m} \cdot 6\,\text{m} = 24\,\text{m}^2$$

Frau Rechenschieber muss also 24 m^2 Teppichboden kaufen.

Der Preis dafür beläuft sich auf $K = A \cdot p = 24 \cdot 3{,}5$ €$= 84$ €.

Aufgabe 2

Gegeben sind die Maße der Fahrbahn eines Kreisverkehrs mit Innenradius $r = 20$ m und Außenradius $R = 30$ m.

Gesucht ist die Fläche der Fahrbahn A.

Ansatz: Die gesuchte Fläche ist die Differenz aus der Fläche eines Kreises mit Radius R und des ungeteerten inneren Kreises mit Radius r, also:

$$A = \pi R^2 - \pi r^2 = \pi(R^2 - r^2) \approx 1571 \text{ m}^2$$

Es ist also eine Fläche von 1571 m^2 zu teeren.

Aufgabe 3

Das Volumen V einer Pizza mit Radius z und Dicke a ist nach der Formel für einen Zylinder:

$$V = \pi zza$$

Buon appetito!

Aufgabe 4

Gegeben sind für den Damm mit dreieckigem Querschnitt dessen Höhe $h = 10$ m und dessen Grundseitenbreite $b = 20$ m. Die Länge des Damms ist $l = 1000$ km.

Gesucht ist das Volumen des Damms V.

Geometrisch handelt es sich um ein in die Länge projiziertes Dreieck (ein Prisma). Dessen Rauminhalt ist das Produkt aus Länge und Querschnittsfläche. Letztere berechnet sich nach der Höhenformel für Dreiecke:

$$V = \frac{1}{2} \cdot 20 \cdot 10 \cdot 1\,000\,000 \text{ m}^3$$

Wie Sie sehen, habe ich bereits die in Kilometern angegebene Länge in Meter umgerechnet, sodass das Ergebnis in m^3 ergibt:

$$V = 100\,000\,000 \text{ m}^3 = 10^8 \text{ m}^3$$

Es werden für den Damm also 10^8 m^3 Erde benötigt.

Aufgabe 5

Gegeben sind aus Aufgabe 1 die Länge und Breite von Frau Rechenschiebers Wohnzimmer: $a = 4$ m, $b = 6$m. Ferner ist die Höhe $h = 3$ m.

6 m^2 Tapete kosten 7 Euro.

Gesucht sind die Fläche der seitlichen Wände W und die Kosten K.

Aufzuaddieren sind je zwei Wände mit gleicher Länge. Die Höhe ist bei allen h:

$$W = 2ha + 2hb = 2h \cdot (a + b) = 60\ \text{m}^2$$

Frau Rechenschieber benötigt also 60 m^2 Tapete. Die Kosten betragen:

$$K = 60\ \text{m}^2 \cdot \frac{7\ €}{6\ \text{m}^2} = 10 \cdot 7\ € = 70\ €$$

Sie sehen: Die Einheit Quadratmeter kürzt sich weg.

Also muss Frau Rechenschieber 10 Tapetenrollen für insgesamt 70 Euro kaufen.

Aufgabe 6

Der vorliegende Fußball hat einen Umfang von 70 cm. Gesucht ist das Volumen.

Sie kennen die Formel für das Volumen einer Kugel:

$$V = \frac{4}{3}\pi r^3$$

Allerdings ist der Radius r nicht gegeben. Sie müssen ihn aus dem Umfang berechnen. Der ist:

$$U = 2\pi r$$

Stellen Sie diese Formel nach r um:

$$r = \frac{U}{2\pi}$$

Setzen Sie sie in die Volumenformel ein:

$$V = \frac{4}{3}\pi\left(\frac{U}{2\pi}\right)^3 = \frac{4\ \pi\ U^3}{3 \cdot 8\pi^3} = \frac{U^3}{6\pi^2}$$

Tippen Sie das mit dem Zahlenwert von 70 cm in den Taschenrechner. Sie erhalten:

$$V \approx 5\ 792\ \text{cm}^3$$

Nun entspricht ja 1 Liter genau 1 000 cm^3, also ist das Luftvolumen:

$$V \approx 5{,}8\ \text{l}$$

Der Fußball enthält etwa 5,8 l Luft.

Aufgabe 7

Zeichnen Sie zunächst in GeoGebra das Fünfeck mit dem Werkzeug Regelmässiges Vieleck. Verwenden Sie das gleiche Werkzeug, um über zwei benachbarte Seiten je ein Quadrat zu erzeugen. Danach benutzen Sie das Vieleck-Werkzeug, um zwischen den beiden Quadraten ein Dreieck aufzuspannen. Den Rest der Terrasse müssen Sie nicht unbedingt nachbauen, da die je fünf Quadrate und Dreiecke ja alle gleich groß sind.

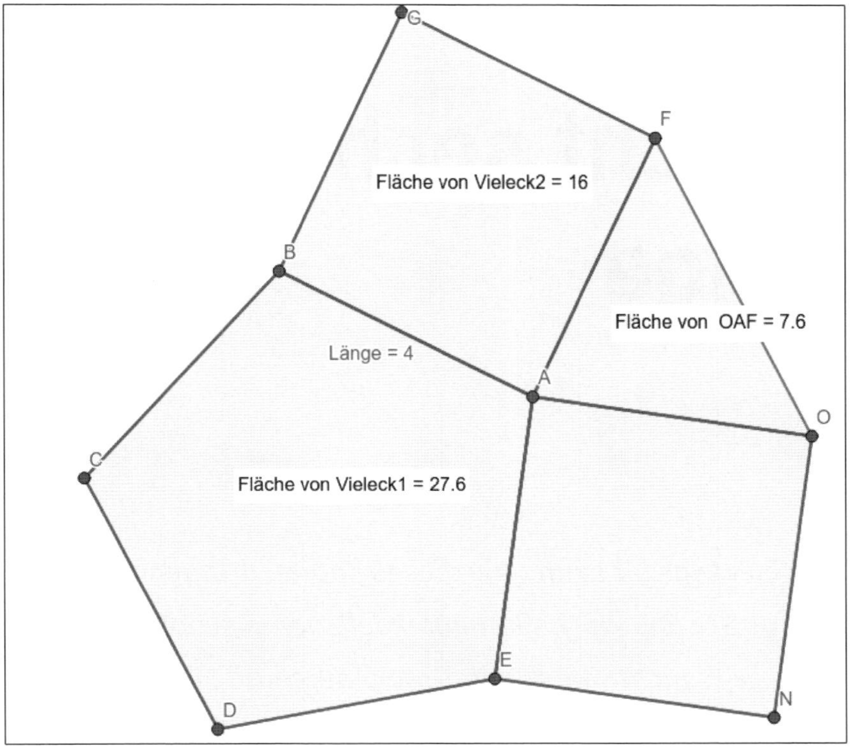

Abbildung 8.5 Aus den angezeigten Teilflächen können Sie die Gesamtfläche berechnen.

Somit ergibt die goldene Gesamtfläche in Quadratmetern 27,6 + 5 · (16 + 7,6) = 145,6.

Statt dieser kleinen Rechnung können Sie einfach alle fünf Quadrate einzeichnen und dann ein Zehneck um die äußeren Quadratpunkte ziehen. Auch dessen Flächeninhalt kann das Fläche-Werkzeug bestimmen – natürlich mit dem gleichen Resultat.

Kapitel 9

Vielleicht sechs Richtige

Lottospielen ist etwas für Leute, die dieses Kapitel dringend lesen sollten, egal ob sie das Wort »Binomialkoeffizient« schon mal gehört haben oder nicht. Die zugehörige Mathematik ist nicht intuitiv verständlich (im Gegensatz, sagen wir, zum Fall aus einem Fenster). Sonst würde niemand Lotto spielen, und Fußballwetten-Anbieter hätten ernsthafte Schwierigkeiten, Kunden zu finden.

9.1 Testen Sie sich selbst

Wo stehe ich?

Wenn Sie in einer Naturwissenschaft irgendeinen Wert messen – sagen wir, die Oberflächenschwerkraft von Proxima Centauri b – dann ist das nur die halbe Miete. Sie müssen gleichzeitig wissen, wie genau (oder ungenau) Ihre Messung ist.

Wer im Spiel Pech hat, glaubt intuitiv, dass er nur weiterspielen muss, um »logischerweise« irgendwann zum Ausgleich auch mal Glück zu haben. Wer Glück hat und gewinnt, fühlt sich bestätigt und versucht es gleich noch einmal. Deshalb macht Glücksspiel abhängig. Ob in Suchttherapie-Sitzungen gelegentlich mathematische Formeln vorkommen, entzieht sich meiner Kenntnis. Schauen Sie doch mal, ob Sie die folgenden kennen:

1. Das Forschungsraumschiff VOLTZ I hat den Orbit von Proxima Centauri b erreicht und setzt 10 Sonden ab, die die Erdbeschleunigung (oder besser: Proxima-Centauri-b-Beschleunigung) an der Oberfläche messen sollen. Sie liefern folgende Ergebnisse (alle in m/s^2):

   Tag 1:

   9,9 – 12,1 – 11,2 – 13,0 – 13,0 – 12,9 – 13,3 – 12,0 – 14,0 – 12,6

   Tag 2:

   13,4 – 13,9 – 14,6 – 11,3 – 10,4 – 12,0 – 9,8 – 11,8 – 13,8 – (Sonde Nr. 10 antwortet nicht mehr)

   Berechnen Sie den Mittelwert mit Taschenrechner oder Software Ihrer Wahl.

2. Ein Bundesliga-Spieler, dessen Namen wir diskret verschweigen, erreichte in den 17 Spielen der Hinrunde 2017/2018 folgende Noten in einem einschlägigen Fachmagazin:

   2,0; 3,0; 2,0; 3,0; 3,5; 3,0; 3,0; 2,0; 2,0; 3,0; 3,0; 3,0; 2,0; 2,5; 3,5; 2,5; 2,0

   Berechnen Sie den Mittelwert und die Standardabweichung.

3. Spielen Sie Monopoly?

   a) Wie hoch ist die Wahrscheinlichkeit, bei Monopoly (also mit zwei sechsseitigen Würfeln) als Augensumme eine Zwei zu werfen?

   b) Wie oft müssen Sie im Schnitt würfeln, um einen Pasch zu erreichen (also zwei gleiche Augenzahlen), der nötig ist, um das Gefängnis zu verlassen?

9.2 Statistik

Grundsätzlich dient die Statistik dazu, eine große Anzahl von Werten auf weniger und überschaubarere Werte zu reduzieren. Wenn Sie beispielsweise ein Land regieren müssen, können Sie nicht jeden einzelnen Bürger nach seiner Meinung zu einem wichtigen Thema fragen, sondern Sie führen eine Umfrage durch (oder eine Wahl). Dabei können alle möglichen Dinge schiefgehen: Beispielsweise könnten Sie über die Notwendigkeit einer neuen Umgehungsstraße versehentlich deutlich mehr Bahn- als Autofahrer befragen, und schon wäre Ihr Umfrageergebnis nicht repräsentativ.

Arithmetisches Mittel

Lassen Sie uns also zunächst weniger komplexe Merkmale statistisch erfassen, beispielsweise den in der ersten Selbsttest-Aufgabe erwähnten Planeten Proxima Centauri b beziehungsweise dessen Schwerkraft.

Gefragt war zunächst nach dem Mittelwert. Dieses *arithmetische Mittel* (*Durchschnitt* oder *empirischer Mittelwert*) ist immer die Summe aller Einzelwerte geteilt durch deren Anzahl:

$$\bar{x} = \frac{1}{n}\sum_{i=1}^{n} x_i$$

In dieser Formel stecken gleich mehrere erklärungsbedürftige Schreibweisen: Der arithmetische Mittelwert wird geschrieben als $\bar{x}$ (gelesen: »x quer«). Das große griechische Sigma steht für »Summe«, und zwar die Summe über die rechts davon stehenden Summanden, in diesem Fall die x_i. Diese wiederum sind n Einzelwerte x_i, wobei das tiefgestellte i der Index (die laufende Nummer) der Werte ist und von 1 bis n läuft. Tiefgestellte Indexnummern werden sehr oft verwendet, um mehrere verschiedene Werte gemeinsam zu betrachten. Die Messwerte eines Experiments können beispielsweise mit x_i bezeichnet werden, oder auch Würfelergebnisse. Der erste Wert ist x_1, der zweite x_2, der i-te x_i und der letzte x_n.

Das Summenzeichen bedeutet also:

$$\sum_{i=1}^{n} x_i = x_1 + x_2 + \cdots + x_n$$

Am besten nehmen Sie sich jetzt die in der Selbsttest-Aufgabe angegebenen Werte vor.

Beispiel: Arithmetisches Mittel

Da Sie guten Gewissens davon ausgehen können, dass sich die Gravitation des Planeten nicht ändert, können Sie die Messwerte von Tag 1 und Tag 2 in einen Topf werfen. Ein Wert fehlt, weil die zuständige Sonde den Geist aufgegeben hat, also gibt es 19 Messwerte. Deren Summe ergibt den Wert 235 m/s^2, dividiert durch 19 erhalten Sie 12,4.

Anstelle eines Taschenrechners können Sie eine Tabellenkalkulation verwenden. Geben Sie einfach alle Messwerte ein, und geben Sie dann in ein leeres Feld eine Formel ein (Abbildung 9.1).

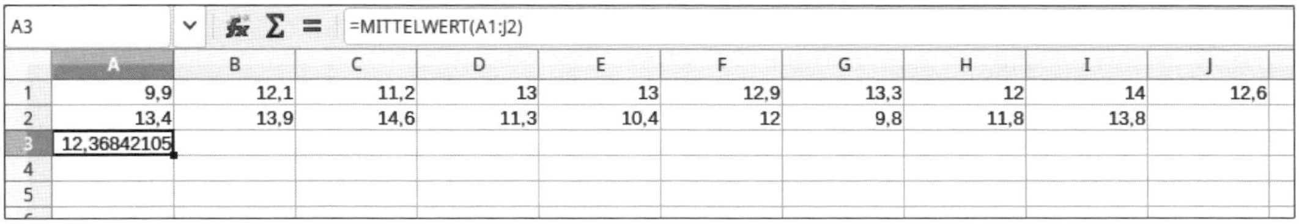

A3 | =MITTELWERT(A1:J2)

	A	B	C	D	E	F	G	H	I	J
1	9,9	12,1	11,2	13	13	12,9	13,3	12	14	12,6
2	13,4	13,9	14,6	11,3	10,4	12	9,8	11,8	13,8	
3	12,36842105									
4										
5										

Abbildung 9.1 Tippen Sie die Messwerte z. B. in LibreOffice Calc ein, schreiben Sie in eine leere Zelle »=Mittelwert(«, dann ziehen Sie mit der Maus ein Gummiband über die Messwerte. Drücken Sie dann Enter.

Der ausgeworfene Mittelwert hat natürlich viel zu viele Nachkommastellen, das sehen Sie sofort. Einigen wir uns zunächst auf einen Mittelwert von 12,4 m/s^2, also etwas mehr als unsere Erdbeschleunigung.

Sie können natürlich auch Sage zur Berechnung des Mittelwerts verpflichten. Packen Sie zunächst die 19 Messwerte in eine Array-Variable. Achten Sie darauf, dass Sie statt Dezimalkomma einen Dezimalpunkt eingeben müssen. Rufen Sie nun die Funktion `mean()` mit der definierten Variablen als Parameter auf.

```
sage: W=[9.9, 12.1, 11.2, 13, 13, 12.9, 13.3, 12, 14, 12.6, 13.4,
13.9, 14.6, 11.3, 10.4, 12, 9.8, 11.8, 13.8]
sage: mean(W)
12.3684210526316
```

Für den Fall, dass Sie manchen Sonden mehr vertrauen als anderen (einige sind vielleicht schon etwas angerostet), können Sie deren Messwerte höher gewichten. Dazu sollten Sie die Formel für ein *gewichtetes arithmetisches Mittel* kennen, in der zu jedem Messwert x_i ein Gewichtungsfaktor w_i gehört:

$$\bar{x} = \frac{\sum_{i=1}^{n} w_i \cdot x_i}{\sum_{i=1}^{n} w_i}$$

(Wie Sie sehen, kann man das Kleingedruckte auch neben statt über und unter das Sigma-Symbol schreiben, wenn man wenig Platz hat.)

Falls Sie die Gewichtungsfaktoren geschickt so wählen, dass sie die Summe 1 ergeben, entfällt der Nenner.

Nicht unerwähnt bleiben soll das *harmonische Mittel*, das schon der gute alte Pythagoras kannte:

$$\bar{x}_{\text{harm}} = \frac{n}{\sum \frac{1}{x_i}}$$

Der Übersicht halber lasse ich die Detailangaben am Summenzeichen weg, wenn sie selbsterklärend sind: Fast immer läuft i von 1 bis n.

Der Kehrwert des harmonischen Mittels ist übrigens das arithmetische Mittel der Kehrwerte:

$$\frac{1}{\bar{x}_{\text{harm}}} = \frac{\sum \frac{1}{x_i}}{n}$$

Geometrisches Mittel

Ein anderer Mittelwert ist das *geometrische Mittel*. Es ist nur für Werte größer als null definiert. Statt wie beim arithmetischen Mittel die Einzelwerte zu addieren und dann durch ihre Anzahl zu teilen, multiplizieren Sie alle Werte miteinander und ziehen die n-te Wurzel:

$$\bar{x}_{\text{geometrisch}} = \sqrt[n]{x_1 \cdot \mathrm{x}_2 \cdot \ldots \cdot x_n}$$

Beispielsweise kommt das geometrische Mittel in der Finanzwelt zum Einsatz, wenn verschiedene jährliche Zinsfaktoren gemittelt werden sollen.

»Geometrisch« heißt dieser Mittelwert, weil er aus einem Rechteck ein Quadrat macht. Das geometrische Mittel der beiden Seitenlängen a, b eines Rechtecks ist ja:

$$\bar{x}_{\text{geometrisch}} = \sqrt{ab}$$

Das Rechteck hat den gleichen Flächeninhalt $F = ab$ wie das Quadrat mit der Seitenlänge $\sqrt{ab}$:

$$F_{\blacksquare} = \sqrt{ab}\sqrt{ab} = ab$$

Analog entspricht das geometrische Mittel der drei Seitenlängen eines Quaders der Seitenlänge eines Würfels mit gleichem Rauminhalt.

Median

Ebenfalls kennen sollten Sie den *Median*. Der Median (oder *Zentralwert*) teilt die Messwerte eines Datensatzes in zwei Hälften, sodass die Werte der unteren Hälfte kleiner oder gleich dem Median sind und die der oberen größer oder gleich. Um den Medien einer Messreihe zu bestimmen, ordnen Sie die Messwerte aufsteigend. Ist die Anzahl der Messwerte ungerade, ist der Median der Wert, der in der Mitte steht, ansonsten der arithmetische Mittelwert der beiden Werte links und rechts der Mitte.

Beispiel: Der Median der Klausurnoten

In der letzten Matheklausur des Leistungskurses an der Albert-Einstein-Schule in Radevormwald haben die 11 Schüler folgende Noten erreicht:

1, 1, 2, 2, 2, 2, 3, 3, 4, 5, 6

Der Median ist die Note 2, der Wert genau in der Mitte. Wenn ein Datensatz nicht wie hier vorsortiert oder zu groß und unübersichtlich ist, können Sie natürlich Sage die Berechnung überlassen:

```
sage: W= [ 1, 1, 2, 2, 2, 2, 3, 3, 4, 5, 6 ]
sage: median(W)
2
```

Zum Vergleich: Das arithmetische Mittel dieser Zahlen ist ungefähr 2,8.

Der Median berücksichtigt im Gegensatz zum arithmetischen Mittel Ausreißer weniger, also einzelne, starke Abweichungen.

Deutlicher wird der Unterschied, wenn Sie sich die Jahresgehälter von 5 Autofahrern anschauen, die rein zufällig auf der Autobahn hintereinander im Stau stehen:

28 000 €, 32 000 €, 36 000 €, 42 000 €, 950 000 €

Der besonders genervte Porschefahrer ganz hinten ist möglicherweise Vorstandsvorsitzender einer größeren Firma. Einerlei: Das arithmetische Mittel der fünf Gehälter ist 217 600. Sie werden den meisten der fraglichen Autofahrer zustimmen, wenn die sagen: »Das ist jetzt aber nicht sehr repräsentativ.«

Der eine Ausreißer – der Vorstandsvorsitzende – verfälscht den Mittelwert deutlich nach oben. Anders beim Median, denn der beträgt 36 000. Er liegt sehr nah am arithmetischen Mittel der vier »Normalverdiener« (34 500).

Sie sehen: Der Median eignet sich gut, um eine gegenüber Ausreißern robuste Mittelwertschätzung zu erhalten.

Wie akkurat Ihre Mittelwerte sind, verraten diese allerdings nicht. Dafür benötigen Sie andere Größen.

Standardabweichung und Varianz

Wer einen Mittelwert angibt, sollte so ehrlich sein, auch über dessen Genauigkeit eine Aussage zu machen. Schauen Sie sich die Zahlen des Bundesligaspielers aus der zweiten Selbsttest-Aufgabe an:

Beispiel: Mittelwert und Standardabweichung

2,0; 3,0; 2,0; 3,0; 3,5; 3,0; 3,0; 2,0; 2,0; 3,0; 3,0; 3,0; 2,0; 2,5; 3,5; 2,5; 2,0

Diese 17 Schulnoten ergeben einen Durchschnitt von etwa 2,6. (Mehr Nachkommastellen anzugeben, ergibt bei Schulnoten wenig Sinn.) Sie sehen an den ursprünglichen Zahlen gewisse Leistungsschwankungen, aber nie eine 1,5 oder besser und auch nie eine 4,0 oder schlechter. Man könnte also sagen, dass die Leistung dieses Spielers relativ konstant ist. Das lässt sich auch in Zahlen ausdrücken, indem Sie die *Varianz der Stichprobe* (also der 14 vorliegenden Noten) berechnen. Dazu summieren Sie die Quadrate der Abweichungen vom Mittelwert und teilen durch die Anzahl der Messwerte minus eins. Die Summe der Abweichungen vom Mittelwert ergibt ein Maß für die Streuung, genannt *Varianz*:

$$v = \frac{1}{n-1} \sum_{i=1}^{n} (x_i - \bar{x})^2$$

Im Nenner steht $n - 1$statt n, um deutlich zu machen, dass es keinen Sinn ergibt, die Varianz von nur einem Messwert zu berechnen. Sie brauchen mindestens zwei, sonst steht im Nenner eine 0.

Leider hat die Varianz nicht dieselbe Maßeinheit wie die Ursprungswerte, sondern deren Quadrat. Die Varianz der Noten des fraglichen Fußballspielers hätte also die Einheit »Noten-Quadrat«, unter der nicht nur Sie sich nicht das geringste vorstellen können. Deshalb ist es hilfreich, die Wurzel aus der Varianz zu ziehen und das Resultat als sinnvolles Maß für die Streuung zu verwenden. Das ist dann die *empirische Standardabweichung*:

$$s = \sqrt{v} = \sqrt{\frac{1}{n-1} \sum_{i=1}^{n} (x_i - \bar{x})^2}$$

Geben Sie die Noten in Sage oder LibreOffice Calc ein.

In Sage ermitteln Sie Mittelwert, Standardabweichung und Varianz wie folgt:

```
sage: N=[2,3,2,3,3.5,3,3,2,2,3,3,3,2,2.5,3.5,2.5,2]
sage: mean(N)
2.64705882352941
sage: std(N)
0.552401175617440
sage: variance(N)
0.305147058823529
```

Für die Varianz verwenden Sie in Calc `VARIANZ()`, für die Standardabweichung `STABW()`.

Die Standardabweichung der obigen Spieltagsnoten ergibt also gerundet auf die erste Nachkommastelle 0,6. Das ist ein Wert, der Ihnen (und Vereinen, die am Kauf des Spielers interessiert sind) ein gutes Gefühl für seine Konstanz gibt. Sie können diesen Wert auch prozentual angeben, indem Sie durch den Mittelwert teilen: Dann liegt die (einheitenlose) *relative Standardabweichung* bei 20 %.

Sie können die Standardabweichung als Maß für die Streuung bei einer Messung oder für die Ungenauigkeit einer Größenangabe verwenden. Zum Beispiel ist die Stärke des fraglichen Spielers über die betrachteten Spiele gemittelt $Q_{\text{Spieler}} = 2{,}6 \pm 0{,}6$. Gleichzeitig zeigt Ihnen diese Genauigkeitsangabe, wie viele signifikante Stellen Sie sinnvollerweise angeben können. Bei einer Unsicherheit von 0,6 wären weitere Stellen hinter dem Komma uninteressant und damit verschwendete Druckerschwärze – genau wie mehr als eine signifikante Stelle in der Standardabweichung. Es ist aus dem gleichen Grund selten sinnvoll, die Ungenauigkeit selbst auf mehrere Stellen genau anzugeben: Es ist egal, ob der Wert zwischen 2 und 3,2 schwankt (2,6 ± 0,6) oder zwischen 2,001 und 3,199 (z. B. 2,6 ± 0,599).

Eine alternative Schreibweise für eine Ungenauigkeitsangabe ist übrigens eine Klammer hinter der fraglichen Stelle, also: $Q_{\text{Spieler}} = 2{,}6(6)$.

Je niedriger eine Standardabweichung ist, umso eindeutiger festgelegt, umso *deterministischer* ist das gemessene Phänomen. Wenn beispielsweise elf Personen die Länge eines Fußballplatzes mit der Länge ihrer Schritte zu bestimmen versuchen, werden Sie eine deutlich höhere Standardabweichung erhalten, als wenn Sie mehrmals mit einem Laser-Messgerät die Länge Ihres Schreibtisches ermitteln.

Der Extremfall ist eine völlig zufällige Streuung.

Beispiel: Streuung von Würfeln

Wenn Sie sehr oft sechsseitige Würfel werfen, ist der Mittelwert ziemlich genau 3,5 (genauer gehe ich im nächsten Abschnitt darauf ein). Die Standardabweichung wäre dann beispielsweise:

$$s = \sqrt{\frac{1}{5}\left((1-3{,}5)^2 + (2-3{,}5)^2 + \cdots + (5-3{,}5)^2 + (6-3{,}5)^2\right)} \approx 1{,}9$$

Das sind fast zwei Augen! Prozentual bedeutet das eine Standardabweichung von satten 53 % der Augenzahl. Natürlich handelt es sich hier um einen idealen Würfel und letztlich um ein Gedankenexperiment. In der empirischen Wissenschaft bekommen Sie es hingegen mit realen Messwerten zu tun. Wenn deren relative Standardabweichung so hoch ist wie bei den Würfeln, dann meistens, weil ein angenommener Zusammenhang überhaupt nicht existiert. Zum Beispiel beim Versuch, verdeckte Wassergläser mit einer Wünschelrute aufzufinden.

Normalverteilung

Messungen physikalischer Größen folgen hingegen eher einer *Normalverteilung*. Streuende Werte liegen dann häufig in der Nähe des tatsächlichen Betrags und seltener in einem größeren Abstand.

Nach einigen Wochen im Orbit um den Planeten Proxima Centauri b hat unser Forschungsraumschiff nicht weniger als 333 Messwerte für die Schwerkraft ermittelt. Wir drucken sie hier nicht ab, sondern zeigen nur, wie sie sich verteilen.

Dazu legt der Wissenschaftsoffizier neun *bins* (Eimer) fest. Die Eimer erhalten aufeinanderfolgende Minimal- und Maximalwerte. Dann zählt der Wissenschaftsoffizier, wie viele Messwerte in welchen Eimer gefallen sind, und zeichnet ein *Histogramm* (Abbildung 9.2).

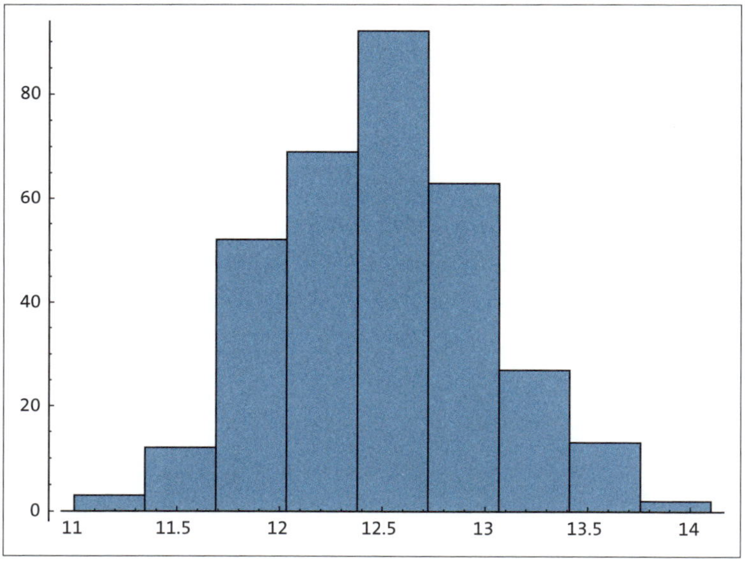

Abbildung 9.2 Das mit Sage geplottete Histogramm der Erdbeschleunigungsmesswerte von Proxima Centauri b zeigt eine typische Glockenkurve.

Das Histogramm zeigt beispielsweise, dass 85 Messwerte zwischen 12,4 und 12,7 m/s^2 liegen, das ergibt den höchsten Balken. Die wenigsten Messwerte (3) liegen zwischen 13,75 und 14,1 (Balken ganz rechts).

Gut möglich, dass auf dem Bordcomputer der VOLTZ I die Software Sage installiert ist. Damit gelingt dieser Plot besonders einfach:

```
G=[12.5, 12.5, 11.7, ...]
histogram(G)
```

Die erkennbare *Glockenkurve* ist typisch für Histogramme über stetige Variable, also die meisten physikalischen Messwerte. Mathematisch haben wir es mit einer gaußschen Glockenkurve zu tun, deren Dichtefunktion folgende Darstellung hat:

$$f(x) = \frac{1}{\sqrt{2\pi\sigma^2}} \cdot e^{-\frac{(x-\bar{x})^2}{2\sigma^2}}$$

Dabei ist $\bar{x}$ der Mittel- oder Erwartungswert und σ (Sigma) die Standardabweichung.

Die Normalverteilung setzt die Häufigkeit von Messwerten mit ihrer Entfernung vom Erwartungswert in Beziehung. Im Detail rechne ich Ihnen das hier nicht vor, aber Folgendes sollten Sie wissen:

- Etwa 68 % aller Messwerte liegen maximal eine Standardabweichung vom Erwartungswert entfernt.
- Nicht weniger als 95 % aller Messwerte liegen maximal zwei Standardabweichungen vom Erwartungswert entfernt.
- Sogar 99,7 % der Messwerte liegen maximal drei Standardabweichungen entfernt.

Somit bildet die Standardabweichung ein gutes Maß für die Mess(un)genauigkeit.

Carl Friedrich Gauß

Der deutsche Wissenschaftler Johann Carl Friedrich Gauß lebte von 1777 bis 1855. Gauß betätigte sich erfolgreich in der Statistik, Analysis, Geometrie, Astronomie, Physik und – der Vermessung des Königreichs Hannover.

Abbildung 9.3 Gauß auf einem Gemälde von Gottlieb Biermann (gemeinfrei, Quelle: Wikimedia)

Wegen der großen Anzahl seiner Entdeckungen und Lösungen kann Gauß ohne Übertreibung als einer der größten Wissenschaftler aller Zeiten gelten.

Außerdem machte er ein Vermögen mit Eisenbahnaktien.

9.3 Wahrscheinlichkeit

Aufgabe der Wahrscheinlichkeitsrechnung (*Stochastik*) ist es, bestimmten Ereignissen gewisse Wahrscheinlichkeiten zuzuordnen, also das Verhältnis zwischen der Häufigkeit eines bestimmten Ereignisses und deren Gesamtanzahl. Der Würfelwurf zählt dabei zu den sogenannten *Laplace-Experimenten*, bei denen jedes einzelne Ergebnis des *Ergebnisraums* $\Omega = \{1, 2, 3, 4, 5, 6\}$ gleich wahrscheinlich ist. Die Wahrscheinlichkeit, mit einem Würfel eine bestimmte Zahl zu werfen, ist also unabhängig von der gewählten Zahl $P = \frac{1}{6}$. Die Wahrscheinlichkeit für die anderen Zahlen ist $P = \frac{5}{6}$, und die Summe der Wahrscheinlichkeiten aller möglichen Ergebnisse ist immer $P = 1$. Demzufolge ist eine Wahrscheinlichkeit immer eine einheitenlose Zahl zwischen 0 und 1. Gerne wird sie daher prozentual angegeben, also mit Werten zwischen 0 % und 100 %.

Aufpassen müssen Sie bei umgangssprachlichen Angaben wie »1 zu 5«, womit manchmal 1 erfreuliches versus 5 unerfreuliche Ergebnisse gemeint ist (also insgesamt 6) – anders als mit »1 von 6«, wo klar von 6 verschiedenen möglichen Ausgängen die Rede ist.

Addition und Produkt

Wenn zwei Ereignisse *unvereinbar* sind, also nicht gleichzeitig eintreten können (z. B. eine 1 und eine 2 gleichzeitig mit einem Würfel werfen), so sind deren Ergebnismengen *disjunkt*, die Schnittmenge also leer: $A \cap B = \emptyset$. Wie schon oben implizit unterstellt, ist dann die Wahrscheinlichkeit für das Eintreten des eines oder anderen Ereignisses die Summe der Einzelwahrscheinlichkeiten, also:

$$P(A \cup B) = P(A) + P(B)$$

Verallgemeinert können A und B auch Mengen von Ergebnissen sein. Sind diese nicht disjunkt, müssen Sie für die Wahrscheinlichkeit einer Oder-Verknüpfung die Wahrscheinlichkeit der Schnittmenge abziehen:

$$P(A \cup B) = P(A) + P(B) - P(A \cap B)$$

Ein Beispiel dafür wäre ein Würfelexperiment wie dieses:

Wie wahrscheinlich ist es, dass eine ungerade Zahl oder eine Zahl unter 4 gewürfelt wird?

Die Ereignisse sind in diesem Spiel $A = \{1, 3, 5\}$, $B = \{1, 2, 3\}$. Da beide die *Mächtigkeit* 3 haben, ist $P(A) = P(B) = \frac{3}{6} = \frac{1}{2}$. Die Schnittmenge ist $A \cap B = \{1, 3\}$, demzufolge ist $P(A \cup B) = \frac{1}{2} + \frac{1}{2} - \frac{1}{3} = \frac{2}{3}$.

Eine Und-Verknüpfung von zwei unabhängigen Ereignissen entspricht einer Multiplikation von Wahrscheinlichkeiten.

Beispiel: In Monopoly zwei Augen würfeln

Jetzt können Sie den ersten Teil der Selbsttest-Aufgabe zu Monopoly beantworten: Die Wahrscheinlichkeit, mit zwei Würfeln zwei Einser zu erzielen, ist $P = \frac{1}{6} \cdot \frac{1}{6} = \frac{1}{36}$.

Laplace-Experimente

Angenommen, Sie gewinnen ein Würfelspiel immer dann, wenn Sie eine ungerade Zahl werfen. Dann ist $A = \{1, 3, 5\}$ jene Teilmenge des Ereignisraums, die Sie zum Sieger macht. Die Wahrscheinlichkeit für einen Sieg ist dabei die Anzahl der günstigen Ergebnisse geteilt durch deren Gesamtanzahl, in diesem Fall also $P(A) = \frac{3}{6} = 0{,}5$.

Wenn Sie mit zwei oder mehr Würfeln spielen, gibt es insgesamt 36 verschiedene Ereignisse. Davon ergeben einige aber gleiche Summen. Geht es also um die gewürfelte Gesamtaugenzahl, liegt kein Laplace-Experiment mehr vor, da nicht alle Ergebnisse aus dem Ergebnisraum gleich wahrscheinlich sind.

Hingegen ist es sehr wohl ein Laplace-Experiment, Ereignisse wie die folgenden zu betrachten:

Beispiele für Ereignisse in einem Laplace-Experiment

- *Beide Würfel zeigen die gleiche Augenzahl (»Pasch«).* Genau 6 der insgesamt möglichen 36 Ereignisse (1 und 1, 2 und 2 usw.) ergeben einen Pasch, die Wahrscheinlichkeit ist also $P_{\text{Pasch}} = \frac{6}{36} = \frac{1}{6}$. Das Gefängnis in Monopoly verlassen zu können, ist also (bei einem Wurf) genauso wahrscheinlich, wie bei »Mensch ärgere dich nicht« eine 6 zu werfen, sich also zum erneuten Würfeln zu qualifizieren.
- *Mindestens ein Würfel zeigt eine 6.* Wenn Sie die 36 möglichen Ereignisse aufschreiben und nachzählen, kommen Sie auf 11 Fälle, in denen mindestens ein Würfel eine 6 zeigt. Oder Sie rechnen nach: In 6 Fällen zeigt der erste Würfel eine 6, dann ist der andere egal. Hinzu kommen 5 Fälle, in denen Würfel Nummer zwei 6 Augen zeigt. Der Fall der Doppel-6 ist bereits in den ersten 6 enthalten. Macht also insgesamt 11.
- *Sie würfeln eine Summe von 2 oder mehr.* Nein, das ist keine Fangfrage. Tatsächlich erfüllt jedes der 36 möglichen Ergebnisse diese Forderung. Die Wahrscheinlichkeit ist also $\frac{36}{36}$ oder 100 %. Man nennt dergleichen auch ein *sicheres Ereignis*. Umgekehrt wäre die Forderung, eine Summe von 1 zu werfen, ein *unmögliches Ereignis* mit einer Wahrscheinlichkeit von 0 %.
- *Sie setzen beim Roulette immer auf Rot.* Beim Roulette gibt es 37 gleich wahrscheinliche Ereignisse, der Ergebnisraum ist {0, 1, 2, ... 36}. Von den 37 Zahlen sind 18 rot und 18 schwarz, die 0 ist grün. Die erfolgreiche Teilmenge des Ergebnisraums ist die Menge der

roten Zahlen auf dem Roulettetisch: {1, 3, 5, 7, 9, 12, 14, 16, 18, 19, 21, 23, 25, 27, 30, 32, 34, 36}. Die Wahrscheinlichkeit für eine rote Zahl ist also $\frac{18}{37} \approx 49$ %, ebenso wie für eine schwarze. Zu knapp 3 % fallen die Kugeln in die 0, und die Bank gewinnt. Auch wenn Sie bei jedem Sieg das Doppelte des Einsatzes zurückerhalten, verlieren Sie auf lange Sicht immer Geld, selbst wenn Sie auf die geniale Idee kommen, immer gleich viel auf Rot und Schwarz zu setzen. Aber das Casino muss ja auch von irgendwas leben, nicht wahr?

Würfel haben keine Erinnerung: Poisson-Verteilungen

Eingangs wies ich auf die gefährliche und nicht gut funktionierende menschliche Intuition in Bezug auf Wahrscheinlichkeiten hin. Wenn beim Roulette die Kugel mehrmals hintereinander rote Zahlen ergibt, dann erscheint es intuitiv logisch, dass danach sicher endlich mal wieder eine schwarze kommt. Allerdings hat das Roulette kein Gedächtnis, genauso wenig wie ein Würfel, eine Münze oder die Lottokugeln. Denen ist es so was von egal, was in der letzten Runde passiert ist. Die Wahrscheinlichkeit für eine 6 ist beim Würfel bei jedem Wurf $\frac{1}{6}$, selbst wenn vorher z. B. schon dreimal hintereinander eine 6 geworfen wurde.

Dahinter steckt das *empirische Gesetz der großen Zahlen*. Es besagt, dass sich die relativen Häufigkeiten für Ereignisse für sehr viele Wiederholungen stabilisieren, also der theoretischen Wahrscheinlichkeit annähern. Die absoluten Häufigkeiten hingegen tun das nicht, sie können jederzeit fluktuieren.

Bei einer kleinen Anzahl von Spielen gilt wiederum das *Gesetz der kleinen Zahlen*. Es ist anwendbar, wenn n voneinander unabhängige Spielrunden mit jeweils n möglichen Ergebnissen ausgeführt werden. Ein einfaches Beispiel: Sie würfeln sechsmal mit einem normalen Würfel. Dann werden Sie wohl kaum jede der sechs möglichen Augenzahlen genau einmal würfeln. Vielmehr werden Sie ungefähr zwei Zahlen (also ein Drittel der sechs Möglichkeiten) überhaupt nicht würfeln, zwei weitere einmal und eine weitere zweimal. Nur zwei Drittel der möglichen Ergebnisse erscheinen also, daher heißt das Gesetz auch *Zwei-Drittel-Gesetz*. Natürlich funktioniert das nicht immer, aber wenn Sie mehrfach solche 6er-Runden spielen, geht die Tendenz klar in diese Richtung.

Dahinter steckt die *Poisson-Verteilung*. Sie beschreibt die Häufigkeit der verschiedenen möglichen Ereignisse entsprechend folgender Formel:

$$P(n) = \frac{t^n}{n!} e^{-t}$$

Dabei ist t die mittlere Anzahl der Ereignisse (z. B. pro Zeiteinheit oder Spielrunde) und n die Anzahl der verschiedenen Ereignisse. Der Ausdruck $n!$ steht für *Fakultät* und ist eine Abkürzung für das Produkt der natürlichen Zahlen von 1 bis n: $n! = 1 \cdot 2 \cdot ... \cdot n$.

Eine Poisson-Verteilung liegt vor, wenn

a) es pro Zeiteinheit oder Spielrunde höchstens ein Ereignis gibt,
b) die Wahrscheinlichkeit, ein Ereignis in dieser Zeiteinheit zu finden, proportional zu deren Länge ist (bei Spielrunden ist das immer der Fall),
c) das Eintreten eines Ereignisses nicht durch vorherige Ereignisse beeinflusst wird.

Beispiel: Tore für Poisson

Ein tolles, anschauliches Beispiel dafür sind Fußballspiele. Eine Spielrunde entspricht einem Spiel, und die möglichen Ereignisse sind die Anzahl insgesamt gefallener Tore. Statistiker haben die durchschnittliche Anzahl Tore pro Spiel aus zig Jahren Fußball-Bundesliga ermittelt: Es sind etwa 3. Zeichnet man die Poisson-Verteilung für Spiele mit $n = 0, 1, 2, 3, 4, \ldots$ Toren, ergibt sich ein Bild, das der Realität tatsächlich ziemlich nahekommt (Abbildung 9.4).

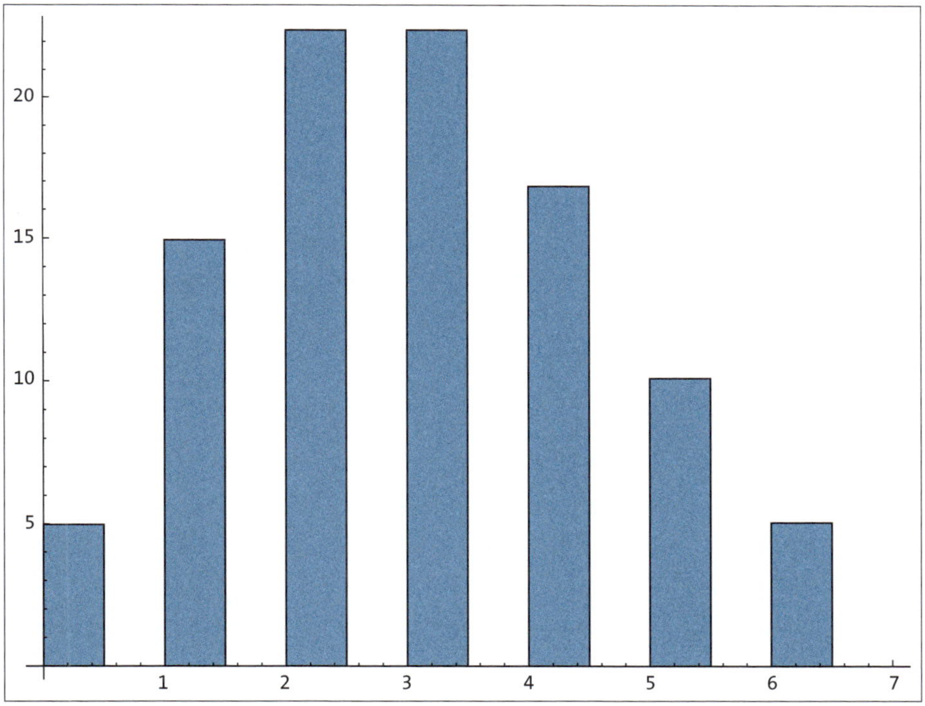

Abbildung 9.4 Die Poisson-Verteilung für einen Toredurchschnitt von 3 zeigt, wie häufig Spiele mit 0, 1, 2 usw. Toren vorkommen. Die vertikale Achse zeigt die prozentuale Häufigkeit von Spielen mit der entsprechenden Anzahl Tore. Der Sage-Befehl für diesen Plot lautet: bar_chart([100*(3^n)/factorial(n)*exp(-3).n() for n in range(0,7)], ymin=0)

In der Tat ist Fußball ziemlich zufallsabhängig. Bei vielen Schüssen ist es Glücksache, ob der Ball im Tor landet oder nicht. Da die Anzahl ernsthafter Schüsse in den meisten Spielen größenordnungsmäßig nicht über 10 hinauskommt, ist die Zufallsabhängigkeit des Endergebnisses relativ hoch. Anders sieht es bei Spielen wie Handball aus: Dort fallen mehr Tore, und die Erfolgsquote bei Würfen ist höher. Deshalb ist der Zufallseinfluss beim Handball geringer als beim Fußball – und, so darf man vermuten, die Anziehungskraft auf die Zuschauer geringer. Denn wenn ein Außenseiter nicht die geringste Siegchance hat, ist der Reiz für einen Teil der Beobachter gering.

Permutationen

Oft kommt es in Spielen auf eine Reihenfolge von Zufallsereignissen an. Wie wahrscheinlich ist es, dass Sie bei fünf Münzwürfen hintereinander die Zahl werfen? Wie viele verschiedene Reihenfolgen von Kopf und Zahl (oder anderen Zufallsereignissen) gibt es überhaupt?

Allgemeiner lässt sich die Frage so stellen: Auf wie viele verschiedene Arten können die Zahlen von 1 bis n angeordnet sein? Wie viele *Permutationen* einer Menge mit n Elementen gibt es?

Beispiel: Permutationen mit Spielkarten

Um das herauszufinden, nehmen Sie zunächst zwei beliebige Spielkarten zur Hand, beispielsweise einen König und eine Dame. Offensichtlich können Sie diese auf zwei verschiedene Weisen anordnen:

König – Dame

Dame – König

Also ist die Anzahl der Permutationen für eine Menge mit 2 Elementen gleich 2.

Fügen Sie jetzt ein Ass als dritte Karte hinzu. Sie können das Ass an drei Positionen legen: Vor die Dame, zwischen die beiden oder hinter den König. Die Anzahl der Permutationen steigt um einen Faktor 3, ist also $3 \cdot 2 = 6$.

Das Spielchen können Sie beliebig erweitern. Das Resultat für n Elemente ist das Produkt der Zahlen von 1 bis n, also $n!$, sprich: *n Fakultät*:

$$n \cdot (n-1) \cdot (n-2) \cdot \cdots \cdot 1 = n!$$

Beispiel: Binäres Spiel mit Münzen – »Kopf oder Zahl«

Zurück zu den Münzen. Beim Münzwurf handelt es sich um ein »binäres« Spiel, also mit zwei möglichen Ergebnissen. Wiederholen Sie das Spiel n -mal (immer mit der gleichen, fairen Münze), und notieren Sie jeweils das Ergebnis (bei einer deutschen Euro-Münze: Adler oder Zahl), so erhalten Sie eine bestimmte Adler-Zahl-Abfolge der Länge n. Zum Beispiel:

Adler, Zahl, Zahl, Adler, Zahl, Zahl, Adler, Adler

Wenn k die Anzahl der Adler-Würfe ist, dann gibt es $\frac{n!}{k!(n-k)!}$ Abfolgen. Für diesen etwas unhandlichen Ausdruck haben sich der Name *Binomialkoeffizient* und die abgekürzte Schreibweise $\binom{n}{k}$ etabliert, gesprochen: »n über k«. Der Binomialkoeffizient gibt an, wie viele Teilmengen mit k Elementen aus einer Grundmenge mit n Elementen gebildet werden können.

Binomialkoeffizienten können Sie in Pyramidenform anordnen, wobei n jeweils die bei 0 beginnende Zeilennummer ist und k die Spaltennummer. Das hilft dabei, sich einige Rechenregeln vor Augen zu führen.

$$\binom{0}{0}$$
$$\binom{1}{0}\binom{1}{1}$$
$$\binom{2}{0}\binom{2}{1}\binom{2}{2}$$
$$\binom{3}{0}\binom{3}{1}\binom{3}{2}\binom{3}{3}$$

So angeordnet ergibt jeder der Binomialkoeffizienten genau die Anzahl der möglichen Wege, um ihn von der Spitze der Pyramide aus zu erreichen. Diese Zahlen, erneut als Pyramide angeordnet, ergeben wiederum das *pascalsche Dreieck*, in dem jede Zahl die Summe der beiden darüberliegenden ist:

```
                1
            1       1
        1       2       1
    1       3       3       1
  1     4       6       4     1
1   5      10      10      5    1
```

Die Summenregel des pascalschen Dreiecks liest sich geschrieben mit Binomialkoeffizienten so:

$$\binom{n-1}{k-1}+\binom{n-1}{k}=\binom{n}{k}$$

Da das pascalsche Dreieck symmetrisch zur vertikalen Achse ist, gilt für Binomialkoeffizienten ebenfalls ein Symmetriesatz:

$$\binom{n}{k} = \binom{n}{n-k}$$

Die Wahrscheinlichkeit für k Erfolge in n Münzwurf-Versuchen ist dann $P = \binom{n}{k}\left(\frac{1}{2}\right)^n$. Das ist ein Spezialfall der folgenden Gleichung, in der es zwei unterschiedlich große Wahrscheinlichkeiten p und q für die beiden Ereignisse gibt:

$$P = \binom{n}{k} p^n q^{n-k}$$

Damit lassen sich jetzt die Eingangsfragen beantworten:

In 5 Münzwürfen 5 Erfolge zu erzielen, heißt, dass $n = k = 5$. Rechnerisch ist also die Wahrscheinlichkeit: $P = \binom{5}{5}\left(\frac{1}{2}\right)^5 = \left(\frac{1}{2}\right)^5 = \frac{1}{32} \approx 3\ \%$. In diesem Fall ist der Binomialkoeffizient 1, das Ergebnis ist dasselbe wie für 5 gleichzeitig geworfene Münzen. Denn wenn alle sowie dieselbe Seite zeigen, ist die Reihenfolge irrelevant. Für 3 Erfolge in 5 Würfen ist die Wahrscheinlichkeit beispielsweise:

$$P = \binom{5}{3}\left(\frac{1}{2}\right)^5 = 10 \cdot \frac{1}{32} = 31{,}25\ \%$$

Den Binomialkoeffizienten 10 können Sie im pascalschen Dreieck ablesen: Es ist die vierte (3 + 1) Zahl in der sechsten (5 + 1) Zeile.

Noch viel mehr Wissenswertes über Statistik und Stochastik finden Sie übrigens im Rheinwerk-Buch »Fit fürs Studium – Statistik«.

9.4 Entspannungsübungen

Aufgabe 1: Für Lottospieler

Berechnen Sie den Mittelwert, die Varianz und die Standardabweichung (absolut und prozentual) der Lottozahlen vom letzten Samstag. Falls Sie die nicht zur Hand haben, nehmen Sie einfach diese: 38, 8, 20, 12, 32, 22

Aufgabe 2: Für Bahnfahrer

Berechnen Sie Mittelwert und Standardabweichung (absolut und prozentual) für zwei Wochen für die tägliche Verspätung Ihrer S-Bahn. Falls Sie aus irgendeinem Grund nicht S-Bahn fahren, nehmen Sie einfach diese Zahlen (für 10 Arbeitstage): 0, 2, 5, 7, 5, 0, 15, 6, 2, 0

Aufgabe 3: Für Raumfahrer

Auf Ihrer Reise durch den Kosmos treffen Sie auf viele Sonnen und Planeten. Sieben Prozent aller Sterne, die Sie besuchen, besitzen Planeten. Allerdings finden Sie nur in zwei von fünf Systemen erdähnliche Planeten. Wie hoch ist die Wahrscheinlichkeit, dass Sie im nächsten System, das Sie besuchen, einen solchen finden?

9.5 Lösungen

Aufgabe 1

Gegeben sind sechs Einzelwerte, nämlich die folgenden Lottozahlen: 38, 8, 20, 12, 32, 22.

Gesucht sind Mittelwert, Varianz und Standardabweichung.

Sie können das arithmetische Mittel schriftlich berechnen:

$$\bar{x} = \frac{1}{6}(38 + 8 + 20 + 12 + 32 + 22) = \frac{132}{6} = 22$$

Sie können zur Berechnung dieser Werte auch den Taschenrechner, eine Tabellenkalkulation oder Sage verwenden. Letzteres sieht wie folgt aus:

```
sage: L=[38,8,20,12,32,22]
sage: float(mean(L))
22.0
sage: float(std(L))
11.454256850621082
sage: float(variance(L))
131.2
```

Die prozentuale Standardabweichung ist der Quotient aus Standardabweichung und Mittelwert, geschrieben als Prozentwert:

$$s\,\% = \frac{11{,}45}{22} \approx 52\,\%$$

Dieser hohe Wert legt den Verdacht nahe, dass die Lottozahlen rein zufällig, also gleichverteilt sind.

Aufgabe 2

Gegeben sind die Verspätungen der S-Bahn für 10 Arbeitstage: 0, 2, 5, 7, 5, 0, 15, 6, 2, 0.

Gesucht sind Mittelwert und Standardabweichung (absolut und prozentual).

Sage ermittelt die folgenden Werte:

```
sage: V=[0, 2, 5, 7, 5, 0, 15, 6, 2, 0]
sage: float(mean(V))
4.2
sage: float(std(V))
4.61398839279954
sage: float(std(V)/mean(V))
1.0985686649522715
```

Der letzte Wert verrät die relative prozentuale Standardabweichung, sie liegt bei etwa 10 %.

Aufgabe 3

Gegeben sind die Wahrscheinlichkeiten von zwei unabhängigen Ereignissen: dem Auffinden eines Sternsystems mit Planeten $p_1 = 7\%$ und dem Auffinden eines erdähnlichen Planeten in einem System mit $p_2 = \frac{2}{5}$.

Gesucht ist die Wahrscheinlichkeit, im nächsten System einen erdähnlichen Planeten vorzufinden.

Eine Und-Verknüpfung von zwei unabhängigen Ereignissen entspricht einer Multiplikation von Wahrscheinlichkeiten:

$$p = p_1 \cdot p_2 = 7\% \cdot \frac{2}{5} = 0{,}07 \cdot 0{,}4 = 0{,}028 = 2{,}8\%$$

Die Wahrscheinlichkeit, im nächsten besuchten System einen erdähnlichen Planeten vorzufinden, ist also 2,8 %.

Kapitel 10

Herrn Booles Algebra

Keine moderne Naturwissenschaft funktioniert ohne Computer. Und kein Computer funktioniert ohne Bits. Ja, nein, wahr, falsch, eins, null, Strom, kein Strom. Aus diesen simplen Zutaten brauen wir die digitale Algebra.

10.1 Testen Sie sich selbst

Wo stehe ich?

Wem die unendlich reellen Zahlen einfach zu viele sind, der kann ja mal versuchen, sich auf zwei zu beschränken: auf die 0 und die 1. Damit rechnet so ziemlich jede Elektronik, und jeder Computer verlässt sich letztlich auf die Algebra von Mr. George Boole aus dem 19. Jahrhundert.

Kommen Sie mit Aussagenlogik klar?

1. Wahr oder falsch?
   a) Die Nummer dieses Kapitels ist durch zwei teilbar und zweistellig.
   b) Die Nummer dieses Kapitels ist ungerade oder nicht kleiner als sieben.
2. Rechnen Sie um:
   a) die Zahl 102 ins Binärsystem
   b) die Zahl 100101 aus dem Binär- ins Dezimalsystem

10.2 Aussagenlogik

Boolesche Algebra verknüpft logische Wahrheitswerte mit drei grundlegenden Operatoren: Konjunktion, Disjunktion, Negation. Da nur zwei Elemente (0 und 1) zur Verfügung stehen, lassen sich alle denkbaren Aufgaben und Lösungen komplett hinschreiben. Solche Tabellen dienen als Definition für die Operatoren der booleschen Algebra.

Und und oder nicht

Die *Konjunktion* verknüpft zwei Wahrheitswerte *a* und *b*. Das Resultat $a \wedge b$ ist genau dann 1, wenn *a und b* beide wahr sind.

a	b	$a \wedge b$
0	0	0
1	0	0
0	1	0
1	1	1

Die Disjunktion verknüpft ebenfalls zwei Wahrheitswerte a und b. Das Resultat $a \vee b$ ist genau dann 1, wenn mindestens einer der beiden Wahrheitswerte 1 ist, also *a oder b*.

Beachten Sie hier unbedingt den Unterschied zur Umgangssprache, wo »oder« oft implizit ausschließend gemeint ist. Eine Frage wie »Schalke oder Borussia?« wird selten mit »beide« beantwortet.

a	b	$a \vee b$
0	0	0
1	0	1
0	1	1
1	1	1

Die dritte und letzte Operation der booleschen Algebra ist *unär*, hat also nur einen Operanden. Es handelt sich um die *Negation*, die einen Wahrheitswert invertiert. Für »nicht a« schreibt man $\neg a$ oder $\bar{a}$ (gelesen: »a quer«), in vielen Programmiersprachen heißt es `!a`.

a	$\neg a$
0	1
1	0

Beispiel: Und und oder

Jetzt können Sie die Fragen aus den Selbsttests leicht beantworten.

a) Die Nummer dieses Kapitels (10) ist durch zwei teilbar (wahr) und zweistellig (wahr). Der Wahrheitswert dieser Konjunktion ist daher ebenfalls wahr.

b) Die Nummer dieses Kapitels ist ungerade (falsch) oder nicht kleiner als sieben. Dies ist eine Disjunktion, bei der der zweite Parameter (»kleiner als sieben«) negiert wird. Der Wahrheitswert der Aussage ist also »falsch oder nicht falsch«, sprich: wahr.

Exklusives Oder

Die häufig verwendete Operation »Exklusiv-Oder« entspricht dem »Oder« mit der Ausnahme des Falles, in dem beide Operatoren 1 sind: Dann ist das Ergebnis wiederum 0. Exklusiv-Oder, auch abgekürzt XOR, lässt sich aus den drei grundlegenden Operationen bauen, und zwar so:

a	b	$(a \vee b) \wedge \neg (a \wedge b)$
0	0	0
1	0	1
0	1	1
1	1	0

Achten Sie darauf, dass die Konjunktion stärker bindet als die Disjunktion. Analog zu »Punktrechnung vor Strichrechnung« gilt in der booleschen Algebra »*und* vor *oder*«. Deshalb müssen Sie nötigenfalls Klammern setzen. Die Negation »nicht« bindet noch stärker. Besonders aufpassen müssen Programmierer. Denn boolesche Algebra (und die korrekte Formulierung von Bedingungen) ist gerade in der Programmierung unverzichtbar.

Beispiel aus der Programmierung

Um zu prüfen, ob ein Nutzer vor dem Besuch einer Webseite mit Glücksspiel-Automaten ein zulässiges Alter eingegeben und die Geschäftsbedingungen gelesen und akzeptiert hat, könnten Sie beispielsweise in der Sprache Python eine passende Bedingung wie folgt formulieren:

```
if alter<18 or not hakenIstGesetzt:
  keinZutritt()
```

Rechengesetze der booleschen Algebra

Analog zu den Gesetzen der reellen Zahlen gibt es eine ganze Reihe Rechenregeln in der booleschen Algebra. Dabei verhält sich die Konjunktion (»und«) entsprechend der Multiplikation und die Disjunktion (»oder«) entsprechend der Addition.

Es gilt für beide das Kommutativgesetz:

$$a \wedge b = b \wedge a, \qquad a \vee b = b \vee a$$

Ferner gilt für beide Operatoren das Assoziativgesetz:

$$a \wedge (b \wedge c) = (a \wedge b) \wedge c, \qquad a \vee (b \vee c) = (a \vee b) \vee c$$

Auch das Distributivgesetz steht zu Ihrer Verfügung, und das sogar doppelt:

$$a \vee (b \wedge c) = (a \vee b) \wedge (a \vee c)$$

$$a \wedge (b \vee c) = (a \wedge b) \vee (a \wedge c)$$

Es existieren für beide Operationen neutrale Elemente, nämlich die 1 für die Konjunktion und die 0 für die Disjunktion:

$a \land 1 = a$

$a \lor 0 = a$

Wenn Sie eine boolesche Zahl mit sich selbst verknüpfen, passieren erstaunliche Dinge (nämlich nichts):

$a \lor a = a$

$b \land b = b$

Außerdem gibt es diese einfachen Zusammenhänge:

$a \land 0 = 0$

$a \lor 1 = 1$

Alle diese Regeln lassen sich leicht mit entsprechenden Wahrheitstabellen beweisen, da es immer nur zwei Elemente gibt, für die sie auszufüllen sind.

Das ist aber noch nicht alles. Werfen Sie einen Blick auf die folgenden Rechenregeln, die gelegentlich hilfreich sein mögen:

$a \land (a \lor b) = a$

$a \lor (a \land b) = a$

Sie können das leicht nachvollziehen, wenn Sie die beiden möglichen Werte 0 und 1 für *b* einsetzen, hier am Beispiel der oberen Formel:

$a \land (a \lor 0) = a \land a = a$

$a \land (a \lor 1) = a \land 1 = a$

Zu guter Letzt zeige ich Ihnen die *Gesetze von Augustus de Morgan.*

$\neg(a \land b) = \neg a \lor \neg b$

$\neg(a \lor b) = \neg a \land \neg b$

10.3 Wie Computer rechnen

Es ist besonders einfach, mit elektronischen Schaltungen zwei Zustände 0 und 1 (»aus« und »an«) darzustellen. Eine Konjunktion können Sie sich vorstellen wie zwei Schalter in einem Stromkreis hintereinander (Abbildung 10.1).

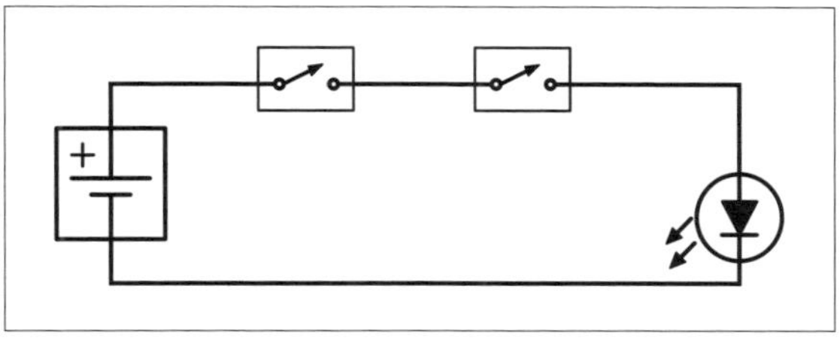

Abbildung 10.1 In dieser Schaltung geht das Licht nur an, wenn der erste und der zweite Schalter geschlossen sind.

Eine Disjunktion, also eine Oder-Verknüpfung, erreichen Sie mit zwei parallel geschalteten Schaltern (Abbildung 10.2).

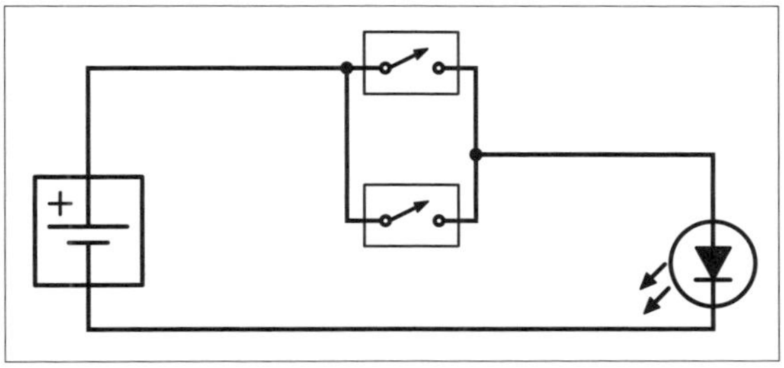

Abbildung 10.2 In dieser Schaltung genügt es, wenn der eine oder der andere Schalter geschlossen wird.

Dergleichen lässt sich auch mit Transistoren, integrierten Schaltkreisen und Mikroprozessoren verwirklichen. Mit passend angeordneten Schaltungen sind hochkomplexe Rechenoperationen möglich. Wie das im Prinzip funktioniert, zeige ich Ihnen am Beispiel einer Addition von zwei natürlichen Zahlen.

Digitale Zahlensysteme

Dazu braucht ein Computer natürlich zunächst einmal eine Möglichkeit, solche Zahlen aus einzelnen Nullen und Einsen zu bilden. Dazu dient das Zweiersystem, also ein Zahlensystem mit der Basis 2 statt 10. Jede Zahl lässt sich in jedem Zahlensystem darstellen. Unser übliches Zahlensystem kennt 10 Ziffern (von 0 bis 9), weil wir zehn Finger besitzen. Zahlenwerte, die größer sind als der höchste zur Verfügung stehende Ziffernwert, stellt man mit zusätzlichen Stellen dar. Jede entspricht dabei einer Potenz der verwendeten Basis. So können Sie eine beliebige Zahl in Vielfache der Potenzen zur Basis 10 aufteilen und in absteigender Reihenfolge des Exponenten hinschreiben. Klingt kompliziert? Aber genau das tun Sie, wenn Sie beispielsweise die *Dezimalzahl* 102 schreiben:

$$102 = 1 \cdot 10^2 + 0 \cdot 10^1 + 2 \cdot 10^0$$

Auch Kommazahlen lassen sich so schreiben, nach dem Komma geht es mit der Stelle für 10^{-1} weiter.

Der Trick ist nun, statt der Zahlenbasis 10 die 2 zu verwenden, die genau zwei Ziffern kennt: Die 0 und die 1, also genau jene Werte, die eine elektronische Schaltung so gut darstellen kann. So benötigen Sie für jede Stelle der entstehenden *Binärzahl* eine Speicherstelle in einem Computer, die man auch ein *Bit* nennt.

Beispiel: Aus dezimal wird binär

Die 102 aus der Selbsttest-Aufgabe sieht dann so aus:

$$\begin{aligned} 102 &= 1 \cdot 2^6 + 1 \cdot 2^5 + 0 \cdot 2^4 + 0 \cdot 2^3 + 1 \cdot 2^2 + 1 \cdot 2^1 + 0 \cdot 2^0 \\ &= 1100110_2 \end{aligned}$$

Um Verwechslungen auszuschließen, fügen Sie Binärzahlen hinten eine tiefgestellte 2 an. Für andere Zahlensysteme funktioniert das analog.

Beispiel: Aus binär wird dezimal

Umgekehrt können Sie Binärzahlen in Dezimalzahlen umrechnen, wenn Sie die Potenzen von 2 addieren, deren zugehörige Stellen eine 1 zeigen.

Für die Binärzahl 100101 aus der Selbsttest-Aufgabe sieht das wie folgt aus, wenn Sie von rechts (der kleinsten Zweierpotenz) nach links vorgehen:

$$100101_2 = 2^0 + 2^2 + 2^5 = 1 + 4 + 32 = 37$$

Die ersten Computersysteme mit nennenswerter Verbreitung arbeiteten mit Prozessoren, die jeweils 8 Bit gleichzeitig verarbeiten konnten (1 *Byte*). Die Rede ist natürlich vom klassischen Homecomputer der Achtzigerjahre: C64, Atari 800XL, ZX Spektrum. Sie alle waren 8-Bit-Computer.

Versuchen Sie mal, zwei Binärzahlen schriftlich zu addieren. Das funktioniert genau wie mit Dezimalzahlen. Berücksichtigen müssen Sie, dass im Binärsystem $1 + 1 = 10_2$ ist, Sie benötigen also einen Übertrag zur nächsthöheren Stelle. Als Beispiel zeige ich Ihnen die Addition von 7 und 2 im Binärsystem, also $111_2 + 010_2$:

		1	1	1
+		0	1	0
Übertrag		1		
	1	0	0	1

Das Ergebnis ist wenig überraschend $1001_2 = 9$.

Die größte mit 8 Bit darstellbare Zahl ist $11111111_2 = 255$. Immer wenn ein Rechenergebnis diese Zahl überschreitet, ist ein zusätzliches, höherwertiges Byte nötig, um die fehlenden Stellen aufzunehmen. Bleibt dieser Fall unberücksichtigt, läuft das Byte über und zählt wieder von vorne.

Moderne Computer verfügen über Prozessoren mit 64 Bit, aber trotzdem gibt es immer noch viele Formulare im Netz, deren Eingabelänge auf die »magische Zahl« 255 begrenzt ist.

Mehr noch: Am 19. Januar 2038 läuft ein 31 Bit langer Zahlenwert über, der heute in vielen Systemen (z. B. der populären MySQL-Datenbank) ein Datumsfeld abbildet. Sobald dieser Wert sein Maximum überschreitet, wird er als 13. Dezember 1901 gelesen.

Zum Glück haben findige Techniker noch eine ganze Weile Zeit, um sich eine Lösung für dieses sogenannte Jahr-2038-Problem zu überlegen.

Aufgaben

10.4 Entspannungsübungen

Aufgabe 1: Wahrheitstabelle

Ermitteln Sie mit einer Wahrheitstabelle alle möglichen Ergebnisse der Operation $\neg a \lor b$.

Aufgabe 2: Berechnen Sie schriftlich.

a) 6 + 9 im Binärsystem

b) 73 + 35 im Binärsystem

c) 6 + 9 im Oktalsystem (dem Zahlensystem mit Basis 8)

10.5 Lösungen

Aufgabe 1

Achten Sie darauf, dass Sie dem Nicht-Zeichen Vortritt gewähren: Es bindet stärker als »oder« und muss zuerst auf *a* angewendet werden.

a	b	$\neg a \lor b$
1	1	1
0	1	1
1	0	0
0	0	1

Aufgabe 2

a) $6 + 9 =$

$$\begin{array}{r} 0110_2 \\ +1001_2 \\ \hline \end{array}$$

$$= 1111_2 = 15$$

b) $73 + 35 =$

$$\begin{array}{r} 01001001_2 \\ +\ 00100011_2 \\ \hline 11 \end{array}$$

$= 01101100_2 = 108$

c) $6 + 9$

$= 6_8 + 11_8 \quad (9 = 1 \cdot 8 + 1 \cdot 8)$

$= 17_8$

$= 1 \cdot 8 + 7$

$= 15$

Kapitel 11

Was zu beweisen ist

In diesem Kapitel dreht sich alles um Beweise. Denn jeder kann sich ja hinstellen und behaupten, die Wurzel aus 2 sei keine rationale Zahl. Allein – der Unterschied zwischen Hochstapler und Mathegenie zeigt sich darin, ob jemand seine Behauptung beweisen kann.

11.1 Mathematische Beweise

Meist werden mathematische Beweise nur im Mathestudium selbst verlangt. Das heißt natürlich nicht, dass die anderen Fächer dauernd auf Hochstapler hereinfallen. Es bedeutet vielmehr, dass man so eine Menge Zeit spart, um sich um andere Themen zu kümmern. Deshalb ist für die meisten Leserinnen und Leser dieses Kapitel optional. Aus dem gleichen Grund verzichte ich auf meine beliebten Selbsttests.

Von den beiden wichtigsten Beweismethoden stelle ich Ihnen zunächst die vor, die für alle Behauptungen bedeutend ist, die sich um die Menge der natürlichen Zahlen $\mathbb{N}$ drehen.

11.2 Vollständige Induktion

Zu Beginn muss ich ein wenig ausholen.

Im Gegensatz zu den anderen Grundmengen, die Sie kennen, verfügt $\mathbb{N}$ über ein *kleinstes Element*, nämlich die 1. Das gilt außerdem für jede beliebige Untermenge von $\mathbb{N}$, die nicht leer ist. Schauen Sie sich an, wie man das in Symbolen schreibt:

$\forall\, M \subset \mathbb{N}, M \neq \emptyset$ gilt: $\exists\, k \in A$ mit $k \leq a$ für alle $a \in A$.

Das umgekippte A und das gespiegelte E sind Ihnen vielleicht nicht geläufig. Dabei handelt es sich um *Quantoren*, die »für alle« ($\forall$) bzw. »es existiert mindestens ein« ($\exists$) bedeuten.

Der obige Satz liest sich also so: »Für alle nicht leeren Untermengen der natürlichen Zahlen gibt es ein kleinstes Element k, das kleiner oder gleich aller Elemente der fraglichen Untermenge ist.«

Das Induktionsprinzip

Daraus ergibt sich eine spannende Eigenschaft, die *Induktionsprinzip* heißt: Falls eine Teilmenge von $\mathbb{N}$ die 1 enthält und sich aus der Tatsache, dass die Menge eine Zahl n enthält, schließen lässt, dass auch der Nachfolger $n + 1$in der Menge ist, dann ist die fragliche Teilmenge identisch mit $\mathbb{N}$.

Denn das Induktionsprinzip ermöglicht eine unendliche, iterative Argumentationskette: Da die 1 Element der Menge ist, ist auch ihr Nachfolger drin, also die 2. Da die 2 Element der Menge ist, ist es auch ihr Nachfolger 3 … und immer so weiter. Die fragliche Menge ist dann offensichtlich identisch mit der Menge der natürlichen Zahlen.

Falls Sie zeigen können, dass die Lösungsmenge einer Gleichung 1 enthält sowie den Nachfolger eines beliebigen Elements n, das bereits eine Lösung ist, ist die Lösungsmenge gleich $\mathbb{N}$. Auf diese Weise können Sie beweisen, dass eine Gleichung für alle Elemente aus $\mathbb{N}$ gilt. Diese Methode heißt *vollständige Induktion*.

Beispiel: Beweis der gaußschen Summenformel

Lassen Sie uns die berühmte *gaußsche Summenformel* beweisen. Legenden wissen zu berichten, dass Gauß' Lehrer einmal seine Ruhe haben wollte und seinen Schülern die zeitraubende Aufgabe stellte, die Zahlen von 1 bis 100 zu addieren. Alle legten fleißig los, der Lehrer die Füße auf den Tisch – aber Carl Friedrich Gauß war schon fertig. Sicher kennen Sie den Trick, der darin besteht, die vielen Summanden einfach geschickt umzusortieren:

$$1 + 2 + \cdots + 99 + 100 = (1 + 100) + (2 + 99) + \cdots$$

$$= 101 \cdot 50 = 5050$$

Jeweils der erste und der letzte Summand, sowie der zweite und der zweitletzte usw. ergeben 101. Es gibt $100 \div 2 = 50$ dieser Paare, daraus folgt das Endergebnis von 5 050.

Natürlich klappt das nicht nur mit den Zahlen von 1 bis $n = 100$, sondern gilt auch für beliebigen $n \in \mathbb{N}$. Für Summen über die natürlichen Zahlen von 1 bis n lautet die Summenformel:

$$\sum_{i=1}^{n} i = (n + 1) \cdot \frac{n}{2}$$

Lassen Sie uns diese Formel mit der vollständigen Induktion beweisen, d. h. zeigen, dass sie für alle $n \in \mathbb{N}$ gilt. Der erste Schritt ist immer der Nachweis für $n = 1$:

Induktionsanfang:

Setzen Sie für n die Zahl 1 in die Summenformel ein. Links steht dann die Summe von 1 bis 1 (also 1) und rechts:

$$1 = (1 + 1) \cdot \frac{1}{2}$$

Natürlich sehen Sie sofort, dass es sich um eine wahre Aussage handelt. Also gilt die Summenformel für $n = 1$.

Induktionsschritt:

Jetzt müssen Sie zeigen, dass die Formel, falls sie für n gilt, auch für $n + 1$ gilt. Sie dürfen also für den Moment voraussetzen, dass die Summenformel stimmt, wie sie oben steht, und müssen jetzt zeigen, dass sie auch gilt, wenn Sie für n überall $n + 1$ einsetzen.

Also ist zu zeigen, dass die folgende Gleichung gilt:

$$\sum_{i=1}^{n+1} i = ((n+1)+1) \cdot \frac{n+1}{2}$$

An dieser Stelle müssen Sie die Induktionsvoraussetzung verwenden (also die Annahme, dass die Summenformel für n stimmt). Das können Sie tun, indem Sie sie auf der linken Seite einsetzen. Denn die Summe der Zahlen bis $n + 1$ ist ja die Summe der Zahlen bis n zuzüglich $n + 1$. Also können Sie schreiben:

$$\sum_{i=1}^{n+1} i = (n+1) + \sum_{i=1}^{n} i$$

$$= (n+1) + (n+1) \cdot \frac{n}{2}$$

Beim rechten Summanden können Sie den Nenner unter die Klammer schreiben:

$$= (n+1) + \frac{n+1}{2} \cdot n$$

Der Term $\frac{n+1}{2}$ wird Ihnen bekannt vorkommen: Er steht auch oben im Induktionsschritt auf der rechten Seite als Faktor. Wenden Sie das Distributivgesetz an, d. h., klammern Sie $\frac{n+1}{2}$ aus. Dann erhalten Sie:

$$\left((n+1) \cdot \frac{2}{n+1} + n\right) \cdot \frac{n+1}{2}$$

Sie sehen, dass sich in der großen Klammer $(n + 1)$ wegkürzt. Es bleibt genau das stehen, was wir erhofft haben:

$$= (n+2) \cdot \frac{n+1}{2}$$

Damit folgt der *Induktionsschluss*: Die gaußsche Summenformel gilt für alle natürlichen Zahlen n.

11.3 Indirekter Beweis

Die vollständige Induktion funktioniert nur für Behauptungen über die Grundmenge $\mathbb{N}$.

Eine etwas gewöhnungsbedürftige Beweismethode, die aber unabhängig von der Grundmenge funktioniert, ist der *indirekte Beweis*. Die Methode besteht darin, zunächst zu unterstellen, dass die Behauptung *falsch* ist (bzw. dass das Gegenteil wahr ist). Diese Behauptung führt man zu einem *Widerspruch* (deshalb nennt man den indirekten Beweis auch *Widerspruchsbeweis*). Das bedeutet eine doppelte Verneinung und somit letztlich den Beweis der ursprünglichen Behauptung.

Beweis durch Widerspruch

Der Beweis durch Widerspruch funktioniert, weil man aus etwas Falschem jederzeit etwas Richtiges folgern kann, *aber nicht umgekehrt.* Sie könnten beispielsweise behaupten:

x sei $\neq 0$. Dann gilt: $-x = x$

Das ist offensichtlich falsch.

Durch Quadrieren, also eine erlaubte Umformung der Gleichung, erhalten Sie:

$\Rightarrow (-x)^2 = x^2$

Das ist eine wahre Aussage für alle x, da $(-1)^2 = +1$ ist, auch wenn x nicht 0 ist. Wir haben also aus etwas Falschem etwas Richtiges gefolgert!

Umgekehrt funktioniert das aber nicht: Erlaubte Äquivalenzumformungen sind immer symmetrisch, und die Gegenrichtung ist nicht möglich. *Aus etwas Richtigem können Sie nie etwas Falsches folgern.*

Folgt also durch eine Umformung doch etwas Falsches (ein Widerspruch), muss die Ausgangsvermutung ebenfalls falsch gewesen sein – und damit deren Gegenteil richtig.

Diese Logik nachzuvollziehen, erfordert möglicherweise eine verdrehte Perspektive – versuchen Sie mal, der Argumentation während eines Handstands zu folgen. Das klappt ganz sicher!

Trotzdem ist es gar nicht so ungewöhnlich, so zu argumentieren. Sie kennen vielleicht mehr oder weniger scherzhafte Sätze der Art: »Es kann nicht sein, dass Leon schulfrei hat, die Muffins sind ja noch alle da.«

Dahinter steckt ein indirekter Beweis!

- Zu beweisen: Leon hat heute Schule.
- Erst wird das Gegenteil angenommen: Leon habe schulfrei.
- Dann wird gefolgert: Hätte er schulfrei, wäre Leon schon zu Hause gewesen, und dann hätte er auch die Muffins gesehen und mindestens eins davon verputzt.
- Dann wird der Widerspruch festgestellt, die Muffins sind noch alle da.
- Also war die Annahme falsch, und Leon hat heute Schule. Was zu beweisen war, oder auf Latein: *quod erat demonstrandum – q.e.d.*

Abbildung 11.1 Beweisstück: Die Muffins sind alle noch da. (gemeinfreies Bild, Quelle: Wikimedia)

Beispiel: Wurzel aus 2 ist nicht rational

Das Paradebeispiel des indirekten Beweises ist folgende waghalsige Behauptung:

$\sqrt{2} \notin \mathbb{Q}$

Anders ausgedrückt: Die Wurzel aus 2 ist keine rationale Zahl (sondern eine irrationale).

Der indirekte Beweis dieser Behauptung beginnt mit der Annahme:

Es sei $\sqrt{2} \in \mathbb{Q}$, d. h. $\sqrt{2} = \frac{z}{n}$, wobei z und $n \in \mathbb{Z}$.

Anders ausgedrückt: Wenn die Wurzel aus 2 rational ist, muss sie sich als Bruch darstellen lassen. Lassen Sie uns davon ausgehen, dass der Bruch $\frac{z}{n}$ vollständig gekürzt ist.

Quadrieren Sie die Gleichung auf beiden Seiten, erhalten Sie:

$$2 = \frac{z^2}{n^2}$$

Wenn Sie auch die linke Seite als Bruch schreiben, stellen Sie fest, dass $n = 1$ sein muss, da wir ja angenommen haben, dass $\frac{z}{n}$ vollständig gekürzt ist:

$$\frac{2}{1} = \frac{z^2}{n^2}$$

Denn wenn $\frac{z}{n}$ gekürzt ist, gibt es keine gemeinsamen Teiler außer 1, und für die Quadrate gilt dann natürlich dasselbe.

Wenn aber $n = 1$ ist, dann ist ja auch:

$$\sqrt{2} = \frac{z}{1} = z$$

Sprich: Die Wurzel aus 2 soll plötzlich eine ganze Zahl sein (z ist ja $\in \mathbb{Z}$).

Dass das nicht stimmen kann, liegt auf der Hand, denn $\sqrt{2}$ muss ja zwischen 1 und 2 liegen, weil 2 zwischen 1^2 und 2^2 liegt.

Aus dem gleichen Grund funktioniert dieser Beweis auch für $\sqrt{3}$, nicht aber (zum Glück) für $\sqrt{4}$.

Da die Annahme des Gegenteils unserer Ursprungsbehauptung zu einem Widerspruch geführt hat, muss $\sqrt{2} \in \mathbb{R} \setminus \mathbb{Q}$ sein, was zu beweisen war – q.e.d.

11.4 Entspannungsübung

Aufgabe 1: Vollständige Induktion

Beweisen Sie durch vollständige Induktion folgende Behauptung über die Summe der ungeraden Quadratzahlen:

$$\sum_{i=1}^{n}(2i-1)^2 = \frac{n(2n-1)(2n+1)}{3}$$

Aufgabe 2: Noch ein Induktionsbeweis

Beweisen Sie: Falls n^2 eine gerade Zahl ist, ist auch n gerade.

Aufgabe 3: Indirekter Beweis

Beweisen Sie, dass ein Viereck mit unterschiedlich langen Diagonalen kein Rechteck sein kann.

11.5 Lösungen

Aufgabe 1

Zu beweisen ist:

$$\sum_{i=1}^{n}(2i-1)^2 = \frac{n(2n-1)(2n+1)}{3}$$

Wir beginnen mit der Induktionsvoraussetzung und prüfen für $n = 1$:

$$(2\cdot 1-1)^2 = \frac{1\cdot(2\cdot 1-1)(2\cdot 1+1)}{3}$$

$$1 = \frac{3}{3}$$

Es folgt die *Induktionsannahme*, d. h. wir unterstellen, dass obige Aussage stimmt. Im Induktionsschritt ist jetzt daraus zu schließen, dass gilt:

$$\sum_{i=1}^{n+1}(2i-1)^2 = \frac{(n+1)(2(n+1)-1)(2(n+1)+1)}{3}$$

Auf der linken Seite steht die Summe aus der Induktionsannahme zuzüglich des Summanden für $i = n + 1$:

$$\sum_{i=1}^{n+1}(2i-1)^2 = \sum_{i=1}^{n}(2i-1)^2 + (2(n+1)-1)^2$$

Daher setzen wir an dieser Stelle die Induktionsannahme ein:

$$\frac{n(2n-1)(2n+1)}{3} + (2(n+1)-1)^2$$
$$= \frac{(n+1)(2(n+1)-1)(2(n+1)+1)}{3}$$

Wenn Sie diese etwas unhandlich wirkende Gleichung auf beiden Seiten mit 3 multiplizieren und alle Produkte ausrechnen, erhalten Sie:

$$n(2n-1)(2n+1) + 3(2(n+1)-1)^2$$
$$= (n+1)(2(n+1)-1)(2(n+1)+1)$$

$$n(4n^2-1) + 3(2n+2-1)^2 = (n+1)(2n+2-1)(2n+2+1)$$

$$4n^3 - n + 3(2n+1)^2 = (n+1)(2n+1)(2n+3)$$

$$4n^3 - n + 3(4n^2 + 2 \cdot 2n + 1) = (n+1)(4n^2 + 2n + 3 \cdot 2n + 3)$$

$$4n^3 - n + 12n^2 + 12n + 3 = (n+1)(4n^2 + 8n + 3)$$

$$4n^3 + 12n^2 + 11n + 3 = 4n^3 + 8n^2 + 3n + 4n^2 + 8n + 3$$

Passt!

Hieraus folgt die Richtigkeit der zu beweisenden Aussage.

Aufgabe 2

Zu beweisen ist: Genau dann, wenn n^2 eine gerade Zahl ist, ist auch n gerade (und wenn n^2 ungerade ist, ist auch n ungerade).

Induktionsanfang: Die Aussage stimmt offensichtlich für $n = 1$. Denn 1 ist nicht gerade und ihr Quadrat 1^2 auch nicht.

Induktionsvoraussetzung: Wir nehmen an, dass die Aussage für n richtig ist.

Jetzt benötigen wir eine Fallunterscheidung.

a) n ist gerade.

Gerade Zahlen sind ohne Rest durch 2 teilbar, also lässt sich n^2 darstellen als Produkt einer natürlichen Zahl m mit 2:

$$n^2 = 2m$$

Induktionsschritt: Jetzt ist zu zeigen, dass die Aussage für $n + 1$ gilt. Das ist offensichtlich eine ungerade Zahl, wenn n gerade ist, und umgekehrt.

Das Quadrat unserer Zahl ist:

$$(n+1)^2 = n^2 + 2n + 1$$

Wir wissen aus der Induktionsvoraussetzung, dass $n^2 = 2m$ gerade ist. Da auch $2n$ gerade ist, muss das Resultat ungerade sein, wenn 1 zu der geraden Zahl $n^2 + 2n$ addiert wird.

b) n ist ungerade.

Ungerade Zahlen sind darstellbar als das Produkt einer natürlichen Zahl k mit 2 zuzüglich 1.

$$n^2 = 2k + 1$$

Im Induktionsschritt zeigen wir nun, dass $(n + 1)^2$ gerade ist. Wenn Sie die binomische Formel anwenden und n^2 ersetzen, erhalten Sie:

$$(n+1)^2 = n^2 + 2n + 1 = 2k + 1 + 2n + 1$$

Die beiden Einsen werden zu einer 2. Also können Sie die rechte Seite so schreiben:

$$= 2(k + n + 1)$$

Diese Zahl ist auf jeden Fall gerade, da es sich um ein Produkt aus 2 und einer natürlichen Zahl handelt.

Damit ist die Behauptung bewiesen.

Aufgabe 3

Zu beweisen ist, dass ein Viereck mit unterschiedlich langen Diagonalen kein Rechteck sein kann.

Im indirekten Beweis gehen wir zunächst vom Gegenteil aus: Wir nehmen also an, dass ein Viereck mit unterschiedlich langen Diagonalen existiert, das ein Rechteck ist.

Im Rechteck sind alle Winkel rechte Winkel (Abbildung 11.2). Dann kann man zwei rechtwinklige Dreiecke erkennen, das eine mit der Hypotenuse c, das andere mit der Hypotenuse d, wobei $c \neq d$.

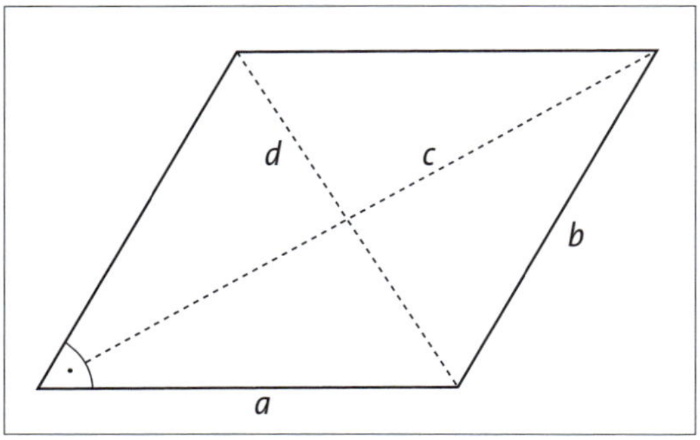

Abbildung 11.2 Dieses Viereck mit zwei verschieden langen Diagonalen soll ein Rechteck sein?

Es gilt in beiden Dreiecken der Satz des Pythagoras:

$a^2 + b^2 = c^2$ und $a^2 + b^2 = d^2$

Wenn $c \neq d$ ist, sind auch die Quadrate unterschiedlich, also:

$a^2 + b^2 \neq a^2 + b^2$

Das ist offensichtlich Unfug. Damit haben wir die Annahme zu einem Widerspruch geführt und die ursprüngliche Behauptung bewiesen. Vierecke mit unterschiedlich langen Diagonalen können also keine Rechtecke sein.

TEIL II

Analysis

Kapitel 12

Folgen und Grenzwerte

Die Analysis beschäftigt sich mit allen möglichen Eigenschaften der reellen (und komplexen) Zahlen, und sie ist für jede Natur- oder Ingenieurwissenschaft von zentraler Bedeutung. Die Grundlage bilden ein paar aneinandergereihte Zahlen … nein, warten Sie: unendlich viele davon.

12.1 Zahlenfolgen

Grundlage für die Analysis ist die *Infinitesimalrechnung*, die Gottfried Wilhelm Leibniz und Isaac Newton in der zweiten Hälfte des 17. Jahrhunderts erfunden haben. Diese betrachtet einen Funktionsgraphen als zusammengesetzt aus unendlich kurzen, aber geraden Linienabschnitten. Letztlich fußt die moderne Analysis auf Grenzwertbetrachtungen, die Sie im Laufe der folgenden Seiten kennenlernen werden. So oder so führen uns diese Überlegungen in die Unendlichkeit – und gleichzeitig hinunter zur Null.

Zahlen, Zahlen und kein Ende

Stellen Sie sich eine Zahlenfolge als eine Liste vor, die über einen Anfang, eine Reihenfolge, aber kein Ende verfügt (Abbildung 12.1).

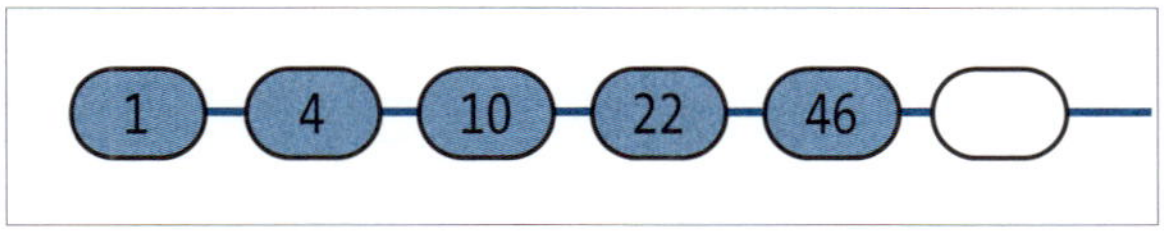

Abbildung 12.1 Es war leider nicht genug Platz im Buch, um die unendlich vielen Glieder dieser Zahlenfolge abzudrucken. Außerdem fehlt eine Zahl – nehmen Sie einfach einen Stift, und schreiben Sie sie rein.

Die Forderung nach einer Reihenfolge unterscheidet die Folge von einer Menge, für die Sortierung kein Thema ist. Mehr noch: In Mengen taucht kein Element mehrmals auf, in Folgen kann das vorkommen.

Beispiele: Zahlenfolgen

$(a_n) = (1, 4, 9, 16, 25, \dots)$

$(b_n) = (1, -1, 1, -1, 1, -1, \dots)$

$(c_n) = (1, 2, 3, 4)$

$(d_n) = (0, -3, 6, 33, \dots)$

Um Folgen von Mengen abzugrenzen, verwendet man runde statt geschweifter Klammern. Ebenso steht der Name der Folge in Klammern, und zwar mit einem kleinen tiefgestellten *n*, das den Charakter der Folge anzeigt.

Nur die dritte der angegebenen Folgen ist übrigens endlich, die anderen gehen unendlich weiter. Für die beiden ersten Folgen können Sie sicher sofort eine Rechenvorschrift hinschreiben. Eine solche unendliche Folge ist nichts anderes als eine Abbildung von den natürlichen Zahlen in eine beliebige Zielmenge.

$(a_n) = n^2$

$(b_n) = (-1)^{(n+1)}$

Im Grunde ähnelt eine Folge also einer Funktion, nur mit der Grundmenge $\mathbb{N}$.

Beispiel: Folgendefinitionen erraten

Haben Sie die fehlende Zahl in Abbildung 12.1 ermitteln können? Wenn ja, wie sind Sie darauf gekommen?

Um die Definition einer Folge zu ermitteln, suchen Sie nach Zusammenhängen zwischen den Folgengliedern:

$(a_n) = (1, 4, 10, 22, 46, \ldots)$

Die Zahlen erinnern ein bisschen an die Sechser-Reihe, bloß minus zwei, nicht wahr? Addieren Sie mal 2 zu jedem Glied. Sie erhalten:

$(3, 6, 12, 24, 48)$

Alle Glieder sind jetzt Vielfache von 3, und die Faktoren sind:

$(1, 2, 4, 8, 16)$

Das sind die Potenzen von 2, beginnend bei $2^0 = 2^{n-1}$. Daraus ergibt sich als Rechenvorschrift:

$(a_n) = 3 \cdot 2^{n-1} - 2$

Sie liefert als sechstes Folgenglied $a_6 = 94$.

Rekursive Folgendefinitionen

Allerdings gibt es für diese Folge eine zweite passende Rechenvorschrift.

$(a_n) = (1, 4, 10, 22, 46, \ldots)$

Schauen Sie sich beispielsweise die Folge der verdoppelten Folgenglieder an:

$(2a_n) = (2, 8, 20, 44, 92, \ldots)$

Jetzt können Sie mit einem scharfen Blick erkennen, dass jedes Folgenglied der ursprünglichen Folge immer das Zweifache des vorherigen ist plus 2. Sie können also schreiben:

$a_1 = 1, \qquad a_{n+1} = 2a_n + 2$

Dies ist eine *rekursive Folgendefinition*, da sich jedes Folgenglied aus seinem Vorgänger berechnet.

Das sechste Folgenglied wäre demnach ebenfalls $a_6 = 2a_5 + 2 = 94$.

Beispiel: Noch eine rekursive Folgendefinition

Auch für das vierte Beispiel oben (d_n) gibt es eine rekursive Definition, die vorschreibt, wie aus dem n-ten Folgenwert das Darauffolgende zu bestimmen ist. Können Sie die verwendete Vorschrift erraten?

$$(d_n) = (0, -3, 6, 33, \dots)$$

Es ist:

$$d_1 = 0, \qquad d_{n+1} = (d_n)^2 - 3$$

Die Fortsetzung von Folgen allein durch Kenntnis der ersten Glieder ist eine beliebte Knobelaufgabe, die in schwierigen Fällen ein gehöriges Maß an Mustererkennung erfordert, und ist daher bei Intelligenztests beliebt. Klarer Fall, dass dergleichen in den Entspannungsübungen am Ende des Kapitels nicht fehlen darf.

Geometrische Folgen

Folgen sind wie Verkehrsschilder: Es gibt wichtige und noch wichtigere. Zu letzteren gehören die *geometrischen Folgen*. Deren Besonderheit besteht darin, dass der Quotient benachbarter Folgenglieder konstant ist, also:

$$g_{n+1} = g_n \cdot k$$

Daraus folgt, dass Sie das n-te Glied einer geometrischen Folge mit dem Quotienten k berechnen können, wenn Sie nur das erste Glied kennen:

$$g_n = g_1 \cdot k^{n-1}$$

Wenn Sie bei $n = 0$ zu zählen anfangen:

$$g_n = g_0 \cdot k^n$$

Dabei darf das Anfangsglied natürlich nicht 0 sein, denn dann wäre der Quotient g_n/g_0 nicht definiert.

Schauen Sie sich zwei Beispiele an.

Beispiele: Geometrische Folgen

Die geometrische Folge mit g_0 = 1, k = 2 liefert zum Beispiel alle Potenzen von 2:

$$(1, 2, 4, 8, 16, \ldots)$$

Angenommen, Sie legen ein Kapital von 10 000 € zu einem (zugegebenermaßen geringfügig unrealistischen) Zinssatz von 2 % pro Jahr an. Dann ist Ihr Kapital eine geometrische Folge mit einem Glied pro Jahr und dem konstanten Quotienten 1 + 2 % = 1,02:

$$(10.000, 10.200, 10.404, \ldots)$$

Mit bestimmten Folgen kann man aufgrund ihrer Eigenschaften bedeutende Tricks anstellen. Darum geht es in den folgenden Abschnitten.

12.2 Grenzwerte und Konvergenz

Entscheidend für den Rest der Analysis sind *Grenzwerte* von Folgen. Das sind Zahlen, denen die Glieder einer Folge sich immer weiter annähern, je mehr Folgenglieder man sich anschaut. Man schreibt den Grenzwert (lateinisch Limes) einer Folge so:

$$\lim_{n \to \infty} (a_n) = a$$

In Worten liest sich das wie folgt: »Der *Limes* von *a n* für *n* gegen unendlich ist *a*.«

Wie aber können Sie den Grenzwert einer Folge ermitteln? Gibt es überhaupt einen?

Wohin laufen sie denn?

Werfen Sie noch mal einen Blick auf die vier Beispiele des letzten Abschnitts. Keine der vier Folgen hat einen Grenzwert, oder?

Beispiel: Harmonische Folge

Hingegen sieht das anders aus für diese Folge:

$$(a_n) = \frac{1}{n} = \left(1, \frac{1}{2}, \frac{1}{3}, \ldots\right)$$

Diese besonders wichtige Folge hört auf den Namen *harmonische Folge*, weil jedes Glied außer dem ersten das *harmonische Mittel* seiner beiden Nachbarn ist. Das harmonische Mittel von zwei Zahlen *a* und *b* ist:

$$m = \frac{2}{\frac{1}{a} + \frac{1}{b}}$$

Die Glieder dieser Folge werden offensichtlich immer kleiner, erreichen aber nie die 0. Trotzdem ist 0 der Grenzwert dieser Folge, man nennt sie daher auch *Nullfolge*. Aber wie lässt sich das mathematisch wasserdicht zeigen?

Das Verhalten von Nullfolgen

Dass man sich bei dieser Frage keinesfalls auf ein ausgeprägtes Gefühl für Zahlen verlassen sollte, zeigt ein kniffliges Beispiel.

Beispiel: Nullfolge oder nicht?

$$(a_n) = \left(\frac{n!}{20^n}\right)$$

Die ersten Glieder dieser Folge sind:

$$(a_n) = (0{,}05; 0{,}005; 0{,}00075; 0{,}00015; \ldots)$$

Sieht nach einer Nullfolge aus, oder?

Ist aber keine, denn ab dem 37. Glied wachsen die Werte wieder!

Keine Sorge – fast immer brauchen Sie nur »echte« Nullfolgen. Für diese gilt: Ab irgendeinem Folgenglied (meist schon dem ersten) werden die Werte immer kleiner, kommen der Null also immer näher. Dazu gibt es einige Regeln, die Sie sich merken sollten:

Vergleichskriterium:

Ist (a_n) eine Nullfolge, so ist auch (b_n) eine Nullfolge, falls ab einem Index i alle Glieder von (b_n) betragsmäßig kleiner sind, also $|b_i| \leq a_i$.

Rechenregeln:

- Ist (a_n) eine Nullfolge und k eine Konstante, so ist auch $(k \cdot a_n)$ eine Nullfolge.
- Sind (a_n) und (b_n) Nullfolgen, so sind auch deren Summen-, Differenz- und Produktfolgen Nullfolgen.
- Ist (a_n) eine Nullfolge und eine Folge (b_n) beschränkt (d. h., es gibt ein Maximum m mit $|b_n| \leq m$, so ist auch die Folge der Produktglieder eine Nullfolge.
- Ist $|k| < 1$, so ist $(n \cdot k^n)$ eine Nullfolge und sogar $(n^2 \cdot k^n)$.
- Geometrische Folgen mit Anfangsglied $-1 < a_0 < +1$ sind also ebenfalls Nullfolgen, zum Beispiel $(a_n) = \left(\frac{1}{2}\right)^n$.
- Auch $\left(\frac{k^n}{n!}\right)$ ist eine Nullfolge.

Konvergenz

Folgen können auch andere Grenzwerte als 0 haben. So ist der Grenzwert einer Folge $(a_n) = a$, wenn $(a_n - a)$ eine Nullfolge ist. Man sagt auch: (a_n) *konvergiert* gegen a. *Eine Folge ist konvergent, wenn sie einen Grenzwert hat.* Ansonsten ist sie *divergent*. Man sagt auch: Die Folge *divergiert*.

Beachten Sie, dass eine Folge nie mehr als einen Grenzwert haben kann. Wären sowohl $(a_n - a)$ als auch $(a_n - a')$ Nullfolgen, so wäre laut obiger Rechenregel auch die Differenz der beiden eine. Die Differenz ist allerdings eine ziemlich langweilige Folge, deren Glieder alle den gleichen Wert haben, nämlich $(a - a') = 0$, woraus folgt, dass $a = a'$ ist.

Demzufolge ist die eingangs erwähnte Folge $((-1)^{n+1})$ nicht konvergent und schon gar keine Nullfolge.

Aber diese zwischen +1 und −1 alternierende Folge hat zwei *Häufungspunkte* und ist *beschränkt*, d. h., es lässt sich ein Maximum angeben (+1), über das die Beträge der Folgenglieder nie hinauswachsen. Das Produkt einer beschränkten Folge und einer Nullfolge ist wiederum eine Nullfolge, zum Beispiel konvergiert diese Folge gegen null:

$$\left(\frac{1}{n} \cdot (-1)^{n+1}\right) = \left(\frac{1}{1}, -\frac{1}{2}, \frac{1}{3}, -\frac{1}{4}, \dots\right)$$

Über Grenzwerte sollten Ihnen die folgenden weiteren Regeln nicht fremd sein. Für Folgen (a_n) mit Grenzwert a und (b_n) mit Grenzwert b gilt:

- Wenn $a = b$ ist und die Glieder einer Folge (c_n) alle zwischen jenen der beiden ersten Folgen liegen, ist auch $\lim\limits_{n\to\infty} c_n = a$ (*Dreifolgensatz*). Dieser Zusammenhang ist auch bekannt unter den Namen *Einschnürungs-* oder *Sandwichsatz*. Diese anschaulichen Bezeichnungen beschreiben die Bedeutung des Satzes sehr treffend.
- Ist k ein konstanter Faktor, so gilt: $\lim\limits_{n\to\infty} k \cdot a_n = k \cdot a$
- Addieren Sie zwei Folgen, so addieren sich auch deren Grenzwerte: $\lim\limits_{n\to\infty} a_n + b_n = a + b$
- Dasselbe gilt für das Produkt und für den Quotienten der beiden Folgen, solange nicht durch 0 dividiert wird.
- Potenzieren von Folgen mit natürlichen Exponenten k führt zu Potenzen von Grenzwerten: $\lim\limits_{n\to\infty} (a_n)^k = a^k$
- Die Folge $(a_n) = \left(1 + \frac{x}{n}\right)^n$ konvergiert gegen e^x.
- Da die obige Klammer die n-te Potenz von x enthält, wächst e^x »schneller« als jede Potenz von x, also: $e^x > x^n$ für $x \to \infty$.

Übrigens: Lassen Sie die umständliche Kennzeichnung $n \to \infty$ nicht weg, es sei denn, es steht außer Frage, was gemeint ist.

12.3 Entspannungsübungen

Aufgabe 1: Folgen

Entreißen Sie den folgenden Folgen ihr Geheimnis, indem Sie die Folgendefinition ermitteln.

a) $(a_n) = (0, 3, 8, 15, \dots ?)$

b) $(b_n) = \left(\frac{3}{2}, 4, \frac{15}{2}, 12, \frac{35}{2}, \dots ?\right)$

c) $(c_n) = (1, 2, 4, 8, \dots ?)$

Aufgabe 2: Rekursiv oder auch nicht

Zeigen Sie, dass die beiden Konstruktionsvorschriften für die Beispielfolge aus Abbildung 12.1 gleichbedeutend sind:

$$a_1 = 1; \quad a_{n+1} = 2a_n + 2$$

$$(a_n) = 3 \cdot 2^{n-1} - 2$$

Aufgabe 3: Grenzwert

Berechnen Sie jeweils den Grenzwert:

a) $(a_n) = \sqrt{2 + n^{-1}}$

b) $(b_n) = \dfrac{n}{n^2 + 1}$

12.4 Lösungen

Aufgabe 1

a) $(a_n) = n^2 - 1$

b) $(b_n) = \dfrac{(n^2 - 1)}{2}$

c) $(c_n) = 2^{(n-1)}$

Aufgabe 2

Nehmen Sie sich die nicht-rekursive Definition der Folge, und schreiben Sie die Rechenvorschrift für das Folgenglied a_{n+1} hin:

$$a_{n+1} = 3 \cdot 2^{n-1+1} - 2$$

Ziehen Sie die +1 aus dem Exponenten, indem Sie das Potenzgesetz anwenden:

$$a_{n+1} = 3 \cdot 2^{n-1} \cdot 2 - 2$$

Addieren Sie geschickt null beziehungsweise -2 + 2:

$$a_{n+1} = (3 \cdot 2^{n-1} - 2 + 2) \cdot 2 - 2$$

Jetzt steht die Folgendefinition für a_n da, die Sie entsprechend einsetzen können:

$$a_{n+1} = (a_n + 2) \cdot 2 - 2$$

$$a_{n+1} = 2a_n + 4 - 2 = 2a_n + 2$$

Damit haben Sie aus der »normalen« die rekursive Folgendefinition hergeleitet.

Aufgabe 3

a) $\lim \sqrt{2 + n^{-1}} = \sqrt{2 + \lim \frac{1}{n}} = \sqrt{2 + 0} = \sqrt{2}$

b) Die Folge (b_n) ist eine Nullfolge, weil alle Glieder kleiner sind als die der bekannten Nullfolge $(a_n) = \frac{1}{n}$. Das lässt sich leicht zeigen:

$$\frac{n}{n^2 + 1} < \frac{1}{n} \quad | \cdot n \cdot (n^2 + 1)$$

Die Multiplikation ist erlaubt, da der Faktor auf jeden Fall größer als null ist. Nach Kürzen bleibt stehen:

$$n^2 < n^2 + 1$$

Das ist offensichtlich richtig für alle natürlichen Zahlen, folglich ist die gegebene Folge eine Nullfolge.

Kapitel 13

Reihen

In diesem Kapitel werden die Mathematik und ich Ihnen schier Unmögliches abverlangen: unendlich viele Zahlen addieren. Wie sie das in endlicher – und überraschend kurzer – Zeit bewerkstelligen können, erkläre ich Ihnen zum Glück ebenfalls.

13.1 Unendliche Summen

Obwohl Carl Friedrich Gauß es ohne Weiteres geschafft hat, seinen Lehrer zu schockieren, indem er die Zahlen von 1 bis 100 in Sekundenschnelle aufaddierte, wäre ihm das mit unendlich vielen Zahlen nicht so leicht gelungen.

Oder? Versuchen Sie sich doch mal an der folgenden Aufgabe:

$$\frac{1}{1}+\frac{1}{2}+\frac{1}{3}+\cdots=?$$

Diese Summe können Sie auch schreiben als:

$$\sum_{i=1}^{\infty}\frac{1}{i}$$

Das große Sigma kennen Sie schon – es symbolisiert die Summe über den rechts davon stehenden Term für die unten und oben angegebenen Grenzen, in diesem Fall läuft i von 1 bis unendlich.

Geschrieben mit einem protzigen Symbol ist die Aufgabe aber noch lange nicht gelöst.

Was tun?

Partialsummen und Summenfolgen

Im Fall des obigen Beispiels fällt Ihnen natürlich schnell auf, dass die Summanden immer kleiner werden. Tatsächlich konvergiert die Folge der einzelnen Summanden ja gegen null, das wissen wir aus dem letzten Kapitel. Könnte es also sein, dass die Summanden irgendwann so klein werden, dass sie nichts mehr am Resultat ändern?

Lassen Sie uns das nachprüfen. Dazu betrachten wir ersatzweise eine Folge, deren Glieder die *Partialsummen* der Ursprungsaufgabe sind, also jeweils die Summen der Glieder 1 bis n:

$$(s_n)=\sum_{i=1}^{n}\frac{1}{i}$$

Auf der rechten Seite steht nichts anderes als eine Rechenvorschrift zur Ermittlung der einzelnen Folgenglieder. Schauen Sie sich die ersten Folgenglieder ruhig mal an:

$$(s_1)=\frac{1}{1}=1$$

$$(s_2)=\frac{1}{1}+\frac{1}{2}=\frac{3}{2}=1{,}5$$

$$(s_3) = \frac{1}{1} + \frac{1}{2} + \frac{1}{3} = \frac{11}{6} \approx 1{,}83$$

$$(s_4) = \frac{1}{1} + \frac{1}{2} + \frac{1}{3} + \frac{1}{4} = \frac{25}{12} \approx 2{,}083$$

Falls diese Folge aus Partialsummen – die man auch *Reihe* nennt – konvergiert, es also einen Grenzwert gibt, liegt die Vermutung nahe, dass der identisch ist mit der Summe über alle, also unendlich viele, Summanden. Also definieren wir den *Grenzwert einer Reihe* als ebenjenen Grenzwert der Folge der Partialsummen.

Konvergente Reihen

Falls eine Reihe konvergiert, können Sie den Grenzwert also wie folgt einerseits als Limes der Summenfolge oder als unendliche Summe der Folgenglieder schreiben:

$$a = \lim_{n \to \infty} s_n = \lim_{n \to \infty} \sum_{i=0}^{n} a_i = \sum_{i=0}^{\infty} a_i$$

Beachten Sie, dass Reihen im Gegensatz zu Folgen üblicherweise mit dem Index 0 starten, weil ihre Glieder die Summen der Folgenglieder Nummer 1 bis $i + 1$ sind. Das erste Glied der Summenfolge ist also eine Summe aus einem einzigen Summanden, nämlich dem ersten Folgenglied a_1.

Für Reihen gibt es ein *Monotoniekriterium*, das besagt: Eine Reihe mit nicht negativen Summanden $a_i \geq 0$ konvergiert genau dann, wenn die Folge der Partialsummen nach oben beschränkt ist. Denn da die Summanden nicht negativ sind, wächst die Summenfolge *monoton*, keines ihrer Glieder ist kleiner als das vorherige. Ist die Folge nach oben beschränkt, bleibt ihr nichts anderes übrig, als gegen irgendeinen Grenzwert zu konvergieren, der kleiner oder gleich der oberen Schranke ist.

Analog zu Folgen gibt es auch bei Reihen ein Kriterium, laut dem eine Reihe konvergiert, wenn ihre Folgenglieder kleiner oder gleich jenen einer anderen, konvergenten Reihe sind. Das ist das *Majorantenkriterium*:

Ist eine Reihe $\sum_{i=0}^{\infty} b_i$ konvergent und gilt ab einem bestimmten Index n $|a_i| \leq b_i$, konvergiert auch die Reihe $\sum_{i=0}^{\infty} a_i$.

Die »größere« Reihe heißt dann *Majorante*, schmeckt aber nicht so gut wie Majoran.

Ich zeige Ihnen im nächsten Abschnitt konvergente Reihen, die sich oft als Majoranten anbieten, um die Konvergenz anderer Reihen zu überprüfen.

13.2 Besondere Reihen

Die geometrische Reihe

In Abschnitt 12.1, »Zahlenfolgen«, habe ich Ihnen die *geometrische Folge* gezeigt:

$$g_n = g_0 \cdot k^n$$

Die Reihe, die aus den Partialsummen der Glieder 0 bis n der geometrischen Folge besteht, nennt man wenig überraschend *geometrische Reihe*.

Sie können die Reihe ja mal hinschreiben:

$$\sum k^i = 1 + k + k^2 + k^3 + \cdots + k^n$$

Dass i von 0 bis ∞ läuft, ist implizit klar, deshalb spare ich mir die entsprechenden Notizen am Summenzeichen.

Wenn k zwischen −1 und +1 liegt, konvergiert die geometrische Reihe. Schuld daran ist die *geometrische Summenformel*:

$$a^n - b^n = (a - b) \cdot \sum_{i=1}^{n} a^{n-i} \cdot b^{i-1}$$

Das ist im Grunde die Verallgemeinerung der dritten *binomischen Formel* für Potenzen größer als 2. Setzen Sie mal $n = 2$: Dann kommt ebenjene dritte binomische Formel heraus, die letztlich also ein Spezialfall der geometrischen Summenformel ist.

Zurück zur geometrischen Reihe. Wenn Sie in der geometrischen Summenformel $a = 1$ und $b = k$ setzen, erhalten Sie:

$$1 - k^n = (1 - k) \cdot \sum_{i=1}^{n} k^{i-1}$$

Ersetzen Sie mal den Laufindex i durch j, das 1 kleiner ist, also $j = i - 1$. Dann läuft die Summe nur noch bis $n - 1$, und wir summieren über k^j:

$$1 - k^n = (1 - k) \cdot \sum_{j=0}^{n-1} k^j$$

Jetzt sieht die Summe schon fast aus wie die geometrische Reihe, oder? Jetzt zählen wir mal bis $m = n - 1$, also einen Summanden weniger. Dann steht rechts die gewünschte Summe. Links ersetzen Sie $n = m + 1$:

$$1 - k^{m+1} = (1 - k) \cdot \sum_{j=0}^{m} k^j$$

Wenn Sie $(1 - k)$ auf die andere Seite bringen (das dürfen Sie: k ist ja < 1, also auch $\neq 1$), steht da die eine Partialsumme der geometrischen Reihe:

$$\frac{1 - k^{m+1}}{1 - k} = \sum_{j=0}^{m} k^j$$

Bilden Sie nun den Grenzwert:

$$\lim_{m \to \infty} \sum_{j=0}^{m} k^j = \lim_{m \to \infty} \frac{1 - k^{m+1}}{1 - k}$$

Nach den bekannten Rechenregeln für Grenzwerte dürfen wir den Bruch rechts zerlegen in:

$$\lim_{m \to \infty} \frac{1}{1 - k} - \lim_{m \to \infty} \frac{k^{m+1}}{1 - k}$$

Da k zwischen -1 und $+1$ liegt, ist der Limes von $k^{m+1} = 0$. Da im Nenner eine Konstante steht, ist der ganze Kram rechts eine Nullfolge. Also bleibt übrig:

$$\sum k^j = \frac{1}{1 - k}$$

Damit haben wir eine konkrete Rechenvorschrift zum Bilden des Reihengrenzwerts in Abhängigkeit von k.

Beispiel

Setzen Sie mal $k = \frac{1}{3}$:

$$\sum \left(\frac{1}{3}\right)^j = \frac{1}{1 - \frac{1}{3}} = \frac{3}{2}$$

Der Grenzwert der Reihe, die die Potenzen von $\frac{1}{3}$ aufaddiert, ist also anderthalb.

Ebenfalls konvergiert übrigens die folgende Reihe, die sich häufig für die Anwendung als Majorante eignet, um die Konvergenz anderer Reihen zu überprüfen:

$$\sum q \cdot k^i \; (0 \leq k < 1)$$

Das ist natürlich nichts anderes als die geometrische Reihe, bloß erweitert um einen Faktor q, den Sie nach dem Distributivgesetz ausklammern können.

Die harmonische Reihe

Einmal durchatmen und Vorhang auf für die nächste Reihe:

$$\sum \frac{1}{i}$$

Da diese Reihe die Glieder der *harmonischen Folge* aufaddiert, heißt sie *harmonische Reihe*.

Und – sie *divergiert*, obwohl die harmonische *Folge* einen Grenzwert hat, nämlich 0. Das bewies als erster ein gewisser *Nikolaus von Oresme*, und zwar mit dem Gegenteil des Majorantenkriteriums: Er wies nach, dass es eine divergente Reihe gibt, deren Glieder alle kleiner sind als die der harmonischen Reihe (*Minorantenkriterium*).

Nikolaus von Oresme

Dass ein Bischof von Lisieux einer der wichtigsten Naturwissenschaftler des 14. Jahrhunderts war, mag zunächst verwundern. Er übersetzte antike Schriften ins Französische, hatte seine Zweifel am damaligen geozentrischen Weltbild und lehnte die Astrologie ab. Tatsächlich war er der Ansicht, dass man viele Phänomene sicher völlig ohne überirdische Einflüsse erklären könne.

Abbildung 13.1 Nikolaus von Oresme (Wikimedia, gemeinfrei)

Anderthalb Jahrhunderte später wurde ein gewisser Giordano Bruno, der ganz ähnliche Ansichten vertrat, wegen Ketzerei verbrannt.

Sie können nämlich ab dem dritten Glied jeweils mehrere Glieder zu einer Teilsumme zusammenfassen, die größer als $\frac{1}{2}$ ist:

$$\frac{1}{3}+\frac{1}{4}>\frac{1}{4}+\frac{1}{4}=\frac{1}{2}$$

$$\frac{1}{5}+\frac{1}{6}+\frac{1}{7}+\frac{1}{8}>\frac{1}{8}+\frac{1}{8}+\frac{1}{8}+\frac{1}{8}=\frac{1}{2}$$

Und eine Summe aus unendlich vielen Summanden gleich $\frac{1}{2}$ kann nicht konvergieren. Die harmonische Reihe, deren Summe noch größer ist, schon gar nicht.

Noch mehr konvergente Reihen

Etwas anders sieht es mit der Reihe aus den Kehrwerten der Quadratzahlen aus:

$$\sum\frac{1}{i^2}$$

Die Partialsummen bilden eine monoton wachsende Folge, denn jede Summe ist um $\frac{1}{i^2}$ größer als die Summe bis zum Glied $i-1$, und da i größer als 0 ist, ist auch $\frac{1}{i^2}>0$.

Da die Partialsummen außerdem nach oben beschränkt sind, ist die Reihe konvergent. Die genaue Begründung und den konkreten Grenzwert liefere ich in Kapitel 18 nach.

Einige besonders erstaunliche Reihen möchte ich Ihnen nicht vorenthalten, auch wenn ich Ihnen an dieser Stelle ebenfalls die Begründungen vorenthalten muss. Sie ermöglichen es, besondere Funktionen durch Reihen anzunähern. Die Rede ist von speziellen *Taylorreihen*:

$$\sum_{n=0}^{\infty}\frac{x^n}{n!}=1+x+\frac{x^2}{2!}+\frac{x^3}{3!}+\cdots=\mathrm{e}^x$$

$$\sum_{n=1}^{\infty}\frac{(-1)^{n+1}}{n}\cdot(x-1)^n=\ln(x)$$

$$\sum_{n=0}^{\infty}(-1)^n\cdot\frac{x^{2n+1}}{(2n+1)!}=\sin x$$

$$\sum_{n=0}^{\infty}(-1)^n\cdot\frac{x^{2n}}{(2n)!}=\cos x$$

Die beiden letzten Reihen funktionieren für x im Bogenmaß.

Aufgaben

13.3 Entspannungsübungen

Aufgabe 1: Berechnen Sie den Grenzwert.

a) Den Grenzwert der folgenden Reihe konnte schon Archimedes berechnen. Sicher schaffen Sie das auch!

$$\sum \left(\frac{1}{4}\right)^i = ?$$

b) Angenommen, die Reihen $\sum a_i$ und $\sum b_i$ haben die Grenzwerte a bzw. b. Welchen Grenzwert hat dann $\sum w \cdot a_i + \sum v \cdot b_i$? ($w$ und v sind reelle Konstanten.)

13.4 Lösungen

Aufgabe 1

a) Der Grenzwert einer geometrischen Reihe wie der angegebenen lässt sich berechnen mit:

$$\sum k^i = \frac{1}{1-k}$$

Da $k = \frac{1}{4}$, ist der Grenzwert der Reihe:

$$\sum \left(\frac{4}{3}\right)^i = \frac{1}{1-\frac{1}{4}} = \frac{4}{3}$$

b) Faktoren vor Reihengliedern kann man nach dem Distributivgesetz ausklammern:

$$\sum w \cdot a_i + \sum v \cdot b_i = w \sum a_i + v \sum b_i$$

Da die beiden Reihen bekannte Grenzwerte haben, ist das Resultat:

$$= w \cdot a + v \cdot b$$

Kapitel 14

Stetigkeit und Monotonie

Monotonie hat in der Mathematik nichts mit Langeweile zu tun, im Gegenteil: Dieser Abschnitt kümmert sich um wichtige Grundbegriffe für alles, was danach kommt. Verzichten Sie beim Sitzen nie auf ein gutes Kissen!

14.1 Grenzwerte von Funktionen

Die Überlegungen zu Konvergenz und Grenzwerten von Folgen ähneln in gewisser Weise dem Warmmachen der Spieler vor dem Anpfiff. Es wird langsam Zeit, na, sagen wir, für den Einlauf vor dem lang erwarteten Spitzenspiel, nicht wahr? Unter dem Jubel der Fans, Konfetti und Fanfaren kommen wir daher jetzt zu *Funktionen in den reellen Zahlen*, die ohnehin viel spannender sind als Folgen mit ihrer bescheidenen Grundmenge $\mathbb{N}$.

Stellen Sie sich eine beliebige Funktion vor:

$$y = f(x), x \in \mathbb{R}$$

Berechnen Sie doch mal den folgenden Grenzwert:

$$g = \lim_{n \to \infty} f(x + (a_n))$$

Dabei ist (a_n) irgendeine Nullfolge.

Ist doch ganz einfach, sagen Sie? Da (a_n) gegen 0 konvergiert, ist der Grenzwert einfach:

$$g = f(x)$$

Nicht schlecht geraten!

Aber leider falsch. Die Mathematik kann ganz schön gemein sein.

Beispiel: Eine Funktion mit »Ätsch«

Schauen Sie sich die folgende Ätsch-Funktion an, und versuchen Sie, auf die eben genannte Weise den Grenzwert für $x = 0$ zu berechnen:

$$f(x) = \frac{\sin x}{x}$$

Das Teilen durch 0 ist auch in diesem Kapitel strenger verboten als das Zuparken der Feuerwehreinfahrt, daher werden Sie jetzt sagen, dass es den gefragten Grenzwert nicht gibt. Aber es gibt ihn, er ist:

$$\lim_{x \to 0} \frac{\sin x}{x} = 1$$

Ich habe hier eine etwas vereinfachte Schreibweise verwendet. Gemeint ist mit diesem Limes »für x gegen 0« der Grenzwert von $f(x)$ für jede Nullfolge (a_n), also:

$$\lim_{x \to 0} \frac{\sin(x + (a_n))}{x + (a_n)}$$

Schauen Sie sich mal den Funktionsgraphen an:

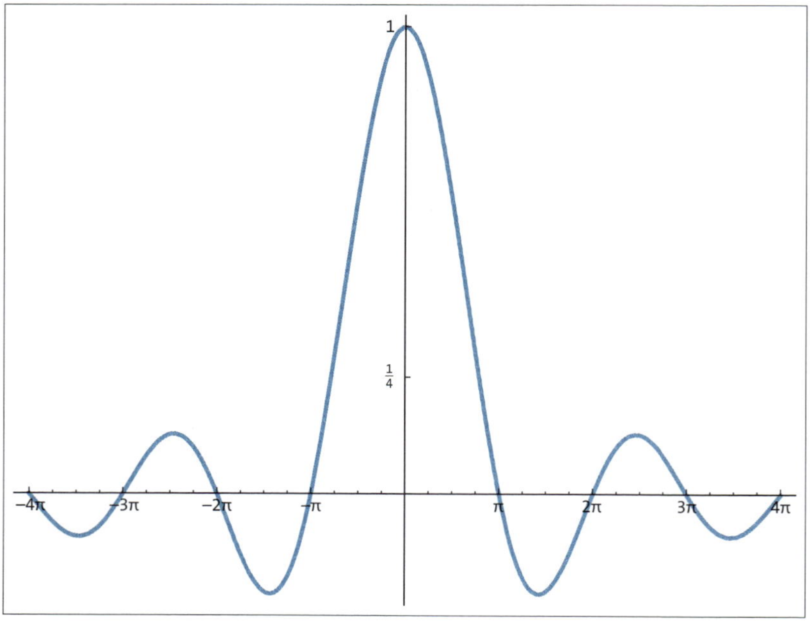

Abbildung 14.1 Die Funktion sin x/x hält bei x=0 eine geheimnisvolle Definitionslücke bereit. Geplottet mit Sage mit folgender Befehlszeile: plot(sin(x)/x,[-pi*4,pi*4], ticks=[pi,[1,0.25]], tick_formatter=[pi,1])

Tatsächlich sieht die Funktion überraschenderweise gar nicht so aus, als hätte sie bei $x = 0$ eine »Störung«. Bevor wir jetzt in die Versuchung kommen, das Dividieren durch 0 für diesen Sonderfall zu erlauben, nähern wir uns der Sache mal vorsichtig an. Und zwar von beiden Seiten.

Lückenfüller

Um herauszufinden, wieso zum Kuckuck der Grenzwert für x gegen 0 für $f(x)$ bei 1 liegt, greifen wir zu einem Trick, nämlich zur *Taylorreihe* für den Sinus. Diese spezielle Reihe hatte ich Ihnen gegen Ende des letzten Kapitels bereits ohne weitere Erklärung aufgetischt, jetzt kommt sie zum Einsatz:

$$\sin x = \sum_{i=0}^{\infty} (-1)^i \cdot \frac{x^{2i+1}}{(2i+1)!}$$

Das erste Glied dieser Reihe ist:

$$(-1)^0 \cdot \frac{x^1}{1!} = x$$

Alle weiteren Glieder summieren sich für sehr kleine x zu 0, weil im Zähler eine Zahl kleiner als 1 steht (und auch noch potenziert wird) und der Nenner größer als 1 ist, was umso schlimmer wird, je größer i wird. Schauen Sie sich das zweite Glied als Beispiel an:

$$(-1)^1 \cdot \frac{x^3}{3!} \approx 0$$

Wenn Sie darin eine Nullfolge für x einsetzen, werden dieser und die weiteren Summanden der Reihe beliebig klein. Deshalb vergessen wir mal schnell alles bis auf das erste Glied.

Für beliebig kleine x gilt also:

$$\sin x \approx x$$

Wohlgemerkt muss x im Bogenmaß angegeben sein, nicht in Grad. Auch anschaulich können Sie diesen Zusammenhang im Koordinatensystem erkennen. Diese Näherung sollten Sie sich merken, Sie erspart Ihnen oft umständliche Trigonometrie!

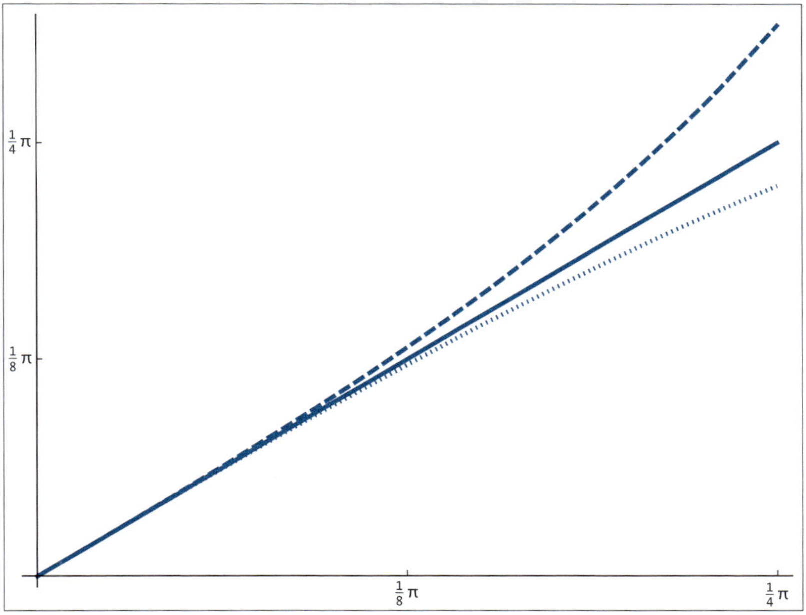

Abbildung 14.2 Mit der Lupe betrachtet (also für kleine x) verhalten sich Sinus (gepunktet) und Tangens (gestrichelt) wie f(x)=x (durchgezogen). Beachten Sie, dass der Tangens oberhalb, der Sinus aber unterhalb der Vergleichsfunktion verläuft, das wird in Kürze von Bedeutung sein. Befehlszeile für Sage: plot([x,sin(x),tan(x)],[0,pi/4], ticks=[[pi/8,pi/4],[pi/8,pi/4]], tick_formatter=[pi,pi])

Übrigens ist aufgrund ganz ähnlicher Überlegungen $\cos x \approx 1$ für sehr kleine x. Wenn Sie für x eine Nullfolge einsetzen, können Sie guten Gewissens die Näherung verwenden, denn dort interessieren wir uns ja für das Verhalten bei großen n und damit kleinen x. Dann sieht die untersuchte Funktion plötzlich so aus:

$$f(x) = \frac{\sin x}{x} \approx \frac{x}{x} = 1 \ \text{(für } x \to 0\text{)}$$

Jetzt verstehen Sie, warum die Funktion bei x=0 nicht ins Unendliche geht. Das ändert allerdings nichts daran, dass sie an dieser Stelle nicht definiert ist – sie hat eine Definitionslücke. Aber eine Definitionslücke, die man ergänzen kann mit der Erweiterung der Funktionsvorschrift $f(0) := 1$.

Dreifolgensatz

Sie können die fragliche Stelle auch auf andere Weise untersuchen. Dazu dient der Dreifolgensatz (siehe Abschnitt 12.2, »Grenzwerte und Konvergenz«, hinten unter »Konvergenz«). Zur Erinnerung: Gilt $\lim a_n = b = \lim c_n$ und $a_n \leq b_n \leq c_n$, dann ist auch $\lim b_n = b$.

Das funktioniert analog mit Funktionen. Falls wir zwei Funktionen finden können, die beide für $x \to 0$ gegen 1 konvergieren und die $f(x)$ oben und unten einschließen, muss auch $f(x)$ denselben Grenzwert haben.

Am Graphen in Abbildung 14.2 sehen Sie, dass für $0 < x < \frac{\pi}{2}$ gilt:

$$\sin x < x < \tan x$$

Da Sinus und Tangens punktsymmetrisch zum Nullpunkt sind, gilt dasselbe entsprechend für negative Zahlen.

Obige Dreier-Ungleichung dürfen Sie umformen, indem Sie mit –1 potenzieren – dabei drehen sich allerdings die Kleiner-als-Zeichen pflichtschuldig um:

$$\frac{1}{\sin x} > \frac{1}{x} > \frac{1}{\tan x}$$

Multiplizieren Sie alles mit dem Sinus von x (das ist erlaubt, solange wir keine Nullstelle des Sinus erwischen, und diese Forderung erfüllt der betrachtete Zahlenbereich zwischen 0 und $\frac{\pi}{2}$):

$$\frac{\sin x}{\sin x} > \frac{\sin x}{x} > \frac{\sin x}{\tan x}$$

In der Mitte steht jetzt unsere Funktion. Links steht eine 1, rechts steht der Cosinus (da tan $x = \sin x / \cos x$). Jetzt lassen Sie x gegen 0 laufen, indem Sie für x eine Nullfolge einsetzen:

$$1 \geq \lim_{x \to 0} \frac{\sin x}{x} \geq \lim_{x \to 0} \cos x$$

Natürlich ist der Grenzwert des Cosinus für x gegen 0 eins. Somit muss nach dem Dreifolgensatz auch der in der Mitte stehende Grenzwert 1 sein.

Von Epsilon und Delta

Es gibt eine dritte Möglichkeit, den Grenzwert einer Funktion zu bestimmen: das *Epsilon-Delta-Kriterium*.

Klingt ein bisschen wie eine Folge aus Big Bang Theory, ist aber ein bisschen kniffliger zu verstehen. Dieses Thema ist daher hauptsächlich für angehende Mathematiker spannend.

Die Aussage des Kriteriums ist: Der $\lim_{x \to a} f(x)$ existiert an der Stelle a genau dann, wenn zu jedem beliebig kleinen $\varepsilon > 0$ auch ein $\delta > 0$ angegeben werden kann, sodass gilt:

$$|f(x) - f(a)| < \varepsilon \text{ für alle } x \text{ mit } 0 < |x - a| < \delta$$

Epsilon ist also der Abstand zwischen den Funktionswerten $f(x)$ und $f(a)$, während Delta der Abstand zwischen x und einer Stelle a ist.

Grenzwerte im Unendlichen

Sie können Grenzwerte von Funktionen nicht nur an beliebigen Stellen x bestimmen, sondern auch in der Unendlichkeit. Um das mit einer Nullfolge veranstalten zu können (divergierende Folgen haben keine Grenzwerte), greifen wir tief in die Trickkiste: Der Grenzwert einer Funktion $f(x)$ für $x \to +\infty$ ist g_∞, wenn:

$$\lim_{x \to 0, x > 0} f\left(\frac{1}{x}\right) = g_\infty$$

Diese Betrachtungsweise führt den Grenzwert im Unendlichen auf einen Grenzwert von Nullfolgen zurück, und damit kennen Sie sich ja jetzt schon aus.

Damit die negative Unendlichkeit (also z. B. die Schulden der USA) nicht zu kurz kommt: Dafür berechnen Sie den Grenzwert einfach wie folgt:

$$\lim_{x \to 0, x > 0} f\left(-\frac{1}{x}\right) = g_{-\infty}$$

Natürlich funktioniert beides nur, wenn $f(x)$ für die fraglichen Werte definiert ist.

Falls $f(x)$ für $x \to \pm\infty$ konvergiert, bedeutet das anschaulich eine Annäherung an eine Waagerechte mit der y-Koordinate g_∞ bzw. $g_{-\infty}$.

Beispiel: Konvergenz im Unendlichen

Der »Star« dieses Kapitels, also die Funktion $f(x) = \frac{\sin x}{x}$, steht schon als Beispiel bereit.

Suchen Sie sich eine Nullfolge aus (sagen wir ... $(a_n) = \frac{1}{n}$, okay?), und setzen Sie deren Kehrwert (n) für x ein, sodass $x \to \infty$. Dann bestimmen Sie den Grenzwert für die positive Unendlichkeit:

$$\lim_{n\to\infty} \frac{\sin n}{n}$$

Das ist das Produkt einer beschränkten Folge ($\sin n$) mit einer Nullfolge:

$$\lim_{n\to\infty} \sin n \cdot \lim_{n\to\infty} \frac{1}{n}$$

Dergleichen ist laut Abschnitt 12.2, »Grenzwerte und Konvergenz«, wiederum eine Nullfolge. Als Grenzwert gegen $-\infty$ kommt dasselbe heraus. Also ist:

$$\lim_{n\to\infty} \frac{\sin n}{n} = 0$$

Beispiel: Noch ein Grenzwert im Unendlichen

Schauen Sie sich eine andere Funktion an:

$$f(x) = \mathrm{e}^{-x} \cdot \cos x^2$$

Gesucht ist der Grenzwert für $x \to \infty$.

Setzen Sie den Kehrwert unserer beliebtesten Nullfolge $\frac{1}{n}$ für x ein.

$$\lim_{n\to\infty} \mathrm{e}^{-n} \cdot \cos n^2$$

Konvergiert diese Folge?

Ja, das tut sie, und zwar gegen 0, denn e^{-n} konvergiert gegen 0, und $\cos n^2$ ist beschränkt, da der Cosinus nur Werte zwischen –1 und +1 annimmt. Das Produkt aus einer Nullfolge und einer beschränkten Folge ist eine Nullfolge, folglich geht $f(x)$ gegen 0 (siehe Abbildung 14.3).

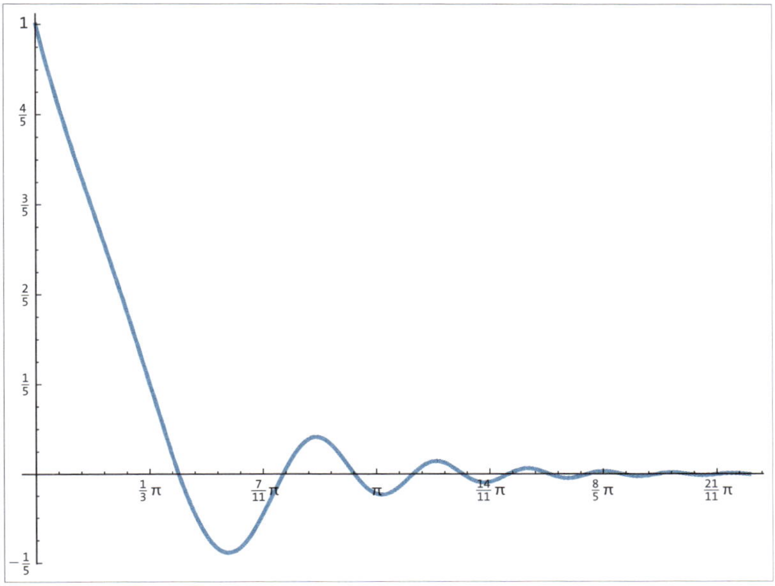

Abbildung 14.3 Die Funktion $e^{-x} \cdot \cos x^2$ kann sich nicht recht entscheiden, ob sie positiv oder negativ sein möchte, aber im Unendlichen konvergiert sie auf jeden Fall gegen 0. Sage-Code: plot(cos(x^2)*exp(-x),[0,2*pi], tick_formatter=[pi,1])

Rechenregeln für Grenzwerte von Funktionen

Analog zu den Grenzwerten für Folgen können Sie auch mit jenen für Funktionen rechnen. Existieren für zwei Funktionen $f(x)$ und $g(x)$ an der Stelle x jeweils Grenzwerte a bzw. b, so gilt:

- Der Grenzwert der Summenfunktion $f(x) + g(x)$ ist $a + b$.
- Konstante Faktoren können Sie vor den Limes ziehen: $\lim k \cdot f(x) = k \cdot \lim f(x) = k \cdot a$.
- Der Grenzwert des Produktes $f(x) \cdot g(x)$ ist $a \cdot b$.
- Dasselbe gilt entsprechend für Quotienten, solange der Nenner nicht 0 wird.
- Wenn zwei differenzierbare Funktionen beide den Grenzwert 0 haben, also:

$$\lim f(x) = \lim g(x) = 0$$

Dann ist der Grenzwert des Quotienten:

$$\lim \frac{f(x)}{g(x)} = \lim \frac{f'(x)}{g'(x)}$$

Wenn letzterer Grenzwert existiert, funktioniert die Regel sowohl bei Definitionslücken (also links- oder rechtsseitigen Grenzwerten) als auch im Unendlichen. Das ist die *Regel von de l'Hospital*.

14.2 Stetige Funktionen

Kommen wir nun zu einem wichtigen Begriff, der für die Analysis eine ähnliche Bedeutung hat wie das Mannschaftsfoto für die Fußballmannschaft: *Stetigkeit*.

Anschaulich bedeutet Stetigkeit, dass Sie einen Funktionsgraphen zeichnen können, ohne den Stift abzusetzen, also ohne »Lücke« oder »Sprung«. Was aber bedeutet das in der Sprache der Mathematik?

Definition der Stetigkeit

Eine Funktion $f(x)$ heißt *stetig* an der Stelle a, wenn dort der Grenzwert existiert:

$$\lim_{a \to x} f(a) = f(x)$$

Ist eine Funktion an jeder Stelle eines Intervalls $I = [x_{min}, x_{max}]$ (also $x_{min} \leq x \leq x_{max}$) stetig, heißt sie stetig im Intervall I.

Anschaulich bedeutet Stetigkeit, dass hinreichend kleine Änderungen von x den Funktionswert $f(x)$ nur beliebig wenig beeinflussen.

Viele Funktionen sind in ihrem ganzen Definitionsbereich stetig, manche sogar auf ganz $\mathbb{R}$.

Nachweisen lässt sich Stetigkeit (an einer Stelle, in einem Intervall oder einer ganzen Menge) jeweils anhand der Nullfolgen-Bedingung oder des Epsilon-Delta-Kriteriums.

Beispiele: Stetige Funktionen

Weil Stetigkeit ein grundlegendes Kriterium für weitere Untersuchungen der Analysis ist, präsentiere ich Ihnen jetzt eine umfangreiche Liste stetiger Funktionen. Lassen Sie die Funktionsgraphen vor Ihrem geistigen Auge erscheinen (oder überreden Sie Sage, sie zu plotten). Anschaulich ausgedrückt: Stetige Funktionen haben keine »Lücken« (wie $\sin x / x$ eine hat). Ein Graph darf geknickt sein, aber nicht zerbrochen, Sie (oder Sage) müssen ihn ohne Anheben des Stiftes zeichnen können.

- Alle ganzrationalen Funktionen sind stetig auf ganz $\mathbb{R}$.
- Alle gebrochen rationalen Funktionen sind stetig auf ihrer Definitionsmenge.
- Die Exponentialfunktion ist stetig auf ganz $\mathbb{R}$.

- Sinus und Cosinus ebenfalls. Der Tangens ist nur stetig auf seiner Definitionsmenge, d. h. wo $\cos x \neq 0$.
- Summen, Produkte und Quotienten von zwei stetigen Funktionen sind wiederum stetig in ihrem Definitionsbereich.
- Die Betragsfunktion $|x|$ ist stetig. Sie hat bei $x = 0$ einen »Knick«, aber keine Lücke.
- Wenn eine Funktion stetig ist, ist auch die Funktion der Beträge der Funktionswerte $b(x) = |f(x)|$ stetig.
- Das ist ein Spezialfall der folgenden, besonders wichtigen Erkenntnis: Die Verkettung $f(g(x))$ von zwei stetigen Funktionen ist ebenfalls stetig.
- Die *Dirichlet-Funktion* ist an keiner Stelle stetig. Ich weiß nicht, ob Sie dieses Gerät jemals brauchen, aber für den Fall, dass jemand fragt: Die Dirichlet-Funktion ist 1 für rationale Zahlen und 0 für irrationale Zahlen. Also ein unendlich dichtes Hin und Her.

Wir prüfen die Stetigkeit einer Funktion stets auf einem *Intervall*. Ein Intervall ist ein lückenlos zusammenhängender Zahlenbereich zwischen zwei Grenzen a und b, geschrieben: $[a, b]$. Die beiden Grenzen gehören zum Intervall dazu. Es gibt auch offene Intervalle, d. h. ohne die Grenzen. Solche schreibt man mit umgekehrten eckigen Klammern, also etwa $]0,1]$ für ein Intervall zwischen 0 und 1 mit 1, aber ohne 0.

Beispiel: Intervalle

Das Intervall $[0,1]$ enthält alle reellen Zahlen zwischen 0 und 1, jeweils inklusive, also alle x, für die gilt: $0 \leq x \leq 1$.

Das Intervall $[-1,0[$ enthält die Zahlen von -1 bis 0, aber nicht die 0, also alle x, für die gilt: $-1 \leq x < 0$.

Sätze über stetige Funktionen

Für stetige Funktionen gelten einige Erkenntnisse, die Sie kennen sollten.

Als da wären:

- Stetige Funktionen sind auf geschlossene Intervalle $[a, b]$, also für $a \leq x \leq b$, beschränkt. Das können Sie sich anschaulich klarmachen: Eine Funktion wie $f(x) = \frac{1}{x^2}$ läuft für $x = 0$ ins Unendliche, und das bedeutet, dass dort eine Unstetigkeit vorliegt. Nur Intervalle, die die kritische Stelle 0 nicht einschließen, können stetige Intervalle sein, und dasselbe gilt umgekehrt.
- Auf offenen Intervallen kann eine stetige Funktion unbeschränkt sein. Auch hier muss $f(x) = \frac{1}{x^2}$ als Beispiel herhalten: Auf dem offenen Intervall $]0, b]$, also für $0 < x \leq b$, verschwindet der Funktionswert in die Unendlichkeit, ist also nicht beschränkt.

- Stetige Funktionen besitzen auf einem geschlossenen Intervall $[a, b]$ ein Minimum und ein Maximum. Das folgt direkt aus der Beschränktheit. Das ist der *Satz vom Minimum und Maximum*.
- Eine Funktion, die auf einem Intervall $[a, b]$ stetig ist, nimmt zwischen zwei Stellen c und d (die beide in dem Intervall liegen), jeden Wert zwischen $f(c)$ und $f(d)$ an. Dieser Satz heißt *Zwischenwertsatz*.
- Spezialfall des Zwischenwertsatzes: Sind die Vorzeichen von $f(c)$ und $f(d)$ verschieden, d. h., der eine Funktionswert liegt über 0 und der andere darunter, so besitzt die Funktion dazwischen eine Nullstelle.

  Stetige Funktionen, die *injektiv* sind – d. h., zu jedem Funktionswert gibt es höchstens ein x, das diesen Wert liefert –, sind umkehrbar, und auch die Umkehrfunktion $f^{-1}(y)$ ist im zugehörigen Intervall stetig.

In der praktischen Anwendung behandelt die Analysis nur stetige Funktionen bzw. unstetige Funktionen in jenen Intervallen, auf denen sie stetig sind.

Beispiel: Injektivität und Umkehrfunktion

Die Funktion $f(x) = x^3$ ist injektiv und stetig auf ganz $\mathbb{R}$. Daher ist sie umkehrbar, und auch die Umkehrfunktion $f(x) = \sqrt[3]{x}$ ist stetig.

Für $f(x) = x^2$ ist hingegen eine Umkehrfunktion nur dort zu finden, wo $f(x)$ injektiv ist, also für $x \geq 0$.

Monotonie

Monotone Funktionen sind wie Einbahnstraßen: Es geht immer nur in eine Richtung. Wenn es einen Stau gibt, müssen Sie anhalten, aber Sie fahren nie rückwärts.

Für *monoton steigende Funktionen* gilt: Größere Werte für x liefern gleich große oder größere Funktionswerte, also:

$$a > b \;\Rightarrow f(a) \geq f(b)$$

Für *monoton fallende Funktionen* gilt umgekehrt:

$$a > b \;\Rightarrow f(a) \leq f(b)$$

Beachten Sie das Größer-oder-gleich-Zeichen. Eine konstante Funktion $f(x) = k$ ist monoton steigend (und gleichzeitig monoton fallend), aber nicht streng monoton steigend (bzw. fallend), denn dem entspricht die schärfere Anforderung:

$$a > b \;\Rightarrow f(a) > f(b)$$

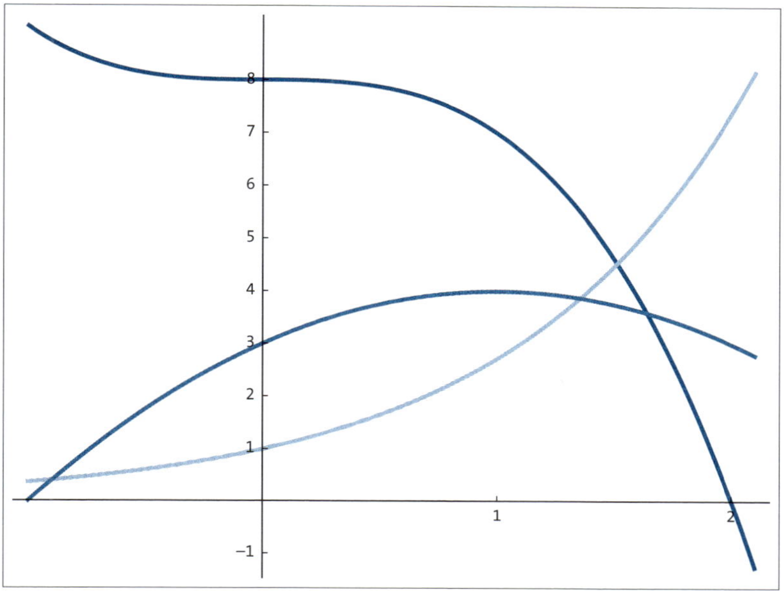

Abbildung 14.4 Die oberste Kurve zeigt eine streng monoton fallende Funktion, die Exponentialfunktion ist streng monoton steigend, und die dritte ist weder das eine noch das andere, da sie bis zur Stelle x=1 ansteigt und danach fällt. Geplottet mit folgendem Sage-Code: plot([8-x^3,exp(x),4-(x-1)^2], [-1,2.1], ticks=[[0,1,2],[-8..8]])

Monotonie ist die Versprechung, dass eine Funktion in einem gegebenen Intervall keinen Unsinn anstellt. Halten Sie sich folgende Erkenntnisse vor Augen:

- Streng monotone Funktionen sind injektiv, d. h., es gibt jeden Funktionswert maximal einmal: Wer in der Einbahnstraße immer vorwärtsfährt (und nicht anhält, da *strenge* Monotonie gefordert ist), kommt höchstens einmal an der Eisdiele vorbei.
- Auf einem gegebenen Intervall sind streng monotone Funktionen sogar *bijektiv*, das bedeutet, dass sie jeden Funktionswert *genau* einmal annehmen. Sie kommen auf einem gewissen Straßenabschnitt an *jedem* Haus vorbei.
- Monotone, stetige Funktionen sind fast überall *differenzierbar* und überall *integrierbar*. Was das bedeutet und was es mit der Eisdiele in der Einbahnstraße zu tun hat, erfahren Sie in den nächsten Abschnitten. Tatsächlich sind das die beiden Dinge, wegen derer wir uns mit all diesen Grundbegriffen beschäftigen müssen.

Aufgaben

14.3 Entspannungsübungen

Aufgabe 1: Untersuchen Sie die Definitionslücke.

$$\lim_{x \to 0} \frac{e^x - 1}{x}$$

Aufgabe 2: Bestimmen Sie die Grenzwerte.

a) $\lim\limits_{x \to \infty} e^{-x}$

b) $\lim\limits_{x \to \infty, x > 0} \frac{1}{x^2} \cdot e^{-\frac{1}{x}}$

Aufgabe 3: Ermitteln Sie das Monotonieverhalten.

a) $f(x) = \ln x$, für $x > 0$

b) $g(x) = \tan x$, für $-\frac{\pi}{2} < x < \frac{\pi}{2}$

c) $h(x) = 42$

14.4 Lösungen

Aufgabe 1

Die gegebene Funktion hat eine Definitionslücke bei $x = 0$. Um den Grenzwert an dieser Stelle für $x > 0$ zu berechnen, benutzen wir den Dreifolgensatz, angewendet auf drei Funktionen und eine beliebige Nullfolge. Konkret versuchen wir zu zeigen, dass für alle $x > 0$ gilt:

$$1 < \frac{e^x - 1}{x} < e^x$$

Da sowohl die konstante Funktion 1 als auch die »nackte« Exponentialfunktion für x gegen 0 gegen 1 konvergieren, muss das auch die »eingeschlossene« Funktion tun.

Zuerst beweisen wir den linken Teil der Doppel-Ungleichung:

$$1 < \frac{e^x - 1}{x} \quad | \cdot x$$

Wir dürfen mit x multiplizieren, weil es größer als null ist. Aus dem gleichen Grund dreht sich das Kleiner-Zeichen nicht um.

$$x < e^x - 1 \quad | + 1$$

$$x + 1 < e^x$$

Jetzt benötigen wir einen Hinweis aus Abschnitt 12.2, »Grenzwerte und Konvergenz«, laut dem die Folge $\left(1 + \frac{x}{n}\right)^n$ gegen die Exponentialfunktion an der Stelle x konvergiert.

Da die Glieder dieser Folge augenscheinlich immer größer werden, sich also »von unten« an die Exponentialfunktion annähern, gilt für $x > 0$ und für alle n:

$$\left(1 + \frac{x}{n}\right)^n < e^x$$

Das Folgenglied für $n = 1$ ist das kleinste, und es ist zufälligerweise identisch mit dem Term links in unserer Ungleichung. Also ist:

$$x + 1 = \left(1 + \frac{x}{1}\right)^1 \leq \left(1 + \frac{x}{n}\right)^n < e^x$$

Den zweiten Teil der Ungleichung zu beweisen, ist glücklicherweise einfacher.

$$\frac{e^x - 1}{x} < e^x \qquad | \cdot x$$

$$e^x - 1 < x \cdot e^x \quad | \cdot e^{-x}$$

$$1 - e^{-x} < x \qquad | + e^{-x}$$

$$1 < x + e^{-x} \qquad | - x$$

$$1 - x < e^{-x}$$

Da x positiv ist, ist $-x$ negativ. Setzen wir dafür $y = -x$, also eine positive Zahl ein:

$$1 + y < e^y$$

Und genau das hatten wir ja für Zahlen > 0 gerade erst nachgewiesen.

Analog bzw. umgekehrt funktioniert der Beweis für negative x. Die Definitionslücke bei $x = 0$ lässt sich also stetig ergänzen durch den Funktionswert 1. Den Verlauf der drei Funktionen können Sie sich mit Sage ansehen (Abbildung 14.5).

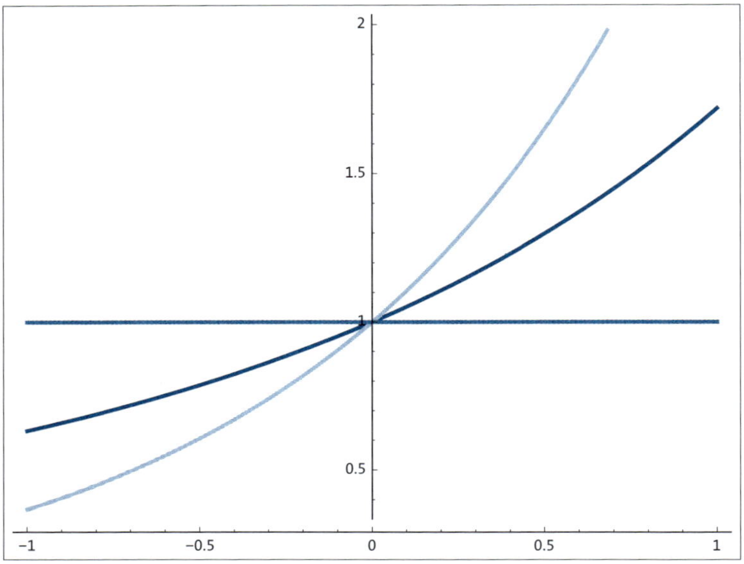

Abbildung 14.5 Die zu untersuchende Funktion verläuft an ihrer Definitionslücke zwischen zwei Funktionen, die dort beide den Wert 1 haben.

Aufgabe 2

a) $\lim\limits_{x\to\infty} e^{-x} = \lim\limits_{n\to\infty} e^{-n} = \lim\limits_{n\to\infty} \frac{1}{e^n} = 0$

b) Setzen Sie für x die stets positive Nullfolge $(a_n) = \frac{1}{n}$ ein:

$$\lim_{n\to 0, x>0} \frac{1}{x^2} \cdot e^{-\frac{1}{x}} = \lim_{n\to\infty} \frac{1}{\frac{1}{n^2}} \cdot e^{-n} = \lim_{n\to\infty} \frac{n^2}{e^n}$$

Da laut Abschnitt 12.2, Unterabschnitt »Konvergenz«, die Exponentialfunktion schneller wächst als jede Potenz von n, wächst der Nenner schneller als der Zähler, also ist der Grenzwert null.

Aufgabe 3

a) $f(x) = \ln x, \quad \text{für } x > 0$

Diese Funktion ist streng monoton steigend. Wenn ein Funktionswert kleiner ist als der andere, also

$\ln a < \ln b \quad | \, e^{\uparrow}$

... dann fällt durch beidseitiges Anwenden der Exponentialfunktion der Logarithmus weg:

$a < b$

b) $g(x) = \tan x\,, \quad \text{für } -\frac{\pi}{2} < x < \frac{\pi}{2}$

Ersetzen Sie den Tangens durch den Quotienten aus Sinus und Cosinus:

$$g(x) = \frac{\sin x}{\cos x}$$

Zwischen 0 und $\frac{\pi}{2}$ ist der Sinus streng monoton steigend. Der Cosinus ist dort streng monoton fallend, woraus folgt, dass $\frac{1}{\cos x}$ streng monoton steigt. Das Produkt zweier streng monoton steigender Funktionen ist natürlich ebenfalls streng monoton steigend.

Da $\tan(-x) = -\tan x$ ist, gilt für den negativen Bereich die gleiche Argumentation.

c) $h(x) = 42$

Diese zugegebenermaßen nicht allzu abwechslungsreiche Funktion ist monoton fallend und monoton steigend (aber nicht streng), da für $a \neq b$ gilt:

$$h(a) \geq h(b)$$

und auch:

$$h(a) \leq h(b)$$

Kapitel 15

Funktionen ableiten

Leben bedeutet Veränderung! Diese Binsenweisheit ist nicht Thema dieses Kapitels. Aber Veränderung schon: Wie verhalten sich Funktionswerte, wenn sich der x-Wert verändert? Das ist nicht nur in der Mathematik von Bedeutung – sondern in praktisch allen angewandten Naturwissenschaften, denn Veränderung ist allgegenwärtig.

15.1 Umschalten auf wahnsinnige Geschwindigkeit!

Statt mit abstrakten Formeln möchte ich Ihnen die wichtigen Themen dieses Kapitels anhand eines lebensnahen Beispiels vorführen.

Angenommen, Sie fliegen mit einem Raumschiff von der Milchstraße rüber in die Andromeda-Galaxis. Sie haben sämtliche Netflix-Serien aller Zeiten dabei und sind unsterblich, deshalb können wir die Tatsache, dass Sie für die Reise mit einem klassischen unterlichtschnellen Antrieb ein paar Millionen Jahre brauchen, getrost ignorieren. Außerdem betrachten wir nur eine Sekunde auf Ihrem langen, geradlinigen Weg. Weil Sie der Lärm stört, haben Sie außerdem den Antrieb im Moment abgeschaltet. Das bedeutet (auch wenn es manche SF-Autoren noch nicht wahrhaben wollen), dass sich Ihr Raumschiff mit konstanter Geschwindigkeit geradeaus bewegt. Nicht mehr und nicht weniger.

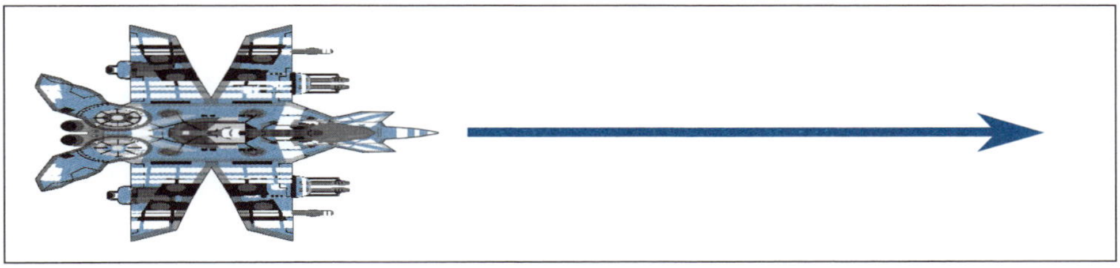

Abbildung 15.1 Das coole Raumschiff bewegt sich mit konstanter Geschwindigkeit.

Ort, Zeit, Tempo

Angenommen, Sie messen die Entfernung zwischen Start und Ziel in Metern und die vergangene Zeit in Sekunden. Dann können Sie Folgendes feststellen:

- Zum Zeitpunkt t befinden Sie sich am Ort s, und
- zum Zeitpunkt $t + \Delta t$ befinden Sie sich am Ort $s + \Delta s$.

Dabei symbolisiert das Delta Δ, dass es sich um einen kleinen Zeitraum bzw. Wegabschnitt handelt, zum Beispiel 1 Meter bzw. 1 Sekunde, wohingegen der Zeitpunkt t und der Ort s irgendwelche, vermutlich recht große Werte haben.

Die momentane, konstante Geschwindigkeit, das wissen Sie aus der Raumschiff-Fahrschule, können Sie wie folgt berechnen:

$$v = \Delta s / \Delta t$$

Geschwindigkeit ist *zurückgelegter Weg pro dafür benötigte Zeit*. Ihre physikalische Einheit ist demzufolge der Quotient aus einer Weg- und einer Zeiteinheit, z. B. km/h. (Eine »eigene« Einheit hat die Geschwindigkeit nicht, es sei denn, Sie zählen c, also die Lichtgeschwindigkeit, als solche, was manche Astrophysiker ganz gerne tun.)

Falls Sie den gesamten Weg mit konstanter Geschwindigkeit zurücklegen würden, wäre diese:

$$v = s/t$$

Dieser Fall trifft in den seltensten Fällen zu, allenfalls können Sie diese Formel verwenden, um eine Durchschnittsgeschwindigkeit zu ermitteln – aber um die geht es hier nicht.

Sie können die Bewegung Ihres Raumschiffs grafisch darstellen, wenn Sie den Ort als Funktion der Zeit auffassen (Abbildung 15.2).

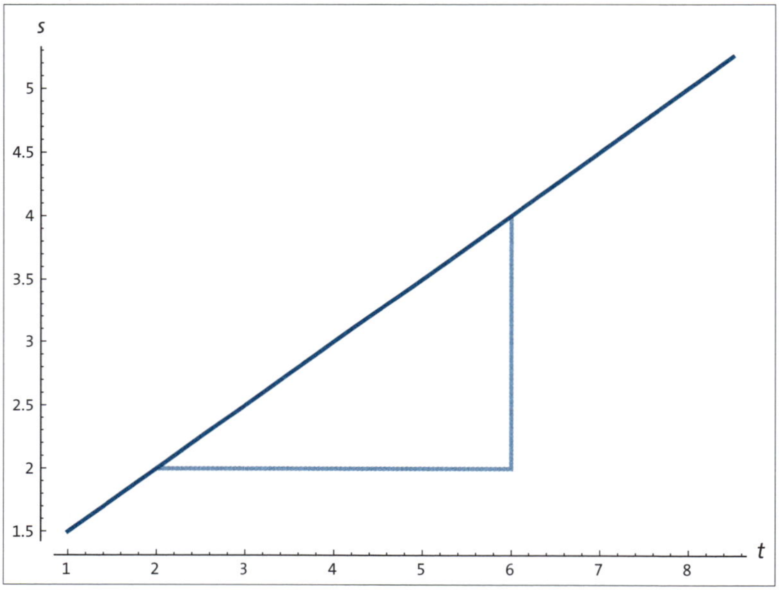

Abbildung 15.2 Wenn sich Ihr Raumschiff mit konstanter Geschwindigkeit bewegt, können Sie das Tempo an einem beliebigen Steigungsdreieck ablesen.

Das eingezeichnete Dreieck ist ein *Steigungsdreieck*. Das Verhältnis zwischen seiner Höhe und seiner Länge ist die Steigung – hier nichts anderes als die Geschwindigkeit.

Über lineare Funktionen wissen Sie, dass die Steigung in der Funktionsvorschrift als Faktor vor der Laufvariablen auftaucht. Ist die Steigung die Geschwindigkeit, so liest sich die Funktionsvorschrift so:

$$s(t) = v \cdot t$$

Das ist natürlich nichts anderes als die oben genannte Gleichung $v = s/t$, nur nach s umgestellt.

Ungefähr an dieser Stelle stoßen Sie mit einem intergalaktischen Staubteilchen zusammen. Es ist zwar winzig klein und wird von Ihrem Schutzschirm mühelos aufgefangen. Aber rein physikalisch bremst es Ihr Raumschiff ruckartig ab, die Geschwindigkeit sinkt plötzlich, wenn auch um einen geringfügigen Betrag. Schauen Sie sich an, wie sich das auf den Funktionsgraphen auswirkt (Abbildung 15.3)! Sobald wiederum eine kurze Zeit Δt nach dem Zusammenstoß vergangen ist, messen Sie erneut den Ort $s + \Delta s$ und ermitteln eine neue, geringere Geschwindigkeit $v_2 = \Delta s/\Delta t$.

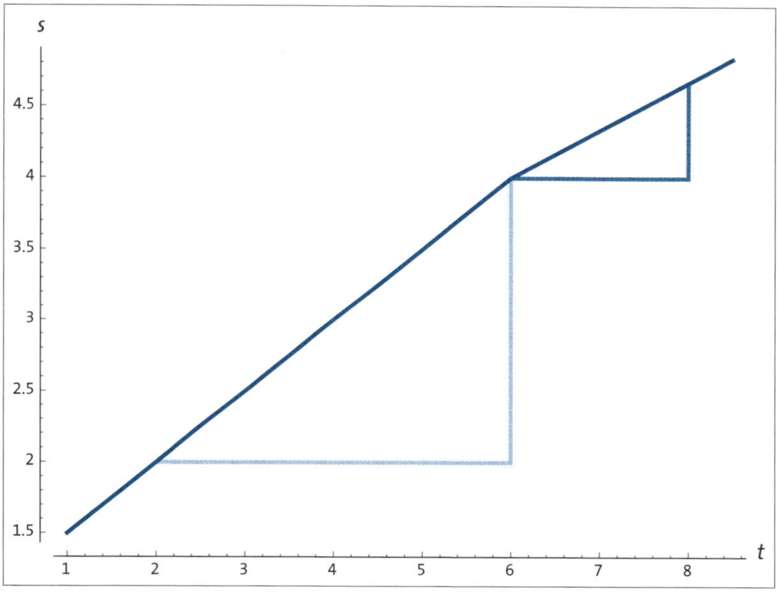

Abbildung 15.3 Bei t=6 trifft ein Asteroid frontal auf unser Schutzschild, fürderhin fliegt das Raumschiff mit einer langsameren Geschwindigkeit, die Sie am rechten Steigungsdreieck ablesen können: Es hat eine geringere Steigung als das linke, größere.

Jetzt stellen Sie sich vor, Ihre Geschwindigkeit ändert sich *andauernd*. Zum Beispiel, weil Sie durch einen Asteroidenschwarm fliegen oder weil Sie den Antrieb wieder einschalten.

Dann wird die Ortskurve im Koordinatensystem irgendwelche Biegungen nach oben (Beschleunigung) oder unten (Abbremsen) vollführen. Um dann die momentane Geschwindigkeit zu einem beliebigen Zeitpunkt messen zu können, brauchen Sie alles, was Sie in den vorangegangenen Abschnitten gelernt haben.

Momentane Geschwindigkeit

Um eine momentane Geschwindigkeit zu einem bestimmten Zeitpunkt t_0 zu bestimmen, bilden Sie doch einfach mal den Grenzwert an dieser Stelle:

$$v(t_0) = \lim_{t \to t_0} v(t) = \lim_{t \to t_0} \frac{s(t) - s(t_0)}{t - t_0}$$

Natürlich gibt es keine unendlich kleinen Zeiten und Längen, deshalb muss weder das Tachometer in Ihrem Raumschiff noch das in Ihrem Auto einen Limes bilden.

Aber an dieser Stelle verlassen wir ohnehin das gemütliche Raumschiff zwischen den Galaxien, das sich auf messbare, aber mathematisch nicht genau definierte Weise bewegt.

In den folgenden Abschnitten betrachten wir diverse mathematische Funktionen $f(x)$ an Stelle physikalischer Messgrößen $s(t)$ und versuchen, etwas über deren Steigung an beliebigen Stellen x herauszufinden. Die Steigung ist dabei immer die y-Änderung aufgrund einer x-Änderung.

15.2 Die Steigung der Tangenten

Um die Steigung einer Funktion an einem Punkt zu ermitteln, können Sie eine Tangente wählen, die exakt dieselbe Steigung hat wie die Funktion in diesem Punkt. Aber welche Steigung ist das dann genau?

Klitzekleine Steigungsdreiecke

Für eine irgendwie verlaufende, zunächst unbekannte Funktion $f(x)$ können Sie eine mittlere Steigung zwischen den Stellen x und x_0 grafisch bestimmen, indem Sie eine Sekante einzeichnen, also eine Gerade, die den Funktionsgraphen in den relevanten Punkten schneidet (Abbildung 15.4). Solange das Dreieck eine Breite ungleich 0 hat, gilt:

$$m = \frac{f(x) - f(x_0)}{x - x_0}$$

Wenn Sie x immer näher an x_0 annähern, die Steigungsdreiecke also beliebig klein werden lassen, wird die Sekante immer kürzer, letztlich als Grenzwert die Steigung an der Stelle x_0 annehmen und damit zu einer Tangente (siehe Abbildung 15.5).

Diese hat die Steigung:

$$\lim_{x \to x_0} \frac{f(x) - f(x_0)}{x - x_0}$$

Für bestimmte Arten von Funktionen klappt dies an jeder beliebigen Stelle x_0.

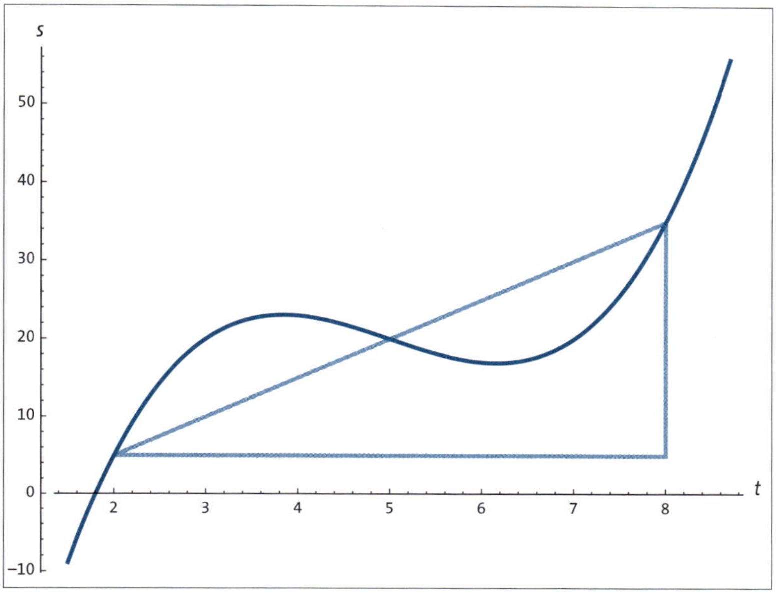

Abbildung 15.4 Bei variabler Geschwindigkeit ist eine Sekante nicht gut zu gebrauchen, um am Steigungsdreieck eine momentane Geschwindigkeit abzulesen.

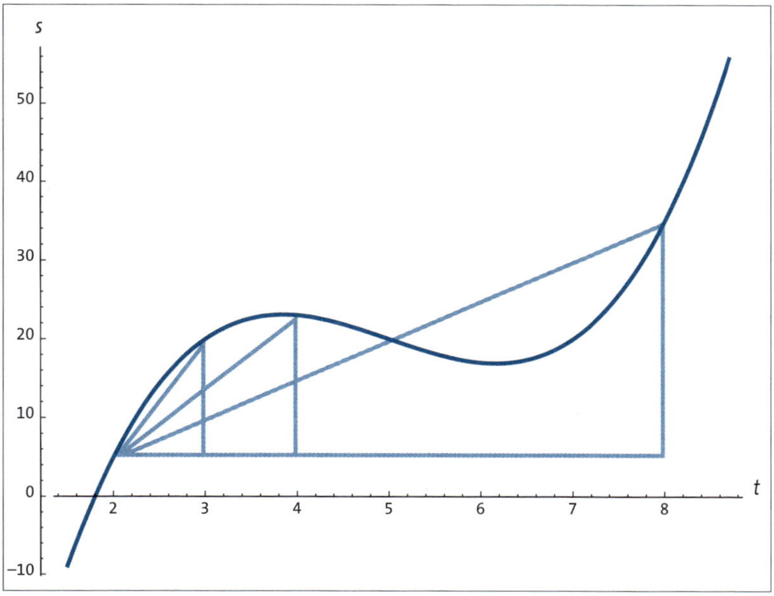

Abbildung 15.5 Je schmaler das Steigungsdreieck, desto mehr nähert sich dessen Steigung der Geschwindigkeit zum betrachteten Zeitpunkt an.

Differenzierbarkeit und Stetigkeit

Existiert für eine Funktion in einem bestimmten Intervall überall der Grenzwert der Tangente, heißt sie *differenzierbar* und wir nennen

$$f'(x_0) = \lim_{x \to x_0} \frac{f(x) - f(x_0)}{x - x_0}$$

(gesprochen: »f Strich«) die *Ableitung* von *f* an der Stelle x_0.

Diese beiden Begriffe sind so wichtig, dass sich dafür gleich mehrere Schreibweisen eingebürgert haben. In der Physik etwa wird Ihnen die folgende Schreibweise begegnen:

$$\frac{\mathrm{d}}{\mathrm{d}x} f(x_0) \text{ oder } \frac{\mathrm{d}f}{\mathrm{d}x}(x_0) \text{ oder } \frac{\mathrm{d}y}{\mathrm{d}x}$$

Die kleinen d leiten sich ab aus dem Quotienten der Deltas, also $\frac{\Delta y}{\Delta x}$. Gesprochen wird diese Schreibweise »D nach D X« bzw. »D Y nach D X«.

Wenn sie eine Ableitung nach der Zeit bilden (also »… nach D T«), schreiben Physiker auch ganz gerne mal Punkte drüber und sagen »S Punkt«:

$$\frac{\mathrm{d}s}{\mathrm{d}t} = \dot{s}$$

Früher oder später werden Sie auch Ableitungen ableiten, also zweite (oder höhere) Ableitungen bilden. Die schreiben sich dann je nach Vorliebe so:

$$f''(x)$$

$$\frac{\mathrm{d}^2 y}{\mathrm{d}x^2}$$

In Worten: »D Quadrat Y nach D X Quadrat«, manchmal auch »D Zwei Y nach D X Quadrat«.

$$\ddot{s}$$

Verbal: »S Zwei Punkt«

Die erste Ableitung

Welche Funktionen kann man denn nun ableiten, und wie funktioniert das?

Stetigkeit hilft, die haben Sie kennengelernt, und schon anschaulich betrachtet sind nicht stetige Funktionen wohl kaum differenzierbar. Aber schauen Sie sich mal die Betragsfunktion an (Abbildung 15.6). An der Stelle $x = 0$ können Sie keine Tangente anlegen, dort ist die Funktion also nicht differenzierbar. Verschiedene Nullfolgen (die sich von links bzw. rechts nähern) würden gegen zwei verschiedene Grenzwerte der Steigungsdreiecke konvergieren, nämlich gegen –1 (von links) und +1 (von rechts). Fordern müssen wir aber, dass alle Nullfolgen zum gleichen Grenzwert führen.

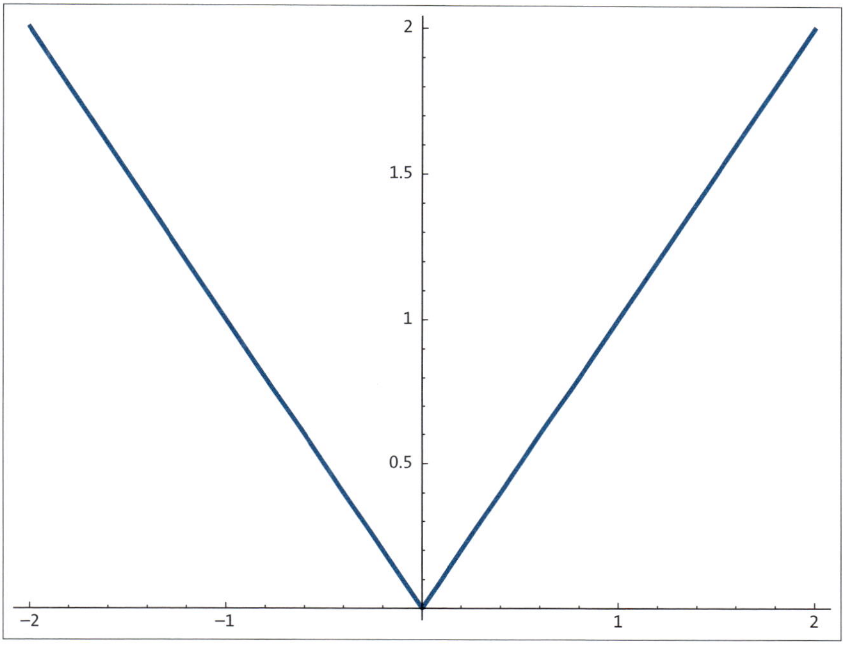

Abbildung 15.6 Die Betragsfunktion ist stetig, aber an der Stelle 0 nicht differenzierbar.

Beispiel: Differenzierbarkeit einfacher Funktionen

Werfen wir einen Blick auf einige besonders einfache Funktionen und deren Ableitungen.

- Konstante Funktionen $f(x) = k$ sind differenzierbar in $\mathbb{R}$. Ihre Steigung ist überall 0, also: $f'(x) = 0$
- Die Identitätsfunktion $f(x) = x$ ist ebenfalls überall differenzierbar. Ihre Steigung ist überall 1, also: $f'(x) = 1$

Beides sind Spezialfälle der Ableitung der allgemeinen linearen Funktion $f(x) = m \cdot x + b$.

Schauen Sie sich die Grenzwerte der klitzekleinen Steigungsdreiecke an:

$$f'(x_0) = \lim_{x \to x_0} \frac{f(x) - f(x_0)}{x - x_0} = \lim_{x \to x_0} \frac{m \cdot x + b - (m \cdot x_0 + b)}{x - x_0}$$

Sie können die bekannten Regeln fürs Rechnen mit Grenzwerten verwenden und kommen auf:

$$f'(x_0) = \lim_{x \to x_0} \frac{m \cdot x + b - m \cdot x_0 - b}{x - x_0} = m \cdot \lim_{x \to x_0} \frac{x - x_0}{x - x_0} = m$$

Dass die Ableitung der linearen Funktionen genau deren Steigung ergibt, wird Sie kaum überraschen.

Indem Sie den Tangenten-Steigungs-Grenzwert bilden, können Sie grundsätzlich die Ableitung jeder differenzierbaren Funktion ausrechnen. Sie werden in Kürze Regeln kennenlernen, die Ihnen diesen Umstand ersparen, aber ein weiteres wichtiges Beispiel möchte ich Ihnen nicht vorenthalten.

Beispiel: Ableiten mit Tangentensteigung

Ermitteln Sie die Ableitung von:

$$f(x) = x^2$$

Bestimmen Sie den Grenzwert der klitzekleinen Steigungsdreiecke:

$$f'(x_0) = \lim_{x \to x_0} \frac{x^2 - {x_0}^2}{x - x_0}$$

Hier können Sie im Zähler die dritte binomische Formel anwenden und erhalten:

$$f'(x_0) = \lim_{x \to x_0} \frac{(x - x_0) \cdot (x + x_0)}{x - x_0}$$

Der Nenner kürzt sich weg, und es bleibt übrig:

$$\lim_{x \to x_0} (x + x_0) = 2x_0$$

Dass die Ableitung dieser Funktion an der Stelle x_0 immer $2x_0$ ist, können Sie auf beliebige x verallgemeinern:

$$f'(x) = 2x$$

Im nächsten Abschnitt zeige ich Ihnen endlich jene Ableitungsregeln, die für alles Folgende die Arbeit erheblich erleichtern. Denn Funktionen ableiten werden wir in diesem Buch noch ziemlich oft und Sie in Ihrem Studium noch viel öfter.

15.3 Ableitungsregeln

Alle folgenden *Ableitungsregeln* können prinzipiell mit der bereits besprochenen Methode bewiesen werden. Es ist wichtiger, die Regeln selbst zu kennen als die im Grunde immer gleichen Herleitungen, daher erspare ich sie Ihnen fast alle. Dabei wechsle ich munter die Schreibweisen, damit Sie sie alle verinnerlichen.

Alle Ableitungsregeln gelten in den Intervallen, auf denen die Funktionen differenzierbar sind. Für die meisten Funktionen, mit denen wir es zu tun bekommen, ist das $\mathbb{R}$.

Summenregel

Die Ableitung der Summe von zwei Funktionen ist die Summe der abgeleiteten Funktionen:

$$\frac{\mathrm{d}}{\mathrm{d}x}(f(x) + g(x)) = \frac{\mathrm{d}}{\mathrm{d}x}f(x) + \frac{\mathrm{d}}{\mathrm{d}x}g(x)$$

Das folgt aus der Summenregel für Grenzwerte von Funktionen.

Aus dem gleichen Grund verhalten sich konstante Faktoren sehr erwartbar:

$$f'(k \cdot x) = k \cdot f'(x)$$

Wenn Sie $k = -1$ setzen, ergibt sich unmittelbar die Ableitungsregel für die Differenz von zwei Funktionen:

$$\frac{\mathrm{d}}{\mathrm{d}x}(f(x) - g(x)) = \frac{\mathrm{d}}{\mathrm{d}x}f(x) - \frac{\mathrm{d}}{\mathrm{d}x}g(x)$$

Beispiel: Summenregel

Lassen Sie uns folgende Funktion ableiten:

$$f(x) = x^2 + x$$

Nach der Summenregel können Sie die beiden Summanden separat ableiten. Diese Teilergebnisse kennen Sie schon, also ist:

$$f'(x) = 2x + 1$$

Produktregel

Die Summenregel funktioniert einfach und intuitiv – aber wie sieht es mit der Ableitung des Produkts von zwei Funktionen aus?

$$\big(f(x) \cdot g(x)\big)' = ?$$

Gesucht ist der Grenzwert für $x \to x_0$ von:

$$\frac{f(x) \cdot g(x) - f(x_0) \cdot g(x_0)}{x - x_0}$$

Um diesen Term aufzulösen, benötigen Sie einen beliebten Trick: »geschickt 0 addieren.«

Der Trick besteht darin, etwas zu addieren und sogleich wieder zu subtrahieren. Dadurch bleibt das Ergebnis unverändert. Jedoch ermöglicht einer der herbeigezauberten Terme sinnvolle Vereinfachungen.

Die benötigte 0 ist in diesem Fall:

$$\frac{f(x_0) \cdot g(x) - f(x_0) \cdot g(x)}{x - x_0}$$

Wenn Sie dieses »Nichts« zum Term oben addieren und alles auf einen Bruchstrich schreiben, können Sie die Terme umsortieren und erhalten:

$$\frac{f(x) - f(x_0)}{x - x_0} g(x) + \frac{g(x) - g(x_0)}{x - x_0} f(x)$$

Die beiden Brüche sind nichts anderes als die Ableitungsterme für $f'(x)$ bzw. $g'(x)$.

Damit haben Sie die Produktregel hergeleitet, die da lautet:

$$\left(f(x) \cdot g(x)\right)' = f'(x) \cdot g(x) + f(x) \cdot g'(x)$$

Um das Produkt von zwei Funktionen abzuleiten, bilden Sie also die Summe aus den Produkten jeweils einer abgeleiteten und einer ursprünglichen Funktion.

Beispiel: Produktregel

Lassen Sie uns die Produktregel auf folgende Funktion anwenden:

$$f(x) = x^3$$

»Das ist doch gar kein Produkt«, sagen Sie?

Doch:

$$f(x) = x^2 \cdot x$$

Wenden Sie die Produktregel an, indem Sie zuerst x^2 ableiten und mit der beibehaltenen Funktion x multiplizieren, dann umgekehrt. Sie erhalten:

$$f'(x) = 2x \cdot x + x^2 = 3x^2$$

Cooler Trick, oder? Ob sich daraus eine Regel für alle möglichen Potenzen von x ableiten lässt? Ja, in der Tat, aber dafür brauchen wir noch ein paar andere Regeln, zum Beispiel die ...

Ableitung der Hyperbelfunktion

Die Hyperbelfunktion $f(x) = \frac{1}{x}$ ist nur für $x \neq 0$ definiert, ansonsten aber stetig und differenzierbar.

Schauen Sie sich den Grenzwert der Tangentensteigung an:

$$\lim_{x\to x_0}\frac{\frac{1}{x}-\frac{1}{x_0}}{x-x_0}$$

Zunächst entledigen Sie sich des Doppelbruchs, indem Sie die Differenz ausführlich hinschreiben:

$$\lim_{x\to x_0}\left(\frac{\frac{1}{x}}{x-x_0}-\frac{\frac{1}{x_0}}{x-x_0}\right)=\lim_{x\to x_0}\left(\frac{1}{x(x-x_0)}-\frac{1}{x_0(x-x_0)}\right)$$

Wenn Sie die beiden Brüche auf einen Nenner bringen, steht im Zähler $x_0 - x$, und das können Sie gegen die Klammer im Nenner kürzen, wenn Sie die Differenz umdrehen. Dadurch wird der Term natürlich negativ. Es bleibt stehen:

$$\lim_{x\to x_0}\left(-\frac{1}{x\cdot x_0}\right)$$

Solange x_0 nicht 0 wird, können Sie das nach den bekannten Grenzwertregeln ausrechnen.

Die gesuchte Ableitung ist also:

$$f'(x)=-\frac{1}{x^2}$$

Kettenregel

Oft sind Funktionen »verkettet«, d. h., zuerst wenden Sie eine an, dann eine andere. Beispielsweise können Sie folgende Funktion als Verkettung auffassen:

$$f(x)=x^4=(x^2)^2$$

Die vierte Potenz ist nichts anderes als das Quadrat des Quadrats. Also könnten Sie die erste Quadrierung als »innere« Funktion $g(x)$ auffassen und die zweite als äußere.

Wie lautet aber allgemein die Ableitung einer solchen *Verkettung*?

$$\big(f(g(x))\big)'$$

Eine alternative Schreibweise ist:

$$(f\circ g)'(x)$$

Dazu muss die innere Funktion auf einem gegebenen Intervall differenzierbar sein und die äußere Funktion auf dem durch $g(x)$ abgebildeten Intervall.

Dann ist die Ableitung der verketteten Funktion gleich der Ableitung der äußeren Funktion multipliziert mit der inneren Ableitung:

$$(f \circ g)'(x) = f'(g(x)) \cdot g'(x)$$

Beispiele: Kettenregel

Die vierte Potenz von x, als zweifaches Quadrieren aufgefasst, können Sie mit der Kettenregel wie folgt ableiten:

$$f'(x) = 2 \cdot (x^2) \cdot 2x$$

Der hervorgehobene Faktor ist die innere Ableitung. Die 2 ganz vorn kommt von der äußeren. In der Klammer bleibt die nicht abgeleitete innere Funktion stehen. Sie erhalten:

$$f'(x) = 4x^3$$

Lassen Sie uns eine weitere Funktion nach der Kettenregel ableiten:

$$f(x) = (3x + 1)^2$$

Die innere Funktion ist $g(x) = 3x + 1$, und deren Ableitung ist nach den bekannten Regeln $g'(x) = 3$. Die äußere Funktion ist x^2, was abgeleitet $2x$ ergibt, sodass die Kettenregel folgendes liefert:

$$f'(x) = 2 \cdot (3x + 1) \cdot 3 = 18x + 6$$

Natürlich ließe sich die Lösung auch mit der Produktregel finden. Prima, dann lassen Sie uns die Probe machen:

$$f(x) = (3x + 1) \cdot (3x + 1)$$

$$f'(x) = (3x + 1) \cdot 3 + 3 \cdot (3x + 1) = 9x + 3 + 9x + 3 = 18x + 6$$

Quotientenregel

Die bekannte Ableitung von $\frac{1}{x}$ führt nunmehr zur Quotientenregel, denn Sie können ein Produkt ja als Multiplikation mit dem Kehrwert auffassen. Also lassen Sie uns ableiten:

$$\left(\frac{f(x)}{g(x)}\right)' = \left(f(x) \cdot \frac{1}{g(x)}\right)'$$

Dabei ist die Ableitung von $\left(\frac{1}{g(x)}\right)' = -\frac{g'(x)}{(g(x))^2}$ nach der Kettenregel.

Jetzt können Sie die Produktregel auf das Ursprungsproblem anwenden:

$$\left(f(x) \cdot \frac{1}{g(x)}\right)' = \frac{f'(x)}{g(x)} - \frac{f(x) \cdot g'(x)}{(g(x))^2}$$

Bringen Sie die Differenz auf einen Nenner, erhalten Sie die fertige *Quotientenregel*:

$$\left(\frac{f(x)}{g(x)}\right)' = \frac{f'(x) \cdot g(x) - f(x) \cdot g'(x)}{(g(x))^2}$$

Beispiel: Quotientenregel

Leiten Sie die folgende gebrochen rationale Funktion nach der Quotientenregel ab:

$$f(x) = \frac{x^2 + 1}{x - 1}$$

Zunächst halten Sie fest, dass diese Funktion für $x = 1$ weder definiert noch stetig ist.

Die Ableitung auf dem Rest von $\mathbb{R}$ ist dann:

$$f'(x) = \frac{2x \cdot (x-1) - (x^2+1) \cdot 1}{(x-1)^2} = \frac{2x^2 - 2x - x^2 - 1}{(x-1)^2} = \frac{x^2 - 2x - 1}{(x-1)^2}$$

Potenzregel und Polynome ableiten

Gesucht ist eine Regel zum Ableiten der Funktionen:

$$f(x) = x^n, n \in \mathbb{N}$$

Verwenden Sie einen Trick, um die Produktregel anwenden zu können, indem Sie aus der n-ten Potenz ein Produkt machen:

$$f(x) = x^{n-1} \cdot x$$

Wenden Sie jetzt die Produktregel an:

$$f'(x) = (x^{n-1})' \cdot x + x^{n-1} \cdot 1$$

Die hervorgehobenen Terme sind die nicht abgeleiteten Faktoren.

Jetzt können Sie auf die gleiche Weise $(x^{n-1})'$ bilden:

$$(x^{n-1})' = (x^{n-2} \cdot x)' = (x^{n-2})' \cdot x + x^{n-2} \cdot 1$$

Auch hier sind wieder die stehenbleibenden Terme hervorgehoben.

Wenn Sie die letzte Zeile in den Ausdruck für die erste Ableitung einsetzen, erhalten Sie:

$$f'(x) = ((x^{n-2})' \cdot x^{n-1} + x^{n-2}) \cdot x + x^{n-1} \cdot 1$$

Hier ist die eingesetzte Ableitung von x^{n-1} hervorgehoben.

Das können Sie theoretisch immer so fortführen, bis der abzuleitende Term irgendwann den Exponenten 2 erreicht, dessen Ableitung Sie schon kennen. Mit etwas Fantasie können Sie erkennen, dass Sie die ziemlich komplizierten Klammern alle ausmultiplizieren können. Das ergibt ganz viele Summanden x^{n-1}, und zwar genau n Stück.

Also lautet das Resultat:

$$f'(x) = n \cdot x^{n-1}$$

Sobald Sie im nächsten Kapitel gelernt haben, die Exponentialfunktion abzuleiten, präsentiere ich Ihnen eine besonders elegante Herleitung derselben Regel, die noch dazu auch für n gilt, die keine natürlichen Zahlen sind.

Summen-, Faktor- und Potenzregel gemeinsam erlauben es Ihnen nun, beliebige ganzrationale Funktionen abzuleiten.

Beispiel: Polynome ableiten

Leiten Sie ab:

$$f(x) = 4x^3 + \frac{1}{2}x^2 - 1$$

Arbeiten Sie die Summanden dieser ganzrationalen Funktion (auch: *Polynomfunktion*) der Reihe nach einzeln ab. Dann kommen Sie ganz schnell auf das Resultat:

$$f'(x) = 12x^2 + x$$

15.4 Entspannungsübungen

Aufgabe 1: Leiten Sie ab.

a) $f(x) = 3x^2 - 1$

b) $f(x) = \frac{2}{(x-1)^2}$

c) $f(x) = \frac{x^3 - \frac{3}{2}x^2}{2x+1}$

Aufgabe 2: Sekante vs. Tangente

Ermitteln Sie die Steigung einer Sekante, welche den Graphen der Funktion $f(x) = x^{-3}$ an den Stellen $x = 2$ und $x = 4$ schneidet. Berechnen Sie den Punkt oder die Punkte, an dem oder denen die Tangente am Graphen parallel zu dieser Sekante ist. Verwenden Sie GeoGebra und prüfen Sie Ihr Ergebnis mit einer Skizze.

Hinweis: In GeoGebra können Sie Punkte auf dem Funktionsgraphen definieren, zum Beispiel so: $A = (2, f(2))$. Außerdem können Sie jederzeit auf Werkzeuge umschalten und Geraden, Tangenten oder Parallelen einzeichnen.

Aufgabe 3: Ein Podrennen mit Knalleffekt

Auf dem Planeten Tatooine finden bekanntlich gelegentlich Rennen mit selbstgebauten, bodennah schwebenden Turbinenfahrzeugen statt. Sie nehmen an einem Testrennen mit einem einzigen Gegner teil und haben leider ein paar Startprobleme, aber nach 2 Sekunden Verzögerung geben Sie richtig Gas.

Die mit 0,2 m/s^2 beschleunigte Bewegung Ihres Gegners folgt auf den ersten paar hundert Metern der Funktion:

$$f(t) = 0{,}2t^2$$

Ihre eigene, startverzögerte Bewegung mit einer Beschleunigung von sage und schreibe 0,6 m/s^2 folgt der Funktion:

$$g(t) = 0{,}6(t-2)^2; t \geq 2$$

Als Einheiten nehmen Sie am besten Meter und Sekunden an. Sie dürfen GeoGebra oder Sage verwenden.

a) Wie schnell sind Sie 10 Sekunden nach dem Startschuss?
b) Wann holen Sie Ihren Gegner ein?
c) Wie schnell sind Sie und Ihr Gegner in diesem Moment?
d) Bei einer Geschwindigkeit von 28 m/s explodiert Ihr linkes Triebwerk. Welche Strecke haben Sie bis diesem Moment zurückgelegt?
e) Mit welcher Geschwindigkeit donnert ihr lachender Gegner in dem Moment an Ihnen vorbei?

15.5 Lösungen

Aufgabe 1

a) $f'(x) = 6x$

b) $f(x) = \dfrac{2}{(x-1)^2} = 2(x-1)^{-2}$

Wenden Sie die Kettenregel an. Die innere Ableitung ist dabei 1.

$f'(x) = -4(x-1)^{-3}$

c) $f(x) = \dfrac{x^3 - \frac{3}{2}x^2}{2x+1}$

Dies ist ein Fall für die Quotientenregel.

$$f'(x) = \frac{(3x^2-3x)(2x+1) - \left(x^3 - \frac{3}{2}x^2\right)\cdot 2}{(2x+1)^2}$$

$$= \frac{6x^3 - 6x^2 + 3x^2 - 3x - 2x^3 + 3x^2}{(2x+1)^2}$$

$$= \frac{4x^3 - 3x}{(2x+1)^2}$$

Aufgabe 2

Berechnen Sie zunächst die Steigung der Sekante. Diese verläuft durch die Punkte:

$A = \big(2, f(2)\big); B = \big(4, f(4)\big)$

Die Sekante hat ein Steigungsdreieck mit der Steigung:

$$m = \frac{f(4) - f(2)}{4 - 2} = \frac{4^{-3} - 2^{-3}}{2} = \frac{\frac{1}{64} - \frac{1}{8}}{2} = \frac{-7}{128}$$

An welcher Stelle oder an welchen Stellen hat die Ableitung der Funktion ebenfalls diesen Wert? Das sind ja genau die Punkte, an denen eine Tangente eben jene Steigung aufweist. Zu lösen ist also:

$$f'(x) = \frac{-7}{128}$$

Die erste Ableitung lautet:

$$f'(x) = \frac{-3}{x^4}$$

Berechnen Sie die Lösungen mit GeoGebra:

$$x = \pm\frac{2}{7}\sqrt[4]{8232} \approx \pm 2{,}72$$

Um die gewünschte Skizze anzufertigen, definieren Sie zunächst die beiden Punkte *A* und *B* und legen Sie mit dem Gerade-Werkzeug die Sekante hindurch (Abbildung 15.7).

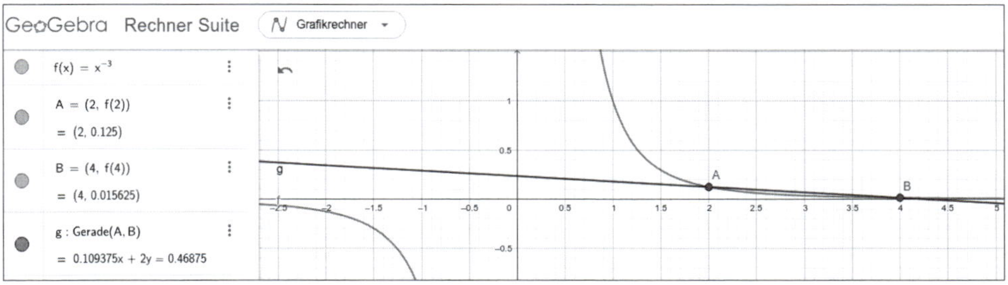

Abbildung 15.7 Die Sekante verläuft durch die Punkte A und B.

Zeichnen Sie die beiden Punkte ein, an denen die parallelen Tangenten anliegen sollen und nennen Sie sie *C* und *D*. Suchen Sie im Werkzeug-Menü nach »Tangente« und klicken Sie zuerst auf den Punkt *C*, dann irgendwo auf den Funktionsgraphen und anschließend machen Sie dasselbe mit Punkt *D*. Sie können über das Eigenschaften-Menü zur besseren Unterscheidung noch Farben oder Strichmuster zuweisen und erhalten schließlich eine Skizze, die Ihnen die Sekante sowie die parallelen Tangenten zeigt (Abbildung 15.8).

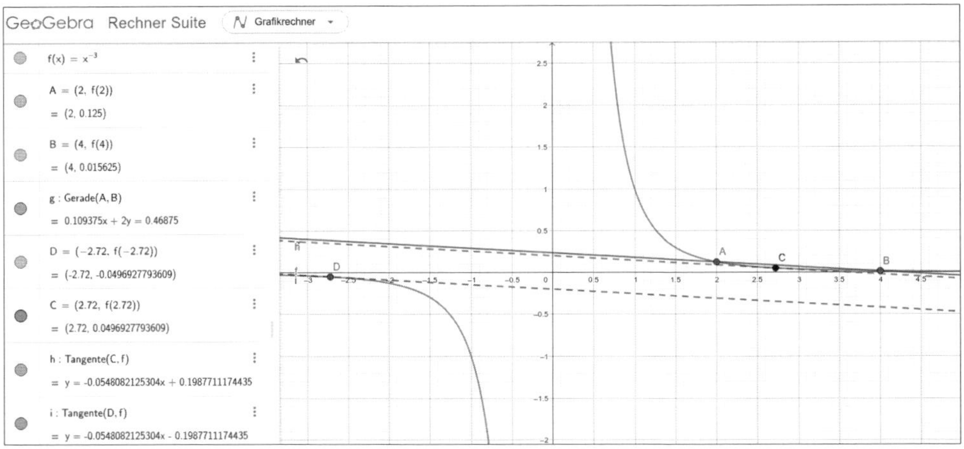

Abbildung 15.8 Die fertige Skizze zeigt Funktion, Sekante und die beiden Tangenten.

Aufgabe 3

a) Die Geschwindigkeit ist die erste Ableitung nach der Zeit. Am besten leiten Sie direkt beide Bewegungsfunktionen ab:

$$f'(t) = 0{,}2 \cdot 2t = 0{,}4t$$

Die zweite Funktion können Sie ausmultiplizieren oder wie folgt nach der Kettenregel ableiten:

$$g'(t) = 0{,}6 \cdot 2 \cdot (t - 2) \cdot 1 = 1{,}2t - 2{,}4$$

Ihre Geschwindigkeit nach 10 Sekunden ist der Wert der Ableitung an der Stelle t=10 s, also 9,6 Meter pro Sekunde.

b) Um herauszufinden, wann Sie Ihren Gegner einholen, müssen Sie die beiden Funktionsterme gleichsetzen:

$$0{,}2t^2 = 0{,}6(t - 2)^2$$

Diese Gleichung entpuppt sich schnell als quadratische Gleichung. Ich übergehe hier die einzelnen Schritte und zeige Ihnen das Ergebnis:

$$t = 3 + \sqrt{3} \approx 4{,}73$$

Wohlgemerkt hat die quadratische Gleichung ein zweites Ergebnis, das aber vor dem Startschuss liegt und daher ungültig ist.

Beachten Sie, dass es sich um die Zeitspanne seit dem Startschuss handelt. Sie selbst sind ja 2 Sekunden später losgefahren, Sie treffen also 2,73 Sekunden danach Ihren Gegner, der zu diesem Zeitpunkt bereits seit 4,73 Sekunden unterwegs ist.

c) Berechnen Sie die Geschwindigkeiten, indem Sie die ermittelte Zeit in beide abgeleiteten Funktionsterme einsetzen:

$$f'(3+\sqrt{3}) \approx 1{,}89$$

$$g'(3+\sqrt{3}) \approx 3{,}28$$

Sie sind also an dieser Stelle fast schon doppelt so schnell wie Ihr Gegner!

d) Um herauszufinden, wann Sie eine bestimmte Geschwindigkeit erreicht haben, setzen Sie die Ableitung mit dem Wert gleich:

$$g'(t) = 1{,}2t - 2{,}4 = 28$$

Stellen Sie einfach nach t um:

$$t = 32{,}4 : 1{,}2 = 27$$

Wie weit sind Sie bis zu diesem Zeitpunkt gekommen? Setzen Sie die gefundene Zeit einfach in die Funktionsvorschrift ein:

$$g(27) = 375$$

Also haben Sie bisher immerhin 375 Meter zurückgelegt.

e) Ihr Gegner erreicht diese Stelle etwas später, weil er weniger stark beschleunigt und daher sein Triebwerk nicht explodiert. Berechnen Sie den fraglichen Zeitpunkt mit seiner Bewegungsfunktion:

$$f(t) = 0{,}2t^2 = 375$$

$$t = \sqrt{(375 : 0{,}2)} \approx 43{,}3$$

Insgesamt 43,3 Sekunden nach dem Start, also 43,3−27=16,3 Sekunden nach Ihrem Malheur, donnert das gegnerische Fahrzeug vorbei, und zwar mit einer Geschwindigkeit von:

$$f'\left(\sqrt{(375 : 0{,}2)}\right) \approx 17{,}32$$

Und damit ist über dieses Rennen nun wirklich alles gesagt, denn auch der Sieger steht natürlich längst fest. Ich wünsche Ihnen mehr Glück beim nächsten Mal!

Kapitel 16

Noch mehr Funktionen ableiten

Die Natur beschränkt sich nicht auf Polynome. Sinus, Cosinus und Exponentialfunktionen findet sie viel interessanter. Umso wichtiger, dass Sie wissen, wie diese Funktionen abgeleitet werden … soweit sie überhaupt differenzierbar sind.

16.1 Exponentialfunktion ableiten

Jetzt kennen Sie die grundlegenden Ableitungsregeln. Allerdings kommen Sie mit denen nicht weit, wenn Ihnen spezielle Funktionen wie Sinus oder Logarithmus aufgetischt werden. Um diese und andere spezielle Funktionen geht es in diesem Kapitel.

Erste Ableitung von e^x

Beginnen wir mit der, na ja, einfachsten Ableitung von allen:

$$\frac{\mathrm{d}}{\mathrm{d}x} e^x = e^x$$

Ganz recht, die *Exponentialfunktion* ergibt abgeleitet sich selbst. Sie nimmt überall genau den Wert ihrer eigenen Steigung an. Diese Tatsache hat in der Physik große Bedeutung, insbesondere bei Differentialgleichungen (Kapitel 20).

Meist begegnet Ihnen die Exponentialfunktion in der Natur garniert mit ein paar Faktoren, etwa so:

$$f(x) = f_0 \cdot e^{kx}$$

Dabei sind f_0 und k konstante reelle Zahlen. Erstere stellt gleichzeitig den Funktionswert für $x = 0$ dar, da $e^0 = 1$ ist. Der Faktor k ist ein Skalierungsfaktor, der die Stärke des exponentiellen Wachstums bestimmt.

Das sehen Sie sofort, wenn Sie mithilfe der Kettenregel die erste Ableitung bilden:

$$f'(x) = f_0 \cdot k \cdot e^{kx}$$

Der Faktor k rutscht als Ableitung der inneren Funktion $g(x) = kx$ aus dem Exponenten nach vorn.

Ist die Steigung der »nackten« e-Funktion an der Stelle 0 gleich 1 (da $e^0 = 1$), ist die Steigung von e^{kx} an der Stelle 0 gleich k. Also vervielfacht k die Steigung und kann als Wachstumsfaktor bezeichnet werden:

$$f'(x) = k \cdot f(x)$$

Beispiel: Ableiten der Exponentialfunktion

Angenommen, Sie sollen die folgende Funktion ableiten:

$$f(x) = e^{kx^2}$$

Verwenden Sie die Kettenregel: Die Ableitung der »äußeren« Funktion $e^{g(x)}$ ist sie selbst, die innere Ableitung ist $g'(x) = 2kx$.

Das Ergebnis:

$$f'(x) = 2kx \cdot e^{kx^2}$$

Ableitung der Umkehrfunktion

Bevor ich Ihnen die nächste, vielleicht etwas überraschende Ableitung auf den Tisch lege (die des *natürlichen Logarithmus*), zeige ich Ihnen, wie man Umkehrfunktionen ableitet. Das geht natürlich nur, wenn die ursprüngliche Funktion auf dem fraglichen Intervall differenzierbar ist und ihre Ableitung entweder überall echt positiv oder überall echt negativ ist (insbesondere also nirgendwo 0).

Dann wird aus

$$y = f(x)$$

... durch Einsetzen der Umkehrfunktion $x = f^{-1}(y)$:

$$y = f\big(f^{-1}(y)\big)$$

Bilden Sie auf beiden Seiten dieser Gleichung die Ableitung nach y:

$$1 = \Big(f\big(f^{-1}(y)\big)\Big)'$$

Die Ableitung von y nach y (linke Seite) ist natürlich 1.

Beachten Sie unbedingt, dass mit dem »Strich« hier die Ableitung nach y gemeint ist, nicht die übliche nach x. Man könnte auch $\frac{\mathrm{d}}{\mathrm{d}y}$ schreiben, um das klarzustellen, aber das liest sich etwas sperrig.

Auf der rechten Seite sehen Sie eine Verkettung, verwenden Sie also die Kettenregel:

$$1 = f'\big(f^{-1}(y)\big) \cdot (f^{-1})'(y)$$

Der hervorgehobene, zweite Faktor rechts ist die »innere Ableitung« und zufälligerweise genau das, was wir suchen, nämlich die Ableitung der Umkehrfunktion. Dividieren Sie also durch den linken Faktor. Das ist erlaubt, weil wir vorausgesetzt haben, dass die Ableitung nirgendwo 0 wird. Dann erhalten Sie die *Umkehrregel*:

$$(f^{-1})'(y) = \frac{1}{f'(x)}$$

Beispiel: Umkehrregel, Ableitung der Wurzelfunktion

Die Funktion $f(x) = y = x^2$ ist für $x \geq 0$ umkehrbar und die Ableitung für $x > 0$ echt größer als 0. Die Umkehrfunktion ist $f^{-1}(y) = \sqrt{y}$.

Dann ist die Ableitung der Wurzelfunktion also:

$$(\sqrt{y})' = \frac{1}{2x}$$

Auch hier wird die Umkehrfunktion nach y abgeleitet. Daher hat rechts das x nichts zu suchen. Ersetzen Sie es durch einen Ausdruck mit y, indem Sie $x = \sqrt{y}$ einsetzen:

$$(\sqrt{y})' = \frac{1}{2\sqrt{y}}$$

Damit haben Sie die Ableitung der Wurzelfunktion ermittelt. Schreiben Sie sie noch einmal mit x statt y hin:

$$f(x) = \sqrt{x}$$

$$f'(x) = \frac{1}{2\sqrt{x}}$$

Wohlgemerkt gilt dies nur für $x > 0$, wie eingangs vorausgesetzt. Sie sehen ja an der Ableitung, bei der das x im Nenner steht, dass die Steigung der Wurzelfunktion für x gegen 0 unendlich groß wird. Deshalb ist die Wurzelfunktion nur oberhalb von 0 differenzierbar.

Ableiten des Logarithmus

Ebenfalls mit der Umkehrregel lässt sich die Umkehrfunktion der Exponentialfunktion ableiten, nämlich der Logarithmus.

Das geht so:

$$f(x) = y = e^x$$

$$f^{-1}(y) = x = \ln y$$

Da die Exponentialfunktion (d. h. ihre eigene Ableitung) überall größer ist als 0, funktioniert die Umkehrung für alle reelle Zahlen.

Schreiben Sie die Umkehrregel hin:

$$\ln' y = \frac{1}{e^x}$$

Setzen Sie für x jetzt einfach den Logarithmus ein:

$$\ln' y = \frac{1}{e^{\ln y}}$$

Funktion und Umkehrfunktion im Nenner heben sich auf. Die Ableitung des natürlichen Logarithmus ist also die Hyperbel-Funktion! Geschrieben mit x statt y gilt also:

$$\ln' x = \frac{1}{x}$$

Für Logarithmen mit einer anderen Basis als e verwenden Sie den Zusammenhang

$$\log_b(x) = \frac{\log_a(x)}{\log_a(b)}$$

Nehmen Sie $a = e$, und Sie erhalten:

$$\log_b(x) = \frac{\ln x}{\ln b}$$

Bei der Ableitung kommt also ein zusätzlicher Faktor ins Spiel, das ist alles.

Beispiel: Ableiten des Zehnerlogarithmus

Gegeben ist die Funktion

$$f(x) = \lg x$$

Die Ableitung finden Sie, wenn Sie den Zehner- durch den natürlichen Logarithmus ersetzen:

$$f(x) = \frac{\ln x}{\ln 10}$$

$$f'(x) = \frac{1}{x \cdot \ln 10}$$

Ableiten von Potenzen mit reellem Exponenten

Mithilfe des Wissens aus diesem Kapitel können Sie jetzt die Potenzregel auf besonders elegante Weise herleiten, und zwar nicht nur für natürliche, sondern sogar für reelle Exponenten.

Gesucht ist die Ableitung von:

$$f(x) = x^a$$

Setzen Sie für x einmal die Exponentialfunktion ein, also $x = e^y$. Dann gilt umgekehrt $y = \ln x$, und unsere Funktion wird zu:

$$f(x) = e^{ya} = e^{a \ln x}$$

Das ist mal wieder so ein alter Mathematiker-Trick: Funktion und Umkehrfunktion nacheinander anzuwenden, ändert das Ergebnis nicht, genau wie Addieren von 0 (wie beispielsweise bei der quadratischen Ergänzung) oder Multiplizieren mit 1.

So, wie die Funktion jetzt dasteht, können Sie sie mit der Kettenregel ableiten und erhalten:

$$f'(x) = e^{a \ln x} \cdot \frac{a}{x}$$

Der linke Faktor ist die Ausgangsfunktion x^a, der rechte die innere Ableitung.

Zusammen erhalten Sie die bekannte Potenzregel, bloß jetzt für reelle Exponenten a:

$$f'(x) = \frac{a \cdot x^a}{x} = a \cdot x^{a-1}$$

16.2 Trigonometrische Funktionen

Besonders wichtig sind die Ableitungen von Sinus, Cosinus und Co. Ich werde Ihnen hier nicht die Herleitung zeigen, aber die Wichtigkeit verdeutlichen.

Sinus und Cosinus

Die Ableitungen von Sinus und Cosinus sind:

$$\sin' x = \cos x$$

$$\cos' x = -\sin x$$

Dass das stimmt, können Sie anhand Abbildung 16.1 erkennen. Denken Sie immer daran, dass der Wert der Ableitung an einer Stelle x der dortigen Steigung entspricht. Der *Sinus* startet bei 0 in positive x-Richtung mit einer Steigung von 1, dem Funktionswert des *Cosinus* für $x = 0$. Bei $\frac{\pi}{2}$ verläuft die Tangente am relativen Maximum des Sinus horizontal, und der Cosinus hat den Wert 0.

Bemerkenswert ist die zweite Ableitung:

$$\sin'' x = -\sin x$$

Bis aufs Vorzeichen ist die zweite Ableitung identisch mit der Funktion selbst (gilt auch für den Cosinus). Es wird Sie kaum überraschen, wenn ich Ihnen verrate, dass auch diese Eigenschaft später wichtig wird, wenn es um Differentialgleichungen geht.

Die vierte Ableitung des Sinus ist wiederum der Sinus selbst.

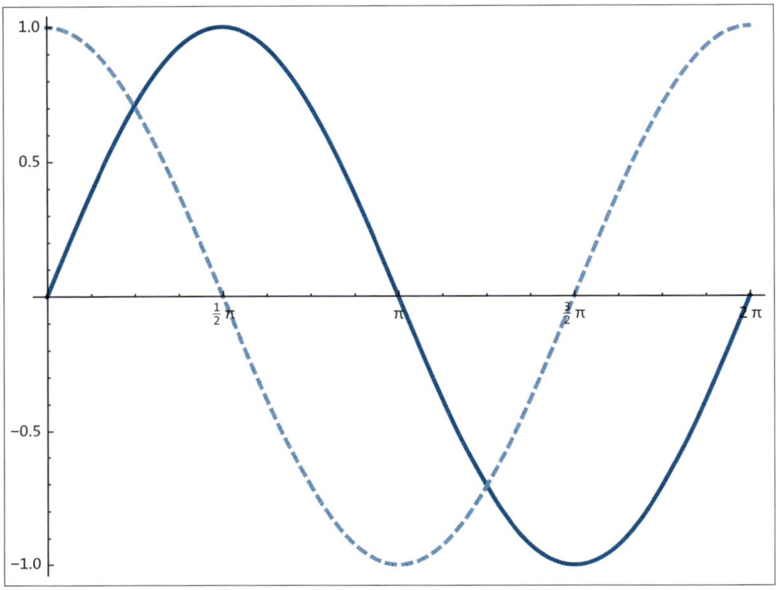

Abbildung 16.1 Der Cosinus (gestrichelt) zeigt genau die Steigung des Sinus (durchgezogen) an der jeweiligen Stelle.

Beispiel: Sinus und Kettenregel

Oft steht nicht nur ein x im Argument des Sinus (oder Cosinus). In solchen Fällen ist mal wieder die Kettenregel gefragt.

Leiten Sie beispielsweise ab:

$$f(x) = \sin x^2$$

$$f'(x) = 2x \cdot \cos x^2$$

Ableitung des Tangens

Aus der Definition des Tangens als Quotient aus Sinus und Cosinus ergibt sich ein Einsatzfall für die Quotientenregel:

$$f(x) = \frac{\sin x}{\cos x}$$

$$f'(x) = \frac{\cos^2 x \ + \sin^2 x}{\cos^2 x}$$

$\cos^2 x$ ist die übliche Schreibweise für $(\cos x)^2$, analog für Sinus und Tangens. Dabei ist der Nenner zufälligerweise 1, also ist:

$$\tan' x = \frac{1}{\cos^2 x}$$

Das lässt sich umrechnen:

$$\tan' x = 1 + \tan^2 x$$

Die Ableitung des Tangens existiert nur für Werte von x, für die der Cosinus nicht 0 wird, also $x \neq \frac{\pi}{2} + n\pi$. Logisch – genau dort ist die Steigung des Tangens unendlich (oder minus unendlich).

Beispiel: Ableitung des Arcustangens

Lassen Sie uns das Wissen über die trigonometrischen Funktionen und die Ableitungsregeln für Umkehrfunktionen kombinieren. Gesucht ist zum Beispiel die Ableitung von:

$$y = \arctan x$$

Der Arcustangens ist die Umkehrfunktion des Tangens. Also verrät die Ableitungsregel für die Umkehrfunktionen:

$$\arctan' x = \frac{1}{\tan' y}$$

Die Ableitung des Tangens steht ja ein paar Zeilen weiter oben. Setzen Sie jetzt aber nicht die Variante mit dem Cosinus ein, sondern die mit dem Quadrat des Tangens, sonst funktioniert gleich der schöne Trick nicht.

$$\arctan' x = \frac{1}{1 + \tan^2 y}$$

Da y der Arcustangens von x ist, können Sie den einfach für y einsetzen. Funktion und Gegenfunktion heben sich auf, und es kommt zu einem von vielen Mathemuffeln ersehnten Ereignis, nämlich dem Verschwinden jeglicher Trigonometriefunktion.

$$\arctan' x = \frac{1}{1 + x^2}$$

Merken Sie sich diese Ableitung ruhig, wenn Sie noch ein warmes Plätzchen dafür im Gehirn finden, Sie werden sie noch brauchen!

Ableiten mit Sage

Manchmal können Ableitungen (vor allem höhere) trotz aller Regeln etwas sperrig werden. Umso erfreulicher, dass der Computer dabei hilft.

Sage ist nämlich ohne Weiteres in der Lage, Ableitungen von Funktionen zu ermitteln. Probieren Sie es aus:

Die Ableitung von $f(x) = \sqrt{\sin^2 x}$ ermitteln Sie, indem Sie zunächst Sage die Funktion beibringen:

```
sage: f(x)=sqrt(sin(x)^2)
```

Dann lassen Sie sich die Ableitung mit folgendem Aufruf auswerfen:

```
sage: f.derivative()
x |--> cos(x)*sin(x)/sqrt(sin(x)^2)
```

Praktisch, oder?

Versuchen Sie es mit einigen weiteren Funktionen, aber bitte nicht mit denen aus den Entspannungsübungen zu diesem Kapitel!!

Aufgaben

16.3 Entspannungsübungen

Aufgabe 1: Leiten Sie ab.

Notieren Sie auch, wo die Funktionen jeweils differenzierbar sind.

a) $f(x) = a^x$

b) $f(x) = \sqrt[x]{x}$

c) $f(t) = a_0 \sin(kt)$

d) $g(u) = \frac{\sin u}{u}$

Aufgabe 2: Rutschen Sie nicht ab.

Sie nehmen aufgrund einer verlorenen Wette an Takeshi's Castle oder einer ähnlich hochklassigen Spielshow teil. Ein großzügig mit Schmierseife versehener, 3,2 m hoher Abhang mit dem Querschnitt der Kosinusfunktion zwischen x=0 und π/2 ist so rutschig, dass Sie bereits bei einem Gefälle von −40 % zum Vergnügen des Publikums einfach keinen Halt mehr finden. Welchen Höhenunterschied überwinden Sie rutschend bis zum Boden?

16.4 Lösungen

Aufgabe 1

a) Hier verwenden Sie die Tatsache, dass sich jede Potenzfunktion auf die Exponentialfunktion umschreiben lässt:

$$f(x) = a^x = (e^t)^x = e^{tx}$$

$$f'(x) = t\,e^{tx} = t\,a^x$$

Da $a = e^t$ ist, ist $t = \ln a$, also $f'(x) = \ln a \cdot a^x$.

b) Nutzen Sie auch hier die Exponentialfunktion, um die Basis umzuschreiben:

$$f(x) = \sqrt[x]{x} = x^{\frac{1}{x}} = e^{\frac{\ln x}{x}}$$

Wenden Sie dann die Kettenregel an:

$$f'(x) = \left(\frac{\ln x}{x}\right)' \cdot e^{\frac{\ln x}{x}}$$

Der erste Term, also die innere Ableitung, errechnet sich nach der Quotientenregel, der zweite ist identisch mit der ursprünglichen Funktion:

$$= \frac{x^{-1} \cdot x - 1 \cdot \ln x}{x^2} \cdot \sqrt[x]{x}$$

$$= \frac{1 - \ln x}{x^2} \cdot \sqrt[x]{x}$$

c) Für diese Aufgabe benötigen Sie erneut die Kettenregel.

$$f'(t) = ka_0 \cos kt$$

d) Ich weiß nicht, wie es Ihnen geht, aber ich kann mir die Quotientenregel nicht merken. Es genügen aber zum Glück Produkt- und Kettenregel:

$$g(u) = \frac{\sin u}{u} = u^{-1} \cdot \sin u$$

$$g'(u) = -u^{-2} \cdot \sin u + u^{-1} \cos u \ = \frac{-\sin u}{u^2} + \frac{\cos u}{u} = \frac{u \cos u - \sin u}{u^2}$$

Aufgabe 2

Stellen Sie zunächst die Funktionsvorschrift für den Querschnitt des rutschigen Abhangs auf. Da die höchste Stelle 3,2 m hoch ist und der Kosinus bei 0 den Wert 1 hat, ergibt sich:

$$f(x) = 3{,}2\cos(x)$$

Um das Gefälle zu bestimmen, benötigen Sie die erste Ableitung:

$$f'(x) = -3{,}2\sin(x)$$

Die Stelle x, an der Sie ins Rutschen geraten, gehorcht also der Gleichung:

$$-3{,}2\sin(x) = -40\% = -0{,}4$$

$$\sin(x) = \frac{-0{,}4}{-3{,}2} = \frac{1}{8}$$

Natürlich dürfen Sie den Taschenrechner verwenden und erhalten als Lösung:

$$x = \arcsin\left(\frac{1}{8}\right) \approx 0{,}1253$$

Achten Sie darauf, die Funktion im Bogenmaß zu benutzen. Das Ergebnis hat die Einheit Meter, nicht Grad.

Gefragt hatte ich nach dem Höhenunterschied, den Sie bis zum Boden rutschend zurücklegen. Dazu müssen Sie den ermittelten Wert in die ursprüngliche Funktion einsetzen und erhalten:

$$f(0{,}1253) \approx 3{,}175$$

Sie legen also fast den ganzen Höhenunterschied auf dem Hosenboden zurück – ganz schön gemein!

Kapitel 17

Eigenschaften von Funktionen

Die Differentialrechnung gibt Ihnen einen Werkzeugkasten, mit dem Sie Funktionen auf alle möglichen Eigenschaften hin untersuchen können: Mit einer Art Wasserwaage finden Sie Extremstellen, mit dem Kompass Wendepunkte. Sie haben keinen Kompass im Werkzeugkasten? Okay, aber sicher einen Hammer – mit dem Sie Funktionen selbst nach Wunsch gestalten können.

17.1 Funktionengeometrie

Einige Eigenschaften von Funktionen haben wir schon untersucht: Nullstellen zum Beispiel und asymptotisches Verhalten. Ganz ohne einen Graphen zu zeichnen, können Sie mit recht übersichtlichen Gleichungen ermitteln, wie eine Funktionskurve geometrisch verläuft. Für praktische Anwendungen ist das in etwa so wichtig wie ein Satz verschiedener Werkzeuge beim Aufbauen eines Möbelstücks: Ohne wird's irgendwie krumm und schief.

Wiederholen wir kurz die wichtigsten Eigenschaften, die Sie bereits kennen, und kommen wir anschließend schnurstracks zu den wirklich spannenden Themen.

Spiegelsymmetrie

Wenn Sie eine Funktion an der y-Achse spiegeln können, sodass sie sich dabei mit ihrem gegenüberliegenden Ast deckt, ist sie *spiegelsymmetrisch* (wie die Parabel in Abbildung 4.5). Zur Erinnerung – mathematisch ausgedrückt heißt das, das sich die Funktion für positive und negative x-Werte genau gleich verhält, also:

$$f(x) = f(-x)$$

Fallen Ihnen Beispiele dazu ein?

Hier sind ein paar:

$$f(x) = x^2$$

$$g(x) = \cos x$$

$$h(x) = |x|$$

$$i(x) = \frac{1}{x^2 + 1}$$

Ein kurzer Blick auf die Funktionsgraphen bestätigt die Symmetrie (Abbildung 17.1).

Es gibt auch Spiegelsymmetrie an der x-Achse, d. h. Funktionen, die diese Bedingung erfüllen:

$$f(x) = -f(x)$$

Nun ja, um ehrlich zu sein, gibt es nur eine einzige Funktion, die diese Bedingung erfüllt, nämlich $f(x) = 0$.

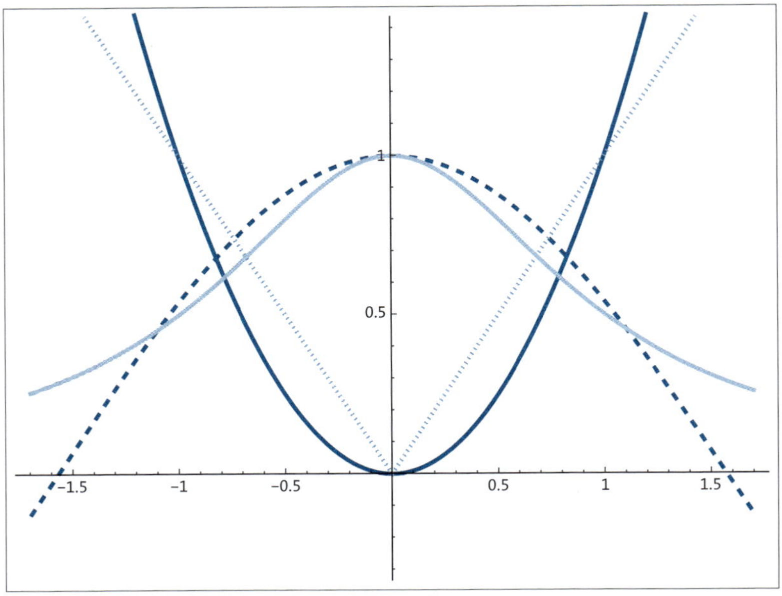

Abbildung 17.1 Die vier eingezeichneten Funktionen sind alle spiegelsymmetrisch zur y-Achse: Es präsentieren sich Cosinus, Betrag und Normalparabel sowie die gebrochen rationale Funktion i(x). Erkennen Sie, welche welche ist?

Punktsymmetrie

Weniger langweilig ist die Punktsymmetrie oder auch Rotationssymmetrie zum Koordinatenursprung. Die zugehörige Forderung lautet:

$$f(x) = -f(-x)$$

Dazu fallen Ihnen sicher wieder ganz schnell einige Beispiele ein.

Bei mir sind es diese:

$$f(x) = x^3$$

$$g(x) = \sin x$$

$$h(x) = x$$

Plotten Sie diese Funktionen ruhig einmal mit Sage (Abbildung 17.2), oder zeichnen Sie sie auf ein kariertes Blatt, um das Aussehen der Punktsymmetrie vor Augen zu haben.

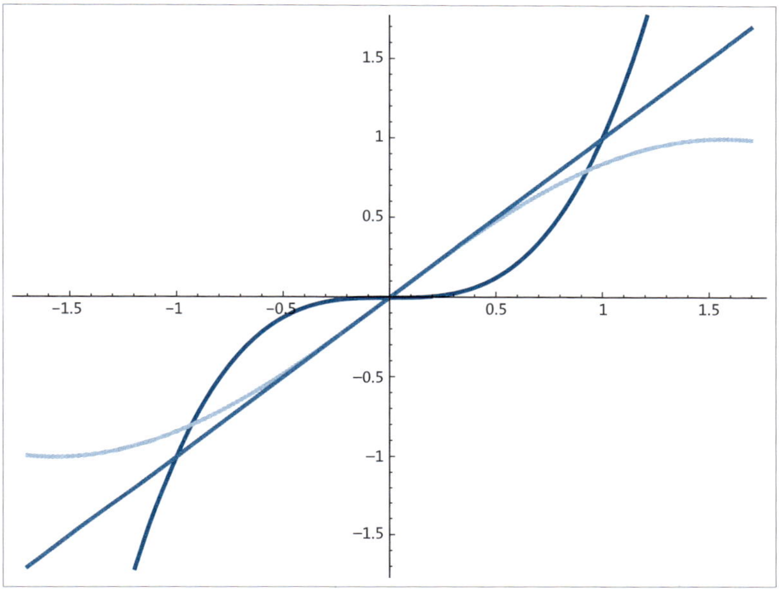

Abbildung 17.2 Um 180° um den Ursprung drehbar: Diese drei Beispielfunktionen sind alle punktsymmetrisch. Erkennen Sie, welche welche ist?

Asymptotisches Verhalten

Oft von Interesse ist das Verhalten einer Funktion im positiven oder negativen Unendlichen oder bei der Annäherung an Definitionslücken. Solche Fragen lassen sich mit Grenzwertbetrachtungen beantworten (Kapitel 14).

Beispiel: Asymptotisches Verhalten bestimmen

Dass manchmal ein bisschen Rechnen durchaus hilft, zeigt Ihnen der Sage-Plot der folgenden Funktion (Abbildung 17.3):

$$f(x) = \frac{x^2 + 1}{x - 1}$$

Dass diese Funktion eine Definitionslücke bei $x = 1$ aufweist, ist keine schwierige Diagnose. Aber Sage tut so, als gäbe es die Lücke nicht und verbindet unzulässigerweise die beiden Teilkurven.

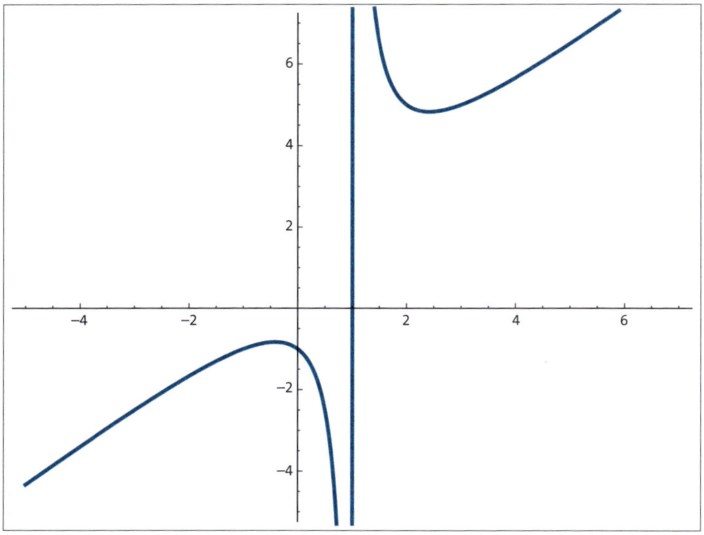

Abbildung 17.3 Der Sage-Plot der Beispielfunktion zeichnet eine Phantom-Vertikale.

Lassen Sie uns die Grenzwerte der Funktion für vier relevante Fälle betrachten:

1. Für $x \to -\infty$

   Der Zähler der Funktion ist für kleine x immer positiv und wächst schneller als der Nenner (der negativ ist). Also strebt die Funktion gegen $-\infty$.

   Aber das geht noch genauer. Der Graph legt nämlich den Verdacht nahe, dass die Funktion sich der Winkelhalbierenden annähert. Bilden Sie doch mal folgenden Grenzwert:

   $$\lim_{x \to -\infty} f(x) - x = \lim \left(\frac{x^2 + 1}{x - 1} - x \right)$$

   Wenn Sie den rechten Term auf einen Nenner bringen, verschwindet das Quadrat, und Sie können Grenzwertregeln anwenden:

   $$= \lim \frac{x}{x - 1} + \lim \frac{1}{x - 1}$$

   Der zweite Limes ist ziemlich offensichtlich 0. Beim ersten riskieren wir mal einen Blick auf den reziproken Term, also »eins durch«:

   $$\lim \frac{x - 1}{x} = \lim \frac{x}{x} - \lim \frac{1}{x} = 1$$

   Nach den Grenzwertregeln muss dann auch der Limes des ursprünglichen Terms 1 sein.

   Tatsächlich nähert sich die Funktion also nicht der Winkelhalbierenden an, sondern der Geraden $y = x + 1$, und zwar von unten, da für $x < 1$ folgende Ungleichung gilt:

$$\frac{x^2+1}{x-1} < x - 1$$

2. Für $x \to +\infty$

   Dass sich unsere Funktion der Geraden $y = x + 1$annähert, gilt unabhängig vom Vorzeichen von x, also auch für die positive Unendlichkeit. Nur die letztgenannte Ungleichung dreht ihr Zeichen um, wenn $x > 1$ ist, also nähert sich die Funktion der Geraden diesmal von oben.

3. Für $x \to 1, x < 1$

   Nähern wir uns der Definitionslücke zunächst von links. Wir suchen also den Grenzwert:

   $$\lim_{x \to 1, x<1} f(x)$$

   Dass der Grenzwert nicht existiert, ist klar ersichtlich: Der Zähler nähert sich der Zahl 2, der Nenner wird immer kleiner und ist negativ, der Funktionswert geht folglich gegen $-\infty$. Das passt auch zu der Erkenntnis, dass die Funktion hier unterhalb der Geraden $y = x + 1$ liegt.

4. Für $x \to 1, x > 1$

   Von rechts kommend bleibt der Nenner immer größer als null, die Funktion liegt über der Geraden, also geht sie gegen $+\infty$.

Der abschließende Plot mitsamt der asymptotischen Geraden zeigt das errechnete Verhalten (Abbildung 17.4).

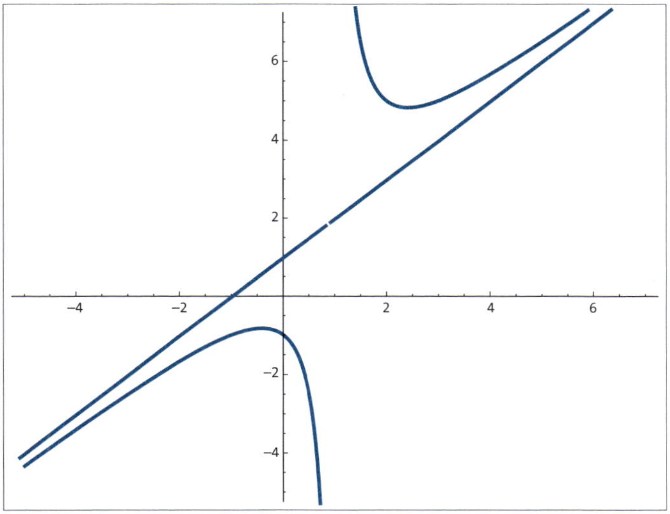

Abbildung 17.4 Etwas großzügigere Koordinatengrenzen und die eingezeichnete Asymptote enttarnen das Grenzverhalten der Funktion. Die Definitionslücke habe ich Sage mitgeteilt, damit die Phantom-Vertikale entfällt: plot([(x^2+1)/(x-1),x+1],xmin=-5,xmax=7,ymin=-5,ymax=7,exclude=[1])

Faustregeln für gebrochen rationale Funktionen

Mit ein paar einfachen Regeln können Sie sich leicht merken, wie sich gebrochen rationale Funktionen im Unendlichen verhalten. Lassen Sie uns dazu drei Fälle unterscheiden:

1. **Nennergrad größer als Zählergrad**

   Mit *Grad* ist die höchste Potenz des Zählers bzw. Nenners gemeint.

   Schauen Sie sich ein Beispiel für eine solche Funktion an:

   $$f(x) = \frac{x^2 - 3x}{x^3 + 1}$$

   Achten Sie allerdings darauf, dass die Funktion nicht etwa vereinfacht oder gekürzt werden kann, wodurch sich die Grade ändern würden!

   Untersuchen Sie kurz das Verhalten im Unendlichen: Egal wie groß der Zähler wird, der Nenner wird immer größer sein, da dort die höhere Potenz steht. Dem Funktionsgraphen bleibt keine Wahl: Er muss sich sowohl nach links als auch nach rechts immer weiter der x-Achse annähern – diese ist also die Asymptote.

2. **Zählergrad größer Nennergrad**

   Im umgekehrten Fall wird der Zähler bei immer größeren x betragsmäßig immer größer sein als der Nenner. Schauen Sie sich ein Beispiel an:

   $$g(x) = \frac{x^3 - 2}{-2x^2 - x}$$

   Der Funktion bleibt nichts anderes übrig, als sich im Unendlichen entweder plus unendlich oder minus unendlich anzunähern. Welches Vorzeichen stimmt, können Sie durch Einsetzen ermitteln.

3. **Nennergrad gleich Zählergrad**

   Der letzte Fall ist der komplizierteste. Allerdings gibt es ein Trick. Lassen Sie uns ein Beispiel betrachten:

   $$h(x) = \frac{x^4 + 2x - 1}{2x^4 + 3}$$

   Der Trick besteht darin, durch die höchste verfügbare Potenz von x zu kürzen. Das wäre in diesem Fall x^4. Das Ergebnis sieht dann so aus:

   $$h(x) = \frac{1 + \frac{2}{x^3} - \frac{1}{x^4}}{2 + \frac{3}{x^4}}$$

   Jetzt können Sie für jeden Summanden im Zähler und Nenner die einzelnen Grenzwerte ermitteln. Keiner der Summanden divergiert, weil sie entweder konstant sind oder x im

Nenner steht. Die Brüche mit konstantem Zähler gehen für x gegen plus oder minus unendlich gegen 0. Also bleiben die konstanten Summanden übrig:

$$\lim_{x \to \pm\infty} h(x) = \frac{1}{2}$$

Extremstellen

Die Ableitung einer Funktion nimmt an jeder Stelle x den Wert der Steigung an. Was bedeutet es geometrisch, wenn der Wert der Ableitung an einer Stelle null ist?

Die Tangente hat die Steigung 0, der Graph verläuft horizontal – zumindest an einem Punkt. Stellen Sie sich vor, Sie trampeln mit einem Fahrrad einen Hügel hinauf. Kurz vor der Kuppe verringert sich die Steigung, dann kommt eine ebene Stelle, und danach geht es endlich bergab. Als Beispiel dafür dient uns die Funktion $f(x) = 1 - x^2$ (siehe Abbildung 17.5).

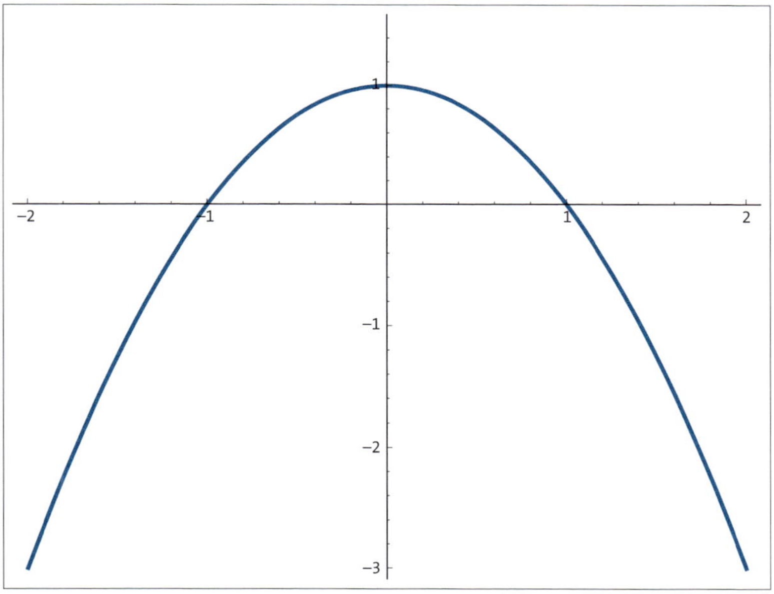

Abbildung 17.5 Die umgekehrte und verschobene Normalparabel ist ein tolles Beispiel für die Freuden des Radfahrens im Bereich x>0.

Sie sehen, dass gilt:

Hat die Ableitung einer Funktion an der Stelle x eine Nullstelle und einen Vorzeichenwechsel, so ist der Punkt (x,f(x)) ein lokaler Extrempunkt.

Achten Sie auf den kleinen, aber feinen Unterschied zwischen *lokalen* und *globalen* (auch genannt *absoluten*) Extrempunkten: Ersterer kann ein »Hügel« sein, letzterer ein Berg. Anders ausgedrückt: Lokale Extrempunkte sind noch lange keine absoluten, sondern nur auf einem gewissen Intervall besonders.

Beispiel: Extrempunkte

Die Ableitung der »Hügel-Funktion« $f(x) = 1 - x^2$ lautet $f'(x) = -2x$.

Die einzige Nullstelle der Ableitung liegt bei $x = 0$, und für $x < 0$ ist die Ableitung größer als null, für $x > 0$ kleiner, also liegt ein Vorzeichenwechsel vor.

Ein Vorzeichenwechsel von + nach – (wie beim Hügel: zuerst geht's bergauf, hinter der Kuppe bergab) bedeutet ein *lokales Maximum*, der umgekehrte ein *lokales Minimum* (eine Mulde).

Die Funktion hat also ein lokales Maximum beim Punkt (0,1).

Nimmt eine Funktion an keiner Stelle einen größeren (kleineren) Wert an als ein lokales Maximum (Minimum), handelt es sich sogar um ein *globales Maximum bzw. Minimum.*

Für die Beispielfunktion bedeutet das:

Jedes lokale oder absolute Maximum der Funktion müsste die Forderung $1 - x^2 > 1$ erfüllen, bloß ist das – umgeformt – gleichbedeutend mit:

$-x^2 > 0$

bzw.

$x^2 < 0$

Diese Ungleichung hat eine leere Lösungsmenge, folglich ist das gefundene lokale Maximum das einzige Maximum und damit auch ein absolutes.

Dass wir den Vorzeichenwechsel verlangen müssen, zeigt ein Blick auf die für Radfahrer besonders frustrierende Funktion $f(x) = x^3$: Deren Ableitung $f'(x) = 3x^2$ ist zwar bei $x = 0$ ebenfalls 0, aber es gibt keinen Vorzeichenwechsel, da $3x^2 \geq 0$ ist. Folglich liegt hier kein lokales Maximum oder Minimum vor.

Extremwertaufgaben

Typische Aufgaben, bei denen Sie nach Maxima oder Minima suchen müssen, sind Extremwert- oder Optimierungsaufgaben. Dabei geht es darum, einen Wert x zu finden, für den ein bestimmter, daraus abgeleiteter Wert möglichst groß wird. Meist gibt es außerdem eine Nebenbedingung, die dazu führt, dass es genau eine Lösung gibt. Sie müssen jeweils eine passende Funktion aufstellen, die Ableitung bilden und deren Nullstelle suchen.

Beispiel: Extremwertaufgabe

Der auf dem Planeten Volski III lebende Landwirt Huber'T möchte verhindern, dass hungrige Zweikopfzwerge ihm die Volskibeeren vom Feld wegfuttern. Die Zentralregierung hat ihm leider nur 160 ä Zaun (ä ist die auf Volski III übliche Längeneinheit) und vier Pfosten zugeteilt. Wie groß ist die größte rechteckige Fläche Feldes, die er einzäunen kann?

Im ersten Schritt überlegt sich der Landwirt, welche Größe maximiert werden soll. Wenn das Feld die Länge x und die Breite b hat, so ist dessen Fläche:

$$F = x \cdot b$$

Gesucht ist jenes x, für das diese Fläche maximal ist. Aber was machen wir mit dem b?

Da erinnert sich der Landwirt an die *Nebenbedingung*: Die Länge des Zauns, also der Umfang des Feldes, ist 160 ä. Das lässt sich mit x und b ausdrücken:

$$2x + 2b = 160$$

Der Übersicht halber lasse ich das Symbol für die Längeneinheit weg.

Die zwei Gleichungen mit zwei Unbekannten lassen sich dank des Einsetzungsverfahrens auf eine Gleichung reduzieren:

$$2x + 2b = 160$$

$$\Rightarrow b = \frac{160 - 2x}{2} = 80 - x$$

Jetzt kann Huber'T das b in der Flächenformel eliminieren:

$$F = x \cdot (80 - x)$$

Als Funktion geschrieben:

$$f(x) = 80x - x^2$$

Jetzt muss der Volskianer nur noch ermitteln, für welche Länge x diese Fläche maximal wird. Die Feldbreite b ergibt sich später durch die Nebenbedingung $b = 80 - x$.

Die erste Ableitung ist:

$$f'(x) = 80 - 2x$$

Für ein lokales Maximum muss der Wert der Ableitung 0 sein, d. h., die Tangente verläuft horizontal. Also:

$$80 - 2x = 0$$

$$-2x = -80$$

$$x = 40$$

Wenn es sich wirklich um ein Maximum handelt, muss die Ableitung einen Vorzeichenwechsel von + nach – um die Stelle x vollführen. Da $f'(x)$ eine lineare Funktion mit negativer Steigung –2 ist, fällt sie streng monoton. Zwangsweise muss sie also eine Nullstelle von oben (+) nach unten (–) durchlaufen.

Ist das gefundene Maximum aber auch ein *absolutes*?

Dazu setzt der Landwirt den gefundenen Wert in seine Flächenformel ein und erhält:

$$f(40) = 80 \cdot 40 - 40^2 = 3200 - 1600 = 1600$$

Gibt es Funktionswerte größer als 1600, also Lösungen für die Ungleichung $f(x) > 1600$?

Das würde bedeuten:

$$80x - x^2 > 1600$$

Diese quadratische Ungleichung können Sie durch quadratische Ergänzung ($1600 = 40^2$) lösen. Achten Sie darauf, dass sich das Größerzeichen umdreht, wenn Sie mit –1multiplizieren:

$$x^2 - 80x > 1600$$

$$x^2 - 80x + 1600 - 1600 < 1600$$

$$(x - 40)^2 < 0$$

Diese Gleichung ist unerfüllbar – nicht weiter verwunderlich, denn auch wenn Sie die Funktion nicht gezeichnet haben, wissen Sie, dass es sich um eine nach unten offene Parabel handeln muss, die zwangsläufig über genau ein absolutes Maximum verfügt.

Im letzten Schritt berechnet unser außerirdischer Landwirt noch die Breite seines Feldes:

$$b = 80 - x = 40$$

Da fällt es ihm wie Schuppen von seinen drei Augen: Natürlich ist das »ideale« Rechteck ein Quadrat, das wussten schon seine Vorfahren, als sie ihre berühmten Stufenpyramiden schufen.

In den Entspannungsübungen am Ende des Kapitels finden Sie eine ähnliche Aufgabe, aber völlig ohne Außerirdische – versprochen!

Sattel- und Wendepunkte

Kommen wir noch einmal auf das lokale Extremum zurück, das keines ist, nämlich den Punkt (0,0) bei der Funktion $f(x) = x^3$. Was ist hier los?

Stellen Sie sich vor, die Funktion beschreibe einen ebenen Straßenverlauf, betrachtet aus der Vogelperspektive (Abbildung 17.6).

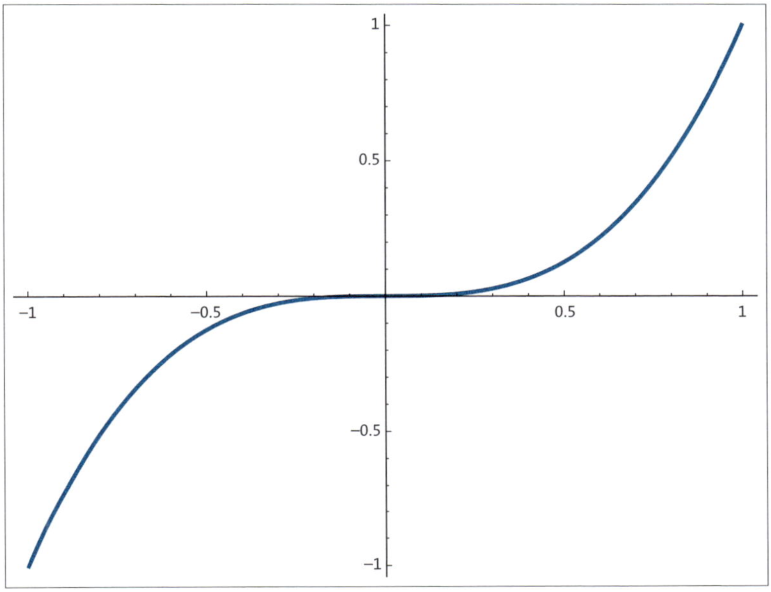

Abbildung 17.6 Die Kubikfunktion hat im Ursprung einen Sattel- und Wendepunkt.

Wenn Sie mit Ihrem Fahrrad von links unten kommen, müssen Sie zunächst nach rechts lenken, um dem Straßenverlauf zu folgen. Die Krümmung der Kurve lässt jedoch nach, sobald Sie sich dem Punkt (0,0) nähern. An dieser Stelle halten Sie den Lenker für einen Moment genau gerade! Aber dann müssen Sie nach *links* steuern. Ein solcher Richtungswechsel-Punkt heißt *Wendepunkt*. Hat er die Steigung 0 wie im vorliegenden Beispiel, ist der Wendepunkt auch ein *Sattelpunkt*.

Die zweite Ableitung beschreibt die Krümmung des Graphen. Positive Werte bedeuten eine Linkskurve, negative eine Rechtskurve. Ist die 2. Ableitung 0, verläuft die Funktion geradeaus.

Ist die erste Ableitung an einer Stelle 0 und ist die 2. Ableitung dort *nicht* 0, liegt dort *kein* Wendepunkt.

Also muss es sich um ein lokales Extremum handeln. Ein Minimum beschreibt immer eine Linkskurve, also ist die 2. Ableitung positiv. Ein Maximum beschreibt eine Rechtskurve, die 2. Ableitung ist negativ.

Das Ermitteln von Wendepunkten ist Teil des Werkzeugkastens der Analysis und als solcher ein festes Element einer ihrer Standardaufgaben: der *Kurvendiskussion*.

17.2 Königsdisziplin Kurvendiskussion

Jede Kurvendiskussion besteht aus einem ganzen Spektrum von Teilaufgaben zu einer gegebenen Funktion und entlockt dieser auch das letzte Geheimnis. Das Ziel ist es, am Ende genau über das Verhalten einer Funktion Bescheid zu wissen. Auf den folgenden Seiten werden wir exemplarisch eine Kurvendiskussion durchführen. Viel Spaß!

Beispiel: Eine Kurvendiskussion

Gegeben ist:

$$f(x) = x^2 \cdot e^{-2x}$$

1. **Definitionsbereich**

   Die Funktion ist auf ganz $\mathbb{R}$ definiert, stetig und differenzierbar. Zwar entspricht der negative Exponent einer Division durch e^{2x}, aber da die Exponentialfunktion überall echt größer als null ist, kann nichts schiefgehen.

2. **Achsenschnittpunkte**

   Unsere Funktion hat nur eine Nullstelle $x = 0$, da dort $x^2 = 0$ wird. Der Exponentialterm wird nie 0, daher bleibt es bei dieser einen Nullstelle. Denn ein Produkt ist genau dann 0, wenn mindestens einer der beiden Faktoren 0 ist.

   Gleichzeitig ist der Punkt (0,0) der Schnittpunkt mit der y-Achse.

3. **Symmetrie**

   Zwar ist x^2 symmetrisch, aber die Exponentialfunktion ganz sicher nicht. Von Symmetrie kann also keine Rede sein. In Buchstaben ausgedrückt:

   $$f(x) \neq f(-x)$$

   $$f(x) \neq -f(-x)$$

   Denn:

   $$x^2 \cdot e^{-2x} \neq (-x)^2 \cdot e^{2x}$$

   Und:

   $$x^2 \cdot e^{-2x} \neq -(-x)^2 \cdot e^{2x}$$

4. **Asymptotisches Verhalten**

   Definitionslücken gibt es ja nicht, also müssen wir nur das Verhalten für $x \to \pm\infty$ in Augenschein nehmen.

   Der Grenzwert im positiven Unendlichen ist 0.

Das ist leicht nachzuvollziehen, wenn man die *Regel von de l'Hospital* kennt und anwendet (siehe Abschnitt 14.1, ganz am Ende).

Betrachten wir die gegebene Funktion mal als Quotienten von zwei anderen Funktionen und wenden die Regel von de l'Hospital zweimal an:

$$\lim_{x\to\infty} \frac{x^2}{e^{2x}} = \lim \frac{2x}{2e^{2x}} = \lim \frac{2}{4e^{2x}} = 0$$

Im negativen Unendlichen wächst die Funktion über alle Grenzen, da beide Faktoren des Produkts beliebig groß werden.

5. **Extrempunkte**

Ein absolutes Maximum gibt es nicht, da die Funktion für $x \to -\infty$ gegen unendlich geht.

Suchen wir also relative oder absolute Minima – und setzen wir die erste Ableitung gleich null, denn das ist eine notwendige Bedingung für lokale Extremstellen. Um die erste Ableitung zu bilden, benötigen Sie die Produkt- und die Kettenregel:

$$f'(x) = 2x \cdot e^{-2x} - x^2 \cdot 2e^{-2x} = 0$$

Diese Summe können Sie auch als Produkt schreiben, was für Gleichungen mit null gegenüber immer praktisch ist:

$$2x \cdot e^{-2x} \cdot (1 - x) = 0$$

Sie kennen die alte Leier: Ein Produkt ist genau dann 0, wenn es mindestens einer der Faktoren ist. Der mittlere (der mit der Exponentialfunktion) ist das nie, aber die beiden anderen. Also haben wir zwei Nullstellen der Ableitung gefunden:

$$x = 0 \vee x = 1$$

Um zu überprüfen, ob es sich um echte Extremstellen handelt, bilden wir die 2. Ableitung:

$$f''(x) = 4x^2 \cdot e^{-2x} - 8x \cdot e^{-2x} + 2 \cdot e^{-2x}$$

Setzen Sie die gefundenen Nullstellen der ersten Ableitung ein:

$$f''(0) = 2 \cdot e^{-2\cdot 0} = 2$$

$$f''(1) = (4 - 8 + 2) \cdot e^{-2} = -2e^{-2} \approx -0{,}27$$

Beide Werte sind ungleich null, also echte Extremstellen. Bei (0,0) beschreibt die Funktion eine Linkskurve, da die 2. Ableitung größer ist als 0, das muss also ein lokales Minimum sein.

Bei $(1,e^{-2})$ hingegen liegt ein lokales Maximum vor, da die Funktion eine Rechtskurve beschreibt.

6. **Wendepunkte**

Dass es einen Wendepunkt in unserer Funktion gibt, liegt auf der Hand: Irgendwo zwischen 0 und 1 muss es einen Vorzeichenwechsel von +2 (Linkskurve) nach –0,27 (Rechtskurve) geben. Aber wo liegt dieser Punkt?

Setzen Sie die 2. Ableitung gleich 0, um mögliche Wendepunkte zu finden:

$$4x^2 \cdot e^{-2x} - 8x \cdot e^{-2x} + 2 \cdot e^{-2x} = 0$$

Klammern Sie den Exponentialterm erneut aus, um ein Produkt zu erhalten:

$$(4x^2 - 8x + 2) \cdot e^{-2x} = 0$$

Es genügt, die Klammer zu untersuchen, weil die Exponentialfunktion nie 0 werden kann. Also:

$$4x^2 - 8x + 2 = 0$$

$$x^2 - 2x + \frac{1}{2} = 0$$

Das ist eine quadratische Gleichung mit Ergänzung 1. Damit finden Sie die Lösung ziemlich schnell:

$$x^2 - 2x + 1 - 1 + \frac{1}{2} = 0$$

$$(x - 1)^2 = \frac{1}{2}$$

$$x - 1 = \pm\sqrt{\frac{1}{2}}$$

$$x = 1 \pm \sqrt{\frac{1}{2}}$$

$$x \approx 1{,}7 \vee x \approx 0{,}29$$

Bilden Sie noch schnell die dritte Ableitung, um zu prüfen, ob die fraglichen Punkte wirklich echte Wendepunkte sind. Da die Ableitungen langsam, aber sicher immer unhandlicher werden, bemühen Sie doch mal wieder Sage:

```
sage: f(x)=x^2 * exp(-2*x)
sage: f.derivative(3)
x |--> -8*x^2*e^(-2*x) + 24*x*e^(-2*x) - 12*e^(-2*x)
```

Vorsicht: Sie dürfen jetzt nicht die gerundeten Ergebnisse oben einsetzen, es müssen schon die genauen sein. Das geht so:

```
sage: f.derivative(3)(1+sqrt(1/2))
-8*(sqrt(1/2) + 1)^2*e^(-2*sqrt(1/2) - 2) + 24*(sqrt(1/2) +
1)*e^(-2*sqrt(1/2) - 2) - 12*e^(-2*sqrt(1/2) - 2)
```

Um Sage dazu zu bewegen, diesen furchtbar komplizierten Term auszurechnen, verwenden Sie die Funktion `float()`:

```
sage: float(f.derivative(3)(1+sqrt(1/2)))
0.1861233578272501
```

Für den anderen Wendepunkt-Kandidaten errechnet Sage ebenfalls einen Wert ungleich null:

```
sage: float(f.derivative(3)(1-sqrt(1/2)))
-3.1489892041571754
```

Also haben wir zwei Wendepunkte. Setzen Sie noch die gefundenen x-Werte in die ursprüngliche Funktion ein, um die genauen Koordinaten zu finden.

Da die Funktion in Sage schon angelegt ist, fragen Sie auch hierzu den Computer. Sie erhalten:

$W_1(0{,}29;\ 0{,}05), W_2(1{,}7;\ 0{,}096)$

Jetzt endlich dürfen Sie Sage auch den Graphen zeichnen lassen, um sich davon zu überzeugen, dass alles stimmt, was Sie über die Funktion herausgefunden haben.

```
sage: plot(f,xmin=-1,xmax=2,ymin=0,ymax=2)
```

Wenn Sie die Wendepunkte einzeichnen möchten, versuchen Sie mal das hier:

```
sage: plot(f,xmin=-1, xmax=2, ymin=0, ymax=2) +
disk((1+sqrt(1/2), f(1+sqrt(1/2))), 0.02, (0,2*pi)) +
disk((1-sqrt(1/2), f(1-sqrt(1/2))), 0.02, (0,2*pi))
```

Oder Sie schauen sich einfach die zugehörige Abbildung 17.7 an.

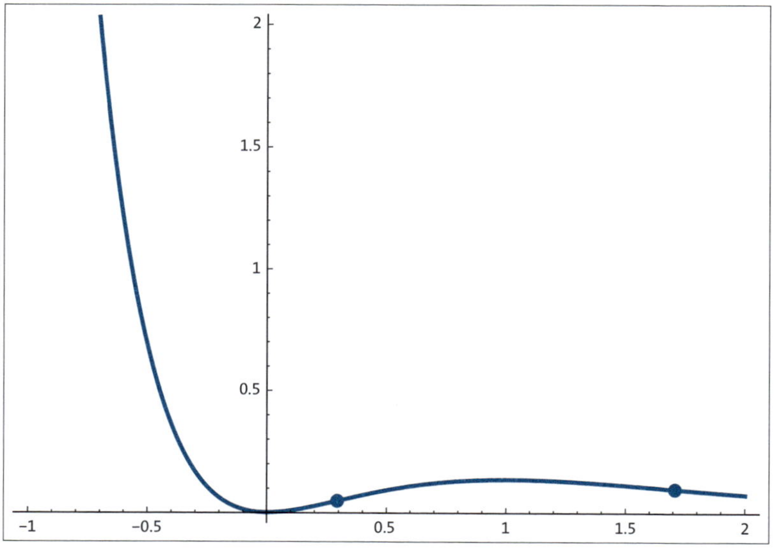

Abbildung 17.7 Die diskutierte Funktion hat zwei Extrem- und zwei Wendepunkte. Letztere sind eingezeichnet.

17.3 Funktionen à la carte

Fast alles in der Mathematik lässt sich umdrehen. Angenommen, Sie suchen für irgendeine Anwendung eine passende Funktion. Dann können Sie sich mit einer Art Rückwärts-Kurvendiskussion eine beschaffen!

Anhand von zwei Beispielen zeige ich Ihnen, wie dieses Kunststück funktioniert.

Selbstgestrickt

Wenn Sie eine Funktion anhand gewisser Vorgaben selbst bauen möchten, benötigen Sie nur eine ungefähre Vorstellung davon, welche Sorte Funktionen grundsätzlich ähnlich verläuft wie die, die Sie benötigen. Lassen Sie uns ein fiktives Bauprojekt in Angriff nehmen:

Beispiel: Ein Damm-Querschnitt

Ein neuer Damm soll gebaut werden, um Probleme durch den ansteigenden Meeresspiegel zu verhindern. Die Dammhöhe soll 5 Meter betragen, und die Steigung an den Seiten darf 100 % (also eine Schräge von 45°) nicht überschreiten, weil das Material sonst abrutscht. Gesucht ist eine Funktion, die den Querschnitt des Damms beschreibt.

Welchen Ansatz könnten Sie wählen? Welche Funktion, die Ihnen vor dem geistigen Auge schwebt, entspricht ungefähr dem Querschnitt eines Dammes?

Blättern Sie mal zurück zu Abbildung 17.1.

Na, gefunden?

Richtig, die dort gezeigte gebrochen rationale Funktion $i(x) = \frac{1}{x^2+1}$ kommt einem Damm-Querschnitt am nächsten. Da zwei Randbedingungen zu erfüllen sind, bauen wir mal zwei Parameter ein. Zum Beispiel einen Faktor h, der letztlich über die Höhe des Damms bestimmt:

$$i(x) = \frac{h}{x^2 + 1}$$

Um den Dammquerschnitt strecken oder stauchen zu können, versehen wir außerdem das x mit einem Faktor. Ob der in der Potenz steht oder davor, ist nicht von Bedeutung, Letzteres ist aber übersichtlicher. Also haben wir folgenden Ansatz:

$$i(x) = \frac{h}{b \cdot x^2 + 1}$$

Jetzt machen Sie aus den Randbedingungen einfach zwei Gleichungen.

Erstens soll die Dammhöhe 5 Meter betragen. Da die Dammhöhe der Funktionswert für $x = 0$ ist, können Sie schreiben:

$$i(0) = 5 \text{ m}$$

$$\frac{h}{b \cdot 0^2 + 1} = 5 \text{ m}$$

Also ist:

$$h = 5 \text{ m}$$

Nun zur Steigung. Limitiert durch die Aufgabenstellung ist natürlich der *Betrag* der Steigung. Da unsere Funktion nur im negativen Bereich eine positive Steigung hat und aufgrund der Achsensymmetrie im positiven Bereich eine negative, beschränken wir uns jetzt auf die linke Seite und überlassen den Rest dem Symmetriegesetz.

Wir fordern also, dass die Steigung 1 beträgt:

$$i'(x) = 1$$

Die steilste Stelle muss gleichzeitig einen Wendepunkt bilden. Wir suchen also zunächst diesen Wendepunkt und bestimmen dann b so, dass die erste Ableitung am Wendepunkt genau 1 ergibt.

Bilden Sie die erste und zweite Ableitung mit den bekannten Regeln (oder bitten Sie Sage um Hilfe):

$$i'(x) = \frac{-2bhx}{(b \cdot x^2 + 1)^2}$$

$$i''(x) = \frac{8b^2hx^2}{(b \cdot x^2 + 1)^3} - \frac{2bh}{(b \cdot x^2 + 1)^2}$$

Setzen Sie die 2. Ableitung gleich null. Sieht kompliziert aus? Warten Sie:

$$\frac{8b^2hx^2}{(b \cdot x^2 + 1)^3} - \frac{2bh}{(b \cdot x^2 + 1)^2} = 0$$

Zunächst können Sie mit dem Nenner des rechten Bruchs multiplizieren, weil er keinesfalls 0 ist. Es bleibt:

$$\frac{8b^2hx^2}{b \cdot x^2 + 1} - 2bh = 0$$

Bringen Sie $2bh$ auf die andere Seite, und multiplizieren Sie dann mit dem Nenner:

$$8b^2hx^2 = 2bh(bx^2 + 1)$$

Jetzt sehen Sie, dass Sie durch $2bh$ teilen können:

$$4bx^2 = 1 + bx^2$$

Das können Sie leicht nach x umstellen, um die Wendepunkte zu finden:

$$x_W = \pm\sqrt{\frac{1}{3b}}$$

Die an sich obligatorische Prüfung der dritten Ableitung ersparen wir uns an dieser Stelle – es steht nicht zu erwarten, dass die für die gefundenen x gleich null ist.

Damit haben wir die Stellen gefunden, an denen die Steigung nicht größer als 1 sein darf. Es überrascht kaum, dass diese Lösungen von b abhängen, das ist schließlich der Streckungsfaktor. Setzen Sie den negativen Fundort (mit positiver Steigung) in die erste Ableitung ein, und errechnen Sie so die Steigung an dieser Stelle:

$$i'(x_W) = \frac{-2bhx_W}{(b \cdot {x_W}^2 + 1)^2}$$

$$= \frac{2bh\sqrt{\frac{1}{3b}}}{\left(\frac{b}{3b} + 1\right)^2} = \frac{9h\sqrt{b}}{8\sqrt{3}}$$

An dieser steilsten Stelle des Damms soll die Steigung gleich 1 sein, also:

$$1 = \frac{9h\sqrt{b}}{8\sqrt{3}}$$

Umgestellt nach b erhalten wir endlich:

$$b = 3\left(\frac{8}{9h}\right)^2$$

Für die Dammhöhe $h = 5$ ergibt sich also $b \approx 0{,}095$. Die fertige Funktion für den Dammquerschnitt lautet also:

$$i(x) = \frac{5}{(0{,}095x^2 + 1)}$$

Damit können Sie den Damm jetzt endlich aufschütten, hoffentlich pünktlich vor der nächsten Überschwemmung (Abbildung 17.8).

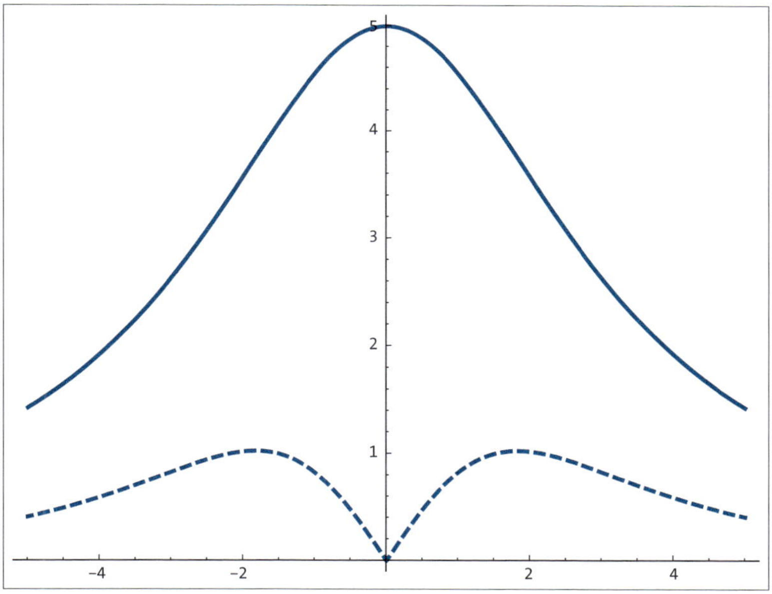

Abbildung 17.8 Der Dammquerschnitt entsprechend unserer konstruierten Funktion sieht aus wie gewünscht. Die gestrichelte Kurve ist der Betrag der ersten Ableitung, also die Steigung des Damms. Sie sehen, dass die Steigung höchstens eins ist. Geplottet mit Sage:
sage: f(x)=5/(0.095*x^2+1)
sage: plot([f,abs(f.derivative())],xmin=-5, xmax=5, ymin=0, ymax=5)

Zufall, selfmade

Ein letztes Beispiel verknüpft selbst gebaute Funktionen mit Wahrscheinlichkeiten – und mit einem Spiel.

Stellen Sie sich dazu einen virtuellen Fußballspieler vor, der in seiner Karriere zunächst besser wird, irgendwann seinen Zenit überschreitet und schließlich besser die Schuhe an den Nagel hängen sollte. Es wäre denkbar, dass in einem Fußball-Game die Wahrscheinlichkeit dafür, dass dieser Spieler einen Zweikampf gewinnt, auf diese Weise mit seinem Alter zusammenhängt.

Beispiel: Zweikampf, altersabhängig

Angenommen, die höchste Wahrscheinlichkeit, einen Zweikampf zu gewinnen, liegt bei unserem Spieler bei w. Das ist eine Zahl zwischen 0 und 1, die Sie beliebig oder abhängig von anderen Eigenschaften des Spielers wählen können.

Ferner soll die Kurve zwischen dem Anfangs- und dem Karriereende-Alter des Spielers zunächst steil ansteigen, in der Mitte abflachen und dann wieder sinken. Ein Kandidat hierfür wäre eine umgekehrte Parabel mit Scheitelpunkt (a,w), wobei a das Alter ist, in dem der Spieler seine beste Leistung erreicht.

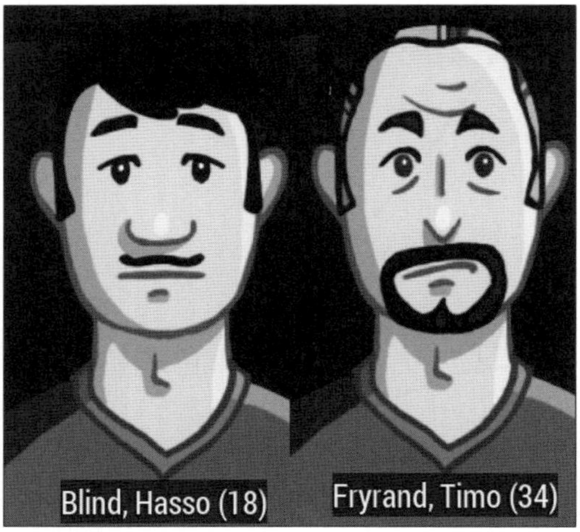

Abbildung 17.9 Wer gewinnt das Duell?

Nehmen Sie als Ansatz eine allgemeine quadratische Funktion in Scheitelpunktform:

$$f(x) = k(x-a)^2 + w$$

Bilden Sie die Ableitung mit der Kettenregel:

$$f'(x) = 2k(x-a)$$

Sie sehen, dass für $x = a$ die Ableitung (also die Steigung) 0 wird. Die zweite Ableitung ist:

$$f''(x) = 2k$$

Wenn $k < 0$ ist, handelt es sich beim Scheitelpunkt um ein echtes Maximum, denn eine negative zweite Ableitung bedeutet eine Rechtskurve.

Zum Schluss justieren Sie noch das Alter für Anfang und Ende der Karriere. Das sind die Nullstellen der Funktion.

$$k(x-a)^2 + w = 0$$

$$x = a \pm \sqrt{-\frac{w}{k}}$$

Angenommen, der Abstand zwischen den Nullstellen – also die Länge der Karriere des Spielers – soll 16 Jahre sein. Dann ist die Wurzel in obigem Term die Hälfte davon, also der Abstand zwischen dem Höhepunkt der Karriere und Anfang beziehungsweise Ende.

Dann ergibt sich für k:

$$8 = \sqrt{-\frac{w}{k}}$$

$$64 = -\frac{w}{k}$$

$$k = -\frac{w}{64}$$

Liegt der Höhepunkt der Karriere beispielsweise bei $a = 26$ Jahren und die beste Zweikampfquote bei 70 % (0,7), lautet schließlich die Funktion für die Berechnung der Wahrscheinlichkeit (Abbildung 17.10):

$$f(x) = -\frac{0{,}7}{64}(x-26)^2 + 0{,}7$$

Mit dieser Formel können Sie jetzt einen Zufallsgenerator füttern, etwa so (in Java):

```
Random rnd = new Random();
double w = -0.7/64 * Math.pow(alter-26,2)+0.7;
if(rnd.nextFloat() < w) {
  zweikampfGewonnen();
}
```

Der Zufallsgenerator (`rnd`) liefert immer Zahlen zwischen 0 und 1. Die Wahrscheinlichkeit, dass eine solche Zahl `<w` ist, ist genau die Wahrscheinlichkeit eines gewonnenen Zweikampfs.

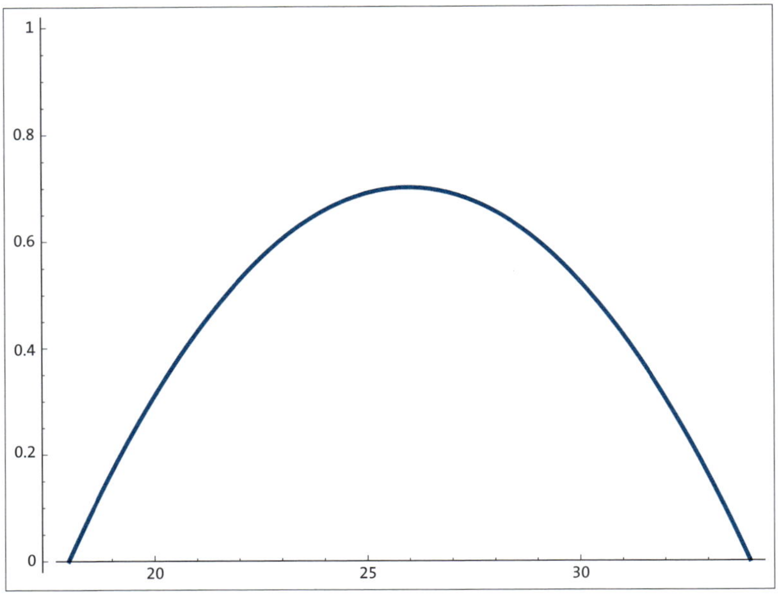

Abbildung 17.10 Die umgedrehte Parabel bestimmt abhängig vom Alter eines Spielers die Wahrscheinlichkeit für einen gewonnenen Zweikampf.

Aufgaben

17.4 Entspannungsübungen

Aufgabe 1: Führen Sie eine Kurvendiskussion durch.

Sie dürfen für besonders schwierige Teile der Aufgabe Sage verwenden.

$$f(x) = \frac{4x - x^3}{2 + x^2}$$

Aufgabe 2: Konstruieren Sie eine Funktion.

Es soll eine Rutsche konstruiert werden. Das Gefälle soll anfangs 3:1 betragen (also 3 m Höhenunterschied auf 1 m horizontaler Länge) und dann abflachen, die Gesamthöhe soll 3 m betragen. Erfinden Sie eine Funktion, die den Verlauf der Rutsche beschreibt.

(Tipp: Es gibt mehrere Möglichkeiten. Eine recht einfache wäre eine passend verschobene und gestreckte Hyperbel-Funktion).

17.5 Lösungen

Aufgabe 1

Gegeben ist die gebrochen rationale Funktion $f(x) = \frac{4x-x^3}{2+x^2}$.

Die Definitionsmenge ist $\mathbb{R}$, da der Nenner nicht null werden kann.

Achsenschnittpunkte: Offensichtlich ist $f(0) = 0$ und damit der einzige Schnittpunkt mit der y-Achse sowie gleichzeitig einer mit der x-Achse. Weitere Nullstellen kann man ausrechnen, indem man den Zähler gleich null setzt:

$$4x - x^3 = 0$$

$$x(4 - x^2) = 0$$

$$x = 0 \vee 4 - x^2 = 0 \Rightarrow x^2 = 4 \Rightarrow x = \pm 2$$

Schnittpunkte mit der x-Achse sind also −2, 0, +2.

Symmetrie:

$$f(-x) = \frac{-4x - (-x)^3}{2 + x^2} = -\frac{4x - x^3}{2 + x^2} = -f(x)$$

Die Funktion ist also punktsymmetrisch.

Asymptotisches Verhalten: Der Zähler hat eine höhere Potenz von x als der Nenner aber ein negatives Vorzeichen, also geht die Funktion im Unendlichen für $x \to \pm\infty$ gegen $\mp\infty$. Für hinreichend große, positive x ist $x^3 > 4x$ und damit der Zähler negativ, der Nenner aber positiv – für $x \to \infty$ geht also $f(x) \to -\infty$. Wegen der bereits gezeigten Punktsymmetrie geht für $x \to -\infty$ $f(x) \to \infty$.

Extremstellen: Zunächst bilden wir die erste und zweite Ableitung:

$$f'(x) = \frac{(4 - 3x^2)(2 + x^2) - 2x(4x - x^3)}{(2 + x^2)^2} = \frac{-x^4 - 10x^2 + 8}{(2 + x^2)^2}$$

$$f''(x) = \frac{12x^3 - 72x}{(2 + x^2)^3}$$

Nullstellen der ersten Ableitung gibt es nur, wo der Zähler null ist:

$$-x^4 - 10x^2 + 8 = 0$$

Diese Gleichung kann man mit –1 multiplizieren, der Einfachheit halber $x^2 = u$ einsetzen und dann eine quadratische Ergänzung durchführen:

$$u^2 + 10u - 8 = 0$$

$$(u + 5)^2 = 33$$

$$u = \pm\sqrt{33} - 5$$

$$x = \pm\sqrt{\pm\sqrt{33} - 5}$$

Für $-\sqrt{33}$ ist die äußere Wurzel nicht definiert. Es bleiben daher nur zwei Nullstellen der ersten Ableitung, nämlich ±0,863.

Der Wert der zweiten Ableitung ist bei der positiven Nullstelle negativ:

```
sage: f(x)=(4*x-x^3)/(2+x^2)
sage: f.derivative(2)(+0.86288)
-2.63221577055730
```

Dort liegt also ein lokales Maximum vor. Wegen der Punktsymmetrie muss die negative Nullstelle ein lokales Minimum sein.

Um den Wendepunkt zu finden, setzen wir die zweite Ableitung gleich null. Besser gesagt: wieder nur den Zähler.

$12x^3 - 72x = 0$

$x(12x^2 - 72) = 0$

Dieses Produkt wird 0, wenn $x = 0$ ist. Die Gleichung hat aber noch zwei weitere Lösungen:

$12x^2 - 72 = 0$

$x^2 - 6 = 0$

$x = \pm\sqrt{6}$

Hinreichende Bedingung für einen Wendepunkt ist, dass die dritte Ableitung nicht null ist. Diese Prüfung überlassen wir Sage:

```
sage: f.derivative(3)(0)
-9
sage: f.derivative(3)(sqrt(6))
9/32
```

Wegen der Punktsymmetrie ist auch die Fundstelle $-\sqrt{6}$ eine Wendestelle. Die genauen Wendepunkte sind:

$(0,0); \left(\pm\sqrt{6}, \mp\frac{1}{4}\sqrt{6}\right)$

Ein Plot der Funktion zeigt, dass die Ermittlungen erfolgreich waren (Abbildung 17.11).

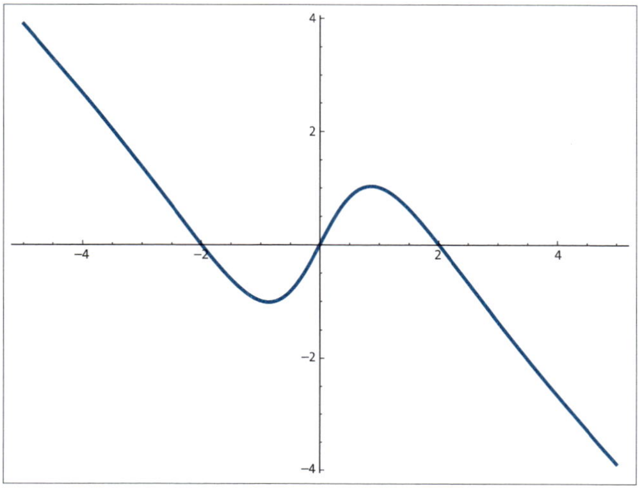

Abbildung 17.11 Wenn Ihre Skizze so aussieht, haben Sie die umfangreichste Aufgabe dieses Buchs erfolgreich gelöst.

Aufgabe 2

Für den Entwurf der Rutsche gegeben sind die Gesamthöhe und -länge von je 3 m sowie das Anfangsgefälle von 3:1. Außerdem befolgen wir den Tipp, eine Hyperbelfunktion als Ansatz zu verwenden.

Wie bei jeder Geometrie-Aufgabe empfiehlt es sich, zunächst eine Skizze anzufertigen (Abbildung 17.12).

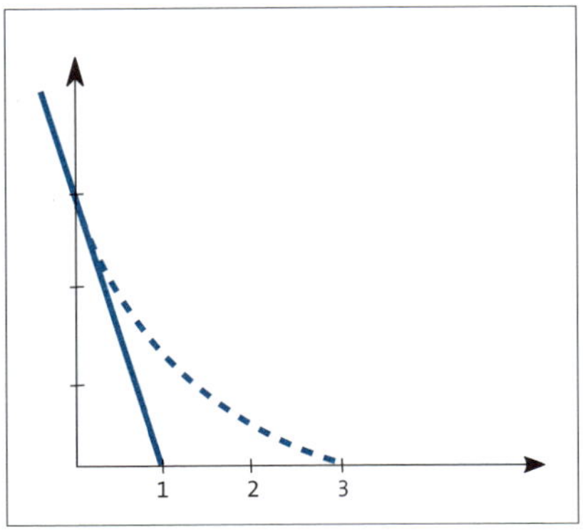

Abbildung 17.12 Die Rutsche beginnt mit einem Gefälle von 3:1, daher ist als Tangente eine passende lineare Funktion eingezeichnet.

Eine verschobene und skalierte Hyperbel hat die Funktionsvorschrift:

$$h(x) = \frac{c}{x+a} + b$$

Dabei bewirkt ein positives b eine Verschiebung nach oben und ein negatives a eine Verschiebung nach rechts.

Das geforderte Gefälle am Startpunkt entspricht der dortigen Steigung der ersten Ableitung, also:

$$h'(0) = -3$$

Die erste Ableitung lautet:

$$h'(x) = -\frac{c}{(x+a)^2}$$

Das bedeutet für die obige Bedingung: $-\frac{c}{(0+a)^2} = -3$, also:

$$c = 3a^2$$

Die zweite Bedingung ist, dass bei der Stelle $x = 3$ der Boden erreicht sein soll, also $h(3) = 0$. Das bedeutet:

$$0 = \frac{c}{3+a} + b$$

$$c = -b(3+a)$$

Schließlich gibt es eine dritte Bedingung: Die Höhe an der Stelle 0 muss 3 sein, also:

$$h(0) = \frac{c}{a} + b = 3$$

Das ist ein Gleichungssystem mit drei Gleichungen und drei Unbekannten:

$$c = 3a^2$$

$$c = -b(3+a)$$

$$3 = b + \frac{c}{a}$$

Zwar ist dies kein lineares Gleichungssystem, da Quadrate und Brüche auftreten, aber lösen lässt es sich mit den bekannten Mitteln.

Stellen Sie die untere Gleichung nach c um, können Sie sie mit der zweiten gleichsetzen, um c loszuwerden:

$$(3-b)a = -b(3+a)$$

$$3a - ba = -3b - ab$$

$$b = -a$$

Dies setzen Sie in Gleichung 2 ein, um dort b zu eliminieren:

$$c = a(3+a) = 3a + a^2$$

Auch die erste Gleichung sagt etwas über a und c aus, also setzen wir sie gleich:

$$3a^2 = 3a + a^2$$

Wir dürfen gefahrlos durch a teilen, da es sicher nicht 0 sein wird:

$$3a = 3 + a$$

$$a = \frac{3}{2}$$

Damit kennen wir auch die anderen Werte:

$$b = -\frac{3}{2}, c = 3 \cdot \frac{3^2}{2^2} = \frac{27}{4}$$

Die fertig gebaute Funktion lautet also:

$$h(x) = \frac{27}{4\left(x + \frac{3}{2}\right)} - \frac{3}{2}$$

Wenn Sie diese Funktion mit Sage plotten, werden Sie sehen, dass sie genau die gewünschten Anforderungen an die Rutsche erfüllt. Ihre Kinder werden eine Menge Spaß haben!

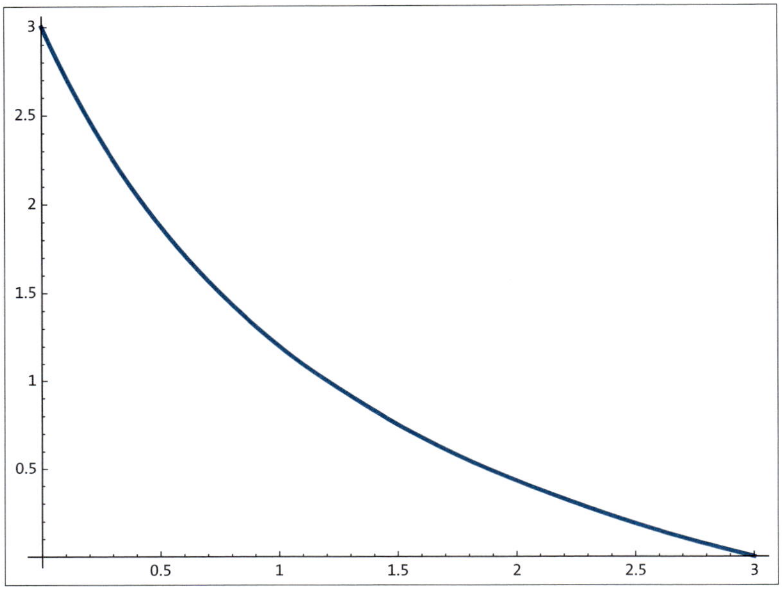

Abbildung 17.13 Die fertige Rutschfunktion verdanken wir der Lösung eines nicht linearen Gleichungssystems.

Kapitel 18

Integralrechnung

Für (fast) alles gibt es eine Umkehroperation. Auch für die Ableitung! Und was man damit alles machen kann ... das erfahren Sie in diesem Kapitel.

18.1 Das riemannsche Integral

Das Ausgangsproblem dieses Kapitels ist wiederum ein geometrisches: Kann man die Fläche zwischen einer x-Achse und einem Funktionsgraphen berechnen, indem man eine Summe aus ganz vielen Rechtecken bildet (Abbildung 18.1)?

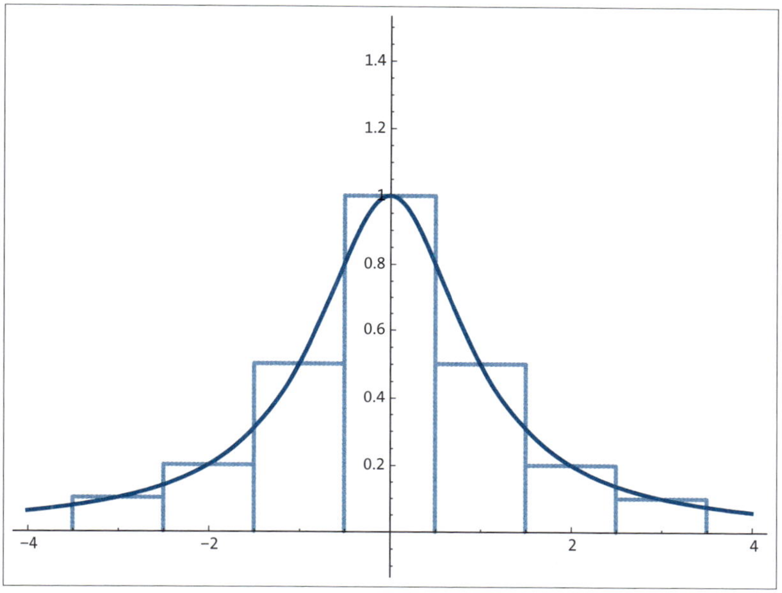

Abbildung 18.1 Sie erinnern sich an den Damm, den Sie wegen der Erhöhung des Meeresspiegels errichten mussten? Es ist möglich, dessen Querschnittsfläche durch passende Rechtecke aufzusummieren.

Und wenn ja, mit welchen mathematischen Hilfsmitteln lässt sich die Größe dieser Fläche dann berechnen?

Eine Frage der Fläche

Rein geometrisch ist es naheliegend, dass die Summe passend eingezeichneter Rechtecke die Fläche unter einem Graphen annähern kann. Aber funktioniert das auch mathematisch?

Der deutsche Mathematiker Bernhard Riemann hat sich das genauer angesehen.

Bernhard Riemann

Der deutsche Mathematiker Georg Friedrich Bernhard Riemann (geboren 1826) arbeitete in Bereichen wie Funktionentheorie und mathematischer Physik. Riemann wurde nicht einmal 40 Jahre alt, er starb an Tuberkulose.

Abbildung 18.2 Georg Friedrich Bernhard Riemann (Bild: Familienarchiv Thomas Schilling)

Lassen Sie uns das Intervall, auf dem wir die Fläche unter der Kurve berechnen wollen, in n Abschnitte zerlegen. Dazu gehören $n + 1$ Stützstellen für x in diesem Inte

rvall, also $x_0, x_1, ..., x_n$. Jeder Abschnitt reicht dann von x_{i-1} bis x_i für i von 1 bis n. An diesen Stellen befinden sich die vertikalen Kanten der Rechtecke. Deren Höhe entspricht dem Wert der Funktion an einer Stelle t_i, die in dem jeweils passenden Intervall liegt, also zwischen x_{i-1} und x_i.

Jetzt können Sie die Summe der Fläche als Summe der Rechteckflächen hinschreiben:

$$S_n = \sum_{i=1}^{n} f(t_i) \cdot (x_i - x_{i-1})$$

Diese Summen nennt man *Riemann-Summen*.

Sie ahnen sicher, dass die sieben Türme in Abbildung 18.1 nicht genügen, um dem genauen Flächeninhalt unter dem Graphen der Funktion nahezukommen.

Wählt man die Zerlegung aber fein genug, nähert sich die Summe für *integrierbare Funktionen* einer festen Zahl an, nämlich der Fläche zwischen x-Achse und Kurve. Diese Zahl heißt *Riemann-Integral*.

Formal ausgedrückt:

Eine Funktion $f(x)$ ist auf einem Intervall zwischen a und b Riemann-integrierbar, wenn es zu jeder Zahl A (der Fläche) und zu jedem $\varepsilon > 0$ ein $\delta > 0$ gibt, sodass für jede Zerlegung mit Feinheit $\mu < \delta$ und für beliebige Zwischenstellen t_i der Betrag $|S - A| < \varepsilon$ ist. Dabei ist S die jeweilige Rechteck-Fläche.

Als Feinheit der Zerlegung μ bezeichnet man die Länge des größten Teilintervalls.

Dann schreibt man für das Riemann-Integral von $f(x)$ zwischen a und b:

$$A = \int_a^b f(x)\,\mathrm{d}x$$

Gesprochen wird diese Schreibweise so: »Integral von a bis b über f von x dx«. Ähnlich wie bei der Differentialrechnung steht auch hier das dx, um klarzustellen, über welche Variable integriert wird. Das dx können Sie wie einen Faktor auffassen, es kann auch zwischen Integralzeichen und Integrand stehen.

Ober- und Untersummen

Alternativ können Sie für jeden Intervallabschnitt zwei Rechtecke einzeichnen: eines, das komplett unter der Kurve liegt, und eines, dessen obere Kante darüber liegt (Abbildung 18.3). Diese Herangehensweise stammt von dem Mathematiker Gaston Darboux (1842–1917).

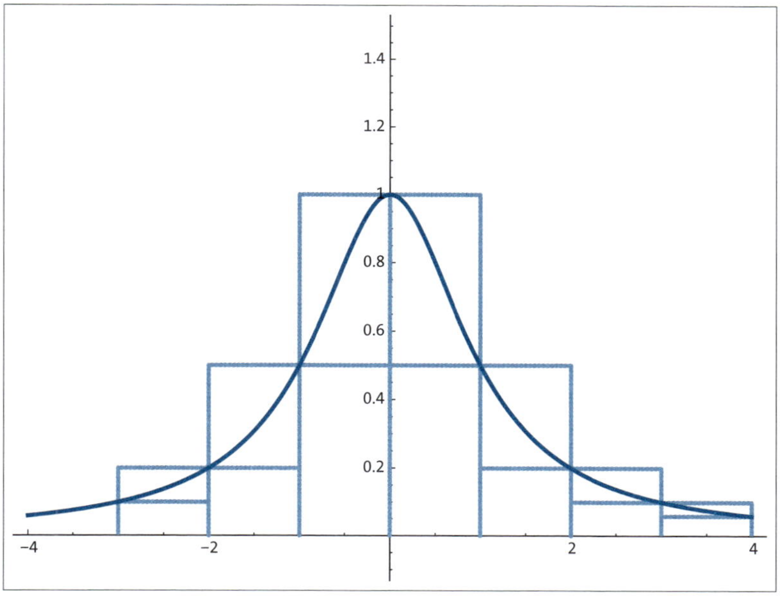

Abbildung 18.3 Es ist jeweils ein Rechteck eingezeichnet, dessen Höhe dem kleineren der beiden seitlichen Funktionswerte entspricht, und eines, dessen Höhe dem größeren Funktionswert entspricht.

Auf diese Weise sind zwei *Treppenfunktionen* definiert: Die obere folgt den oberen Kanten der größeren Rechtecke, die untere jenen der kleineren.

Die größeren Rechtecke (also die Gesamtfläche unter der oberen Treppenfunktion) ergeben zusammen eine Obersumme, die kleineren eine Untersumme.

Wenn wir die Intervallzerlegung verfeinern, also die Rechtecke immer schmaler werden lassen, so wird die Obersumme immer kleiner und die Untersumme immer größer. Eine unendlich feine Zerlegung führt zum oberen bzw. unteren *darbouxschen Integral*:

$$\int_{a}^{\bar{b}} f(x)\mathrm{d}x = \inf O(Z)$$

$$\int_{\underline{a}}^{b} f(x)dx = \sup U(Z)$$

Dabei steht inf $O(Z)$ bzw. sup $U(Z)$ für Infimum der Obersummen bzw. Supremum der Untersummen, also deren Grenzen bei unendlich feinen Zerlegungen Z.

Wenn unteres und oberes darbouxsches Integral gleich sind, ist die Funktion Darboux-integrierbar (und Riemann-integrierbar), und der Wert ist wiederum das Integral:

$$\int_{a}^{b} f(x)\,\mathrm{d}x$$

Auf solche Art integrierbar sind beispielsweise alle stückweise stetigen und alle monotonen Funktionen (das dürften die meisten sein, die Sie kennen).

Aber noch hat das Integral seinen Schleier nicht gelüftet: Wie können wir es für eine gegebene Funktion einfach ausrechnen?

18.2 Der Hauptsatz der Differential- und Integralrechnung

Eine vielversprechende Überschrift, oder?

Ich steigere langsam die Spannung.

Nein, um ehrlich zu sein: Erst muss ich Ihnen noch zwei Begriffe erklären.

Das unbestimmte Integral

Die gezeigten Schemata zum Bilden von Integralen setzten jeweils ein festes Intervall voraus. Angenommen, Sie halten nur den Anfang des Intervalls fest (also a) und variieren den anderen Wert. Wenn Sie den nun statt b einfach x nennen (er ist ja variabel), können Sie eine Funktion $U(x)$ aufstellen, die dem Integral von a bis x entspricht:

$$U(x) = \int_a^x f(t)\,dt$$

Diese Funktion ist stetig, und sie misst die Größe der Fläche abhängig von der gewählten Koordinate x (Abbildung 18.4).

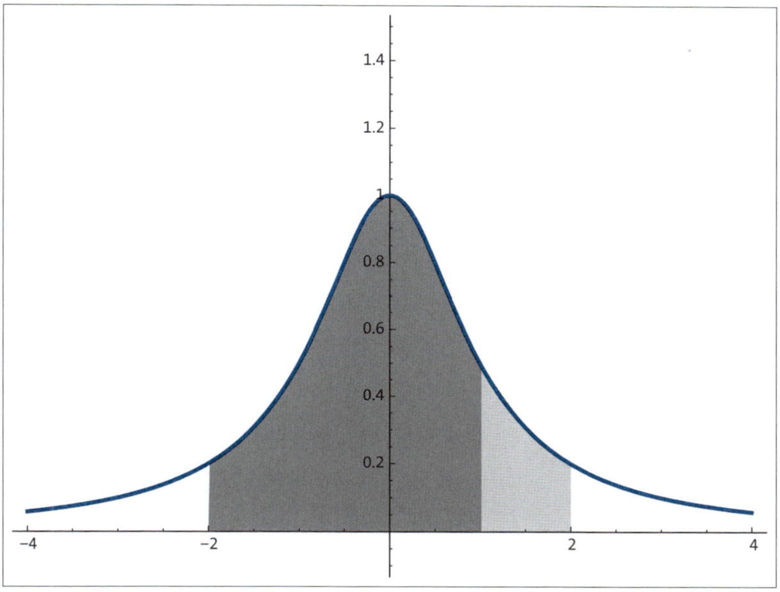

Abbildung 18.4 Wenn Sie die rechte Grenze des zu integrierenden Intervalls (dunkelgrau) als Variable x nehmen, erhalten Sie eine Flächenfunktion $U(x)$.

Ein solches Integral, dessen Grenzen keine konstanten Werte besitzt, nennt man *unbestimmtes Integral.*

Um aus einem unbestimmten ein bestimmtes Integral zu machen, können Sie für x einen konstanten Wert einsetzen.

Jetzt fehlt nur noch ein Begriff, bevor wir zum berühmten Hauptsatz kommen können.

Stammfunktionen

Eine *Stammfunktion* einer Funktion $f(x)$ ist eine Funktion, wenn sie auf einem gegebenen Intervall differenzierbar ist und ihre Ableitung ebenjene Funktion $f(x)$ ergibt, also:

$$F'(x) = f(x)$$

Wenn es eine solche Stammfunktion F gibt, dann existieren unendlich viele. Denn wenn F eine Stammfunktion von f ist, dann ist auch $f(x) + k$ eine, wenn k eine beliebige Konstante ist.

Logisch, oder? Beim Ableiten von $f(x) + k$ fällt die Konstante weg. Achten Sie darauf, dass Sie immer sagen »*eine* Stammfunktion«, nicht »*die* Stammfunktion«.

Beispiele für Stammfunktionen

Eine Stammfunktion für $f(x) = x$ ist:

$$F(x) = \frac{1}{2}x^2$$

Prüfen Sie es nach, indem Sie die Ableitung bilden:

$$F'(x) = \frac{1}{2} \cdot 2x$$

Eine Stammfunktion für $g(x) = e^{kx}$ ist:

$$G(x) = \frac{1}{k}e^{kx}$$

Der Fundamentalsatz der Analysis

Jetzt kommen wir endlich zum versprochenen Highlight. Dieser Satz ist so wichtig, dass er gleich mehrere Namen hat: Hauptsatz der Differential- und Integralrechnung oder Fundamentalsatz der Analysis. Er geht auf die Herren Newton und Leibniz zurück.

Der Satz stellt einen Zusammenhang her zwischen Ableiten und Integrieren und besteht aus zwei Teilen:

1. Wenn $f(x)$ eine stetige Funktion auf einem Intervall $[a,b]$ ist, so ist für alle Stellen $x_0 \in [a,b]$ das unbestimmte Integral $F(x) = \int_{x_0}^{x} f(t)\, \mathrm{d}t$ differenzierbar und eine Stammfunktion von $f(x)$.

   Das bedeutet grob gesagt: *Integrieren ist das Gegenteil von Differenzieren.*

   Es ist also $F'(x) = f(x)$ für alle $x \in [a,b]$. Da f eine stetige Funktion ist, existiert das Riemann-Integral auf dem ganzen Intervall, und folglich ist auch F überall auf diesem Integral definiert.

   Eine Integration der Ableitung ergibt also wieder die ursprüngliche Funktion, bis auf einen konstanten Summanden, die *Integrationskonstante*.

2. Um ein *bestimmtes* Integral auszurechnen, berechnet man einfach die Werte einer Stammfunktion an den Grenzen a und b des Intervalls und subtrahiert sie. Mathematisch ausgedrückt ist das die *Newton-Leibniz-Formel*:

$$\int_a^b f(x)\,\mathrm{d}x = F(b) - F(a)$$

Alternative Schreibweise:

$$\int_a^b f(x)\,\mathrm{d}x = F(x)\ \Big|_a^b$$

Oder:

$$\int_a^b f(x)\,\mathrm{d}x = \Big[F(x)\ \Big]_a^b$$

Beispiel: Ein erstes Integral

Angenommen, Sie sollen die Fläche unter der Funktion $f(x) = x$ zwischen 0 und 3 berechnen (Abbildung 18.5). Eine Stammfunktion kennen Sie ja schon:

$$F(x) = \frac{1}{2}x^2$$

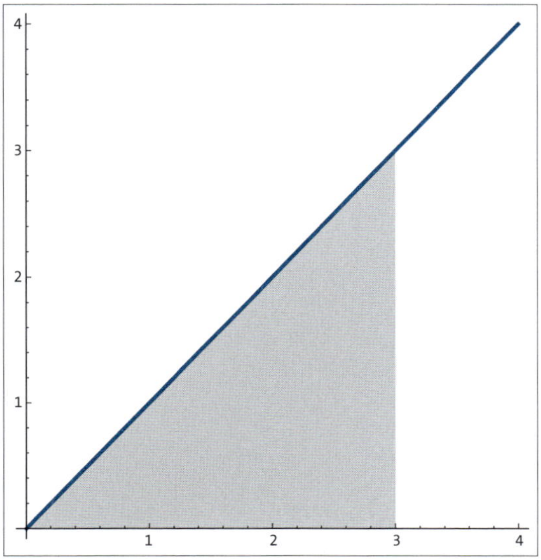

Abbildung 18.5 Die markierte Fläche ist Ihr erstes Integral. Okay, die Dreiecksformel würde es wohl auch tun, aber Integrieren ist viel cooler.

Die Fläche ist nach der Newton-Leibniz-Formel also:

$$\int_0^3 f(x)\,\mathrm{d}x = F(3) - F(0) = \frac{1}{2} \cdot 3^2 - 0 = \frac{9}{2}$$

An einer wichtigen Stelle versagt jetzt allerdings die geometrische Intuition. Berechnen Sie doch mal das bestimmte Integral der gleichen Funktion zwischen -2 und +2 (siehe Abbildung 18.6):

$$\int_{-2}^{2} f(x)\,\mathrm{d}x = F(2) - F(-2) = \frac{1}{2} \cdot 2^2 - \frac{1}{2} \cdot (-2)^2 = 0$$

Es gibt also »negative« Flächeninhalte, und sie können sich gegen »positive« aufheben. Wenn Ihnen eine Aufgabe mit geometrischer Bedeutung in der realen Welt aufgetischt wird, sollten Sie sich dessen bewusst sein.

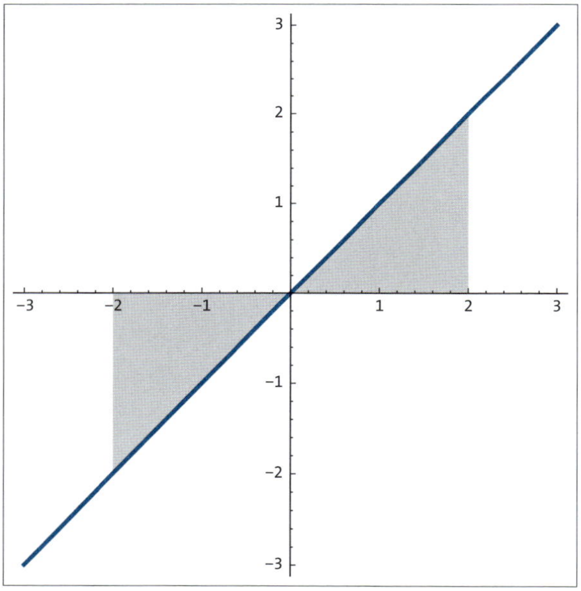

Abbildung 18.6 Flächen zwischen x-Achse und negativen y-Werten ergeben negative Werte. Folglich hat die markierte Fläche, das Integral von −2 bis +2, den Wert 0.

Potenzen und Polynome integrieren

Bisher habe ich Ihnen nur für zwei einfache Beispiele Stammfunktionen genannt. Natürlich können Sie sich weitere sehr leicht aus Ihrem Wissen über Ableitungsregeln herleiten.

Aus der Regel zur Ableitung von Potenzen ergibt sich, wie Stammfunktionen für beliebige Potenzen von x aussehen (Ausnahme: $n = -1$):

$$\int x^n \, \mathrm{d}x = \frac{x^{n+1}}{n+1} + k$$

Ich habe hier die Integrationsgrenzen weggelassen.

Für die Integration gelten Summen- und Faktorregel analog. Damit können Sie auch Polynome integrieren.

Beispiel: Ein Polynom integrieren

Gesucht ist das folgende bestimmte Integral:

$$\int_0^1 x^2 - 2x^3 \, \mathrm{d}x = \frac{1}{3}x^3 - \frac{2}{4}x^4\Big|_0^1 = \frac{1}{3}1^3 - \frac{2}{4}1^4 - (0-0) = \frac{1}{3} - \frac{1}{2} = -\frac{1}{6}$$

Die »fehlende« Potenz mit dem Exponenten –1, also die Hyperbelfunktion, hat den natürlichen Logarithmus als Stammfunktion:

$$\int \frac{1}{x} \mathrm{d}x = \ln x + k$$

Das funktioniert wegen der Definitionslücke der Hyperbelfunktion natürlich nur, wenn entweder beide Integrationsgrenzen größer oder beide kleiner als null sind.

$$\int \cos x \, \mathrm{d}x = \sin x + k$$

$$\int \sin x \, \mathrm{d}x = -\cos x + k$$

Beispiel: Integration einer Fläche mit GeoGebra

Natürlich kann GeoGebra nicht nur ableiten, sondern auch integrieren.

Definieren Sie zunächst eine Funktion, zum Beispiel f(x)=sin(x). Wechseln Sie zu den Werkzeugen und fügen Sie auf der x-Achse zwei Punkte A und B hinzu. Geben Sie dann im Algebra-Bereich ein:

```
Integral(f,x(A),x(B))
```

Das entspricht dem Flächenintegral zwischen den x-Koordinaten der Punkte A und B. GeoGebra zeigt Ihnen die zugehörige Integralnotation und das numerische Ergebnis (Abbildung 18.7). Sie können mit der Maus die Punkte A und B verschieben und das Ergebnis live verändern.

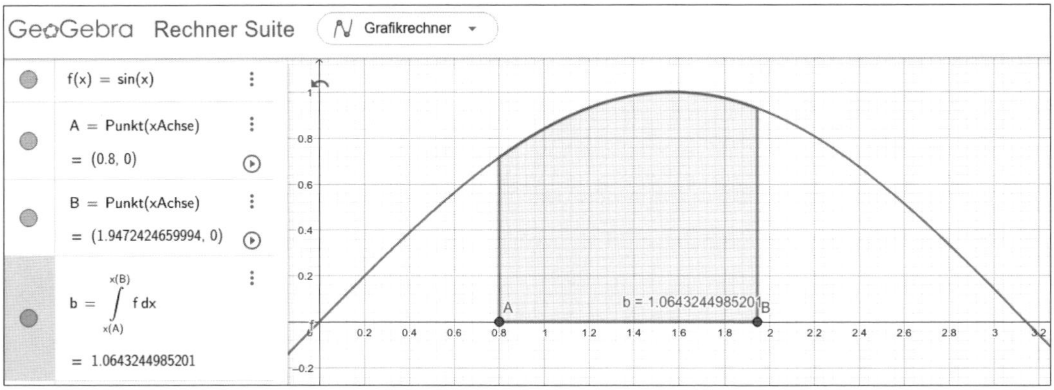

Abbildung 18.7 Sinus-Integral in GeoGebra

Partielle Integration

Wenn die Integration die Umkehrung der Ableitung ist, sollte es zu jeder Ableitungsregel eine analoge Integrationsregel geben, nicht wahr?

Einige davon haben Sie schon gesehen, aber wie sieht es mit der Produktregel aus?

Die lautet ja:

$$\left(f(x) \cdot g(x)\right)' = f(x) \cdot g'(x) + f'(x) \cdot g(x)$$

Ganz so leicht lässt sich das nicht vollständig umdrehen. Aber das Produkt $f(x) \cdot g(x)$ ist offenbar eine Stammfunktion zu der Funktion, die auf der rechten Seite obiger Gleichung steht.

Also kann man umgekehrt schreiben:

$$\int (f(x) \cdot g'(x) + f'(x) \cdot g(x))\, \mathrm{d}x \; = f(x) \cdot g(x) + k$$

Das linke Integral lässt sich in die Summe aus zwei Integralen aufteilen. Bringt man dann eines auf die andere Seite, erhält man die Regel der *partiellen Integration*. Mit Integrationsgrenzen geschrieben, entfällt die Integrationskonstante k, und das Resultat sieht so aus:

$$\int_a^b f'(x) \cdot g(x)\, \mathrm{d}x = \Big[\; f(x) \cdot g(x) \;\Big]_a^b - \int_a^b f(x) \cdot g'(x)\, \mathrm{d}x$$

Die Regel lässt sich also dann anwenden, wenn ein Produkt zu integrieren ist, zu dessen einem Faktor sich leicht eine Stammfunktion finden lässt. Allerdings handelt es sich nur um eine teilweise Lösung, da ein weiteres Integral übrig bleibt. Mit etwas Geschick lässt sich die partielle Integration so anwenden, dass das letzte Integral lösbar ist.

Beispiel: Partielle Integration

Lassen Sie uns folgendes Integral lösen:

$$\int_1^e 2x \cdot \ln x \; dx$$

Jetzt setzen Sie $g(x) = \ln x$ und $f'(x) = 2x$. Damit ist $f(x) = x^2$ eine Stammfunktion.

Der erste Term der partiellen Integration ist dann:

$$f(x) \cdot g(x) \Big|_1^e = x^2 \cdot \ln x \Big|_1^e = e^2 \cdot 1 - 1 \cdot 0 = e^2$$

Denn – Sie erinnern sich aus Kapitel 5 – der natürliche Logarithmus von e ist 1, und jeder Logarithmus von 1 ist immer 0.

Es bleibt das partielle Integral, das wir glücklicherweise ohne viel Federlesens ausrechnen können:

$$\int_1^e f(x)g'(x) \, dx = \int_1^e x^2 \cdot \frac{1}{x} \, dx = \int_1^e x \, dx = \left[\frac{1}{2}x^2\right]_1^e = \frac{1}{2}e^2 - \frac{1}{2}$$

Das Gesamtresultat lautet also:

$$\int_1^e 2x \cdot \ln x \; dx = e^2 - \left(\frac{1}{2}e^2 - \frac{1}{2}\right) = \frac{1}{2}e^2 + \frac{1}{2}$$

Substitutionsregel

Auch die Kettenregel der Differentialrechnung hat ein Analogon in der Integralrechnung: die *Substitutionsregel*.

Integralaufgaben »passender«, komplizierter Form lassen sich so durch einfache Integrale ersetzen. Die Regel besagt:

$$\int_a^b f\big(g(t)\big) \, g'(t) \, dt = \int_{g(a)}^{g(b)} f(x) \; dx$$

Vorsicht, Falle: Das rechte Integral benötigt andere Grenzen als das ursprüngliche. Wenn Sie dieses »Kleingedruckte« übersehen, vermasseln Sie auf jeden Fall die Lösung.

Da die Substitutionsregel ein bisschen komplizierter ist als andere, ist ein Beispiel besonders wichtig.

Beispiel: Substitutionsregel

Lassen Sie uns das folgende Integral berechnen:

$$\int_0^{\pi} \sin\frac{t}{2}\,\mathrm{d}t$$

Die innere Funktion ist:

$$g(t) = \frac{t}{2}$$

Diese Funktion müssen Sie auf die Integrationsgrenzen anwenden. Das substituierte Integral wird also von 0 bis $\frac{\pi}{2}$ berechnet.

Um die Substitutionsregel anwenden zu können, fehlt aber noch etwas: die Ableitung $g'(t)$. Die steht nicht im Integral. Aber zum Glück ist $g'(t) = \frac{1}{2}$, also ein einfacher Faktor, den wir hinzuschummeln können:

$$2\int_0^{\pi} \sin\frac{t}{2}\cdot\frac{1}{2}\,\mathrm{d}t$$

Der Faktor 2 vor dem ganzen Integral eliminiert den »Schummelfaktor« wieder.

Die äußere Funktion ist:

$$f(x) = \sin x$$

Damit liefert die Substitutionsregel:

$$2\int_0^{\pi} \sin\frac{t}{2}\cdot\frac{1}{2}\,\mathrm{d}t = 2\int_0^{\frac{\pi}{2}} \sin x\,\mathrm{d}x$$

Eine Stammfunktion für den Sinus kennen Sie bereits, es ist der negative Cosinus. Damit können Sie das Integral ausrechnen:

$$= 2\Big[-\cos x\Big]_0^{\frac{\pi}{2}} = 2\left(-\cos\frac{\pi}{2} + \cos 0\right)$$

Der Cosinus von $\frac{\pi}{2}$ ist 0, der von 0 ist 1, das gesuchte Resultat ist also 2.

Manchmal ist es sinnvoll, die Substitutionsregel rückwärts anzuwenden. Lassen Sie uns dazu ein recht rundes Beispiel berechnen.

Beispiel: Substitution rückwärts oder die Fläche des Kreises

Sie erinnern sich bestimmt an die (Halb-)Kreisfunktion aus Abschnitt 4.5 (siehe auch Abbildung 18.8). Lassen Sie sie uns integrieren und so überprüfen, ob die Kreisfläche wirklich πr^2 ist, wie immer alle behaupten!

Dazu nehmen wir uns den Einheitskreis vor, das ist einfacher. Kreise mit anderen Radien als 1 lassen sich aber prinzipiell genauso behandeln.

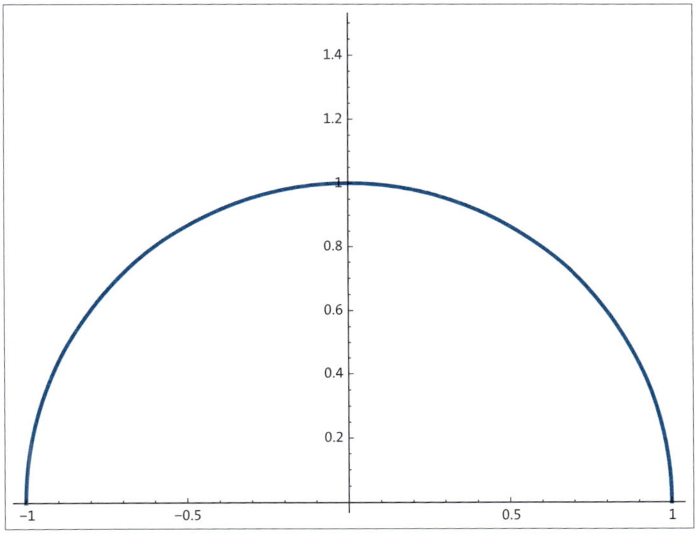

Abbildung 18.8 Dieser halbe Einheitskreis hat hoffentlich den Flächeninhalt $\frac{\pi}{2}$.

Zu berechnen ist also das bestimmte Integral von −1 bis 1 über die Kreisfunktion:

$$\int_{-1}^{+1} \sqrt{1-x^2}\,\mathrm{d}x$$

Beim Substitutionsverfahren kommt es immer darauf an, möglichst geschickt passende Funktionen f und g zu wählen. In diesem Fall aber wird die Substitutionsregel verkehrt herum angewendet, also von rechts nach links. Die obenstehende Funktion ist tatsächlich $f(x)$, und wir basteln jetzt geschickt ein $g(t)$ hinein, sodass wir ein Integral über ein Produkt aus Funktion und Ableitung der inneren Funktion erhalten. Nämlich:

$$x = g(t) = \sin t$$

Jetzt bilden Sie die Ableitung $g'(t)$ oder $\frac{\mathrm{d}x}{\mathrm{d}t}$. Letzteres ist hier die praktischere Schreibweise.

$$\frac{\mathrm{d}x}{\mathrm{d}t} = \cos t$$

Denn die Ableitung vom Sinus ist ja der Cosinus.

Jetzt setzen Sie alles ins ursprüngliche Integral ein und wenden die Substitutionsregel rückwärts an. Dabei hilft es, die Ableitung umzuformen:

$dx = \cos t \ dt$

Also ist:

$$\int_{-1}^{+1} \sqrt{1-x^2}\,dx = \int_{\arcsin -1}^{\arcsin 1} \sqrt{1-\sin^2 t}\cos t \ \ dt$$

Sie sehen: Rechts steht die linke Seite der Substitutionsregel, die Integrationsgrenzen sind hier die Werte der *Umkehr*funktion $g^{-1}(x)$, und $g(x)$ ist ja der Sinus. Die Arcussinus-Werte ergeben konkret $-\frac{\pi}{2}$ beziehungsweise $\frac{\pi}{2}$.

Auf den ersten Blick schaut das nicht so aus, als würden wir einer Lösung näherkommen, oder?

Einen Moment: Es gibt da doch diese berühmte Formel ...

$\sin^2 x + \cos^2 x = 1$

Anders ausgedrückt beziehungsweise leicht umgestellt:

$\sqrt{1-\sin^2 t} = \cos t$

Unsere Wurzel ist also eigentlich nur ein Cosinus! Damit ist das schlimm aussehende Integral plötzlich ganz einfach:

$$\int_{-\frac{\pi}{2}}^{\frac{\pi}{2}} \cos^2 t \ \ dt$$

Jetzt wenden Sie noch eine kleine Formel aus Kapitel 6 an und erhalten:

$$\int_{-\frac{\pi}{2}}^{\frac{\pi}{2}} \frac{1}{2}(1+\cos\ 2t)\ \ dt$$

Das lässt sich als Summe von zwei Integralen schreiben, von denen das linke ganz leicht lösbar ist:

$$\frac{1}{2}\int_{-\frac{\pi}{2}}^{\frac{\pi}{2}} 1\ dt + \frac{1}{2}\int_{-\frac{\pi}{2}}^{\frac{\pi}{2}} \cos 2t \ \ dt$$

Zur Konstanten $1\mathrm{d}t$ ist eine Stammfunktion natürlich $F(t) = t$.

Eine Stammfunktion von $\cos 2t$ ist $\frac{1}{2}\sin 2t$ (probieren Sie's aus, indem Sie letztere Funktion ableiten).

Zeit für den letzten Schritt:

$$\frac{1}{2}\Big[\, t \,\Big]_{-\frac{\pi}{2}}^{\frac{\pi}{2}} + \frac{1}{2}\Big[\frac{1}{2}\sin 2t\Big]_{-\frac{\pi}{2}}^{\frac{\pi}{2}}$$

Lustigerweise fällt der rechte Term komplett weg, weil der Sinus von Vielfachen von π null ist. Es bleibt:

$$\frac{1}{2}\left(\frac{\pi}{2} + \frac{\pi}{2}\right) = \frac{\pi}{2}$$

Erfreulicherweise kommt das erwartete Ergebnis raus. In einem späteren Kapitel zeige ich Ihnen noch eine weitere Möglichkeit, die Fläche eines Kreises auszurechnen.

Uneigentliche Integrale

Sie erinnern sich sicher an das ursprüngliche Beispiel mit dem Damm-Querschnitt. Beim aufmerksamen Lesen ist Ihnen außerdem aufgefallen, dass ich Ihnen die Integration dieser Funktion bisher schuldig geblieben bin. Aber der Meeresspiegel ist bis jetzt hoffentlich noch nicht zu weit gestiegen, sodass es nicht zu spät für die Berechnung ist.

Zur Erinnerung – die Dammquerschnitt-Funktion hat die Vorschrift:

$$f(x) = \frac{1}{x^2 + 1}$$

Das Besondere daran ist, dass der Graph dieser Funktion einen endlichen Flächeninhalt A einschließt, selbst wenn man bis in die Unendlichkeit integriert, also:

$$A = \int_{-\infty}^{+\infty} \frac{\mathrm{d}x}{x^2 + 1}$$

Integrale mit Grenzen, die über das sonst übliche beschränkte Intervall hinausgehen, nennt man *uneigentliche Integrale*.

Riemann-Integrale lassen sich nur mit festen Grenzen berechnen. Aber es spricht nichts dagegen, die Grenzen variabel zu gestalten und diese dann gegen unendlich laufen zu lassen. Falls der Limes des Integrals konvergiert, ist das uneigentliche Integral lösbar, sonst nicht (d. h. die Fläche ist unendlich groß).

Beispiel: Uneigentliches Integral

Die Dammquerschnitt-Funktion ist symmetrisch zur y-Achse. Es genügt also, die rechte Hälfte der Querschnittsfläche zu berechnen und das Resultat zu verdoppeln. Gesucht ist also:

$$A = 2 \lim_{b \to \infty} \int_0^b \frac{\mathrm{d}x}{x^2 + 1}$$

Kramen Sie mal im Gehirn. Finden Sie die Stammfunktion?

Wenn nicht, hilft Ihnen Abschnitt 16.2, »Trigonometrische Funktionen«.

Genau: Der Arcustangens kommt zum Einsatz!

$$A = 2 \lim \Big[\arctan x \quad \Big]_0^b$$

Die eckige Klammer ist ja nur eine Abkürzung für eine Differenz. Nach den Grenzwertregeln gilt also:

$$A = 2(\lim \arctan b - \lim \arctan 0)$$

Schwebt der Arcustangens vor Ihrem geistigen Auge? Wenn nicht, werfen Sie einen Blick auf Abbildung 18.9.

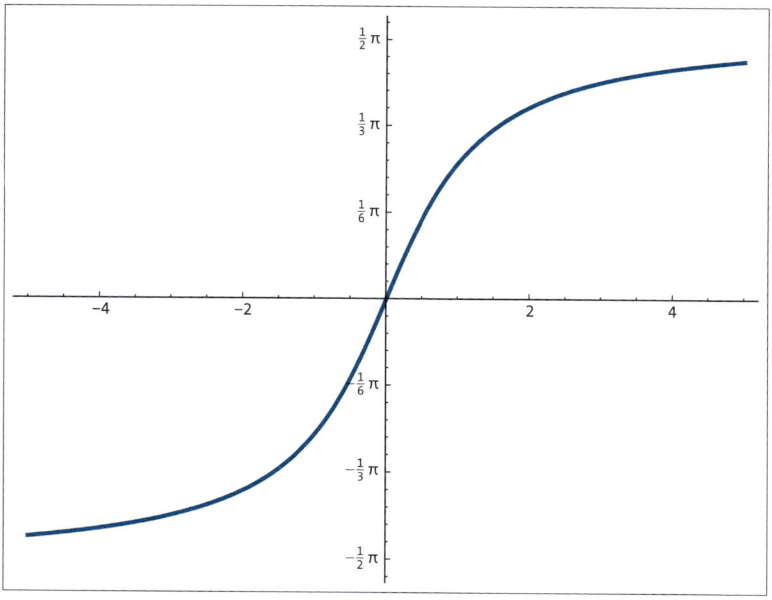

Abbildung 18.9 Der Arcustangens konvergiert im Unendlichen gegen $\frac{\pi}{2}$.

Der Arcustangens von 0 ist natürlich 0, und zwar unabhängig davon, ob b gegen unendlich geht oder wohin auch immer. Der Grenzwert im Unendlichen hingegen ist $\frac{\pi}{2}$.

Damit haben wir eine Lösung! Sie lautet in ihrer ganzen Schönheit:

$$A = \pi$$

Integralkriterium

Ein uneigentliches Integral hilft auch beim Ermitteln der Konvergenz einer unendlichen Reihe (Kapitel 13). Falls das uneigentliche Integral über eine monoton fallende, positive Funktion $f(x)$ existiert, genau dann konvergiert auch die Reihe der Funktionswerte an den Stellen a bis ∞. Mathematisch ausgedrückt:

$\sum_{i=a}^{\infty} f(i)$ konvergiert genau dann, wenn $f(x)$ auf dem Intervall von a bis ∞ integrierbar ist.

In dem Fall entspricht das Integral dem Grenzwert der Reihe.

Beispiel: Integralkriterium für Reihen

Wie war das doch gleich mit dem Grenzwert der Reihe über die umgekehrten Quadrate? Wenden Sie mal das Integralkriterium an:

$$\sum_{i=1}^{\infty} \frac{1}{i^2} = \int_1^{\infty} \frac{\mathrm{d}x}{x^2}$$

Eine Stammfunktion ist schnell gefunden. Bilden Sie den Grenzwert:

$$= \lim_{b\to\infty} \left[-\frac{1}{x}\right]_1^b = \lim_{b\to\infty} \left(-\frac{1}{b}\right) - \lim_{b\to\infty} \left(-\frac{1}{1}\right)$$

Der erste der beiden Grenzwerte ist 0, der zweite –1, es bleibt also eine 1 stehen. Das uneigentliche Integral existiert, demzufolge konvergiert die Reihe gegen 1.

Nehmen wir uns noch einmal die *harmonische Reihe* vor:

$$\sum_{i=1}^{\infty} \frac{1}{i} = \int_1^{\infty} \frac{\mathrm{d}x}{x}$$

Eine Stammfunktion ist der natürliche Logarithmus. Versuchen Sie, den Grenzwert zu bilden:

$$= \lim_{b\to\infty} \left[\ln x \quad\right]_1^b$$

Allerdings konvergiert der natürliche Logarithmus nicht im Unendlichen. Also gibt es kein Integral und keinen Grenzwert der Reihe.

18.3 Anwendungen der Integration

Ich hatte Ihnen schon verraten, dass die Integration mindestens so wichtig ist wie die Differentialrechnung. Nicht nur für Flächenberechnungen ist sie wichtig, sondern auch in den angewandten Naturwissenschaften.

Integrale in der Physik

Sie wissen schon aus Kapitel 15, dass die Geschwindigkeit die Ableitung des Ortes nach der Zeit ist. Umgekehrt ist das Integral der Geschwindigkeit die zurückgelegte Strecke. Also:

$$s_1 = \int_0^{t_1} v(t)\,\mathrm{d}t$$

Wohlgemerkt gilt das für sich beliebig ändernde Geschwindigkeiten.

Nach einer Zeit t_1 hat ein Objekt, dessen Geschwindigkeit zu einem Zeitpunkt t gleich $v(t)$ ist, den Weg $s_1$zurückgelegt.

Beispiel: Von 0 auf 100

Angenommen, Sie beschleunigen Ihr nagelneues Raumschiff innerhalb von 2 Sekunden gleichmäßig von 0 auf 100 m/s. Erstens einmal überleben Sie die Prozedur möglicherweise nicht, weil das einer Beschleunigung von 100 m/s / 2s = 50 m/s^2 $\approx 5_g$, also fünffacher Erdbeschleunigung entspricht (die Erdbeschleunigung hat ungefähr den Wert 9,81 m/s^2), aber lassen wir dieses Problem mal außen vor, und schauen wir trotzdem, wie weit Sie kommen.

Die Geschwindigkeitsfunktion ist:

$$v(t) = 50\frac{\mathrm{m}}{\mathrm{s}^2}\cdot t$$

Machen Sie die Probe: Für $t = 0$ ist die Geschwindigkeit noch 0, für $t = 2$ s kommen genau die vorgegebenen 100 m/s heraus.

Das zu berechnende Integral lautet also:

$$s_1 = \int_0^{t_1} 50\frac{\mathrm{m}}{\mathrm{s}^2}\,t\,\mathrm{d}t$$

Die Beschleunigung (um nichts anderes handelt es sich hierbei) von 50 $\mathrm{m/s^2}$ ist eine Konstante, die Sie vor das Integral ziehen dürfen. Jetzt fehlt nur noch die Stammfunktion von $t\,dt$.

$$s_1 = 50\frac{\mathrm{m}}{\mathrm{s}^2}\left[\frac{1}{2}t^2\right]_0^{t_1}$$

Die Grenze 0 liefert natürlich den Anfangswert 0 für den zurückgelegten Weg, es sei denn, Sie sind nicht bei 0 gestartet. Die Randbedingung für den Anfangswert bestimmt stets den Wert der Integrationskonstante.

Das Resultat ist also:

$$s_1 = 25\frac{\mathrm{m}}{\mathrm{s}^2}\cdot t_1^2$$

Der zurückgelegte Weg steigt also quadratisch mit der Zeit an. Wohlgemerkt nur, solange die Geschwindigkeit deutlich kleiner als die Lichtgeschwindigkeit ist, aber das ist ein anderes Thema ...

Extremwertaufgaben mit Flächen

Ein beliebter Aufgabentyp ist die Extremwertberechnung mit Flächen. Stets geht es dabei um die Frage, wie eine Fläche angelegt werden muss, um möglichst groß (oder möglichst klein) zu sein. Die Randbedingung ist, dass die Fläche auf einer Seite von einer Funktion eingeschlossen wird – was auf ein Integral hinausläuft.

Beispiel: Maximierung einer Fläche unter einer Funktion

Angenommen, Sie möchten ein Grundstück kaufen, um ein 10 m breites Haus darauf zu bauen. Sie können einen 10 m breiten Streifen an einer beliebigen Stelle wählen, die auf der Innenseite einer Straßenkurve liegt (Abbildung 18.9), und wollen natürlich eine möglichst große Fläche erwerben. Die Kurve wird durch eine Funktion wie folgt beschrieben:

$$f(x) = -x^3 + 480x$$

Wie Extremwertaufgaben funktionieren, wissen Sie grundsätzlich aus Abschnitt 17.1, Unterabschnitt »Extremwertaufgaben«: Gesucht ist jeweils eine Nullstelle der ersten Ableitung (hinreichende Bedingung für ein lokales Maximum), und die zweite Ableitung muss für ein Maximum negativ sein (Rechtskrümmung). Außerdem muss die Größe des gefundenen Maximums mit den Funktionswerten an den Definitionsgrenzen verglichen werden, denn die könnten noch größer sein, ohne dass die Funktion dort die Steigung 0 hat.

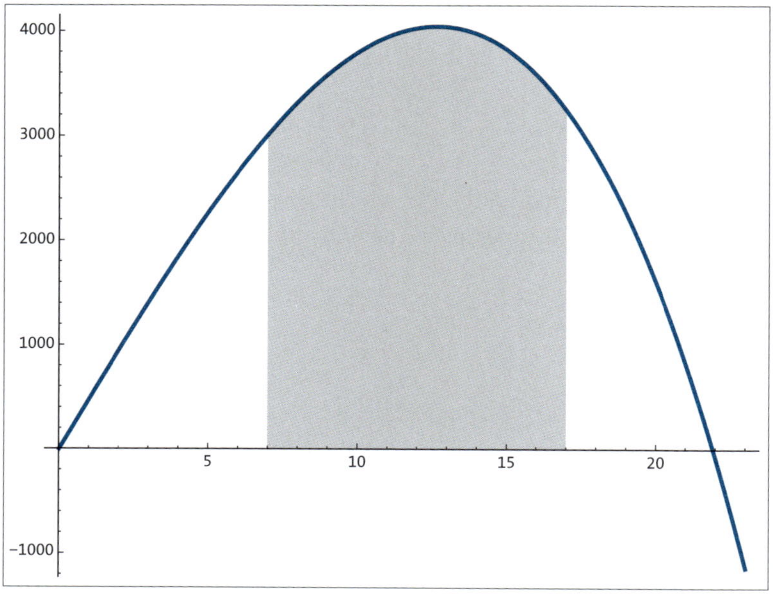

Abbildung 18.10 Gesucht ist das größtmögliche 10 m breite Grundstück in der Innenkurve der blauen »Straße«.

Die vorliegende Aufgabe enthält ein Integral, denn nur damit lässt sich die Fläche unter der Funktion berechnen. Stellen Sie zunächst eine Funktion für die Fläche auf, und zwar in Abhängigkeit von der Lage der linken Grundstückskante *x*. Die rechte Grundstückskante liegt dann 10 m weiter rechts, und das sind die Integrationsgrenzen:

$$A(x) = \int_{x}^{x+10} -t^3 + 480t \;\mathrm{d}t$$

Zur Unterscheidung ist die Laufvariable für die Berechnung des Integrals *t*, nicht *x*. Suchen Sie zunächst die Stammfunktion, um das bestimmte Integral zu berechnen. Zum Glück ist das nicht allzu schwer:

$$= \left[-\frac{1}{4}t^4 + 480 \cdot \frac{1}{2}t^2\right]_x^{x+10}$$

Setzen Sie die Grenzen ein, und Sie erhalten:

$$= -\frac{1}{4}(x+10)^4 + 240(x+10)^2 - \left(-\frac{1}{4}x^4 + 240x^2\right)$$

Puh, das sieht kompliziert aus. Einen solchen Term auszumultiplizieren, erfordert eine Menge Sorgfalt und Geduld und bringt null Lerneffekt. Überlassen Sie die weitere Rechnerei daher Sage. Setzen Sie die erste Ableitung einfach gleich null:

```
sage: f(x)=-1/4*(x+10)^4+240*(x+10)^2-(-1/4*x^4+240*x^2)
sage: solve(f(x).derivative()==0,x)
[x == -1/3*sqrt(1365) - 5, x == 1/3*sqrt(1365) - 5]
```

Vermutlich ist die zweite Lösung die, die wir suchen, weil die erste sicher kleiner als 0 ist. Bestimmen Sie den numerischen Wert:

```
sage: float(1/3*sqrt(1365)-5)
7.315302134607444
```

Das sieht doch schon ganz vernünftig aus. Aber vergessen Sie nicht, die zweite Ableitung auszuwerten:

```
sage: float(f.derivative(2)(1/3*sqrt(1365)-5))
-738.9181280764467
```

Ein negativer Wert bedeutet eine Rechtskrümmung, genau wie erhofft. Rechtskrümmung und Nullstelle der ersten Ableitung bedeuten ein lokales Maximum.

Die Randwerte können Sie in diesem Beispiel getrost ignorieren, weil die Grundstücksfläche ganz sicher nicht größer wird als an der gefundenen Stelle.

Ihr neues Grundstück beginnt also bei $x \approx 7{,}32$ m. Die Flächengröße ist:

```
sage: f(7.32)
37356.4083200000
```

Ein größeres Grundstück gibt es unter den gegebenen Bedingungen nicht. Glückwunsch zum Erwerb! Den Kaufpreis überweisen Sie bitte auf mein Konto ...

Integrieren mit Sage

Natürlich kann auch unser Mathegenie Sage Funktionen integrieren. Die nötigen Module müssen Sie allerdings zunächst explizit importieren, da sie nicht zum Standardrepertoire gehören:

```
from sage.symbolic.integration.integral import indefinite_integral
from sage.symbolic.integration.integral import definite_integral
```

Jetzt stehen zwei neue Funktionen zur Verfügung, eine zum Berechnen unbestimmter Integrale (`indefinite_integral`), also Stammfunktionen, und eine zum Berechnen von Integralen mit angegebenen Grenzen (also Flächen).

So ermitteln Sie beispielsweise eine Stammfunktion von $x \cdot e^x$:

```
sage: indefinite_integral(x*exp(x),x)
(x - 1)*e^
```

Die Fläche unter diesem Graphen in den Grenzen von 0 bis 1 errechnet Sage wie folgt:

```
sage: definite_integral(x*exp(x),x,0,1)
1
```

18.4 Entspannungsübungen

Aufgabe 1: Ermitteln Sie Stammfunktionen.

a) $\int x^2 + x^3 + 1 \, \mathrm{d}x$

b) $\int \cos x + x \, \mathrm{d}x$

c) $\int e^y + \frac{1}{xy} \, \mathrm{d}y$

Aufgabe 2: Berechnen Sie die bestimmten Integrale.

a) $\int_0^1 \frac{1}{2} e^x \, \mathrm{d}x$

b) $\int_1^2 \frac{\mathrm{d}t}{t^2}$

Aufgabe 3: Berechnen Sie.

a) $\int_{-\frac{\pi}{2}}^{\frac{\pi}{2}} \cos^2 x \; \mathrm{d}x$

b) $\int_0^1 \ln t \; \mathrm{d}t$

c) $\int_0^1 x\, e^{-x} \, \mathrm{d}x$

Aufgabe 4: Integral heißt Fläche.

An Bord von Raumschiffen der berüchtigten Aliens vom Planeten Integrix gibt es traditionell nur wenige rechte Winkel. Eine Wand der Bordtoilette muss aus nicht genauer angegebenen Gründen neu tapeziert werden. Sie hat zufälligerweise die gleiche Form wie die Funktion $f(x) = 2 - 0{,}5x^2$ im Bereich zwischen $x = 0$ und $x = 2$ (gemessen in Integrixmetern).

Wieviel Quadratintegrixmeter selbsttapezierender Nanobot-Blümchentapete müssen im galaktischen Baumarkt erworben werden?

Hinweis: Als moderne, intergalaktische Innenarchitekten dürfen Sie Sage oder GeoGebra zu Hilfe nehmen.

18.5 Lösungen

Aufgabe 1

a) $\int x^2 + x^3 + 1\,\mathrm{d}x = \frac{1}{3}x^3 + \frac{1}{4}x^4 + x + c$

b) $\int \cos x + x\,\mathrm{d}x = \sin x + \frac{1}{2}x^2 + c$

c) Aufgepasst! Hier wird nach dy integriert, x ist nur irgendeine Konstante!

$$\int e^y + \frac{1}{xy}\,\mathrm{d}y = e^y + \frac{\ln y}{x} + c$$

Aufgabe 2

a) $\int_0^1 \frac{1}{2}e^x\,\mathrm{d}x = \frac{1}{2}\left[e^x\right]_0^1 = \frac{1}{2}(e^1 - e^0) = \frac{1}{2}(e-1)$

b) $\int_1^2 \frac{\mathrm{d}t}{t^2} = \left[-\frac{1}{t}\right]_1^2 = \left(-\frac{1}{2} - \left(-\frac{1}{1}\right)\right) = \frac{1}{2}$

Aufgabe 3

a) Es gibt zwei Möglichkeiten, dieses Integral zu berechnen: Entweder mit zweifacher partieller Integration oder, viel leichter, nach Anwenden einer trigonometrischen Formel aus Kapitel 6:

$$\cos^2 x = \frac{1}{2}(1 + \cos 2x)$$

$$\int_{-\frac{\pi}{2}}^{\frac{\pi}{2}} \cos^2 x \ \mathrm{d}x = \frac{1}{2} \int_{-\frac{\pi}{2}}^{\frac{\pi}{2}} (1 + \cos 2x)\mathrm{d}x$$

Eine Stammfunktion zu $\int \cos 2x \, \mathrm{d}x$ ist schnell gefunden: $\frac{1}{2}\sin 2x$.

Also ergibt das Integral:

$$= \frac{1}{2}\left[x + \frac{1}{2}\sin 2x\right]_{-\frac{\pi}{2}}^{\frac{\pi}{2}} = \frac{1}{2}\left(\frac{\pi}{2} + \frac{1}{2}\sin\pi - \left(-\frac{\pi}{2} + \frac{1}{2}\sin -\pi\right)\right)$$

Der Sinus von $\pm\pi$ ist null, also tragen nur die sinusfreien Summanden etwas zum Resultat bei, das also lautet: $\frac{\pi}{2}$.

b) Vorsicht, uneigentliches Integral! Da für den Wert 0 der Logarithmus nicht definiert ist, suchen wir in Wirklichkeit:

$$\lim_{x\to 0} \int_x^1 \ln t \, \mathrm{d}t$$

Natürlich muss x »von rechts« gegen 0 laufen, also verlangen wir $x > 0$. Dieses Integral kann man durch geschickte partielle Integration lösen:

$$\int_x^1 \ln t \ \mathrm{d}t = \int_x^1 1 \cdot \ln t \ \mathrm{d}t$$

Dabei ist die 1 die Ableitung der Funktion $f(t) = t$. Dann steht im Integral $f'(x) \cdot g(x)$. Denn $f'(x)$ ist einfach 1; $g(x)$ ist der natürliche Logarithmus.

Dessen Ableitung ist $g'(x) = \frac{1}{x}$, und nach der Regel zur partiellen Integration kommt raus:

$$= \left[t \ln t \quad\right]_x^1 - \int_x^1 t \cdot \tfrac{1}{t}\mathrm{d}t = (\ln 1 - x\ln x\,) - (1 - x)$$

Der natürliche Logarithmus von 1 ist 0 und fällt daher weg. Es bleibt übrig:

$$-x\ln x - (1 - x) = x - x\ln x \ - 1$$

Jetzt müssen Sie noch den Grenzwert für $x \to 0$ bilden:

$$\lim_{x\to 0}(x - x\ln x \ - 1)$$

Spannend ist dabei nur der mittlere Summand, der Rest ergibt –1. Die Frage ist: Konvergiert $x \ln x$ gegen null?

Setzen Sie eine Nullfolge ein: $x = \frac{1}{n}$

$$\lim_{n\to\infty} \frac{1}{n} \ln\frac{1}{n} = \lim_{n\to\infty} \frac{1}{n}(\ln 1 - \ln n\,) = \lim_{n\to\infty} \frac{1}{n} - \lim_{n\to\infty} \frac{\ln n}{n}$$

Da der Logarithmus einer Zahl immer kleiner ist als die Zahl selbst, ist der Grenzwert 0. Das gesuchte Integral hat also unter dem Strich den Wert –1.

c) Ein weiterer Fall für die partielle Integration! Im gegebenen Integral sei $g(x) = x$ und $f'(x) = e^{-x}$. Dann ist $g'(x) = 1$ und $f(x) = -e^{-x}$. Also können Sie schreiben:

$$\int_0^1 x\, e^{-x}\, dx = \left[-e^{-x} \cdot x\ \right]_0^1 - \int_0^1 -e^{-x} \cdot 1\, dx$$

Das verbleibende Integral hat wiederum eine einfache Stammfunktion, nämlich e^{-x}.

$$= -e^{-1} - \left[e^{-x}\ \right]_0^1 = -e^{-1} - (e^{-1} - 1) = 1 - \frac{2}{e}$$

Aufgabe 4

Geben Sie die Funktion bei GeoGebra ein, gefolgt von:

```
Integral(f,0,2)
```

GeoGebra zeigt Ihnen das numerische Integral samt Ergebnis.

Der Vollständigkeit halber können Sie sich eine Stammfunktion anzeigen lassen, wenn Sie den Funktionsterm direkt hinter dem Schlüsselwort Integral eingeben (Abbildung 18.11). Natürlich hätten Sie das Ergebnis auch ohne Computerhilfe herausgefunden, nicht wahr? Prima!

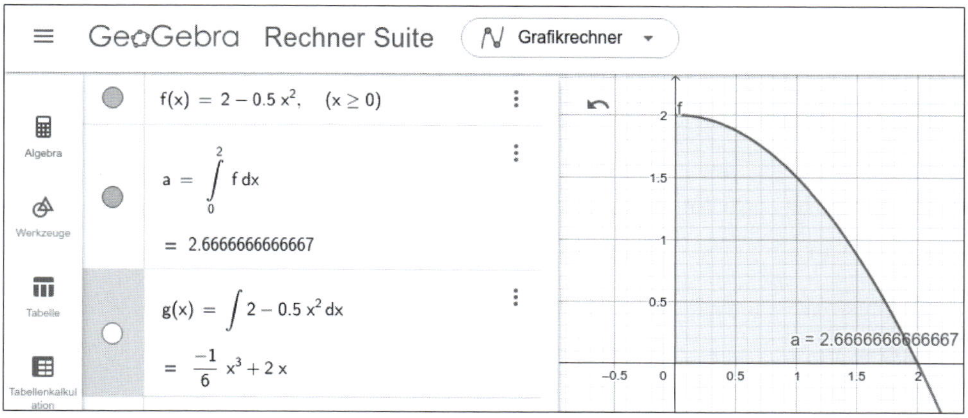

Abbildung 18.11 Bestimmte Integrale in GeoGebra werden automatisch als Fläche schraffiert.

Kapitel 19

Die Bewegungsgleichung

Willkommen in der Physik des Alltags! Es ist Zeit, genauer zu untersuchen, wieso Newton ein Apfel auf den Kopf fiel. Mit anderen Worten: Wir integrieren die allgemeine Bewegungsgleichung!

19.1 Kraft und Beschleunigung

Bereits Sir Isaac Newton erkannte das *Aktionsprinzip*, das besagt, dass die Bewegung sich proportional zur einwirkenden Kraft F ändert. Heute nennen wir dies respektvoll das *zweite newtonsche Gesetz* und schreiben:

$$\frac{\mathrm{d}v}{\mathrm{d}t} \sim F$$

Dabei ist mit v die Geschwindigkeit gemeint, das Zeichen $\sim$ bedeutet »ist proportional zu«.

Im Moment betrachten wir lediglich eine Dimension (z. B. die Vertikale), das Gesetz funktioniert aber auch in den drei Raumdimensionen unserer Welt.

Für zeitliche Ableitungen verwenden Physiker üblicherweise einen Punkt als Abkürzung und schreiben:

$$\dot{v} \sim F$$

Die Änderung der Geschwindigkeit (die *Beschleunigung a*) ist also proportional zur wirkenden Kraft.

Daraus ergibt sich eine ganze Reihe wichtiger Schlussfolgerungen.

Kraftlos

Wohlgemerkt bewirkt eine Kraft also eine Änderung der *Geschwindigkeit*.

Wenn keine Kraft wirkt, ändert sich die Geschwindigkeit nicht. Deshalb ergibt es (zumindest in einer idealen Welt) überhaupt keinen Sinn, im Zug unbedingt so herum sitzen zu wollen, dass man vorwärts schaut. Schließen Sie mal die Augen in einem Zug, der mit konstanter Geschwindigkeit vor sich hin rollt. Sie werden keine Bewegung in irgendeine Richtung spüren, geschweige denn merken, ob Sie vor- oder rückwärts fahren. Unser Körper kann nur Beschleunigungen wahrnehmen, keine Geschwindigkeiten.

Daraus folgt messerscharf, dass es so etwas wie eine Nullgeschwindigkeit, also einen absoluten Stillstand, überhaupt nicht geben kann. Wir können lediglich davon sprechen, dass sich zwei Objekte *relativ zueinander* nicht bewegen (z. B. Zug und Bahnsteig beim Halt im Bahnhof).

Wenn Sie in einem fahrenden Zug einen Ball fallen lassen, fällt er relativ zum Zug senkrecht nach unten, nicht relativ zur Landschaft.

Erst wenn der Zug bremst (oder beschleunigt), spüren Sie eine Kraft, und nur dann fällt der Ball nicht senkrecht.

Bleiben wir aber zunächst beim »kraftlosen« Fall. Wenn die Kraft 0 ist, gilt:

$$\dot{v} = 0$$

Dies ist eine Gleichung, die Sie auf beiden Seiten integrieren können (soweit nicht anders erwähnt, integrieren wir immer nach der Zeit dt).

Da sich Integral und Ableitung aufheben, bleibt links die Geschwindigkeit stehen. Rechts steht das Integral über 0 – eine passende Stammfunktion ist $f(t) = k$.

Das sieht dann sehr übersichtlich aus:

$$v(t) = k$$

Integrationskonstanten, wie hier das k, lassen sich immer aus Randbedingungen ablesen. In diesem Fall ist k die konstante Geschwindigkeit, die beispielsweise zum Zeitpunkt $t = 0$ gemessen werden könnte. Lassen Sie uns die Konstante entsprechend umbenennen:

$$v(t) = v_0$$

Sie wissen, dass die Geschwindigkeit die zeitliche Ableitung der zurückgelegten Strecke s ist. Sie können also auf der linken Seite schreiben:

$$\dot{s}(t) = v_0$$

Integrieren Sie diese Gleichung erneut! Sie erhalten:

$$s(t) = \int v_0 \, \mathrm{d}t = v_0 t + s_0$$

Die neue Integrationskonstante s_0 ist dabei der Anfangsort, also $s(t) = 0$. Das sehen Sie sofort, wenn Sie für $t = 0$ einsetzen.

Natürlich kennen Sie diese Gleichung schon, Sie haben sie zigmal benutzt, um auszurechnen, wie lange Sie von einem Ort zum anderen benötigen. Bloß haben wir sie jetzt aus Newtons zweitem Gesetz durch zweimalige Integration hergeleitet.

Konstante Kraft

Jetzt lassen wir mal eine Kraft auf unser Testobjekt wirken. Dazu bringen wir den bislang vernachlässigten Faktor des proportionalen Zusammenhangs zwischen Kraft F und Beschleunigung a ins Spiel. Das ist, Sie ahnen es schon, die Masse m:

$$F = m \cdot a$$

Das ist die *Grundgleichung der Mechanik*. Sie zweimal zu integrieren, ist die nächste Aufgabe. Dazu ersetzen wir gleich mal die Beschleunigung durch die zweite Ableitung des Ortes:

$$m\,\ddot{s} = F$$

Bringen Sie die Masse auf die rechte Seite, und integrieren Sie die Gleichung:

$$\dot{s}(t) = v(t) = \frac{F}{m}t + v_0$$

Und gleich noch einmal:

$$s(t) = \frac{F}{2m}t^2 + v_0 t + s_0$$

Das ist die Bewegungsgleichung für ein Objekt der Masse m, das einer konstanten Kraft F ausgesetzt ist.

Beispiel: Der Zug fährt an

Eine Güterzuglok der Baureihe 194 (»deutsches Krokodil«) hat eine Anfahrzugkraft von 262 kN (Kilonewton). Wie lange braucht die Lok, um einen Güterzug mit 1 000 Tonnen Gewicht (Lok eingerechnet) auf 30 km/h zu beschleunigen?

Da diese Aufgabe nicht nach dem zurückgelegten Weg fragt, genügt es, die erste Integration der Grundgleichung zur Hand zu nehmen:

$$v(t) = \frac{F}{m}t$$

Die Anfangsgeschwindigkeit v_0 ist 0, diese Konstante entfällt also.

Stellen Sie die Gleichung nach der Zeit um:

$$t = \frac{v(t)\, m}{F}$$

Setzen Sie die Werte ein, und beachten Sie die Umrechnung von km/h nach m/s: Ein Stundenkilometer sind $\frac{1000\ \mathrm{m}}{3600\ \mathrm{s}}$. Nur mit Standardeinheiten kommt das richtige Ergebnis in Sekunden heraus!

$$t = \frac{30\frac{\mathrm{km}}{\mathrm{h}} \cdot 1000\ \mathrm{t}}{262\ \mathrm{kN}} = \frac{30 \cdot \frac{1000\ \mathrm{m}}{3600\ \mathrm{s}} \cdot 1 \cdot 10^6\mathrm{kg}}{2{,}62 \cdot 10^5\mathrm{N}} \approx 31{,}8\ \mathrm{s}$$

Der Fall des Apfels

Kommen wir nun zu Newtons Kopf bzw. dem Apfel, der darauf gefallen sein soll. Wahlweise können Sie auch Ihr Handy zu Boden fallen lassen oder vielleicht doch lieber eine Murmel. Wichtig ist nur, dass wir den Luftwiderstand für den Moment außer Acht lassen wollen.

Auf den fraglichen Gegenstand wirkt die Gravitationskraft, die nahe der Erdoberfläche einer einfachen Formel gehorcht:

$$G = -mg$$

Dabei ist g die Erdbeschleunigung mit einem Wert von 9,81 $\mathrm{m/s^2}$.

Achten Sie auf das negative Vorzeichen!

Unser Koordinatensystem ist so eingerichtet, dass der Fußboden der Höhe h=0 entspricht und die positive Richtung nach oben zeigt. Deshalb wirkt die Schwerkraft nach unten, hat also ein negatives Vorzeichen.

Die Bewegungsgleichung sieht jetzt (mit h statt s und G statt F) so aus:

$$h(t) = \frac{1}{2}\frac{G}{m}t^2 + v_0 t + h_0$$

Auch hier gibt es wieder eine (vertikale) Anfangsgeschwindigkeit und eine Anfangshöhe h_0.

Setzen Sie G ein!

$$h(t) = -\frac{1}{2}gt^2 + v_0 t + h_0$$

Die Masse kürzt sich weg! Deshalb fallen verschieden schwere Gegenstände genau gleich schnell zu Boden – vorausgesetzt natürlich, der Luftwiderstand ändert nichts daran, was er in der realen Welt natürlich oft tut.

Beispiel: Der Apfel fällt nicht weit vom Stamm

Angenommen, ein Apfel fällt aus einer Höhe von 3 m zu Boden. Wie lange dauert es, bis er auf dem Boden auftrifft?

Anhand der gegebenen Anfangsbedingungen erkennen Sie, dass die Anfangsgeschwindigkeit 0 ist. Gegeben sind die Anfangshöhe h_0 = 3m und die Zielhöhe $h(t)$ = 0. Gesucht ist die zugehörige Zeit t.

Die Bewegungsgleichung sieht also so aus:

$$0 = -\frac{g}{2}t^2 + 3\ \mathrm{m}$$

Stellen Sie die Gleichung nach t um, erhalten Sie:

$$t = \sqrt{\frac{6\ \mathrm{m}}{g}} \approx 0{,}8\ \mathrm{s}$$

Der Fall dauert also ganze 0,8 Sekunden. Wohlgemerkt unabhängig von der Masse des Apfels, die weder gegeben war noch für die Rechnung gebraucht wurde.

19.2 Die zweite Dimension

Alle bisherigen Beispiele betrafen nur eindimensionale Bewegungen.

Zum Glück ist es ganz einfach möglich, alles auf zwei oder drei Dimensionen zu übertragen.

Denn: Das *Superpositionsprinzip* der klassischen Mechanik besagt, dass Bewegungen in jeder der drei Dimensionen einander nicht beeinflussen.

Sie können also beispielsweise die horizontale und die vertikale Bewegung eines Körpers voneinander unabhängig betrachten. Genau das steht als Nächstes auf unserem Programm!

Nur einen Steinwurf entfernt

Ob es Newton auch so inspiriert hätte, wenn ihm der Lausbub von nebenan einen Stein an den Kopf geschmissen hätte?

Die Antwort auf diese Frage bleiben wir mal schuldig. Trotzdem betrachten wir jetzt die Bewegungsgleichung eines *Wurfs*.

Das ist natürlich eine Bewegung in zwei Dimensionen. Die dürfen wir unabhängig voneinander betrachten. Beginnen wir mit der Vertikalen:

$$h(t) = -\frac{g}{2}t^2 + v_{h_0}t$$

Dabei soll v_{h_0} die vertikale Komponente der Geschwindigkeit sein, mit der der Stein die Hand des Werfers verlässt. Die Anfangshöhe h_0 entspricht ziemlich genau der Körpergröße des Werfers, aber wir setzen sie einfach mal gleich 0, weil der Stein sicher deutlich weiter fliegt, als der Werfer groß ist – eine großzügige, aber plausible Vereinfachung.

Kommen wir zur horizontalen Bewegung. Mit der hat die Schwerkraft nix am Hut! Die Gleichung sieht also viel einfacher aus:

$$s(t) = v_{s_0}t$$

Die Integrationskonstante v_{s_0} ist die Anfangsgeschwindigkeit in horizontaler Richtung. Wenn wir den Werfer an die Position $s = 0$ stellen, entfällt die Konstante s_0.

Versuchen Sie mal herauszufinden, wann der Stein auf den Boden aufschlägt. Dazu setzen Sie die Höhengleichung gleich null:

$$0 = -\frac{g}{2}t^2 + v_{h_0}t$$

Sie sehen, dass diese Gleichung zwei Lösungen hat: Nämlich $t = 0$ (der Moment des Abwurfs) und eine zweite, und das ist die, die wir suchen. Sie erhalten wir nach Division durch t und Umstellen der Gleichung:

$$0 = -\frac{g}{2}t + v_{h_0}$$

$$t = \frac{2v_{h_0}}{g}$$

Aber wie weit ist der Stein in dieser Zeit geflogen?

Nun, Sie können den gefundenen Zeitpunkt des Aufpralls ja mal in die horizontale Bewegungsgleichung einsetzen. Dann erhalten Sie:

$$s = 2\frac{v_{s_0}v_{h_0}}{g}$$

Das ist ein Ausdruck für die Flugweite, der nur von den beiden Geschwindigkeitskomponenten abhängt. Angenommen, die sind beide 10 m/s, dann kommt heraus:

$$s = 2\frac{10\,\frac{\mathrm{m}}{\mathrm{s}} \cdot 10\,\frac{\mathrm{m}}{\mathrm{s}}}{9{,}81\,\frac{\mathrm{m}}{\mathrm{s}^2}}$$

$$= \frac{200}{9{,}81}\,\mathrm{m} \approx 20\,\mathrm{m}$$

Die Wurfparabel

Wie sieht für einen seitlich stehenden Zuschauer die Bahn aus, die der geworfene Stein beschreibt? Die Entfernung wird dann an der x-Achse, die Höhe an der y-Achse abgetragen. Dazu müssen wir die Höhe in Abhängigkeit von der zurückgelegten Entfernung ausdrücken. Die Entfernung wird dann an der x-Achse, die Höhe an der y-Achse abgetragen.

Das lässt sich bewerkstelligen, indem wir die Zeit aus den beiden Bewegungsgleichungen eliminieren.

Zur Erinnerung noch einmal die Höhenformel:

$$h(t) = -\frac{g}{2}t^2 + v_{h_0}t$$

Und die Weite:

$$s(t) = v_{s_0}t$$

Stellen Sie die zweite Gleichung nach t um.

$$t = s/v_{s_0}$$

Setzen Sie dies in die Höhenformel ein:

$$h(s) = -\frac{g}{2v_{s_0}^2}s^2 + \frac{v_{h_0}}{v_{s_0}}s$$

Die Entfernung s ist jetzt die neue unabhängige Variable.

Sie sehen sofort, dass es sich um eine nach unten offene Parabel handelt, denn die Funktionsvorschrift enthält das Quadrat von s mit einem negativen Vorzeichen.

Der optimale Wurfwinkel

Haben Sie sich auch schon mal gefragt, in welchem Winkel Sie einen Stein am besten werfen, damit er (bei immer gleichem Betrag der Abwurfgeschwindigkeit) so weit fliegt wie möglich?

Letztlich ist das nichts anderes als eine Extremwertaufgabe. Sie müssen nur irgendwie den Winkel ins Spiel bringen.

Tatsächlich können Sie die beiden Komponenten der Anfangsgeschwindigkeit als Seiten eines Dreiecks auffassen, dessen Öffnungswinkel der Abwurfwinkel ist (Abbildung 19.1).

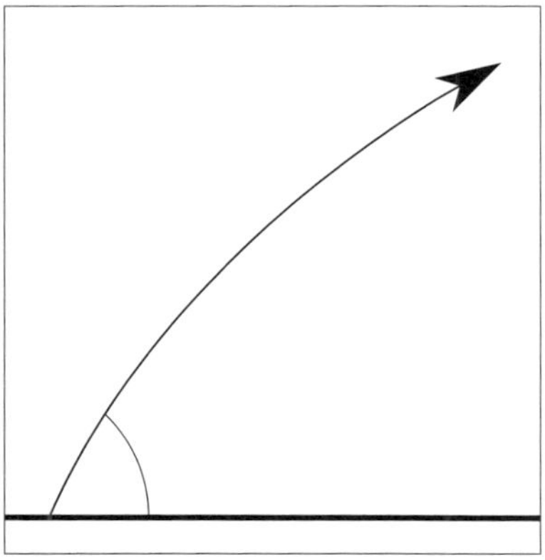

Abbildung 19.1 Der Abwurfwinkel ist der Öffnungswinkel eines Dreiecks.

Wenn der Betrag der Abwurfgeschwindigkeit v_0 ist, so gelten einfache trigonometrische Zusammenhänge mit der horizontalen und vertikalen Geschwindigkeitskomponente und dem Wurfwinkel α:

$$v_{h_0} = v_0 \sin\alpha$$

$$v_{s_0} = v_0 \cos\alpha$$

Die Wurfweite war ja:

$$s = 2\frac{v_{s_0} v_{h_0}}{g}$$

Setzen Sie die beiden Geschwindigkeitskomponenten ein, um die Abhängigkeit der Wurfweite vom Winkel zu bekommen:

$$s(\alpha) = \frac{2}{g} v_0^2 \sin\alpha \cos\alpha$$

Diese Funktion sieht etwas einfacher aus, wenn Sie sich an eine Formel aus Kapitel 6 erinnern:

$$s(\alpha) = \frac{v_0^2}{g} \sin 2\alpha$$

Um das Maximum dieser Funktion zu finden, bilden Sie in bewährter Weise zunächst die erste Ableitung nach α Dazu müssen Sie die Kettenregel einsetzen; die innere Funktion ist 2α, und ihre Ableitung nötigt uns einen Faktor 2 auf:

$$s'(\alpha) = 2\frac{v_0^2}{g} \cos 2\alpha$$

Diese Funktion kann nur 0 sein, wenn der Cosinus 0 ist. Das ist der Fall für einen Winkel von 90°. Also ist α= 45°.

Die zweite Ableitung beschert uns einen negativen Sinus und damit eine Rechtskurve – also ist die gefundene Nullstelle der ersten Ableitung tatsächlich ein Maximum. Aus schmerzvoller Erfahrung wissen Sie sicher, dass die Ränder – also Abwurfwinkel 0° oder 90° – keinesfalls bessere Weiten erzielen, also ist der gesuchte optimale Abwurfwinkel tatsächlich 45°.

Beispiel: Der Prager Fenstersturz

Kein schönes Kapitel der europäischen Geschichte: Im Jahr 1618 begann der Dreißigjährige Krieg, weil in Prag einige Würdenträger aus dem Fenster der Burg geworfen wurden.

Übrigens überlebten alle vier Opfer den Sturz, was man von den unzähligen Kriegstoten nicht behaupten kann.

Das Beispiel ist Ihnen zu morbide? Na gut. Dann werfen Sie eben einen Apfel aus der Prager Burg, die Masse ist ja egal, wie wir wissen. Werfen Sie den Apfel horizontal mit einer Anfangsgeschwindigkeit von 1 m/s. Wenn es vom Fenster aus 18 Meter in die Tiefe geht, in welcher Entfernung zur Mauer landet der Apfel?

Fertigen Sie sich bei geometrischen Aufgaben immer eine Skizze an (Abbildung 19.2)!

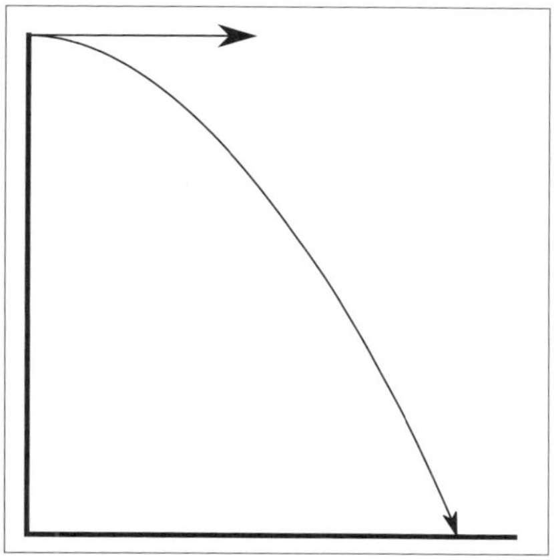

Abbildung 19.2 Der Schubser aus dem Fenster führt zu einer Wurfparabel, deren Nullstelle der gesuchte Aufschlagpunkt ist.

Die Wurfparabel-Funktion ist in diesem Fall diese:

$$h(s) = -\frac{g}{2v_{s_0}^2}s^2 + h_0$$

Der Term $\frac{v_{h_0}}{v_{s_0}}s$ entfällt, weil die vertikale Anfangsgeschwindigkeit 0 ist. Dafür gibt es eine Anfangshöhe h_0. Für die horizontale Schubsgeschwindigkeit schreiben wir jetzt nur noch v.

Um den Aufschlagpunkt zu finden, müssen Sie die Nullstelle bestimmen. Also setzen Sie obige Funktion gleich null:

$$-\frac{g}{2v^2}s^2 + h_0 = 0$$

Wenn Sie die Gleichung umformen, erhalten Sie eine allgemeine Formel für die Wurfweite.

$$s = \sqrt{\frac{2v^2h_0}{g}}$$

Setzen Sie die gegebenen Werte ein. Da die alle in Standardeinheiten vorliegen, müssen Sie nichts umrechnen, und es kommen Meter heraus.

$$s = \sqrt{\frac{2 \cdot 1^2 \cdot 18}{9}}\,\mathrm{m} = \sqrt{\frac{36}{9}}\,\mathrm{m} = \sqrt{4}\,\mathrm{m} = 2\mathrm{m}$$

Aufgaben

19.3 Entspannungsübungen

Aufgabe 1: Weg mit dem Schrott!

Ihr PC ist abgestürzt! Ihnen platzt der Kragen. Weg mit dem Schrott!

Sie schmeißen die Kiste mit voller Kraft waagerecht aus dem Fenster im dritten Stock (h = 10m) und treffen genau den Müllcontainer auf der anderen Straßenseite (s = 5m).

Berechnen Sie den Betrag der Anfangswurfgeschwindigkeit.

Aufgabe 2: Her mit dem Schrott!

Ein mit Schrott beladener Kleinlastwagen ist mit 90 km/h auf einer Landstraße unterwegs, als sich die Ladetür öffnet. Ein defektes Bügeleisen fliegt mit einer Geschwindigkeit von 0,5 m/s aus einer Höhe von 1 m nach hinten aus dem Fahrzeug. Wie weit hinter dem Lastwagen trifft das Bügeleisen auf den Boden? Hinweis: Lassen Sie den Luftwiderstand außer Acht.

19.4 Lösungen

Aufgabe 1

Auch für diese Aufgabe gilt: Eine Skizze hilft!

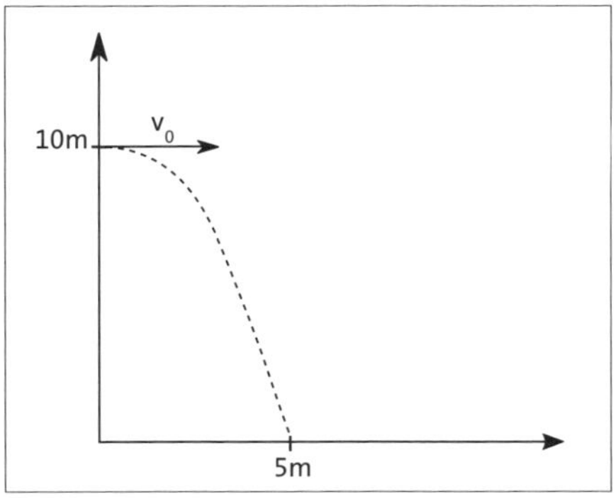

Abbildung 19.3 Die Skizze zeigt die gegebenen Werte und die gesuchte Anfangswurfgeschwindigkeit.

Stellen Sie die Bewegungsgleichungen für die Höhe h und die Weite x auf.

$$h(t) = -\frac{g}{2}t^2 + h_0$$

$$x(t) = v_0 t$$

Zum Zeitpunkt t_M der Landung im Müllcontainer ist $h(t_M) = 0$.

Also ist:

$$-\frac{g}{2}{t_M}^2 + h_0 = 0$$

Das lässt sich nach t_M umstellen:

$$t_M = \sqrt{\frac{2h_0}{g}}$$

Gesucht ist die Anfangsgeschwindigkeit v_0.

Stellen Sie die Gleichung für x entsprechend um, und setzen Sie den gefundenen Ausdruck für den Zeitpunkt ein:

$$v_0 = x_0\sqrt{\frac{g}{2h_0}} = 5\text{m} \cdot \sqrt{\frac{9{,}81\,\frac{\text{m}}{\text{s}^2}}{2 \cdot 10\text{ m}}} \approx 3{,}5\,\frac{\text{m}}{\text{s}}$$

Die nötige Anfangsgeschwindigkeit ist also etwa 3,5 m/s – umgerechnet knapp 1 km/h.

Aufgabe 2

Wichtig ist bei dieser Aufgabe, dass die horizontale und die vertikale Bewegung von Fahrzeug und Gegenstand voneinander völlig unabhängig sind. Um herauszufinden, wann das Bügeleisen auf die Fahrbahn trifft, müssen Sie nur die Anfangshöhe und die Erdbeschleunigung berücksichtigen. Die Bewegungsgleichung für die Vertikale lautet daher:

$$y(t) = \frac{-g}{2}t^2 + 1\text{m}$$

Setzen Sie diese Gleichung gleich 0 (Höhe der Fahrbahn), können Sie sie leicht nach t umstellen und erhalten $t = 0{,}45$ Sekunden.

Jetzt benötigen Sie die horizontale Bewegungsgleichung des Autos aus Sicht des Bügeleisens (oder umgekehrt). Die beiden angegebenen Geschwindigkeiten für Auto und Bügeleisen gelten in entgegengesetzte Richtungen. Die Bewegungsgleichung lautet also:

$$x(t) = (90\text{km/h} - 0{,}5\text{m/s})t$$

Vergessen Sie nicht, die erste Einheit umzurechnen! Sie erhalten:

$$x(0{,}45\text{s}) = \left(90\frac{1000\text{m}}{3600\text{s}} - 0{,}5\text{m/s}\right) \cdot 0{,}45\text{s} \approx 11\text{m}$$

Kapitel 20

Die Differentialgleichung erster Ordnung

Die Natur hält öfter mal Überraschungen bereit. Zum Beispiel Gleichungen, in denen sowohl eine Funktion als auch deren Ableitung vorkommen. Was tun? Regel Nummer eins: keine Panik. Regel Nummer zwei: dieses Kapitel lesen!

20.1 Wo Differentialgleichungen vorkommen

Manchmal suchen wir in der Mathematik Lösungen, die nicht einfach nur Zahlen sind, sondern zum Beispiel *Funktionen*. Nicht x ist die Unbekannte, sondern $f(x)$. Dementsprechend treten in den zugehörigen Gleichungen Funktionen an die Stelle von Variablen.

Differentialgleichungen – also Gleichungen, in denen Funktionen und ihre Ableitungen vorkommen – gibt es in vielen Fachgebieten. Sie haben die freie Auswahl!

Beginnen wir mit einem Beispiel aus der Elektrotechnik. Es ist nicht besonders kompliziert, kommt aber vielerorts zur Anwendung, auch in der Medizin. Also, frisch ans Werk und Strom an!

Strom, Spannung und Co.

Um die Differentialgleichung zu verstehen, die ich Ihnen gleich auftischen werde, müssen Sie einige Grundbegriffe aus der Elektrizitätslehre kennen. Für ein Studium der Elektrotechnik oder Physik ist das natürlich Pflichtprogramm.

Das Experiment, das wir uns ansehen, besteht aus einem *Kondensator*, der über einen Widerstand und einen Schalter an eine Spannungsquelle (z. B. eine handelsübliche 1,5-Volt-Batterie) angeschlossen ist (Abbildung 20.1).

Sobald Sie den Schalter schließen, wird ein Strom fließen und den Kondensator nach und nach aufladen, bis er voll ist. Wir interessieren uns für den zeitlichen Verlauf dieses Vorgangs – also für eine Funktion.

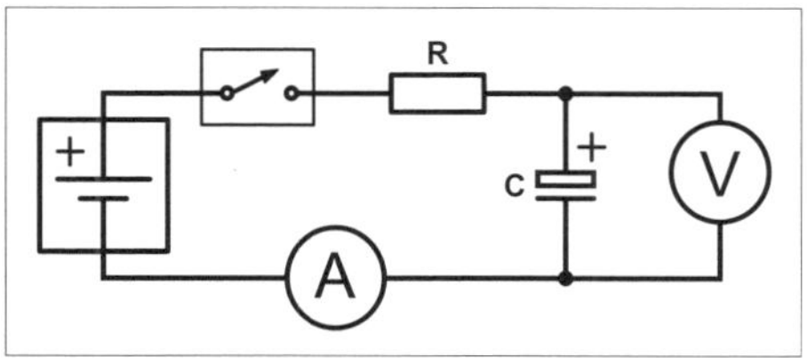

Abbildung 20.1 Das Schaltbild zeigt einen Kondensator C, der über einen Widerstand R aufgeladen werden kann. Mit eingezeichnet sind das Voltmeter für die Spannung am Kondensator (V) und das Amperemeter für die Strommessung (A).

Um das elektrische Geschehen zu verstehen, müssen Sie Folgendes wissen:

1. Die Spannung des Kondensators, die das Voltmeter misst, ist

$$U_C = \frac{Q}{C}$$

Dabei ist Q die Ladung des Kondensators und C seine Kapazität. Die ist konstant, d. h., wenn Sie die Schaltung auf einer Steckplatine aufbauen würden, würden Sie beispielsweise einen Kondensator mit einer Kapazität von 1 000 µF (Mikrofarad) verwenden. Je größer die Kapazität, umso mehr Ladung (und Energie) kann ein Kondensator speichern. Zu Anfang ist die Ladung 0 (der Kondensator ist »leer«). Die Ladung wird durch die in den Kondensator fließenden Ladungsträger steigen und damit auch die Spannung an den Polen des Bauteils.

2. Der Widerstand R begrenzt den Stromfluss. Die an ihm abfallende Spannung ist laut dem *ohmschen Gesetz*:

   $$U_R = I \cdot R$$

   Je größer der Widerstandswert, umso kleiner wird der fließende Strom sein, und umso länger wird es dauern, den Kondensator aufzuladen. Im Experiment verwenden wir einen Wert von 1 MΩ (1 Megaohm).

3. In einer Reihenschaltung wie dieser muss die Summe der Spannungen an den in Reihe geschalteten Bauteilen gleich der Versorgungsspannung U_0 sein.

   Die beiden Messgeräte für Strom (Amperemeter) und Spannung U_C (Voltmeter) ändern daran nichts.

4. Strom ist die zeitliche Änderung der Ladung, d. h. die Ableitung der Ladung nach der Zeit:

   $$I = \dot{Q}$$

   Sobald Sie den Stromkreis mit dem Schalter schließen, gilt also für die Spannung im Stromkreis:

   $$U_0 = U_R + U_C$$

   Setzen Sie die obigen beiden Formeln ein. Sie erhalten:

   $$U_0 = I \cdot R + \frac{Q}{C}$$

   Jetzt verwenden Sie noch den Zusammenhang zwischen Ladungsänderung und Strom, um die Variable I loszuwerden:

   $$U_0 = R \cdot \dot{Q} + \frac{Q}{C}$$

   Da haben Sie sie, die versprochene *Differentialgleichung*. Sie heißt so, weil eine Größe (Q) und mindestens eine ihrer Ableitungen ($\dot{Q}$) vorkommen. Solche Gleichungen kommen in Naturwissenschaft und Technik häufig vor. Die komplizierteren Exemplare lassen sich nur sehr schwer lösen, dieses hier gehört zum Glück nicht dazu. Die vorliegende Gleichung heißt *inhomogen*, weil auf der linken Seite keine 0 steht, und *linear*, weil keine

Potenzen vorkommen. Sie ist *1. Ordnung*, weil maximal eine erste Ableitung vorkommt.

Wir werden sie in Kürze lösen, aber zunächst möchte ich Ihnen zeigen, wo solche Differentialgleichungen noch vorkommen.

Auf die Bremse treten

Wussten Sie, dass Reibungskraft proportional von der Geschwindigkeit abhängt? Zumindest näherungsweise stimmt das ziemlich genau.

Diese *Gleitreibung* verursacht eine Kraft auf den gebremsten Gegenstand, die seiner Bewegungsrichtung entgegengesetzt und proportional zu seiner Geschwindigkeit ist. Also:

$$F_R = -\beta v$$

Die Konstante β ist der Reibungskoeffizient und hängt von Beschaffenheit und Bauweise der Bremse ab. Die Bremsbeläge Ihres Autos haben ein großes β und ein Eishockey-Puck ein verdammt kleines.

Sicher erinnern Sie sich an die Grundgleichung der Mechanik aus dem letzten Kapitel. Sie lautet:

$$F = m \cdot a$$

Wenn keine Kräfte außer der Reibung wirken, bekommt diese Gleichung folgendes Gesicht:

$$F_R = -\beta v = m \cdot a$$

Ferner wissen Sie, dass die Beschleunigung nichts anderes ist als die erste zeitliche Ableitung der Geschwindigkeit. Und da steht sie schon, die Differentialgleichung:

$$-\beta v = m\dot{v}$$

Wenn Sie die Geschwindigkeit und ihre Ableitung auf eine Seite bringen, steht auf der anderen eine Null. Daher handelt es sich hier im Gegensatz zum vorangegangenen Beispiel um eine lineare *homogene* Differentialgleichung 1. Ordnung.

$$m\dot{v} + \beta v = 0$$

Diese Gleichung lässt sich auf ähnliche Weise lösen wie die erste. Wir kommen in Kürze dazu, aber zunächst möchte ich Ihnen ein drittes Beispiel zeigen, diesmal aus der Biologie.

Tierpopulationen

In der Biologie kann man die zeitliche Änderung einer Population von Lebewesen modellieren, indem man Geburten- und Sterberate berücksichtigt. Das Beispiel in diesem Abschnitt ist natürlich bewusst einfach gehalten, es berücksichtigt weder die Vogelfütterung im Frühling noch Spatzen fangende Hauskatzen (wussten Sie, dass die ca. 8 Millionen in Deutschland lebenden Katzen Schätzungen zufolge weit mehr Vögel töten als etwa der Straßenverkehr, von Windrädern ganz zu schweigen?).

Die Anzahl der Individuen ist N. Dann ist die Anzahl von Nachkommen proportional zu dieser Anzahl, also $g \cdot N$. Auch die absolute Anzahl der sterbenden Tiere ist (vereinfacht betrachtet) proportional zu deren Zahl. Sie geht negativ in die Bilanz ein, also $-s \cdot N$.

Neu geborene und sterbende Individuen ändern deren Gesamtzahl, entsprechen also $\dot{N}$. Damit haben wir folgende Gleichung:

$$\dot{N} = (g - s) \cdot N$$

Auch das ist eine lineare, homogene Differentialgleichung erster Ordnung.

Sie sehen: Solche Gleichungen sind alles andere als Exoten.

Umso wichtiger ist es, dass wir uns jetzt endlich um eine Lösung bemühen.

20.2 Die Differentialgleichung erster Ordnung lösen

Unabhängig von den oben aufgeführten Beispielen zeige ich Ihnen jetzt die Lösung (oder auch: Integration) einer homogenen linearen Differentialgleichung erster Ordnung. Diese Lösung wird sich dann auf die Beispiele anwenden lassen.

Allgemein formuliert lautet das Problem also:

$$y'(x) - k \cdot y(x) = 0$$

Wie lässt sich diese Gleichung auflösen?

Allgemeine Lösung

Zunächst müssen wir sicherstellen, dass $y(x) \neq 0$ ist. Dann können wir schreiben:

$$k = \frac{y'(x)}{y(x)}$$

Diese Gleichung integrieren wir auf beiden Seiten von 0 (dem Anfangswert) bis zu einem Wert b:

$$\int_0^b k \, \mathrm{d}x = \int_0^b \frac{y'(x)}{y(x)} \mathrm{d}x$$

Links erhalten Sie:

$= k \cdot b$

Lassen Sie uns im rechten Integral die *Substitutionsregel* anwenden mit:

$s = y(x)$

Dann ist $\frac{\mathrm{d}s}{\mathrm{d}t} = y'$, und das Integral sieht viel einfacher aus:

$$= \int_{y(0)}^{y(b)} \frac{\mathrm{d}s}{s}$$

Achten Sie darauf, dass die Grenzen umzurechnen sind. Da der Anfangswert (z. B. Anfangszeitpunkt) 0 ist, können wir auch $y(0)$ als Konstante y_0 betrachten.

Eine Stammfunktion für »eins durch« kennen Sie schon, es ist der natürliche Logarithmus. Also können Sie das Integral ausrechnen:

$= \ln y(b) - \ln y_0$

Eine Logarithmusregel später bleibt übrig:

$$k \cdot b = \ln \frac{y(b)}{y_0}$$

Stellen Sie diese Gleichung nach $y(b)$ um, indem Sie beidseitig die Exponentialfunktion anwenden und mit y_0 multiplizieren:

$y(b) = y_0 e^{kb}$

Damit haben wir eine Lösung. Sie enthält zwei Konstanten, die sich durch Anfangs- und Randbedingungen der konkreten Aufgabe ergeben.

Kennt man diese Lösung einmal (und das ist bei Ihnen jetzt ja der Fall), entfällt die ganze Herleitung künftig. Sie können einfach die Exponentialfunktion mit den entsprechenden Parametern als Lösungsansatz für jede homogene lineare Differentialgleichung 1. Ordnung verwenden.

Anfangsbedingungen und Randwerte

Mit Blick auf die Differentialgleichung zur Tierpopulation (Abschnitt 20.1 unten) bietet es sich jetzt an, die gefundene allgemeine Lösung in eine reale Gleichung einzusetzen. Diese lautete ja:

$\dot{N} = (g - s) \cdot N$

Der Lösungsansatz ist jetzt also:

$N(t) = N_0 e^{kt}$

Sie sehen sofort, dass N_0 nichts anderes ist als die Anzahl der Individuen zum Zeitpunkt $t = 0$, denn in dem Fall nimmt die Exponentialfunktion den Wert 1 an, es bleibt also:

$N(0) = N_0$

Um die Lösungsfunktion in die Differentialgleichung einsetzen zu können, benötigen Sie neben der Funktion selbst auch deren erste Ableitung. Die lautet:

$\dot{N}(t) = N_0 k e^{kt}$

Dabei verschafft uns die Kettenregel den zusätzlichen Faktor k – ansonsten ist die Ableitung identisch mit der Funktion selbst. Es gilt also:

$\dot{N}(t) = k \cdot N(t)$

Vergleichen Sie diese Gleichung mit der ursprünglichen Differentialgleichung, sehen Sie sofort, dass:

$k = g - s$

Damit ist die Konstante bestimmt, und Sie können die komplette Lösung hinschreiben:

$N(t) = N_0 e^{(g-s)t}$

Beispiel: Das Aussterben der Dodos

Der Dodo war ein Laufvogel, der nur auf der Insel Mauritius vorkam. Er wurde im 17. Jahrhundert zum letzten Mal lebend gesehen.

Angenommen, es gab im Jahr 1600 genau 10 000 Dodos. Unterstellen wir eine Geburtenrate von 1,5 (also im Schnitt 3 Eiern pro Jahr und Brutpaar) und eine jährliche Sterberate von 1,8. Wie lange dauerte es dann bis zum Aussterben, d. h., wann sank die Anzahl der Individuen unter 2?

Setzen Sie die Zahlenwerte in unsere Lösung ein:

$N(t) = 10\,000 \cdot e^{(1{,}5-1{,}8)t}$

Gefragt ist nach dem Zeitpunkt, an dem $N(t) = 2$ ist, denn für größere t wäre die Mindestanzahl der Individuen unterschritten. Die resultierende Gleichung müssen Sie jetzt nach t umstellen:

$2 = 10000 \cdot e^{-0{,}3t}$

$$t = \frac{\ln\left(\frac{2}{10000}\right)}{-0{,}3} \approx 28{,}4$$

Der Übersicht halber habe ich die Einheiten weggelassen. Geburten- und Sterberate haben die Einheit »pro Jahr« (also a^{-1}), das Resultat hat dementsprechend die Einheit Jahre. Den Verlauf der Population zeigt Abbildung 20.2.

Blöd für den Dodo: Sobald die Sterberate größer ist als die Geburtenrate, ist der Exponent der Exponentialkurve negativ, und das Ende ist unausweichlich.

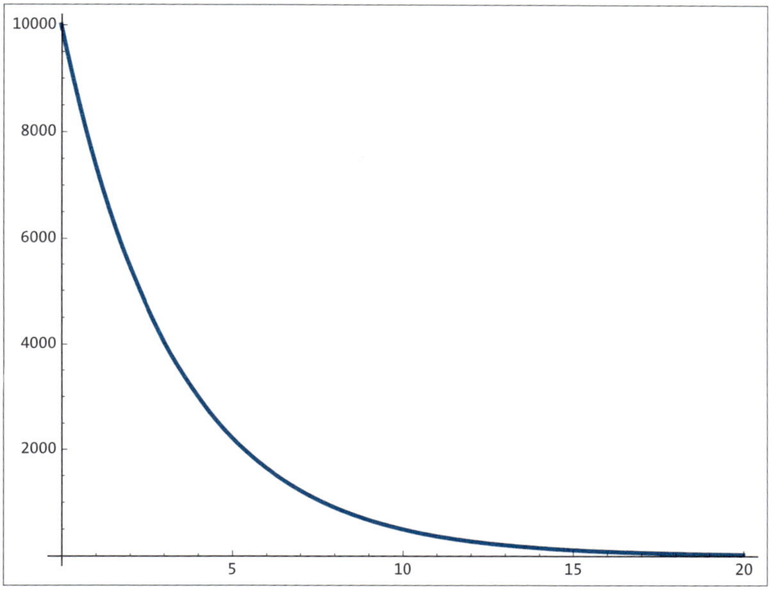

Abbildung 20.2 Das Ende des Dodos in Form einer Exponentialkurve

Inhomogene Differentialgleichung lösen

Kehren wir zurück zum Kondensator-Experiment aus Abschnitt 20.1 oben, »Strom, Spannung und Co.«.

Die zugehörige Differentialgleichung lautet:

$$U_0 = R \cdot \dot{Q} + \frac{Q}{C}$$

Im Unterschied zur Dodo-Gleichung ist diese hier *inhomogen*, es steht keine Null auf der linken Seite.

Lassen Sie uns auch diesen Fall allgemein lösen. Dann sieht die Gleichung wie folgt aus:

$$y'(x) - k \cdot y(x) = a(x)$$

Rechts steht also leider keine Null mehr, sondern eine Funktion $a(x)$. Dies kann eine Konstante sein (wie im Fall der Kondensator-Gleichung), muss es aber nicht.

Der Lösungsansatz für den homogenen Fall war ja:

$$y(x) = y_0 e^{kx}$$

Wir wenden jetzt einen Trick an, der auf den Namen *Variation der Konstanten* hört. Gemeint ist damit die Konstante y_0, die wir jetzt als Variable betrachten, die von x abhängt:

$$y(x) = c(x)e^{kx}$$

Leiten Sie diese Funktion mal nach der Produktregel ab. Sie erhalten:

$$y'(x) = c'(x)e^{kx} + c(x)ke^{kx}$$

Der rechte Summand ist dabei nichts anderes als $k \cdot y(x)$. Subtrahieren Sie den auf beiden Seiten, erhalten Sie ziemlich genau die inhomogene Differentialgleichung:

$$y'(x) - k \cdot y(x) = c'(x)e^{kx}$$

Das lässt sich nicht so einfach lösen, wir müssen in die Trickkiste greifen und suchen zunächst nach $c(x)$.

Rechts stand ja ursprünglich $a(x)$. Das ist also:

$$a(x) = c'(x)e^{kx}$$

Teilen Sie durch den Exponentialterm, erhalten Sie:

$$c'(x) = a(x)e^{-kx}$$

Das kann man integrieren, um $c(x)$ zu erhalten:

$$c(x) = \int a(x)e^{-kx}\,\mathrm{d}x$$

Im Beispiel mit dem Kondensator ist die Funktion $a(x)$ eine Konstante, die wir zunächst a nennen. In dem Fall ist das Integral leicht lösbar.

$$c(x) = q - \frac{a}{k}\,e^{-kx}$$

Die Konstante q ist dabei die obligatorische Integrationskonstante. Deren physikalische Bedeutung sehen wir später.

Setzen Sie das gefundene $c(x)$ in den Lösungsansatz ein, und Sie erhalten das eigentlich gesuchte $y(x)$:

$$y(x) = c(x)e^{kx} = \left(q - \frac{a}{k}\,e^{-kx}\right)e^{kx} = qe^{kx} - \frac{a}{k}$$

Die Ableitung ist:

$$y'(x) = qke^{kx}$$

Was sagt das jetzt über unseren Kondensator aus?

Vergleichen Sie mal die Parameter, wenn Sie die Gleichung für die Spannung durch R dividieren (damit $\dot{Q}$ allein steht, genau wie $y'(x)$ in der allgemeinen Gleichung):

$$\dot{Q} + \frac{1}{RC}Q = \frac{U_0}{R}$$

$$y'(x) - k \cdot y(x) = a$$

Offenbar entspricht $\frac{U_0}{R}$ dem a. Und $-k$ muss $\frac{1}{RC}$ sein.

Damit ist die Lösungsfunktion für $Q(t)$ gefunden. Aus

$$y(x) = qe^{kx} - \frac{a}{k}$$

wird (da $\frac{a}{k} = -\frac{U_0}{R}RC = -U_0C$):

$$Q(t) = qe^{-\frac{t}{RC}} + U_0C$$

Beispiel: Den Kondensator laden und entladen

Jetzt schauen wir uns den Anschaltvorgang an. In diesem Fall ist die Versorgungsspannung U_0 zum Zeitpunkt $t = 0$ ein positiver Wert. Die Ladung des Kondensators ist zu diesem Zeitpunkt noch 0, also:

$$0 = Q(0) = q + U_0C$$

Aus dieser Anfangsbedingung folgt für die noch unbestimmte Integrationskonstante q:

$$q = -U_0C$$

Der Verlauf der Ladung ist also die Lösungsfunktion mit so festgelegtem q:

$$Q(t) = -U_0C\, e^{-\frac{t}{RC}} + U_0C$$

$$= U_0C(1 - e^{-\frac{t}{RC}})$$

Das können wir uns einmal konkret für die gegebenen Werte ansehen:

$$U_0 = 1{,}5\ \text{V}$$

$$C = 1000\ \mu\text{F} = 10^{-3}\ \text{F}$$

$$R = 1\ \text{M}\Omega = 10^{6}\ \Omega$$

$$Q(t) = 1{,}5 \cdot 10^{-3}\left(1 - e^{-\frac{t}{10^3\text{s}}}\right)\text{As}$$

Achten Sie auf die Einheiten: Farad mal Ohm ergibt Sekunden, und die Standardeinheit der Ladung ist Amperesekunden (As). Wenn Sie immer nur SI-Einheiten verwenden, kann dabei nichts schiefgehen.

Wie der Ladevorgang genau aussieht, können Sie am Funktionsgraphen ablesen (Abbildung 20.3).

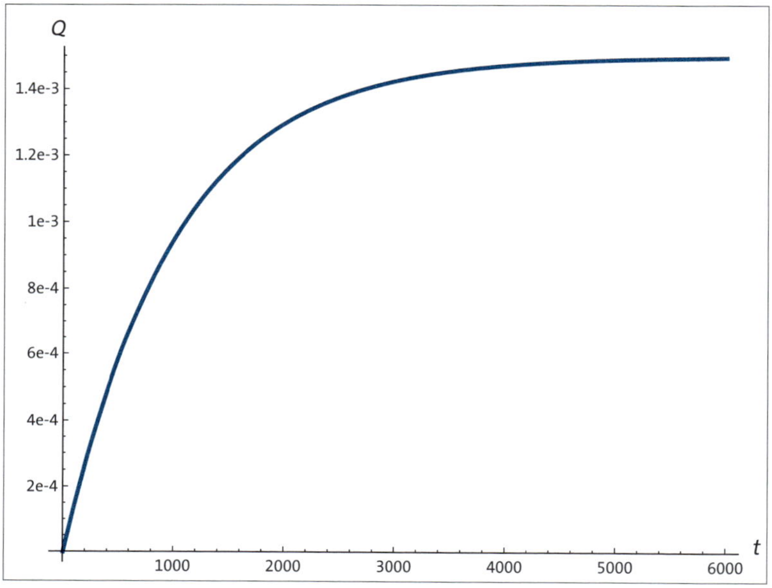

Abbildung 20.3 Die Ladefunktion des Kondensators ist eine Sättigungskurve.

Die Ladung des Kondensators steigt also zunächst schnell, aber je »voller« das Gerät ist, umso langsamer wird der Vorgang.

Beim Entladen sieht die Sache ein wenig anders aus. Die Versorgungsspannung U_0 ist schlagartig ab dem Zeitpunkt $t = 0$ null, die Integrationskonstante q wird zur Anfangsladung Q_0, also:

$$Q(t) = Q_0 e^{-\frac{t}{RC}}$$

Die Entladekurve sieht aus, wie eine Exponentialfunktion mit negativem Exponenten nun einmal so ausschaut (Abbildung 20.4).

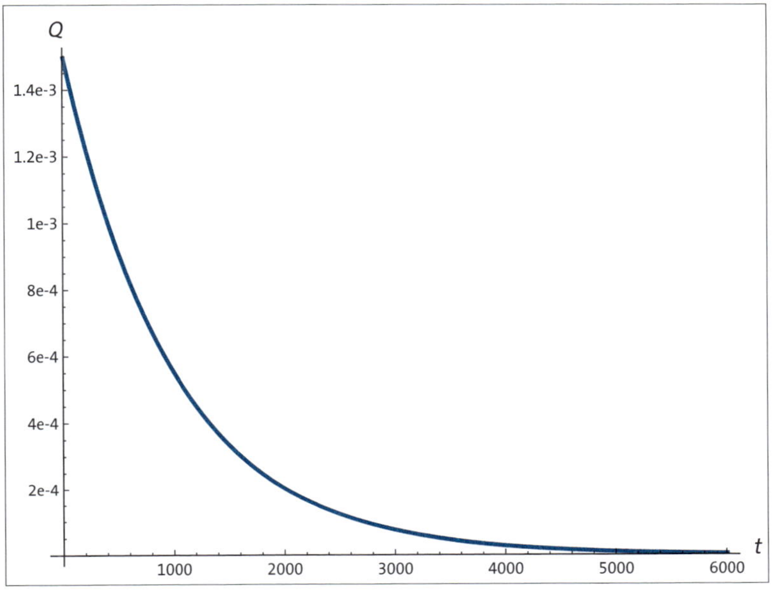

Abbildung 20.4 Die Ladung fällt beim Abschalten der Ladung wie die Population der aussterbenden Dodos – exponentiell.

Damit kennen Sie sowohl die allgemeine Methode, um lineare Differentialgleichungen erster Ordnung zu lösen, als auch typische Anwendungsfälle.

Aufgaben

20.3 Entspannungsübungen

Aufgabe 1: Lösen Sie die Differentialgleichung.

Sie fahren mit einer Geschwindigkeit von 130 km/h, dann kommt leider eine Baustelle. Sie müssen auf 80 km/h abbremsen. Das Bremsverhalten Ihres Fahrzeugs ist gegeben durch die bereits hergeleitete Differentialgleichung:

$$m\dot{v} + \beta v = 0$$

Das Fahrzeug hat eine Masse von 1 Tonne, und die Bremskonstante ist $\beta = 6{,}2\ \frac{\text{Ns}}{\text{m}}$.

a) Nach welcher Zeit erreichen Sie die reduzierte Geschwindigkeit?

b) Welche Entfernung haben Sie während des Bremsvorgangs zurückgelegt?

(Achten Sie auf die richtigen Einheiten!)

20.4 Lösungen

Aufgabe 1

Lassen Sie uns zunächst nach allgemeinen Lösungen für die folgende lineare, homogene Differentialgleichung 1. Ordnung suchen:

$$\dot{v} + \frac{\beta}{m} v = 0$$

Das kommt Ihnen bekannt vor? Ganz recht, auch hier dient eine Exponentialfunktion als Lösungsansatz:

$$v(t) = v_0 e^{-\frac{\beta}{m} t}$$

Deren Ableitung ist:

$$\dot{v} = -\frac{\beta}{m}\, v_0\, e^{-\frac{\beta}{m} t} = -\frac{\beta}{m} v$$

a) Gegeben sind die Masse des Autos $m = 1000$ kg, die Bremskonstante $\beta = 6{,}2 \frac{\text{Ns}}{\text{m}}$ und die Anfangsgeschwindigkeit $v_0 = 130\ \frac{\text{km}}{\text{h}}$. Gesucht ist der Zeitpunkt t_1 mit $v_1 = v(t_1) = 80\ \frac{\text{km}}{\text{h}}$, also:

$$v(t_1) = v_1 = v_0 \cdot e^{-\frac{\beta}{m}t_1}$$

Stellen Sie die Gleichung um nach t_1:

$$\frac{v_1}{v_0} = e^{-\frac{\beta}{m}t_1} \qquad\qquad t_1 = -\frac{m}{\beta}\ln\frac{v_1}{v_0}$$

Setzen Sie die gegebenen Werte ein. Die Geschwindigkeitseinheiten müssen Sie diesmal nicht in Standard-Einheiten umrechnen, weil sie sich wegkürzen – nur das Verhältnis zwischen End- und Anfangsgeschwindigkeit ist interessant. Es kommt heraus: $t_1 \approx 78$ s.

b) Die Entfernung ist das Integral der Geschwindigkeit, also:

$$s(t) = \int v(t)\mathrm{d}t$$

Berechnen Sie das Integral von 0 bis t_1, um die zurückgelegte Strecke s_1 bis zu diesem Zeitpunkt herauszufinden:

$$s_1 = \int_0^{t_1} v_0 e^{-\frac{\beta}{m}t}\,\mathrm{d}t$$

Zum Glück können Sie Exponentialfunktionen im Schlaf integrieren:

$$= v_0\left[-\frac{m}{\beta}e^{-\frac{\beta}{m}t}\right]_0^{t_1}$$

$$= -v_0\frac{m}{\beta}\left(e^{-\frac{\beta}{m}t_1} - 1\right)$$

Setzen Sie den in Teil b) gefundenen Term für t_1 ein:

$$= -v_0\frac{m}{\beta}\left(e^{\frac{\beta\, m}{m\,\beta}\ln\left(\frac{v_1}{v_0}\right)} - 1\right)$$

Der Exponent lässt sich kürzen und die e-Funktion mit dem ln auflösen, sodass Sie erhalten:

$$= -v_0\frac{m}{b}\left(\frac{v_1}{v_0} - 1\right)$$

Wenn Sie die angegebenen Werte einsetzen, erhalten Sie:

$s \approx 2{,}24$ km

Übrigens: Streng genommen müssten wir die Reibungskraft der Bremsklötze an der Bremsscheibe betrachten, denn dort findet der Bremsvorgang statt. Diese Beispielaufgabe zeigen Sie also bitte lieber keinem Kfz-Mechaniker!

Kapitel 21

Das Pünktchen auf dem i

… ist nicht Thema dieses Abschnitts, sondern der Buchstabe i als Ganzes. Beziehungsweise als Lösung einer Gleichung, die eigentlich keine hat. Wieso dieses mysteriöse Kapitel so komplex ist und warum es ausgerechnet zwischen denen über Differentialgleichungen erster und zweiter Ordnung steht, erfahren Sie auf den kommenden Seiten.

21.1 Die komplexen Zahlen

Wie Sie wissen, hat die Gleichung $x^2 = -1$ in der Menge der reellen Zahlen keine Lösung. So richtig wollten sich die Mathematiker nie damit zufriedengeben. Deshalb erfanden sie einfach Lösungen.

René Descartes nannte nicht existierende Lösungen von quadratischen Gleichungen – also Wurzeln aus negativen Zahlen – *imaginäre Zahlen*.

Leonhard Euler führte die imaginäre Einheit i als Lösung obiger Gleichung ein und fand eine ganze Menge dermaßen eleganter Formeln, dass das Rechnen mit imaginären Zahlen zu einer Art »wunderbarer Zuflucht des menschlichen Geistes« wurde (Zitat von Leibniz).

In diesem Kapitel erfahren Sie alles über das Rechnen mit komplexen Zahlen und ihre geometrische Bedeutung.

Schreibweisen

Komplexe Zahlen bestehen aus einem reellen und einem imaginären Anteil. Sie lassen sich stets schreiben als:

$$c = a + b \cdot i$$

Die *imaginäre Einheit* i hat die Eigenschaft $i^2 = -1$. Die Zahlen a und b sind reell und heißen *Realteil* bzw. *Imaginärteil*. Lassen Sie sich von letzterem Begriff nicht in die Irre führen: Der Imaginärteil ist die *reelle* Zahl b, und erst die Multiplikation mit i macht daraus eine imaginäre Zahl! Die Menge der komplexen Zahlen verwendet den Buchstaben $\mathbb{C}$.

Daraus ergibt sich eine ganze Reihe Schlussfolgerungen.

1. Die reellen Zahlen sind eine Untermenge der komplexen, also $\mathbb{R} \subset \mathbb{C}$. Alle reellen sind auch komplexe Zahlen, und zwar solche mit Imaginärteil $b = 0$.
2. Assoziativ-, Kommutativ- und Distributivgesetz gelten auch für komplexe Zahlen.
3. Für jede komplexe Zahl c existiert eine Gegenzahl $-c$, sodass deren Addition 0 ergibt. Entsprechendes gilt für den Kehrwert $\frac{1}{c}$.

Um den Real- bzw. Imaginärteil einer komplexen Zahl $c = a + b \cdot i$ zu ermitteln, schreibt man:

$$a = \mathrm{Re}\,(a + b \cdot i)$$

$$b = \mathrm{Im}\,(a + b \cdot i)$$

Rechenregeln

Komplexe Zahlen lassen sich intuitiv addieren und subtrahieren. Dabei addieren sich jeweils Real- und Imaginärteil, weil das Distributivgesetz gilt. Sehen Sie selbst:

$$c = a + b \cdot i$$

$$z = x + y \cdot i$$

$$c + z = (a + x) + (b + y) \cdot i$$

Beispiel: Rechnen mit komplexen Zahlen

Was sind die Lösungen der folgenden quadratischen Gleichung in $\mathbb{C}$?

$$(c + 3)^2 + 4 = 0$$

Bringen Sie zunächst die 4 auf die andere Seite.

$$(c + 3)^2 = -4$$

Mit dem Wissen, dass $i^2 = -1$ ist, können Sie schreiben:

$$(c + 3)^2 = 4i^2$$

Jetzt ziehen Sie die Wurzel. Achten Sie darauf, dass es dafür zwei Lösungen gibt:

$$c + 3 = 2i \lor c + 3 = -2i$$

Die beiden komplexen Lösungen sind also:

$$c = -3 + 2i \lor c = -3 - 2i$$

Machen Sie die Probe, indem Sie die beiden Lösungen in die Ausgangsgleichung einsetzen.

$$\left((-3 + 2i) + 3\right)^2 + 4 = 0$$

$$(2i)^2 + 4 = 0$$

$$4i^2 + 4 = 0$$

$$4 \cdot (-1) + 4 = 0$$

Sie sehen: Mit komplexen Zahlen kann man recht intuitiv rechnen.

Bis man versucht, sie miteinander zu multiplizieren.

$$c = 2i$$

$$z = 4i$$

Was ergibt $c \cdot z$?

Schreiben Sie das jetzt bloß nicht mit negativen Wurzeln!

$c = \sqrt{-2}, \qquad z = \sqrt{-4}$

$\Rightarrow c \cdot z = \sqrt{-2} \cdot \sqrt{-4} = \sqrt{(-2) \cdot (-4)} = \sqrt{\mathbf{8}}$

Das sieht auf den ersten Blick korrekt aus, ist aber *falsch*!

Richtig ist:

$c \cdot z = 2 \cdot 4 \cdot i^2 = -8$

Vorsicht Falle: Wurzeln aus beliebigen negativen Zahlen sind weiterhin nicht definiert. Deshalb dürfen Sie auch nicht einfach Wurzelregeln anwenden wie oben geschehen (das falsche Gleich-Zeichen ist hervorgehoben). Schreiben Sie komplexe Zahlen immer in der eulerschen Schreibweise mit Real- und Imaginärteil.

Der Fundamentalsatz der Algebra

Im Beispiel im vorangegangenen Abschnitt haben Sie die Nullstelle(n) eines Polynoms berechnet, das in den reellen Zahlen überhaupt keine hat.

In den komplexen Zahlen gibt es welche – nicht nur das: Ihre Anzahl ist identisch mit dem Grad des Polynoms. Genau das sagt der folgende Satz:

Fundamentalsatz der Algebra

Ein (nicht konstantes) Polynom $P(z) = \sum_{k=0}^{n} a_k z^k$ mit $z \in \mathbb{C}$ hat eine Anzahl Nullstellen, die dem Grad des Polynoms entspricht. Mehrfache Nullstellen zählen dabei auch mehrfach.

Ein ziemlich wichtiger Satz, deshalb trägt er auch einen so wichtig klingenden Namen! Übrigens war sein Beweis Teil von Carl Friedrich Gauß' Doktorarbeit. Wenn Sie Lateinisch können, lesen Sie mal nach!

Multiplikation komplexer Zahlen

Wir haben gerade schon zwei rein imaginäre Zahlen miteinander multipliziert, aber wie funktioniert das mit beliebigen komplexen Zahlen?

Glücklicherweise dürfen Sie das Distributivgesetz anwenden. Rechnen Sie mit:

$c = a + b \cdot i, \qquad z = x + y \cdot i$

$c \cdot z = (a + b \cdot i) \cdot (x + y \cdot i) = ax + bx \cdot i + ay \cdot i + by \cdot i^2$

Fassen Sie die Terme vor dem *i* zusammen – das ist der Imaginärteil des Produkts. Da $i^2 = -1$ ist, landet *by* mit negativem Vorzeichen im Realteil. Das Ergebnis ist also:

$$c \cdot z = (ax - by) + (bx + ay) \cdot i$$

Der Realteil des Produkts ist $ax - by$, der Imaginärteil $bx + ay$.

Beispiel: Komplexe Zahlen multiplizieren

Lassen Sie uns das Produkt zweier konkreter komplexer Zahlen berechnen:

$$c = 2 - 2i, \qquad z = -1 + 2i$$

$$c \cdot z = \big(2 \cdot (-1) - 2 \cdot (-2)\big) + ((-2) \cdot (-1) + 2 \cdot 2) \cdot i = 2 + 6i$$

Division komplexer Zahlen

Natürlich können Sie auch komplexe Zahlen durcheinander dividieren. Knifflig ist es bloß, das Ergebnis wiederum mit Real- und Imaginärteil zu schreiben. Das geht so:

$$\frac{c}{z} = \frac{a + b \cdot i}{x + y \cdot i}$$

Erweitern Sie so, dass der Nenner reell wird. Das geht mit der komplexen Zahl $x - y \cdot i$, die man auch *konjugiert komplexe Zahl* (von z) nennt.

Das Produkt einer komplexen Zahl mit ihrer konjugiert komplexen Zahl ist:

$$(x + y \cdot i) \cdot (x - y \cdot i) = x^2 + y^2$$

Daher ergibt das Erweitern:

$$\frac{(a + b \cdot i) \cdot (x - y \cdot i)}{(x + y \cdot i) \cdot (x - y \cdot i)} = \frac{ax - byi^2 + bxi - ayi}{x^2 + y^2}$$

Sortieren Sie nach Real- und Imaginärteil, und Sie erhalten das Resultat:

$$= \frac{ax + by}{x^2 + y^2} + \frac{bx - ay}{x^2 + y^2} i$$

Beispiel: Ein komplexer Bruch

Das sieht komplizierter aus, als es ist. Rechnen wir einfach mal ein Beispiel:

$$c = 2 + 2i, \qquad z = 1 - 1i$$

Dann ist der Nenner $1^2 + (-1)^2 = 2$.

$$\frac{c}{z} = \frac{2-2}{2} + \frac{2+2}{2} i = 2i$$

21.2 Die komplexe Zahlenebene

Es liegt ziemlich nahe, komplexe Zahlen als Punkte in einer Ebene aufzufassen. Dabei ist der Realteil die x-Koordinate und der Imaginärteil die y-Koordinate. Reelle Zahlen liegen alle auf der x-Achse – dem Zahlenstrahl.

Daraus ergibt sich eine ganze Reihe spannender Konsequenzen.

Komplexe Zahlen in der gaußschen Ebene

Die *komplexe Zahlenebene* heißt auch *gaußsche Zahlenebene*. Sie dient nicht nur der Veranschaulichung komplexer Zahlen – sie nimmt auch die Vektorrechnung in zwei Dimensionen vorweg (Kapitel 25).

Sie können eine komplexe Zahl als Vektor in der Ebene betrachten (Abbildung 21.1).

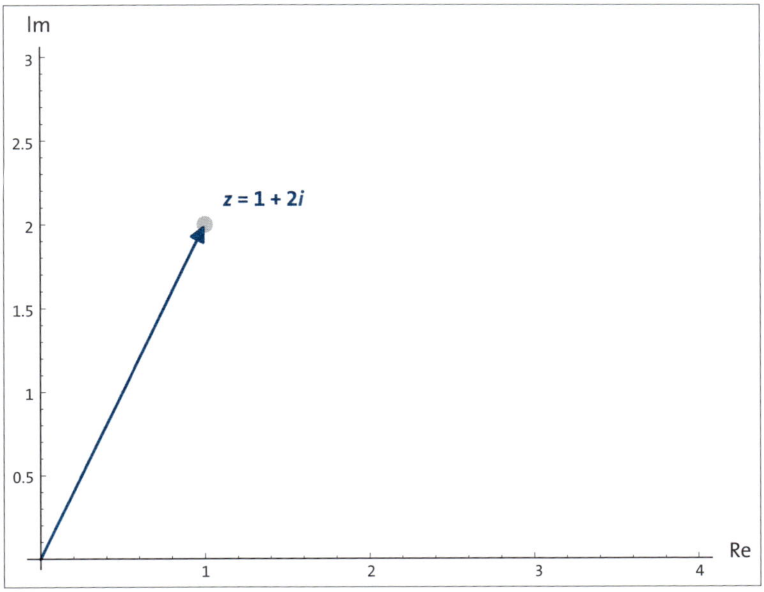

Abbildung 21.1 Die komplexe Zahl $1 + 2i$ liegt in der gaußschen Zahlenebene, wenn der Realteil die x-Koordinate und der Imaginärteil die y-Koordinate darstellt.

Wie kann man sich in dieser Ebene eine Addition vorstellen?

Sie wissen bereits, dass sich Real- und Imaginärteil jeweils addieren. Geometrisch bedeutet das, dass die Summe an der Spitze eines Parallelogramms liegt, das die beiden Vektoren aufspannen.

Sehen Sie sich das zum Beispiel an für die Summe der komplexen Zahlen $1 + 2i$ und $2 + i$ (Abbildung 21.2).

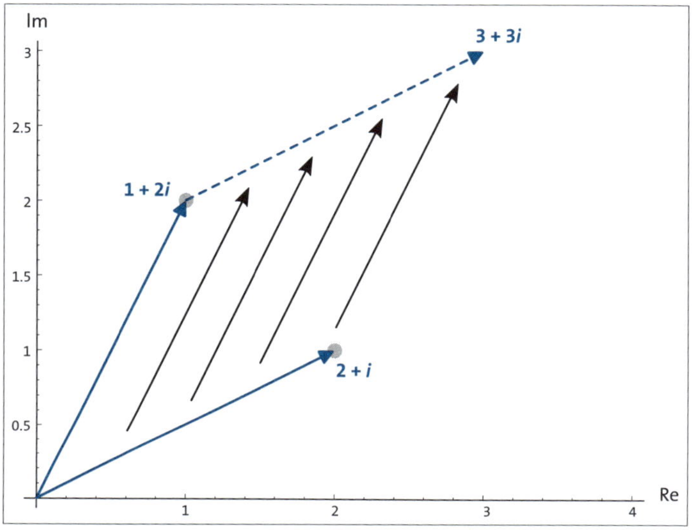

Abbildung 21.2 Die Addition zweier komplexer Zahlen in der Ebene entspricht dem Aneinanderreihen von Vektoren. Dazu verschieben Sie den einen Vektor an das Ende des anderen (oder umgekehrt).

Polarform

Keine Sorge, ich entführe Sie jetzt nicht an den Nordpol. Vielmehr möchte ich Ihnen zeigen, dass man jede komplexe Zahl in eine sogenannte *Polarform* überführen kann, in der statt x- und y-Koordinate Winkel und Radius verwendet werden.

Die Polarform ist vor allem dann sehr praktisch, wenn geometrische Aufgaben mit Kreisen oder gar Kreisbewegungen eine Rolle spielen. Dann entspricht eine Rotation einer Änderung des Winkels – und der Radius bleibt konstant.

Betrachten Sie einfach den Vektor, der auf eine komplexe Zahl z zeigt, als Hypotenuse eines rechtwinkligen Dreiecks. Dessen Seitenlängen sind dann mit Sinus und Cosinus des Öffnungswinkels des Vektors darstellbar (Abbildung 21.3).

So betrachtet ist die Länge des Vektors nach dem Satz des Pythagoras die Wurzel aus den Quadraten von Real- und Imaginärteil:

$$r = \sqrt{x^2 + y^2} = \sqrt{(\mathrm{Re}(z))^2 + (\mathrm{Im}(z))^2}$$

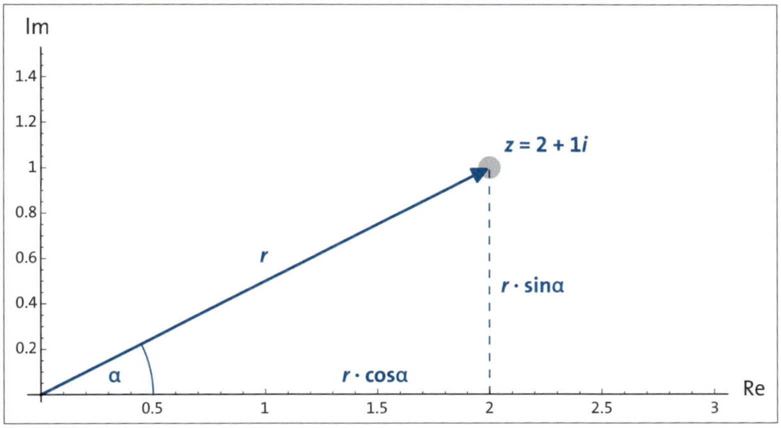

Abbildung 21.3 In der Polarform ist der Realteil der komplexen Zahl der Cosinus und der Imaginärteil der Sinus (jeweils multipliziert mit dem Betrag der komplexen Zahl *r*).

Das ist wiederum eine reelle Zahl und gleichzeitig der Betrag der komplexen Zahl, also:

$$|z| = \sqrt{x^2 + y^2}$$

Gleichzeitig bedeutet das, dass Sie Realteil x und Imaginärteil y mit Cosinus und Sinus ausdrücken können. Und damit haben Sie die Polarform der komplexen Zahl:

$$z = r \cdot (\cos\alpha + i \cdot \sin\alpha)$$

Beispiel: Polarform

Lassen Sie uns eine komplexe Zahl in Polarform überführen, und zwar:

$$z = 3 - 4i$$

Der Betrag ist:

$$r = |z| = \sqrt{3^2 + (-4)^2} = \sqrt{9 + 16} = \sqrt{25} = 5$$

Den Winkel können Sie grundsätzlich über Real- oder Imaginärteil ausrechnen, aber Sie müssen sicherstellen, dass Sie die richtige Lösung erwischen, wenn es mehrere Lösungen von Arcussinus oder Arcuscosinus gibt. Betrachten Sie den Realteil:

$$3 = r \cdot \cos\alpha = 5\cos\alpha$$

$$\alpha = \arccos\frac{3}{5}$$

$$\alpha = \arccos\frac{3}{5} \approx \pm 53°$$

Und noch den Imaginärteil:

$$-4 = r \cdot \sin\alpha = 5\sin\alpha$$

$$\alpha = \arcsin -\frac{4}{5}$$

$$\alpha \approx -53° \lor \alpha \approx -127°$$

Die übereinstimmende Lösung ist –53°. Das passt zu der geometrischen Tatsache, dass die komplexe Zahl im unteren rechten Quadranten des Koordinatensystems liegen muss – denn der Imaginärteil ist ja negativ und der Realteil positiv.

Multiplikation in Polarform

Ein interessanter Effekt stellt sich ein, wenn Sie zwei komplexe Zahlen in Polarform miteinander multiplizieren. Probieren Sie's aus:

$$z = r(\cos\alpha + i\sin\alpha)$$

$$c = s(\cos\beta + i\sin\beta)$$

Zur Erinnerung: Das Produkt zweier komplexer Zahlen ist

$$c \cdot z = (ax - by) + (bx + ay) \cdot i$$

Jetzt sind der Real- und der Imaginärteil jeweils der Sinus bzw. Cosinus (mal Radius). Wenn Sie das alles einsetzen, erhalten Sie:

$$c \cdot z = rs((\cos\alpha\cos\beta - \sin\alpha\sin\beta) + i(\cos\alpha\sin\beta + \cos\beta\sin\alpha))$$

Nach gewissen Regeln aus Kapitel 6 können Sie das umschreiben. Es kommt heraus:

$$c \cdot z = rs\ (\cos(\alpha + \beta) + i \cdot \sin(\alpha + \beta))$$

Geometrisch ist das eine Kombination aus einer Drehung (da sich der Winkel der ersten Zahl um den der zweiten erhöht) und einer Streckung (da die beiden Beträge multipliziert werden).

Beispiel: Drehung in der Ebene

Angenommen, Sie haben ein Dreieck, dessen Ecken an folgenden Koordinaten liegen: (0,0), (2,1), (1,3).

Dieses Dreieck soll um einen Winkel β um den Nullpunkt des Achsenkreuzes verdreht werden.

Dann können Sie die drei Ecken als komplexe Zahlen auffassen:

$$z_1 = 0 + i \cdot 0, \qquad z_2 = 2 + i \cdot 1, \qquad z_3 = 1 + i \cdot 3$$

Sie wissen, dass eine Drehung in der komplexen Ebene einer Multiplikation mit einer komplexen Zahl mit Betrag 1 entspricht. Ein anderer Betrag würde zusätzlich eine Streckung vornehmen.

Multiplizieren Sie also einfach die drei Eckpunkte mit der passenden komplexen Zahl:

$$d = \cos\beta + i \cdot \sin\beta$$

Die Rechenarbeit können Sie einmal mehr Sage überlassen, denn das Programm kann selbstverständlich auch mit komplexen Zahlen rechnen. Definieren Sie dazu zunächst den Winkel, zum Beispiel $\frac{\pi}{6}$, also 30°:

```
sage: beta=pi/6
```

Dann definieren Sie eine Funktion $f(x)$, die x mit der oben genannten komplexen Zahl multipliziert. Komplexe Zahlen erzeugt man mit Sage mit `CC(Realteil,Imaginärteil)`.

```
sage: f(x)=x*CC(cos(beta),sin(beta))
```

Jetzt können Sie sich einfach die Funktionswerte ausrechnen lassen:

```
sage: f(CC(0,0))
0.000000000000000
sage: f(CC(2,1))
1.23205080756888 + 1.86602540378444*I
sage: f(CC(1,3))
-0.633974596215561 + 3.09807621135332*I
```

Natürlich können Sie Sage auch anweisen, Original und verdrehtes Dreieck zu zeichnen. Das geht so:

```
sage: z1=CC(0,0)
sage: z2=CC(2,1)
sage: z3=CC(1,3)
sage: (line([z1,z2,z3,z1]) + line([
CC(f(z1)),CC(f(z2)),CC(f(z3)),CC(f(z1))],linestyle='--'))
```

Sage zeichnet Ihnen das Original und das um 30° gegen den Uhrzeigersinn verdrehte Dreieck (Abbildung 21.4).

Ganz nebenbei haben Sie jetzt gesehen, dass es ohne Weiteres möglich ist, Funktionen zu definieren, die komplexe Argumente entgegennehmen und komplexe Werte zu liefern. Auch ableiten kann man solche Funktionen, dazu aber später mehr.

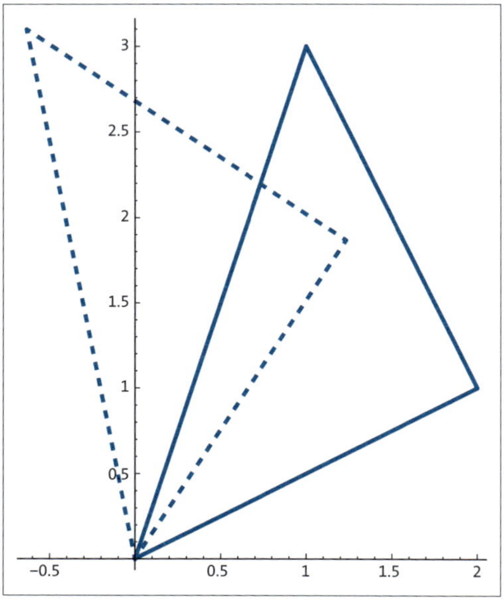

Abbildung 21.4 Drehung um 30° in der komplexen Ebene mit Sage – ein Kinderspiel mit der passenden Funktion

21.3 Die eulersche Formel

Ist Ihnen etwas aufgefallen?

Alle komplexen Zahlen mit Radius 1 liegen auf dem Einheitskreis in der gaußschen Ebene.

Daraus ergibt sich für die Polarform ein sehr wichtiger Zusammenhang.

Immer im Kreis herum

Ein Punkt auf dem Einheitskreis lässt sich darstellen als eine Funktion des Winkels, unter dem er liegt:

$$p(\alpha) = \cos\alpha + i \cdot \sin\alpha$$

Lassen Sie diesen Punkt mal über den Kreis wandern, und zwar um einen Winkel β. Dann liegt der Punkt schließlich bei:

$$p(\alpha + \beta) = \cos(\alpha + \beta) + i \cdot \sin(\alpha + \beta)$$

Und wie Sie wissen, entspricht eine Drehung ja auch einer Multiplikation. Also:

$$p(\alpha) \cdot p(\beta) = p(\alpha + \beta)$$

Das Produkt der Funktionswerte ist also identisch mit dem Wert, der zu der Summe der Ausgangswerte gehört.

Der gleichen Gesetzmäßigkeit folgt die Exponentialfunktion (mit reellen Exponenten):

$$e^a \cdot e^b = e^{(a+b)}$$

Das brachte Leonhard Euler auf die Idee, die Exponentialfunktion auf komplexe Exponenten zu erweitern. Das passt wunderbar mit der berühmten *eulerschen Formel*:

$$e^{i\alpha} = \cos\alpha + i\sin\alpha$$

In diesem Fall steht im Exponenten eine rein imaginäre Zahl. Sie können aber auch eine komplexe einsetzen:

$$e^z = e^{x+iy} = e^x \cdot e^{iy} = e^x \cdot (\cos y + i\sin y)$$

Somit beschreibt die Funktion $e^{i\alpha}$ für $0 \leq \alpha \leq 2\pi$ den Einheitskreis. Der Betrag aller komplexen Zahlen auf dem Einheitskreis ist 1, also:

$$|e^{i\alpha}| = 1$$

Die eulersche Identität

Alle komplexen Zahlen lassen sich als Exponentialfunktion schreiben:

$$z = r \cdot e^{i\alpha}$$

Dabei ist $r \geq 0$ und identisch mit dem Betrag der komplexen Zahl.

Welcher komplexen Zahl entspricht $\alpha = \pi$, wenn $r = 1$?

Na klar, das ist –1. Eingesetzt in die eben genannte eulersche Formel ergibt sich dafür die *eulersche Identität*:

$$e^{i\pi} = -1$$

Oder:

$$e^{i\pi} + 1 = 0$$

Das ist eine der schönsten Gleichung der ganzen Mathematik, weil sie gleich mehrere elementare mathematische Konstanten in einen geradezu entwaffnend einfachen Zusammenhang bringt.

Im nächsten Kapitel zeige ich Ihnen, wie die Euler-Formel dabei hilft, Differentialgleichungen zweiter Ordnung zu lösen. Zunächst aber bleiben wir bei natürlicher mathematischer Schönheit ...

21.4 Funktionen und Folgen mit komplexen Zahlen

Mit der Drehfunktion haben Sie schon eine Funktion kennengelernt, deren Grund- und Bildmenge jeweils $\mathbb{C}$ ist. Da die grundlegenden Regeln der Algebra gelten, können Sie mit komplexen Funktionen die meisten Dinge tun, die auch mit reellen Funktionen möglich sind.

Komplexe Funktionen ableiten

Ich zeige Ihnen nur ein Beispiel für die Ableitung einer komplexen Funktion, aber die wird im nächsten Kapitel ziemlich wichtig.

Gegeben ist die Funktion:

$$f(\alpha) = e^{i\alpha}$$

Das ist eine Funktion, die einem reellen Winkel α eine komplexe Zahl zuordnet, die auf dem Einheitskreis liegt (da der Betrag immer 1 ist).

Diese Funktion können Sie nach dem Winkel α ableiten. Das ist letztlich ein eindimensionaler Vorgang, auch wenn er auf einer gekrümmten Linie stattfindet. Die Ableitung lässt sich nach üblichen Regeln bilden:

$$f'(\alpha) = ie^{i\alpha}$$

Bilden Sie jetzt noch die zweite Ableitung:

$$f''(\alpha) = i^2 e^{i\alpha}$$

Da $i^2 = -1$ ist, steht letztlich da:

$$f''(\alpha) = -f(\alpha)$$

Die zweite Ableitung ist also genau die negative Ursprungsfunktion!

Merken Sie sich diesen Zusammenhang, wir kommen in Kürze darauf zurück.

Die Mandelbrotmenge

Besonders pittoreske Ergebnisse liefern bestimmte Folgen.

Schauen Sie sich diese Folge an:

$$z_{n+1} = z_n^2 + c$$

Das ist eine iterative Folgendefinition, der Anfangswert z_0 ist null.

Jetzt stellen Sie sich vor, dass Sie für jede Zahl *c* in der gaußschen Ebene prüfen, ob die Folge beschränkt ist. Dazu genügt es, so lange Folgenglieder zu berechnen, bis eines mit Betrag >1 auftritt. Ist das der Fall, ist der Betrag des nächsten Folgenglieds auf jeden Fall noch größer, die Folge also unbeschränkt. Merken Sie sich die Schrittzahl *n* – und färben Sie die entsprechende Stelle der Ebene in einer für *n* charakteristischen Farbe.

Die Menge der komplexen Zahlen, für welche die obige Folge beschränkt bleibt, ist die nach Benoît Mandelbrot benannte *Mandelbrotmenge*. Das Besondere daran: Die Folge verhält sich ganz schön seltsam.

Da kein Mensch die grafische Darstellung der Mandelbrotmenge zu Fuß ausrechnen kann, konnten erst Ende der 1970er Jahre mit Computerunterstützung Bilder angefertigt werden. Und die faszinieren den Betrachter bis heute. Denn die Mandelbrotmenge ist ein *Fraktal*, ihre Dimensionalität lässt sich nicht angeben. Ihre grafische Form ist durch Selbstähnlichkeit und unendlichen Detailreichtum charakterisiert. Sie können beliebig tief in eine Mandelbrotmenge eintauchen, d. h. einen beliebig kleinen Ausschnitt betrachten, nur die verfügbare Rechenpower und Genauigkeit ist eine Einschränkung. Auf YouTube finden Sie minutenlange »Fractal Zooms« in besonders faszinierende Gegenden der Mandelbrotmenge (oder eine ihrer Verwandten). Es gibt frei verfügbare Software für PCs und Smartphones. Sie können aber auch auf einigen Webseiten Fraktale erforschen (z. B. in JavaScript auf *http://usefuljs.net/fractals*, siehe Abbildung 21.5).

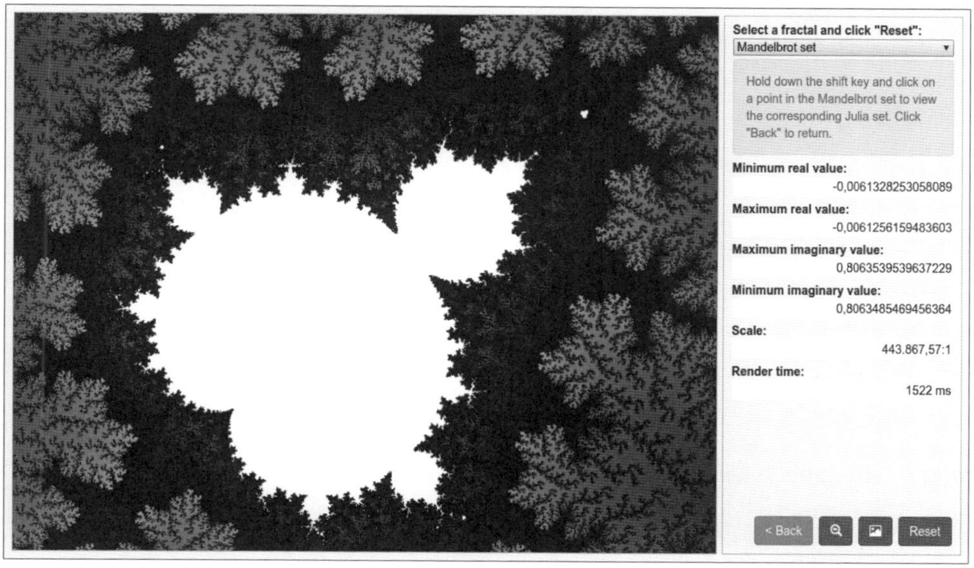

Abbildung 21.5 Ein Ausschnitt der Mandelbrotmenge, hier erforscht per JavaScript

Aufgaben

21.5 Entspannungsübungen

Aufgabe 1: Berechnen Sie!

a) $c = 2 + 4i, \qquad d = -3 - i$

$c + d = ?$

$c - d = ?$

$d - c = ?$

b) $z = \frac{1}{2} + 2i, \qquad x = 2$

$z + x = ?$

$z \cdot x = ?$

$\frac{z}{x} = ?$

c) $c = 1 + i, \qquad z = 2i - 1$

$c + z = ?$

$c \cdot z = ?$

$\frac{c}{z} = ?$

Aufgabe 2: Bringen Sie in Polarform!

a) $z = 1 + i$

b) $c = \frac{1}{2} - \frac{1}{2}i$

Aufgabe 3: Leiten Sie ab!

a) $f(\alpha) = \frac{1}{2}e^{2i\alpha}$

b) $g(t) = -i \sin kt$

21.6 Lösungen

Aufgabe 1

a) $c + d = -1 + 3i; c - d = 5 + 5i; d - c = -5 - 5i$

b) $z = \frac{1}{2} + 2i; x = 2; z + x = 2\frac{1}{2} + 2i$

$z \cdot x = 1 + 4i; \frac{z}{x} = \frac{1}{4} + i$

c) $c + z = 3i$

$c \cdot z = -3 + i$

$\frac{c}{z} = \frac{(1+i)(2i+1)}{(2i-1)(2i+1)} = \frac{2i + 1i + 1 - 2}{2^2 i^2 - 1 + 2i - 2i} = \frac{3i - 1}{-5}$

Aufgabe 2

a) $|z| = \sqrt{1^2 + 1^2} = \sqrt{2}$

Der Realteil ist $1 = \sqrt{2}\cos\alpha$, der Imaginärteil ist $1 = \sqrt{2}\sin\alpha$. Dividieren Sie diese beiden Gleichungen, erhalten Sie:

$$1 = \frac{\sin\alpha}{\cos\alpha} = \tan\alpha$$

Also ist:

$$\alpha = \arctan 1 = 45° = \frac{\pi}{4}, \qquad z = \sqrt{2}\, e^{i\frac{\pi}{4}}$$

b) $|c| = \sqrt{\left(\frac{1}{2}\right)^2 + \left(-\frac{1}{2}\right)^2} = \frac{1}{\sqrt{2}}$

$$\alpha = \arctan\frac{-\frac{1}{2}}{\frac{1}{2}} = \arctan -1 = -45°, \qquad c = \frac{1}{\sqrt{2}}\, e^{-i\cdot 45°}$$

Aufgabe 3

a) $f'(\alpha) = i\, \mathrm{e}^{2i\alpha}$

b) $g'(t) = -ik\cos kt$

Kapitel 22

Hin und wieder zurück

Nein, in diesem Kapitel geht es nicht um die Reise eines Hobbits. Aber wenn Sie einen goldenen Ring an eine sehr lange Schnur knoten und direkt über Saurons Kopf hin und her pendeln lassen, kommen Sie der Sache ziemlich nahe ...

22.1 Der harmonische Oszillator

Statt eines Ringes können Sie natürlich einen beliebigen anderen Gegenstand an eine Schnur hängen, notfalls dieses Buch. Oder Sie setzen sich auf eine Schaukel. Selbst wenn Sie das nicht tun, wissen Sie, was passiert: Es entsteht eine Hin-und-her-Bewegung. Falls Sie jetzt an einen Sinus denken, liegen Sie nicht verkehrt. Denn eine Schwingung, die mit einem Sinus oder Cosinus beschrieben werden kann, nennt man *harmonischen Oszillator*, und darum geht es in diesem Kapitel.

Nicht nur für Pendler

Harmonische Schwingungen treten auf, wenn eine Rückstellkraft existiert, die von der Auslenkung abhängt und ihr entgegengesetzt wirkt.

Das ist beim Fadenpendel der Fall, weil die Schwerkraft versucht, die Pendelmasse auf den tiefsten Punkt zu ziehen. Sobald das gelungen ist, hat das Pendel allerdings eine gewisse Geschwindigkeit erlangt und nutzt diese, um in die Gegenrichtung auszuschlagen. Später zeige ich Ihnen noch andere Beispiele. Zunächst bleiben wir beim Fadenpendel (Abbildung 22.1).

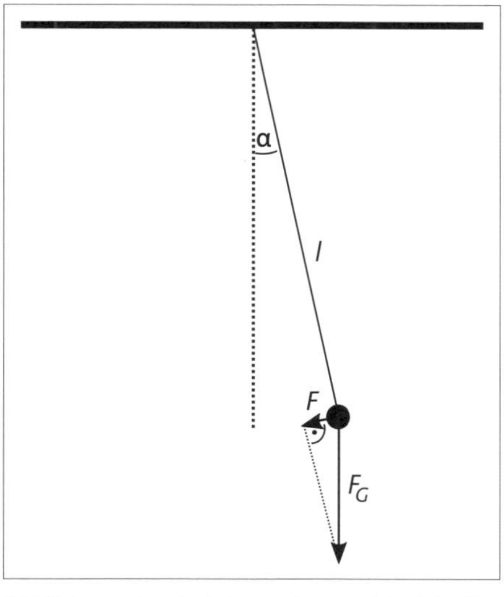

Abbildung 22.1 Auf das Federpendel wirkt die Gewichtskraft F_G, aber nur deren Tangentialkomponente F spielt eine Rolle.

Für den Anfang beschränken wir uns auf eine Vereinfachung der realen Situation. Daher lassen wir nicht nur Sauron weg, sondern wir verwenden einen absolut gewichtslosen Faden (aus Elfenhaar). Außerdem soll das pendelnde Gewicht eine Punktmasse sein, das heißt: Ihre Ausdehnung klein im Vergleich zum Faden. Sonst müssten wir noch andere

Effekte berücksichtigen, die wir lieber Physikern in ihrer Vorlesung über theoretische Mechanik überlassen.

Auch die Auslenkung des Pendels soll klein sein. Schließlich sei der Luftwiderstand Null, sprich: Wir befinden uns im Vakuum.

Im Gegensatz zu der irrigen Annahme, man könne Krankheiten oder Karten »auspendeln«, ist es immerhin möglich, damit trotz der scheinbar schwerwiegenden Vereinfachungen die Erdbeschleunigung recht genau zu bestimmen. Aber eins nach dem anderen.

Solange das Pendel bewegungslos im Ruhezustand herumhängt, wirkt auf die Masse am Ende ausschließlich die Gewichtskraft. Die Schnur übt eine entgegengesetzte *Zwangskraft* aus. Die Summe der real wirkenden Kräfte auf die Masse ist Null, deshalb ist das ganze System in Ruhe.

Wenn das Pendel um einen Winkel α ausgelenkt ist, sieht die Sache anders aus: Die Schnur wirkt nur einer Komponente der Gewichtskraft F_G entgegen, die in die gleiche Richtung verläuft. Es bleibt eine Komponente F, die nicht egalisiert wird – und diese sorgt jetzt für eine Bewegung.

Sehen Sie das rechtwinklige Dreieck? F_G ist die Hypotenuse, folglich können Sie F einfach ausrechnen:

$$F = -F_G \sin \alpha$$

Das negative Vorzeichen ist notwendig, weil die Kraft der Auslenkung entgegenwirkt: Wird der Winkel (und damit der Sinus) positiv, ist die Kraft negativ.

Die Gewichtskraft ist an der Erdoberfläche:

$$F_G = mg$$

Dabei ist g die Erdbeschleunigung mit dem Wert $g = 9{,}81 \frac{m}{s^2}$.

Für kleine Winkel gilt die Annäherung $\sin \alpha \approx \alpha$ (im Bogenmaß). Das heißt für F:

$$F = -mg\alpha$$

Schauen Sie sich das »große« Dreieck im Schaubild an: Die horizontal gemessene Auslenkung x der Pendelmasse entspricht der Gegenkathete, wenn der Faden die Hypotenuse ist. Deshalb können Sie schreiben:

$$x = l \sin \alpha \approx l \cdot \alpha$$

Diesen Zusammenhang nutzen wir, um den Winkel in der Bewegungsgleichung durch die Auslenkungsweite x zu ersetzen:

$$F = -\frac{mg}{l} x$$

Nach der Bewegungsgleichung der Mechanik ist also:

$$F = m \cdot a = m \cdot \ddot{x} = -\frac{mg}{l}x$$

Das lässt sich vereinfachen, denn die Masse kürzt sich praktischerweise raus:

$$\ddot{x} + \frac{g}{l}x = 0$$

Damit haben wir eine *lineare homogene Differentialgleichung zweiter Ordnung* hergeleitet, denn es kommen die Auslenkung und deren zweite Ableitung vor, und rechts steht eine Null.

Bevor wir die Differentialgleichung lösen, zeige ich Ihnen einen zweiten Anwendungsfall, diesmal aus der Elektrotechnik.

Der Schwingkreis

Eine Hintereinanderschaltung von Kondensator und Spule bezeichnet man als Schwingkreis (Abbildung 22.2).

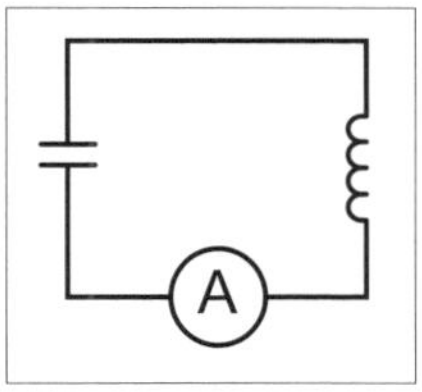

Abbildung 22.2 Der Schwingkreis besteht aus Kondensator (links) und Spule (rechts). Den fließenden Strom misst das Ampèremeter (unten).

Angenommen, Sie laden den Kondensator mit einer Batterie auf und trennen dann die Verbindung. Der Kondensator wird anfangen, sich zu entladen. Diesen Vorgang kennen Sie schon aus Abschnitt 20.1, »Wo Differentialgleichungen vorkommen«.

Es fließt ein Strom, den wir mit dem eingebauten Ampèremeter messen können. Dieser Strom fließt auch durch die Spule, die daraufhin ein Magnetfeld aufbaut.

Hat sich der Kondensator entladen, fließt kein Strom mehr – das Magnetfeld in der Spule fällt weg.

Aber ein sich veränderndes Magnetfeld erzeugt nach dem *Induktionsgesetz* eine Spannung in den Spulenwindungen, die wiederum einen Strom hervorrufen, der den Kondensator erneut auflädt.

Das geht immer so weiter, und es wird Sie nicht überraschen, wenn ich Ihnen verrate, dass auch hier ein harmonischer Oszillator vorliegt.

In einem echten Schwingkreis gibt es immer eine Dämpfung, die ignorieren wir aber einfach.

Die in der Spule induzierte Spannung ist:

$U = -L \cdot \dot{I}$

Dabei ist L die konstante Induktivität der Spule und $\dot{I}$ die zeitliche Änderung des Stroms (also dessen erste Ableitung). Das Vorzeichen ist negativ, weil die induzierte Spannung der Stromrichtung entgegenwirkt.

Der Strom wiederum hängt von der Änderung der Kondensatorspannung ab:

$C \cdot \dot{U} = I$

Leiten Sie die erste Gleichung einmal nach der Zeit ab, um sie in die zweite einsetzen zu können:

$\dot{U} = -L \cdot \ddot{I}$

So können Sie das $\dot{U}$ zu eliminieren:

$-C \cdot L \cdot \ddot{I} = I$

Formen Sie diese Gleichung um:

$$\ddot{I} + \frac{1}{LC} I = 0$$

Voilà: Eine weitere lineare homogene Differentialgleichung zweiter Ordnung.

Es wird Zeit, eine Lösung dafür zu finden, nicht wahr?

22.2 Differentialgleichung zweiter Ordnung

Die Exponentialfunktion hat sich mit ihrer Eigenschaft, sich beim Ableiten zu reproduzieren, bereits positiv bemerkbar gemacht, deshalb scheint sie sich auf den ersten Blick auch hier anzubieten.

Das Problem ist nur: Bei der zweiten Ableitung entsteht ein positiver Vorfaktor.

$$\frac{\mathrm{d}}{\mathrm{d}t} e^{kt} = k e^{kt}$$

$$\frac{\mathrm{d}^2}{\mathrm{d}t^2} e^{kt} = k^2 e^{kt}$$

Wir brauchen aber einen negativen Faktor, sonst kann bei der Summe aus Funktion und zweiter Ableitung schlecht null herauskommen.

Wie gut, dass wir gerade das Kapitel über komplexe Zahlen noch im Kopf haben ...

Lösung mit Eulers Formel

Lassen wir für den Moment die Frage außen vor, was denn bitteschön imaginäre Zahlen in der physikalischen Realität bedeuten sollen. Stattdessen bilden Sie mal die zweite Ableitung folgender Funktion:

$$x(t) = x_0 e^{ikt}$$

Es ist:

$$\dot{x} = x_0\ ik\ e^{ikt}$$

$$\ddot{x} = x_0\ i^2 k^2 e^{ikt} = -x_0\ k^2 e^{ikt}$$

Sie sehen: Wenn der Faktor im Exponenten der Exponentialfunktion rein imaginär wäre (k ist und bleibt reell), dann bekäme die zweite Ableitung ein negatives Vorzeichen.

Schauen Sie sich nochmal die Differentialgleichung fürs Fadenpendel an:

$$\ddot{x} + \frac{g}{l} x = 0$$

Setzen Sie den obigen Lösungsansatz ein, erhalten Sie:

$$-x_0\ k^2 e^{ikt} + \frac{g}{l} x_0\ e^{ikt} = 0$$

Da Sie wissen, dass e^{ikt} nichts anderes beschreibt als einen Einheitskreis in der komplexen Ebene, also ist diese Funktion niemals gleich null. Deswegen dürfen Sie die obige Gleichung durch den Term teilen, und bei der Gelegenheit streichen Sie auch die Integrationskonstante x_0. Es bleibt stehen:

$$-k^2 + \frac{g}{l} = 0$$

Damit können Sie das k mit physikalischen Größen ausdrücken.

$$k = \pm\sqrt{\frac{g}{l}}$$

Im Grunde haben wir die Bewegungsgleichung damit gelöst. Aber was bedeutet es physikalisch, dass

$$x(t) = x_0\, e^{\pm i\sqrt{\frac{g}{l}}\,t}$$

... ist?

Wohlgemerkt handelt es sich hier um *zwei* Lösungen, die eine mit positivem Vorzeichen im Exponenten und die andere mit negativem.

Wenn eine Differentialgleichung mehrere Lösungen hat, ist die *vollständige* Lösung stets die Summe dieser Lösungen.

Also in diesem Fall:

$$x(t) = x_1\, e^{i\sqrt{\frac{g}{l}}\,t} + x_2 e^{-i\sqrt{\frac{g}{l}}\,t}$$

Die Integrationskonstanten x_1 und x_2 sind dabei zunächst einmal willkürlich.

Jetzt wird es Zeit für die Eulersche Formel. Sie erlaubt es, die Exponentialfunktion durch Sinus und Cosinus zu ersetzen.

$$e^{i\alpha} = \cos\alpha + i\sin\alpha$$

Die Eulersche Formel bringt unsere Lösung also auf folgende Form:

$$x(t) = x_1\left(\cos\sqrt{\frac{g}{l}}\,t + i\sin\sqrt{\frac{g}{l}}\,t\right) + x_2\left(\cos\left(-\sqrt{\frac{g}{l}}\,t\right) + i\sin\left(-\sqrt{\frac{g}{l}}\,t\right)\right)$$

Jetzt halten Sie sich nochmal zwei einfache trigonometrische Zusammenhänge vor Augen:

$$\cos x = \cos(-x)$$

Und:

$$\sin(-x) = -\sin x$$

Dann lässt sich die Lösung umschreiben:

$$x(t) = (x_1 + x_2)\cos\sqrt{\frac{g}{l}}\,t + (x_1 - x_2)i\sin\sqrt{\frac{g}{l}}\,t$$

Außerdem setzen wir jetzt die Integrationskonstanten $x_1 = x_2 = \frac{x_0}{2}$. Sie sind willkürlich, deshalb dürfen wir sie für die allgemeine Lösung wählen, wie es uns in den Kram passt.

Dann fällt der imaginäre Teil glücklicherweise weg. Es bleibt die fertige und voll und ganz reelle Lösung:

$$x(t) = x_0\cos\sqrt{\frac{g}{l}}\,t$$

Wir haben also trotz des komplexen Ansatzes eine reelle, reale Lösung gefunden!

Lösung mit Sinus-Cosinus-Ansatz

Natürlich können Sie Ihr Wissen, dass zweimaliges Ableiten einer trigonometrischen Funktion dieselbe Funktion mit negativem Vorzeichen ergibt, dieselbe Lösung finden.

Verwenden wir diesen Ansatz zur Abwechslung für den Schwingkreis. Dessen Gleichung für den Strom lautete ja:

$$\ddot{I} + \frac{1}{LC} I = 0$$

Der Lösungsansatz lautet also:

$$I(t) = I_0 \cos kt + I_0 \sin kt$$

Dies ergibt zweimal abgeleitet:

$$\ddot{I} = -I_0 k^2 \cos kt \; - I_0 k^2 \sin kt$$

Setzen Sie dies in die Differentialgleichung ein. Sie erhalten:

$$-I_0 k^2 \cos kt \; - I_0 k^2 \sin kt \; + \frac{1}{LC} (I_0 \cos kt + I_0 \sin kt) = 0$$

Hier kürzt sich eine ganze Menge weg, und es ergibt sich der Schwingungsparameter k wie folgt:

$$k = \sqrt{\frac{1}{LC}}$$

Anfangs- und Randbedingungen

Zurück zum Fadenpendel. Wir wollten ja noch die Erdbeschleunigung ausrechnen. An der Funktion für die Auslenkung in Abhängigkeit der Zeit

$$x(t) = x_0 \cos\left(\sqrt{\frac{g}{l}}\, t\right)$$

... können Sie erkennen, dass x_0 die anfängliche Auslenkung ist. Das ist die Anfangsbedingung des Experiments.

Aber wie messen wir jetzt die Erdbeschleunigung?

Nun, Sie wissen, dass sich der Cosinus periodisch verhält. Bei Vielfachen von 2π wiederholt er sich. Das bedeutet, dass jedes vollständige Hin- und Herpendeln mit einer Periodendauer von T genau 2π entspricht. Also:

$$2\pi = \sqrt{\frac{g}{l}}\,T$$

Umgestellt nach g ergibt das:

$$g = l\left(\frac{2\pi}{T}\right)^2$$

Probieren Sie's aus! Hängen Sie einen Gegenstand (die Masse ist ja egal) an einen leichten Faden. Sie kommen dem idealen, sogenannten mathematischen Pendel besonders nahe, wenn der Gegenstand klein und schwer ist und der Faden lang und leicht. Empfehlenswert ist eine Länge von 2 m, dann können Sie das Ganze in einem Raum aufhängen. Lenken Sie das Pendel um einen kleinen Winkel aus und starten Sie die Stoppuhr Ihres Smartphones, wenn Sie loslassen.

Um die Messungenauigkeit zu verringern, stoppen Sie die Zeit, die das Pendel benötigt, um insgesamt zehn vollständige Perioden zu absolvieren.

Beispiel: Erdbeschleunigung ausgependelt

Mein Messergebnis für ein 2,10 Meter langes Pendel ist $T = 2{,}9$ Sekunden. Das ergibt eine Erdbeschleunigung von $g = 9{,}9\,\frac{m}{s^2}$. Schaffen Sie es genauer?

Differentialgleichung mit Dämpfung

Wenn Sie das Pendelexperiment ausprobiert haben, werden Sie sofort bemerkt haben, dass das Pendel mit jeder Schwingung weniger weit ausschlägt. Klar: Luftwiderstand und andere Effekte bremsen den Vorgang. Man spricht von einer *Dämpfung*.

Aber was macht das mit der Bewegungsgleichung?

Lassen Sie uns die Differentialgleichung entsprechend modifizieren.

Widerstandskräfte sind bei langsamen Bewegungen immer proportional zur Geschwindigkeit und der Bewegungsrichtung entgegengesetzt.

Die Kräftebilanz ist also:

$$F = -\frac{mg}{l}x - bv$$

Dabei ist $v = \dot{x}$ die Geschwindigkeit und b eine Bremskonstante. Wenn Sie die zeitlichen Ableitungen von x einsetzen und durch die Masse m teilen, erhalten Sie erneut eine Differentialgleichung:

$$F = m\ddot{x} = -\frac{mg}{l}x - bv$$

$$\ddot{x} = -\frac{g}{l}x - \frac{b}{m}v$$

$$\ddot{x} + \frac{b}{m}\dot{x} + \frac{g}{l}x = 0$$

Das funktioniert übrigens ganz analog für den Schwingkreis, wenn ein Widerstand zwischengeschaltet wird.

Erneut bietet sich die komplexe Exponentialfunktion als Lösungsansatz an. Geschrieben mit komplexem Parameter c sieht sie so aus:

$$x(t) = e^{ct}$$

Bilden Sie die ersten beiden Ableitungen:

$$\dot{x} = c\,e^{ct}$$

$$\ddot{x} = c^2 e^{ct}$$

Setzen Sie sie ein:

$$c^2 e^{ct} + \frac{b}{m}c\,e^{ct} + \frac{g}{l}e^{ct} = 0$$

Es folgt die übliche Argumentation: Die Exponentialfunktion kann nie null werden, also dürfen Sie durch sie dividieren. Es bleibt stehen:

$$c^2 + \frac{b}{m}c + \frac{g}{l} = 0$$

Das ist eine komplexe quadratische Gleichung. Lösen durch quadratische Ergänzung ergibt:

$$c = \pm\sqrt{\frac{b^2}{4m^2} - \frac{g}{l}} - \frac{b}{2m}$$

Wenn der Term unter der Wurzel positiv ist, sind dies zwei reelle Lösungen. In diesem Fall gibt es überhaupt keine Schwingung, da die Dämpfung die Bewegung vorher stoppt. Bei geringer Dämpfung ergeben sich zwei konjugiert komplexe Lösungen, wenn man i^2 aus der Wurzel herauszieht:

$$c = -\frac{b}{2m} \pm i\sqrt{\frac{g}{l} - \frac{b^2}{4m^2}}$$

Wenn Sie dies mit den Lösungen für den ungedämpften Fall vergleichen, sehen Sie, dass der Dämpfungsterm unter der Wurzel letztlich in der Schwingungsperiode landet. Je größer die Bremskonstante b ist, umso stärker wird also das Messergebnis verfälscht, wenn wir die Dämpfung beim Experiment ignorieren.

Der Summand $-\frac{b}{2m}$ sorgt außerdem dafür, dass die Auslenkung (die Amplitude der Schwingung) immer kleiner wird. Schauen Sie sich die Lösung nach Anwendung der Eulerschen Formel an:

$$x(t) = e^{-\frac{b}{2m}} \cdot (x_1 \sin \omega t + x_2 \cos \omega t)$$

Der Übersicht halber habe ich den unhandlichen Schwingungsterm mit ω abgekürzt. Auf den kommt es bei der qualitativen Betrachtung nicht an. Wenn die Anfangsbedingung fordert, dass das Pendel bei $t = 0$ in Ruhe und ausgelenkt ist, ist die Integrationskonstante x_2 ebenjene Auslenkung und $x_1 = 0$ (diese Konstante ist für die Anfangsgeschwindigkeit zuständig).

Der Exponentialterm vor der Klammer sorgt für die Dämpfung (Abbildung 22.3), während die Schwingungsdauer konstant ist, aber nicht mehr nur von der Erdbeschleunigung und der Fadenlänge abhängt.

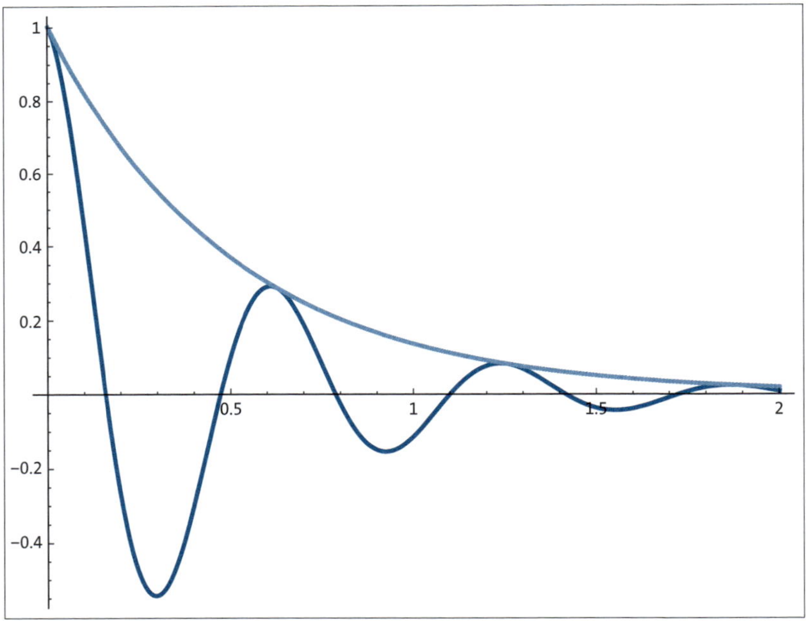

Abbildung 22.3 Die gedämpfte Schwingung ist nicht nur langsamer als die ungedämpfte, ihre Amplitude wird auch durch den negativen Exponentialterm betragsmäßig beschränkt und daher immer kleiner.

Wenn Sie möchten, können Sie versuchen, die Verringerung der Amplitude nach einer gewissen Zeit zu messen. Damit können Sie den Faktor $\frac{b}{2m}$ im Exponenten des Dämpfungsterms ausrechnen. Dessen Quadrat steht ja unter der Wurzel im Schwingungsparameter:

$$2\pi = \sqrt{\frac{g}{l} - \frac{b^2}{4m^2}}\, T$$

Umgestellt nach der Erdbeschleunigung ergibt sich:

$$g = \left(\left(\frac{2\pi}{T}\right)^2 + \frac{b^2}{4m^2}\right) \cdot l$$

Sie sehen hier übrigens, dass die Dämpfung den Messwert vergrößert, sprich: nach oben verfälscht. Kein Wunder also, dass mein Experiment einen zu großen Wert für die Erdbeschleunigung ergab, denn ich habe es weder im Vakuum noch mit Elfenhaar ausgeführt.

Vielleicht beim nächsten Mal.

Aufgaben

22.3 Entspannungsübungen

Aufgabe 1: Die unbekannte Spule

Sie möchten die Induktivität L einer Spule messen, die bei der Reparatur Ihres Raumschiffantriebs aus unerfindlichen Gründen übriggeblieben ist. Dazu konstruieren Sie einen idealen (ungedämpften) Schwingkreis mit einem Kondensator aus der Bastelkiste, dessen Kapazität $C = 470\ \mu F$ ist.

Mit dem Oszilloskop messen Sie eine Frequenz der Schwingung des Schwingkreises von $f = 50$ Hz (1 Hertz bedeutet eine Periode pro Sekunde).

Aufgabe 2: Schwingkreis mit Dämpfung

Stellen Sie die Differentialgleichung für einen Schwingkreis mit eingebautem Widerstand auf. Am Widerstand fällt eine Spannung in Höhe von $U = R \cdot I$ ab (R ist der konstante Widerstandswert), er erzeugt eine Dämpfung.

Geben Sie eine Lösung für den Stromverlauf beim Anschaltvorgang an (Kondensator ist ungeladen) für den Fall eines sehr kleinen Widerstandswerts.

22.4 Lösungen

Aufgabe 1

Gegeben ist für den ungedämpften Schwingkreis eine Kapazität von $C = 470\ \mu F$ und eine Frequenz von $f = 50$ Hz. Gesucht ist die Größe der Spule L.

Sie kennen aus Abschnitt 22.2, »Differentialgleichung zweiter Ordnung«, die Lösung der Differentialgleichung des ungedämpften Schwingkreises:

$$I(t) = I_0 \cos kt + I_0 \sin kt$$

Mit:

$$k = \sqrt{\frac{1}{LC}}$$

Eine gesamte Schwingungsperiode dauert $T = 2\pi/k$ Sekunden, die Frequenz ist also

$$f = \frac{1}{T} = \frac{k}{2\pi} = \frac{1}{2\pi\sqrt{LC}}$$

Stellen Sie dies nach L um. Sie erhalten:

$$L = \frac{1}{C(2\pi f)^2} \approx 21{,}6 \text{ mH}$$

Hinweis: Wenn Sie Standard-Einheiten einsetzen (470 µF = 470 · 10^{-6} F), erhalten Sie auch als Ergebnis einen Wert mit Standard-Einheit, hier: Millihenry.

Aufgabe 2

Im Gegensatz zum »idealen« Schwingkreis kommt ein Term für die am Widerstand abfallende Spannung hinzu. Diese ist $U = R \cdot I = R \cdot \dot{Q}$.

Die Differentialgleichung lautet:

$$L\ddot{Q} + \frac{Q}{C} + R\dot{Q} = 0$$

Als Lösungsansatz wählen wir:

$$Q(t) = qe^{kt}$$

Dabei sind k und q komplexe Konstanten ungleich 0.

Die Ableitungen sind:

$$\dot{Q} = qk\, e^{kt}$$

$$\ddot{Q} = qk^2 e^{kt}$$

Einsetzen in die Differentialgleichung:

$$Lqk^2 e^{kt} + \frac{1}{C} qe^{kt} + Rqk\, e^{kt} = 0$$

Durch den Exponentialterm dürfen wir dividieren, weil er nie 0 sein kann. Dasselbe gilt für q. Es bleibt:

$$Lk^2 + \frac{1}{C} + Rk = 0$$

Das ist eine quadratische Gleichung, deren Lösungen für k mit quadratischer Ergänzung ermittelt werden können:

$$k^2 + \frac{1}{CL} + \frac{R}{L} k = 0$$

$$\left(k+\frac{R}{2L}\right)^2-\left(\frac{R}{2L}\right)^2+\frac{1}{CL}=0$$

$$k=-\frac{R}{2L}\pm\sqrt{\left(\frac{R}{2L}\right)^2-\frac{1}{CL}}=-\frac{R}{2L}\pm\sqrt{(-1)\left(\frac{1}{CL}-\left(\frac{R}{2L}\right)^2\right)}$$

$$=-\frac{R}{2L}\pm i\sqrt{\frac{1}{CL}-\left(\frac{R}{2L}\right)^2}$$

Das sind zwei Lösungen für k. Da der Widerstand R klein ist, können wir annehmen, dass der Term unter der Wurzel größer ist als 0. Die Wurzel ist damit ein konstanter, reeller Wert und k folglich komplex. Wir kürzen die Wurzel künftig ab mit ω und $R/2L$ mit k_0. Dann werden die beiden Lösungen für k übersichtlicher:

$$k=-k_0\pm i\omega$$

Eingesetzt in die Lösung für Q erhalten wir:

$$Q(t)=qe^{kt}=qe^{-(k_0\pm i\omega)t}$$

Also gibt es auch zwei Lösungen für die Differentialgleichung. Deren allgemeine Lösung ist wie immer eine Linearkombination der beiden Einzellösungen mit zwei komplexen Konstanten q_1, q_2, die jetzt an die Stelle der Konstante q treten.

$$Q(t)=q_1e^{(-k_0+i\omega)t}+q_2e^{(-k_0-i\omega)t}$$

Nun zu den Anfangsbedingungen. Die Ladung zum Zeitpunkt 0 (beim Anschalten) soll 0 sein, dabei werden die Exponentialterme zu $e^0 = 1$. Es bleibt übrig:

$$0=Q(0)=q_1+q_2$$

Die zeitliche Ableitung ergibt den Stromverlauf:

$$I(t)=\dot{Q}(t)=q_1(-k_0+i\omega)e^{(-k_0+i\omega)t}+q_2(-k_0-i\omega)e^{(-k_0-i\omega)t}$$

Den Strom zum Zeitpunkt 0 schauen wir uns auch noch an:

$$I_0=I(0)=q_1(-k_0+i\omega)\quad+q_2(-k_0-i\omega)$$

Der genaue Wert von I_0 ist zunächst einmal unbekannt, aber konstant.

Die beiden Anfangsbedingungen führen zu einem Gleichungssystem. Lassen Sie uns die erste Gleichung nach q_1 umstellen und in die zweite einsetzen:

$$q_1=-q_2$$

$$I_0=-q_2(-k_0+i\omega)\quad+q_2(-k_0-i\omega)$$

$$I_0 = q_2(-k_0 - i\omega + k_0 - i\omega) = -2i\omega q_2$$

$$q_2 = -\frac{I_0}{2i\omega}$$

Also ist die andere Konstante:

$$q_1 = \frac{I_0}{2i\omega}$$

Die allgemeine Lösung sieht dann so aus:

$$Q(t) = \frac{I_0}{2i\omega} e^{(-k_0+i\omega)t} - \frac{I_0}{2i\omega} e^{(-k_0-i\omega)t}$$

Lassen Sie uns das etwas übersichtlicher schreiben:

$$Q(t) = \frac{I_0}{2i\omega} e^{-k_0 t}\left(e^{i\omega t} - e^{-i\omega t}\right)$$

Jetzt verwenden wir die Eulerformel, um die beiden Exponentialfunktionen mit komplexen Exponenten durch Sinus und Cosinus zu ersetzen:

$$e^{i\omega t} = \cos\omega t + i\sin\omega t\,, e^{-i\omega t} = \cos\omega t - i\sin\omega t$$

Dann erhalten Sie für die Ladung:

$$Q(t) = \frac{I_0}{2i\omega} e^{-k_0 t}(\cos\omega t + i\sin\omega t - \cos\omega t + i\sin\omega t)$$

Die Cosinus-Terme heben sich auf, *i* kürzt sich erfreulicherweise weg, genauso wie der Faktor 2. Also bleibt eine gedämpfte Sinus-Schwingung:

$$Q(t) = \frac{I_0}{\omega} e^{-k_0 t} \sin\omega t$$

Die Lösung für den Strom ist wiederum die Ableitung:

$$I(t) = I_0\, e^{-k_0 t} \cos\omega t$$

Das ist die erwartbare gedämpfte Cosinus-Schwingung (bei $t = 0$ ist der Cosinus 1 und der Strom genau I_0).

Falls Sie Elektrotechnik studieren, nehmen Sie diese Aufgabe als Vorgeschmack auf viele noch viel (ent)spannendere Aufgaben!

Kapitel 23

Mantelflächen und Kurvenlängen integrieren

Integrale sind nicht nur für die Flächenberechnung zu gebrauchen. Was man noch mit ihnen anstellen kann, schneidet dieses Kapitel an.

23.1 Kurvenlängen integrieren

Der gerade Weg ist der kürzeste! Aber manchmal sind Hindernisse im Weg. Um trotzdem die genaue Länge eines Wegs berechnen zu können, können Integrale helfen. Dieses Kapitel gibt Ihnen einen kleinen Einblick in eine Materie, die in Wirklichkeit viel komplizierter ist. Daher erlaube ich mir einige Vereinfachungen.

Sehr kleine Hypotenusen

Wenn eine Funktion $f(x)$ gegeben ist, die auf einem Intervall $[a,b]$ differenzierbar ist, ist die Länge der Kurve die Summe differentieller Kurvenstücke dl (Abbildung 23.1).

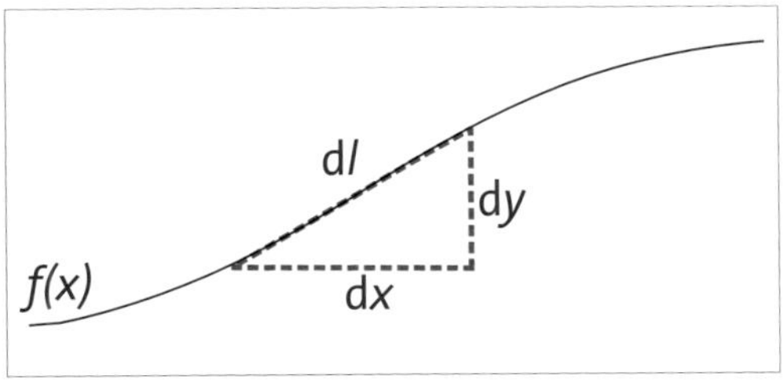

Abbildung 23.1 Stellen Sie sich unendlich viele, unendlich kleine Steigungsdreiecke vor. Die Summe aller ihrer Hypotenusen ist die Bogenlänge.

Die gesamte Bogenlänge ist also:

$$L = \int \mathrm{d}l$$

Verwenden Sie den Satz von Pythagoras, um die Hypotenuse durch die Katheten auszudrücken:

$$L = \int \sqrt{\mathrm{d}x^2 + \mathrm{d}y^2}$$

Ziehen Sie das dx^2 aus der Wurzel heraus, erhalten Sie:

$$L = \int \sqrt{1 + \left(\frac{\mathrm{d}y}{\mathrm{d}x}\right)^2}\,\mathrm{d}x$$

Der rechte Summand unter der Wurzel ist nichts anderes als das Quadrat der Ableitung von $f(x)$. Sie können also die Bogenlänge wie folgt berechnen:

$$L = \int_a^b \sqrt{1 + (f'(x))^2}\,\mathrm{d}x$$

Beispiel: Bogenlänge der Kettenlinie

Wenn Sie ein Seil oder eine Kette an seinen Enden aufhängen, wird beides in einer charakteristischen Funktion durchhängen. Die Begründung muss uns hier nicht interessieren. Die Form dieser Funktion ist (Abbildung 23.2):

$$f(x) = \frac{1}{2}(e^x + e^{-x})$$

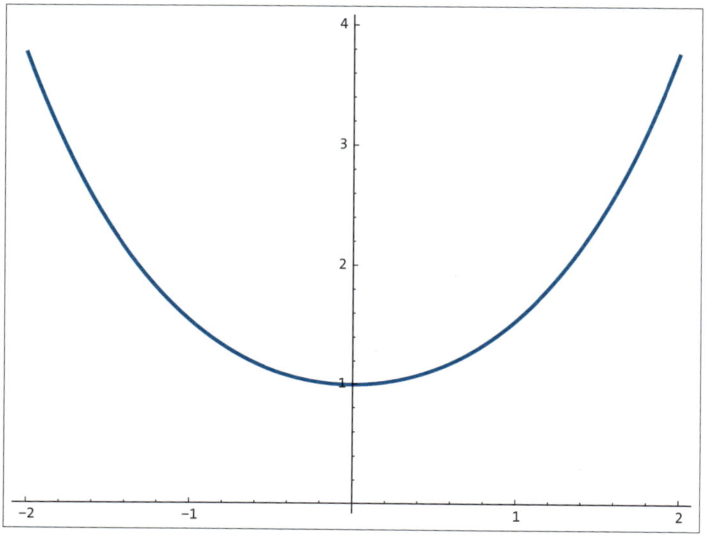

Abbildung 23.2 Der Cosinus hyperbolicus zeigt den typischen Verlauf einer hängenden Kette, deshalb heißt der Graph auch so: »Kettenlinie«.

Für diese oft gebrauchte Funktion gibt es übrigens eine Abkürzung: *Cosinus hyperbolicus*, abgekürzt cosh:

$$\cosh x = \frac{1}{2}(e^x + e^{-x})$$

Der Vollständigkeit halber sei bei dieser Gelegenheit erwähnt, dass:

$$\cosh x = \cos ix$$

Außerdem möchte ich Ihnen den passenden *Sinus hyperbolicus* nicht vorenthalten:

$$\sinh x = \frac{1}{2}(e^x - e^{-x}) = -i \sin ix$$

Aber zurück zum Beispiel.

Lassen Sie uns die Länge des Seils berechnen, das zwischen den Punkten $(-2, f(2))$ und $(2, f(2))$ aufgehängt ist.

Zunächst müssen wir die Funktion ableiten und dann ins oben hergeleitete Integral einsetzen.

$$f'(x) = \frac{1}{2}(e^x - e^{-x}) \quad [= \sinh x]$$

Setzen Sie dies ein in:

$$L = \int_a^b \sqrt{1 + \left(f'(x)\right)^2}\,\mathrm{d}x$$

$$= \int_a^b \sqrt{1 + \left(\frac{1}{2}(e^x - e^{-x})\right)^2}\,\mathrm{d}x$$

Den Faktor $\frac{1}{2}$ können Sie separat quadrieren, dann wenden Sie in der Klammer die 2. binomische Formel an:

$$= \int_a^b \sqrt{1 + \frac{1}{4}(e^{2x} - 2e^x e^{-x} + e^{-2x})}\,\mathrm{d}x$$

Der mittlere Summand in der Klammer ist –2, da $e^x \cdot e^{-x} = e^{x-x} = e^0 = 1$ ist.

An dieser Stelle ist es praktisch, den Faktor $\frac{1}{4}$ auszuklammern und ihm die Wurzel zu ziehen. Es bleibt übrig:

$$= \frac{1}{2}\int_a^b \sqrt{e^{2x} + 2 + e^{-2x}}\,\mathrm{d}x$$

Unter der Wurzel steht jetzt zufälligerweise ein Term, auf den Sie die 1. binomische Formel rückwärts anwenden können:

$$= \frac{1}{2}\int_a^b \sqrt{(e^x + e^{-x})^2}\,\mathrm{d}x$$

$$= \frac{1}{2}\int_a^b (e^x + e^{-x})\mathrm{d}x$$

Dazu lassen sich leicht Stammfunktionen finden, und Sie können alles ausrechnen:

$$= \frac{1}{2}\Big[\, e^x - e^{-x} \quad \Big]_a^b = \frac{1}{2}\Big((e^b - e^{-b}) - (e^a - e^{-a})\Big)$$

In unserem Beispiel ist $a = -2$, $b = 2$, das Resultat ist also:

$$= \frac{1}{2}(e^2 - e^{-2} - e^{-2} + e^2) = e^2 - e^{-2} \approx 7{,}25$$

Das Seil ist 7,25 Meter lang.

23.2 Mantelflächenintegrale

Das Integral über eine Kurvenlänge lässt sich prima auf Rotationskörper anwenden. Deren Mantelfläche lässt sich durch infinitesimal schmale Ringe aufsummieren.

Rotationskörper

Sie können mit dem gesammelten Wissen noch keine Oberflächen beliebig geformter Körper berechnen. Aber für *Rotationskörper* reicht's!

Ein Rotationskörper entsteht durch Rotation eines Funktionsgraphen (einer differenzierbaren Funktion) um die x-Achse. Aus dem eindimensionalen Graphen wird dann eine *Mantelfläche*. Jedes Stückchen dl wird zu einem sehr schmalen Ring mit Radius $f(x)$, Umfang $U = 2\pi f(x)$ und Oberfläche $dO = U\,dl$.

Das Integral über die Oberflächen aller schmalen Ringe ist dann:

$$O = \int U\,\mathrm{d}l = \int_a^b 2\pi\, f(x)\sqrt{1 + (f'(x))^2}\,\mathrm{d}x$$

Beispiel: Die Mantelfläche des Kegelstumpfs

Lassen Sie uns als Beispiel die Oberfläche eines gerade abgeschnittenen Kegels berechnen. Dieser entsteht durch die Rotation einer simplen linearen Funktion um die x-Achse. Deren Achsenabschnitt entspricht dem Radius der Grundfläche r_1, und ihre Steigung ist $\frac{r_2 - r_1}{h}$, wobei r_2 der Radius der Schnittfläche ist und h die Höhe des Objekts (Abbildung 23.3). Der spitze Kegel ist ein Spezialfall mit $r_1 = 0$.

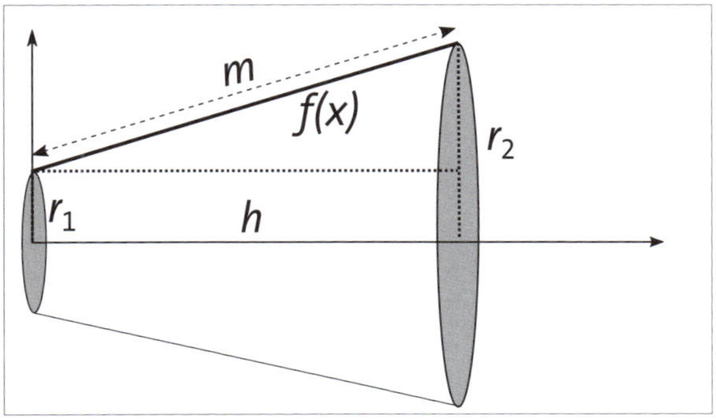

Abbildung 23.3 Der Kegelstumpf ist auf die x-Achse gespießt worden, um seine Mantelfläche zu berechnen.

Die Funktion, die den Querschnitt des Kegelstumpfs beschreibt, sieht sehr einfach aus:

$$f(x) = \frac{r_2 - r_1}{h} x + r_1$$

Ihre Ableitung ist noch einfacher:

$$f'(x) = \frac{r_2 - r_1}{h}$$

Pflanzen Sie beide Funktionen ins Integral. Die Integrationsgrenzen sind 0 und h:

$$O = \int_0^h 2\pi \left(\frac{r_2 - r_1}{h} x + r_1\right) \sqrt{1 + \frac{(r_2 - r_1)^2}{h^2}} \mathrm{d}x$$

Sieht kompliziert aus?

Nicht, wenn Sie die *Mantellinie m* betrachten. Das ist die »schräge« Höhe, gemessen an der Außenseite. Gleichzeitig ist dies die Hypotenuse eines rechtwinkligen Dreiecks mit den Katheten h und $r_2 - r_1$. Also:

$$m^2 = h^2 + (r_2 - r_1)^2$$

Stellen Sie das nach $(r_2 - r_1)^2$ um:

$$(r_2 - r_1)^2 = m^2 - h^2$$

Ersetzen Sie in unserer komplizierten Flächenformel $(r_2 - r_1)^2$ durch den rechten Ausdruck, erhalten Sie:

$$O = \int_0^h 2\pi \left(\frac{r_2 - r_1}{h} x + r_1\right) \sqrt{1 + \frac{m^2 - h^2}{h^2}} \mathrm{d}x$$

Unter der Wurzel steht somit nur noch $1 + \frac{m^2}{h^2} - 1$. Also können wir die Wurzel leicht loswerden.

$$O = \int_0^h 2\pi \left(\frac{r_2 - r_1}{h} x + r_1\right) \frac{m}{h} \mathrm{d}x$$

Das lässt sich als Summe zweier sehr einfacher Integrale schreiben:

$$= \frac{2\pi m(r_2 - r_1)}{h^2} \int_0^h x \,\mathrm{d}x + 2\pi r_1 \frac{m}{h} \int_0^h \mathrm{d}x$$

Setzen Sie Stammfunktionen und Grenzen ein. Sie erhalten:

$$= \frac{2\pi m(r_2 - r_1)}{h^2} \cdot \frac{h^2}{2} + 2\pi r_1 \frac{m}{h} \cdot h$$

$$= \pi m(r_2 - r_1) + 2\pi m r_1$$

$$= \pi m(r_2 + r_1)$$

Für den Sonderfall des spitzen Kegels ist $r_1 = 0$, und die Mantelfläche ist $O = \pi m r_2$.

Aufgaben

23.3 Entspannungsübungen

Aufgabe 1: Noch mal der Kreisbogen

Berechnen Sie mit einem Bogenlängen-Integral die Länge eines Viertelkreisbogens mit Radius 1. Zur Erinnerung: Die Funktion, die den Halbkreisbogen erzeugt, ist:

$$f(x) = \sqrt{1 - x^2}$$

Aufgabe 2: Zylinderoberfläche

Berechnen Sie mit dem Mantelflächen-Integral die Oberfläche eines Zylinders mit Radius r und Höhe h.

Aufgabe 3: Schimmel im Kegel

Auf dem Planeten Integrix gilt Schimmel als Delikatesse (wie auch in bestimmten Käsesorten auf der Erde). Gezüchtet wird er auf torusförmigen Nährbroten. Berechnen Sie die vom Schimmel bedeckte Oberfläche eines Torus mit kleinem Radius 1 und großem Radius 4 Integrix-Metern. Hinweis: Verwenden Sie zwei Mantelflächen-Integrale, eines für die äußere und eines für die innere Hälfte des Torus.

23.4 Lösungen

Aufgabe 1

Zu berechnen ist das Kurvenlängen-Integral:

$$L = \int_{-1}^{+1} \sqrt{1 + (f'(x))^2}\, dx$$

Die Ableitung der Kreisbogenfunktion ist nach der Kettenregel:

$$f'(x) = \frac{-2x}{2\sqrt{1 - x^2}} = -\frac{x}{\sqrt{1 - x^2}}$$

Setzen Sie dies ins Integral ein:

$$L = \int_{-1}^{+1} \sqrt{1 + \frac{x^2}{1 - x^2}}\,\mathrm{d}x$$

Schreiben Sie den Radikanten auf einen Bruchstrich:

$$L = \int_{-1}^{+1} \sqrt{\frac{1}{1 - x^2}}\,\mathrm{d}x$$

Sieht nach einem Anwendungsfall für die Substitutionsregel aus, oder? Versuchen Sie es mal mit $x = \sin u$. Dann ist $\frac{\mathrm{d}x}{\mathrm{d}u} = \cos u$, also $\mathrm{d}x = \cos u\ \mathrm{d}u$. Darauf muss man erst mal kommen – deshalb hat diese Aufgabe die Markierung für den höchsten Schwierigkeitsgrad.

Damit ist $u = \arcsin x$ – diesen Zusammenhang benötigen Sie, um die Integrationsgrenzen umzurechnen. Sie erhalten:

$$= \int_{-\frac{\pi}{2}}^{\frac{\pi}{2}} \sqrt{\frac{1}{1 - \sin^2 u}} \cos u\ \mathrm{d}u$$

Nun ist ja $\sin^2 u + \cos^2 u = 1$, deshalb kürzt sich einfach alles weg. Wirklich alles. Sie erhalten:

$$L = \Big[\, u \,\Big]_{-\frac{\pi}{2}}^{\frac{\pi}{2}} = \frac{\pi}{2} - \left(-\frac{\pi}{2}\right) = \pi$$

Auch auf diese Weise berechnet ist der Umfang des Einheitskreises also 2π. Puh, Glück gehabt!

Aufgabe 2

Der Zylinder ergibt sich durch Rotation der konstanten Funktion $f(x) = r$ um die x-Achse.

Die Mantelfläche des Zylinders der Höhe h ist dann:

$$\int_{0}^{h} 2\pi\, r\sqrt{1 + 0^2}\,\mathrm{d}x$$

$$= 2\pi \Big[\, x \,\Big]_{0}^{h} = 2\pi r h$$

Aufgabe 3

Die beiden zu summierenden Mantelflächen entstehen durch die Rotation einer inneren und einer äußeren Halbkreis-Funktion:

$$f(x) = R \pm \sqrt{r^2 - x^2}$$

Dabei ist r der »kleine« Radius des massiven Ringes und R der »große« Radius.

Die erste Ableitung ist:

$$f'(x) = \frac{\mp x}{\sqrt{r^2 - x^2}}$$

Das Vorzeichen dreht sich jeweils um, weil die innere Ableitung $-2x$ ein weiteres Minus mitbringt.

Das innere Mantelflächen-Integral ist also:

$$M_{\text{innen}} = 2\pi \int_{-r}^{+r} \left(R + \sqrt{r^2 - x^2}\right) \cdot \sqrt{1 + \left(\frac{-x}{\sqrt{r^2 - x^2}}\right)^2}\, \mathrm{d}x$$

Die große Wurzel wirkt nur auf den ersten Blick kompliziert. Tatsächlich entfällt die Wurzel unter dem Bruchstrich wegen des Quadrats, und die Summe verschwindet durch Erweitern auf den gemeinsamen Nenner. Dann steht nur noch da:

$$M_{\text{innen}} = 2\pi \int_{-r}^{r} \left(R + \sqrt{r^2 - x^2}\right) \frac{r}{\sqrt{r^2 - x^2}}\, \mathrm{d}x$$

Auch das können Sie noch vereinfachen, denn beim Ausmultiplizieren kürzt sich die Wurzel einmal weg, und es ergeben sich zwei zu summierende Integrale:

$$M_{\text{innen}} = 2\pi r R \int_{-r}^{r} \frac{1}{\sqrt{r^2 - x^2}} dx + 2\pi r \int_{-r}^{r} 1\, \mathrm{d}x$$

Setzen Sie die jeweiligen Stammfunktionen ein:

$$M_{\text{innen}} = 2\pi r R \arcsin\left(\frac{x}{r}\right)\Big|_{-r}^{+r} + 2\pi\, r x\ \Big|_{-r}^{+r} = 2\pi^2 r R + 4\pi r^2$$

Glücklicherweise funktioniert das Integral für die Außenfläche genauso, nur mit umgekehrtem Vorzeichen vor dem zweiten Summanden. Dadurch entfällt der Term jeweils, und es bleibt das Zweifache des vorderen übrig. Die gesuchte Oberfläche ist:

$$M = 4\pi^2 r R = 4\pi^2 \cdot 1 \cdot 4\mathrm{m}^2 \approx 79\mathrm{m}^2$$

Das m steht hier natürlich für Integrix-Meter.

Kapitel 24

Nicht-kartesische Koordinatensysteme

Koordinatensysteme sind willkürlich. Das kartesische ist nur eine, zumeist recht praktische Möglichkeit. Für viele Anwendungen aber eignen sich Polar-, Zylinder- oder Kugelkoordinaten besser. Oft löst die richtige Wahl des Koordinatensystems schon halb die Aufgabe ...

24.1 Polarkoordinaten

Bei jeder Art von Kreisbewegung verursachen kartesische Koordinaten Bauchschmerzen in Form von trigonometrischen Funktionen. Gesünder ist der Wechsel zu einer *Polarkoordinaten*-Diät.

Zweidimensionale Kreiskoordinaten

Jedes Koordinatensystem benötigt einen Bezugspunkt. Das ist im kartesischen System das Achsenkreuz, also in zwei Dimensionen der Punkt (0,0). Von dort aus bestimmen wir den Aufenthaltsort eines beliebigen Punktes anhand seiner Achsenabschnitte, also (x,y).

Auch Polar- oder *Kreiskoordinaten* benötigen einen solchen Bezugspunkt. Er heißt *Pol*, und von dort aus bestimmen der Abstand eines Punkts und seine Richtung seine genaue Lage. Auch das sind also zwei Werte, nur eben nicht (x,y), sondern (r,φ). Der kleine griechische Buchstabe Phi steht für die *Winkelkoordinate* (Synonyme: *Azimut* oder den *Polarwinkel*), das kleine r für *Radius* oder *Radialkoordinate*.

Bei Kreisbewegungen ist meist der Radius konstant, und nur der Winkel ändert sich. Deshalb ist es einfacher, solche Probleme mit Polarkoordinaten zu beschreiben als mit kartesischen, denn verwendet man jene, ändern sich dauernd *beide* Koordinaten x und y.

Ob Sie den Winkel in Grad oder Bogenmaß messen, hängt von der konkreten Aufgabe ab und macht physikalisch keinen Unterschied.

Beachten Sie, dass der Winkel immer von der x-Achse aus im mathematisch positiven Drehsinn (gegen den Uhrzeigersinn) gemessen wird (Abbildung 24.1).

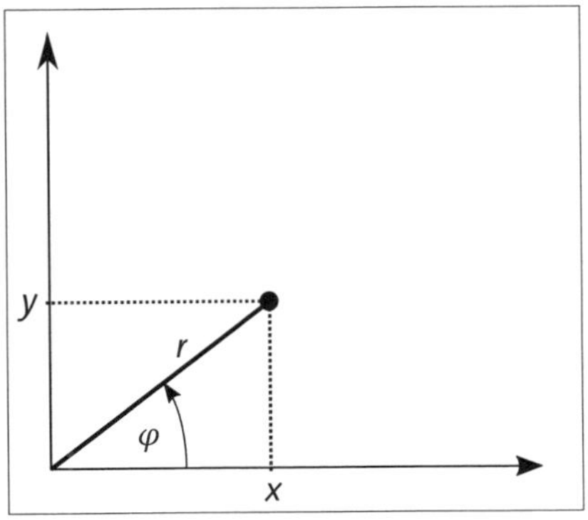

Abbildung 24.1 Im Polarkoordinatensystem treten Radius und Winkel an die Stelle der Achsenabschnitte x und y.

Umrechnung zwischen kartesischen und Polarkoordinaten

Das rechtwinklige Dreieck, das x, r und y bilden, ist nicht zu übersehen. Sinus und Cosinus stehen bereit, um die Koordinaten ineinander umzurechnen:

$$x = r \cos \varphi$$

$$y = r \sin \varphi$$

Umgekehrt ist es nicht ganz so einfach, weil die Funktionen Arcussinus und Arcuscosinus nicht immer sofort den richtigen Winkel ausspucken. So ist der Arcussinus null sowohl für den Winkel 0° als auch für 180°. Sie müssen auch den Arcuscosinus zu Rate ziehen, um den richtigen Winkel zu ermitteln. Also hängt es vom Quadranten des Koordinatensystems ab, wo Sie den Punkt letztlich finden. Für $r = 0$ ist der Winkel sogar beliebig. Meist setzt man ihn dann sicherheitshalber auch gleich null.

Jederzeit problemlos anwenden können Sie natürlich den *Satz des Pythagoras*, der x, y und r miteinander in Beziehung setzt:

$$r^2 = x^2 + y^2$$

Beispiel: Umrechnung kartesisch nach polar

Welche Polarkoordinaten hat der Punkt P, wenn seine kartesischen Koordinaten (1,1) sind?

Sehr leicht lässt sich der Radius berechnen:

$$r = \sqrt{x^2 + y^2} = \sqrt{2}$$

Um den Winkel zu ermitteln, stellen Sie zunächst fest, dass der Punkt im ersten Quadranten liegt, da sowohl x als auch y positiv sind.

Es ist:

$$x = r \cos \varphi$$

$$\varphi = \arccos \frac{x}{r} = \arccos \frac{1}{\sqrt{2}} = 45°$$

Etwas kniffliger wird die Sache in einem anderen Quadranten:

Welche Polarkoordinaten hat der Punkt P, wenn seine kartesischen Koordinaten (–1,–1) sind?

Der Radius dieses Punktes ist ebenfalls $r = \sqrt{2}$.

Aber der Arcuscosinus ist, wenn Sie einen Taschenrechner befragen:

$$\arccos\frac{-1}{\sqrt{2}} = 135°$$

Aber da sin 135° > 0 ist, kann das nicht stimmen.

Der Arcussinus ist da auch nicht hilfreicher:

$$\arcsin\frac{-1}{\sqrt{2}} = -45°$$

Da cos −45° > 0 ist, ist auch diese Lösung falsch.

Der Cosinus ist nun einmal nicht injektiv, da z. B. der Funktionswert 1 von mehreren x-Werten erzeugt wird, und seine Gegenfunktion liefert für den Definitionsbereich [−1,+1] Funktionswerte zwischen 0 und 180° (bzw. 0 und π). Der Arcussinus hat den gleichen Definitionsbereich, und seine Funktionswerte liegen zwischen −90° und +90° (bzw. $-\frac{\pi}{2}$ und $+\frac{\pi}{2}$).

Sie wissen aber, dass der Cosinus symmetrisch zur y-Achse ist, d. h.:

$$\cos\varphi = \cos -\varphi$$

Folglich kommt −135° ebenfalls als Lösung in Frage, wenn der Arcuscosinus 135° ausspuckt. Machen Sie die Probe:

$$\sqrt{2}\sin -135° = -1$$

$$\sqrt{2}\cos -135° = -1$$

Das passt!

Polarkoordinaten mit GeoGebra

Auch GeoGebra kann Punkte im Polarkoordinatensystem darstellen. Öffnen Sie den Grafikrechner und klicken Sie auf das Zahnrad-Icon, um die Einstellungen zu öffnen. Unter Koordinatengitter schalten Sie die Art des Koordinatengitters um auf Polarkoordinatensystem.

Benutzen Sie dann das Punkt-Werkzeug, um einen Punkt A irgendwo ins Koordinatensystem einzuzeichnen. Verbinden Sie diesen mit dem Strecke-Werkzeug mit dem Ursprung. Verwenden Sie dann das Winkel-Werkzeug. Klicken Sie zuerst auf die x-Achse, dann auf die Strecke zwischen Ursprung B und A – der Winkel wird gegen den Uhrzeigersinn bestimmt.

Wenn Sie Punkt A verschieben, ändern sich die Anzeigen entsprechend, und Sie können so leicht verschiedene Koordinaten ausprobieren (Abbildung 24.2).

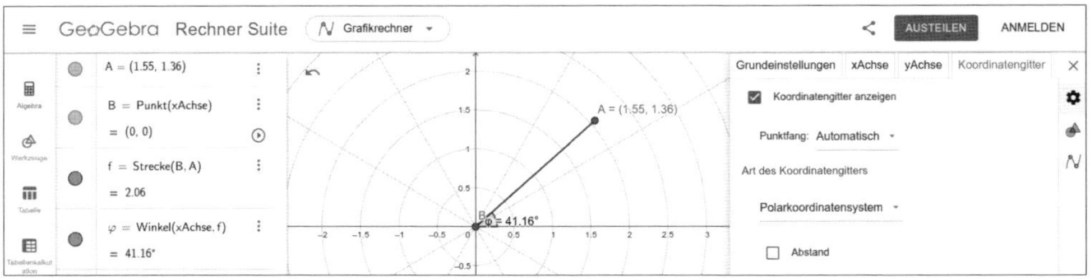

Abbildung 24.2 Wie man auf Polarkoordinaten umschaltet, ist nicht leicht zu finden, die Darstellung funktioniert aber intuitiv.

Sie können mit dem Befehl `Kurve` auch Funktionen in Polarkoordinaten einzeichnen. Die einfachste ist die Kreisfunktion, die jedem Winkel den gleichen Wert (den Radius) zuordnet. Geben Sie also beispielsweise ein:

```
Kurve((1; φ), φ,0,2 π)
```

In den Klammern stehen die zu zeichnenden Punkte, also $(1; \varphi)$, durch Komma abgetrennt folgen die Laufvariable, also φ dann die Grenzen, also 0 bis 2π. Das ergibt einen Kreis mit dem Radius 1. Um die griechischen Buchstaben einzugeben, öffnen Sie am besten die Bildschirmtastatur mit dem Icon unten links.

Die Kreisfunktion ist natürlich relativ langweilig, versuchen Sie doch einfach mal:

```
Kurve((t/4;t),t,0,10)
```

oder:

```
c=Kurve((sin(t); t),t,0,2 π)
```

Mehr über solche Kurven erfahren Sie an der Uni in der Mathe-Vorlesung!

Infinitesimalrechnung in Polarkoordinaten

Wenn eine Funktion in kartesischen Koordinaten dargestellt ist, bedeutet die Ableitung $\frac{\mathrm{d}y}{\mathrm{d}x}$ die Steigung. In Polarkoordinaten können Sie ebenfalls infinitesimale Ausdrücke bilden. Aber Vorsicht: $\frac{\mathrm{d}r}{\mathrm{d}\varphi}$ wäre in dem Fall eine Vergrößerung des Radius abhängig vom Winkel. Also beispielsweise das Verhalten eines Tonabnehmers auf einer Schallplatte, der bei der Drehung der Platte um einen kleinen Winkel $\mathrm{d}\varphi$ eine Radialbewegung $\mathrm{d}r$ ausführt. Dabei legt er eine Strecke $r \cdot \mathrm{d}\varphi$ zurück. Das ist das infinitesimale Bogenstück. Das kommt daher, dass für kleine Winkel (und $\mathrm{d}\varphi$ *ist* klein) der Sinus gleich seinem Argument ist (im Bogenmaß). Die Gegenkathete eines extrem schmalen Dreiecks hat dann die Länge $r \cdot \sin \mathrm{d}\varphi = r \cdot \mathrm{d}\varphi$ (Abbildung 24.3).

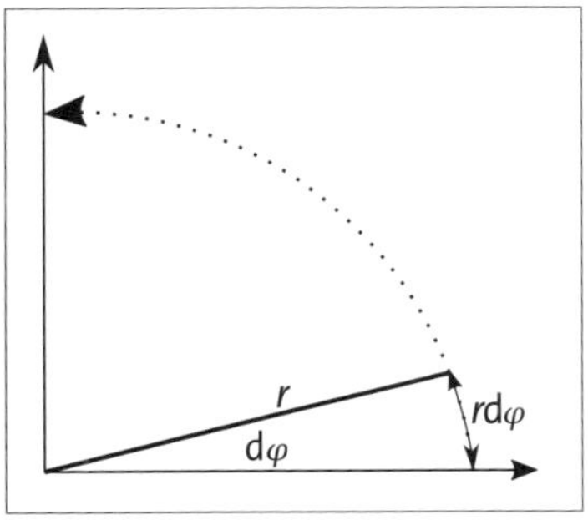

Abbildung 24.3 Die infinitesimale Bogenlänge ist r · dφ.

Auch Integralrechnung funktioniert in Polarkoordinaten. Das Paradebeispiel ist das Integral über den Kreisbogen. Denn was passiert, wenn Sie die infinitesimale Bogenlänge über den Winkel von 0 bis 2π integrieren? Sie erhalten die Länge des gesamten Kreisbogens, sprich: den Kreisumfang.

Beispiel: Kreis-Integrale in Polarkoordinaten

$$\int_0^{2\pi} r\,\mathrm{d}\varphi = r\Big[\,\varphi\,\Big]_0^{2\pi} = r(2\pi - 0) = 2\pi r$$

Auf entsprechende Weise können Sie die Kreisfläche ausrechnen. Dazu müssen Sie das infinitesimale Flächenelement betrachten. Das ist ein kleines Rechteck mit den Seitenlängen dr und rdφ, da die Krümmung bei beliebig kleinen dieser Exemplare irrelevant ist (Abbildung 24.4).

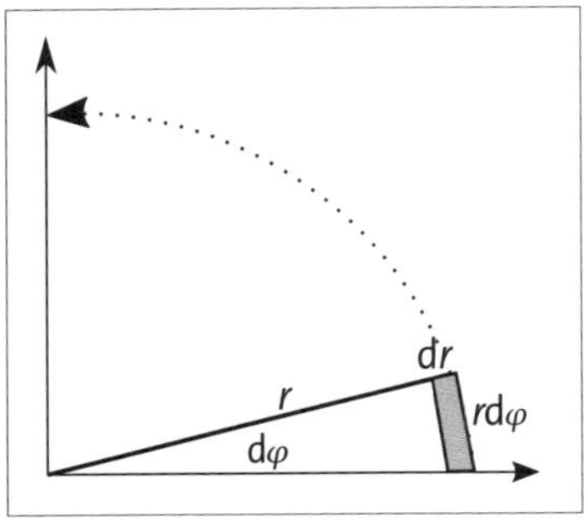

Abbildung 24.4 Das differentielle Flächenelement in Polarkoordinaten ist ein Rechteck.

Um die Fläche eines Kreises mit Radius R zu berechnen, müssen Sie zweimal integrieren:

$$\int_0^R \int_0^{2\pi} r\,\mathrm{d}r\,\mathrm{d}\varphi$$

Die Reihenfolge der Integration ist dabei egal. Integrieren Sie zuerst über die Winkel:

$$= 2\pi \int_0^R r \, \mathrm{d}r$$

Und dann über den Radius:

$$= 2\pi \left[\frac{1}{2} r^2\right]_0^R = \pi R^2$$

Sie sehen, dass allein die Wahl des passenden Koordinatensystems die Herleitung von Kreisumfang und -fläche so erleichtert wie ein Schlüssel das Öffnen einer Schatztruhe.

24.2 Dreidimensionale Koordinatensysteme

Lassen Sie uns endlich den Schritt in die wirkliche Welt wagen. Die hat bekanntlich drei Dimensionen, nicht bloß zwei. Zwar kann man viele Phänomene auf eine passend gewählte Ebene zurückführen (z. B. umkreisen alle Planeten die Sonne annäherungsweise in einer Ebene, der *Ekliptik*), aber eben nicht alle. So bewegen sich beispielsweise geladene Teilchen in einem Magnetfeld auf spiralförmigen Bahnen, wenn sie nicht im rechten Winkel in das Magnetfeld eintreten.

In dreidimensionalen kartesischen Koordinaten hat ein Punkt die Koordinaten (x,y,z) aber das ist nur *eine* Sichtweise der Dinge.

Zylinderkoordinaten

Lassen Sie uns das Polarkoordinatensystem um eine dritte Dimension erweitern, und zwar um eine Achse z, die senkrecht auf der Ebene steht, in der sich das bisherige Geschehen abspielte (Abbildung 24.5). Ein Punkt hat in diesem System die Koordinaten (r,φ,z).

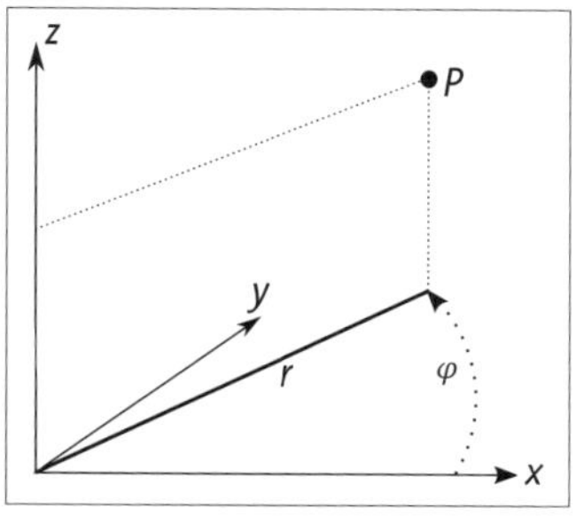

Abbildung 24.5 Zylinderkoordinaten sind eine einfache Erweiterung der Polarkoordinaten in die dritte Dimension.

Sie sehen, dass die z-Koordinate dieselbe ist wie in kartesischen Koordinaten. Die beiden anderen rechnet man so um wie in Polarkoordinaten.

Natürlich ergeben sich daraus sofort die folgenden differentiellen Elemente für Mantelfläche und Volumen:

$$dO = r \, d\varphi \, dz$$

$$dV = r \, d\varphi \, dr \, dz$$

Dass Sie auf diese Weise Mantelfläche und Volumen eines Zylinders viel einfacher berechnen können als im vorangegangenen Kapitel, muss Sie jetzt nicht ärgern. Es zeigt vielmehr erneut, wie wichtig die Wahl eines geeigneten Koordinatensystems ist.

Sie sollten sich merken, dass das gezeigte Koordinatensystem ein rechtshändiges ist: Wenn Ihr Daumen die x-Achse ist, der Zeigefinger die y-Achse und der Mittelfinger die z-Achse, können Sie ohne große Verrenkung mit den drei Fingern die gegenseitige Ausrichtung der Achsen sichtbar machen. Und wenn Sie den x-Finger in positiver Richtung von φ drehen, würde sich eine imaginäre Schraube in positive z-Richtung bewegen.

Kugelkoordinaten

Das letzte wichtige Koordinatensystem, das ich Ihnen vorstellen muss, sind die räumlichen Polarkoordinaten oder kürzer *Kugelkoordinaten*.

Im Gegensatz zu den Zylinderkoordinaten wird die dritte Dimension nicht durch eine lineare Koordinate z, sondern durch einen Polarwinkel dargestellt. Das ist der Winkel zwischen der z-Achse und der gedachten Verbindungslinie vom Achsenkreuz zum fraglichen Punkt. Als Buchstabe wird meist ein kleines Theta θ verwendet (Abbildung 24.6).

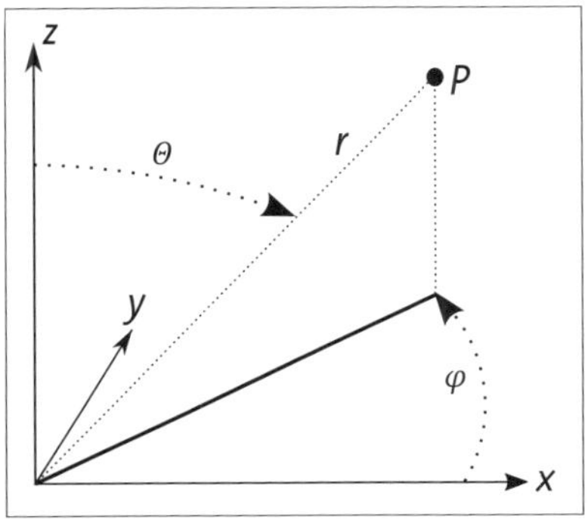

Abbildung 24.6 Kugelkoordinaten verwenden zwei Winkel und den Radius, um die Position eines Punktes im dreidimensionalen Raum zu beschreiben.

Dabei nimmt θ nur Werte zwischen 0 und 180° bzw. 0 und π an!

Beachten Sie, dass die Koordinate r jetzt der Betrag des Abstands zwischen Achsenkreuz und Punkt P ist. Bei Zylinderkoordinaten war r der in die Ebene projizierte Abstand bzw. der Abstand des Punktes von der vertikalen Achse z.

Deswegen sind Kugelkoordinaten immer dann sinnvoll, wenn ein Punkt immer auf einer gedachten Kugeloberfläche liegt, sodass r konstant ist.

Die Umrechnung von Kugelkoordinaten in kartesische Koordinaten sieht dann so aus:

$$x = r \cdot \sin\theta \cdot \cos\varphi$$

$$y = r \cdot \sin\theta \cdot \sin\varphi$$

$$z = r \cdot \cos\theta$$

Der Radius lässt sich außerdem durch eine dreidimensionale Version des Satzes von Pythagoras darstellen:

$$r^2 = x^2 + y^2 + z^2$$

Der Winkel θ hängt mit Radius und z-Koordinate wie folgt zusammen:

$$\theta = \arccos\frac{z}{r}$$

Der Azimutwinkel φ, also der Drehwinkel um die Vertikale, ist derselbe wie in Polarkoordinaten.

Das differentielle Linienelement ist:

$$\mathrm{d}s = \sqrt{\mathrm{d}r^2 + r^2\mathrm{d}\theta^2 + r^2\sin^2\theta\ \mathrm{d}\varphi^2}$$

Warum? Das finden Sie in einer Entspannungsübung am Ende des nächsten Kapitels selbst heraus.

Das differentielle Volumenelement verrate ich Ihnen auch ohne Herleitung:

$$\mathrm{d}V = r^2\sin\theta\ \mathrm{d}\varphi\ \mathrm{d}\theta\ \mathrm{d}r$$

Und schließlich das Oberflächenelement, das ist $\mathrm{d}O = \frac{\mathrm{d}V}{\mathrm{d}r}$:

$$\mathrm{d}O = r^2\sin\theta\,\mathrm{d}\varphi\,\mathrm{d}\theta$$

Damit können wir Oberfläche und Volumen einer Kugel mit Integralen herleiten.

Beispiel: Das Volumen einer Kugel

Sie können den Rauminhalt einer Kugel mit Radius R mit einem dreifachen Integral berechnen, wobei die Grenzen für die Winkel jeweils deren Definitionsbereiche sind. Nicht vergessen: θ läuft nur von 0 bis π, also einen halben Umlauf! Punkte »gegenüber« werden durch entsprechend passende φ erschlagen. Das im wahrsten Sinne des Wortes voluminöse Integral lautet:

$$V = \int_0^R \int_0^\pi \int_0^{2\pi} r^2 \sin\theta \; \mathrm{d}\varphi \, \mathrm{d}\theta \, \mathrm{d}r$$

Achten Sie auf die Reihenfolge: Das Integral über den Azimutwinkel steht innen, das über den Polarwinkel in der Mitte und das über den Radius außen.

Das innerste Integral ist zugleich das einfachste, da die Integrationsvariable φ nicht vorkommt. Im Integral über θ ist wiederum r eine Konstante und kann ausgelagert werden:

$$= 2\pi \int_0^R r^2 \int_0^\pi \sin\theta \; \mathrm{d}\theta \, \mathrm{d}r$$

Eine Stammfunktion zum Sinus ist der negative Cosinus, daher können Sie das Theta-Integral leicht berechnen:

$$= 2\pi \int_0^R r^2 \Big[-\cos\theta \quad \Big]_0^\pi \, \mathrm{d}r$$

Der Cosinus von π ist −1, der von 0 ist 1, also bleibt nur ein Faktor 1 +1 = 2 übrig. Jetzt integrieren Sie noch das r^2 mit einer Stammfunktion $\frac{1}{3}r^3$ und sind quasi fertig:

$$= 2 \cdot 2 \cdot \left[\frac{1}{3}r^3\right]_0^R = \frac{4}{3}\pi R^3$$

Im harten Leben nach diesem Buch werden die Integrale womöglich etwas komplizierter. Aber Sie werden immer wieder sehen, dass die Wahl des passenden Koordinatensystems die halbe Miete ist.

Aufgaben

24.3 Entspannungsübungen

Aufgabe 1: Fußballplatz

Sie stehen in der Mitte eines Fußballplatzes (Länge 100 Meter, Breite 60 Meter) und schauen Richtung Osten. Sie sehen dort ein Tor und dahinter die Stehtribüne der Heimmannschaft. Ihr Team spielt aber in dieser Halbzeit aufs andere Tor. Der Ball liegt an der rechten Eckfahne (in Angriffsrichtung). Wie weit müssen Sie laufen, wenn Sie die Ecke ausführen möchten, und unter welchem Polarwinkel müssen Sie starten?

Aufgabe 2: Mit Vollgas in die Kurve

Angenommen, Sie fahren mit Ihrem Pkw (Masse: 1 t) mit einer Geschwindigkeit von 100 km/h in eine Kurve mit dem Radius 100 m. Welche Kraft wirkt, und welche physikalische Bedeutung hat sie?

Hinweis: Die Zentripetalbeschleunigung der Kreisbewegung ist $a = \frac{v^2}{r}$.

Aufgabe 3: Die Oberfläche der Heimat

Berechnen Sie mit einem Zweifach-Integral über das differentielle Kugeloberflächenelement die Größe der Oberfläche der Erde (betrachten Sie den Planeten als Kugel mit Radius 6371 km).

24.4 Lösungen

Aufgabe 1

Wenn Sie ein ebenes Polarkoordinatensystem definieren, dessen Achsenkreuz am Anstoßpunkt des Fußballplatzes liegt, so zeigt aufgrund der gegebenen Beschreibung dessen x-Achse Richtung Osten. Der Ball liegt dann im 2. Quadranten, also an den kartesischen Koordinaten (50,30).

Berechnen Sie zunächst den Betrag des Radius:

$$r = \sqrt{50^2 + 30^2}\mathrm{m} = \sqrt{3400}\mathrm{m} \approx 58{,}3\ \mathrm{m}$$

Ein Winkel im zweiten Quadranten entspricht aufgrund der Symmetrie an der y-Achse einem Winkel von $180 - \bar{\varphi}$ im ersten Quadranten.

Der Arcussinus liefert genau diesen:

$$\bar{\varphi} = \arcsin\frac{y}{r} \approx 31°$$

Also ist der gesuchte Winkel $\varphi \approx 180° - 31° = 149°$. Die gesuchten Polarkoordinaten sind (58,3 m, 149°).

Aufgabe 2

Immer vorausgesetzt, Sie bleiben auf der Fahrbahn, so ist in Polarkoordinaten betrachtet die radiale Komponente der Geschwindigkeit 0, und Sie müssen nur die azimutale betrachten. Eine Änderung der Geschwindigkeit bedeutet eine Beschleunigung (siehe Abschnitt 19.1), und die wiederum ist proportional zur wirkenden Kraft.

Multiplizieren Sie die Formel für die Zentripetalbeschleunigung mit der Masse:

$$m \cdot a = m\frac{v^2}{r}$$

Dann steht auf der linken Seite die Zentripetalkraft $F = m \cdot a$. Sie hält das Auto auf der Kreisbahn, ihre Richtung zeigt auf den Kurvenmittelpunkt. Was aber ist die physikalische Ursache dieser Kraft? Und warum spüren Sie im Auto sitzend eine Kraft in die entgegengesetzte Richtung?

Die einzige andere Kraft, die auf das Auto wirkt, ist die Reibungskraft zwischen Reifen und Straßenoberfläche. Diese hat genau den Betrag

$$F = m\frac{v^2}{r} = 1000\ \mathrm{t} \cdot \frac{100^2\left(\frac{\mathrm{km}}{\mathrm{h}}\right)^2}{100\ \mathrm{m}}$$

$$= 10^6\ \mathrm{kg} \cdot \frac{10^4 \cdot \frac{1\ \mathrm{m}^2}{3{,}6^2\ \mathrm{s}^2}}{100\ \mathrm{m}}$$

$$= 7{,}7 \cdot 10^6\ \mathrm{N}$$

Die Zentri*fugal*kraft, die Sie spüren, wenn Sie in dem Auto sitzen, ist eine *Scheinkraft*, die dadurch zustande kommt, dass Sie sich in einem kreisförmig beschleunigten Bezugssystem befinden. Sie hat exakt den entgegengesetzten Wert wie die Zentripetalkraft.

Aufgabe 3

Zunächst leiten wir die Formel für die Kugeloberfläche her.

Das differentielle Oberflächenelement in Kugelkoordinaten ist:

$$\mathrm{d}O = r^2 \sin\theta \, \mathrm{d}\varphi \, \mathrm{d}\theta$$

Dies ist zu integrieren über die Grenzen von θ (0 bis π) und jene von φ (0 bis 2π). Dabei ist r^2 eine Konstante und kann vor die beiden Integrale geschrieben werden. Der Sinus muss nicht über φ integriert werden:

$$O = r^2 \int_0^{\pi} \sin\theta \int_0^{2\pi} \mathrm{d}\varphi \, \mathrm{d}\theta$$

Das innere Integral ergibt mal wieder einen Faktor 2π. Für den Sinus brauchen wir wieder eine Stammfunktion Marke – $\cos\theta$:

$$0 = 2\pi r^2 \Big[-\cos\theta \quad \Big]_0^{\pi}$$

Das ergibt einen weiteren Faktor 2 und damit das Resultat:

$$O = 4\pi r^2$$

Wenn Sie den Erdradius von $r = 6371$ km einsetzen, erhalten Sie für die Oberfläche unserer Heimatwelt den Zahlenwert $O = 510 \cdot 10^6$ km^2.

TEIL III

Lineare Algebra

Kapitel 25

Vektorrechnung

Was in den letzten Abschnitten schon anklang, wird nun knallharte Realität: Mehrdimensionale Vektoren, bestehend aus Betrag und Richtung, wollen betrachtet, berechnet und beherrscht werden. Aber keine Sorge: Der Schwierigkeitsgrad beginnt mit einem Betrag nahe null.

25.1 Vektoren in der euklidischen Ebene

Schon im Kapitel über mehrdimensionale Analysis (Kapitel 21) habe ich Vektoren eingeführt, vor allem im Hinblick auf ihre geometrische Bedeutung. Dieses Kapitel nähert sich dem Thema von der etwas abstrakteren Seite her.

Grundsätzlich ist ein Vektor ein Element eines *Vektorraums*. Dieser definiert eine Reihe von Eigenschaften für seine Elemente, die ich Ihnen auf den nächsten Seiten vorstellen werde.

Da ein Vektorraum zunächst ein recht abstrakter Begriff ist und ganz unterschiedliche Ausprägungen von Vektoren enthalten kann, möchte ich Ihnen versichern, dass Sie nichts versäumen, wenn Sie sich unter Vektoren weiterhin Pfeile in einem ebenen, euklidischen Koordinatensystem vorstellen. Das ist die beste und einfachste Variante, und sie eignet sich ohne schädliche Nebenwirkungen, um die lineare Algebra vorzuführen.

Schreibweisen

Wenn unser Vektorraum die zweidimensionale euklidische Ebene $\mathbb{R}^2$ ist, so entspricht ein Vektor einer *Verschiebung* in x- und y-Richtung. Demzufolge können Sie einen Vektor $\vec{v} \in \mathbb{R}^2$ aufschreiben, indem Sie die beiden separaten Verschiebungen auflisten, zum Beispiel als $\vec{v} = (1, 2)$. Dabei ist die erste Zahl die Verschiebung in x-Richtung, die zweite jene in y-Richtung (Abbildung 25.1).

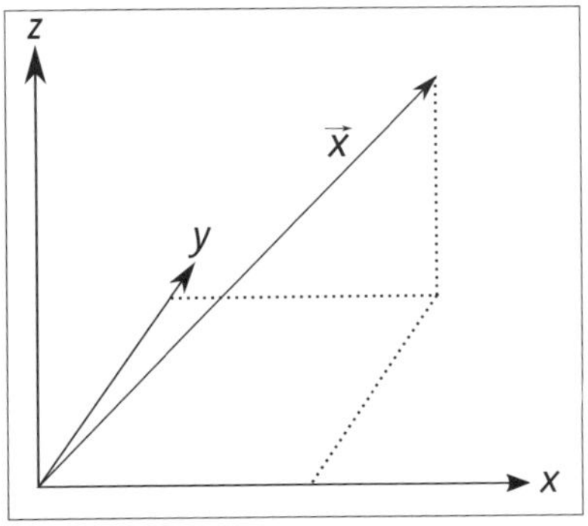

Abbildung 25.1 Ein Vektor in der euklidischen Ebene entspricht einer genau definierten Verschiebung eines Punktes und ist ein prima Beispiel für ein Element eines Vektorraums.

Eine andere, etwas weniger platzsparende Variante ist die Schreibweise als *Spaltenvektor*:

$$\vec{v} = \binom{1}{2}$$

Die beiden Schreibweisen sind gleichwertig.

Wenn Sie eine Verschiebung auf den Koordinatenursprung anwenden, spricht man von einem *Ortsvektor*, weil seine Koordinaten einen genauen Ort in der Ebene bezeichnen. Ansonsten sind Ortsvektoren lediglich spezielle Verschiebungsvektoren, nur eben bezogen auf eine bestimmte Ausgangskoordinate. Deshalb gibt es keinen mathematischen Unterschied und keine eigene Schreibweise.

Ein besonderer Vektor ist der *Nullvektor* $\vec{0} = (0,0)$. Beachten Sie, dass auch dieser Vektor einen Pfeil als »Kopfbedeckung« trägt, um ihn von der reellen Zahl 0 zu unterscheiden. Denn diese hat nur eine Dimension, der Nullvektor hingegen so viele wie alle anderen Vektoren des gleichen Vektorraums auch.

Wie Sie wissen, sind Mathematiker schreibfaul. Deshalb lassen sie den Vektorpfeil meist weg, wenn trotzdem klar ist, dass es sich um einen solchen handelt, oder verwenden Fraktur-Buchstaben (ebenfalls ohne Pfeile). Physiker markieren Vektoren manchmal mit einer Unterstreichung. Ich werde in diesem Kapitel noch bei den Pfeilen bleiben und Sie und ich sollten einander erst »nackte« Vektoren zumuten, wenn Sie dazu bereit sind, okay?

Eigenschaften von Vektoren

Sie wissen ja bereits, dass das gewählte Koordinatensystem willkürlich ist und nichts an der Mathematik ändert.

Angenommen, Sie verwenden einen Vektor, um einen Punkt auf Ihrem Bildschirm zu definieren. Dann ist es sinnvoll, als x-Koordinate die Nummer der Pixelspalte (1 bis 1920 bei Full HD) zu verwenden und für y die Nummer der Zeile (1 bis 1080).

Stehen Sie aber auf einer einsamen Karibikinsel mit einer Schatzkarte in der Hand, klingt eine Ortsbeschreibung eher so: »Dreißig Schritte Richtung Nord-Nord-West.«

Denn in der Tat können Sie einen Vektor auch als Zusammenfassung von *Länge* und *Richtung* auffassen. Das entspricht dem Übergang vom kartesischen zum Polarkoordinatensystem (Kapitel 24).

Die Richtung ist der Winkel zwischen Vektor und der Null-Richtung (entlang der x-Achse zum Beispiel), der Betrag die Länge, die Sie beispielsweise mit dem Satz des Pythagoras ausrechnen können.

Beispiel: Vektoren in freier Wildbahn

Alle realen Phänomene, die sich in zwei oder mehr Dimensionen abspielen, können Vektoren bereithalten:

Der momentane Aufenthaltsort einer Billardkugel kann als ein zweidimensionaler Vektor aufgefasst werden (solange die Kugel die begrünte Spielfläche nicht verlässt), jener eines Fußballs als dreidimensionaler.

Die Geschwindigkeit ist genau wie die Beschleunigung ein Vektor, denn beider Richtung ist durchaus von Bedeutung, nicht nur im Fußball oder bei Schatzsuchen. Wenn die Beschleunigung ein Vektor ist, muss auch die Kraft einer sein, denn die Grundgleichung der Mechanik ist eine Skalarmultiplikation mit vektorieller Beteiligung:

$$\vec{F} = m \cdot \vec{a}$$

Aber auch elektrische und magnetische Feldstärken haben Betrag und Richtung und sind ergo vektorielle Größen, anders als deren Ursachen, namentlich Ladung und elektrisches Potenzial (dessen Gradient das wiederum vektorielle elektrische Feld liefert). Ebenso wenig sind Energie und Temperatur vektoriell: Sie können zwar mit einem Thermometer überall einen Betrag messen, aber keine Richtung.

Vektoren treten auch in der Informatik auf: So kann man Eingabedaten für *Deep Learning* als Vektoren auffassen. In der Betriebswirtschaft stellen Vektoren beispielsweise Warenbedarfslisten dar. Die Komponenten der Vektoren lassen sich nicht als geometrische Richtungen auffassen und haben meist auch deutlich mehr als zwei oder drei Dimensionen. Aber da viele Rechenoperationen auf alle Komponenten gleichzeitig angewendet werden müssen, vereinfacht es die Vorgänge, einzelne Zahlen zu Vektoren zusammenzufassen.

Überall, wo mit gruppierbaren Werten gerechnet werden muss, bietet sich lineare Algebra an.

Vektoren addieren

Vektoren wären ziemlich nutzlos, gäbe es für sie keine Rechengesetze.

Jeder Vektorraum verlangt daher, dass für seine Elemente eine *Vektoraddition* definiert ist. Für diese gelten folgende Regeln:

1. Assoziativgesetz:

   $$\left(\vec{a} + \vec{b}\right) + \vec{c} = \vec{a} + \left(\vec{b} + \vec{c}\right)$$

2. Es gibt ein neutrales Element (den Nullvektor):

   $$\vec{a} + \vec{0} = \vec{a}$$

3. Es gibt für jeden Vektor $\vec{a}$ ein inverses Element $-\vec{a}$, dessen Addition den Nullvektor ergibt:

   $$\vec{a} + (-\vec{a}) = \vec{0}$$

4. Es gilt das Kommutativgesetz:

   $$\vec{a} + \vec{b} = \vec{b} + \vec{a}$$

Diese Regeln funktionieren alle prima mit Vektoren mit beliebig vielen Dimensionen, wenn Sie die Addition komponentenweise ausführen.

Beispiel: Vektoraddition

Für Vektoren in der euklidischen Ebene gilt:

$$(a_x, a_y) + (b_x, b_y) = (a_x + b_x, a_y + b_y)$$

Addieren Sie die Vektoren (1,2) und (3, –1):

$$(1{,}2) + (3, -1) = (4{,}1)$$

Es gelten Assoziativ- und Kommutativgesetz. Das neutrale Element ist $\vec{0} = (0{,}0)$, und das inverse Element zu einem Vektor (a_x, a_y) ist natürlich $(-a_x, -a_y)$.

Das inverse Element zum Nullvektor ist natürlich der Nullvektor.

Skalarmultiplikation

Vektorräume verlangen eine zweite Verknüpfung, und zwar zwischen einem Vektor und einem *Skalar*. Damit ist meist eine reelle Zahl gemeint, gut erkennbar am Fehlen des Pfeils. Für die Skalarmultiplikation fordern wir ebenfalls die Gültigkeit von vier Regeln:

1. Erstes Distributivgesetz:

   $$k \cdot (\vec{a} + \vec{b}) = k \cdot \vec{a} + k \cdot \vec{b}$$

2. Zweites Distributivgesetz:

   $$(k + l) \cdot \vec{a} = k \cdot \vec{a} + l \cdot \vec{a}$$

3. Assoziativgesetz:

   $$(kl) \cdot \vec{a} = k \cdot (l \cdot \vec{a})$$

   Achten Sie auf die Feinheiten: Der (weggelassene) Mal-Punkt zwischen *k* und *l* auf der linken Seite ist die reelle Multiplikation. Alle Punkte bezeichnen Skalarmultiplikationen.

4. Neutrales Element:

   Es existiert ein neutrales Element, nennen wir es »1«, dessen Skalarmultiplikation den Vektor unverändert lässt:

   $$1 \cdot \vec{a} = \vec{a}$$

Beispiel: Skalarmultiplikation

Ist der Vektorraum die euklidische Ebene, so erfüllt folgende Operation die vier Forderungen:

$$k \cdot (a_x, a_y) = (ka_x, ka_y)$$

Die Skalarmultiplikation der reellen Zahl 2 und einem Vektor $\vec{a} = (2, 1)$ ergibt:

$$2 \cdot (2, 1) = (4, 2)$$

Übrigens ist Ihnen vielleicht aufgefallen, dass wir keine Subtraktion von Vektoren definiert haben. Natürlich verwenden wir sie trotzdem, denn $\vec{a} - \vec{b}$ ist eine Abkürzung für $\vec{a} + (-\vec{b})$, also die Addition des inversen Elements.

Beachten Sie, dass wir bis hierher keine Produkte zweier Vektoren definiert haben!

Natürlich lassen sich Addition und Skalarmultiplikation kombinieren. Lassen Sie uns dazu eine realitätsnahe Beispielaufgabe rechnen.

Beispiel: Der Zauberer und die Zombies

Im gleichnamigen Computerspiel steht Ihre Spielfigur (der Zauberer) beim Ortsvektor (110,7) und ist hoffnungslos von Zombies umringt. Sie verwenden dreimal den Zauberspruch »mächtiger Sprung«, der Ihre Figur in Richtung (–1,1) katapultiert (also 1 Feld rückwärts in x-Richtung und 1 Feld vorwärts in y-Richtung). Danach ist Ihr Mana aufgebraucht, und da leider auch am Ziel alles voller Zombies ist, geht kurz danach der letzte Lebenspunkt flöten. Welchen Ortsvektor hat Ihr Grabstein?

Gegeben ist der Anfangsvektor $\vec{a} = (110{,}7)$, außerdem der Verschiebungsvektor der Sprünge $\vec{s} = (-1{,}1)$ und deren Anzahl 3.

Der gesuchte Ziel-Ortsvektor ist:

$$\vec{z} = \vec{a} + 3 \cdot \vec{s}$$

Einsetzen der Zahlenwerte ergibt:

$$\vec{z} = (110{,}7) + 3 \cdot (-1{,}1) = (110{,}7) + (-3{,}3) = (107{,}10)$$

Vektorrechnung mit GeoGebra

Mit GeoGebra können Sie ganz intuitiv mit Vektoren rechnen. Benutzen Sie einfach die Klammer-Schreibweise, wie auch hier im Buch. Geben Sie doch in der Rechner Suite einfach mal ein:

```
(2,1)+(4,-1)
```

Sie können auch Vektoren definieren und dann mit ihnen rechnen:

```
a=(2,1)
3a+2a=
```

Automatisch zeichnet Ihnen GeoGebra die Vektorpfeile ins nebenstehende Koordinatensystem (Abbildung 25.2).

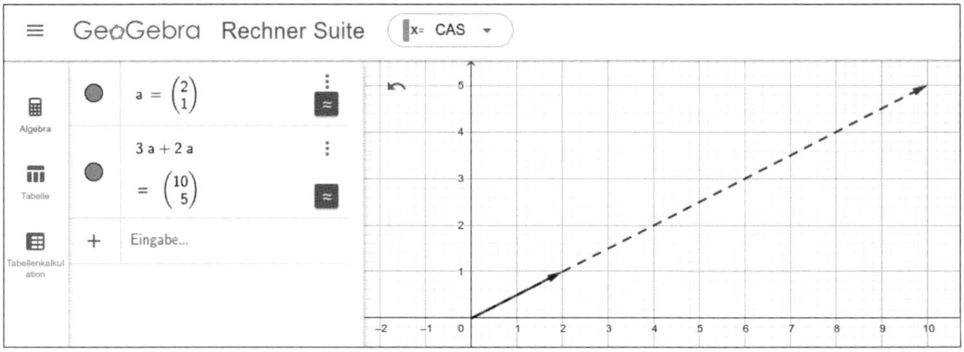

Abbildung 25.2 GeoGebra ändert die einfache Klammerschreibweise automatisch in die Übereinander-Schreibweise. Den zweiten Vektor habe ich in seinen Einstellungen auf gestrichelt umgeschaltet.

25.2 Die Basis

Bisher habe ich recht freizügig Orts- und Koordinatenvektoren in einen Topf geworfen. Streng genommen aber sind die Komponenten eines Vektors keineswegs zwangsläufig kartesische Koordinaten. Um das besser zeigen zu können, benötigen wir ein paar zusätzliche Begriffe.

Lineare Unabhängigkeit

In Worten ausgedrückt sind Vektoren genau dann linear unabhängig, wenn sie sich nicht durch Summen und Skalarprodukte der anderen darstellen lassen. Angenommen, Sie können einen Vektor $\vec{a}$ durch eine bestimmte Linearkombination der Vektoren $\vec{b}$ und $\vec{c}$ (mit geeigneten Skalarfaktoren k und l ungleich null) darstellen:

$$\vec{a} = k \cdot \vec{b} + l \cdot \vec{c}$$

Dann ist $\vec{a}$ *linear abhängig* von $\vec{b}$ und $\vec{c}$. Vollautomatisch sind dann übrigens auch $\vec{b}$ linear abhängig von $\vec{a}$ und $\vec{c}$ sowie $\vec{c}$ von $\vec{a}$ und $\vec{b}$, da sich passende andere Skalarfaktoren finden lassen. Damit sind alle drei Vektoren voneinander linear abhängig.

Umgekehrt bedeutet lineare *Unabhängigkeit*, dass aus der Gleichung

$$j \cdot \vec{a} + k \cdot \vec{b} + l \cdot \vec{c} = \vec{0}$$

folgt, dass alle drei Skalarfaktoren null sind.

Beispiel: Lineare Abhängigkeit

Betrachten Sie nun die beiden Geschwindigkeitsvektoren $\vec{v}_{\text{Porsche}} = (210{,}42)$ und $\vec{v}_{\text{Traktor}} = (-35, -7)$. Sind diese linear abhängig oder linear unabhängig?

Rechnen Sie nach: Gibt es passende Skalarfaktoren, die nicht null sind? Suchen und überprüfen Sie dazu die Lösung folgender Gleichung:

$$k \cdot \vec{v}_{\text{Porsche}} + l \cdot \vec{v}_{\text{Traktor}} = \vec{0}$$

$$k \cdot (210{,}42) + l \cdot (-35, -7) = (0{,}0)$$

Dies führt zu einem linearen Gleichungssystem:

$$\begin{vmatrix} 210k - 35l = 0 \\ 42k - 7l = 0 \end{vmatrix}$$

Teilen Sie mal die obere Gleichung durch 5. Dann erhalten Sie:

$$\begin{vmatrix} 42k - 7l = 0 \\ 42k - 7l = 0 \end{vmatrix}$$

Aus dem Kapitel über lineare Gleichungssysteme wissen Sie, dass ein solcher Fall zu unendlich vielen Lösungen für *k* und *l* führt, mit dem Zusammenhang:

$$42k - 7l = 0 \quad |:6$$

$$7k - l = 0 \quad | + l$$

$$7k = l$$

Also gibt es beliebig viele Skalare *k* und *l*, zum Beispiel 1 und 7, für die die Ausgangsgleichung 0 ergibt. Demzufolge sind die beiden Geschwindigkeitsvektoren linear abhängig. Geometrisch bedeutet das: Die beiden Fahrzeuge befinden sich auf der gleichen Straße (hoffentlich auf der jeweils richtigen Fahrbahn), ihre Vektoren sind *kolinear*, sie verlaufen parallel.

Beispiel: Lineare Unabhängigkeit

Jetzt stellen wir uns an einen Bahnübergang. Der Porsche ist längst über alle Berge, aber der Traktor tuckert langsam auf die Schranken zu. Es nähert sich ein Zug mit dem Geschwindigkeitsvektor $\vec{v}_{\text{RegionalExpress}} = (8{,}40)$.

Stellen Sie erneut die Gleichung auf, diesmal mit Traktor und Regional-Express:

$$k \cdot \vec{v}_{\text{RegionalExpress}} + l \cdot \vec{v}_{\text{Traktor}} = \vec{0}$$

$$k \cdot (8{,}40) + l \cdot (-35, -7) = (0{,}0)$$

Es ergibt sich das Gleichungssystem:

$$\begin{vmatrix} 8k - 35l = 0 \\ 40k - 7l = 0 \end{vmatrix}$$

Das ist schnell gelöst:

$$\begin{vmatrix} 8k - 35l = 0 \\ -200k + 35l = 0 \end{vmatrix}$$

Verwenden Sie das Additionssystem:

$$-192k = 0$$

$$k = 0$$

Eingesetzt führt dies zu:

$$-35l = 0$$

$$l = 0$$

Beide Skalarfaktoren sind 0, demzufolge sind die beiden Vektoren linear unabhängig. Geometrisch bedeutet das für Traktor und Zug, dass sie nicht parallel zueinander fahren.

Einheitsvektoren und Basis

Es ist für jeden Vektorraum möglich, sich hinreichend viele linear unabhängige Vektoren auszusuchen, aus denen sich mittels beliebiger Linearkombinationen alle anderen Elemente des Vektorraums darstellen lassen.

Besonders naheliegend ist die Wahl von möglichst einfachen Vektoren für diesen Zweck, nämlich den *Einheitsvektoren*. Für den zweidimensionalen Vektorraum $\mathbb{R}^2$ sind das diese hier:

$$\vec{e}_x = (1{,}0); \;\; \vec{e}_y = (0{,}1)$$

Diese Vektoren sind natürlich linear unabhängig und haben beide die handliche Länge 1. Sie spannen in der Ebene ein Koordinatensystem auf, in dem Ortsvektoren $\vec{v}$ Punkte (x,y) definieren mit:

$$\vec{v} = x \cdot \vec{e}_x + y \cdot \vec{e}_y$$

Basierend auf diesen üblichen Einheitsvektoren bilden dann x und y die kartesischen Koordinaten eines Punktes. Grundsätzlich aber können Sie den Vektorraum $\mathbb{R}^2$ auch mit anderen Vektoren bilden.

Jeder linear unabhängige Satz von Vektoren, der geeignet ist, alle Elemente eines Vektorraums durch Linearkombinationen zu erzeugen, heißt »Basis« dieses Vektorraums.

Jede Basis eines gegebenen Vektorraums besteht aus gleich vielen Vektoren. Die Anzahl dieser Vektoren heißt *Dimension* des Vektorraums und wird so geschrieben:

$$\dim V = n$$

Also ist die Dimension des $\mathbb{R}^2 = 2$ und $\dim \mathbb{R}^3 = 3$.

Die Dimension eines Vektorraums, der nur aus dem Nullvektor besteht, ist übrigens definiert als 0.

Das war bis hierher ziemlich abstrakt, nicht wahr? Dann ist es wirklich dringend Zeit für etwas Praxis:

Vektorrechnung mit Sage

Sage beherrscht Vektoren in beliebigen Dimensionen. Sie müssen beim Eingeben allerdings darauf achten, Vektoren nicht mit Mengen oder Listen (Arrays) zu verwechseln. Letztere verwenden eckige Klammern. Vektoren erzeugen Sie aus einer Liste von Zahlen:

```
sage: a=vector([2,5,2])
```

Das Resultat ist ein Element des Vektorraums $\mathbb{R}^3$. Erzeugen Sie ein zweites, und addieren Sie beide:

```
sage: b=vector([-1,2,0])
sage: a+b
(1, 7, 2)
```

Natürlich beherrscht Sage auch die Skalarmultiplikation:

```
sage: 2*a-2*b
(6, 6, 4)
```

Den Betrag eines Vektors errechnet Sage mit der Funktion `norm()`.

```
sage: b.norm()
sqrt(5)
```

Wie Sie sehen, rechnet Sage die Wurzel nicht aus, die sich aus der Anwendung des Satzes von Pythagoras ergibt. Sie können das aber erzwingen:

```
sage: float(b.norm())
2.23606797749979
```

Sie können prüfen, ob Vektoren linear unabhängig sind, indem Sie Sage das zugehörige Gleichungssystem lösen lassen:

$x \cdot \vec{a} + y \cdot \vec{b} = \vec{0}$

```
sage: x,y=var('x,y')
sage: solve([x*2-y*1==0,x*5+y*2==0,x*2==0],[x,y])
[[x == 0, y == 0]]
```

Da für beide Skalarfaktoren 0 herauskommt, sind die beiden Vektoren linear unabhängig.

25.3 Entspannungsübungen

Aufgabe 1: Berechnen Sie!

a) $(2{,}1) + (8{,}9) =$

b) $\begin{pmatrix} -1 \\ 4 \end{pmatrix} + 2 \cdot \begin{pmatrix} 0 \\ 19 \end{pmatrix} =$

c) $\frac{1}{2} \cdot \big((3{,}0{,}8{,}2) + (-1{,}2{,}0,-2)\big) =$

Aufgabe 2: Lineare Abhängigkeit

Sind die angegebenen Vektoren linear abhängig? Sie können selbst nachrechnen oder Sage die Sache überlassen.

a) $\vec{a} = (1245{,}42), \vec{b} = (-2490, -84)$

Ist $B = (\vec{a}, \vec{b})$ eine Basis von $\mathbb{R}^2$?

b) $\vec{u} = \begin{pmatrix} 1 \\ 4 \\ 5 \end{pmatrix}, \vec{m} = \begin{pmatrix} -1 \\ -4 \\ 5 \end{pmatrix}$

Ist $B = (\vec{u}, \vec{m})$ eine Basis von $\mathbb{R}^3$?

c) $\vec{x} = (1, i), \qquad \vec{y} = (2i, -1)$

Ist $B = (\vec{x}, \vec{y})$ eine Basis von $\mathbb{C}^2$?

Aufgabe 3: Der geheime Anflugvektor

Das Raumschiff steuert auf eine geheimnisvolle Station zu, als der Kapitän ruft: »Anflugvektor Picard Beta!« Sie sind der neue Fähnrich an Bord der Enterprise und haben keine Ahnung, was der Captain mit seinem Befehl meint. Sie schlagen schnell in der Bord-Wikipedia nach. Dort finden Sie folgende Angaben:

Persönlicher Geheimvektor des Captains: (3,12; 4,12; 5,12)

Geheime Anflugmatrix: 1,2,3 – 4,2,1 – 3,2,0

Skalierungsfaktor: 0,02 Parsec

Während Sie sich noch fragen, was das für eine Art von Geheimhaltung ist, wenn doch alles frei zugänglich im Bordcomputer steht, geht schon der rote Alarm los und jetzt eilt es aber wirklich ... deshalb dürfen Sie auch GeoGebra benutzen.

Hinweis: Eine Matrix geben Sie in GeoGebra zeilenweise ein, indem sie jede Zeile in eigene Klammern setzen.

25.4 Lösungen

Aufgabe 1

a) $(2,1) + (8,9) = (10,10)$

b) $\begin{pmatrix} -1 \\ 4 \end{pmatrix} + 2 \cdot \begin{pmatrix} 0 \\ 19 \end{pmatrix} = \begin{pmatrix} -1 \\ 42 \end{pmatrix}$

c) $\frac{1}{2} \cdot \big((3,0,8,2) + (-1,2,0,-2)\big) = (1,1,4,0)$

Aufgabe 2

a) Die beiden Vektoren $\vec{a} = (1245,42), \vec{b} = (-2490,-84)$ sind linear abhängig, da $2 \cdot \vec{a} + 1 \cdot \vec{b} = \vec{0}$ ist. Da es mindestens ein Element des Vektorraums $\mathbb{R}^2$ (sagen wir: (1,0)) gibt, das durch keine Linearkombination der beiden Vektoren erzeugt werden kann, ist *B* ganz sicher keine Basis.

b) Die beiden Vektoren sind linear unabhängig. Sage findet schnell heraus, dass nur eine Linearkombination mit den Skalarfaktoren 0 den Nullvektor ergibt:

```
sage: solve([x*1-y==0,4*x-4*y==0,5*x+5*y==0],[x,y])
[[x == 0, y == 0]]
```

Die beiden Vektoren können trotzdem keine Basis des $\mathbb{R}^3$ sein. Jede Basis eines gegebenen Vektorraums besteht aus gleich vielen Vektoren, und Sie können auf Anhieb eine Basis des $\mathbb{R}^3$ nennen, die drei statt nur zwei Vektoren hat: (1,0,0),(0,1,0),(0,0,1).

c) Die beiden Vektoren $\vec{x} = (1,i),\ \vec{y} = (2i,-1)$ sind in der Tat linear unabhängig, denn:

$a \cdot \vec{x} + b \cdot \vec{y} = \vec{0}$ entspricht dem linearen Gleichungssystem:

$$\begin{vmatrix} a + 2bi = 0 \\ ai - b = 0 \end{vmatrix}$$

Wenn Sie die zweite Gleichung nach $b = ai$ umstellen, können Sie das in die erste einsetzen und erhalten:

$a + 2ai^2 = 0$

$a - 2a = 0$

$a = 0$

Wenn $a = 0$ ist, zeigt die zweite Gleichung, dass auch $b = 0$ sein muss. Also sind die beiden Vektoren linear unabhängig. Aber bilden Sie auch eine Basis? Immerhin hat $\mathbb{C}^2$ sozusagen vier Dimensionen, weil komplexe Zahlen ja allein schon zweidimensional sind, oder?

Der Knackpunkt ist: Die Skalarfaktoren a,b für die Linearkombinationen unserer gegebenen Vektoren dürfen Elemente aus $\mathbb{C}$ sein! Diese lassen sich tatsächlich für jeden Vektor $(u, v) \in \mathbb{C}^2$ finden. Rechnen Sie sie einfach aus:

$a \cdot \vec{x} + b \cdot \vec{y} = (u, v)$ entspricht dem linearen Gleichungssystem:

$$\left| \begin{matrix} a + 2bi = u \\ ai - b = v \end{matrix} \right|$$

Stellen Sie die zweite Gleichung nach b um:

$b = ai - v$

Einsetzen in Gleichung I:

$a + 2(ai - v)i = u$

$a + 2ai^2 - 2iv = u$

$a - 2a - 2iv = u$

$-a - 2iv = u$

$a = -2iv - u$

Da u und v beide komplex sind, existiert diese Lösung mit Sicherheit. Auch b kann sich nicht dagegen wehren, ausgerechnet zu werden:

$b = (-2iv - u)i - v$

$b = -2i^2v - ui - v$

$b = 2v - ui - v$

$b = v - ui$

Beispielsweise lässt sich der Vektor $(8,\pi i)$ erzeugen als Linearkombination mit $a = -2i^2\pi - 8 = 2\pi - 8$ und $b = \pi i - 8i = (\pi - 8)i$.

Somit bilden die beiden angegebenen Vektoren tatsächlich eine Basis von $\mathbb{C}^2$. Da es sich um zwei Stück handelt, ist die Dimension dieses Vektorraums $\dim \mathbb{C}^2 = 2$.

Aufgabe 3

Die Erläuterungen deuten darauf hin, dass Sie zunächst die Anflugmatrix *M* mit dem angegebenen Vektor *a* multiplizieren müssen und das Ergebnis mit dem Faktor *s*.

Geben Sie zunächst alles im GeoGebra CAS ein:

```
a=(3.12, 4.12, 5.12)
```

Beachten Sie, dass Sie den englischen Dezimalpunkt benutzen müssen.

```
M=((1,2,3),(4,2,1),(3,2,0))
s=0.02
```

Stellen Sie GeoGebra dann die eigentliche Rechenaufgabe:

```
s M a =
```

Als Ergebnis erscheint ein Vektor mit Brüchen, und mit einem Klick auf die Ungefähr-gleich-Taste erhalten Sie das Ergebnis:

(0.6992, 0.4944, 0.2696)

Die Einheit der drei Raumkoordinaten ist offenbar Parsec. Hoffentlich reichen die vier angegebenen Nachkommastellen!

Kapitel 26

Lineare Gleichungssysteme

Um zu prüfen, ob Vektoren linear unabhängig sind oder nicht, mussten Sie im letzten Kapitel ein lineares Gleichungssystem lösen. Da dies eine zentrale Aufgabe der linearen Algebra ist, lohnt ein genauer Blick auf mathematische Hintergründe, Lösungsverfahren und entspannende Beispielaufgaben.

26.1 Das Gauß-Verfahren

Im letzten Kapitel haben wir die lineare Abhängigkeit von je zwei Vektoren im Vektorraum $\mathbb{R}^2$ untersucht. Die Lösung des zugehörigen Gleichungssystems ging in wenigen Zeilen vonstatten – aber leider steigt der Aufwand mit der Dimension des Vektorraums kubisch (Größenordnung n^3). Deshalb melden wir dringenden Bedarf an für eine Lösungsstrategie, die sich möglichst auch in einen Algorithmus für eine Mathematik-Software gießen lässt.

Ein solches Verfahren ist das *Gauß-Verfahren*, benannt natürlich nach Carl Friedrich Gauß.

Umformen gen Dreiecksform

Im allgemeinen Fall mit n Variablen kann ein lineares Gleichungssystem immer in die folgende Form gebracht werden:

$$a_{11}x_1 + a_{12}x_2 + \cdots + a_{1n}x_n = b_1$$

$$a_{21}x_1 + a_{22}x_2 + \cdots + a_{2n}x_n = b_2$$

$$\ldots$$

$$a_{m1}x_1 + a_{m2}x_2 + \cdots + a_{mn}x_n = b_m$$

Die Koeffizienten a_{ij} und die Komponenten b_i des Lösungsvektors $\vec{b}$ sind gegeben, die Komponenten x_j des Vektors $\vec{x}$ sind gesucht. Falls alle $b_i = 0$ sind (wie im Fall der Prüfung auf lineare Abhängigkeit), so heißt das lineare Gleichungssystem *homogen*, sonst *inhomogen*.

Die Lösungsstrategie beginnt mit der *Vorwärtselimination*: Dazu bringen Sie das Gleichungssystem auf eine *Stufenform*. Das bedeutet, dass Sie durch Umformungen von Gleichungen und Verwenden des Additionsverfahrens eine Gleichung erzeugen, die nur noch eine unbekannte Komponente hat, sowie eine Gleichung mit zweien und so weiter:

$$\alpha_{mn}\, x_n = \beta_m$$

$$\alpha_{m-1,n-1}\, x_{n-1} + \alpha_{m-1,n}\, x_n = \beta_{m-1}$$

Dabei sind die griechischen Symbole wiederum Koeffizienten bzw. Komponenten eines Vektors, die sich aus den Umformungen ergeben. Es genügen das Vertauschen von Zeilen und das Addieren von Vielfachen einer Zeile zu einer anderen. Ebenfalls erlaubt ist das Vertauschen von Spalten.

Natürlich ist das genau die Vorgehensweise, die wir im letzten Kapitel verwendet haben. Die Stufenform erlaubt es, die Lösungskomponente x_j direkt auszurechnen.

Der Rest der Lösungsstrategie ist die *Rücksubstitution*: Sobald die erste Lösungskomponente ausgerechnet ist, setzen Sie sie in jene Gleichung ein, in der abgesehen von ihr selbst nur eine weitere Unbekannte auftaucht. Die kann daraufhin ebenfalls ausgerechnet werden.

Beispiel: Das Gauß-Verfahren

Zu lösen ist das folgende inhomogene lineare Gleichungssystem:

$$\begin{vmatrix} -2x + 4y - 2z = 2 \\ 4x - 6y + z = 0 \\ x + 6y + 2z = 2 \end{vmatrix}$$

Bringen Sie das System in Treppenform. Addieren Sie dazu die Hälfte von Zeile 1 zu Zeile 3, daraus wird die neue Zeile 3:

$$\begin{vmatrix} -2x + 4y - 2z = 2 \\ 4x - 6y + z = 0 \\ 8y + 1z = 3 \end{vmatrix}$$

Addieren Sie das Doppelte von Zeile 1 zu Zeile 2, um auch dort x zu eliminieren:

$$\begin{vmatrix} -2x + 4y - 2z = 2 \\ 2y - 3z = 4 \\ 8y + 1z = 3 \end{vmatrix}$$

Addieren Sie das –4-Fache von Zeile 2 zu Zeile 3:

$$\begin{vmatrix} -2x + 4y - 2z = 2 \\ 2y - 3z = 4 \\ 13z = -13 \end{vmatrix}$$

Damit ist $z = -1$ und lässt sich in Zeile 2 einsetzen:

$$2y + 3 = 4 \Rightarrow y = \frac{1}{2}$$

Die Werte für y und z eingesetzt in Zeile 1 liefern:

$$-2x + 2 + 2 = 2 \Rightarrow x = 1$$

Puh, geschafft!

Es lohnt sich, das umgeformte Gleichungssystem einmal so aufzuschreiben, wie es sich zuletzt darstellte:

$$\begin{vmatrix} x & & & = 1 \\ & y & & = \frac{1}{2} \\ & & z & = -1 \end{vmatrix}$$

An dieser Diagonalform lassen sich die Lösungen direkt ablesen.

Matrix-Schreibweise

Es liegt nahe, sich eine ganze Menge Schreibarbeit zu sparen, indem man das Gleichungssystem als *erweiterte Koeffizientenmatrix* schreibt. Aus dem System im letzten Beispiel wird:

$$\left(\begin{array}{ccc|c} -2 & 4 & -2 & 2 \\ 4 & -6 & 1 & 0 \\ 1 & 6 & 2 & 2 \end{array}\right)$$

Die Umformungen funktionieren nach dem gleichen Algorithmus. Probieren Sie's aus! Die Treppenform ist:

$$\left(\begin{array}{ccc|c} -2 & 4 & -2 & 2 \\ 0 & 2 & -3 & 4 \\ 0 & 0 & 13 & -13 \end{array}\right)$$

Und die Dreiecksform:

$$\left(\begin{array}{ccc|c} 1 & 0 & 0 & 1 \\ 0 & 1 & 0 & \frac{1}{2} \\ 0 & 0 & 1 & -1 \end{array}\right)$$

Sie sehen, dass das Lösen eines linearen Gleichungssystems mit Koeffizientenmatrix weniger Schreibarbeit ist – aber immer noch eine Aufgabe, die man lieber einer Software überlässt.

Eine Matrix bezeichnet man üblicherweise mit einem Großbuchstaben, z. B. A. Dann schreibt sich ein lineares Gleichungssystem so:

$$A\vec{x} = \vec{b}$$

Häufig finden Sie für eine Matrix auch die Koeffizienten-Schreibweise (a_{ij}).

Gleichungssysteme lösen mit Sage

Natürlich kann auch Sage lineare Gleichungssysteme lösen. Dazu geben Sie die Koeffizientenmatrix (ohne den Lösungsvektor) wie folgt zeilenweise ein:

```
sage: A=Matrix([[-2,4,-2],[4,-6,1],[1,6,2]])
```

Definieren Sie den Lösungsvektor:

```
sage: b=vector([2,0,2])
```

Schließlich überlassen Sie Sage die zeitraubende Lösung mittels Gauß-System:

```
sage: A.solve_right(b)
(1, 1/2, -1)
```

Natürlich funktioniert das genauso geschmeidig mit größeren linearen Gleichungssystemen.

26.2 Lösbarkeit linearer Gleichungssysteme

Sie haben bereits Fälle kennengelernt, in denen lineare Gleichungssysteme keine oder unendlich viele Lösungen hatten statt genau einer.

Interpretiert man jede Gleichung im zweidimensionalen Vektorraum $\mathbb{R}^2$ als eine lineare Funktion, entsprechen unendlich viele Lösungen dem Fall, dass beide Funktionen identisch sind, also aufeinanderliegen. Keine Lösungen gibt es, wenn die Funktionsgraphen parallel verlaufen, also gleiche Steigungen, aber unterschiedliche Achsenabschnitte haben. Genau eine Lösung gibt es, wenn die Funktionsgraphen sich in einem Punkt schneiden.

Für Vektorräume mit beliebig hoher Dimension gilt Entsprechendes.

Bedingungen für Lösbarkeit

Lassen Sie uns für den einfachsten Fall mit nur zwei Dimensionen einmal versuchen, die Lösungsbedingungen allgemein zu bestimmen. Dazu stellen wir eine erweiterte Koeffizientenmatrix auf:

$$\left(\begin{array}{cc|c} a_{11} & a_{12} & b_1 \\ a_{21} & a_{22} & b_2 \end{array}\right)$$

Bringen Sie dieses Gleichungssystem zunächst in Stufenform, indem Sie die erste Zeile mit $-a_{21}$ multiplizieren, Zeile 2 mit a_{11} und beide zur neuen Zeile 2 addieren. Dann fällt der Koeffizient links unten weg:

$$\left(\begin{array}{cc|c} a_{11} & a_{12} & b_1 \\ 0 & a_{22}a_{11} - a_{12}a_{21} & b_2a_{11} - b_1a_{21} \end{array}\right)$$

Um an der Stelle rechts unten eine 1 zu erhalten und somit den Lösungskoeffizienten x_2 zu errechnen, müssen Sie Zeile 3 durch $a_{22}a_{11} - a_{12}a_{21}$ teilen. Das geht natürlich nur, wenn dieser Term nicht 0 ergibt. Ist er es aber, sieht unser System wie folgt aus:

$$\left(\begin{array}{cc|c} a_{11} & a_{12} & b_1 \\ 0 & 0 & b_2a_{11} - b_1a_{21} \end{array}\right)$$

Folglich muss also $b_2a_{11} - b_1a_{21} = 0$ sein. Wenn nicht, gibt es keine Lösung, ansonsten unendlich viele. Dann lautet das Gleichungssystem nämlich:

$$\left(\begin{array}{cc|c} a_{11} & a_{12} & b_1 \\ 0 & 0 & 0 \end{array}\right)$$

Lösbarkeit homogener Gleichungssysteme

Homogene lineare Gleichungssysteme sind solche, in denen der Lösungsvektor der Nullvektor ist. Zum Beispiel:

$$\left| \begin{array}{l} 2x + 4y = 0 \\ -3x - y = 0 \end{array} \right|$$

Beziehungsweise:

$$\left(\begin{array}{cc|c} 2 & 4 & 0 \\ -3 & -1 & 0 \end{array}\right)$$

Grundsätzlich besitzt jedes homogene lineare Gleichungssystem mindestens eine Lösung: den Nullvektor. Dies nennt man auch die *triviale Lösung*.

Ob es eine weitere Lösung gibt, können Sie anhand des gerade hergeleiteten Terms $a_{22}a_{11} - a_{12}a_{21}$ prüfen. Er muss null sein, denn die rechte Seite ist es ja auch, da der Lösungsvektor $(b_1, b_2) = \vec{0}$ ist:

$$a_{22}a_{11} - a_{12}a_{21} = b_2a_{11} - b_1a_{21} = 0$$

Wie wir aber gerade herausgefunden haben, gibt es in diesem Fall unendlich viele Lösungen. Tatsächlich gibt es bei homogenen Gleichungssystemen nur diese zwei Fälle: Entweder es existiert nur die triviale Lösung, oder es existieren unendlich viele Lösungen.

Die Determinante

Sie haben gesehen, dass der Term $a_{22}a_{11} - a_{12}a_{21}$ Rückschlüsse auf die Lösbarkeit von linearen Gleichungssystemen zulässt. Deshalb ist es kein Wunder, dass Mathematiker sich einen eigenen Namen dafür ausgedacht haben: *die Determinante.*

Ist die Determinante null, existieren unendlich viele Lösungen, sonst gibt es nur die triviale Lösung.

Für Gleichungssysteme mit mehr als zwei Dimensionen ist die Rechenvorschrift komplizierter. Darauf kommen wir später zu sprechen.

Wichtig zu wissen ist: *Umformungen ändern nichts daran, ob die Determinante null ist oder nicht. Überhaupt nicht verändert wird die Determinante durch das Addieren eines Vielfachen einer Zeile zu einer anderen.*

Deshalb ist die Determinante des ursprünglichen Gleichungssystems dieselbe wie in Treppenform, wenn nur elementare Umformungen verwendet werden – aber wegen der 0-Koeffizienten viel einfacher zu berechnen. *Die Determinante ist das Produkt der Diagonalelemente in Treppenform.*

Daraus folgt: Enthält eine Spalte oder eine Zeile nur Nullen, ist auch die Determinante null.

Beispiel: Berechnen der Determinante

Lassen Sie uns die Determinante des Gleichungssystems aus dem letzten Beispiel berechnen, indem wir die Koeffizientenmatrix in Treppenform bringen.

$$\left(\begin{array}{cc|c} 2 & 4 & 0 \\ -3 & -1 & 0 \end{array}\right)$$

Wir können die rechte Seite weglassen, da dort nie etwas anderes stehen wird als Nullen. Denn die einzigen erlaubten Operationen sind die Multiplikation von Zeilen und deren Addition – und dadurch ändert sich rechts nichts.

$$\begin{pmatrix} 2 & 4 \\ -3 & -1 \end{pmatrix}$$

Addieren Sie zu Zeile 2 das 1,5-Fache von Zeile 1 (3 und 6):

$$\begin{pmatrix} 2 & 4 \\ 0 & 5 \end{pmatrix}$$

Addieren Sie die beiden Zeilen, und schreiben Sie das Ergebnis in Zeile 2:

$$\begin{pmatrix} 2 & 4 \\ 0 & 5 \end{pmatrix}$$

Das Produkt der Diagonalelemente ist 10. Die im letzten Abschnitt hergeleitete Formel für die Determinante ergibt dasselbe:

$$a_{22}a_{11} - a_{12}a_{21} = 10$$

Dank der Treppenform ist nur der vordere Term ungleich null, deshalb ist die Determinante das Produkt der beiden Diagonalelemente 2 und 5.

Da wir ausschließlich elementare Umformungen verwendet haben, ist 10 auch die Determinante des ursprünglichen Gleichungssystems.

Man schreibt auch:

$$\det\begin{pmatrix} 2 & 4 \\ 0 & 5 \end{pmatrix} = 10$$

Oder:

$$\begin{vmatrix} 2 & 4 \\ 0 & 5 \end{vmatrix} = 10$$

Das ist ungleich null, daher hat das homogene Gleichungssystem nur die triviale Lösung.

Beispiel: Determinante einer nicht invertierbaren Matrix

Wie lautet die Determinante der folgenden Matrix?

$$M = \begin{pmatrix} 4 & 2 \\ -8 & -4 \end{pmatrix}$$

Verwenden Sie einfach die Formel:

$$a_{22}a_{11} - a_{12}a_{21} = 4 \cdot (-4) - 2 \cdot (-8) = -16 + 16 = 0$$

Die Determinante ist null, das zugehörige homogene Gleichungssystem hat also unendlich viele Lösungen.

Beispiel: Determinanten berechnen mit Sage

Natürlich kann Sage auch Determinanten berechnen. Versuchen Sie es mal mit dem Beispiel aus Abschnitt 27.1:

```
sage: A=Matrix([[-2,4,-2],[4,-6,1],[1,6,2]])
sage: A.det()
-52
```

Da diese Determinante ungleich null ist, hat das zugehörige inhomogene lineare Gleichungssystem genau eine Lösung (unabhängig vom Vektor $\vec{b}$).

Gleichungssysteme lösen mit GeoGebra

Sie können in GeoGebra nicht direkt die Gleichung *Ax=b* lösen. Stattdessen müssen Sie die Matrix *A* invertieren. Um zu prüfen, ob das überhaupt möglich ist, können Sie zunächst die Determinante berechnen. Geben Sie zuerst die Matrix mit geschweiften Klammern ein:

```
A := {{-2,4,-2},{4,-6,1},{1,6,2}}
```

Berechnen Sie die Determinante wie folgt:

```
Determinante(A)
```

Es erscheint der richtige Wert: –52.

Definieren Sie jetzt den Vektor b:

```
b= {2,0,2}
```

Was leider nicht funktioniert, ist:

```
Löse(Ax=b)
```

Aber Sie kennen ja eine Alternative: Invertieren Sie die Matrix und multiplizieren Sie sie dann mit dem Vektor:

```
B=Invertiere(A)
c=Bb
```

Somit erscheint das erwartete Ergebnis: (1; 0.5; 1).

Machen Sie ruhig die Probe:

```
Ac
```

GeoGebra zeigt Ihnen den Vektor b, also (2, 0, 2).

Die Regel von Sarrus

Determinanten von 3×3-Matrizen zu berechnen, ist ein bisschen umständlicher, deshalb überlassen wir es meistens einer Software. Sie sollten aber zumindest einmal davon gehört haben, wie es im Prinzip funktioniert: mit der *Regel von Sarrus.*

Dazu schreiben Sie die 3×3-Matrix zweimal nebeneinander und bauen einen »Jägerzaun« (Abbildung 26.1).

Für jedes der sechs »Bretter« bilden Sie ein Produkt aus den je drei Koeffizienten. Die Bretter, die von links oben nach rechts unten führen, addieren Sie, die restlichen ziehen Sie ab. Dann kommen Sie auf folgende Formel für die Determinante:

$$\det A = a_{11}a_{22}a_{33} + a_{12}a_{23}a_{31} + a_{13}a_{21}a_{32} \\ -a_{13}a_{22}a_{31} - a_{11}a_{23}a_{32} - a_{12}a_{21}a_{33}$$

Abbildung 26.1 Die Regel von Sarrus beschreibt, wie ein Jägerzaun eine Determinante liefert.

Cramersche Regel

Man kann lineare inhomogene Gleichungssysteme allein durch das Berechnen von Determinanten lösen. Diese ursprünglich von Leibniz entdeckte *Determinantenmethode* ist heute nach dem Mathematiker Gabriel Cramer benannt.

Die Rechenregel besagt, dass die Komponenten des Lösungsvektors $(x_1, ..., x_n)$ einzeln wie folgt berechnet werden können:

$$x_i = \frac{\det A_i}{\det A}$$

Dabei ist A die Koeffizientenmatrix und A_i dieselbe Matrix, aber darin wird die i-te Spalte durch den Lösungsvektor $\vec{b}$ ersetzt.

In Zeiten von leicht verfügbarer Mathematik-Software ist es natürlich viel zu umständlich, $n + 1$ Determinanten auszurechnen, um ein Gleichungssystem mit n Dimensionen per Hand zu lösen.

Beispiel: Lösung mit cramerscher Regel (und Sage)

Nehmen wir uns erneut das Beispiel von weiter oben vor:

$$\left(\begin{array}{ccc|c} -2 & 4 & -2 & 2 \\ 4 & -6 & 1 & 0 \\ 1 & 6 & 2 & 2 \end{array}\right)$$

Die Determinante der Matrix ist –52, das hatten wir bereits weiter oben Sage entlockt. Jetzt ersetzen Sie die erste Spalte durch den Lösungsvektor und berechnen:

$$\det\begin{pmatrix} 2 & 4 & -2 \\ 0 & -6 & 1 \\ 2 & 6 & 2 \end{pmatrix}$$

Das erledigt Sage mit einem Einzeiler:

```
sage: Matrix([[2,4,-2],[0,-6,1],[2,6,2]]).det()
-52
```

Damit können Sie die erste Komponente des Lösungsvektors ausrechnen:

$$x_1 = \frac{\det\begin{pmatrix} 2 & 4 & -2 \\ 0 & -6 & 1 \\ 2 & 6 & 2 \end{pmatrix}}{\det\begin{pmatrix} -2 & 4 & -2 \\ 4 & -6 & 1 \\ 1 & 6 & 2 \end{pmatrix}} = \frac{-52}{-52} = 1$$

Die beiden weiteren Komponenten benötigen die passenden Determinanten im Zähler, während der Nenner gleich bleibt.

```
sage: Matrix([[-2,2,-2],[4,0,1],[1,2,2]]).det()
-26
sage: Matrix([[-2,4,2],[4,-6,0],[1,6,2]]).det()
52
```

Auch auf diesem Weg erhalten Sie also den Lösungsvektor $\vec{x} = (1, \frac{1}{2}, -1)$.

26.3 Entspannungsübungen

Aufgabe 1: Zeit für eines der beliebten Zahlenrätsel!

Gesucht ist eine dreistellige Zahl mit Quersumme 17. Die erste Ziffer und das Dreifache der zweiten Ziffer ergeben zusammen 11. Die dritte Ziffer minus das Doppelte der zweiten ergeben 3. Wie lautet die Zahl?

Aufgabe 2: Lösen Sie mit Sage oder GeoGebra

a) $\det\begin{pmatrix} 1 & -3 & 2 & 3 \\ 1 & 4 & -1 & 0 \\ 3 & 5 & -1 & 3 \\ 3 & -2 & 2 & 0 \end{pmatrix}$

b) $\left(\begin{array}{cc|c} 3 & -4 & 12 \\ 3 & 1 & 12 \end{array}\right)$

26.4 Lösungen

Aufgabe 1

Stellen Sie zunächst das lineare Gleichungssystem mit den drei Unbekannten h (Hunderter), z (Zehner) und e (Einer) auf. Um auf die allgemeine 3-mal-3-Form des linearen Gleichungssystems zu kommen, füge ich Eins- und Null-Faktoren hinzu.

$$\left| \begin{array}{c} 1h + 1z + 1e = 17 \\ h + 3z + 0e = 11 \\ 0h - 2z + 1e = 3 \end{array} \right|$$

Als erweiterte Koeffizientenmatrix:

$$\left(\begin{array}{ccc|c} 1 & 1 & 1 & 17 \\ 1 & 3 & 0 & 11 \\ 0 & -2 & 1 & 3 \end{array}\right)$$

Formen Sie um. Addieren Sie das –1-Fache von Zeile 1 zu Zeile 2:

$$\left(\begin{array}{ccc|c} 1 & 1 & 1 & 17 \\ 0 & 2 & -1 & -6 \\ 0 & -2 & 1 & 3 \end{array}\right)$$

Addieren Sie Zeile 2 zu Zeile 3:

$$\left(\begin{array}{ccc|c} 1 & 1 & 1 & 17 \\ 0 & 2 & -1 & -6 \\ 0 & 0 & 0 & -3 \end{array}\right)$$

Das Gleichungssystem ist nicht lösbar, da die letzte Zeile unerfüllbar ist ($0 \neq 3$).

Erinnern Sie sich an die zugehörige Regel über Determinanten?

Enthält eine Spalte oder eine Zeile nur Nullen, ist auch die Determinante null.

Das ist hier der Fall – und ist die Determinante null, hat das zugehörige Gleichungssystem keine Lösung. Es gibt also keine Zahl, die die gegebenen Bedingungen erfüllt.

Aufgabe 2

a) Lösung mit Sage:

```
sage: Matrix([[1,-3,2,3],[1,4,-1,0],[3,5,-1,3],[3,-2,2,0]])
.det()
42
```

In GeoGebra geben Sie zunächst ein:

```
A={{1,-3,2,3},{1,4,-1,0},{3,5,-1,3},{3,-2,2,0}}
```

Lassen Sie sich dann die Determinante berechnen:

```
Determinante(A)
```

Auch GeoGebra kommt auf die richtige Lösung: 42.

b) Lösung mit Sage:

```
sage: Matrix([[3,-4],[3,1]]).solve_right(vector([12,12]))
(4, 0)
```

In GeoGebra geben Sie ein:

```
B= {{3,-4},{3,1}}
b=(12,12)
C=Invertiere(B)
Cb
```

Kapitel 27

Willkommen in der Matrix

Eine Matrix eignet sich nicht nur bestens als Filmkulisse und zur einfachen Darstellung linearer Gleichungssysteme. Man kann noch viel mehr damit anstellen, wie dieses Kapitel zu berichten weiß.

27.1 Lineare Abbildungen

Im letzten Kapitel habe ich Ihnen eine Matrix-Schreibweise als Abkürzung für ein lineares Gleichungssystem aufgetischt. Schauen Sie sich einmal diese Schreibweise an:

$$\begin{pmatrix} 2 & 4 \\ -3 & -1 \end{pmatrix} \cdot \begin{pmatrix} x \\ y \end{pmatrix} = \begin{pmatrix} 0 \\ 0 \end{pmatrix}$$

Rechts steht der Nullvektor, links die Multiplikation eines Vektors mit einer Matrix. Diese Operation ist so definiert, dass unser Gleichungssystem herauskommt:

$$\begin{pmatrix} 2x + 4y \\ -3x - 1y \end{pmatrix} = \begin{pmatrix} 0 \\ 0 \end{pmatrix}$$

Ganz ähnlich wie bei eindimensionalen Funktionen steckt dahinter eine Nullstellensuche: Welchen Vektor (x,y) muss ich in eine Abbildung stecken, damit am Ende (0,0) herauskommt?

So betrachtet ist unsere Matrix eine Funktion für Vektoren, genannt: *lineare Abbildung*.

Definition linearer Abbildungen

Die lineare Algebra beschäftigt sich mit linearen Abbildungen, und zur Sicherheit sollten wir uns darauf einigen, was das genau bedeutet:

Eine Abbildung A zwischen Vektorräumen V,W heißt *linear*, wenn für Vektoren $\overrightarrow{v_1}, \overrightarrow{v_2} \in V$ und für beliebige Skalare k_1,k_2 der folgende Zusammenhang gilt:

$$A(k_1 \cdot \overrightarrow{v_1} + k_2 \cdot \overrightarrow{v_2}) = k_1 \cdot A(\overrightarrow{v_1}) + k_2 \cdot A(\overrightarrow{v_2})$$

Die Ergebnisvektoren einer solchen Abbildung nennt man auch *Bildvektoren*.

Beispiel: Lineare Abbildung

Untersuchen wir einmal die Abbildung, die hinter der oben genannten Matrix steckt, auf ihre Linearität. Dazu schicken wir einen Vektor rein, der eine Linearkombination von zwei anderen Vektoren ist (linke Seite obiger Gleichung) und vergleichen mit dem einzelnen Anwenden der Skalare und der Addition (rechte Seite):

$$\begin{pmatrix} k_1 v_{1x} + k_2 v_{2x} \\ k_1 v_{1y} + k_2 v_{2y} \end{pmatrix} \cdot \begin{pmatrix} 2 & 4 \\ -3 & -1 \end{pmatrix}$$

$$= k_1 \begin{pmatrix} v_{1x} \\ v_{1y} \end{pmatrix} \cdot \begin{pmatrix} 2 & 4 \\ -3 & -1 \end{pmatrix} + k_2 \begin{pmatrix} v_{2x} \\ v_{2y} \end{pmatrix} \cdot \begin{pmatrix} 2 & 4 \\ -3 & -1 \end{pmatrix}$$

Sie sehen sofort: Dank der bekannten Rechengesetze stimmt das.

Eigenschaften linearer Abbildungen

Sie sind jetzt ja schon Experte für Vektoren, deshalb erlaube ich mir, fürderhin die Pfeile über den Buchstaben wegzulassen. Es wird Zeit, sich an diese Kurzschreibweise zu gewöhnen. Auch schreibe ich für lineare Abbildungen nicht mehr $A(\vec{v})$, sondern Av.

Mit dieser sparsamen Schreibweise tische ich Ihnen zunächst einige mehr oder weniger triviale Zusammenhänge auf.

- Jede lineare Abbildung liefert für den Nullvektor den Nullvektor:

  $$A0 = 0$$

- Es gilt das Distributivgesetz:

  $$A(u + v) = Au + Av$$

- Der *Nulloperator* ist eine lineare Abbildung:

  $$0: v \to 0$$

  Die zugehörige Matrix ist voller Nullen:

  $$\begin{pmatrix} 0 & \cdots & 0 \\ \vdots & \ddots & \vdots \\ 0 & \cdots & 0 \end{pmatrix}$$

- Die *Identität* ist eine lineare Abbildung:

  $$I: v \to v$$

  Diese Abbildung ändert den Ausgangsvektor nicht. Dazu gehört die *Einheitsmatrix*:

  $$\begin{pmatrix} 1 & \cdots & 0 \\ \vdots & \ddots & \vdots \\ 0 & \cdots & 1 \end{pmatrix}$$

  Diese Matrix hat überall Nullen, nur auf der Diagonalen nicht.

  Natürlich gibt es die Identität nur für Vektorräume mit gleichen Dimensionen. Es gibt also beispielsweise keine identische Abbildung von Vektoren mit zwei Dimensionen auf solche mit drei.

- Eine Matrix kann quadratisch sein, muss sie aber nicht. Sie können ohne Weiteres eine lineare Abbildung wie diese hier betrachten:

  $$A: \mathbb{R}^2 \to \mathbb{R}^3, A = \begin{pmatrix} 1 & 0 \\ 2 & -1 \\ -2 & 2 \end{pmatrix}$$

- Jede lineare Abbildung zwischen zwei endlichdimensionalen Vektorräumen V, W kann als Matrix dargestellt werden. Wenn die beiden Vektorräume die Dimensionen n bzw. m haben, so handelt es sich um eine $m \times n$-Matrix mit m Zeilen und n Spalten, dies ist die *Abbildungsmatrix*. Sind m und n gleich, ist die Matrix *quadratisch*.

- Die Koeffizienten der Matrix sind jene Koeffizienten, mit denen man die Bildvektoren der Basisvektoren von V für die Basisvektoren von W errechnen kann. Solange wir die Einheitsvektoren als Basis verwenden, ergibt sich die Matrix genau so, wie bisher in diesem Kapitel geschehen.
- Quadratische Matrizen bilden einen Vektorraum auf denselben Vektorraum ab, z. B. $\mathbb{R}^2 \to \mathbb{R}^2$. Man nennt dies *Selbstabbildung* oder *Endomorphismus*.

Beispiel: Eine Abbildungsmatrix

Gegeben ist die Abbildung A: $\mathbb{R}^2 \to \mathbb{R}^3$ mit der folgenden Abbildungsmatrix:

$$A = \begin{pmatrix} 1 & 0 \\ 2 & -1 \\ -2 & 2 \end{pmatrix}$$

Lassen Sie uns den Bildvektor des Vektors (–1,2) berechnen.

$$\begin{pmatrix} 1 & 0 \\ 2 & -1 \\ -2 & 2 \end{pmatrix} \begin{pmatrix} -1 \\ 2 \end{pmatrix} = \begin{pmatrix} 1 \cdot (-1) + 0 \cdot 2 \\ 2 \cdot (-1) + (-1) \cdot 2 \\ -2 \cdot (-1) + 2 \cdot 2 \end{pmatrix} = \begin{pmatrix} -1 \\ -4 \\ 6 \end{pmatrix}$$

Kern, Bild und Dimensionsformel

Falls Sie Mathe studieren, sollten Sie noch ein paar abstrakte Begriffe kennen.

Die Menge aller Vektoren Av, also aller möglichen Bildvektoren für alle Vektoren $v \in V$, nennt man *Bild* von $A: V \to W$.

Das Bild von A ist ein Teilraum von W. Die Dimension des Bildes nennt man auch *Rang* der linearen Abbildung.

Ein weiterer wichtiger Begriff ist der *Kern* einer linearen Abbildung: Das ist die Menge der Vektoren von V, für die die lineare Abbildung den Nullvektor liefert, also: Kern $A = \{ v \in V, Av = 0\}$

Der Kern ist nichts anderes als die Menge der Lösungen der homogenen Gleichung $Av = 0$. Dazu gehört, wie Sie bereits wissen, auf jeden Fall der Nullvektor selbst.

Hieraus ergibt sich die *Dimensionsformel*. Sie besagt für lineare Abbildungen A über den n-dimensionalen Vektorraum V:

$$\dim \text{Kern } A + \dim \text{Bild } A = n$$

Beispiel: Dimensionsformel

Schauen wir uns die Dimensionsformel für unser bewährtes Beispiel an:

$$A\colon \mathbb{R}^2 \to \mathbb{R}^3, A = \begin{pmatrix} 1 & 0 \\ 2 & -1 \\ -2 & 2 \end{pmatrix}$$

Die Dimension von $\mathbb{R}^2$ ist 2. Aber was ist der Kern?

Dazu lösen wir das homogene Gleichungssystem mit Sage:

```
sage: A=Matrix([[1,0],[2,-1],[-2,2]])
sage: A.solve_right(vector([0,0,0]))
(0, 0)
```

Das ist der Nullvektor. Also ist dim Kern $A = 0$.

Der Bildvektorraum lässt sich darstellen als jener Vektorraum, der aufgespannt wird aus den Bildvektoren einer Basis von $\mathbb{R}^2$.

$$\begin{pmatrix} 1 & 0 \\ 2 & -1 \\ -2 & 2 \end{pmatrix}\begin{pmatrix} 1 \\ 0 \end{pmatrix} = \begin{pmatrix} 1 \\ 2 \\ -2 \end{pmatrix}$$

$$\begin{pmatrix} 1 & 0 \\ 2 & -1 \\ -2 & 2 \end{pmatrix}\begin{pmatrix} 0 \\ 1 \end{pmatrix} = \begin{pmatrix} 0 \\ -1 \\ 2 \end{pmatrix}$$

Der Bildvektorraum hat also offensichtlich eine Dimension von 2. Dass die beiden Vektoren keine Einheitsvektoren sind, stört nicht – denn jede Basis hat ja die gleiche Dimension. Jedenfalls ist dim Bild $A = 2$.

Die Dimensionsformel lautet für unsere lineare Abbildung A also: $0 + 2 = 2$

Praktische Anwendungen

Was bisher ziemlich abstrakt und bisweilen ziemlich langweilig klingt, hat in den Wissenschaften erhebliche Bedeutung. Wie sich herausstellt, lassen sich sehr viele Zusammenhänge als lineare Abbildungen schreiben. Anwendungen gibt es in der Biologie, Elektrotechnik, Physik – aber vor allem in der Informatik. *Deep Learning*, also die Grundlage von Bild- und Spracherkennung, ist eines der wichtigsten Gebiete, Kryptografie ein anderes.

27.2 Verknüpfung linearer Abbildungen

Die Verknüpfung zweier linearer Abbildungen ist erneut eine lineare Abbildung. Lassen Sie uns verschiedene Möglichkeiten untersuchen:

Summen von Matrizen

Die Summe von zwei linearen Abbildungen A,B ist gegeben durch eine dritte lineare Abbildung C, deren Koeffizienten die Summen der Koeffizienten von A und B sind. Es gilt also:

$A + B = C$ mit $(a_{ij} + b_{ij}) = (c_{ij})$

Beispiel: Matrizen addieren

Addieren Sie die beiden folgenden Matrizen:

$$A = \begin{pmatrix} 1 & 0 \\ 2 & -1 \\ -2 & 2 \end{pmatrix}, B = \begin{pmatrix} 2 & 2 \\ 1 & 0 \\ 1 & 0 \end{pmatrix}$$

Das Resultat ist natürlich:

$$C = \begin{pmatrix} 1+2 & 0+2 \\ 2+1 & -1+0 \\ -2+1 & 2+0 \end{pmatrix} = \begin{pmatrix} 3 & 2 \\ 3 & -1 \\ -1 & 2 \end{pmatrix}$$

Vielfache von Matrizen

Sie können eine Matrix mit einem Skalar k multiplizieren, indem Sie jeden Koeffizienten a_{ij} der Matrix mit diesem Skalar multiplizieren:

$kA = B$ mit $(ka_{ij}) = (\mathrm{b}_{ij})$

Addition und Faktor lassen sich kombinieren. Die Koeffizienten der Matrix einer Abbildung $\mathrm{C} = kA + lB$ sind folglich $(c_{ij}) = (ka_{ij} + lb_{ij})$.

Matrizenmultiplikation

Wenn Sie lineare Abbildungen verketten, also hintereinander ausführen, können Sie die zugehörigen Matrizen multiplizieren, um daraus eine einzige zu machen. Die Matrizenmultiplikation $C = AB$ ist wie folgt definiert:

$$c_{ik} = \sum_{j=1}^{m} a_{ij} \cdot b_{jk}$$

Das bedeutet, dass der Koeffizient i, k der resultierenden Matrix aus Zeile i und Spalte k der beiden zu multiplizierenden Matrizen entsteht.

Das wird viel klarer durch ein Beispiel:

Beispiel: Matrizenmultiplikation

Gegeben sind zwei Matrizen:

$$A: \mathbb{R}^2 \rightarrow \mathbb{R}^3, A = \begin{pmatrix} 0 & 1 & 0 \\ 1 & 2 & 1 \end{pmatrix}$$

$$B: \mathbb{R}^3 \rightarrow \mathbb{R}^2, B = \begin{pmatrix} 1 & 0 \\ 2 & -1 \\ -2 & 2 \end{pmatrix}$$

Die beiden Matrizen multiplizieren wir so:

$$\begin{pmatrix} 0 & 1 & 0 \\ 1 & 2 & 1 \end{pmatrix} \cdot \begin{pmatrix} 1 & 0 \\ 2 & -1 \\ -2 & 2 \end{pmatrix} = \begin{pmatrix} c_{11} & c_{12} \\ c_{21} & c_{22} \end{pmatrix}$$

Zeile 1 von A wird mit Spalte 1 von B ausmultipliziert und aufsummiert, um den Koeffizienten c_{11} zu errechnen: $c_{11} = 0 \cdot 1 + 1 \cdot 2 + 0 \cdot (-2) = 2$

Der Koeffizient c_{12} oben rechts verwendet die obere Zeile von Matrix A und die rechte Spalte von Matrix B:

$$c_{12} = 0 \cdot 0 + 1 \cdot (-1) + 0 \cdot 2 = -1$$

Und so weiter:

$$c_{21} = 1 \cdot 1 + 2 \cdot 2 + 1 \cdot (-2) = 3$$

$$c_{22} = 1 \cdot 0 + 2 \cdot (-1) + 1 \cdot 2 = 0$$

Das Ergebnis lautet also:

$$AB = \begin{pmatrix} 2 & -1 \\ 3 & 0 \end{pmatrix}$$

Übrigens: Eine Multiplikation einer Matrix mit sich selbst entspricht einer Potenz und kann auch genauso geschrieben werden. So ist:

$$(AB)^2 = \begin{pmatrix} 2 & -1 \\ 3 & 0 \end{pmatrix}^2 = \begin{pmatrix} 2 & -1 \\ 3 & 0 \end{pmatrix} \cdot \begin{pmatrix} 2 & -1 \\ 3 & 0 \end{pmatrix} = \begin{pmatrix} 1 & -2 \\ 6 & -3 \end{pmatrix}$$

Beachten Sie unbedingt, dass die Matrixmultiplikation nicht kommutativ ist:

$$AB \neq BA$$

Falls Sie eine Gleichung umformen müssen, an der Matrizen beteiligt sind, müssen Sie unterscheiden zwischen Matrizenmultiplikation »von links« und »von rechts«. Beides ist erlaubt aber nicht dasselbe:

$$B + C = D + E \qquad | \cdot A$$

$$(B + C)A = (D + E)A$$

Aber auch:

$$B + C = D + E \qquad |A \cdot$$

$$A(B + C) = A(D + E)$$

Die inverse Abbildung

Zu einer bijektiven linearen Abbildung $A: V \to W$ lässt sich eine eindeutige Umkehrung finden, die ebenfalls eine lineare Abbildung A^{-1} ist. Das bedeutet, dass die Verkettung der beiden Abbildungen die Einheitsmatrix ergibt, also die Identitäts-Abbildung. In Buchstaben heißt das:

$$A \cdot A^{-1} = I$$

Wegen der Dimensionsformel funktioniert das nur, wenn $\dim V = \dim W$ ist.

Die zugehörige Matrix heißt *invertierbar.*

Falls eine Matrix invertierbar ist, können Sie eine Gleichung wie die folgende umformen:

$$A \cdot x = b$$

Das ist nichts anderes als ein inhomogenes lineares Gleichungssystem. Gesucht ist der Lösungsvektor x. Sie können diese Gleichung auf beiden Seiten von links mit der inversen Matrix A^{-1} multiplizieren:

$$A^{-1} \cdot A \cdot x = A^{-1} \cdot b$$

Das Matrixprodukt aus einer Matrix und ihrer Inversen ist die Einheitsmatrix, also die Identitäts-Abbildung I:

$$I \cdot x = A^{-1} \cdot b$$

Damit haben Sie eine einfache Rechenvorschrift, um x zu ermitteln:

$$x = A^{-1} \cdot b$$

Beispiel: Matrix invertieren

Lassen Sie uns die inverse Matrix suchen zu:

$$A = \begin{pmatrix} 2 & 2 \\ 4 & 1 \end{pmatrix}$$

Man kann eine Matrix schriftlich invertieren, indem man das Gauß-Verfahren anwendet, das Sie schon aus Abschnitt 26.1 (Unterabschnitt »Matrix-Schreibweise«) kennen. Dazu schreibt man die Koeffizienten und die Einheitsmatrix nebeneinander:

$$\left(\begin{array}{cc|cc} 2 & 2 & 1 & 0 \\ 4 & 1 & 0 & 1 \end{array}\right)$$

Jetzt führen Sie Gauß-Umformungen durch, bis auf der linken Seite die Einheitsmatrix steht.

Addieren Sie das –2-Fache von Zeile 1 zu Zeile 2:

$$\left(\begin{array}{cc|cc} 2 & 2 & 1 & 0 \\ 0 & -3 & -2 & 1 \end{array}\right)$$

Teilen Sie Zeile 2 durch –3:

$$\left(\begin{array}{cc|cc} 2 & 2 & 1 & 0 \\ 0 & 1 & \frac{2}{3} & -\frac{1}{3} \end{array}\right)$$

Addieren Sie das –2-Fache von Zeile 2 zu Zeile 1:

$$\left(\begin{array}{cc|cc} 2 & 0 & -\frac{1}{3} & \frac{2}{3} \\ 0 & 1 & \frac{2}{3} & -\frac{1}{3} \end{array}\right)$$

Teilen Sie Zeile 1 durch 2:

$$\left(\begin{array}{cc|cc} 1 & 0 & -\frac{1}{6} & \frac{1}{3} \\ 0 & 1 & \frac{2}{3} & -\frac{1}{3} \end{array}\right)$$

Fertig! Die invertierte Matrix ist:

$$A^{-1} = \begin{pmatrix} -\frac{1}{6} & \frac{1}{3} \\ \frac{2}{3} & -\frac{1}{3} \end{pmatrix}$$

Natürlich ist es viel zu zeitraubend, eine Matrix auf diese Weise zu invertieren – für solche und andere Aufgaben gibt es zum Glück fähige Software.

Matrizenrechnung mit Sage

Natürlich müht sich niemand gerne damit ab, Matrizen von Hand auszurechnen. Außer in Übungsaufgaben wie diesen hier passiert das so gut wie nie. In vielen Anwendungen – beispielsweise beim Deep Learning – sind die Dimensionen der beteiligten Vektorräume so groß, dass man froh ist, eine Software wie Sage zu beherrschen.

Erzeugen Sie doch mal eine Matrix mit Sage:

```
sage: A=Matrix([[1,0],[2,-1],[-2,2]])
```

Und einen Vektor:

```
sage: v=vector([1,2])
```

Lassen Sie Sage die lineare Abbildung auf den Vektor anwenden, d. h. multiplizieren Sie A mit v:

```
sage: A*v
(1, 0, 2)
```

Versuchen Sie mal, eine Matrix mit Sage zu invertieren:

$$A = \begin{pmatrix} 2 & 2 \\ 4 & 1 \end{pmatrix}$$

```
sage: A=Matrix([[2,2],[4,1]])
```

Berechnen Sie die inverse Matrix:

```
sage: A.inverse()
[-1/6  1/3]
[ 2/3 -1/3]
```

Multiplizieren Sie die Matrix A mit der gefundenen Inversen:

```
sage: A.inverse()*A
[1 0]
[0 1]
```

Langweilig? Dann multiplizieren Sie A doch mit einer anderen Matrix:

```
sage: B=Matrix([[-1,1],[0,2]])
sage: C=B*A
sage: C
[ 2 -1]
[ 8  2]
```

Invertieren Sie diese Matrix! Sie erhalten:

```
sage: C.inverse()
[ 1/6 1/12]
[-2/3  1/6]
```

Das ist übrigens identisch mit dem umgekehrten Produkt der beiden inversen Matrizen:

```
sage: A.inverse()*B.inverse()
[ 1/6 1/12]
[-2/3  1/6]
```

Es gilt also:

$$(AB)^{-1} = B^{-1}A^{-1}$$

Matrixoperationen mit GeoGebra

Sie haben schon im letzten Kapitel gesehen, dass Sie mit GeoGebra verschiedene Matrixberechnungen durchführen können. Um eine Abbildung zu visualisieren, schalten Sie GeoGebra auf den Geometrie-Modus um und zeichnen Sie irgendein Dreieck ins Koordinatensystem (am besten im positiven x/y-Quadranten).

Sie sehen im Algebra-Bereich die Definitionen der Punkte A, B, C und des Polygons $d1$, die GeoGebra dazu protokolliert.

Dann definieren Sie eine Transformationsmatrix, zum Beispiel die Spiegelmatrix für die y-Achse:

```
M={{-1,0},{0,1}}
```

Fügen Sie dann dem Diagramm ein zweites Polygon hinzu, indem Sie schreiben:

```
d2 = Polygon(MA,MB,MC)
```

GeoGebra zeichnet daraufhin ein Spiegelbild Ihres Dreiecks, da jeder einzelne Punkt mittels der Matrix an der y-Achse gespiegelt wird. Verschieben Sie ruhig die Punkte des Originals: Das Spiegelbild bewegt sich mit!

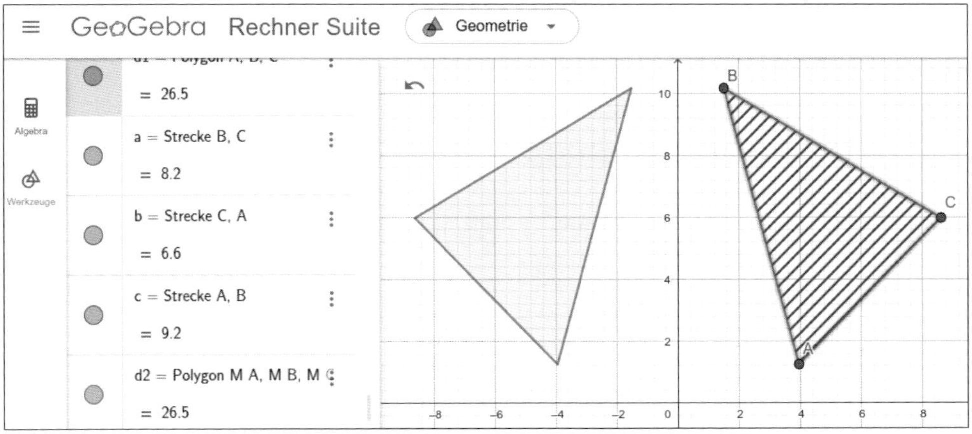

Abbildung 27.1 In GeoGebra können Sie die Auswirkung einer Abbildungsmatrix sofort ausprobieren. Ändern Sie ruhig mal die Matrix nach Belieben und schauen Sie, was passiert!

Aufgaben

27.3 Entspannungsübungen

Angetreten zu Ihrer Entspannung sind:

$$A = \begin{pmatrix} 1 & 1 & -1 \\ 0 & 2 & 0 \end{pmatrix}, B = \begin{pmatrix} 1 & -2 \\ 2 & -1 \end{pmatrix}, v = \begin{pmatrix} 2 \\ 1 \\ -1 \end{pmatrix}, w = \begin{pmatrix} 3 \\ 4 \end{pmatrix}$$

Aufgabe 1: Berechnen Sie, soweit möglich!

a) $Av =$

b) $Bw =$

c) $AB =$

$BA =$

d) $BAv =$

$BAw =$

Aufgabe 2: Berechnen Sie mittels inverser Matrix!

$Bx = w$

$x =$

Aufgabe 3: Wenden Sie die Dimensionsformel an!

$\dim \text{Bild}\,(B^2) =$

27.4 Lösungen

Aufgabe 1

a) $Av = \begin{pmatrix} 1 & 1 & -1 \\ 0 & 2 & 0 \end{pmatrix} \cdot \begin{pmatrix} 2 \\ 1 \\ -1 \end{pmatrix} = \begin{pmatrix} 4 \\ 2 \end{pmatrix}$

b) $Bw = \begin{pmatrix} 1 & -2 \\ 2 & -1 \end{pmatrix} \cdot \begin{pmatrix} 3 \\ 4 \end{pmatrix} = \begin{pmatrix} -5 \\ -2 \end{pmatrix}$

c) Nur BA lässt sich berechnen, da für AB die Größen der Matrizen nicht passen.

$$BA = \begin{pmatrix} 1 & -3 & -1 \\ 2 & 0 & -2 \end{pmatrix}$$

d) Nur BAv lässt sich berechnen:

$$BAv = \begin{pmatrix} 1 & -3 & -1 \\ 2 & 0 & -2 \end{pmatrix} \cdot \begin{pmatrix} 2 \\ 1 \\ -1 \end{pmatrix} = \begin{pmatrix} 0 \\ 6 \end{pmatrix}$$

Aufgabe 2

Gefragt wird hier nach der Lösung eines inhomogenen Gleichungssystems:

$$\left(\begin{array}{cc|c} 1 & -2 & 3 \\ 2 & -1 & 4 \end{array}\right)$$

Sie können das mit dem Gauß-Verfahren lösen, oder Sie ermitteln die inverse Matrix. Denn die Umkehrabbildung würde ja aus dem Vektor w den gesuchten Vektor machen.

Die inverse Matrix ist besonders übersichtlich, wenn man einen Faktor $\frac{1}{3}$ ausklammert:

$$B^{-1} = \frac{1}{3}\begin{pmatrix} -1 & 2 \\ -2 & 1 \end{pmatrix}$$

Dann ist der gesuchte Vektor:

$$x = B^{-1}w = \frac{1}{3}\begin{pmatrix} -1 & 2 \\ -2 & 1 \end{pmatrix} \cdot \begin{pmatrix} 3 \\ 4 \end{pmatrix} = \frac{1}{3}\begin{pmatrix} 5 \\ -2 \end{pmatrix} = \begin{pmatrix} \frac{5}{3} \\ -\frac{2}{3} \end{pmatrix}$$

Aufgabe 3

Die Matrix B ist ja invertierbar, wie wir in der vorangegangenen Aufgabe gesehen haben. Also hat das zugehörige homogene Gleichungssystem nur die Lösung 0. Kern B enthält nur den Nullvektor, und nach der Dimensionsformel ist dim Bild $B = 2$. Wendet man dieselbe Abbildung ein zweites Mal an, gilt dasselbe und demzufolge auch dim Bild $B^2 = 2$.

Kapitel 28

Eigenwerte, Determinanten und Co.

Es gibt eine ganze Reihe von Zusammenhängen in der linearen Algebra, die sich bei genauerer Betrachtung auffinden lassen. Deshalb packen wir für dieses Kapitel die Lupe aus und spielen Matrizen-Detektiv. Ist das hier etwa ein Eigenwert, Mr. Watson?

28.1 Matrizen unter der Lupe

In diesem Kapitel erläutere ich einige Zusammenhänge zwischen den Elementen der linearen Algebra, die Sie bisher kennengelernt haben.

Determinante und Invertierbarkeit

Im vorangegangenen Kapitel habe ich Ihnen gezeigt, dass eine Matrix genau dann invertierbar ist, wenn das zugehörige homogene lineare Gleichungssystem als einzige Lösung den Nullvektor hat.

Letzteres bedeutet aber auch, dass die Determinante der Matrix ungleich null ist. Wir können also festhalten:

$\det A \neq 0 \Leftrightarrow A$ invertierbar

Dann ist die zugehörige lineare Abbildung *bijektiv*, die Umkehrabbildung existiert, und zu jedem Funktionswert gibt es einen Vektor, der auf ihn abgebildet wird. Eine solche Matrix heißt auch *regulär*.

Die Determinante des Produkts zweier Matrizen ist übrigens gleich dem Produkt der Einzelmatrizen:

$\det AB = \det A \cdot \det B$

Da die Determinante der Einheitsmatrix 1 ist, folgt hieraus:

$1 = \det E = \det(AA^{-1}) = \det A \cdot \det A^{-1}$

Also:

$\det A^{-1} = (\det A)^{-1}$

Somit ist die Determinante der inversen Matrix reziprok zur Determinante des Originals.

Beispiel: Determinante und Invertierbarkeit

Schauen Sie sich die folgende Matrix an:

$$A = \begin{pmatrix} 1 & 3 \\ -2 & -6 \end{pmatrix}$$

Fragen Sie Sage nach der Determinante:

```
sage: A=Matrix([[1,3],[-2,-6]])
sage: A.det()
0
```

Die Determinante ist null, also ist die Matrix nicht invertierbar. Die zugehörige lineare Abbildung ist nicht injektiv, das lineare homogene Gleichungssystem ist nicht eindeutig lösbar. Die Matrix ist nicht regulär, man nennt sie *singulär.*

Die beiden Zeilenvektoren sind linear abhängig, und die Spaltenvektoren sind es auch. Sie können mühelos beliebig viele Lösungen für das homogene Gleichungssystem angeben. Dazu setzen Sie eine der beiden Zeilen der Gleichung Ax gleich null:

$$1 \cdot x_1 + 3 \cdot x_2 = 0$$

$$x_1 = -3x_2$$

Passende Lösungsvektoren wären also beispielsweise (–3,1) und beliebige Vielfache davon. Dass alle diese Vektoren denselben Bildvektor (0,0) haben, widerlegt gleichzeitig die Injektivität.

Basiswechselmatrix

Sie können eine spezielle Matrix verwenden, um Vektoren von einer Basis auf eine andere umzurechnen. Sie erinnern sich an Abschnitt 26.2? Jedes Element eines Vektorraums kann durch geeignete Linearkombination von Basisvektoren dargestellt werden. Wenn Sie sich die Basis als das gewählte Koordinatensystem vorstellen, bedeutet ein Basiswechsel eine Änderung des Koordinatensystems.

Wenn es zwei Basen $B = (b_1, ..., bn)$ und $C = (c_1, ..., cn)$ eines n-dimensionalen Vektorraums gibt, so ist die Basiswechselmatrix W_{BC} (für den Wechsel von Basis B nach C) eine $n \times n$-Matrix. Sie ist invertierbar, und ihre Inverse ist die Basiswechselmatrix in Gegenrichtung, also W_{CB}.

Die Vektoren einer Basis lassen sich zu einer Matrix zusammensetzen, wobei jeder Basisvektor eine Spalte bildet. Dann gilt:

$$B = C \cdot W_{BC}$$

Daraus ergibt sich eine Berechnungsvorschrift für die Basiswechselmatrix:

$$W_{BC} = C^{-1} \cdot B$$

Ist B die Einheitsmatrix, sind also die Basisvektoren Standard-Einheitsvektoren, ist $C^{-1} \cdot B = C^{-1} \cdot 1 = C^{-1}$, die Basiswechselmatrix ist also einfach die Inverse der neuen Matrix. Matrizen, die dieselbe lineare Abbildung beschreiben, aber mit unterschiedlichen Basen, heißen *ähnlich.*

Übrigens ist die Determinante basisunabhängig!

Beispiel: Ein Basiswechsel

Betrachten wir einmal zwei Basen im Vektorraum $\mathbb{R}^2$:

$$B = \left(\begin{pmatrix}1\\0\end{pmatrix}, \begin{pmatrix}0\\1\end{pmatrix}\right)$$

$$C = \left(\begin{pmatrix}1\\-1\end{pmatrix}, \begin{pmatrix}-1\\0\end{pmatrix}\right)$$

Praktischerweise ergibt die Basis B die Einheitsmatrix $\begin{pmatrix}1 & 0\\0 & 1\end{pmatrix}$. Die Basiswechselmatrix ist dann die Inverse der als Matrix geschriebenen neuen Basis:

$$W_{BC} = \begin{pmatrix}1 & -1\\-1 & 0\end{pmatrix}^{-1} = \begin{pmatrix}0 & -1\\-1 & -1\end{pmatrix}$$

Um einen Vektor von der einen Basis auf die andere umzurechnen, müssen Sie ihn nur mit der Basiswechselmatrix multiplizieren. Nehmen wir als erstes Beispiel den Vektor (3,2):

$$\begin{pmatrix}0 & -1\\-1 & -1\end{pmatrix} \cdot \begin{pmatrix}3\\2\end{pmatrix} = \begin{pmatrix}-2\\-5\end{pmatrix}$$

Machen Sie die Probe:

$$-2 \cdot \begin{pmatrix}1\\-1\end{pmatrix} - 5 \cdot \begin{pmatrix}-1\\0\end{pmatrix} = \begin{pmatrix}3\\2\end{pmatrix}$$

Rechnen Sie schließlich den Nullvektor um:

$$W_{BC} \cdot \begin{pmatrix}0\\0\end{pmatrix} = \begin{pmatrix}0\\0\end{pmatrix}$$

Das wird Sie kaum überraschen. Die Basiswechselmatrix ist invertierbar, also ist die Determinante ungleich null und der Nullvektor die einzige Lösung des linearen homogenen Gleichungssystems.

Basiswechsel mit GeoGebra

In GeoGebra können Sie eine Matrixmultiplikation ausführen, um eine Basiswechselmatrix zu errechnen. Probieren Sie es aus! Geben Sie zunächst eine Basismatrix B und eine zweite Basismatrix C ein:

```
B = {{1,0,0},{0,-1,0},{0,1,-1}}
C = {{-1,0,1},{0,1,0},{0,0,1}}
```

Die Basiswechselmatrix berechnen Sie dann wie oben angegeben:

```
W = Invertiere(C) B
```

Vergleichen Sie Ihr Ergebnis!

$$W = \begin{pmatrix} -1 & 1 & -1 \\ 0 & -1 & 0 \\ 0 & 1 & -1 \end{pmatrix}$$

28.2 Eigenwerte

Und nun zur Rockmusik.

Viele Musikinstrumente geben nur deshalb Töne von sich, weil es zu den zugehörigen Schwingungsgleichungen nicht beliebige, sondern diskrete Lösungen gibt – deshalb schwingt eine Saite mit ihren *Eigenfrequenzen*, und wenn sie auf bestimmte Weise angeschlagen wird, nicht mit der ersten, sondern mit einer höheren (einem Oberton), was Rock-Gitarristen gern ausnutzen. Eigenfrequenzen sind Lösungen einer Wellengleichung mit Randbedingungen; auf ganz ähnliche Probleme trifft man bei gekoppelten Pendeln. Diese Aufgaben sind alle zu kompliziert für dieses Buch, aber was Eigenwerte sind, sollten Sie wissen. Los geht's!

Das Eigenwertproblem

Ein *Eigenvektor* einer Matrix A ist ein Vektor v, der durch die Abbildung nur seine Länge ändert, also:

$$Av = kv$$

Dabei ist k eine skalare Konstante und heißt *Eigenwert* der Abbildung. Was das bedeutet, können Sie sich am besten geometrisch vor Augen halten. Nullvektoren wollen wir hier ausschließen.

Beispiel: Eine Scherung

Im zweidimensionalen ebenen Koordinatensystem sei eine Abbildung mit der folgenden Matrix gegeben:

$$A = \begin{pmatrix} 1 & 2 \\ 0 & 1 \end{pmatrix}$$

Geometrisch bewirkt diese Matrix eine *Scherung*. Das können Sie sehen, wenn Sie die folgenden vier Eckpunkte eines Rechtecks als Vektoren betrachten und durch unsere Abbildung schleusen (Abbildung 28.1):

$$A \cdot \begin{pmatrix} 0 \\ 0 \end{pmatrix} = \begin{pmatrix} 0 \\ 0 \end{pmatrix}$$

$$A \cdot \begin{pmatrix} 2 \\ 0 \end{pmatrix} = \begin{pmatrix} 2 \\ 0 \end{pmatrix}$$

$$A \cdot \begin{pmatrix} 0 \\ 1 \end{pmatrix} = \begin{pmatrix} 2 \\ 1 \end{pmatrix}$$

$$A \cdot \begin{pmatrix} 2 \\ 1 \end{pmatrix} = \begin{pmatrix} 4 \\ 1 \end{pmatrix}$$

Genau auf diese Weise führt auch ein Bildbearbeitungsprogramm eine solche geometrische Transformation aus.

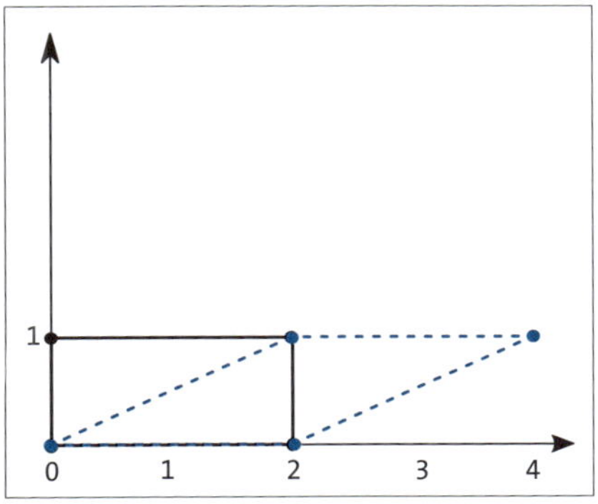

Abbildung 28.1 Das ursprüngliche Rechteck erfährt durch unsere Abbildung eine Scherung.

Unter den Eck-Vektoren sind zwei, die sich durch die Abbildung nicht verändern, nämlich jene auf der x-Achse (also mit $y = 0$).

Somit ist $\begin{pmatrix} 1 \\ 0 \end{pmatrix}$ ein Eigenvektor der Abbildung mit dem Eigenwert 1.

Aber wie lassen sich Eigenwerte berechnen?

Berechnung von Eigenwerten

Für Eigenwerte gilt ja:

$$Av = kv$$

Bringen Sie in dieser Gleichung alles auf eine Seite:

$$Av - kv = 0$$

Das zweite Produkt lässt sich mit der Einheitsmatrix I ergänzen, sodass man auch dort eine Matrix erhält:

$$Av - kIv = 0$$

Jetzt können Sie den Eigenvektor ausklammern:

$$(A - kI)v = 0$$

Das ist ein lineares homogenes Gleichungssystem mit einer Matrix, bei der auf der Diagonalen überall k subtrahiert wird. Es ist lösbar, wenn seine Determinante null ist:

$$\det(A - kI) = 0$$

Lassen Sie uns versuchen, das auszurechnen.

Beispiel: Eigenwerte der Scherung

Nehmen Sie sich die Matrix der Scherungsabbildung und subtrahieren Sie auf der Diagonalen k:

$$A = \begin{pmatrix} 1 & 2 \\ 0 & 1 \end{pmatrix} \to A - kI = \begin{pmatrix} 1-k & 2 \\ 0 & 1-k \end{pmatrix}$$

Die Determinante einer solchen 2×2-Matrix ist:

$$\det(A - kI) = (a_{22} - k)(a_{11} - k) - a_{12}a_{21}$$

In unserem Fall also:

$$\det\begin{pmatrix} 1-k & 2 \\ 0 & 1-k \end{pmatrix} = (1-k)(1-k) - 0 = (1-k)^2$$

Diese Determinante heißt auch *charakteristisches Polynom*. Es ist für $n \times n$-Matrizen ein Polynom n-ten Grades.

Im Beispiel haben wir eine quadratische Gleichung vor uns, die sich zum Glück leicht lösen lässt: $k = 1$. Dies ist ein sogenannter *zweifacher* Eigenwert, weil er eine *zweifache* Nullstelle des Polynoms zweiten Grades ist.

Setzen wir ihn ein, können wir den zugehörigen Eigenvektor ausrechnen, denn damit ist das Gleichungssystem lösbar, weil die Determinante 0 ist:

$$(A - 1 \cdot I)v = 0$$

Das ist mal wieder ein lineares homogenes Gleichungssystem:

$$\begin{pmatrix} 0 & 2 \\ 0 & 0 \end{pmatrix} v = 0$$

Dessen erste Zeile verlangt:

$$2v_y = 0$$

Das ist nur erfüllbar, wenn $v_y = 0$ ist, während v_x beliebig ist.

Damit sind all jene Vektoren Eigenvektoren zum Eigenwert 1, deren y-Wert 0 ist, während der x-Wert egal ist: $\begin{pmatrix} x \\ 0 \end{pmatrix}$ sind also die Eigenvektoren, das sind geometrisch betrachtet natürlich alle Punkte auf der x-Achse – also jene, die bei einer Scherung unverändert bleiben.

Multiplizieren Sie jetzt zur Probe unsere Eigenvektoren mit der Abbildungsmatrix:

$$\begin{pmatrix} 1 & 2 \\ 0 & 1 \end{pmatrix} \begin{pmatrix} x \\ 0 \end{pmatrix} = \begin{pmatrix} 1 \cdot x + 2 \cdot 0 \\ 0 \cdot x + 1 \cdot 0 \end{pmatrix} = \begin{pmatrix} x \\ 0 \end{pmatrix}$$

Sie sehen: Eigenvektoren bleiben unverändert. Das liegt daran, dass der Eigenwert 1 ist: Der Vektor wird nicht skaliert. Ohnehin bleibt seine Richtung gleich, in diesem Fall entlang der x-Achse.

Übrigens: Das Produkt aller Eigenwerte, potenziert mit ihrer jeweiligen Häufigkeit, ergibt die Determinante der Abbildung.

Eigenräume

Die Menge aller Eigenvektoren zu einem Eigenwert (zuzüglich Nullvektor) nennt man den *Eigenraum* zum Eigenwert k.

Die Dimension des Eigenraums heißt *geometrische Vielfachheit*. Ist sie größer als 1, so lassen sich entsprechend viele linear unabhängige Eigenvektoren finden, die wiederum eine Basis für den Eigenraum bilden.

Ähnliche Matrizen haben gleiche Eigenwerte.

Beispiel: Abbildung ohne Eigenwerte

Nicht jede Matrix hat Eigenwerte. Hier kommt ein Beispiel:

$$A = \begin{pmatrix} 0 & -1 \\ 1 & 0 \end{pmatrix}$$

Das charakteristische Polynom ist:

$$\det\begin{pmatrix} -k & -1 \\ 1 & -k \end{pmatrix} = k^2 + 1$$

Dieses Polynom hat keine Nullstelle – jedenfalls nicht in den reellen Zahlen. Hingegen gibt es für Abbildungen über komplexe Vektorräume $\mathbb{C}^n$ immer mindestens einen Eigenwert.

Diagonalisieren

Wenn Sie eine Matrix A potenzieren, also eine lineare Abbildung sehr oft anwenden möchten, bedeutet das hohen Rechenaufwand. Dieser lässt sich reduzieren, indem man, falls möglich, einen Basiswechsel so durchführt, dass die resultierende *ähnliche Matrix* Diagonalform hat, also:

$$D_A = \begin{pmatrix} k_1 & \cdots & 0 \\ \vdots & \ddots & \vdots \\ 0 & \cdots & k_n \end{pmatrix}$$

Dann lässt sich die *Matrixpotenz* mit passender Basiswechselmatrix W so schreiben:

$$A^m = W \cdot D_A^m \cdot W^{-1}$$

Und eine Diagonalmatrix lässt sich ganz einfach potenzieren, indem man alle Diagonalelemente potenziert.

Was das mit den Eigenwerten zu tun hat? Ganz einfach: Die Diagonalform enthält die Eigenwerte, und die Basis besteht aus den zugehörigen Eigenvektoren, wenn diese linear unabhängig sind.

Beispiel: Eine Matrix diagonalisieren

Schauen Sie sich die folgende 3 × 3-Matrix an, die wir – wenn möglich – in Diagonalform bringen möchten.

$$A = \begin{pmatrix} 1 & 0 & 2 \\ 1 & 2 & 1 \\ 2 & 0 & 1 \end{pmatrix}$$

Stellen Sie das charakteristische Polynom auf:

$$\det(A - kI) = 0$$

Keine Sorge, die Rechenarbeit dürfen wir unserem treuen Rechenknecht Sage übertragen, der die nötigen Funktionen mitbringt:

```
sage: A=Matrix([[1,0,2],[1,2,1],[2,0,1]])
sage: A.characteristic_polynomial()
x^3 - 4*x^2 + x + 6
```

Das ist ein Polynom dritten Grades, das sich seiner Lösung störrisch widersetzt. Bevor Sie verzweifelt Sage fragen, verrate ich Ihnen bei dieser Gelegenheit einen Trick. Finden Sie eine erste Lösung durch Raten?

Es ist −1, probieren Sie es ruhig aus.

Ist eine Lösung bekannt, können Sie eine *Polynomdivision* durchführen:

$$(x^3 - 4x^2 + x + 6) : (x + 1)$$

Das funktioniert so ähnlich wie schriftliches Dividieren. Teilen Sie das linke Polynom durch die höchste Potenz des Divisors (x), und subtrahieren Sie das Produkt aus dem Resultat mit dem Divisor, also:

$$
\begin{array}{l}
(x^3 - 4x^2 + x + 6) : (x + 1) = x^2 \\
\underline{-(x^3 + x^2)} \\
\qquad -5x^2 + x + 6
\end{array}
$$

Jetzt dividieren Sie $-5x^2$ durch x und addieren das Resultat und subtrahieren wiederum das Produkt:

$$
\begin{array}{l}
(x^3 - 4x^2 + x + 6) : (x + 1) = x^2 - 5x \\
\underline{-(x^3 + x^2)} \\
\qquad -5x^2 + x + 6 \\
\underline{\quad -(-5x^2 - 5x)} \\
\qquad\qquad 6x + 6
\end{array}
$$

Schon sehen Sie das Resultat:

$$(x^3 - 4x^2 + x + 6) : (x + 1) = x^2 - 5x + 6$$

Das ist wiederum eine quadratische Gleichung mit den Lösungen 2 und 3.

Die gefundenen Eigenwerte sind also: −1, 2, 3. Natürlich hätte Sage Ihnen das auch gleich sagen können:

```
sage: A.eigenvalues()
[3, 2, -1]
```

Für jeden Eigenwert sind nunmehr die Eigenräume zu bestimmen.

Auch diese Fleißarbeit überlassen wir Sage:

```
sage: A.eigenspaces_right()
[
(3, Vector space of degree 3 and dimension 1 over Rational Field
```

```
User basis matrix:
[1 2 1]),
(2, Vector space of degree 3 and dimension 1 over Rational Field
User basis matrix:
[0 1 0]),
(-1, Vector space of degree 3 and dimension 1 over Rational Field
User basis matrix:
[ 1 0 -1])
]
```

Die Eigenvektoren sind also:

$$\begin{pmatrix}1\\2\\1\end{pmatrix},\begin{pmatrix}0\\1\\0\end{pmatrix},\begin{pmatrix}1\\0\\-1\end{pmatrix}$$

Alternativ können Sie sich von Sage direkt sowohl die Diagonalmatrix als auch die Basiswechselmatrix erzeugen lassen:

```
sage: D,W=A.eigenmatrix_right()
```

Damit können wir die Basiswechselmatrix hinschreiben, die einfach aus den aneinandergefügten Eigenvektoren besteht:

$$\begin{pmatrix}1 & 0 & 1\\2 & 1 & 0\\1 & 0 & -1\end{pmatrix}$$

Die zugehörige Diagonalmatrix erhalten Sie, wenn Sie die Eigenwerte mit den Einheitsvektoren multiplizieren. Sie besteht aus den Eigenwerten auf der Diagonalen, also:

$$3\cdot\begin{pmatrix}1\\0\\0\end{pmatrix}+2\cdot\begin{pmatrix}0\\1\\0\end{pmatrix}+(-1)\cdot\begin{pmatrix}0\\0\\1\end{pmatrix}=\begin{pmatrix}3 & 0 & 0\\0 & 2 & 0\\0 & 0 & -1\end{pmatrix}$$

Um auf einen Vektor v m-mal die Matrix A anzuwenden, können Sie also stattdessen zunächst die inverse Basiswechselmatrix anwenden, dann die Diagonalmatrix mit m-fachen Potenzen und schließlich wieder die Basiswechselmatrix. Klingt kompliziert? Erspart aber in der Praxis eine Menge Rechenzeit.

28.3 Produkte

Der Überblick über die lineare Algebra wäre nicht vollständig ohne die Produkte aus Vektoren. Davon gibt es zwei, die ich Ihnen zum Abschluss dieses Kapitels vorstelle.

Skalarprodukt

Bisher kennen Sie die Skalarmultiplikation, also das Produkt aus einem Skalar und einem Vektor, dessen Ergebnis ein skalierter Vektor ist:

$$k \cdot v = \begin{pmatrix} kv_1 \\ \vdots \\ kv_n \end{pmatrix}$$

Andere Schreibweise:

$$\langle k, v \rangle$$

Einen leicht zu verwechselnden Namen trägt das *Skalarprodukt* zweier Vektoren miteinander, das gelegentlich auch *inneres Produkt* genannt wird.

Das Resultat eines solchen inneren Produkts zweier Vektoren ist ein Skalar.

Wohlgemerkt ist das Skalarprodukt eine Art »Bonus«, denn es wurde für die bisherigen Überlegungen zu Vektorräumen nicht gebraucht. Aber es hat eine große Bedeutung in der Geometrie und der Physik, deshalb werde ich erklären, welche Anschauung es im euklidischen Raum hat.

Das Skalarprodukt ist in kartesischen, zweidimensionalen Koordinaten:

$$v \cdot w = v_x w_x + v_y w_y$$

In dreidimensionalen Koordinaten sieht das analog aus:

$$v \cdot w = v_x w_x + v_y w_y + v_z w_z$$

Geometrisch ist das gleichbedeutend mit dem Produkt der Beträge und dem eingeschlossenen Winkel α (Abbildung 28.2):

$$v \cdot w = |v| \cdot |w| \cdot \cos \alpha$$

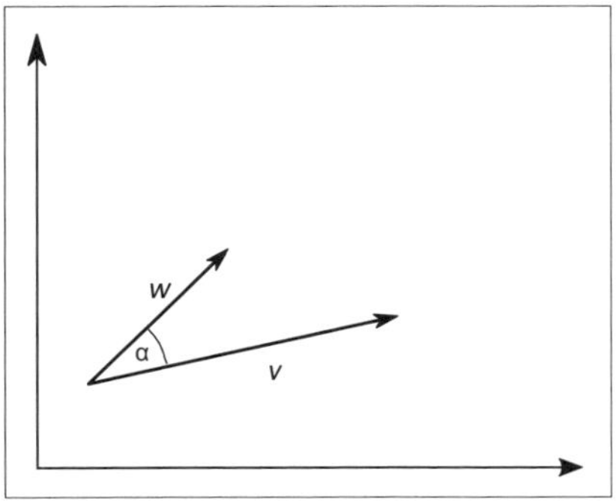

Abbildung 28.2 Das Skalarprodukt zweier Vektoren ist abhängig vom Cosinus des eingeschlossenen Winkels.

Da der Cosinus für einen Winkel von 0° gleich 1 ist, ist das Skalarprodukt in dem Fall gleich dem Produkt der Beträge. Sind die beiden Vektoren orthogonal, d. h., ist der Winkel zwischen ihnen 90°, sind der Cosinus und damit auch das Skalarprodukt 0.

Folglich ist das Skalarprodukt eines Vektors mit sich selbst:

$$v \cdot v = |v|^2$$

Rechts steht das Quadrat des Betrags des Vektors, also seiner Länge. Deshalb ist der Abstand zweier Vektoren:

$$|u - v| = \sqrt{(u - v) \cdot (u - v)}$$

In allgemeinen Vektorräumen, die ja nicht zwangsläufig zwei- oder dreidimensionale euklidische Vektorräume sein müssen, nennt man den Betrag bzw. die Länge eines Vektors eine Skalarproduktnorm und schreibt sie mit zwei Betragsstrichen und den spitzen Skalarprodukt-Klammern:

$$\|u - v\| = \langle u - v, u - v \rangle$$

Schließlich soll noch einmal der Nabla-Operator zu seinem Recht kommen: Ihn auf eine vektorielle Größe (z. B. ein Vektorfeld) anzuwenden, ist formal nichts anderes als ein Skalarprodukt:

$$\vec{\nabla} v = \left(\frac{\partial}{\partial x}, \frac{\partial}{\partial y}, \frac{\partial}{\partial z}\right) \cdot \begin{pmatrix} v_x \\ v_y \\ v_z \end{pmatrix} = \frac{\partial v_x}{\partial x} + \frac{\partial v_y}{\partial y} + \frac{\partial v_z}{\partial z}$$

»Formal« heißt, dass $\vec{\nabla}$ kein Vektor ist, weil seine Komponenten keine Zahlen sind. Die praktische Schreibweise funktioniert trotzdem, aber Rechenregeln im Allgemeinen nicht!

Beispiel: Physikalische Arbeit

In der Mechanik ist die geleistete Arbeit definiert als das Skalarprodukt aus Kraft $\vec{F}$ und Weg $\vec{s}$ (Physiker kennzeichnen Vektoren öfter als Mathematiker, daher stehen hier Pfeile über den Symbolen):

$$W = \vec{F} \cdot \vec{s} = F \cdot s \cdot \cos \alpha$$

Nur Kraft, die in Wegesrichtung wirkt, trägt zur Arbeit bei. Deshalb zieht man einen Zahn senkrecht aus dem Gebiss, nicht schräg.

Kreuzprodukt

Sie können Vektoren auf eine zweite Weise miteinander multiplizieren, und zwar so, dass wieder ein Vektor herauskommt. Dieses Produkt heißt *Kreuzprodukt, Vektorprodukt* oder *äußeres Produkt* und wird so geschrieben:

$v \times w = u$

Der Vektor u steht senkrecht auf der Ebene, die v und w aufspannen, und seine Länge entspricht dem Flächeninhalt des so entstehenden Parallelogramms (Abbildung 28.3).

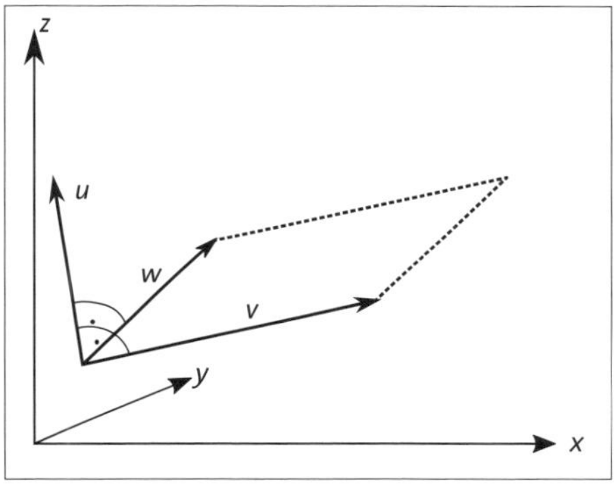

Abbildung 28.3 Das Kreuzprodukt ergibt einen Vektor, der senkrecht auf der von den miteinander multiplizierten Vektoren aufgespannten Ebene steht.

Gemeinsam bilden die drei Vektoren ein Rechtssystem, d. h. Sie können sich die Orientierung der Achsen mit den ersten drei Fingern der rechten Hand veranschaulichen. So ist das Kreuzprodukt der kartesischen Einheitsvektoren in x- und y-Richtung beispielsweise:

$e_x \times e_y = e_z$

Der Betrag des Kreuzprodukts hängt im Gegensatz zum Skalarprodukt vom Sinus ab:

$|v \times w| = |v||w| \sin \alpha$

Ist der eingeschlossene Winkel null, d. h., haben die beiden Vektoren die gleiche Richtung, ist ihr Kreuzprodukt also ebenfalls null.

Das gilt auch für das Kreuzprodukt eines Vektors mit sich selbst:

$v \times v = 0$

Da der Sinus (im Gegensatz zum Cosinus) punktsymmetrisch zum Ursprung ist, ist das Kreuzprodukt nicht kommutativ, sondern antikommutativ:

$v \times w = -w \times v$

Auch das Assoziativgesetz gilt nicht!

Im kartesischen Koordinatensystem berechnet man das Kreuzprodukt so:

$$v \times w = \begin{pmatrix} v_x \\ v_y \\ v_z \end{pmatrix} \times \begin{pmatrix} w_x \\ w_y \\ w_z \end{pmatrix} = \begin{pmatrix} v_y w_z - v_z w_y \\ v_z w_x - v_x w_z \\ v_x w_y - v_y w_x \end{pmatrix}$$

Sie können das Kreuzprodukt auch als lineare Abbildung auffassen. Die zugehörige *Kreuzproduktmatrix* ist nicht sonderlich kompliziert:

$$v \times w = \begin{pmatrix} 0 & -v_z & v_y \\ v_z & 0 & -v_x \\ -v_y & v_x & 0 \end{pmatrix} w$$

Kreuzprodukt und Skalarprodukt ergeben das *Spatprodukt*, für das gilt:

$$(v \times w) \cdot x = v \cdot (w \times x)$$

$$(v \times w) \cdot x = -(w \times v) \cdot x$$

Es hat denselben Betrag wie die Determinante der Spaltenmatrix der drei Vektoren:

$$(v \times w) \cdot x = \det(v, w, x)$$

Ist x senkrecht zu $v \times w$, ist das Skalarprodukt und damit auch das Spatprodukt natürlich null.

Schließlich möchte ich Ihnen eine Spezialität nicht verschweigen:

Auch mit dem Nabla-Operator lässt sich »formal« ein Kreuzprodukt bilden. Es hört auf den Namen *Rotation*, abgekürzt wie folgt:

$$\vec{\nabla} \times v = \operatorname{rot} v$$

In der Physik kommt diese Operation bei Vektorfeldern vor, zum Beispiel ist $\operatorname{rot} \vec{H} = \vec{J}$, d. h., die Rotation des Magnetfelds entspricht der Stromdichte (das ist eine Maxwellsche Gleichung).

Beispiel: Kreuzprodukt

Lassen Sie uns zum Ausklang dieses anstrengenden Kapitels ein Kreuzprodukt berechnen:

$$\begin{pmatrix} 1 \\ 0 \\ 0 \end{pmatrix} \times \begin{pmatrix} 0 \\ 1 \\ 0 \end{pmatrix} = \begin{pmatrix} 0 \\ 0 \\ 1 \end{pmatrix}$$

Klar, oder? Die drei Einheitsvektoren des kartesischen Koordinatensystems bilden ein Rechtssystem, e_x und e_y stehen senkrecht aufeinander und haben den Betrag 1, folglich ist e_z das Ergebnis des Kreuzprodukts.

28.4 Entspannungsübungen

Aufgabe 1: Invertieren Sie, wenn möglich!

a) $A = \begin{pmatrix} 3 & 1 \\ 2 & 4 \end{pmatrix}$

b) $B = \begin{pmatrix} 1 & 2 & 1 \\ 0 & 3 & 0 \\ 2 & 2 & 1 \end{pmatrix}$

c) $C = \begin{pmatrix} 1 & 2 & 1 \\ 2 & 2 & 2 \end{pmatrix}$

Aufgabe 2: Ermitteln Sie die Eigenwerte!

$$A = \begin{pmatrix} 2 & -8 \\ -1 & 4 \end{pmatrix}$$

Aufgabe 3: Matrixpotenz

Berechnen Sie:

$$\begin{pmatrix} -1 & 4 & -1 \\ 0 & 3 & 1 \\ 0 & -2 & 0 \end{pmatrix}^6 \cdot \begin{pmatrix} 1 \\ 2 \\ 3 \end{pmatrix}$$

Tun Sie so, als wüssten Sie nicht, wie man mit Sage Matrizen potenziert, und bringen Sie deshalb zunächst die Matrix in Diagonalform.

Aufgabe 4: Berechnen Sie!

a) $\begin{pmatrix} 2 \\ 4 \end{pmatrix} \cdot \begin{pmatrix} -1 \\ 5 \end{pmatrix}$

b) $\begin{pmatrix} 1 \\ 0 \\ 1 \end{pmatrix} \cdot \begin{pmatrix} 0 \\ 274 \\ 0 \end{pmatrix}$

c) $\begin{pmatrix} 1 \\ 2 \\ 7 \end{pmatrix} \times \begin{pmatrix} 0 \\ 2 \\ 0 \end{pmatrix}$

Aufgabe 5: Induktion

Eine Aufgabe speziell für angehende Physiker und Elektrotechniker!

Das *Induktionsgesetz* lautet in differentieller Form:

$$\operatorname{rot} \vec{E} = -\dot{\vec{B}}$$

Dabei ist $\vec{E}$ das elektrische Feld und $\vec{B}$ das magnetische Feld.

Wir betrachten eine ebene elektromagnetische Welle im Vakuum mit folgendem elektrischen Feld:

$$\vec{E} = \vec{E}_0 \sin\left(\omega\left(t - \frac{x}{v}\right)\right)$$

Dabei sind ω und v konstant. Bestimmen Sie die zeitliche Ableitung des Magnetfelds, also $\dot{\vec{B}}$.

28.5 Lösungen

Aufgabe 1

a) $A^{-1} = \begin{pmatrix} \frac{2}{5} & -\frac{1}{10} \\ -\frac{1}{5} & \frac{3}{10} \end{pmatrix}$

b) $B^{-1} = \begin{pmatrix} -1 & 0 & 1 \\ 0 & \frac{1}{3} & 0 \\ 2 & -\frac{2}{3} & -1 \end{pmatrix}$

c) C ist nicht invertierbar, da nur quadratische Matrizen invertierbar sind.

Aufgabe 2

Eigenwerte sind 6 und 0:

```
sage: Matrix([[2,-8],[-1,4]]).eigenvalues()
[6, 0]
```

Aufgabe 3

Zunächst bringen wir mit Sage die Matrix in Diagonalform. Dazu berechnen wir die Eigenwerte und die zugehörige Matrix aus Eigenvektoren:

```
sage: A = matrix([[-1,4,-1],[0,3,1],[0,-2,0]])
sage: A.eigenmatrix_right()
(
[ 2  0  0]  [   1    1    1]
[ 0  1  0]  [ 3/5  1/3    0]
[ 0  0 -1], [-3/5 -2/3    0]
)
```

Damit haben wir die Diagonalform und die Basiswechselmatrix. Von der benötigen wir noch die Inverse.

```
sage: D,W=A.eigenmatrix_right()
sage: W.inverse()
[    0 10/3  5/3]
[    0   -3   -3]
[    1 -1/3  4/3]
```

Dann gilt:

$$\begin{pmatrix} -1 & 4 & -1 \\ 1 & 3 & 1 \\ 0 & -2 & 4 \end{pmatrix}^6 \cdot \begin{pmatrix} 1 \\ 2 \\ 3 \end{pmatrix}$$

$$= \begin{pmatrix} 1 & 1 & 1 \\ \frac{3}{5} & \frac{1}{3} & 0 \\ -\frac{3}{5} & -\frac{2}{3} & 0 \end{pmatrix} \cdot \begin{pmatrix} 2 & 0 & 0 \\ 0 & 1 & 0 \\ 0 & 0 & -1 \end{pmatrix}^6 \cdot \begin{pmatrix} 0 & \frac{10}{3} & \frac{5}{3} \\ 0 & -3 & -3 \\ 1 & -\frac{1}{3} & \frac{4}{3} \end{pmatrix} \cdot \begin{pmatrix} 1 \\ 2 \\ 3 \end{pmatrix}$$

Da die mittlere Matrix jetzt in Diagonalform steht, kann man die Potenz »hineinziehen«. Die 1 und die –1 werden dabei zu 1, 2^6 ist 64.

$$= \begin{pmatrix} 1 & 1 & 1 \\ \frac{3}{5} & \frac{1}{3} & 0 \\ -\frac{3}{5} & -\frac{2}{3} & 0 \end{pmatrix} \cdot \begin{pmatrix} 64 & 0 & 0 \\ 0 & 1 & 0 \\ 0 & 0 & 1 \end{pmatrix} \cdot \begin{pmatrix} 0 & \frac{10}{3} & \frac{5}{3} \\ 0 & -3 & -3 \\ 1 & -\frac{1}{3} & \frac{4}{3} \end{pmatrix} \cdot \begin{pmatrix} 1 \\ 2 \\ 3 \end{pmatrix}$$

Das können Sie leicht mit Sage ausrechnen, wobei Sie die Basiswechselmatrix nicht extra eintippen müssen:

```
sage: D,W=A.eigenmatrix_right()
sage: W*matrix([[64,0,0],[0,1,0],[0,0,1]])*W.inverse()*vector([
1,2,3])
(736, 443, -438)
```

Zur Sicherheit mache ich die Probe:

```
sage: A^6*vector([1,2,3])
(736, 443, -438)
```

Aufgabe 4

a) $\begin{pmatrix}2\\4\end{pmatrix}\cdot\begin{pmatrix}-1\\5\end{pmatrix} = 2\cdot(-1)+4\cdot 5 = -2+20 = 18$

b) $\begin{pmatrix}1\\0\\1\end{pmatrix}\cdot\begin{pmatrix}0\\274\\0\end{pmatrix} = 1\cdot 0+0\cdot 274+1\cdot 0 = 0$

Die beiden Vektoren stehen senkrecht aufeinander, daher ist ihr Skalarprodukt null.

c) Lassen Sie uns das Vektorprodukt mit einer Kreuzproduktmatrix berechnen:

$$\begin{pmatrix}1\\2\\7\end{pmatrix}\times\begin{pmatrix}0\\2\\0\end{pmatrix}=\begin{pmatrix}0&-7&2\\7&0&-1\\-2&1&0\end{pmatrix}\begin{pmatrix}0\\2\\0\end{pmatrix}=\begin{pmatrix}-7\cdot 2\\0\\1\cdot 2\end{pmatrix}=\begin{pmatrix}-14\\0\\2\end{pmatrix}$$

Wenn Sie genau hinschauen, können Sie erkennen, dass der Ergebnisvektor senkrecht auf dem zweiten Vektor des Produkts steht: Da, wo der eine Nullen hat, hat der andere keine. Das führt automatisch zu einem Skalarprodukt von null:

$$\begin{pmatrix}0\\2\\0\end{pmatrix}\cdot\begin{pmatrix}-14\\0\\2\end{pmatrix}=0$$

Aufgabe 5

Zu berechnen ist entsprechend der gegebenen Maxwellschen Gleichung:

$$\dot{\vec{B}} = -\vec{\nabla}\times\vec{E}_0\sin\left(\omega\left(t-\frac{x}{v}\right)\right)$$

Der Nabla-Operator ist also auf den Term für das elektrische Feld anzuwenden. Da darin weder y noch z vorkommen, sind die partiellen Ableitungen nach diesen Variablen 0, nur $\frac{\partial}{\partial x}$ nicht.

Die partielle Ableitung des elektrischen Vektorfeldes nach x ist (nach Anwendung der Kettenregel):

$$\frac{\partial}{\partial x}\vec{E} = -\vec{E}_0 \frac{\omega}{v} \cos\left(\omega\left(t - \frac{x}{v}\right)\right)$$

Beachten Sie, dass $\vec{E}_0$ ein Vektor ist. Dessen y- und z-Komponenten finden sich wieder, wenn man das Kreuzprodukt mit dem Nabla-Operator hinschreibt, wobei nur die partiellen Ableitungen nach x nicht null sind:

$$\vec{\nabla} \times \vec{E} = \begin{pmatrix} 0 \\ -\frac{\partial}{\partial x} E_z \\ \frac{\partial}{\partial x} E_z \end{pmatrix}$$

Dabei sind E_y und E_z die entsprechenden Komponenten des Feldes $\vec{E}$. Wie Sie sehen, taucht die z-Komponente nicht auf. Diese steht senkrecht auf der Ebene, in der sich die Welle fortpflanzt und hat keinen Einfluss auf sie.

Alles außer $\vec{E}_0$ ist ein Skalar und kann der Übersicht halber als Faktor herausgezogen werden. Somit erhalten wir das Resultat:

$$\dot{\vec{B}} = \begin{pmatrix} 0 \\ E_{0z} \\ -E_{0y} \end{pmatrix} \cdot \frac{\omega}{v} \cos\left(\omega\left(t - \frac{x}{v}\right)\right)$$

Beachten Sie, dass ich das Minus-Zeichen in den Vektor gezogen habe, sodass sich dort die Vorzeichen umdrehen. Damit haben wir die gesuchte zeitliche Ableitung des Magnetfeldes ermittelt.

Um das Magnetfeld $\vec{B}$ selbst zu bestimmen, müssten Sie jetzt das Resultat über t integrieren. Aber das überlasse ich vertrauensvoll Ihrer Elektrodynamik-Vorlesung.

Kapitel 29

Besondere Matrizen anwenden

Spezielle Matrizen eignen sich dazu, geometrische Transformationen auszuführen, die für sehr viele Menschen sehr wichtig sind – denn ohne sie würde kein 3D-Game funktionieren.

29.1 Geometrische Transformationen

Bevor wir Alien-Raumschiffe mit Breitseiten aus Matrizen beglücken, lohnt ein Blick auf jene mathematischen Eigenschaften, die diese Matrizen auszeichnen.

Orthonormalsysteme

In Abschnitt 28.3, »Produkte«, hatte ich Ihnen ja schon gezeigt, dass das Skalarprodukt zweier zueinander senkrechter Vektoren null ist. Man schreibt im Fall $u \cdot v = 0$ auch:

$$u \perp v$$

Eine endliche Menge von Vektoren, die alle orthogonal zueinander sind und deren Betrag 1 ist, nennt man *Orthonormalsystem*. Das Skalarprodukt für je zwei verschiedene Vektoren ist dann null, das für zwei gleiche ist 1.

Beispiel: Kartesisches Koordinatensystem

Die Einheitsvektoren des $\mathbb{R}^2$: $e_x = (1{,}0), e_y = (0{,}1)$ bilden ein Orthonormalsystem, denn $e_x \cdot e_y = 0$ und $e_x \cdot e_x = e_y \cdot e_y = 1$.

Natürlich funktioniert dasselbe auch für drei Dimensionen.

Die Vektoren des Orthonormalsystems sind linear unabhängig und bilden eine *Orthonormalbasis*. Sie können jeden Vektor v des zugehörigen Vektorraums darstellen durch eine Linearzerlegung mit den Skalarprodukten aus den Orthonormalvektoren:

$$v = (e_1 \cdot v) \cdot e_1 + \cdots + (e_n \cdot v) \cdot e_n$$

Das ist eine Zerlegung bezüglich der Orthonormalbasis, die die Einheitsvektoren bilden.

Mit unseren kartesischen Einheitsvektoren ist das natürlich trivial. Aber es gibt ja noch andere Koordinatensysteme. Gibt es vielleicht sogar Matrizen, die es ermöglichen, einen Vektor vom kartesischen ins Zylinder- oder Kugelkoordinatensystem umzurechnen? Eins steht fest: Solche Matrizen müssen ganz bestimmten Anforderungen genügen.

Isometrien

Die Physik interessiert sich nicht dafür, in welchem Koordinatensystem Sie sie betrachten. Folglich müssen Beträge vektorieller Größen wie Geschwindigkeit oder Kraft gleichbleiben.

Deshalb ist eine Anforderung an mögliche Transformationsmatrizen T, dass sie den Betrag eines Vektors nicht verändern, also:

$$|Tv| = |v|$$

Daraus folgt, dass das Skalarprodukt zweier Vektoren dasselbe Ergebnis liefert, wenn Sie beide Vektoren transformieren:

$$Tu \cdot Tv = u \cdot v$$

Beispiel: Skalarprodukt isometrischer Abbildungen

Die folgende Transformationsmatrix *T* ist eine Isometrie:

$$T = \begin{pmatrix} 0 & 1 \\ 1 & 0 \end{pmatrix}$$

Das Skalarprodukt zweier Vektoren $u = (u_1, u_2)$ und $v = (v_1, v_2)$ ist:

$$u \cdot v = (u_1, u_2) \cdot (v_1, v_2) = u_1 v_1 + u_2 v_2$$

Wenden Sie die angegebene Transformationsmatrix auf die beiden Vektoren an, vertauschen sich deren Elemente. Das Skalarprodukt ist dann:

$$Tu \cdot Tv = (u_2, u_1)(v_2, v_1) = u_2 v_2 + u_1 v_1$$

Dieses Skalarprodukt ist identisch mit dem der untransformierten Vektoren.

Wenn dies für eine lineare Abbildung wie *T* gilt, heißt diese *Isometrie.* Sie ist außerdem immer surjektiv und heißt auch *unitär.*

Wenden Sie mal eine solche Transformation auf eine Orthonormalbasis aus Vektoren e_i an:

$$e_i' = Te_i$$

Sie sehen sicher sofort, dass die neue Basis wieder eine Orthonormalbasis ist: Die Beträge der neuen Vektoren e_i' sind dieselben wie die der alten, da die Transformation eine Isometrie ist. Außerdem sind die Skalarprodukte gleich, also eben auch genau dann null und sonst eins, wenn zwei unterschiedliche Vektoren multipliziert werden.

Dasselbe gilt auch in Gegenrichtung. Die Umkehrabbildung T^{-1} ist ebenfalls unitär und entspricht der Rücktransformation.

Übrigens sind die Determinanten unitärer Matrizen entweder 1 oder –1 – und die Eigenwerte ebenfalls. Bei komplexen Vektorräumen liegen die (komplexen) Eigenwerte alle auf dem Einheitskreis.

Spiegelmatrizen

Die Spiegelung eines Vektors an einer Achse ist natürlich eine isometrische und umkehrbare Transformation. Deshalb muss es dazu eine *Spiegelmatrix S* geben. Sicher können Sie sie sofort hinschreiben:

Beispiel: Spiegelmatrix in $\mathbb{R}^2$

Für die Spiegelung an der x-Achse muss ja gelten: $Se_y = -e_y$. Diese Bedingung erfüllt diese zweidimensionale Spiegelmatrix:

$$S = \begin{pmatrix} 1 & 0 \\ 0 & -1 \end{pmatrix}$$

Diese Matrix hat die Eigenwerte 1 und –1 und die Determinante 1.

Wendet man die Transformation zweimal an, ist der Ursprungszustand wiederhergestellt:

$$S \cdot S = S^2 = I$$

Vektoren auf der Spiegelachse werden auf sich selbst gespiegelt. Für sie gilt:

$$S \cdot v = v$$

Die Lösung dieses Gleichungssystems liefert eine Beschreibung der Spiegelachse:

$$\begin{pmatrix} 1 & 0 \\ 0 & -1 \end{pmatrix} \cdot \begin{pmatrix} x \\ y \end{pmatrix} = \begin{pmatrix} x \\ y \end{pmatrix}$$

$$\Rightarrow x = x \wedge -y = y \Rightarrow y = 0$$

$$L = \{(x, 0), x \in \mathbb{R}\}$$

Beispiel: Spiegelmatrix in $\mathbb{R}^3$

Im dreidimensionalen euklidischen Raum können Sie einen Vektor an einer Ebene spiegeln. Eine Spiegelung an einer Ebene hat diese Matrix:

$$S = \begin{pmatrix} 1 & 0 & 0 \\ 0 & -1 & 0 \\ 0 & 0 & 1 \end{pmatrix}$$

Sie sehen leicht, dass die Spiegelebene $y = 0$ ist.

Drehmatrizen

Wer spiegeln kann, kann auch drehen!

Auch beim Drehen um eine Achse bleibt die Länge eines Vektors gleich, und die Drehung ist umkehrbar – es muss also eine unitäre Drehmatrix geben.

Beispiel: Drehmatrix in $\mathbb{R}^3$

Die Drehmatrix für eine Drehung um den Winkel α um die x-Achse lautet:

$$D_\alpha = \begin{pmatrix} 1 & 0 & 0 \\ 0 & \cos\alpha & -\sin\alpha \\ 0 & \sin\alpha & \cos\alpha \end{pmatrix}$$

Um eine Drehung rückgängig zu machen, können Sie um den Winkel $-\alpha$ drehen. Dazu gehört die Matrix:

$$D_{-\alpha} = \begin{pmatrix} 1 & 0 & 0 \\ 0 & \cos-\alpha & -\sin-\alpha \\ 0 & \sin-\alpha & \cos-\alpha \end{pmatrix}$$

Wegen der Symmetrie der trigonometrischen Funktionen können Sie das auch folgendermaßen schreiben:

$$D_{-\alpha} = \begin{pmatrix} 1 & 0 & 0 \\ 0 & \cos\alpha & \sin\alpha \\ 0 & -\sin\alpha & \cos\alpha \end{pmatrix}$$

Sie sehen: Das ist genau die transponierte Matrix, also die an der Diagonalen gespiegelte Version der Original-Drehmatrix. Und sie ist gleichzeitig ihre eigene Inverse.

Die Determinante der Drehmatrix ist +1. Bei der Spiegelung war sie ja –1, und das ist ein wichtiger Unterschied. Denn bei Spiegelungen kehrt sich ja auch der Drehsinn des Koordinatensystems um, bei Drehungen nicht. Wir können festhalten: Ist die Determinante einer unitären Abbildung +1, bleibt die Orientierung erhalten, ist sie –1, kehrt sich die Orientierung um, aus einem Rechtssystem wird ein Linkssystem oder umgekehrt.

Drehmatrix mit GeoGebra

Um die Drehung mit eigenen Augen begutachten zu können, schalten Sie GeoGebra auf den 3D-Rechner-Modus um. Geben Sie dann zunächst einen Winkel von 45° ein, aber im Bogenmaß (das ist die Standardeinstellung bei GeoGebra):

```
α=π/4
```

Geben Sie dann eine Drehmatrix ein, zum Beispiel die transponierte Matrix $D_{-\alpha}$:

```
D={{1,0,0},{0,cos(α),sin(α)},{0,-sin(α),cos(α)}}
```

Geben Sie dann einen Punkt ein, der den zu verdrehenden Vektor darstellt:

```
A=(0,4,4)
```

Wie Sie sehen, liegt dieser Punkt in der yz-Ebene. Wohin wird er verdreht? Denken Sie darüber nach, bevor Sie eingeben:

```
B=DA
```

Dies wendet die Drehmatrix auf A an, und der Punkt B erscheint im Koordinatensystem. Sie können mit dem Werkzeug STRECKE Verbindungen zwischen dem Ursprung und A bzw. B einzeichnen und das Koordinatensystem mit festgehaltener rechter Maustaste verdrehen, um sich einen Überblick zu verschaffen. Sie können auch einfach den Wert für den Winkel ändern, und die Skizze ändert sich entsprechend. Verschieben Sie mit der Maus ruhig einmal Punkt A, um live und in Farbe zu sehen, was passiert. GeoGebra wendet automatisch bei jeder Bewegung die Drehmatrix an, sodass sich Punkt B mitbewegt (Abbildung 29.1).

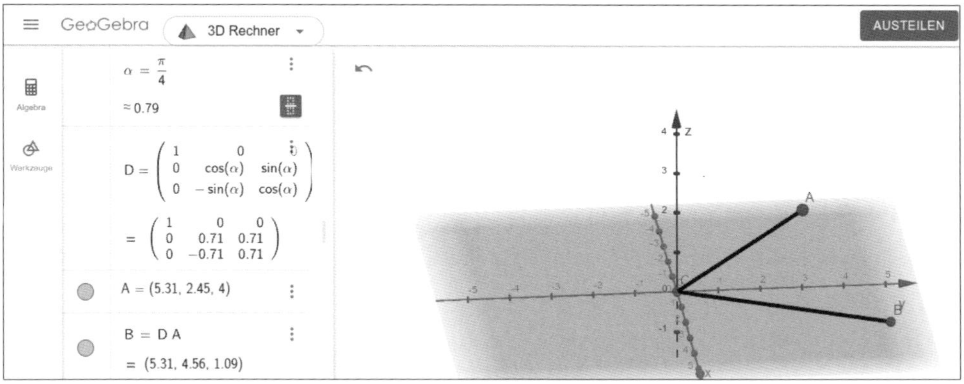

Abbildung 29.1 Die Drehmatrix verdreht Ihnen den Punkt A um 45° – und alle Werte erscheinen live im Rechenfenster.

Koordinatentransformation

Lassen Sie uns die erarbeitete Methode zum Wechsel zwischen Orthonormalbasen anwenden auf die Transformation vom kartesischen zweidimensionalen Koordinatensystem auf ebene Polarkoordinaten (Abschnitt 24.1, »Polarkoordinaten«).

Beispiel: Ebene Polarkoordinaten

Dazu wenden wir die Drehmatrix in zwei Dimensionen auf die kartesischen Einheitsvektoren an:

$$D = \begin{pmatrix} \cos\varphi & -\sin\varphi \\ \sin\varphi & \cos\varphi \end{pmatrix}$$

$$e_r = D \cdot \begin{pmatrix} 1 \\ 0 \end{pmatrix} = \begin{pmatrix} \cos\varphi \\ \sin\varphi \end{pmatrix}, e_\varphi = D \cdot \begin{pmatrix} 0 \\ 1 \end{pmatrix} = \begin{pmatrix} -\sin\varphi \\ \cos\varphi \end{pmatrix}$$

Für eine Drehung um 90°, also $\varphi = \frac{\pi}{2}$, sind die Einheitsvektoren beispielsweise:

$$e_r = \begin{pmatrix} 0 \\ 1 \end{pmatrix}, e_\varphi = \begin{pmatrix} -1 \\ 0 \end{pmatrix}$$

Die genaue Lage der Polar-Einheitskoordinaten hängt natürlich vom Drehwinkel ab. Sie können sich vergewissern, dass sie den weiteren geforderten Eigenschaften Genüge tun. So ist die Länge der beiden Vektoren 1:

$$|e_r| = \sqrt{\cos^2 \varphi + \sin^2 \varphi} = 1$$

$$|e_\varphi| = \sqrt{(-\sin \varphi)^2 + \cos^2 \varphi} = 1$$

Sie stehen außerdem senkrecht aufeinander, d. h., das Skalarprodukt ist 0:

$$\langle e_r, e_\varphi \rangle = \cos \varphi \ (-\sin \varphi) + \sin \varphi \cos \varphi = 0$$

Damit bilden die beiden Vektoren wie gewünscht ein Orthonormalsystem. Um einen Vektor von einer zur anderen Basis zu transformieren, wenden Sie die inverse Transformationsmatrix an, die identisch ist mit der transponierten Matrix.

Ein beliebiger kartesischer Vektor (x,y) lässt sich auf Polarkoordinaten auf folgende Weise umrechnen:

$$T^{-1} \cdot \begin{pmatrix} x \\ y \end{pmatrix} = \begin{pmatrix} \cos \varphi & \sin \varphi \\ -\sin \varphi & \cos \varphi \end{pmatrix} \cdot \begin{pmatrix} x \\ y \end{pmatrix} = \begin{pmatrix} x \cos \varphi + y \sin \varphi \\ -x \sin \varphi + y \cos \varphi \end{pmatrix}$$

Drehmatrizen kommen häufig in Computerspielen vor. Alle Berechnungen von Orten und Bewegungen finden vektoriell statt.

Bei dieser Gelegenheit sei daran erinnert, dass eine Translation, also eine Verschiebung eines Vektors – beispielsweise die Bewegung einer Spielfigur –, keine lineare Abbildung ist. Denn lineare Abbildungen machen aus dem Nullvektor immer den Nullvektor, was bei einer Translation nicht zutreffen kann. Deshalb kommt an dieser Stelle tatsächlich eine simple Vektoraddition zum Einsatz, und es wird keine Matrix angewendet.

29.2 Bildbearbeitung

Ich hatte schon zu Beginn unseres Streifzugs durch die Welt der Matrizen darauf hingewiesen, dass diese wichtigen Hilfsmittel der linearen Algebra auch bei der Bildbearbeitung Anwendung finden.

Wie das funktioniert, zeige ich Ihnen in diesem Abschnitt.

Faltungsmatrizen

Ein Punkt in einem digitalen Foto (oder einer sonstigen Computergrafik) ist im einfachsten Fall ein skalarer Wert zwischen 0 und 1: eine Helligkeitsstufe, wobei 0 schwarz bedeutet und 1 weiß. Die Zwischenwerte sind Graustufen.

Bei Farbbildern gibt es drei Werte – meist für rot, grün und blau – statt eines einzigen. Man wendet dann einfach die Operationen auf jeden der drei Werte einzeln an, das Prinzip bleibt gleich.

Jede Filteroperation wie Beispielsweise eine Schärfung wird für jeden Bildpunkt an der Stelle *x,y* auf dessen Intensität $I(x,y)$ angewendet. Dabei wird der neue Intensitätswert aus jenen der umgebenden Pixel berechnet. Eine quadratische *Faltungsmatrix* mit ungerader Spalten- und Zeilenanzahl wird dabei mittig auf dem Pixel platziert. Jedes Pixel im Erfassungsbereich der Matrix wird dann mit dem passenden Element der Matrix multipliziert und darüber summiert. Das gefilterte Bild enthält dann die resultierenden Intensitäten (Abbildung 29.2).

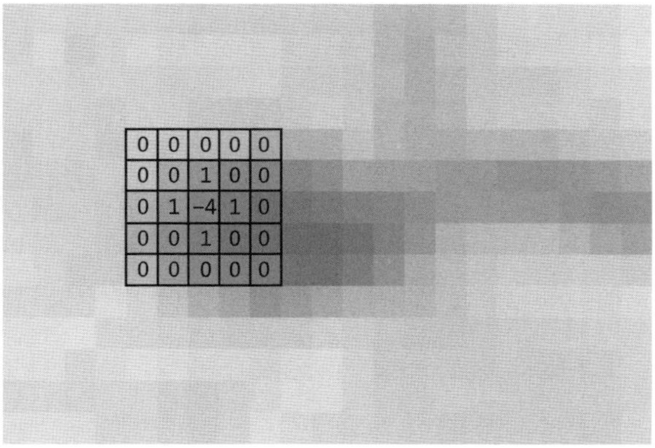

Abbildung 29.2 Eine Faltungsmatrix liegt auf einer Pixelgrafik. Das Pixel in der Mitte der Grafik erhält in diesem Fall eine negative Gewichtung, der Rest wird hinzuaddiert. Ahnen Sie, was das mit dem Bild macht?

Es liegt auf der Hand, dass es eine gute Idee ist, die Matrix zu *normalisieren*, damit die Pixelintensität nicht über alle Grenzen wächst. Das entspricht einer anschließenden Division durch die Summe aller Elemente der Matrix, also einer Skalierung auf die mittlere Helligkeit.

Die Faltungsmatrix dient hier also als Eingabeparameter für eine Bildbearbeitungsoperation.

Beispiel: Faltungsmatrix mit GIMP

Die Open-Source-Bildbearbeitung GIMP (*www.gimp.org*) bietet Ihnen die Möglichkeit, eine Faltungsmatrix der Größe 5×5 direkt einzugeben und etwas an einem Foto auszuprobieren.

Laden Sie irgendein Bild und wählen Sie im Menü FILTER • ALLGEMEIN • FALTUNGSMATRIX. Versuchen Sie beispielsweise einen simplen Median- oder Glättungsfilter, der jedem Pixel den Mittelwert seiner Umgebung zuweist:

$$\begin{pmatrix} 1 & 1 & 1 & 1 & 1 \\ 1 & 1 & 1 & 1 & 1 \\ 1 & 1 & 1 & 1 & 1 \\ 1 & 1 & 1 & 1 & 1 \\ 1 & 1 & 1 & 1 & 1 \end{pmatrix}$$

Ein etwas interessanteres Ergebnis liefert ein Kantenfilter (siehe Abbildung 29.3).

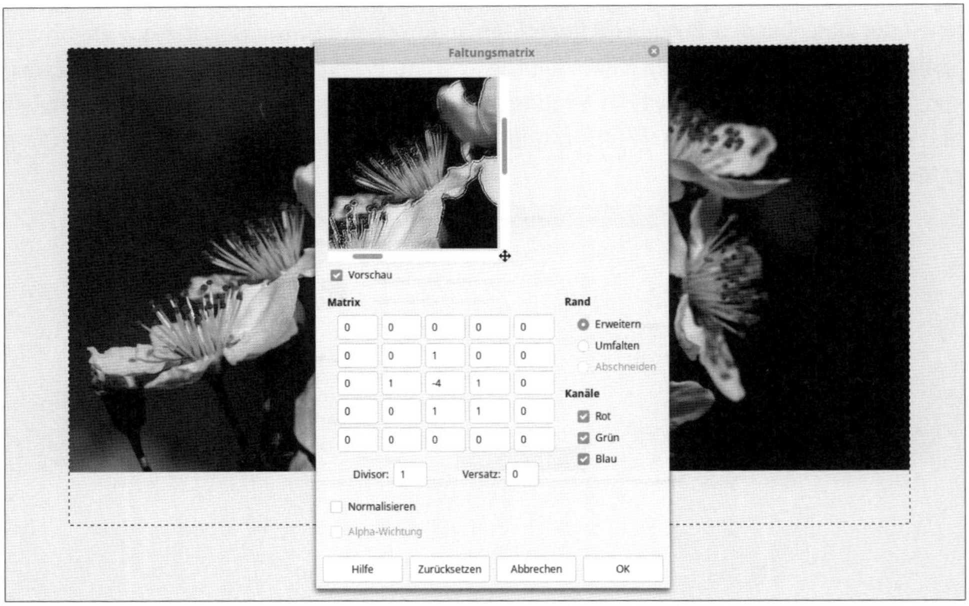

Abbildung 29.3 Sie können in GIMP beliebige Faltungsmatrizen ausprobieren, wie zum Beispiel den Kantenfilter.

Oder probieren Sie mal den Relieffilter:

$$\begin{pmatrix} -2 & -1 & 0 \\ -1 & 1 & 1 \\ 0 & 1 & 2 \end{pmatrix}$$

Vergessen Sie aber nicht, nach dem Ausprobieren wieder an diese Stelle zurückzukehren, es warten ein paar besonders entspannende Übungen auf Sie!

Aufgaben

29.3 Entspannungsübungen

Aufgabe 1

Zeigen Sie, dass die Drehmatrizen D_α und $D_{-\alpha}$ nacheinander angewendet die Identität ergeben, also: $D_\alpha \cdot D_{-\alpha} = I$.

Aufgabe 2: Eine etwas andere Spiegelung

Finden Sie eine unitäre Matrix, die in der euklidischen Ebene eine Spiegelung an der Winkelhalbierenden ausführt.

Aufgabe 3: Spieglein, Spieglein … in 3D

Finden Sie eine unitäre Matrix, die im dreidimensionalen Raum eine Spiegelung an der Ebene ausführt, die der Gleichung $y = x/\sqrt{3}$ genügt.

29.4 Lösungen

Aufgabe 1

$$\begin{pmatrix} 1 & 0 & 0 \\ 0 & \cos\alpha & -\sin\alpha \\ 0 & \sin\alpha & \cos\alpha \end{pmatrix} \cdot \begin{pmatrix} 1 & 0 & 0 \\ 0 & \cos\alpha & \sin\alpha \\ 0 & -\sin\alpha & \cos\alpha \end{pmatrix}$$

$$= \begin{pmatrix} 1 & 0 & 0 \\ 0 & \cos^2\alpha + \sin^2\alpha & -\sin\alpha\cos\alpha + \cos\alpha\sin\alpha \\ 0 & \sin\alpha\cos\alpha - \cos\alpha\sin\alpha & (-\sin\alpha)^2 + \cos^2\alpha \end{pmatrix}$$

$$= \begin{pmatrix} 1 & 0 & 0 \\ 0 & 1 & 0 \\ 0 & 0 & 1 \end{pmatrix}$$

Aufgabe 2

Eine Spiegelung an der Winkelhalbierenden in der euklidischen Ebene bildet x auf y ab und umgekehrt. Also lautet die Transformationsmatrix:

$$S = \begin{pmatrix} 0 & 1 \\ 1 & 0 \end{pmatrix}$$

Diese Spiegelmatrix ist unitär, da $|Sv| = |(v_y, v_x)| = |(v_x, v_y)| = |v|$.

Aufgabe 3

Die gegebene Gleichung $y = x/\sqrt{3}$ bildet mit der x-z-Ebene einen Winkel von 30°, denn das ist der Arcustangens der Steigung dieser Gleichung.

Deshalb lässt sich die gewünschte Spiegelung in drei Schritten ausführen:

1. Transformation in das um 30° um die z-Achse gedrehte Koordinatensystem. Dann ist die Spiegelebene in Bezug auf die neuen Koordinaten genau die x-z-Ebene.
2. Spiegelung an der x-z-Ebene.
3. Transformation zurück ins ursprüngliche Koordinatensystem.

Zu jeder der drei Transformationen lässt sich eine unitäre Matrix finden.

Zunächst die Drehmatrix für die z-Achse:

$$D_{z,\varphi} = \begin{pmatrix} \cos\varphi & -\sin\varphi & 0 \\ \sin\varphi & \cos\varphi & 0 \\ 0 & 0 & 1 \end{pmatrix}$$

Für einen Winkel von 30° ist der Sinus gleich $\frac{1}{2}$ und der Cosinus $\frac{\sqrt{3}}{2}$. Also sieht die Matrix letztlich wie folgt aus:

$$D_z = \begin{pmatrix} \frac{\sqrt{3}}{2} & \frac{-1}{2} & 0 \\ \frac{1}{2} & \frac{-\sqrt{3}}{2} & 0 \\ 0 & 0 & 1 \end{pmatrix}$$

Die Matrix zur Spiegelung an der x-z-Ebene ist:

$$S = \begin{pmatrix} 1 & 0 & 0 \\ 0 & -1 & 0 \\ 0 & 0 & 1 \end{pmatrix}$$

Ein beliebiger Vektor v kann also wie folgt an der schiefen Wand gespiegelt werden:

$$v' = D \cdot S \cdot D^{-1} \cdot v$$

Stattdessen können Sie die drei Matrizen miteinander multiplizieren und als eine einzige Abbildung betrachten:

$v' = T \cdot v$

Da die inverse Drehmatrix die transponierte Matrix ist, können wir die nötige Operation gleich hinschreiben und in zwei Schritten ausführen:

$$T = \begin{pmatrix} \frac{\sqrt{3}}{2} & \frac{-1}{2} & 0 \\ \frac{1}{2} & \frac{-\sqrt{3}}{2} & 0 \\ 0 & 0 & 1 \end{pmatrix} \cdot \begin{pmatrix} 1 & 0 & 0 \\ 0 & -1 & 0 \\ 0 & 0 & 1 \end{pmatrix} \cdot \begin{pmatrix} \frac{\sqrt{3}}{2} & \frac{1}{2} & 0 \\ \frac{-1}{2} & \frac{-\sqrt{3}}{2} & 0 \\ 0 & 0 & 1 \end{pmatrix}$$

$$= \begin{pmatrix} \frac{\sqrt{3}}{2} & \frac{1}{2} & 0 \\ \frac{1}{2} & \frac{\sqrt{3}}{2} & 0 \\ 0 & 0 & 1 \end{pmatrix} \cdot \begin{pmatrix} \frac{\sqrt{3}}{2} & \frac{1}{2} & 0 \\ \frac{-1}{2} & \frac{-\sqrt{3}}{2} & 0 \\ 0 & 0 & 1 \end{pmatrix}$$

$$= \begin{pmatrix} 2 & -\sqrt{3} & 0 \\ \sqrt{3} & -2 & 0 \\ 0 & 0 & 1 \end{pmatrix}$$

Wenn Sie möchten, können Sie noch zeigen, dass diese Matrix unitär ist, indem Sie den Betrag von v' ausrechnen. Allerdings bleibt einer Matrix, die durch Verketten unitärer Abbildungen entsteht, nichts anderes übrig, als unitär zu sein, denn jede einzelne Transformation ändert den Betrag eines Vektors ja auch nicht.

Kapitel 30

Mehrdimensionale Analysis

Als Zusammenführung von linearer Algebra und Analysis gebe ich Ihnen eine kurze Einführung in deren mehrdimensionale Version. Wie sich herausstellt, gibt es keinen Grund, Differential- und Integralrechnung auf eine Dimension zu beschränken. Sie lernen in diesem Kapitel einige Grundbegriffe kennen im Vorgriff auf das, was in Ihrem Studium womöglich auf Sie zukommt – zwingend beherrschen müssen Sie das alles jetzt also noch nicht.

30.1 Abbildungen in mehr als einer Dimension

In diesem Kapitel tische ich Ihnen Funktionen auf, die nicht mehr einer unabhängigen Variablen x einen Funktionswert y zuordnen, sondern einem n-dimensionalen *Vektor* $\vec{x}$ einen m-dimensionalen *Vektor* $\vec{y}$.

Vektoren und ihre Schreibweisen

Ein Vektor $\vec{x} \in \mathbb{R}^n$ ist eine Zusammenfassung von n voneinander unabhängigen reellen Zahlen. Dies können beispielsweise die drei Koordinaten (x,y,z) sein, die einen Punkt in einem kartesischen Koordinatensystem definieren, dann ist $\vec{x} \in \mathbb{R}^3$ (Abbildung 30.1). Ebenso ist ein Punkt (x,y) in einem zweidimensionalen, ebenen Koordinatensystem ein Vektor. Auch höherdimensionale Vektoren funktionieren nach den gleichen Regeln. Letztlich ist die eindimensionale Analysis nur ein Spezialfall der mehrdimensionalen, weil ein eindimensionaler Vektor durch seine einzige Komponente eindeutig beschrieben ist.

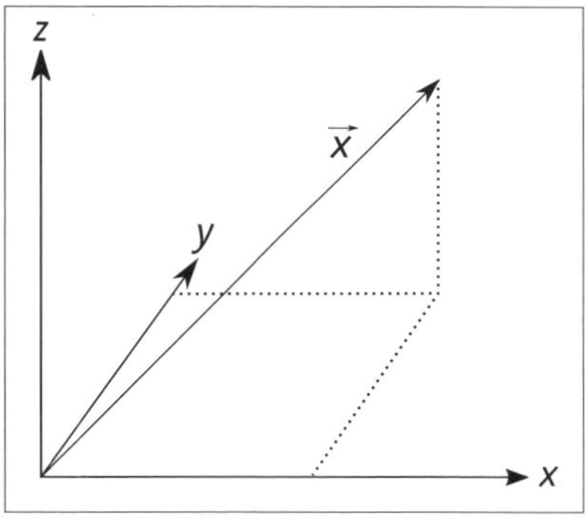

Abbildung 30.1 Der Vektor $\vec{x}$ bezeichnet im kartesischen Koordinatensystem den Punkt (x, y, z).

Abgesehen von der Schreibweise mit dem Pfeil über dem Buchstaben gibt es noch andere. In der Literatur sind Vektoren manchmal einfach fett gedruckt, einige Physiker machen gerne einen Strich drunter, und viele Mathematiker lassen jegliche Kennzeichnung einfach weg, wenn aus dem Kontext klar ist, dass man gerade mit Vektoren hantiert. Da der eindimensionale Fall ohnehin nur ein Spezialfall ist, ist das durchaus legitim.

Sie können Vektoren auch mit ihren Komponenten schreiben, entweder vertikal übereinander in Klammern oder, platzsparender, horizontal, durch Komma getrennt:

$$\vec{x} = \mathbb{x} = \underline{x} = (x_1, x_2) = (x, y) = \begin{pmatrix} x \\ y \end{pmatrix}$$

Die Menge, deren Elemente Vektoren aus n Zahlen sind, ist (in diesem Kapitel) der n-dimensionale Vektorraum $\mathbb{R}^n$.

Sie haben in den letzten Kapiteln schon einiges über Vektoren erfahren. In diesem Kapitel ist vor allem wichtig, dass für Vektoren eine Länge (Norm, Betrag) definiert ist, dass man sie addieren und mit Skalaren (also normalen reellen Zahlen) multiplizieren kann.

Mehrdimensionale Funktionen

Eine mehrdimensionale Funktion ordnet einem n-dimensionalen Vektor eindeutig einen m-dimensionalen zu. Dass $n = m$ ist, ist ein Spezialfall, und beide Dimensionen können 1 sein.

Eine solche Funktion besteht aus m einzelnen Funktionen, die jeweils einen n-dimensionalen Vektor als Argument erhalten. Das Ergebnis ist ein m-dimensionaler Vektor der einzelnen Funktionswerte. Das kann man so schreiben:

$$\vec{f}(\vec{x}) = \left(f_1(\vec{x}), f_2(\vec{x}), \ldots, f_m(\vec{x})\right) \in \mathbb{R}^m$$

Für den Moment unterstellen wir, dass $\vec{x} \in \mathbb{R}^n$ ist, grundsätzlich kann man aber auch Funktionen betrachten, die nur auf einer gewissen Untermenge (einem sogenannten *Gebiet*) definiert sind.

Beispiel: Ein Hügel

Erinnern Sie sich an den »Dammquerschnitt« aus Abschnitt 17.1? Daraus kann man einen »Hügel« machen. Dazu dient eine Funktion $f(\vec{x})$, die $\mathbb{R}^2$ auf $\mathbb{R}$ abbildet. In die Funktion geht also eine zweidimensionale Ortskoordinate ein (zum Beispiel geografische Länge und Breite), und ihr Resultat ist eine einzelne reelle Zahl, nämlich die Höhe des Geländes an dieser Stelle.

$$f(\vec{x}) = \frac{1}{x^2 + y^2 + 1}$$

Geometrisch beschreibt diese Funktion die Geländehöhe an der Stelle (x,y) in Form eines Hügels mit der größten Kuppenhöhe 1 in der Mitte, also bei (0,0).

Grafisch darstellen können Sie das beispielsweise mit Sage mit einem Konturen-Plot (Abbildung 30.2).

Ich habe diese Funktion absichtlich nicht in ein dreidimensionales Bild geplottet. Denn die eindimensionale Bildmenge *kann* als Höhe interpretiert werden, genauso könnte es sich aber um eine Temperatur, Wind- oder Magnetfeldstärke handeln. Auch die Signalstärke Ihres WLANs zuhause ist eine Funktion: Sie bildet die drei Raumkoordinaten auf einen eindimensionalen Intensitätswert ab.

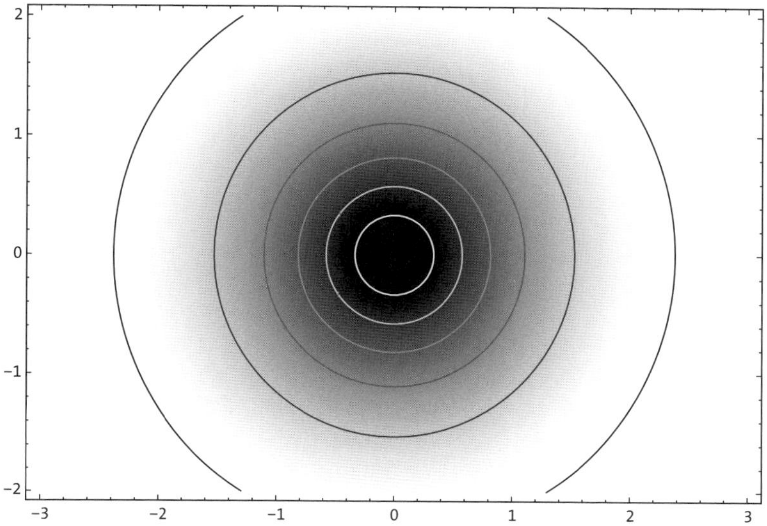

Abbildung 30.2 Höhenlinien und Schwarzfärbung zeigen den Verlauf der »Hügel-Funktion«: je dunkler, desto höher.

Mehrdimensionale Funktionen mit GeoGebra

Natürlich kann auch GeoGebra Funktionen mit zwei Parametern darstellen, zum Beispiel als Oberfläche. Geben Sie doch mal diese hübsche Funktion ein:

```
f(x,y) = 3 sin(xy)/(x^2+y^2+1)
```

Tippen Sie nun einen Platzhalter `c` für einen verstellbaren Zahlenwert ein, gefolgt von [↵]. Als Resultat erscheint ein Einstellregler für den Wert zwischen –5 und +5. Lassen Sie den Regler für den Moment Regler sein und fügen Sie als Nächstes eine Fläche hinzu, die senkrecht zur y-Achse steht, indem Sie eintippen:

```
A: y=c
```

Es erscheint eine farbige Fläche, deren Position Sie mit dem Regler entlang der y-Achse verschieben können.

Jetzt wäre es natürlich schön, wenn Sie sehen könnten, wie sich diese Ebene mit dem Graphen der Funktion schneidet. Das ergibt dann nämlich einen Funktionsgraphen $f(x,c)$ in der y-Ebene, der letztlich eine handelsübliche Funktion $y = f(x)$ darstellt. Um GeoGebra diese Funktion zeichnen zu lassen, benötigen Sie den `Kurve`-Befehl:

```
a=Kurve(t,c,f(t,c),t,-5,5)
```

Dabei ist t der variable Eingangswert der Funktion. Beachten Sie, dass Sie an dieser Stelle nicht x verwenden können.

Das Resultat ist eine fett gemalte Kurve, die den Schnitt zwischen der Ebene und der Funktion f darstellt (Abbildung 30.3).

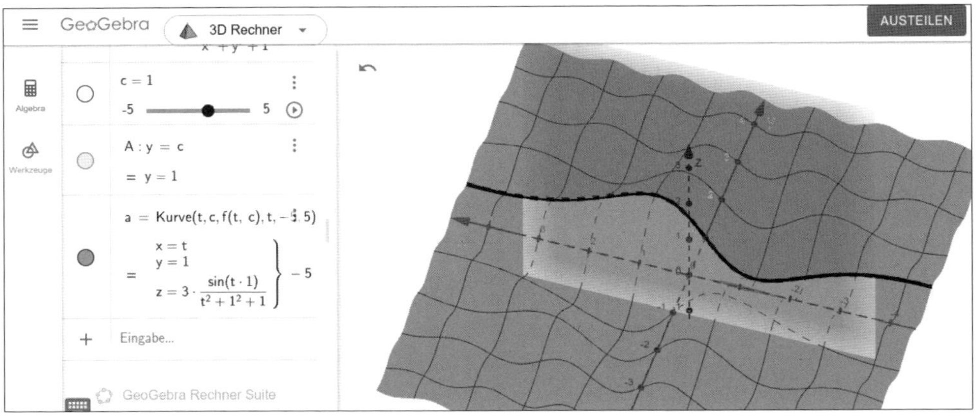

Abbildung 30.3 Natürlich können Sie den Schieberegler verwenden, um sich die Kurve für verschiedene Werte von y, also verschiedene Schnittebenen anzuschauen. Probieren Sie mal y = 0, y = 1 und überlegen Sie, was passiert, wenn y immer größer wird.

Beispiel: Eine Drehung

Ein einfaches Beispiel: Die folgende Funktion bildet $\mathbb{R}^2$ auf $\mathbb{R}^2$ ab:

$$\vec{f}(\vec{x}) = (-y, x)$$

Diese Funktion verdreht einen Vektor (x,y) um 90° gegen den Uhrzeigersinn um eine gedachte Achse durch die Ebene. Aus (1,0) wird (0,1), aus (0,1) wird (–1,0) und so weiter. Da kennen Sie schon aus dem letzten Kapitel: Dahinter steckt eine Drehmatrix, letztlich also eine lineare Abbildung. Bloß sind lineare Abbildungen nur ein Spezialfall – in der Natur können auch viel kompliziertere Funktionen vorkommen, die man mit dem Werkzeugkasten der Analysis untersuchen möchte.

30.2 Differentialrechnung in $\mathbb{R}^n$

Es würde zu weit führen, wenn ich Ihnen an dieser Stelle die Details der Differenzierbarkeit von mehrdimensionalen Funktionen erklären würde. Das überlasse ich Ihrem Matheprofessor. Wichtig zu wissen ist: Es *gibt* differenzierbare mehrdimensionale Funktionen, und es gelten Ableitungsregeln, die jenen aus der eindimensionalen Analysis ähneln.

Einige wichtige Grundbegriffe zu diesem Thema möchte ich Ihnen in diesem Abschnitt noch erklären.

Partielle Ableitungen

Die Ableitung einer mehrdimensionalen Funktion finden Sie in verschiedenen Schreibweisen:

$$\vec{f}'(\vec{x}) = \mathrm{d}\vec{f}(\vec{x}) = \mathrm{D}\vec{f}(\vec{x})$$

Da mehrdimensionale Funktionen auch mehrere Veränderliche haben, liegt es nahe, dass Sie Ableitungen nach jeder davon bilden können. Das nennt man dann eine *partielle Ableitung*. Man schreibt diese mit einer rundlichen Version des kleinen d, gesprochen trotzdem »d nach«. Eine partielle Ableitung einer Funktion über $\mathbb{R}^3$ nach der ersten Koordinate x sieht beispielsweise so aus:

$$\frac{\partial f}{\partial x}(x, y, z)$$

Der Trick bei partiellen Ableitungen ist, dass man die restlichen Variablen wie Konstanten behandeln darf. Man sucht also die Steigung in Richtung x und interessiert sich nicht für y oder z.

Beispiel: Partielle Ableitung der »Hügel-Funktion«

Schauen Sie sich noch einmal die eingangs gezeigte Funktion an, die als Hügel interpretiert werden kann:

$$f(\vec{x}) = \frac{1}{x^2 + y^2 + 1}$$

Bilden Sie die partielle Ableitung nach x, indem Sie y als Konstante behandeln:

$$\frac{\partial f}{\partial x} = \frac{-2x}{(x^2 + y^2 + 1)^2}$$

Diese Funktion ergibt geometrisch interpretiert die Steigung in x-Richtung an einer beliebigen Stelle (x,y). Die partielle Ableitung nach y funktioniert natürlich genauso:

$$\frac{\partial f}{\partial y} = \frac{-2y}{(x^2 + y^2 + 1)^2}$$

Partielle Ableitungen sind vor allem in der Physik von großer Bedeutung. Sie sehen: Die Rechenregeln dafür sind nicht besonders kompliziert.

Der Gradient

Sie können die partiellen Ableitungen nach den Komponenten des Ausgangsvektors $\vec{x}$ wiederum als Vektor auffassen. Das Resultat ist ein Vektor, dessen Richtung jener des stärksten Anstiegs entspricht. Das nennt man *Gradient*:

$$\operatorname{grad} f = \left(\frac{\partial f}{\partial x_1}, \frac{\partial f}{\partial x_2}, \dots, \frac{\partial f}{\partial x_n}\right)$$

Im dreidimensionalen Raum also:

$$\operatorname{grad} f = \left(\frac{\partial f}{\partial x}, \frac{\partial f}{\partial y}, \frac{\partial f}{\partial z}\right)$$

Als Abkürzung dafür dient der *Nabla-Operator*:

$$\vec{\nabla} = \left(\frac{\partial}{\partial x}, \frac{\partial}{\partial y}, \frac{\partial}{\partial z}\right)$$

Der Nabla-Operator, hier für drei Dimensionen, ist formal ein Vektor, allerdings wird der Pfeil auf seinem Dach gern weggelassen, da Verwechslungen ausgeschlossen sind. Genau genommen sind die Komponenten des Nabla-Operators keine Zahlen, sondern Operationen, also kann man nicht von einem echten Vektor im Sinne eines Elements eines Vektorraums sprechen. Aber die Schreibweise hat sich bewährt: So ergibt beispielsweise das skalare Produkt mit einer reellwertigen Funktion den Gradienten:

$$\vec{\nabla} f = \left(\frac{\partial}{\partial x}, \frac{\partial}{\partial y}, \frac{\partial}{\partial z}\right) f = \left(\frac{\partial f}{\partial x}, \frac{\partial f}{\partial y}, \frac{\partial f}{\partial z}\right) = \operatorname{grad} f$$

Beispiel: Gradient berechnen

Stellen Sie sich mal an den Hang unserer »Hügels«, und zwar an die Position (1,1). Wie groß ist der Gradient an dieser Stelle, d. h., wie groß ist die Steigung, und in welche Richtung verläuft sie?

Unsere Hügelfunktion ist:

$$f(\vec{x}) = \frac{1}{x^2 + y^2 + 1}$$

Damit ist der Gradient:

$$\operatorname{grad} f = \vec{\nabla} f = \left(\frac{\partial f}{\partial x}, \frac{\partial f}{\partial y}\right) = \left(\frac{-2x}{(x^2 + y^2 + 1)^2}, \frac{-2y}{(x^2 + y^2 + 1)^2}\right)$$

Für $\vec{x} = (1{,}1)$ ist der Gradient in Zahlen:

$$\text{grad}\, f(1{,}1) = \left(-\frac{2}{9}, -\frac{2}{9}\right)$$

Das können Sie schreiben als $-\frac{4}{9\sqrt{2}}\left(\frac{\sqrt{2}}{2}, \frac{\sqrt{2}}{2}\right)$. Warum, fragen Sie?

Nun, der Vektor $\left(\frac{\sqrt{2}}{2}, \frac{\sqrt{2}}{2}\right)$ hat die Länge 1, da $\sqrt{\left(\frac{\sqrt{2}}{2}\right)^2 + \left(\frac{\sqrt{2}}{2}\right)^2} = 1$ ist. In dieser Darstellungsform erkennt man den Betrag $-\frac{4}{9\sqrt{2}} \approx -0{,}31$ und die Richtung $\left(\frac{\sqrt{2}}{2}, \frac{\sqrt{2}}{2}\right)$ des Gradienten. Die Richtung ist die Winkelhalbierende und der Betrag negativ – also ein Gefälle.

Übrigens ist die Kuppe des Hügels die einzige Stelle, an der der Gradient 0 ist:

$$\left(\frac{-2x}{(x^2+y^2+1)^2}, \frac{-2y}{(x^2+y^2+1)^2}\right) = (0{,}0) \Rightarrow x = 0 \wedge y = 0$$

Konkrete Anwendung findet der Gradient in verschiedenen Bereichen. Beispielsweise kann man ihn nutzen, um in einem Foto Kanten zu errechnen. Man fasst die Helligkeit als Funktion der Pixelkoordinaten (x,y) auf. Kanten, also besonders große Helligkeitsänderungen, machen sich im Gradienten als Extremwerte (also Rippel) bemerkbar.

In der Physik betrachtet man elektrische Vektorfelder als Gradienten von elektrostatischen Potentialen ϕ:

$$\vec{E}(\vec{x}) = -\text{grad}\, \phi(\vec{x})$$

Bei Optimierungsproblemen in mehreren Dimensionen ist ein lokales Extremum eines Wertes $W(\vec{x})$ eine notwendige Bedingung. Wo solche Extremstellen liegen, ermittelt man, indem man den Gradienten gleich null setzt. Dahinter steckt letztlich die gleiche Argumentation wie beim Nullsetzen der Steigung auf der Suche nach einem lokalen Minimum oder Maximum.

Wie sieht es aber mit Funktionen aus, deren Bildmenge mehr als eine Dimension hat?

Die Jacobimatrix

Wenn Sie eine Funktion mit mehrdimensionaler Ursprungs- und Bildmenge, also $f: \mathbb{R}^n \to \mathbb{R}^m$, betrachten, können Sie ebenfalls partielle Ableitungen bilden, aber die sind dann ihrerseits Vektoren, und zwar mit m Dimensionen.

Die Komponenten dieser partiellen Ableitungen schreibt man als Matrix mit n Spalten und m Zeilen, und sie heißt *Jacobimatrix*. Diese ist identisch mit der Ableitung der Funktion, also:

$$\mathrm{d}\vec{f}(\vec{x}) = \begin{pmatrix} \frac{\partial f_1}{\partial x_1}(\vec{x}) & \cdots & \frac{\partial f_1}{\partial x_n}(\vec{x}) \\ \vdots & \ddots & \vdots \\ \frac{\partial f_m}{\partial x_1}(\vec{x}) & \cdots & \frac{\partial f_m}{\partial x_n}(\vec{x}) \end{pmatrix}$$

Wenn $m = 1$ ist, ist die Jacobimatrix einzeilig und identisch mit dem Gradienten.

Sieht kompliziert aus? Dann hilft sicher ein ...

Beispiel: Eine Jacobimatrix

Wir betrachten die lineare Abbildung mit der Abbildungsmatrix:

$$A = \begin{pmatrix} 2 & 3 \\ 1 & 2 \end{pmatrix}$$

Das entspricht ausgeschrieben einer Funktion $f\colon \mathbb{R}^2 \to \mathbb{R}^2$ mit:

$$\vec{f}(x, y) = A\vec{x} = \begin{pmatrix} 2 & 3 \\ 1 & 2 \end{pmatrix} \begin{pmatrix} x \\ y \end{pmatrix} = \begin{pmatrix} 2x + 3y \\ 1x + 2y \end{pmatrix}$$

Die Jacobimatrix hat vier Koeffizienten und ist quadratisch.

Links oben steht die partielle Ableitung der x-Komponente der Funktion $(2x + 3y)$ nach x, also 2, darunter die Ableitung der y-Komponente $(1x + 2y)$ nach x, das ist 1.

Die beiden Koeffizienten rechts sind die jeweiligen Ableitungen nach y. Das Resultat ist:

$$\begin{pmatrix} 2 & 3 \\ 1 & 2 \end{pmatrix}$$

Das ist genau die Abbildungsmatrix. Überrascht? Die Matrix einer linearen Abbildung beschreibt ja genau die Änderungen in die jeweilige Richtung. Natürlich gibt es auch kniffligere Fälle.

Beispiel: Noch eine Jacobimatrix

Gegeben ist die Funktion $f\colon \mathbb{R}^2 \to \mathbb{R}^2$ mit $\vec{f}(x, y) = (e^x \cos y\ , e^x \sin y)$.

Bilden Sie der Reihe nach die partiellen Ableitungen:

$$\frac{\partial f_x}{\partial x}(x, y) = e^x \cos y$$

$$\frac{\partial f_y}{\partial x}(x, y) = e^x \sin y$$

$$\frac{\partial f_x}{\partial y}(x,y) = -e^x \sin y$$

$$\frac{\partial f_y}{\partial y}(x,y) = e^x \cos y$$

Die Ableitung $\mathrm{d}\vec{f}(x,y)$ ist also folgende Jacobimatrix:

$$\begin{pmatrix} e^x \cos y & -e^x \sin y \\ e^x \sin y & e^x \cos y \end{pmatrix}$$

Jacobimatrix und Koordinatentransformation

Erinnern Sie sich an die Polarkoordinaten (Abschnitt 24.1)? Die Umrechnungsvorschrift sah ja wie folgt aus:

$$x = r\cos\varphi$$

$$y = r\sin\varphi$$

Das können Sie auffassen als eine Funktion $f\colon \mathbb{R}^2 \to \mathbb{R}^2$ mit $\vec{f}(r,\varphi) = (r\cos\varphi\,, r\sin\varphi)$.

Die zugehörige Jacobimatrix ist:

$$\mathrm{d}\vec{f}(r,\varphi) = \begin{pmatrix} \frac{\partial f_x}{\partial r} & \frac{\partial f_x}{\partial \varphi} \\ \frac{\partial f_y}{\partial r} & \frac{\partial f_y}{\partial \varphi} \end{pmatrix} = \begin{pmatrix} \cos\varphi & -r\sin\varphi \\ \sin\varphi & r\cos\varphi \end{pmatrix} = J$$

Diese Matrix können Sie verwenden, um die differentiellen Elemente umzurechnen:

$$(\mathrm{d}x,\mathrm{d}y) = J\ \cdot (\mathrm{d}r, \mathrm{d}\varphi)$$

Ausgeschrieben als Matrixprodukt:

$$\mathrm{d}x = \cos\varphi\ \mathrm{d}r - r\sin\varphi\ \mathrm{d}\varphi$$

$$\mathrm{d}y = \sin\varphi\ \mathrm{d}r + r\cos\varphi\ \ \mathrm{d}\varphi$$

Damit können Sie beispielsweise das differentielle Linienelement umrechnen, das ich Ihnen in Abschnitt 24.1 noch mit einer etwas umständlichen geometrischen Betrachtung auftischen musste. In kartesischen Koordinaten ist das Linienelement aufgrund des Satzes von Pythagoras:

$$\mathrm{d}s = \sqrt{\mathrm{d}x^2 + \mathrm{d}y^2}$$

Setzen Sie jetzt die mittels Jacobimatrix errechneten Ausdrücke ein, erhalten Sie:

$$\mathrm{d}s = \sqrt{(\cos\varphi\,\mathrm{d}r - r\sin\varphi\,\mathrm{d}\varphi)^2 + (\sin\varphi\,\mathrm{d}r + r\cos\varphi\,\mathrm{d}\varphi)^2}$$

$$= \sqrt{\begin{matrix}\cos^2\varphi\,\mathrm{d}r^2 - 2r\cos\varphi\sin\varphi\,\mathrm{d}\varphi\,\mathrm{d}r + r^2\sin^2\varphi\,\mathrm{d}\varphi^2\\ + \sin^2\varphi\,\mathrm{d}r^2 + 2r\sin\varphi\cos\varphi\,\mathrm{d}\varphi\,\mathrm{d}r + r^2\cos^2\varphi\,\mathrm{d}\varphi^2\end{matrix}}$$

Unter dieser Monsterwurzel (der längsten in diesem Buch!) hebt sich so einiges auf, wenn man beachtet, dass Sinus und Cosinus zum Quadrat immer 1 ergibt. Es bleibt nur noch übrig:

$$\mathrm{d}s = \sqrt{\mathrm{d}r^2 + r^2\mathrm{d}\varphi^2}$$

Falls – wie beim Kreis in Abschnitt 24.1 – der Radius konstant ist, ist $\mathrm{d}r = 0$ und folglich $\mathrm{d}s = r\,\mathrm{d}\varphi$.

30.3 Entspannungsübungen

Aufgabe 1: Bilden Sie die partiellen Ableitungen.

Gegeben ist die folgende Funktion mit $f: \mathbb{R}^4 \to \mathbb{R}$:

$$f(\vec{v}) = f(w, x, y, z) = e^{-w}(x \cdot y + \sin \pi z)$$

Bilden Sie die partiellen Ableitungen nach w, x, y und z.

Aufgabe 2: Ermitteln Sie den Gradienten.

Sie spannen ein quadratisches Tuch an vier Masten auf. Es hängt in der Mitte durch. Die Höhe des Tuchs über dem Fußboden ist:

$$f(\vec{x}) = \frac{1}{2}(e^{xy} + e^{-xy})$$

Wenden Sie den Nabla-Operator an, um den Gradienten dieser zweidimensionalen Kettenfunktion zu bestimmen. Wie groß ist der Gradient an der Stelle (1,1)?

Aufgabe 3: Gesucht ist die Jacobimatrix.

Gegeben ist die Funktion zur Umrechnung von Kugel- in kartesische Koordinaten (siehe Abschnitt 24.2, »Dreidimensionale Koordinatensysteme«).

$$(x, y, z) = \vec{f}(r, \varphi, \theta) = (r \cdot \sin\theta \cdot \cos\varphi, r \cdot \sin\theta \cdot \sin\varphi, r \cdot \cos\theta)$$

Stellen Sie die Jacobimatrix auf.

30.4 Lösungen

Aufgabe 1

$$\frac{\partial f}{\partial w} = -e^{-w}(x \cdot y + \sin \pi z)$$

$$\frac{\partial f}{\partial x} = y \cdot e^{-w}$$

$$\frac{\partial f}{\partial y} = x \cdot e^{-w}$$

$$\frac{\partial f}{\partial z} = e^{-w} \pi \cos \pi z$$

Aufgabe 2

$$\vec{\nabla} f(\vec{x}) = \left(\frac{y}{2}(e^{xy} - e^{-xy}), \frac{x}{2}(e^{xy} - e^{-xy}) \right)$$

$$\vec{\nabla} f((1,1)) = \left(\frac{1}{2}(e^{1} - e^{-1}), \frac{1}{2}(e^{1} - e^{-1}) \right) \approx (1{,}175; 1{,}175)$$

Der Gradient ist positiv, denn es handelt sich von der Stelle (0,0) aus gesehen um eine Steigung. Seine Richtung ist die Winkelhalbierende.

Aufgabe 3

Die gesuchte Jacobimatrix ist:

$$d\vec{f}(r, \varphi, \theta) = \begin{pmatrix} \sin\theta \cos\varphi & r\cos\theta\cos\varphi & -r\sin\theta\sin\varphi \\ \sin\theta\sin\varphi & r\cos\theta\sin\varphi & r\sin\theta\ \cos\varphi \\ \cos\theta & -r\sin\theta & 0 \end{pmatrix}$$

Kapitel 31

Numerische Verfahren

Manchmal ist es zu umständlich, zu zeitraubend oder schlicht zu schwierig, eine exakte Lösung für eine Aufgabe zu finden. Mit den Methoden der numerischen Mathematik können Sie sich der Lösung aber meist beliebig nahe annähern, was für die meisten Aufgabenstellungen der Wirklichkeit völlig genügt.

31.1 Intervallschachtelung

Bei der Suche nach einer konkreten, reellen Zahl kann ein Intervallhalbierungsverfahren helfen. Diese sogenannte *Bisektion* basiert darauf, dass man sich der gesuchten Zahl beliebig weit annähern kann, indem man ein Ausgangsintervall immer weiter verkleinert.

Wie funktioniert das genau?

Fortgesetzte Bisektion

Ausgangspunkt ist ein Intervall, von dem bekannt ist, dass die gesuchte Zahl darin liegt. Dieses Intervall halbiert die Bisektion in zwei gleich große Hälften. Dann ist herauszufinden, in welchem der beiden Intervalle die gesuchte Zahl liegt. Mit diesem geht es dann in den nächsten Iterationsschritt, der genauso funktioniert – bis das Intervall entweder nicht mehr kleiner werden kann oder seine Größe der gewünschten Genauigkeit entspricht.

Lassen Sie uns dazu zwei Beispiele betrachten.

Beispiel: Zahlenraten

So ungefähr das erste Spiel, das ein Programmierer schreibt, funktioniert wie folgt:

Das Programm denkt sich eine zufällige Zahl in einem bestimmten Bereich aus, zum Beispiel zwischen 1 und 100. Der Spieler nennt dann eine Zahl, und das Programm antwortet entweder »zu klein«, »zu groß« oder »Treffer!«.

Sie sind jetzt der Spieler, und Sie raten wie folgt:

»50?« – »zu klein«

»75?« – »zu groß«

»62?« – »zu groß«

»56?« – »Treffer!«

Als Spieler halbieren Sie immer das Intervall, von dem Sie wissen, dass die Lösung darin liegt, und fragen dann mit dem richtigen Intervall weiter.

Diese Methode funktioniert immer dann, wenn

a) ein Anfangsintervall angegeben werden kann und
b) eine einfache Rechenvorschrift existiert, um zu ermitteln, ob die Lösung in einem gegebenen Intervall liegt.

Beim Zahlenraten ist die Bisektion im Mittel deutlich effizienter als ein stumpfes »Probieren« aller Zahlen beginnend mit 1. Der Algorithmus benötigt übrigens weniger als $\log_2(m)$ Schritte, um die Lösung zu finden, wobei m die *Mächtigkeit* der Ausgangsmenge ist.

Kontinuierlicher Fall

Gibt es keine exakte Lösung, spricht man von einem kontinuierlichen Fall. Dann wird der Algorithmus abgebrochen, wenn das Intervall eine gewisse Größe unterschreitet, nämlich die gewünschte Genauigkeit.

Die Lösung liegt ja im fraglichen Intervall, und die Genauigkeit der gefundenen Näherung ist genau die Größe des Intervalls.

Lassen Sie uns dazu ebenfalls ein Beispiel betrachten – wir suchen eine Annäherung für die Wurzel aus 3.

Beispiel: Wurzelziehen mit Bisektion

Die Wurzel aus 3 ist die nicht negative Lösung folgender Gleichung:

$$x^2 = 3$$

Lassen Sie uns daraus eine Funktion bilden, deren positive Nullstelle wir suchen wollen:

$$f(x) = x^2 - 3$$

Die gesuchte Nullstelle ist $x = \sqrt{3}$, eine irrationale Zahl.

Im Bereich $x > 0$ ist unsere Funktion streng monoton steigend und stetig. Daraus ergeben sich ein paar einfache Schlussfolgerungen:

Da 3 zwischen 1 und 4 liegt, gilt das auch für die Wurzeln dieser Zahlen, also:

$$\sqrt{1} < \sqrt{3} < \sqrt{4}$$

Sprich:

$$1 < \sqrt{3} < 2$$

Die gesuchte Wurzel liegt zwischen 1 und 2 – damit haben wir ein prima Anfangsintervall!

Aus der Stetigkeit und der strengen Monotonie folgt außerdem, dass sich in einem Intervall genau dann eine Nullstelle befindet, wenn die Funktionswerte der Intervallgrenzen unterschiedliche Vorzeichen haben.

So ist $f(1) = -2$ und $f(2) = 1$, und aus dem Vorzeichenwechsel folgt, dass die Nullstelle zwischen 1 und 2 liegt.

Damit haben wir eine Möglichkeit, um festzustellen, ob die Lösung in einem Intervall liegt (Abbildung 31.1).

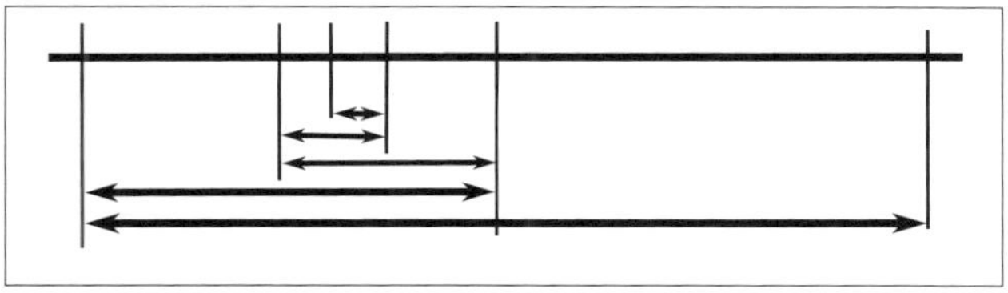

Abbildung 31.1 Die Bisektion verkleinert das Ausgangsintervall bis zur gewünschten Genauigkeit.

Die eigentliche Rechnung führen wir jetzt mit Sage durch. Definieren Sie zunächst die Funktion:

```
sage: f(x)=x^2-3
```

Jetzt beginnt die Intervallschachtelung, ausgehend von [1,2]. Wir halbieren das Intervall in der Mitte und fragen Sage nach dem Funktionswert von 1,5:

```
sage: f(1.5)
-0.750000000000000
```

Das ist negativ, genau wie der Funktionswert von 1. Der Vorzeichenwechsel findet also im oberen Intervall statt, zwischen 1,5 und 2. Die nächste Halbierung vollziehen wir somit bei 1,75:

```
sage: f(1.75)
0.0625000000000000
```

Das ist größer als 0, die Nullstelle liegt also im unteren Intervall [1,5;1,75]. Wir halbieren bei 1,625:

```
sage: f(1.625)
-0.359375000000000
```

Das ist wiederum kleiner als 0, genau wie der Funktionswert von 1,5, wir müssen folglich mit dem oberen Intervall weitermachen und halbieren in der Mitte zwischen 1,625 und 1,75, also bei 1,6875:

```
sage: f(1.6875)
-0.152343750000000
```

Dieses Spielchen können Sie jetzt so lange fortsetzen, bis Sie die gewünschte Genauigkeit erreicht haben. Natürlich ist diese langweilige Handarbeit genau das, wofür Computer geschaffen wurden. Wenn Sie eine Programmiersprache beherrschen, können Sie den Algorithmus in wenigen Zeilen schreiben. In Python sieht das beispielsweise so aus:

```
def f(x):
    return x*x-3

a = 1.0
b = 2.0
while(b-a>0.0001):
    c = (a+b)/2
    fa = f(a)
    fc = f(c)
    fb = f(b)
    if(fa*fc<0):
        b = c
    if(fc*fb<0):
        a = c
print(a)
print(b)
```

Dieses Programm führt Bisektionen bis hinunter zu einer Intervallgröße von 0,0001 aus und gibt den unteren und oberen Rand des letzten Intervalls aus:

```
1.73199462891
1.73205566406
```

Beide Zahlen sind gerundet 1,732. Damit kennen Sie die »echte« Wurzel aus 3 auf drei Nachkommastellen genau, was für dieses Beispiel genügen soll.

31.2 Interpolation

Eine andere Fragestellung bewegt uns oft im Zusammenhang mit Funktionen, deren Vorschrift wir nicht kennen, sondern nur wenige Funktionswerte. Wie lässt sich eine »künstliche« Funktion erzeugen, die diese Werte annimmt und den Verlauf dazwischen möglichst wirklichkeitsnah »erfindet«, sprich: *interpoliert*?

Polynominterpolation

Eine unbekannte Funktion, von der $n + 1$ Punkte an verschiedenen Stützstellen x_i ($i = 0 \dots n$) bekannt sind, kann durch ein Polynom maximal n-ten Grades angenähert werden.

Ein Polynom eignet sich oft sehr gut, weil es sich leicht differenzieren und integrieren lässt. Aber wie kommt man von den Punkten zur Interpolation, also zu den Parametern des Polynoms?

Gesucht ist ein Polynom P, das an den Stützstellen x_i die gegebenen Funktionswerte f_i annimmt, also:

$$P(x_i) = f_i$$

Lassen Sie uns für das Polynom eine Darstellung mit $n + 1$ Koeffizienten a_k wählen, wobei $k = 0 \ldots n$ der jeweilige Exponent von x ist, zu dem der Koeffizient gehört, also:

$$P(x) = a_0 + a_1 x + a_2 x^2 + a_3 x^3 + \cdots + a_n x^n$$

In Summenschreibweise ist das etwas handlicher:

$$P(x) = \sum_{k=0}^{n} a_k x^k$$

Letztlich sind das $n + 1$ Gleichungen, die ein Gleichungssystem bilden, das sich mit einer Matrix schreiben lässt:

$$\begin{pmatrix} 1 & x_0 & \cdots & x_0^n \\ \vdots & \vdots & \ddots & \vdots \\ 1 & x_n & \cdots & x_n^n \end{pmatrix} \begin{pmatrix} a_0 \\ \vdots \\ a_n \end{pmatrix} = \begin{pmatrix} f_0 \\ \vdots \\ f_n \end{pmatrix}$$

Diese Matrix heißt auch *Vandermonde-Matrix*.

In Naturwissenschaft und Technik ist es oft notwendig, mit sehr vielen, extrem großen Matrizen zu hantieren (Millionen von Spalten oder Zeilen). Da macht es einen gewaltigen Unterschied, ob man eine effiziente oder eine langsame Rechenweise benutzt. Natürlich geschieht all das per Software, und die Leistung heutiger Computer ist enorm – aber letztlich auch eine Frage von Rechenzeit und Energiekosten, wenn ähnliche Berechnungen äußerst häufig innerhalb möglichst kurzer Zeitspannen auszuführen sind.

Auch Sage kann übrigens mit fast beliebig großen Matrizen arbeiten. Sie importieren die Koeffizienten dazu meist aus Dateien mit Messdaten, zum Beispiel mittels Python-Code. Das ist alles machbar, aber nicht im Rahmen dieses Buchs. Wichtig ist, dass Sie verstehen, dass die Optimierung von Rechenwegen keine akademische Spielerei ist, sondern eine Notwendigkeit.

Das Gleichungssystem lässt sich beispielsweise mit dem gaußschen Eliminationsverfahren lösen, aber das ist ziemlich aufwendig. Aufgrund Ihrer Kenntnisse aus der linearen Algebra ahnen Sie vielleicht schon, was helfen könnte: Ein *Basiswechsel*.

Tatsächlich eignet sich die *Newton-Basis*, die das Polynom wie folgt darstellt:

$$P(x) = c_0 + c_1(x - x_0) + c_2(x - x_0)(x - x_1) + \cdots$$
$$+c_n(x - x_0) \cdots (x - x_{n-1})$$

Die Koeffizienten c_i stehen also vor Produkten aus je i Faktoren. Der Vorteil ist, dass sich in diesem Fall eine Matrix in Dreiecksform ergibt.

Lagrangesche Interpolationsformel

Eine weitere Basis zur Lösung der Polynominterpolation ist die *Lagrange-Basis*, die aus den *Lagrange-Polynomen* besteht:

$$\ell_i(x) = \prod_{j=0, j \neq i}^{n} \frac{x - x_j}{x_i - x_j}$$

Die Lagrange-Polynome sind also Vielfachprodukte aus ganz bestimmten Brüchen. Das große Pi ähnelt dem Summen-Sigma, bloß meint es ein Produkt aller n Faktoren, die rechts davon stehen. Kompliziert? Keine Sorge, wir werden damit nicht rechnen, das würde jetzt zu weit führen.

Aber diese Basis hat zwei Vorteile: Erstens wird die Matrix in unserem Gleichungssystem durch den Basiswechsel wie von Zauberhand zur Einheitsmatrix, sodass die Lösung schon fertig dasteht. Zweitens kann Sage diese Formel benutzen, um eine Interpolation auszuführen. Lassen Sie uns das an einem Beispiel testen.

Beispiel: Lagrange-Interpolation mit Sage

Angenommen, wir haben drei Stützstellen mit folgenden Funktionswerten:

$f(1) = 2$

$f(2) = 3$

$f(3) = -1$

Geben Sie diese Wertepaare zunächst als Vektor-Array ein:

```
sage: d= [(1,2),(2,3),(3,-1)]
```

Definieren Sie einen Polynomring (was das genau mathematisch bedeutet, muss Sie an dieser Stelle nicht interessieren):

```
sage: r=RDF ['x']
```

Lassen Sie dann das Lagrange-Polynom ausrechnen:

```
f=r.lagrange_polynomial(d)
```

Sie können sich die Funktion natürlich anzeigen lassen:

```
sage: f
-2.5*x^2 + 8.5*x - 4.0
```

Probeweise können Sie sich vergewissern, dass es tatsächlich durch die gegebenen Punkte führt:

```
sage: f(1)
2.0
sage: f(2)
3.0
sage: f(3)
-1.0
```

Und Sie können das Ergebnis plotten (Abbildung 31.2). Sie sehen: Auch für dieses Problem hat Sage eine Lösung parat.

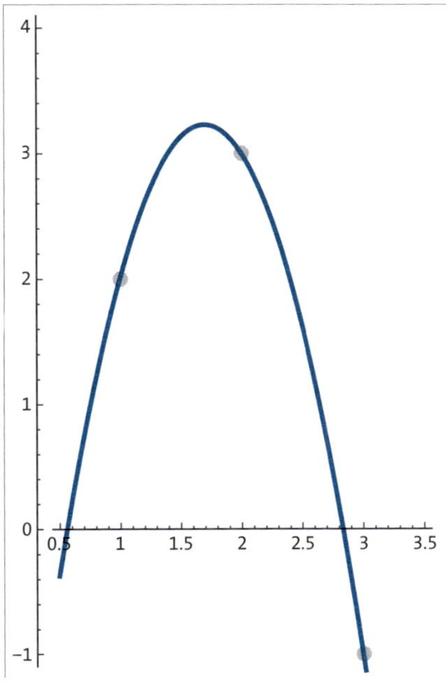

Abbildung 31.2 Sage hat dank Lagrange-Interpolation eine Funktion durch die gegebenen Punkte gefunden.

31.3 Ausgleichsrechnung

Ein in den Naturwissenschaften recht häufiges Problem hat ebenfalls mit gegebenen Punkten zu tun – nämlich mit *Messwerten*. Jeder Messwert ist allerdings mit einer gewissen Ungenauigkeit versehen. Deshalb ergibt es überhaupt keinen Sinn, sie mit einem Polynom zu interpolieren.

Vielmehr liegt den gemessenen Werten oft ein Zusammenhang – also eine Funktion – zugrunde, die bis auf gewisse Parameter bekannt ist. Die Aufgabe besteht nun darin, diese Parameter so zu wählen, dass die Funktion den Messwerten möglichst nahekommt. Dazu hält die *Ausgleichsrechnung* einige Methoden bereit, von denen wir uns eine genauer anschauen.

Methode der kleinsten Quadrate

Wenn das Ziel darin besteht, eine Funktion den gegebenen Messwerten möglichst gut anzunähern, benötigen wir ein Maß für die Güte dieser Näherung. Dies gilt es dann zu minimieren.

Als ein solches Maß eignet sich die Summe aus den Quadraten der Differenzen zwischen Mess- und Funktionswerten. Diese Differenzen heißen auch *Residuen*. Die Methode heißt dementsprechend Methode der kleinsten Quadrate. Im internationalen Sprachraum werden Sie die Methode als *Least-Squares Fitting* finden. Lassen Sie uns das mit einem sehr realitätsnahen Beispiel ausprobieren.

Beispiel: Erdbeschleunigung mit dem Handy messen

Angenommen, Sie möchten die Erdbeschleunigung messen, indem Sie veraltete Smartphones von hohen Gebäuden werfen (wir vernachlässigen den bremsenden Einfluss der Luft). Sie erinnern sich an die Bewegungsgleichung? Für den senkrechten Fall sieht sie so aus:

$$h(t) = h_0 - \frac{g}{2}t^2$$

Dabei ist h_0 die Anfangshöhe und g die gesuchte Erdbeschleunigung.

Wenn Sie die Zeit t_1 bis zum Aufprall auf dem Boden messen, dann ist:

$$h(t_1) = h_0 - \frac{g}{2}{t_1}^2 = 0$$

Stellen Sie dies um nach der Anfangshöhe, erhalten Sie einen einfachen Zusammenhang zwischen ihr und der Falldauer:

$$h_0 = \frac{g}{2} {t_1}^2$$

Darin ist die Erdbeschleunigung die einzige Unbekannte.

Um einigermaßen genaue Messungen zu erhalten, brauchen Sie große Höhen. Also begeben Sie sich auf eine kleine Weltreise, werfen alte Handys von hohen Gebäuden und messen die Falldauer wie folgt:

Gebäude	**Höhe (Meter)**	**Falldauer (Sekunden)**
Eiffelturm (2. Etage)	120	5
Schiefer Turm von Pisa	55	3,5
Rheinturm Düsseldorf	170	6
Hartkortturm (Wetter an der Ruhr)	35	2,5
Kölner Dom	100	4,5

Mit der Durchführung der Ausgleichsrechnung beauftragen wir natürlich Sage.

Geben Sie zunächst die Messdaten als Wertepaare aus Falldauer und -höhe ein:

```
sage: w=[(5,120),(3.5,55),(6,170),(2.5,35),(4.5,100)]
```

Definieren Sie erst die Variablen, dann die Funktion, die wir als Ansatz verwenden:

```
sage: var('g,t')
(g, t)
sage: f(t)=g/2*t^2
```

Starten Sie den Fit:

```
sage: find_fit(w,f)
[g == 9.55286065026789]
```

Sage stellt intern eine Funktionsvorschrift auf, die die Abweichung – also die Summe der Quadrate der Differenzen zwischen Messwerten w_i und Funktionswert $f(x_i)$ – mit dem gesuchten Parameter in Zusammenhang setzt:

$$d(g) = \sum_{i=1}^{n} (f(g, x_i) - w_i)^2$$

Der Rest ist die Suche nach dem Minimum der Abweichung $d(g)$ daraus ergibt sich die beste Schätzung für den Parameter g.

Die so ermittelte Erdbeschleunigung ist natürlich nicht besonders genau ... vielleicht brauchen Sie eine bessere Uhr oder einfach viel mehr Messwerte? Aber das Prinzip funktioniert, schauen Sie sich das mal in einer Grafik an (Abbildung 31.3).

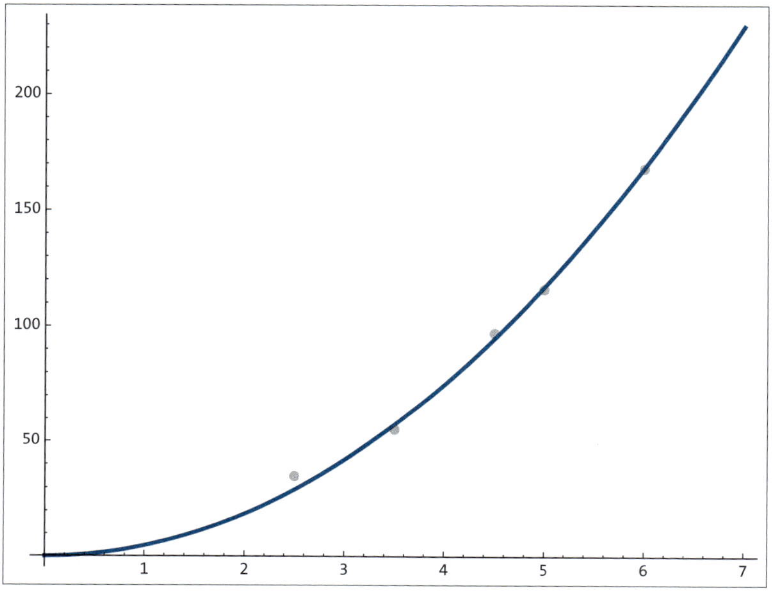

Abbildung 31.3 Sage hat mit der Methode der kleinsten Quadrate einen Zusammenhang zwischen Fallhöhe und -dauer bestimmt, an dem wir die Erdbeschleunigung ablesen können.

Grundsätzlich funktioniert die Ausgleichsrechnung mit Sage auch mit mehr Parametern und komplizierteren Funktionen. Probieren Sie's in den Entspannungsübungen aus!

31.4 Numerische Integration

Ein weiterer häufiger Anwendungsfall numerischer Methoden ist die Integration. Es ist oft alles andere als leicht, eine Stammfunktion zu einer gegebenen Funktion zu finden – manchmal sogar unmöglich. Sind jedoch *bestimmte* Integrale gesucht, die Integrationsgrenzen also fix, lässt sich die geometrische Bedeutung des Integralbegriffs prima ausnutzen: Man berechnet einfach die Fläche unter dem Funktionsgraphen so genau wie möglich. Wie das geht, zeige ich Ihnen in diesem Abschnitt.

Trapezregel

Eine einfache Annäherung an die exakte Fläche unter einer Kurve ist eine Aneinanderreihung von Trapezen (Abbildung 31.4). Dabei sind die Flächen der Trapeze einfach zu berechnen, die Genauigkeit hängt von ihrer Anzahl ab.

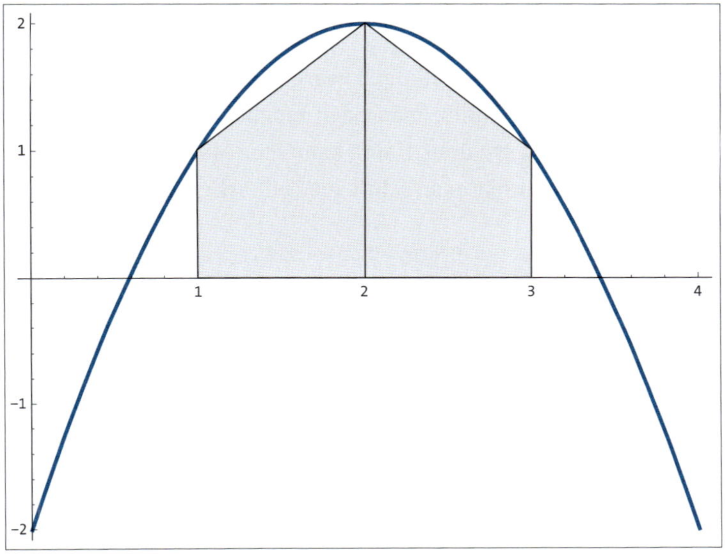

Abbildung 31.4 Das Integral von 1 bis 3 über die unbekannte Funktion lässt sich durch den Flächeninhalt von Trapezen annähern – bei nur zwei Stück natürlich nicht besonders genau.

Weil die schrägen Kanten der Trapeze wie Sehnen eines Bogens aussehen, nennt man diese Methode auch *Sehnentrapezformel*. Diese Sehnen sind Verbindungslinien zwischen den Funktionswerten ihrer x-Koordinaten. Der Flächeninhalt eines Trapezes unter einer Funktion $f(x)$ von $x = a$ bis $x = b$ ist:

$$F = (b - a)\frac{f(a) + f(b)}{2}$$

Natürlich ist ein einziges Trapez für die wenigsten Integrale eine einigermaßen genaue Annäherung. Deshalb unterteilen wir das Intervall $[a,b]$, über das zu integrieren ist, in n gleich große Teilintervalle der Länge h. Diese Länge ist:

$$h = \frac{b - a}{n}$$

Die Gesamtfläche ist dann die Summe aller Sehnen-Trapezflächen. Diese sieht so aus:

$$F = h\left(\frac{1}{2}f(a) + \frac{1}{2}f(b) + \sum_{i=1}^{n} f(a + i \cdot h)\right)$$

Etwas komplizierter – und außerhalb des Themenbereichs dieses Buchs – ist die Fehlerabschätzung für das gefundene Ergebnis. Außerdem kann man versuchen, den Funktionsverlauf nicht linear, sondern mit einem Polynom anzunähern. Im Fall einer Parabel ist das die *Keplersche Fassregel*, die für jedes Intervall noch dessen Mittelpunkt berücksichtigt. Durch diesen und die beiden Randpunkte wird dann ein Parabelstück gelegt und dessen Fläche bestimmt.

Als noch keine Rechenmaschinen zur Verfügung standen, waren solche Näherungsmethoden von großem Interesse. Insbesondere wollte man nach möglichst wenigen Rechenschritten ein möglichst genaues Ergebnis erhalten. Heute kann eine Mathesoftware in extrem kurzer Zeit eine Fläche unter einer Funktion in sehr viele Teilflächen aufteilen und genaue Ergebnisse liefern.

Adaptive Integration mit Sage

Lassen Sie uns eine numerische Integration mit Sage durchführen. Der Algorithmus, den Sage dabei intern verwendet, arbeitet *adaptiv*. Das bedeutet, dass Sage nicht stumpf gleich große Intervalle verwendet, sondern immer jene Intervalle in weitere aufteilt, für die eine besonders große Fehlerabschätzung auftritt. So werden »einfache« Teile von Funktionen durch wenige und »schwierige« Teile durch viele Intervalle abgedeckt.

Beispiel: Numerische Integration mit Sage

Versuchen wir uns an folgender Aufgabe:

$$\int_0^1 \sqrt{2e^x + 1}\,\mathrm{d}x$$

Falls Ihnen wie mir nicht auf Anhieb eine Stammfunktion einfällt, verwenden wir die numerische Integration:

```
sage: f(x)=sqrt(2*exp(x)+1)
sage: numerical_integral(f,0,1)
(2.0935006760712116, 2.3242526526425906e-14)
```

Neben dem gewünschten Ergebnis liefert Sage auch eine Genauigkeit mit, also eine obere Grenze für die Differenz zwischen exaktem und angenähertem Wert.

Vergleichen Sie das Ergebnis mit dem exakten durch symbolische Integration:

```
sage: float(f.integral(x,0,1))
2.093500676071212
```

Wenn Sie nichts anderes angeben, verwendet Sage maximal 87 Punkte (also 86 Intervalle). Auch uneigentliche Integrale können Sie übrigens numerisch berechnen lassen, bei Grenzen im Unendlichen verwenden Sie `+Infinity`.

Numerische Mathematik ist ein umfangreiches Thema, und je nach Spezialisierung werden Sie in Zukunft noch einiges damit zu tun haben. Dieses Kapitel hat dafür einige Grundlagen gelegt.

Aufgaben

31.5 Entspannungsübungen

Aufgabe 1

Erzeugen Sie mit Sage ein Polynom, das auf dem Intervall $[0,\pi]$ die Sinusfunktion annähert. Verwenden Sie fünf Stützpunkte.

Aufgabe 2

Sie sind als Wissenschaftsoffizier des Raumschiffs SPOCK II damit beauftragt worden, die Vermehrungsrate des gefährlichen Zombiebazillus WD7 zu ermitteln. Im Labor messen Sie folgende Populationen:

Zeit (Stunden)	Menge
0	1
1	8
2	70
3	580
4	4800

Während Sie in der Krankenstation liegen und hoffen, sich nicht angesteckt zu haben, berechnen Sie zum Zeitvertreib mit dem Bord-Sage die Vermehrungsrate und erhalten ...?

Aufgabe 3

Berechnen Sie mit Sage das folgende Integral numerisch adaptiv:

$$\int_0^1 e^{\sqrt{x}}\,\mathrm{d}x$$

31.6 Lösungen

Aufgabe 1

Als Stützpunkte verwenden wir:

$$f(0) = 0$$

$$f(\pi) = 0$$

$$f\left(\frac{\pi}{2}\right) = 1$$

$$f\left(\frac{\pi}{4}\right) = f\left(\frac{3\pi}{4}\right) = \frac{\sqrt{2}}{2}$$

Geben Sie in Sage diese Werte ein:

```
sage: d=[(0,0),(pi,0),(pi/2,1),(pi/4,sin(pi/4)),(3*pi/4,sin(3*pi/4))]
```

Erzeugen Sie dann das Polynom:

```
sage: r=RDF['x']
sage: r.lagrange_polynomial(d)
0.03757576731180341*x^4 - 0.2360955090795222*x^3 +
0.05828771347425482*x^2 + 0.9819683852990769*x
```

Es wird Sie kaum verwundern, dass der Faktor vor x beinahe gleich 1 ist, denn der Sinus verhält sich ja für kleine x wie x selbst.

Wenn Sie die Sinus-Funktion zusammen mit dem Polynom plotten, sehen Sie keinen Unterschied, so genau ist die Annäherung an den Sinus (Abbildung 31.5).

```
sage: plot([sin(x),f(x)],xmin=0,xmax=pi)
```

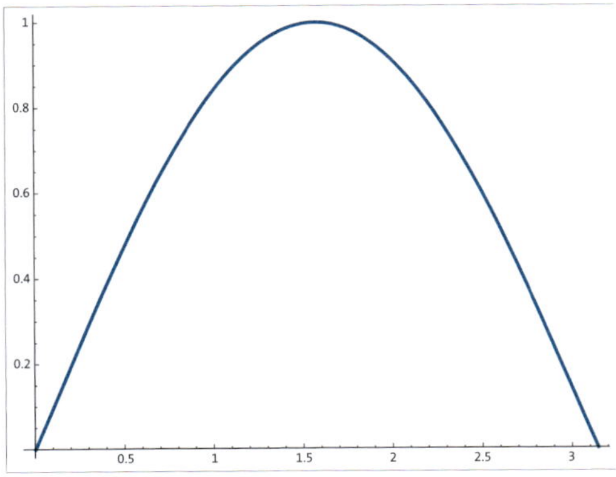

Abbildung 31.5 Der Sinus und das angenäherte Polynom liegen so nah beieinander, dass Sie keinen Unterschied erkennen können.

Aufgabe 2

Für die Vermehrung durch Zellteilung, die wir hier unterstellen wollen, eignet sich der Exponentialansatz. Da der Versuch zum Zeitpunkt $t = 0$ mit einer Population von 1 startet, ist der Vorfaktor der Exponentialfunktion 1, und wir können uns auf die Suche nach dem Wachsparameter k konzentrieren:

$$N(t) = e^{kt}$$

Die Zeit t wird in Stunden gemessen, die Einheit können wir uns sparen.

Geben Sie die Messwerte in Sage ein:

```
sage: w=[(0,1),(1,8),(2,70),(3,580),(4,4800)]
```

Definieren Sie erst die Variablen, dann die Funktion, die wir als Ansatz verwenden:

```
sage: var('k,t')
(k, t)
sage: f(t)=exp(k*t)
```

Starten Sie den Fit:

```
sage: find_fit(w,f)
[k == 2.1191085378498404]
```

Damit ist die Wachstumsrate gefunden. Schauen Sie sich an, wie gut die Exponentialfunktion zu den Messwerten passt (Abbildung 31.6).

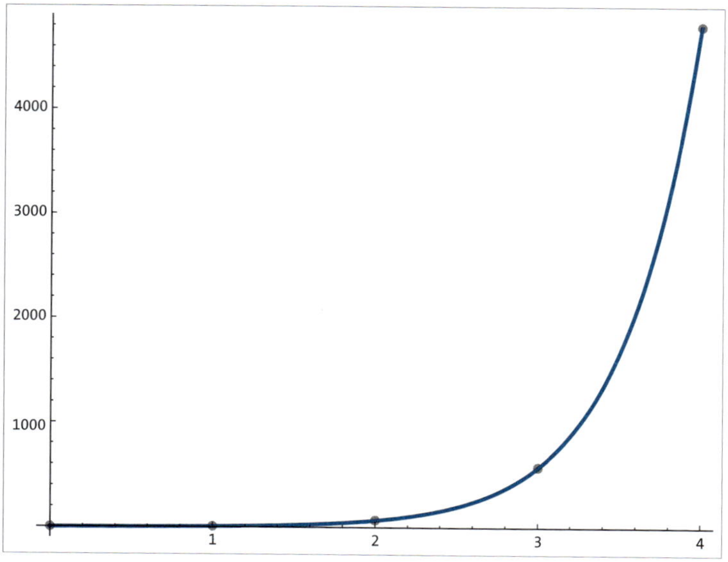

Abbildung 31.6 Das Wachstum des Zombievirus folgt erwartungsgemäß einer Exponentialkurve.

Aufgabe 3

Geben Sie die Funktion Sage bekannt:

```
sage: f(x)=exp(sqrt(x))
```

Führen Sie die numerische Integration durch:

```
sage: numerical_integral(f,0,1)
(2.000000008658046, 1.6009284136815742e-06)
```

Das sieht nach einem ziemlich glatten Ergebnis aus. Können Sie das Integral auch exakt berechnen? Fragen Sie Sage nach einer Stammfunktion:

```
sage: f.integrate(x)
x |--> 2*(sqrt(x) - 1)*e^sqrt(x)
```

Setzen Sie die Werte ein, oder fragen Sie Sage nach dem genauen Ergebnis:

```
sage: f.integrate(x,0,1)
2
```

Kapitel 32

Analytische Geometrie

Als krönenden Abschluss zeige ich Ihnen in diesem Kapitel, wie Sie mit den Methoden der linearen Algebra wirklichkeitsnahe Probleme lösen. Geometrie macht Spaß – auch mit Matrizen statt Zirkel und Geodreieck.

32.1 Ein Universum voller Vektoren

Mit Vektoren lassen sich Punkte, Geraden und Ebenen im dreidimensionalen Raum beschreiben. Und die Beziehungen zwischen ihnen. Liegt ein Punkt auf einer Ebene? Befindet sich meine Rakete auf der Mondoberfläche? Wie berechnet man die Gerade, die entsteht, wenn zwei Ebenen einander durchdringen? Berührt die Fußspitze der Spielfigur in einem 3D-Fußball-Game das kugelförmige Spielgerät? Hat der in einem gewissen Winkel abgegebene Schuss aus einer Laserkanone den Zombie getroffen und, wenn ja, wo genau? Das sind Fragen, die nicht nur für Spieleprogrammierer interessant sind – sie bringen Spaß in die lineare Algebra, weil sie das Erlernte anwendbar machen. Tatsächlich aber sind 3D-Engines in Computersoftware heutzutage wohl der wichtigste Anwendungsfall der analytischen Geometrie. Dementsprechend dürfte dieses Kapitel insbesondere für angehende Informatiker von großem Interesse sein.

Eine Gerade

Als Erstes begutachten wir Geraden in einem euklidischen, dreidimensionalen Universum. Das könnte beispielsweise die Flugbahn eines nicht beschleunigten Raumschiffs sein oder der Zielvektor eines Photonentorpedos. Eine Gerade hat weder Anfang noch Ende. Sie ist immer durch zwei Angaben eindeutig beschrieben, zum Beispiel mittels zweier Punkte, durch die sie verläuft. Das ist aber nicht die einzige Möglichkeit und auch nicht die günstigste.

Sie erinnern sich sicher an die Normalform einer linearen Funktion:

$$y = mx + b$$

Diese Vorschrift lässt sich auf dreidimensionale Vektoren übertragen: Wenn Sie einen *Trägerpunkt A* auf der Geraden kennen (dorthin zeigt Vektor $\vec{a}$), müssen Sie nur noch die Richtung der Geraden kennen ($\vec{m}$). Sie erreichen also jeden weiteren Punkt $\vec{x}$, indem Sie zum Vektor $\vec{a}$ beliebige skalare Vielfache k eines Richtungsvektors $\vec{m}$ addieren. Resultat ist die *Parametergleichung* der Geraden:

$$\vec{x} = k \cdot \vec{m} + \vec{a}$$

Der Richtungsvektor zeigt vom Trägerpunkt A auf einen zweiten Punkt B auf der Geraden und ist damit die Differenz der Vektoren, die zu den beiden Punkten gehören, also:

$$\vec{m} = \vec{b} - \vec{a}$$

Es gibt in der analytischen Geometrie mehrere gleichwertige Schreibweisen. Sie können den Vektoren Namen geben oder zwei Punkte (Anfang und Ende des Vektors bzw. Koordinatenursprung O) mit einem gemeinsamen Pfeil versehen:

$\vec{a} = \overrightarrow{OA}, \vec{b} = \overrightarrow{OB}, \vec{m} = \overrightarrow{AB}$

$\vec{p} = \overrightarrow{OA} + k \cdot \overrightarrow{AB}$

Egal, wie Sie es schreiben: Die Gerade ist eindeutig definiert (Abbildung 32.1).

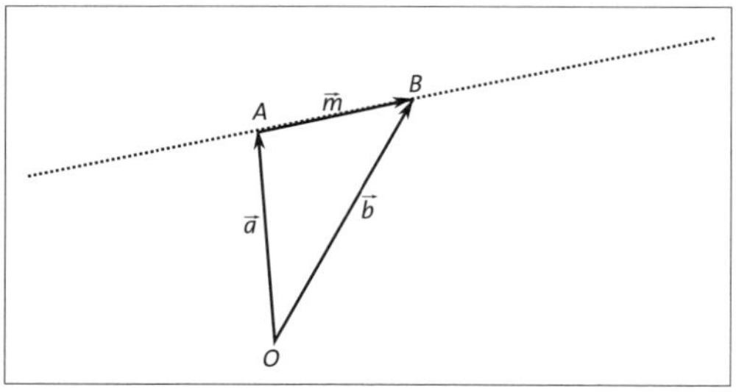

Abbildung 32.1 Eine Gerade lässt sich mit zwei auf ihr liegenden Punkten beschreiben oder mit einem Trägerpunkt A sowie einem Richtungsvektor.

Beispiel: Immer geradeaus

Wie lautet die Parametergleichung für eine Gerade, die durch die Punkte $A(1,2,1)$ und $B(2,2,1)$ verläuft?

Wählen Sie A als Stützpunkt. Dann ist der Richtungsvektor die Differenz der beiden Vektoren, die auf B bzw. A zeigen, also:

$$\vec{x} = \begin{pmatrix} 1 \\ 2 \\ 1 \end{pmatrix} + k \cdot \begin{pmatrix} 1 \\ 0 \\ 0 \end{pmatrix}$$

Diese Gerade verläuft also in positiver x-Richtung.

Bonusfrage: Liegt der Punkt $C(3,2,1)$ auf unserer Geraden?

Falls ja, muss es einen passenden Skalar k geben, für den die Geradengleichung den Vektor auf Punkt C liefert. Dazu stellen Sie eine Gleichung auf:

$$\begin{pmatrix} 1 \\ 2 \\ 1 \end{pmatrix} + k \cdot \begin{pmatrix} 1 \\ 0 \\ 0 \end{pmatrix} = \begin{pmatrix} 3 \\ 2 \\ 1 \end{pmatrix}$$

Zunächst können Sie diese Gleichung umformen, indem Sie den ersten Vektor auf die andere Seite bringen:

$$k \cdot \begin{pmatrix} 1 \\ 0 \\ 0 \end{pmatrix} = \begin{pmatrix} 3 \\ 2 \\ 1 \end{pmatrix} - \begin{pmatrix} 1 \\ 2 \\ 1 \end{pmatrix} = \begin{pmatrix} 2 \\ 0 \\ 0 \end{pmatrix}$$

Sie sehen sofort, dass $k = 2$ diese Gleichung erfüllt, der Punkt C liegt also tatsächlich auf der Geraden.

Zwei Geraden

Damit sich unsere Gerade nicht so einsam fühlt, fügen wir eine zweite hinzu. Jetzt wird es spannend: Werden die Geraden einander irgendwo treffen? Gibt es also einen Schnittpunkt? Und wenn nicht: Verlaufen die Geraden parallel oder nicht?

Auch solche Fragen lassen sich mit den Mitteln der linearen Algebra spielend leicht beantworten.

Um einen Schnittpunkt zu ermitteln, muss es zwei Skalarfaktoren geben, sodass beide Geradengleichungen den gleichen Wert annehmen, also:

$$k_1 \cdot \vec{m}_1 + \vec{a}_1 = k_2 \cdot \vec{m}_2 + \vec{a}_2$$

Das entspricht, in drei Raumdimensionen betrachtet, ein Gleichungssystem mit drei Gleichungen und zwei Unbekannten.

Beispiel: Schnittpunkt zweier Geraden

Gegeben sind zwei Geraden:

$$x_1 = \begin{pmatrix} 4 \\ 2 \\ 9 \end{pmatrix} + k_1 \begin{pmatrix} 1 \\ 1 \\ 2 \end{pmatrix}$$

$$x_2 = \begin{pmatrix} 0 \\ 0 \\ 2 \end{pmatrix} + k_2 \begin{pmatrix} 3 \\ 2 \\ 5{,}5 \end{pmatrix}$$

In welchem Punkt schneiden sich diese beiden Geraden?

Setzen Sie die beiden Gleichungen gleich:

$$\begin{pmatrix} 4 \\ 2 \\ 9 \end{pmatrix} + k_1 \begin{pmatrix} 1 \\ 1 \\ 2 \end{pmatrix} = \begin{pmatrix} 0 \\ 0 \\ 2 \end{pmatrix} + k_2 \begin{pmatrix} 3 \\ 2 \\ 5{,}5 \end{pmatrix}$$

Fassen Sie die allein stehenden Vektoren zusammen, dann erhalten Sie folgendes Gleichungssystem:

$$\begin{vmatrix} 4 + k_1 = 3k_2 \\ 2 + k_1 = 2k_2 \\ 7 + 2k_1 = 5{,}5k_2 \end{vmatrix}$$

Gleichung 2 lässt sich leicht nach k_1 umstellen: $k_1 = 2k_2 - 2$. Setzen Sie dies in Gleichung 1 ein, erhalten Sie:

$$4 + 2k_2 - 2 = 3k_2$$

$$k_2 = 2$$

Jetzt können Sie k_1 ausrechnen, das sich ebenfalls als 2 entpuppt. Zum Schluss – ganz wichtig – setzen Sie beides in die dritte Gleichung ein. Sie stellen fest, dass sie erfüllt ist. Das muss aber nicht so sein! Denn es gibt ja auch noch andere Fälle.

Geraden analysieren mit GeoGebra

Sie haben verschiedene Möglichkeiten, Geraden in GeoGebra darzustellen. Schalten Sie auf den 3D-Rechner um, und geben Sie beispielsweise zwei Punkte an sowie eine Gerade, die durch diese hindurch verläuft (Abbildung 32.2).

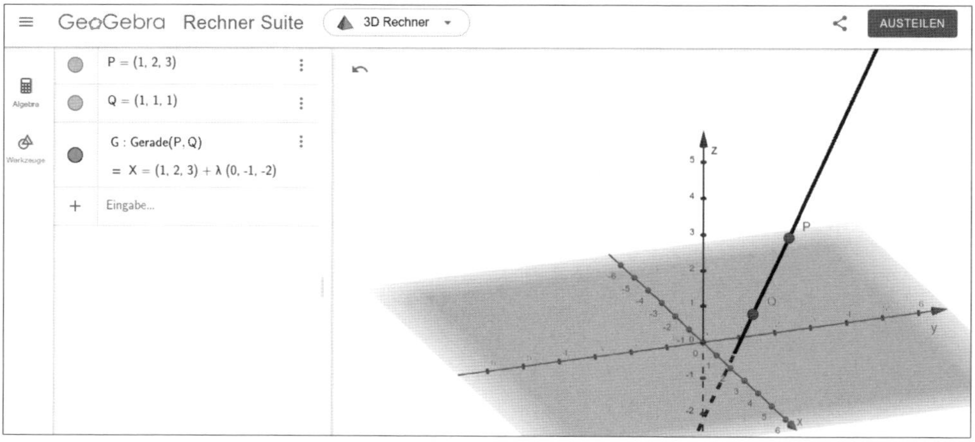

Abbildung 32.2 GeoGebra zeigt Ihnen zu einer Gerade durch zwei Punkte sofort die Parametergleichung an.

GeoGebra bringt bereits einige praktische Funktionen für die analytische Geometrie mit. So können Sie mit `LiegenAufGerade(P,Q,S)` prüfen, ob drei Punkte auf einer Geraden liegen. Das Ergebnis ist `true` oder `false`. Fügen Sie der obigen Skizze also einen dritten Punkt und den genannten Befehl hinzu. Durch Verschieben der Punkte können Sie versuchen, das Ergebnis zu beeinflussen. Mit einem Punkt die Gerade zu »treffen«, ist allerdings schon fast ein Geschicklichkeitsspiel. Ganz analog können Sie übrigens mit `SindParallel(G1,G2)` prüfen, ob zwei Geraden parallel sind.

Stattdessen lassen Sie GeoGebra doch einfach eine Senkrechte zu der Gerade G konstruieren, die durch den Punkt S verläuft (Abbildung 32.3).

GeoGebra eignet sich prima für fast spielerisches Bearbeiten von allen möglichen Aufgaben aus der analytischen Geometrie. Probieren Sie's aus!

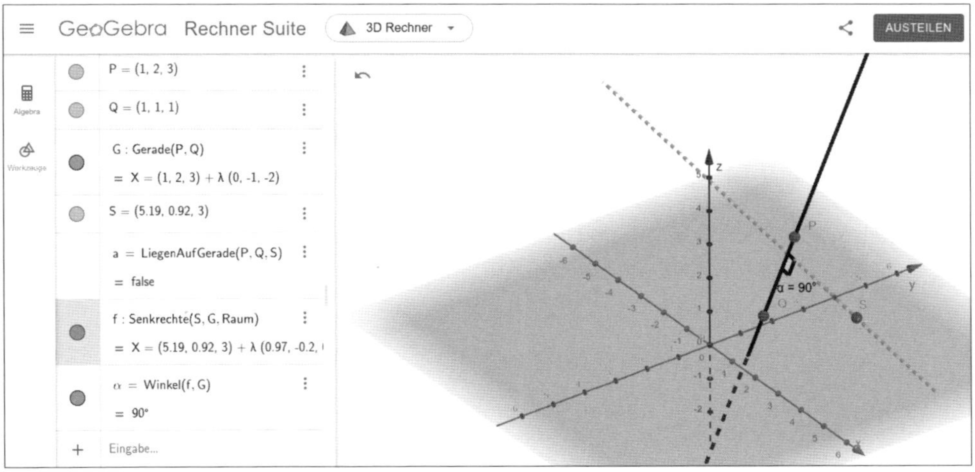

Abbildung 32.3 Die gepunktete Gerade geht durch S und ist senkrecht zu G. Den Winkel habe ich mit dem entsprechenden Werkzeug eingezeichnet, um das Resultat sicherheitshalber nachzuprüfen.

Beispiel: Parallelen

Zwei Geraden verlaufen genau dann parallel, wenn ihre Richtungsvektoren kolinear sind, d. h., es gibt einen Skalar s mit:

$$s \cdot \vec{m}_1 = \vec{m}_2$$

In diesem Fall haben die Geraden keinen Schnittpunkt, mit Ausnahme eines Sonderfalls: Ist zusätzlich der Stützvektor identisch, liegen die Geraden aufeinander.

Die beiden folgenden Geraden verlaufen parallel:

$$x_1 = \begin{pmatrix} 4 \\ 2 \\ 9 \end{pmatrix} + k_1 \begin{pmatrix} 1 \\ 1 \\ 2 \end{pmatrix}$$

$$x_2 = \begin{pmatrix} 0 \\ 0 \\ 2 \end{pmatrix} + k_2 \begin{pmatrix} -2 \\ -2 \\ -4 \end{pmatrix}$$

Die beiden Richtungsvektoren sind nämlich kolinear, ihre Richtung ist gleich, nur ihr Betrag nicht. Der ist aber für diese Untersuchung unwichtig.

Es gibt aber noch einen dritten Fall:

Beispiel: Windschiefe Geraden

Der weitaus häufigste Fall ist, dass sich zwei zufällig ausgewählte Geraden überhaupt nicht schneiden, aber auch nicht parallel verlaufen. Schauen Sie sich dieses Beispiel an:

$$x_1 = \begin{pmatrix} 4 \\ -2 \\ 9 \end{pmatrix} + k_1 \begin{pmatrix} 1 \\ 1 \\ 2 \end{pmatrix}$$

$$x_2 = \begin{pmatrix} 0 \\ 0 \\ 2 \end{pmatrix} + k_2 \begin{pmatrix} 2 \\ 0 \\ 1 \end{pmatrix}$$

Versuchen Sie mal, den Schnittpunkt zu finden. Das Gleichungssystem lautet:

$$\begin{vmatrix} 4 + k_1 = 2k_2 \\ -2 + k_1 = 0 \\ 9 + 2k_1 = 2 + k_2 \end{vmatrix}$$

Aus Gleichung 2 ergibt sich sofort, dass $k_1 = 2$ ist. Dann sehen die verbleibenden beiden Gleichungen wie folgt aus:

$$\begin{vmatrix} 6 = 2k_2 \\ 13 = 2 + k_2 \end{vmatrix}$$

Während die obige Gleichung fordert, dass $k_2 = 3$ ist, wird die untere Gleichung dadurch zu einer falschen Aussage. Deshalb ist die Lösungsmenge des Gleichungssystems leer, und es gibt keinen Schnittpunkt zwischen den beiden Geraden.

In zwei Dimensionen kann dieser Fall übrigens nicht vorkommen, wenn die Geraden nicht parallel sind.

Zur Schnittpunktprüfung kann auch eine Matrix samt Determinante herhalten. Denn: Wenn es einen Schnittpunkt gibt, spannen die beiden Richtungsvektoren eine Ebene auf, in der auch der Verbindungsvektor zwischen zwei beliebigen Punkten liegt (z. B. der Stützpunkte). Wenn drei dreidimensionale Vektoren aber in einer Ebene liegen, müssen sie linear abhängig sein. Schreibt man sie als Matrix, ist die Determinante 0.

Probieren Sie das mit dem obigen Beispiel. Die drei Vektoren lauten:

$$\vec{m}_1 = \begin{pmatrix} 1 \\ 1 \\ 2 \end{pmatrix}, \vec{m}_2 = \begin{pmatrix} 2 \\ 0 \\ 1 \end{pmatrix}, \vec{a}_1 - \vec{a}_2 = \begin{pmatrix} 4 \\ -2 \\ 7 \end{pmatrix}$$

Die zugehörige Determinante ist:

$$\det \begin{pmatrix} 1 & 2 & 4 \\ 1 & 0 & -2 \\ 2 & 1 & 7 \end{pmatrix} = -16$$

Da die Determinante ungleich 0 ist, sind die drei Vektoren linear unabhängig, und sie liegen nicht in einer Ebene.

Ebenen

Wo wir gerade bei Ebenen sind ... bleiben wir doch gleich bei diesem Thema.

Eine Ebene wird von zwei Vektoren aufgespannt, wenn sie linear unabhängig sind. Um einen bestimmten Punkt auf der Ebene zu erreichen, kann man ein Stück geradeaus in Richtung des ersten Richtungsvektors laufen und dann ein weiteres Stück in Richtung des zweiten. Jeder Punkt $P(\vec{x})$ auf der Ebene ist im Gegensatz zur Geraden also nicht durch einen, sondern durch *zwei* skalare Parameter definiert (Abbildung 32.4).

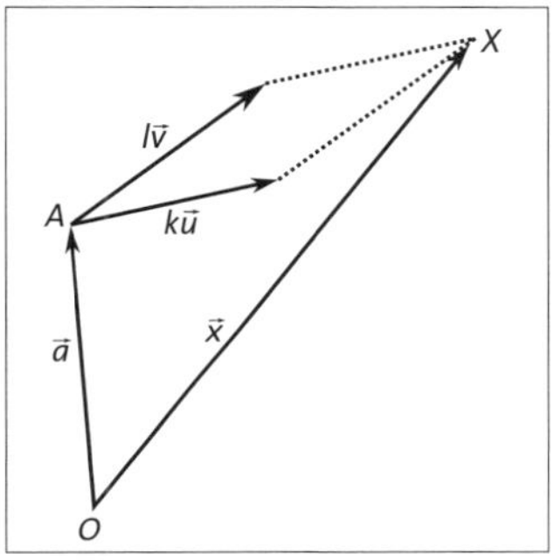

Abbildung 32.4 Eine Ebene wird aufgespannt durch zwei Vektoren und einen Punkt A. Jeder Punkt X in der Ebene ist erreichbar, sogar Bielefeld.

Das führt uns zur *Ebenengleichung in Parameterform*:

$$\vec{x} = \vec{a} + k \cdot \vec{u} + l \cdot \vec{v}$$

Statt Stützpunkt plus zwei Richtungsvektoren ist eine Ebene auch definiert durch drei andere Punkte *(A, B, C)*, die alle auf der Ebene liegen (aber nicht auf einer Geraden). Deshalb genügen Stühlen und Tischen eigentlich drei Beine, um stabil zu stehen, das vierte ist vermutlich nur aus reiner Gewohnheit angebracht.

Die beiden Richtungsvektoren lassen sich aus den drei Punkten ermitteln. Denn vom Ankerpunkt aus betrachtet liegen die beiden weiteren Punkte ja genau am Ende von Richtungsvektoren, also:

$$\vec{u} = \overrightarrow{AB}, \vec{v} = \overrightarrow{AC}$$

Ebenso können Sie eine Ebene bilden, indem Sie eine Gerade und einen Punkt außerhalb der Geraden zur Hand nehmen. Oder Sie verwenden zwei parallele, nicht gleiche Geraden. Hierzu finden Sie entspannende Übungen am Ende des Kapitels.

Ähnlich wie bei Geraden können Sie bei Ebenen prüfen, ob ein Punkt auf ihr liegt oder nicht oder ob sie parallel verlaufen.

Beispiel: Drei Punkte

Gegeben sind drei Punkte: $A(1,2,1)$, B(0,–1,4), $C(17,0,0)$. Lassen Sie uns dazu eine Ebenengleichung in Parameterform hinschreiben.

Wir verwenden A als Stützpunkt. Dann sind $\overrightarrow{AB}$ und $\overrightarrow{AC}$ passende Richtungsvektoren, die Sie aus den Koordinatendifferenzen berechnen:

$$\vec{x} = \begin{pmatrix} 1 \\ 2 \\ 1 \end{pmatrix} + k \begin{pmatrix} -1 \\ -3 \\ 3 \end{pmatrix} + l \begin{pmatrix} 16 \\ -2 \\ -1 \end{pmatrix}$$

Normale

Oft ist es nützlich, eine Ebene in *Normalenform* (auch *Normalform* genannt) zu beschreiben. Dazu geben Sie einen Vektor an, der senkrecht (normal) auf der Ebene steht (Abbildung 32.5).

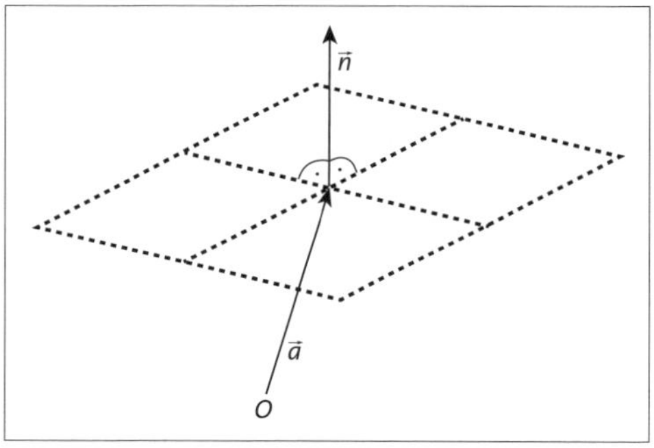

Abbildung 32.5 Der Normalenvektor steht senkrecht auf der Ebene, die durch ihn und einen Ankerpunkt definiert ist.

Die Ebenengleichung sieht dann sehr einfach aus:

$$\vec{n} \cdot (\vec{x} - \vec{a}) = 0$$

Links steht das Skalarprodukt aus dem Normalenvektor $\vec{n}$ und der Differenz aus den Vektoren $\vec{x}$, die zu den Punkten auf der Ebene gehören, und dem Stützvektor $\vec{a}$. Das Skalarprodukt aus Normalenvektor und allen Vektoren in der Ebene ist 0, denn sie sind orthogonal. Natürlich muss der Normalenvektor insbesondere senkrecht auf beiden Richtungsvektoren stehen, was gleichzeitig eine Möglichkeit gewährt, $\vec{n}$ zu ermitteln.

Beispiel: Normalenform berechnen

Lassen Sie uns zu der folgenden Ebene aus der Parameterform die Normalenform machen:

$$\vec{x} = \begin{pmatrix} 1 \\ 2 \\ 1 \end{pmatrix} + k \begin{pmatrix} -1 \\ -3 \\ 3 \end{pmatrix} + l \begin{pmatrix} 16 \\ -2 \\ -1 \end{pmatrix}$$

Der Normalenvektor $\vec{n}$ soll zu beiden Richtungsvektoren senkrecht sein – die jeweiligen Skalarprodukte sind also null. Das heißt:

$$\begin{pmatrix} -1 \\ -3 \\ 3 \end{pmatrix} \cdot \vec{n} = 0, \begin{pmatrix} 16 \\ -2 \\ -1 \end{pmatrix} \cdot \vec{n} = 0$$

Das ist ein lineares Gleichungssystem mit zwei Gleichungen und drei Unbekannten:

$$\left| \begin{array}{r} -n_x - 3n_y + 3n_z = 0 \\ 16n_x - 2n_y - n_z = 0 \end{array} \right|$$

Freie Auswahl: Wir dürfen eine der drei Unbekannten frei wählen. Das beeinflusst die Länge des Normalenvektors, nicht aber seine Richtung. Setzen wir einfach $n_x = 9$, erhalten wir:

$$\left| \begin{array}{r} -9 - 3n_y + 3n_z = 0 \\ 144 - 2n_y - n_z = 0 \end{array} \right|$$

Lassen Sie uns die obere Gleichung durch –3 dividieren und die untere nach n_z umstellen:

$$\left| \begin{array}{l} 3 + n_y - n_z = 0 \\ \quad 144 - 2n_y = n_z \end{array} \right|$$

Einsetzen von Gleichung II in Gleichung I ergibt:

$$3 + n_y - 144 + 2n_y = 0$$

$$3n_y = 141$$

$$n_y = 47$$

Dann ist $n_z = 144 - 2 \cdot 47 = 50$.

Die Normalenform lautet also:

$$\begin{pmatrix} 9 \\ 47 \\ 50 \end{pmatrix} \cdot \left(\vec{x} - \begin{pmatrix} 1 \\ 2 \\ 1 \end{pmatrix} \right) = 0$$

Warum die Normalenform besonders hilfreich ist, zeigt Ihnen das nächste Beispiel.

Denn zwei ungleiche Ebenen sind genau dann parallel, wenn beider Normalenvektoren kolinear sind.

Beispiel: Zwischen Boden und Decke

Gegeben sind zwei Ebenen mit Gleichungen, die praktischerweise schon in Normalenform vorliegen:

$$\begin{pmatrix} 9 \\ 47 \\ 50 \end{pmatrix} \cdot \left(\vec{x} - \begin{pmatrix} 1 \\ 2 \\ 1 \end{pmatrix} \right) = 0$$

$$\begin{pmatrix} 81 \\ 5 \\ 18 \end{pmatrix} \cdot \left(\vec{x} - \begin{pmatrix} 17 \\ 235 \\ -795 \end{pmatrix} \right) = 0$$

Sie erkennen an den Normalenvektoren sofort, dass die beiden Ebenen nicht parallel sein können, denn es gibt keinen Skalarfaktor *s*, der den einen in den anderen Normalenvektor überführt.

Damit sind auch die jeweiligen Ebenen, zu denen der Normalenvektor senkrecht steht, nicht identisch oder parallel.

Hessesche Normalenform

Die *hessesche Normal(en)form* ist eine spezielle Normalenform, die verlangt, dass der Normalenvektor die Länge 1 hat. Im vorangegangenen Abschnitt konnten wir den Normalenvektor noch frei bestimmen, seine Länge war egal. Die hessesche Normalform ist eine besonders einfache Darstellung, in der das Skalarprodukt aus Stützvektor und Normalenvektor den Abstand a der Ebene vom Ursprung angibt:

$$\vec{x} \cdot \vec{n}_0 = a$$

Dabei ist $|\vec{n}_0| = 1$.

Beachten Sie, dass der Abstand zwischen Ebene und Punkt immer entlang einer Senkrechten gemessen wird. Alle anderen Wege von Punkt zu Ebene sind länger.

Das Vorzeichen des hesseschen Normalenvektors ist so definiert, dass Punkte, die vom Ursprung aus gesehen jenseits der Fläche liegen, ein positives Skalarprodukt mit dem Normalenvektor ergeben.

Da der Betrag des Normalenvektors immer 1 ist, sind die Normalenvektoren paralleler Ebenen gleich.

Mit der hesseschen Normalform können Sie nun leicht den Abstand zweier paralleler Ebenen bestimmen: Das ist die Differenz ihrer Abstände zum Ursprung.

Wenn Sie den Abstand eines Punktes P von einer Ebene berechnen sollen, stellen Sie sich einfach eine Ebene durch diesen Punkt vor, die parallel zur ursprünglichen Ebene ist (also den gleichen Normalenvektor hat). Diese virtuelle Ebene hätte folgende hessesche Normalform:

$$\vec{p} \cdot \vec{n}_0 = d$$

Unsere ursprüngliche Ebene hatte ja diese hessesche Normalform:

$$\vec{x} \cdot \vec{n}_0 = a$$

Der Abstand dieser beiden Ebenen ist offensichtlich $d - a$. Liegt der Punkt P vom Ursprung aus gesehen hinter der Ebene, ist $d - a > 0$, auf der Ebene = 0 und davor < 0.

Beispiel: Hessesche Normalform

Schauen Sie sich folgende Ebenengleichung in Koordinatenform an:

$$1x + 2y + 3z = 4$$

Wie sieht diese Ebenengleichung in der hesseschen Normalenform aus? Die lautet ja allgemein:

$$\vec{x} \cdot \vec{n}_0 = a$$

Schreiben Sie das Skalarprodukt mal aus:

$$xn_x + yn_y + zn_z = a$$

Übertragen auf die Ebenengleichung in Koordinatenform heißt das also:

$$\vec{x} \cdot \begin{pmatrix} 1 \\ 2 \\ 3 \end{pmatrix} = 4$$

Dieser Normalenvektor hat aber nicht die Länge 1, sondern $\sqrt{1^2 + 2^2 + 3^2} = \sqrt{14}$. Kein Problem: Dividieren Sie die Gleichung auf beiden Seiten durch diesen Faktor. Dann erhalten Sie den hesseschen Normalenvektor und damit auch die hessesche Normalenform:

$$\vec{x} \cdot \begin{pmatrix} \frac{1}{\sqrt{14}} \\ \frac{2}{\sqrt{14}} \\ \frac{3}{\sqrt{14}} \end{pmatrix} = \frac{4}{\sqrt{14}}$$

Beispiel: Galaktischer Golfplatz

Der größte Golfplatz des Universums liegt irgendwo auf halbem Weg zwischen zwei mittelgroßen Kugelhaufen. Seine hessesche Normalform lautet von der Erde aus gesehen ungefähr:

$$\vec{x} \cdot \begin{pmatrix} \frac{1}{2}\sqrt{2} \\ 0 \\ -\frac{1}{2}\sqrt{2} \end{pmatrix} = 343 \text{ Mpc}$$

Wie weit ist es von Andromeda $P(14{,}221{,}78)$ (Angaben in Megaparsec) zum Golfplatz?

Vergewissern Sie sich zunächst, dass der Normalenvektor normalisiert ist:

$$\left\| \begin{pmatrix} \frac{1}{2}\sqrt{2} \\ 0 \\ -\frac{1}{2}\sqrt{2} \end{pmatrix} \right\| = \sqrt{\left(\frac{1}{2}\sqrt{2}\right)^2 + 0 + \left(-\frac{1}{2}\sqrt{2}\right)^2} = \sqrt{\frac{2}{4} + \frac{2}{4}} = 1$$

Der Abstand von der Erde nach Andromeda ist mit demselben Normalenvektor (in Megaparsec):

$$\vec{p} \cdot \vec{n}_0 = \begin{pmatrix} 14 \\ 221 \\ 78 \end{pmatrix} \cdot \begin{pmatrix} \frac{1}{2}\sqrt{2} \\ 0 \\ -\frac{1}{2}\sqrt{2} \end{pmatrix} = 14 \cdot \frac{1}{2} \cdot \sqrt{2} + 78 \cdot \left(-\frac{1}{2}\right) \cdot \sqrt{2}$$

$$= (7 - 39)\sqrt{2} = -32\sqrt{2}$$

Die Distanz ist also $-32\sqrt{2}$ Mpc $-$ 343 Mpc ≈ -388 Mpc. Das ist negativ, also diesseits des Golfplatzes – und zwar sogar ein ganzes Stück »hinter« uns. Wer von Andromeda aus zum größten Golfplatz des Universums will, kann also prima einen Besuch auf der Erde einschieben.

Kugeln

Nicht nur Geraden und Ebenen lassen sich mit analytischer Geometrie betrachten – auch rundlichere Objekte warten auf Ihren mathematischen Sachverstand.

Kreise und Kugeln zeichnen sich dadurch aus, dass alle Punkte auf ihrem Umfang bzw. Oberfläche gleich weit vom Mittelpunkt entfernt sind. Was Abbildung 32.6 in zweidimensionalen Koordinaten zeigt, funktioniert im Raum analog.

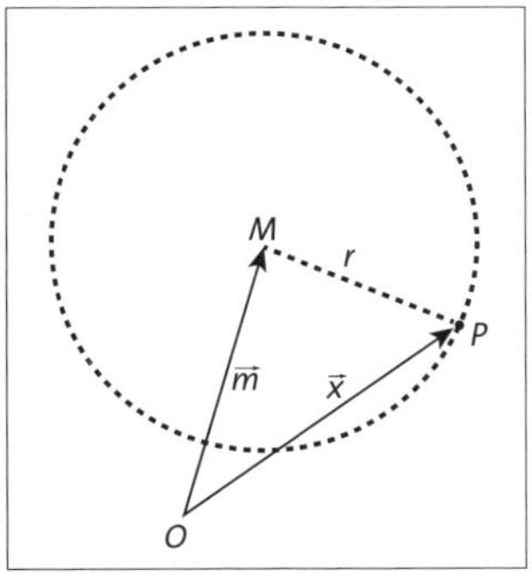

Abbildung 32.6 Alle Punkte P auf dem Kreisumfang sind gleich weit vom Mittelpunkt M entfernt.

Vom Ursprung aus betrachtet erreichen Sie jeden Punkt auf dem Kreisumfang oder der Kugeloberfläche nach einem Umweg über den Mittelpunkt:

$$\vec{x} = \vec{m} + \overrightarrow{MP}$$

Außerdem ist die Länge des Vektors $|\overrightarrow{MP}| = r$, also $\overrightarrow{MP}^2 = r^2$. Damit können Sie eine Vektorgleichung herleiten:

$$\vec{x} = \vec{m} + \overrightarrow{MP} \mid -\vec{m}$$

$$\vec{x} - \vec{m} = \overrightarrow{MP}$$

$$(\vec{x} - \vec{m})^2 = \left(\overrightarrow{MP}\right)^2$$

$$(\vec{x} - \vec{m})^2 = r^2$$

Die Potenz auf der linken Seite meint hier das Skalarprodukt des Vektors in der Klammer mit sich selbst.

Ausgeschrieben heißt das für die Kugeloberfläche:

$$(x - m_x)^2 + \left(y - m_y\right)^2 + (z - m_z)^2 = r^2$$

Das ist die *Koordinatenform* der *Kugelgleichung*.

Dank dieser Gleichungen können Sie eine ganze Reihe typischer Aufgaben lösen.

Beispiel: Punkt und Kugel

Wir betrachten eine Kugel mit Mittelpunkt $M(3,2,0)$, von der wir ferner wissen, dass der Punkt $P(6,3,0)$ auf ihrer Oberfläche liegt. Aber was ist mit dem Punkt $X(0,3,0)$?

Stellen Sie als Erstes die Kugelgleichung auf. Der Mittelpunkt ist bekannt, aber der Radius nicht. Der ist freilich identisch mit dem Abstand $|\overrightarrow{MP}|$, also:

$$r = \left|\begin{pmatrix} 6-3 \\ 3-2 \\ 0 \end{pmatrix}\right| = \sqrt{3^2 + 1^2} = \sqrt{10}$$

Die Kugelgleichung lautet also:

$$\left(\vec{x} - \begin{pmatrix} 3 \\ 2 \\ 0 \end{pmatrix}\right)^2 = 10$$

Jetzt berechnen Sie den Abstand $|\overrightarrow{MX}|$:

$$\left|\begin{pmatrix} 3-0 \\ 2-3 \\ 0-0 \end{pmatrix}\right| = \sqrt{3^2 + (-1)^2} = \sqrt{10}$$

Sieh an, das ist genau der Radius der Kugel. Also liegt der Punkt X genau wie P auf der Kugeloberfläche.

32.2 Begegnungen im Nichts

Ein paar Beispiele für Schnittpunktberechnungen habe ich Ihnen ja im letzten Abschnitt schon aufs Brot geschmiert. In diesem finalen Abschnitt treiben wir die Betrachtung solcher Aufgaben auf die Spitze. Ob und wo sich dreidimensionale Objekte begegnen, ist ein Problem, das Universum und Computerspiele ununterbrochen lösen müssen. Nur Letzteres braucht dafür fette Lüfter und Wasserkühlung (wenn's besonders echt aussehen soll). Sie schaffen den Rest dieses Buches sicher ohne.

Gerade trifft Ebene

Auf dem größten Golfplatz des Universums werden nicht mehr benötigte Planeten in schwarze Löcher geschossen, und zwar bei abgeschalteter Schwerkraft. Wenn Ihre Fantasie dafür nicht reicht, stellen Sie sich alternativ eine Ebene und eine Gerade vor.

Welche Möglichkeiten gibt es?

Erstens kann die Gerade genau auf der Ebene liegen. Alle Punkte der Geraden sind auch Punkte der Ebene. Zweitens kann die Gerade parallel abseits der Ebene liegen, sodass keiner ihrer Punkte die Ebene berührt. Und im letzten Fall schließlich durchstößt die Gerade an genau einem Punkt die Ebene. Wenn die Flugbahn Ihres Golfplaneten dabei das richtige schwarze Loch erwischt, haben Sie gewonnen.

Beispiel: Eine Gerade mit Ziel

Im lokalen Koordinatensystem des Golfplatzes beschreibt die folgende hessesche Normalenform die Ebene des Platzes:

$$\vec{x} \cdot \begin{pmatrix} 0 \\ 0 \\ 1 \end{pmatrix} = -1$$

Der Platz liegt also eine Längeneinheit unter der x-y-Ebene, die Normale zeigt in z-Richtung.

Ihr Planet befindet sich am Punkt $A(2,1,1)$ und muss in das schwarze Loch bei L(–2,17,–1) geschossen werden. Lassen Sie uns dazu die Geradengleichung aufstellen.

Das ist nicht sonderlich kompliziert, denn wir kennen ja zwei Punkte, durch die die Gerade verläuft. Die Geradengleichung besteht aus dem Vektor zum Stützpunkt A und dem Richtungsvektor $\overrightarrow{AL}$:

$$x = \begin{pmatrix} 2 \\ 1 \\ 1 \end{pmatrix} + k \cdot \begin{pmatrix} -4 \\ 16 \\ -2 \end{pmatrix}$$

Übrigens schneiden sich Ebene und Gerade in einem Punkt genau dann, wenn der Richtungsvektor linear abhängig ist zu den Aufspannvektoren der Ebene. Das können Sie bei Bedarf wiederum anhand einer Determinante überprüfen.

Jetzt lassen Sie uns mal etwas anderes ausrechnen: In welchem Winkel trifft der Planet auf die Ebene bzw. das schwarze Loch?

Gemeint ist damit jener Winkel, der mit der Normalen der Ebene und einer Geraden auf ihr ein rechtwinkliges Dreieck bildet (Abbildung 32.7).

Der Punkt, an dem der rechte Winkel des Dreiecks liegt, heißt *Lotfußpunkt*, da die Normale an dieser Stelle die Eigenschaften eines Lots hat.

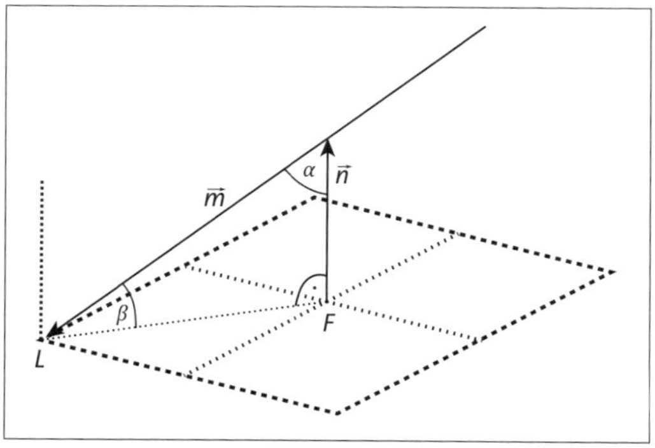

Abbildung 32.7 Gerade und Normale bilden ein rechtwinkliges Dreieck. Gesucht ist der Winkel zwischen Ebene und Einschlagvektor.

Den Winkel können Sie mit dem Skalarprodukt ausrechnen. Denn das hat den Wert des Produkts der Beträge zweier Vektoren multipliziert mit dem Cosinus des eingeschlossenen Winkels (siehe auch Abschnitt 28.3, Unterabschnitt »Skalarprodukt«). Da wir den Normalenvektor und den Richtungsvektor kennen, können wir den eingeschlossenen Winkel ausrechnen. Das ist in der Abbildung α, wir suchen aber den Auftreffwinkel β. Natürlich lässt sich der leicht über die Winkelsumme des Dreiecks bestimmen, sobald wir α haben. Also:

$$\vec{n} \cdot \vec{m} = |\vec{n}| \cdot |\vec{m}| \cdot \cos\alpha$$

$$\alpha = \arccos\frac{\vec{n} \cdot \vec{m}}{|\vec{n}| \cdot |\vec{m}|}$$

Da die Normale der Ebene in der hesseschen Normalform normiert ist, also die Länge 1 hat, steht im Nenner nur noch die Länge des Richtungsvektors. Berechnen Sie die Teilaufgaben:

$$\vec{n} \cdot \vec{m} = \begin{pmatrix} 0 \\ 0 \\ 1 \end{pmatrix} \cdot \begin{pmatrix} -4 \\ 16 \\ -2 \end{pmatrix} = -2$$

$$|m| = \sqrt{(-4)^2 + 16^2 + (-2)^2} = \sqrt{16 + 256 + 4} = \sqrt{276}$$

Der Winkel ist dann:

$$\alpha = \arccos\left(-\frac{2}{\sqrt{276}}\right) \approx 97°$$

Aufgepasst: Der Taschenrechner liefert hier den »falschen« Winkel, nämlich einen stumpfen. Das liegt daran, dass die Normale nach oben zeigt. Deshalb ist der richtige Winkel $\alpha = 180° - 97° = 83°$.

Für β bleibt dann der Rest: Unser Planet segelt also in einem Winkel von $90° - 83° = 7°$ ins schwarze Loch.

Ebene trifft Ebene

Keine Sorge, ich frage Sie jetzt nicht, wie man den Winkel zwischen zwei Ebenen berechnet. Das ist zumindest in der hesseschen Normalform ganz einfach: nämlich der Winkel zwischen den Normalenvektoren. Da diese normiert sind, ihre Beträge also 1, ist die Aufgabe, das Skalarprodukt anzuwenden, besonders leicht:

$$\alpha = \arccos\frac{\vec{n}_1 \cdot \vec{n}_2}{|\vec{n}_1| \cdot |\vec{n}_2|} = \arccos(\vec{n}_1 \cdot \vec{n}_2)$$

Eine andere spannende Frage ist aber die nach der *Schnittgeraden*, die durch das Aufeinandertreffen zweier Ebenen entsteht (falls sie nicht parallel sind).

Beispiel: Schnittgerade zweier Ebenen

Gegeben sind zwei Ebenen in hessescher Normalenform:

$$\vec{x} \cdot \begin{pmatrix} 1 \\ 0 \\ 0 \end{pmatrix} = 2, \vec{x} \cdot \begin{pmatrix} 0 \\ 0 \\ -1 \end{pmatrix} = -1$$

Sie sehen sofort, dass die beiden Ebenen senkrecht aufeinander stehen, denn das Skalarprodukt ihrer Normalenvektoren ist 0.

Wenn Sie die beiden Normalenformen als zwei Gleichungssysteme auffassen, stellen Sie in diesem zugegebenermaßen einfachen Beispiel schnell fest:

$$x = 2, z = 1$$

Also ist beispielsweise der folgende Vektor eine Lösung für beide Vektorgleichungen und zeigt auf einen Punkt, der auf beiden Ebenen liegt:

$$\vec{a} = \begin{pmatrix} 2 \\ 0 \\ 1 \end{pmatrix}$$

Dieser Vektor kann also als Stützvektor der Schnittgeraden herhalten. Die Gerade verläuft offensichtlich in y-Richtung, wir konnten zum Lösen der Vektorgleichung einen Wert dafür frei wählen. Deshalb ist der Richtungsvektor natürlich der Einheitsvektor in y-Richtung, und die Geradengleichung sieht so aus:

$$\vec{x} = \begin{pmatrix} 2 \\ 0 \\ 1 \end{pmatrix} + k \cdot \begin{pmatrix} 0 \\ 1 \\ 0 \end{pmatrix}$$

Projektion und Spiegel

Wenn Sie einen Beamer auf eine Leinwand richten und er nicht korrekt ausgerichtet ist, erscheint das Bild verzerrt. Die zugehörigen Aufgaben betreffen *Projektionen* von Punkten und geometrischen Figuren (die letztlich nur aus Punkten bestehen). Eine Projektion ist gegeben durch einen Projektionsvektor, das ist der Vektor eines geraden Lichtstrahls von der Lampe bis zur Leinwand. Trifft der Strahl senkrecht auf die durch die Leinwand definierte Fläche, ist seine Richtung identisch mit jener der Normalen.

Ist das Skalarprodukt aus Projektions- und Normalenvektor null, stehen beide senkrecht aufeinander, und Sie haben den Beamer um 90° verdreht aufgestellt – es erscheint überhaupt kein Bild auf der Leinwand.

Die Projektion eines Punktes auf einer Ebene ist letztlich eine Schnittpunktberechnung, denn der projizierte Punkt erscheint ja genau dort, wo der Projektionsvektor auf die Ebene trifft.

Um eine Figur zu projizieren, berechnen Sie also alle Schnittpunkte der zugehörigen Geradengleichungen mit der Ebene. Letztlich ist das keine neue Aufgabe, deshalb sparen wir uns ein eigenes Beispiel.

Etwas interessanter ist die *Spiegelung* (Abbildung 32.8).

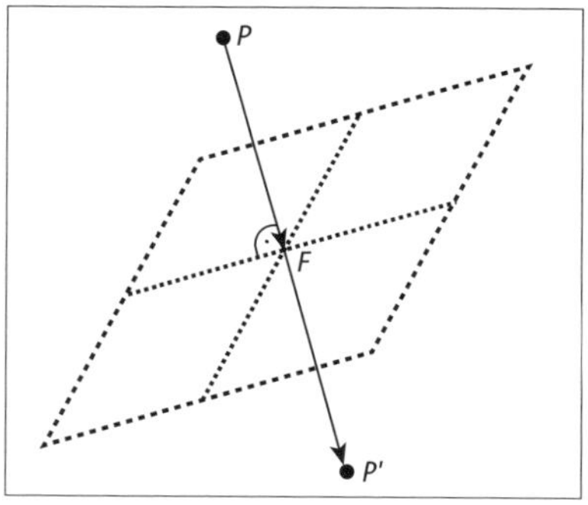

Abbildung 32.8 Der projizierte Punkt P' liegt jenseits der Ebene. Die Verbindungsgerade durchstößt die Spiegelebene senkrecht.

Eine Spiegelung ist immer eine senkrechte Projektion, und der gespiegelte Punkt erscheint hinter der Spiegelebene in der gleichen Entfernung.

Vektoriell können Sie bezüglich des Koordinatenursprungs folgende Gleichung aufstellen:

$$\overrightarrow{OP'} = \overrightarrow{OP} + 2 \cdot \overrightarrow{PF}$$

Wenn Sie den Abstand d des Punktes von der Ebene kennen und deren hessesche Normalenform, so ist $\overrightarrow{PF} = -d \cdot \vec{n}$. Das negative Vorzeichen ergibt sich, weil die Normale von der Ebene weg zeigt und der Projektionsvektor $\overrightarrow{PF}$ zu ihr hin.

Beispiel: Spiegelbild eines Punkts

Gegeben ist eine Spiegelebene mit folgender hessescher Normalform:

$$\vec{x} \cdot \begin{pmatrix} 0 \\ 1 \\ 0 \end{pmatrix} = 12$$

Wo erscheint das Spiegelbild des Punktes $P(2,2,2)$?

Von P aus betrachtet müssen Sie den Weg des Projektionsvektors $\overrightarrow{PF}$ zweimal zurücklegen, um das Spiegelbild zu erreichen. Also ist der Ortsvektor von P':

$$\overrightarrow{p'} = \vec{p} - 2\,d \cdot \vec{n}$$

Also:

$$\overrightarrow{p'} = \begin{pmatrix} 2 \\ 2 \\ 2 \end{pmatrix} - 2 \cdot 12 \cdot \begin{pmatrix} 0 \\ 1 \\ 0 \end{pmatrix} = \begin{pmatrix} 2 \\ -22 \\ 2 \end{pmatrix}$$

Der Kreis schließt sich

Am Ende des Buchs kehren wir zu Kreis und Kugel zurück. Das ist nicht nur eine runde Sache, sondern auch die letzte große Herausforderung der analytischen Geometrie.

Angenommen, Sie werfen einen Speer schnurgerade und mit aller Kraft auf einen Hüpfball. Dann gibt es drei Möglichkeiten:

a) Sie werfen vorbei. Die Gerade berührt die Kugel in keinem Punkt und heißt *Passante*.

b) Der Speer rutscht ab. Die Gerade berührt die Kugel in genau einem Punkt und heißt *Tangente*.

c) Sie treffen, und der Speer spießt den Hüpfball auf. Es gibt zwei Schnitt- bzw. Stichpunkte, und die Gerade heißt *Sekante*.

In zwei Dimensionen, also mit Kreis statt Kugel, gibt es dieselben Fälle. Denn letztlich handelt es sich um ein ebenes Problem: Die Begegnung von Gerade und Kugel ist eine Begegnung von Gerade und Kreis auf einer Ebene, in der die Gerade liegt.

Beispiel: Kreis und Gerade

Der Ansatz, um die Begegnung von Kreis und Gerade mathematisch zu untersuchen, ist nicht neu: Sie setzen einfach die zugehörigen Gleichungen gleich.

Gegeben ist ein Kreis um den Punkt $M(-2,3)$ mit Radius 5:

$$\left(\vec{x} - \begin{pmatrix} -2 \\ 3 \end{pmatrix}\right)^2 = 5^2$$

Wir untersuchen die Gerade mit dieser Gleichung:

$$\vec{x} = \begin{pmatrix} 5 \\ 2 \end{pmatrix} + k \cdot \begin{pmatrix} 4 \\ 3 \end{pmatrix}$$

Setzen Sie die Geradengleichungen für x und y in die Kreisgleichung ein, erhalten Sie:

$$\begin{pmatrix} 5 + 4k + 2 \\ 2 + 3k - 3 \end{pmatrix}^2 = 25$$

$$\begin{pmatrix} 7 + 4k \\ 3k - 1 \end{pmatrix}^2 = 25$$

Denken Sie daran, dass Sie auf der linken Seite ein Skalarprodukt vor sich haben. Es ergibt:

$$(7 + 4k)^2 + (3k - 1)^2 = 25$$

$$7^2 + 56k + 16k^2 + 9k^2 - 6k + 1 = 25$$

$$25k^2 + 50k + 50 = 25$$

Quadratische Ergänzung mit 5^2 ergibt:

$$(5k + 5)^2 - 25 + 50 = 25$$

$$(5k + 5)^2 = 0$$

$$5k + 5 = 0$$

$$k = -1$$

Das ist nur eine Lösung, die Gerade ist also eine Tangente. Setzen Sie k in die Geradengleichung ein, um den Berührungspunkt zu erhalten:

$$\vec{x} = \begin{pmatrix} 5 \\ 2 \end{pmatrix} + (-1) \cdot \begin{pmatrix} 4 \\ 3 \end{pmatrix} = \begin{pmatrix} 1 \\ -1 \end{pmatrix}$$

Die Gerade berührt den Kreis also am Punkt $P(1,-1)$. Übrigens ist die Gerade senkrecht zur Verbindung zwischen Mittelpunkt und Berührungspunkt.

Beispiel: Kugel und Kugel

Wenn zwei Kugeln einander durchdringen, entsteht ein Kreis. Spezialfälle sind die Berührung von zwei Kugeln (etwa bei Billard) mit nur einem Berührungspunkt sowie der Fall Erde-Mond (keine Berührung).

Sie können die Fälle unterscheiden, indem Sie den Abstand der Mittelpunkte berechnen:

a) Abstand größer als Summe der Radien: keine Berührung

b) Abstand gleich Summe der Radien: ein Berührungspunkt

c) Abstand kleiner als Summe der Radien: Die Kugeln durchdringen einander, und der Schnitt ergibt einen Kreis.

Wir betrachten zwei Kugeln mit Radius 2 mit den Mittelpunkten $M_1(0,0,1)$ und $M_2(-1,0,0)$ und suchen den Schnittkreis.

Die Kugelgleichungen lauten:

$$\left(\vec{x}-\begin{pmatrix}0\\0\\1\end{pmatrix}\right)^2 = 2^2, \left(\vec{x}-\begin{pmatrix}-1\\0\\0\end{pmatrix}\right)^2 = 2^2$$

Rechnen Sie die Skalarprodukte aus, und erzeugen Sie so ein Gleichungssystem:

$$\left|\begin{matrix}x^2 + y^2 + (z-1)^2 = 4\\(x+1)^2 + y^2 + z^2 = 4\end{matrix}\right|$$

Subtrahieren Sie diese beiden Gleichungen voneinander, sodass y wegfällt. Sie erhalten:

$$x^2 - (x+1)^2 + (z-1)^2 - z^2 = 0$$

Das ergibt:

$$x^2 - (x^2 + 2x + 1) + (z^2 - 2z + 1) - z^2 = 0$$

$$x^2 - x^2 - 2x - 1 + z^2 - 2z + 1 - z^2 = 0$$

Die Quadrate und die Einsen fallen alle weg. Es bleibt:

$$-2x - 2z = 0$$

Dividieren Sie durch –2:

$$x + z = 0$$

Das ist eine Gleichung für eine Ebene. In Normalenform lautet sie:

$$\vec{x}\cdot\begin{pmatrix}1\\0\\1\end{pmatrix} = 0$$

Wir haben noch nichts über y herausgefunden, aber der gesuchte Kreis liegt auf jeden Fall in dieser Ebene, da $\vec{x}$ die zugehörige Gleichung erfüllt.

Der Mittelpunkt des Kreises ist der Fußpunkt der Lotgeraden zwischen Ebene und Zentrum einer der Kugeln (z. B. $\vec{M}_1$). Denn die Schnittebene ist ja senkrecht zur Verbindungslinie zwischen den beiden Kugelmittelpunkten.

Die Lotgerade hat dieselbe Richtung wie die Normale der Ebene, und die steht ja in der Normalenform. Also ist die Geradengleichung der Lotgeraden:

$$\vec{x} = \vec{M}_1 + k \cdot \begin{pmatrix} 1 \\ 0 \\ 1 \end{pmatrix} = \begin{pmatrix} 0 \\ 0 \\ 1 \end{pmatrix} + k \cdot \begin{pmatrix} 1 \\ 0 \\ 1 \end{pmatrix}$$

Der Kreismittelpunkt ist der Schnittpunkt dieser Gerade und unserer gefundenen Ebene. Also können Sie die Geraden- in die Ebenengleichung einsetzen:

$$\left(\begin{pmatrix} 0 \\ 0 \\ 1 \end{pmatrix} + k \cdot \begin{pmatrix} 1 \\ 0 \\ 1 \end{pmatrix} \right) \cdot \begin{pmatrix} 1 \\ 0 \\ 1 \end{pmatrix} = 0$$

Die Lösung dieser Gleichung ergibt k, und damit erfahren wir die genaue Lage des Kreismittelpunkts in der Schnittebene.

Schreiben Sie zunächst den Vektor in den großen Klammern aus:

$$\begin{pmatrix} 0 + k \\ 0 + 0 \\ 1 + k \end{pmatrix} \cdot \begin{pmatrix} 1 \\ 0 \\ 1 \end{pmatrix} = 0$$

Berechnen Sie dann das Skalarprodukt:

$$k + 0 + (1 + k) = 0$$

$$k + 1 + k = 0$$

$$2k = -1$$

$$k = -\frac{1}{2}$$

Der Mittelpunkt des Schnittkreises liegt also bei:

$$\vec{M}_S = \begin{pmatrix} 0 \\ 0 \\ 1 \end{pmatrix} - \frac{1}{2} \cdot \begin{pmatrix} 1 \\ 0 \\ 1 \end{pmatrix} = \begin{pmatrix} -\frac{1}{2} \\ 0 \\ \frac{1}{2} \end{pmatrix}$$

Jetzt fehlt nur noch der Radius. Den liefert uns der gute alte Pythagoras, denn die Verbindungslinie zwischen Kugelzentrum und Schnittkreismittelpunkt bildet ein rechtwinkliges Dreieck mit der Kugel und dem gesuchten Radius (Abbildung 32.9).

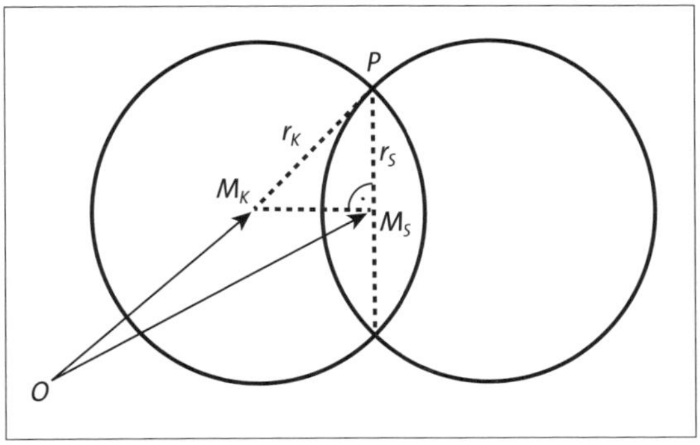

Abbildung 32.9 Die zwei Kugeln zeigen im Querschnitt betrachtet, wie man den Radius r_S des Schnittkreises berechnet.

$$r_K^2 = |M_K M_S|^2 + r_S^2$$

Der Vektor, der den Mittelpunkt der einen Kugel mit jenem des Schnittkreises verbindet, ist ja $\begin{pmatrix}1\\0\\1\end{pmatrix}$, der Kugelradius ist 2. Also können wir schreiben:

$$2^2 = \left|\begin{pmatrix}1\\0\\1\end{pmatrix}\right|^2 + r_S^2$$

Das unhandliche Quadrat der Vektorlänge ist nichts anderes als das Skalarprodukt des Vektors mit sich selbst, also:

$$4 = \begin{pmatrix}1\\0\\1\end{pmatrix} \cdot \begin{pmatrix}1\\0\\1\end{pmatrix} + r_S^2$$

Das Skalarprodukt ist 2. Also erhalten Sie für den gesuchten Radius:

$$r_S^2 = 4 - 2$$

$$r_S = \sqrt{2}$$

Der Schnittkreis hat also den Radius $\sqrt{2}$ und liegt in der Ebene $x + z = 0$.

Sie sehen: Mit den Mitteln der linearen Algebra lassen sich viele geometrische Aufgaben elegant lösen. Übrigens sogar in mehr als drei Dimensionen, aber das ist eine andere Geschichte.

Mit dem Wissen und den Werkzeugen aus diesem Buch sind Sie jetzt wirklich fit für Ihr Studium. Ich wünsche Ihnen viel Spaß und Erfolg im Mint-Fach Ihrer Wahl!

Aufgaben

32.3 Entspannungsübungen

Aufgabe 1: Eine Gerade

Das Raumschiff ZAPHOD II fliegt auf geradem Weg hinüber nach Andromeda.

a) Wie lautet die Parametergleichung für eine Gerade, die durch die Punkte $A(1,7,7)$ (Milchstraße) und $B(0,3,7)$ (Andromeda) verläuft?

b) Liegt die Hyper-Tankstelle am Punkt (2,11,14) auf der Bahn des Raumschiffs?

Aufgabe 2: Zwei Ebenen

a) Eine Ebene verläuft durch die Gerade $\vec{x} = \vec{e}_x + 2k\vec{e}_y$ und den Punkt $P(0,0,3)$. Stellen Sie eine Ebenengleichung in Parameterform auf.

b) Zwei Geraden mit den folgenden beiden Gleichungen verlaufen parallel (prüfen Sie das nach!):

$$x = \begin{pmatrix} 1 \\ 2 \\ 1 \end{pmatrix} + k \begin{pmatrix} 3 \\ 0 \\ 6 \end{pmatrix}, x = \begin{pmatrix} 1 \\ -3 \\ 0 \end{pmatrix} + k \begin{pmatrix} -2 \\ 0 \\ -4 \end{pmatrix}$$

Stellen Sie eine Normalenform-Gleichung für die Ebene auf, die sie aufspannen.

c) Berechnen Sie, falls möglich, die Schnittgerade der beiden Ebenen aus Aufgabenteil a) und b).

Aufgabe 3: Kugel und Kreis

a) Untersuchen Sie noch einmal die Kugel aus dem Beispiel »Punkt und Kugel« in Abschnitt 32.1 hinten, Unterabschnitt »Kugel«. Ermitteln Sie eine Gleichung für den Schnitt mit der y-z-Ebene.

b) Zeigen Sie für den Kreis aus dem Beispiel »Kreis und Gerade« in Abschnitt 32.2, Unterabschnitt »Der Kreis schließt sich«, dass die Gerade wirklich tangential verläuft, also senkrecht zur Linie Mittelpunkt – Berührungspunkt.

Aufgabe 4: ... und der ganze Rest

Bekanntlich wurde die Erde im Inneren des Planeten Magrathea erbaut (Quelle: siehe Literaturverzeichnis). Berechnen Sie die Oberfläche des Kugelschalensegments, das von Magrathea abgeschnitten werden muss, damit die Erde aus dem

Inneren hinausgelangen kann, und zwar natürlich in Megaflix (magratheanische Flächeneinheit, 1 Megaflix = 3,254 Millionen km^2). Der Erdradius beträgt 6371 km, und Magrathea hat (sicher rein zufällig) den doppelten Radius.

32.4 Lösungen

Aufgabe 1

a) Die Geradengleichung benötigt den Vektor zum Stützpunkt *A* und den Richtungsvektor, der die Differenz der Vektoren zu *B* und *A* darstellt:

$$\vec{x} = \begin{pmatrix} 1 \\ 7 \\ 7 \end{pmatrix} + k \cdot \begin{pmatrix} 0-1 \\ 3-7 \\ 7-7 \end{pmatrix} = \begin{pmatrix} 1 \\ 7 \\ 7 \end{pmatrix} + k \cdot \begin{pmatrix} -1 \\ -4 \\ 0 \end{pmatrix}$$

b) Um zu testen, ob ein Punkt auf einer Geraden liegt, setzen Sie seinen Ortsvektor mit der Geradengleichung gleich und versuchen, das zugehörige *k* zu finden.

$$\begin{pmatrix} 1 \\ 7 \\ 7 \end{pmatrix} + k \cdot \begin{pmatrix} -1 \\ -4 \\ 0 \end{pmatrix} = \begin{pmatrix} 2 \\ 11 \\ 14 \end{pmatrix}$$

Subtrahieren Sie den Stützvektor:

$$k \cdot \begin{pmatrix} -1 \\ -4 \\ 0 \end{pmatrix} = \begin{pmatrix} 1 \\ 4 \\ 7 \end{pmatrix}$$

Das führt zu einem linearen Gleichungssystem: $\left| \begin{aligned} -k &= 1 \\ -4k &= 4 \\ 0k &= 7 \end{aligned} \right|$

Die dritte Gleichung versaut uns die Angelegenheit: Die Hypertankstelle liegt nicht am Weg, hoffentlich haben wir genug Treibstoff an Bord.

Aufgabe 2

a) Sie haben sich hoffentlich nicht von der platzsparenden Schreibweise der Einheitsvektoren irritieren lassen, mir gehen nur langsam die Seiten aus. Jede Ebene ist durch drei Punkte fest definiert. Einer wurde explizit angegeben: $P_1(0,0,3)$. Diesen verwenden wir als Stützpunkt. Zusätzlich suchen wir uns zwei verschiedene Punkte aus, die auf der Geraden liegen: Für ein willkürlich gewähltes $k = 0$ ergibt sich $P_2(1,0,0)$, für $k = 1$ erhalten wir $P_3(1,2,0)$. Die Richtungsvektoren von P_1 zu diesen beiden Punkten spannen unsere Ebene auf:

$$\vec{x} = \begin{pmatrix} 0 \\ 0 \\ 3 \end{pmatrix} + u \cdot \overrightarrow{P_1P_2} + v \cdot \overrightarrow{P_1P_3} = \begin{pmatrix} 0 \\ 0 \\ 3 \end{pmatrix} + u \cdot \begin{pmatrix} 1 \\ 0 \\ -3 \end{pmatrix} + v \cdot \begin{pmatrix} 1 \\ 2 \\ -3 \end{pmatrix}$$

Schreiben Sie das als Gleichungssystem:

$$\left| \begin{array}{l} x = u + v \\ y = 2v \\ z = 3 - 3u - 3v \end{array} \right|$$

Um auf die gewünschte Parameterform zu kommen, müssen Sie u und v eliminieren. Sie erhalten nach kurzer Rechnung folgende Ebenengleichung:

$$3x + z = 3$$

b) Die beiden angegebenen Geraden verlaufen parallel, weil ihre Richtungsvektoren linear abhängig sind:

$$\begin{pmatrix} 3 \\ 0 \\ 6 \end{pmatrix} = -\frac{3}{2} \cdot \begin{pmatrix} -2 \\ 0 \\ -4 \end{pmatrix}$$

Die gesuchte Normalenform benötigt einen Stützvektor und einen Normalenvektor. Als Stützvektor verwenden wir den Stützvektor einer der beiden Geraden. Um einen Normalenvektor zu erhalten, bilden wir das Kreuzprodukt aus einem Richtungsvektor und dem Verbindungsvektor der Stützen der beiden Geraden, denn der ist auf jeden Fall senkrecht zur Ebene:

$$\vec{n} = \begin{pmatrix} 3 \\ 0 \\ 6 \end{pmatrix} \times \begin{pmatrix} 1 - 1 \\ 2 - (-3) \\ 1 - 0 \end{pmatrix} = \begin{pmatrix} 3 \\ 0 \\ 6 \end{pmatrix} \times \begin{pmatrix} 0 \\ 5 \\ 1 \end{pmatrix} = \begin{pmatrix} -30 \\ -3 \\ 15 \end{pmatrix}$$

Die Normalenform der Ebene lautet dann:

$$\begin{pmatrix} -30 \\ -3 \\ 15 \end{pmatrix} \cdot \left(\vec{x} - \begin{pmatrix} 1 \\ 2 \\ 1 \end{pmatrix} \right) = 0$$

c) Um die Schnittgerade zu berechnen, setzen Sie den $\vec{x}$ in der zweiten Ebenengleichung ein und ersetzen z entsprechend der Anforderung der ersten Ebene, also $z = 3 - 3x$:

$$\begin{pmatrix} -30 \\ -3 \\ 15 \end{pmatrix} \cdot \left(\begin{pmatrix} x \\ y \\ 3 - 3x \end{pmatrix} - \begin{pmatrix} 1 \\ 2 \\ 1 \end{pmatrix} \right) = 0$$

Rechnen Sie zuerst die Klammer aus:

$$\begin{pmatrix} -30 \\ -3 \\ 15 \end{pmatrix} \cdot \begin{pmatrix} x - 1 \\ y - 2 \\ 2 - 3x \end{pmatrix} = 0$$

Jetzt führen Sie das Skalarprodukt aus:

$$-30(x-1) - 3(y-2) + 15(2-3x) = 0$$

Fassen Sie alles zusammen, um eine Parameterdarstellung der Geraden zu erhalten:

$$-75x - 3y + 66 = 0$$

Aufgabe 3

a) Die Kugelgleichung lautet:

$$\left(\vec{x} - \begin{pmatrix} 3 \\ 2 \\ 0 \end{pmatrix}\right)^2 = 10$$

In der y-z-Ebene ist $x = 0$, daher sieht die Kugelgleichung mit ausgeschriebenem Skalarprodukt folgendermaßen aus:

$$(0-3)^2 + (y-2)^2 + z^2 = 10$$

Vereinfacht gesagt:

$$(y-2)^2 + z^2 = 1$$

Das ist ein Kreis mit Radius 1 und dem Mittelpunkt $M(0,2,0)$. Das erkennen Sie leicht beim Vergleich mit der ebenen Einheitskreisgleichung in der x-Ebene, die da lautet:

$$y^2 + z^2 = 1$$

b) Die Verbindungslinie vom Kreismittelpunkt zum Berührungspunkt entspricht dem Vektor

$$v = \begin{pmatrix} 1 \\ -1 \end{pmatrix} - \begin{pmatrix} -2 \\ 3 \end{pmatrix} = \begin{pmatrix} 3 \\ -4 \end{pmatrix}$$

Der Richtungsvektor der Geraden ist ja $\begin{pmatrix} 4 \\ 3 \end{pmatrix}$.

Wenn die beiden Vektoren senkrecht aufeinander stehen, dann ist das Skalarprodukt null. Und tatsächlich:

$$\begin{pmatrix} 4 \\ 3 \end{pmatrix} \cdot \begin{pmatrix} 3 \\ -4 \end{pmatrix} = 12 - 12 = 0$$

Aufgabe 4

Vorweg: Hauptlernzweck dieser Aufgabe ist es, keine falschen Annahmen zu treffen. Für die Lösung ist analytische Geometrie nämlich überhaupt nicht notwendig. Dass sie an dieser Stelle steht, soll Sie nur irritieren. Wohlgemerkt bedeutet das nicht, dass die Aufgabe leicht ist. Haben Sie sie wirklich gelöst? Glückwunsch! Sicher haben Sie zuerst eine Skizze angefertigt (Abbildung 32.10).

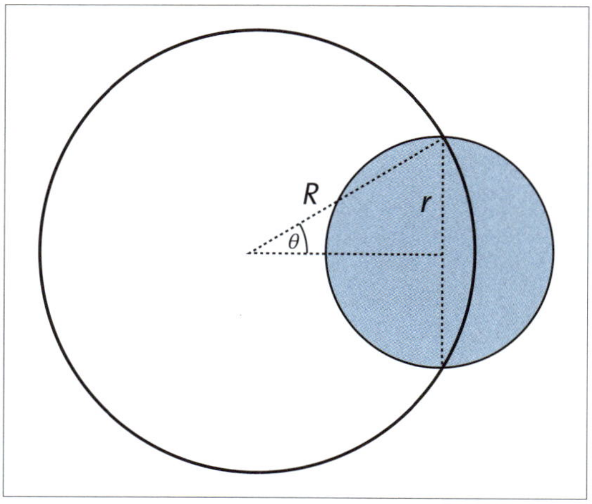

Abbildung 32.10 Das Segment der Kugeloberfläche, das von Magrathea abgeschnitten werden muss, hat den gleichen Radius wie die Erde und den Öffnungswinkel θ.

Die Skizze zeigt, dass Sie den Flächeninhalt eines Kugelsegments mit Öffnungswinkel θ und Radius R berechnen müssen. Dabei ist der Sinus des Öffnungswinkels gleich dem Verhältnis der beiden Planetenradien, also:

$$\sin\theta = \frac{r}{R}$$

Da Magrathea den zweifachen Radius der Erde hat, ist $\frac{r}{R} = \frac{1}{2}$ und der Winkel 30° bzw. $\frac{\pi}{6}$.

Die Mantelfläche des Kugelsegments berechnen Sie am einfachsten mit einem Oberflächenintegral in Kugelkoordinaten. Dessen infinitesimales Oberflächenelement finden Sie in Abschnitt 24.2. Die Integrationsgrenze für den Polarwinkel ist dann $\frac{\pi}{6}$:

$$O = \int_0^{2\pi} \int_0^{\frac{\pi}{6}} R^2 \sin\theta \, \mathrm{d}\varphi \, \mathrm{d}\theta$$

R^2 ist konstant, das Integral über φ bringt uns einen Faktor 2π ein. Eine Stammfunktion zum Sinus ist der negative Cosinus. Einsetzen der Grenzen ergibt:

$$O = 2\pi R^2 \left(1 - \cos\frac{\pi}{6}\right) = 2\pi R^2 \left(1 - \frac{\sqrt{3}}{2}\right)$$

Setzen Sie den Erdradius ein, und rechnen Sie das Resultat in die sonderbare magratheanische Flächeneinheit um, erhalten Sie erwartungsgemäß:

$$O \approx 42 \text{ Megaflix}$$

Und damit ist eigentlich alles gesagt.

Anhang A

Formelsammlung, Literaturverzeichnis

A.1 Formelsammlung

Algebra

Gültig für reelle Zahlen:

Kommutativgesetze

$a + b = b + a$

$a \cdot b = b \cdot a$

Assoziativgesetze

$a + (b + c) = (a + b) + c$

$a \cdot (b \cdot c) = (a \cdot b) \cdot c$

Distributivgesetz

$a \cdot (b + c) = a \cdot b + a \cdot c$

Potenzen & Co.

Binomische Formeln

$(a + b)^2 = a^2 + 2ab + b^2$

$(a - b)^2 = a^2 - 2ab + b^2$

$(a + b)(a - b) = a^2 - b^2$

Potenzgesetze

$x^0 = 1$

$x^a \cdot x^b = x^{a+b}$

$\frac{x^a}{x^b} = x^{a-b}$

$(x^a)^b = x^{ab}$

$a^{\frac{z}{n}} = \sqrt[n]{a^z}$

Logarithmen

$\log 1 = 0$

$\log(x \cdot y) = \log(x) + \log(y)$

$\log_b(a^x) = x \cdot \log_b(a)$

$$\log_b(x) = \frac{\log_a(x)}{\log_a(b)}$$

Trigonometrie

(Gegeben ist ein rechtwinkliges Dreieck mit den Katheten a, b und der Hypotenuse c, der Winkel α liegt gegenüber der Gegenkathete a. Die Höhe h_a ist die Höhe über der Seite a usw.)

$$a^2 + b^2 = c^2$$

$$\sin\alpha = \frac{a}{c}$$

$$\cos\alpha = \frac{b}{c}$$

$$\tan\alpha = \frac{a}{b}$$

$$\sin^2\alpha + \cos^2\alpha = 1$$

$$h_a = c \cdot \sin\beta = b \cdot \sin\gamma$$

$$h_b = a \cdot \sin\gamma = c \cdot \sin\alpha$$

$$h_c = b \cdot \sin\alpha = a \cdot \sin\beta$$

$$F_\Delta = \frac{1}{2} \cdot a \cdot h_a$$

Weitere Formeln mit Sinus und Cosinus:

$$\sin^2 x = \frac{1}{2}(1 - \cos 2x)$$

$$\cos^2 x = \frac{1}{2}(1 + \cos 2x)$$

$$\sin x \, \sin y = \frac{1}{2}(\cos(x - y) - \cos(x + y))$$

$$\cos x \cos y = \frac{1}{2}(\cos(x - y) + \cos(x + y))$$

$$\sin x \, \cos x = \frac{1}{2}\sin 2x$$

$$\sin x + \sin y = 2\sin\frac{x + y}{2}\cos\frac{x - y}{2}$$

$$\sin x - \sin y = 2\cos\frac{x+y}{2}\sin\frac{x-y}{2}$$

$$\cos x + \cos y = 2\cos\frac{x+y}{2}\cos\frac{x-y}{2}$$

$$\cos x - \cos y = -2\sin\frac{x+y}{2}\sin\frac{x-y}{2}$$

$$\cos x + \sin x = \sqrt{2}\sin\left(x + \frac{\pi}{4}\right) = \sqrt{2}\cos\left(x - \frac{\pi}{4}\right)$$

$$\cos x - \sin x = \sqrt{2}\cos\left(x + \frac{\pi}{4}\right) = -\sqrt{2}\sin\left(x - \frac{\pi}{4}\right)$$

Volumina

Würfel mit Seitenlänge a:

$$V = a^3$$

Quader mit Seitenlängen a, b, c:

$$V = a \cdot b \cdot c$$

Zylinder mit Radius r und Höhe h:

$$V = \pi \cdot r^2 \cdot h$$

Kugel mit Radius r:

$$V = \frac{4}{3}\pi r^3$$

Pyramide mit Grundfläche G und Höhe h:

$$V = \frac{1}{3}Gh$$

Kegel mit Radius r und Höhe h:

$$V = \frac{1}{3}\pi r^2 h$$

Oberflächen

Würfel mit Kantenlänge a:

$$O = 6a^2$$

Zylinder mit Radius r und Höhe h:

$$O = 2\pi r^2 + 2\pi rh$$

Kugel mit Radius r:

$O = 4\pi r^2$

A.2 Literaturverzeichnis

A.2.1 Internet

Mathepedia

https://mathepedia.de

Wikipedia

https://de.wikipedia.org/wiki/Analysis

https://de.wikipedia.org/wiki/Analytische_Geometrie

https://de.wikipedia.org/wiki/Lineare_Algebra

Sage

https://sagecell.sagemath.org

A.2.2 Bücher

Adams: Per Anhalter durch die Galaxis (Heyne 1998)

Fischer/Kaul: Mathematik für Physiker (Teubner 1988)

Janka: Mathematik – Analytische Geometrie und Lineare Algebra (Klett 2008)

Tews/Trautmann: Abi-Profi Mathe – Analytische Geometrie und Lineare Algebra (Cornelsen 2005)

Tews/Trautmann: Abi-Profi Mathe – Analysis (Cornelsen 2001)

Vogel: Gerthsen Physik (Springer 1999)

Index

A

Abbildungen
- *bijektiv* 473
- *isometrisch* 494
- *unitär* 494

Abbildungsmatrix 460
Ableitung 254
Ableitungsregeln 262
Absolutes Maximum bzw. Minimum 294
Abszissenachse 88
Achsenabschnitt 90
Additionsverfahren 67
Ähnliche Matrizen 474
Aktionsprinzip 345
Altersbestimmung 116
Ankathete 136
Äquivalenzumformungen 57
Arcuscosinus 138
Arcussinus 138
Arithmetisches Mittel 180
Assoziativgesetz 34
Ausgleichsrechnung 526
Ausklammern 35
Ausmultiplizieren 35
Aussageform 58
Aussagen 58
Äußeres Produkt 485
Azimut 415

B

Basis 47
Basiswechsel 523
Beschleunigung 345
Beschränkt (Folge) 226
Betrag 50
Beweis 208
- *indirekter Beweis* 211
- *Induktion* 209
- *Widerspruch* 212

Bild (linearer Abbildungen) 461
Binärzahl 204
Binomialkoeffizient 193
Binomische Formel 39, 233
Bisektion 519
Bit 204
Bogenmaß 135
Bruch 40
Bruchgleichungen 64
Bruchrechenregeln 42
Byte 204

C

C14-Methode 116
Charakteristisches Polynom 478
ChatGPT 22
Cosinus 136, 279
Cosinus hyperbolicus 406

D

Dämpfung 396
Darbouxsches Integral 320
de Morgansche Gesetze 202
Definitionslücke 65
Descartes 88
Determinante 449, 473, 474
Determinantenmethode 453
Deterministisch 185
Dezimalkommazahl 45, 203
Dezimalsystem 45
Differentialgleichungen 359, 360
- *homogene* 361
- *inhomogene* 361
- *lineare* 361

Differenzierbar 249, 260
Dimensionsformel 461
Dirichlet-Funktion 247
Disjunkt 188
Distributivgesetz 35
Divergent 226
Dividend 40
Divisor 40
Doppelbruch 43

Dreieck ... 165
Flächeninhalt ... 166
Umfang ... 168
Dreifolgensatz ... 226
Durchschnitt ... 180

E

Ebenengleichung ... 543
Echte Teilmengen ... 28
Eigenfrequenz ... 476
Eigenraum ... 479
Eigenvektor ... 476
Eigenwert ... 476
Einheiten ... 70
Einheitskreis ... 100, 135
Einheitsmatrix ... 460
Einheitsvektor ... 436
Einschnürungssatz ... 226
Einsetzungsverfahren ... 67
Ekliptik ... 420
Elemente ... 25
Empirische Standardabweichung ... 184
Empirischer Mittelwert ... 180
Empirisches Gesetz der großen Zahlen ... 190
Endomorphismus ... 461
Epsilon-Delta-Kriterium ... 243
Ereignisse, unvereinbar ... 188
Ergebnisraum ... 188
Erweitern (Brüche) ... 42
Erweiterte Koeffizientenmatrix ... 447
Erzeugendensystem ... 437
Eulersche Formel ... 383, 398
Eulersche Identität ... 383
Exponent ... 47
Exponentialdarstellung ... 155
Exponentialfunktion ... 111, 118, 275
Exponentielles Wachstum ... 111
Extrempunkt
absoluter ... 293
lokaler ... 293

F

Fakultät ... 190, 192
Faltungsmatrix ... 499
Flächenberechnung ... 166
Flächenformeln ... 166
Flächeninhalt ... 165
Fraktal ... 385
Fundamentalsatz der Algebra ... 375
Funktion ... 87
Funktionsgraphen ... 89

G

Gaston Darboux ... 319
Gauß, Johann Carl Friedrich ... 187
Gaußsche Summenformel ... 210
Gaußsche Zahlenebene ... 377
Gauß-Verfahren ... 445
Gebiet ... 506
Gegenkathete ... 136
Gemischte Brüche ... 44
GeoGebra ... 74, 91, 102, 132, 174, 325, 433, 451, 475, 507, 540
Geometrische Folge ... 223, 233
Geometrische Reihe ... 233
Geometrische Summenformel ... 233
Geometrische Vielfachheit ... 479
Geometrisches Mittel ... 182
Geschwindigkeit ... 255
Gesetz der kleinen Zahlen ... 190
Gesetze von Augustus de Morgan ... 202
Gewichtetes arithmetisches Mittel ... 181
Gleichsetzungsverfahren ... 65
Gleichungen ... 56
Gleichungssysteme ... 57, 73, 90
Gleitreibung ... 361
Glockenkurve ... 187
Grad ... 135
Gradient ... 510
Graphen ... 87
Grenzwerte ... 224
Grundgleichung der Mechanik ... 346

H

Halbwertszeit ... 116
Harmonische Folge ... 224, 235
Harmonische Reihe ... 235, 333
Harmonischer Oszillator ... 389
Harmonisches Mittel ... 181, 224
Häufungspunkte ... 226

Hessesche Normal(en)form ... 546
Histogramm ... 186
Höhenformeln ... 167
Homogene Differentialgleichung ... 361
Homogenes Gleichungssystem ... 445

I

Identität ... 460
Imaginäre Einheit ... 373
Imaginäre Zahlen ... 373
Imaginärteil ... 373
Indirekter Beweis ... 211
Induktionsanfang ... 210
Induktionsgesetz ... 391, 488
Induktionsprinzip ... 209
Induktionsschluss ... 211
Induktionsschritt ... 210
Infinitesimalrechnung ... 221
Inhomogen ... 361
Inhomogenes Gleichungssystem ... 445
Injektiv ... 248, 473
Inneres Produkt ... 483
Integralkriterium ... 333
Integrationskonstante ... 322
Integrierbarkeit ... 249, 318
Interpolation ... 522
Intervall ... 247
Invertierbare Matrix ... 465, 473
Isometrie ... 494

J

Jacobimatrix ... 511

K

Kardinalität ... 26
Kartesisches Koordinatensystem ... 87
Kaufmännisches Runden ... 157
KByte ... 155
Kehrwert ... 43
Keplersche Fassregel ... 530
Kern ... 461
Kettenregel ... 265
Kleinstes Element ... 209
Kleinstes gemeinsames Vielfaches ... 42
Koeffizientenmatrix, erweiterte ... 447
Kolineare Vektoren ... 435
Kommutativgesetz ... 33, 34
Komplexe Zahlenebene ... 377
Kondensator ... 359
Konjugiert komplexe Zahl ... 376
Konjunktion ... 199
Konvergenz ... 226
Koordinatenform ... 549
Kosinus ... 136
Kreis ... 165
  Flächeninhalt ... 167
  Koordinaten ... 415
  Umfang ... 168
Kreisfläche ... 167
Kreuzprodukt ... 485
Kreuzproduktmatrix ... 486
Kugel ... 165
  Oberfläche ... 172
  Volumen ... 171
Kugelgleichung ... 549
Kugelkoordinaten ... 421
Kurvendiskussion
  Achsenschnittpunkte ... 298
  Definitionsbereich ... 298
  Extrempunkte ... 299
  Symmetrie ... 298
  Wendepunkte ... 300
Kürzen (Brüche) ... 40

L

Lagrange-Basis ... 524
Lagrange-Polynome ... 524
Laplace-Experimente ... 188, 189
Least Squares ... 526
Limes ... 224
Lineare Abbildung ... 459
Lineare Gleichung ... 361
Lineare homogene Differentialgleichung
  zweiter Ordnung ... 391
Lineare Unabhängigkeit ... 434
Liter ... 169
Logarithmus ... 117
Lokales Minimum bzw. Maximum ... 294
Lösungsmenge ... 28
Lotfußpunkt ... 551

M

Mächtigkeit ... 26, 188, 519
Majorante ... 232
Majorantenkriterium ... 232
Mandelbrot-Menge ... 385
Mantelfläche ... 408
Matrixpotenz ... 480
Matrix-Schreibweise (Gleichungssysteme) ... 447
Matrizen ... 459
ähnliche ... 474
Determinante ... 473
diagonalisieren ... 480
Dimensionen ... 461
Einheitsmatrix ... 460
Identität ... 460
invertieren ... 473
Kern ... 461
Nulloperator ... 460
Rang ... 461
reguläre ... 473
singuläre ... 474
Umkehrabbildung ... 494
Median ... 182
Mengen ... 25
Minorantenkriterium ... 235
Minusklammer ... 38
Mittelwerte ... 180–183
Monoton fallende Funktionen ... 248
Monoton steigende Funktionen ... 248
Monotonie ... 232, 238, 248
Monotoniekriterium ... 232

N

Nabla-Operator ... 510
Negation ... 200
Neutrales Element der Division ... 42
Newton-Basis ... 524
Newton-Leibniz-Formel ... 323
Normal(en)form ... 544
Normalisieren ... 499
Normalparabel ... 93
Normalverteilung ... 186
Nullfolge ... 225
Nulloperator ... 460
Nullvektor ... 430

O

Oberfläche ... 171
Kugel ... 172
Würfel ... 171
Zylinder ... 172
Obermenge ... 27
Ohmsches Gesetz ... 360
Ordinatenachse ... 88
Oresme, Nikolaus von ... 235
Orthonormalbasis ... 493
Orthonormalsystem ... 493
Ortsvektor ... 430

P

Parabel ... 92
Parametergleichung ... 537
Partialsummen ... 231
Partielle Ableitung ... 509
Partielle Integration ... 326
Pascalsches Dreieck ... 193
Passante ... 555
Periode ... 45
Permutationen ... 192
Poisson-Verteilungen ... 190
Pol ... 415
Polarform ... 378
Polarkoordinaten ... 415
Polarwinkel ... 415
Polynomdivision ... 481
Polynomfunktion ... 268
Potenzgesetze ... 47
pq-Formel ... 63, 73
Produktregel ... 263
Projektionen ... 554
Prozentrechnung ... 37
Punktsymmetrie ... 288
Pyramiden-Volumen ... 171
Pythagoras von Samos ... 130
Pythagoreische Tripel ... 132

Q

q.e.d. ... 214
Quader-Volumen ... 170

Quadrat ... 165
Flächeninhalt ... 166
Umfang ... 168
Quadratische Ergänzung ... 62
Quadratische Funktionen ... 92
Quadratische Gleichung ... 62, 72, 96
Quadratwurzel ... 73
Quantoren ... 209
Quotient ... 40
Quotientenregel ... 267

R

Radialkoordinate ... 415
Radikant ... 49
Radioaktivität ... 116
Radiokarbondatierung ... 116
Radius ... 415
Rang (Matrix) ... 461
Realteil ... 373
Rechenschieber ... 119
Rechteck ... 165
Flächeninhalt ... 166
Umfang ... 168
Regel von de l'Hospital ... 246, 299
Regel von Sarrus ... 452
Reguläre Matrix ... 473
Reihe ... 230
Rekursive Folgendefinition ... 223
Relative Standardabweichung ... 185
Residuen ... 526
Riemann, Bernhard ... 317
Riemann-Integral/-Summen ... 318
Rotation (Vektoranalysis) ... 486
Rotationskörper ... 408
Runden
kaufmännisch ... 157
mathematisch ... 157
symmetrisch ... 157

S

Sachaufgaben ... 68
Sage ... 71
Sandwichsatz ... 226
Sattelpunkt ... 297
Satz des Pythagoras ... 100, 130, 416
Satz vom Minimum und Maximum ... 248
Scheinkraft ... 425
Scheitelpunktform ... 94, 108
Scherung ... 477
Schneeballsystem ... 110
Schnittgerade ... 553
Schnittmenge ... 27
Schnittpunkt ... 95
Sehnentrapezformel ... 529
Sekante ... 555
Selbstabbildung ... 461
Sicheres Ereignis ... 189
Signifikante Stellen ... 157
Singuläre Matrix ... 474
Sinus ... 136, 279
Sinus hyperbolicus ... 406
Skalar ... 432
Skalarprodukt ... 483
Spaltenvektor ... 429
Spatprodukt ... 485
Spiegelmatrix ... 494
Spiegelsymmetrie ... 287
Spiegelung ... 554
Stammfunktion ... 321
Statistik ... 179
Steigung ... 90
Steigungsdreieck ... 256
Stetigkeit ... 238, 246
Stichprobe ... 184
Stochastik ... 188
Streng monoton ... 99
Stufenform linearer Gleichungssysteme ... 445
Substitutionsregel ... 327, 363
Subtraktionsverfahren ... 67
Summenregel ... 263
Superpositionsprinzip ... 349
Surjektiv ... 494
Symmetriebedingung ... 94

T

Tangens ... 140
Tangente ... 555
Taylorreihe ... 236, 240
Teilermengen ... 41
Teilmenge ... 27
Trägerpunkt ... 537
Trapezregel ... 529

Treppenfunktionen 319
Trigonometrie 129, 136
Triviale Lösung 449

U

Umfang 168
Umkehrabbildung 494
Umkehrfunktion 98
Umkehrregel 276
Unär 200
Unbestimmtes Integral 321
Uneigentliches Integral 331
Ungleichungen 57, 60
Unitäre Abbildung 494
Unmögliches Ereignis 189
Untermenge 27
Unvereinbar 188

V

Vandermonde-Matrix 523
Varianz 184
Variation der Konstanten 366
Vektor 505
Vektoraddition 431
Vektorprodukt 485
Vektorraum 429
Basiswechsel 474
Vereinigungsmenge 27
Verkettung 265
Volumen 165, 170
Kugel 171
Pyramide 171
Quader 170
Würfel 170
Zylinder 170
Volumeneinheiten 169
Vorwärtselimination 445

W

Wahrscheinlichkeit 188
Watt 160
Wendepunkt 297
Wertetabelle 89
Widerspruchsbeweis 212
Winkelkoordinate 415
Wurf 349
Würfel 165
Oberfläche 171
Volumen 170

Z

Zahlentupel 66
Zehnerlogarithmus 117
Zentralwert 182
Zerfallsvorgänge 116
Zinsrechnung 37
Zwangskraft 390
Zwei-Drittel-Gesetz 190
Zweierlogarithmus 118
Zweites newtonsches Gesetz 345
Zwischenwertsatz 248
Zylinder 165
Oberfläche 172
Volumen 170